AF727200

natürlich oekom!

Mit diesem Buch halten Sie ein echtes Stück Nachhaltigkeit in den Händen. Durch Ihren Kauf unterstützen Sie eine Produktion mit hohen ökologischen Ansprüchen:

- mineralölfreie Druckfarben
- Verzicht auf Plastikfolie
- Kompensation aller CO_2-Emissionen
- kurze Transportwege – in Deutschland gedruckt

Weitere Informationen unter www.natürlich-oekom.de und #natürlichoekom

Bibliografische Information der Deutschen Nationalbibliothek:
Die Deutsche Nationalbibliothek verzeichnet diese Publikation in der Deutschen Nationalbibliografie; detaillierte bibliografische Daten sind im Internet über www.dnb.de abrufbar.

Gesellschaft für ökologische Kommunikation mbH
Waltherstraße 29, 80337 München

Layout und Satz: Reihs Satzstudio, Lohmar
Korrektur: Maike Specht
Umschlaggestaltung: Mirjam Höschl, oekom verlag
Umschlagabbildung: © Rawpixel.com/adobe.stock.com
Druck: Elanders GmbH, Waiblingen

ISBN 978-3-96238-302-2

MIX
Papier
FSC® C016368

Klimaneutral
Unternehmen
ClimatePartner.com/53585-1805-1001

Bernhard Lichtberger

Unser Planet im Klimawandel

Ein Handbuch über physikalische und gesellschaftliche Zusammenhänge

Inhaltsverzeichnis

Meiner Frau Christina Wehringer gewidmet,
die mit scharfem analytischen Verstand
und konstruktiver Kritik das Manuskript gelesen,
editiert und mich beraten hat

1 Einleitung

Greta Thunberg ist eine schwedische Klimaschützerin, die 2018 eine weltweite Welle von »Fridays for Future«-Demonstrationen auslöste. Sie protestierte gegen die Klimapolitik, indem sie jeden Freitag vor dem schwedischen Parlament demonstrierte und eine weltweite Protestbewegung gegen den Klimawandel, vor allem junger Menschen, auslöste.

In einer Ansprache vor den Vereinten Nationen 2019 warf Greta Thunberg den anwesenden Regierungschefs vor: »Menschen leiden, Menschen sterben, ganze Ökosysteme brechen zusammen. Wir stehen am Anfang eines Massenaussterbens, und alles, worüber Sie reden können, sind Geld und das Märchen vom ewigen Wirtschaftswachstum.«[1]

Im August 2018 begann die damals 16-jährige Greta Thunberg, freitags dem Unterricht fernzubleiben, und demonstrierte vor dem schwedischen Parlament mit dem Aufruf »Skolstrejk för klimatet« (Schulstreik für das Klima). Aus ihren Streiks entwickelte sich infolge medialer Aufmerksamkeit die weltweite Streikbewegung »Fridays for Future« (FFF). Die Streiks der Schüler und Studierenden richten sich gegen das Versagen der politisch Verantwortlichen.

Einer der mächtigsten und einflussreichsten Politiker der Welt, der damalige Präsident der Vereinigten Staaten von Amerika, Donald Trump, kommentierte die Ansprache Greta Thunbergs vor der UN-Versammlung auf Twitter mit den Worten: »Sie wirkt wie ein sehr

Abbildung 1: Twitter-Eintrag von Donald Trump und Greta Thunberg in ihrer Rede vor der UN im September 2019.

1 Übersetzung des Autors.

Abbildung 2: Greta Thunberg bei einem freitäglichen Schulstreik 2018 vor dem schwedischen Parlament.

glückliches junges Mädchen, das sich auf eine strahlende und wunderbare Zukunft freut. So schön zu sehen!«[2]

Die USA sind nach China jenes Land, welches die größte Umweltbelastung produziert, und es ist das Land mit der größten Anzahl an Atomwaffen. Kurzum: Die Vereinigten Staaten von Amerika stellen eine globale Bedrohung der Zivilisation dar. Politiker wie Donald Trump ignorieren nicht nur die berechtigten Bedenken von Jugendlichen hinsichtlich ihrer Zukunft, sondern negieren auch die dringlichen und einhelligen Warnungen von Klimawissenschaftlern und verfolgen unbeeindruckt den Kurs »Business as usual«. Im Gegenzug unterstützen die Scientists for Future, denen 26.800 Wissenschaftler angehören, die Bewegung Fridays for Future.

Vor 40 Jahren, am 12. Februar 1979, fand die erste Weltklimakonferenz in Genf statt. Die Mehrheit der Teilnehmer aus 53 Ländern war überzeugt von einem durch Klimaveränderung bewirkten Temperaturanstieg. Als Ursache wurde ein verstärkter Treibhauseffekt durch die Zunahme von CO_2 in der Atmosphäre identifiziert. Der CO_2-Anstieg sei auf die Verbrennung von Kohle, Öl und Benzin sowie die Rodung der Regenwälder zurückzuführen. Der globale Temperaturanstieg führe zum Schmelzen

2 Übersetzung des Autors.

der Eismeere und der Gletscher, und dies lasse einen Anstieg der Meeresspiegel um bis zu fünf Meter erwarten. Schon 1977 erklärte der Vorsitzende der Konferenz und Chef des US-Wetterdienstes Robert M. White in der *Washington Post*: »Wir haben eine Menge ernste Umweltprobleme. Die Erhaltung der Arten ist eines davon, aber keines ist so durchschlagend für die Gesellschaft wie der Klimawandel.«[3]

US-Präsident Ronald Reagan begriff den Ernst vorhandener Umweltprobleme. Unter Mitwirkung der US-Regierung wurde die damals größte akute Bedrohung, der Bestand und die Ausdehnung des Ozonlochs durch Fluorchlorkohlenwasserstoffe, erkannt und durch eine weltweite gemeinsame Anstrengung eingedämmt.

Zu Recht werfen die heutige Jugend und mit ihr die kommenden Generationen ihren Vorgängern Versagen, Egoismus, Gier und Rücksichtslosigkeit vor.

Ausgelöst durch »Fridays for Future« und ein Unbehagen über die nicht zu übersehenden klimatischen Veränderungen, füllen sich die Medienseiten mit Schlagzeilen wie:

- »Klimakrise – wie retten wir die Zukunft?«
- »Umwelt schützen – Klima retten«
- »CO_2: Klimakiller«
- »Ist die Erderwärmung noch zu begrenzen?«
- »Klimawandel wird Mitteleuropa mehr Überschwemmungen bescheren«
- »Es schneit Plastik«
- »Viele Tierbestände seit 1970 mehr als halbiert«
- »Tod eines Gletschers« oder
- »Es gibt keinen Planeten B«.

Die Erde muss nicht gerettet werden. Die Erde kümmert es nicht, ob Tiere oder Menschen auf ihr hausen, ob Löcher in ihre Oberfläche gebohrt oder vorhandene fossile Brennstoffe verheizt werden. Für sie ist es belanglos, ob die Oberfläche mit Monokulturen bepflanzt, Giftstoffe versprüht, Kriege geführt oder Regenwälder niedergebrannt werden. Genauso seelenlos verharrt sie angesichts dessen, dass einzelne Menschen auf ihr in Luxus leben und gleichzeitig Millionen verhungern. Lange bevor Leben auf ihr entstand, existierte sie, und sie wird zweifellos weiter bestehen, auch nachdem wieder einmal Leben auf ihr ausgestorben sein wird.

Die Erde ist ein idealer Ort für das Entstehen von Leben. Sie ist größtenteils mit Wasser bedeckt, einem dafür unbedingt notwendigen Stoff. Sie befindet sich im richtigen Abstand zur Sonne, nicht zu nahe, um zu verbrennen, und nicht zu entfernt, um zu vereisen. Sie ist eingehüllt in eine Atmosphäre, die ein vorteilhaftes, wärmendes, gemäßigtes Klima entstehen lässt. Ganz ohne Treibhausgase wäre sie zu kalt, weil zu viel Strahlung ins All entweichen würde. Die Treibhausgase reflektieren einen Teil der abgestrahlten Energie zurück zur Erde und gewährleisten lebensfreundliche

3 Leggewie, C. (2019): Klimawandel; *Die Zeit*, Nr. 8.

Temperaturen. Der Erdball ist leicht genug für eine erträgliche Schwerkraft, aber hinreichend schwer, um die Atmosphäre festzuhalten und diese nicht ans All zu verlieren, wie es beispielsweise auf dem Mars geschehen ist. Ihr innerer Dynamo erzeugt ein magnetisches Feld. Dieses schützt vor hochenergetischen tödlichen Teilchen, die die Sonne unaufhörlich auswirft. Was für ein seltenes Zusammentreffen günstiger Umstände.

Dieses Buch beschreibt die Erdphysik, die Abhängigkeiten des Klimas von natürlichen und menschlichen Einflüssen, die Entstehung und die Entwicklung des Lebens. Die Störung des Systems Erde durch den Menschen führt zu einer dynamischen chaotischen Systemreaktion, welche die Biosphäre gefährdet.

Das vorliegende Buch *Unser Planet im Klimawandel* ist für all jene gedacht, die sich objektiv und umfassend informieren wollen. Es spricht jenen Teil der Zivilgesellschaft an, der nachhaltig leben will, dem die Umwelt ein Anliegen ist, der die Natur und das Lebendige wertschätzt und ihm Achtung entgegenbringt. Ein wesentlicher Teil des Buches widmet sich der Frage, was zu tun ist, damit der Klimawandel angehalten wird und die drohende Klimakatastrophe ausbleibt.

2

Das System Erde und seine Kreisläufe

> Wodurch unterscheiden sich offene, geschlossene, dynamische und statische Systeme?
> Was sind physikalische Erhaltungsgrößen?
> Was bewirken Rückkopplungen in Systemen, und wie entsteht chaotisches Verhalten?

Die Erde bildet ein komplexes Geflecht aus gekoppelten Systemen. Sie ist einem ständigen Energiefluss der Sonne ausgesetzt. Diese Energie ist die Voraussetzung zur Bildung von Leben und erwärmt die Erde moderat. Tiere und Pflanzen atmen Gase ein und geben Gase ab, nehmen Nährstoffe auf und zerfallen selbst wieder zu Nährstoffen. Innere Einflüsse, wie die Tektonik der Kontinentalplatten und vulkanische Aktivitäten,

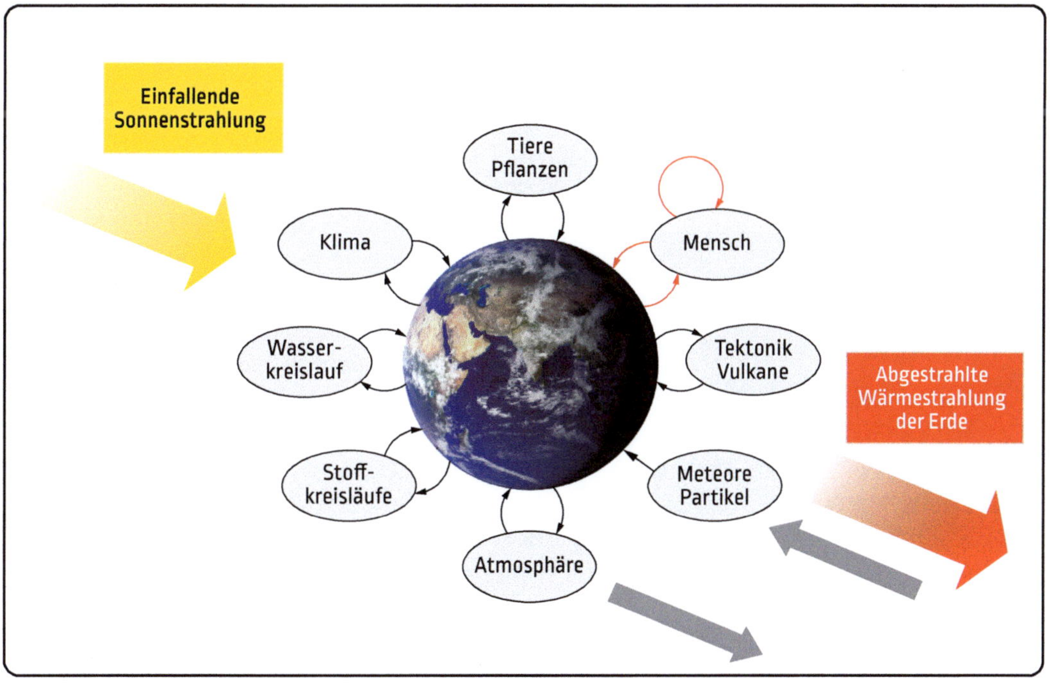

Abbildung 3: Die Erde mit ihren interagierenden Systemen.

beeinflussen das Erdgeschehen in globalem Maßstab. Einschlagende Himmelskörper führten in der Vergangenheit zu großen Klimaveränderungen, die von Massenaussterben begleitet waren.

Die Atmosphäre steht in einem stetigen Gasaustausch mit der Erde und bietet Schutz vor der extrem energiereichen und tödlichen Höhenstrahlung. Am äußeren Rand der Atmosphäre, der Exosphäre, verliert sie leichte Gase wie Wasserstoff ans All. Wegen der Erdanziehung werden jedoch ausreichend lebenswichtige Gase an die Erde gebunden und nicht ans Universum verloren. Verschiedene Stoffkreisläufe, wie der Kohlenstoff-, Sauerstoff-, Stickstoff- und Wasserkreislauf, stehen in ständigem Austausch mit dem Planeten. Das globale Klimageschehen ist an all diese Kreisläufe gekoppelt.

Diese Kreisläufe (siehe Abbildung 3) beeinflussen sich wechselseitig und sind zeitlichen Veränderungen unterworfen. Zum Verständnis der komplexen Klimaentwicklung ist es sinnvoll, die Eigenschaften von Systemen zu verstehen.

2.1 Systeme

Das Universum – so der Erkenntnisstand der Naturwissenschaften – ist durch den Urknall entstanden. Aus dem Nichts gebaren sich Raum und Zeit. Unvorstellbare Energiemengen verwandelten sich in Materie. Diese verklumpte und bildete Sonnen, Sterne und Planeten. Das Werden und Vergehen von Himmelskörpern ist nicht zum Stillstand gekommen. Die Wissenschaftler halten die unaufhörliche Ausdehnung des Universums für bewiesen. Unsere Sonne wird sich, wie andere Himmelsgebilde auch, irgendwann aufblähen, ausgebrannt sein und erkaltet in der Milchstraße weiterexistieren oder vielleicht mit einem anderen Stern kollidieren und sich mit diesem vereinen. Dies wird in einer unvorstellbar fernen Zukunft passieren. Darüber soll sich der Mensch nicht ängstigen, es spielt in den zeitlichen Maßstäben des Homo sapiens keine Rolle. Die Erde ist in den Jahrmilliarden seit ihrem Bestehen einem ständigen und noch immer anhaltenden Wandel unterworfen. Klimaveränderungen sind nur eines der Merkmale der Veränderung. Die Besonderheiten des Planeten Erde – seine Masse, seine stofflichen Eigenschaften, Temperatur, Atmosphäre, Magnetfeld – führten zur Entwicklung von Leben. Änderungen der Rahmenbedingungen – Eiszeiten – verdrängten aktuelles Leben, neues entwickelte sich und kam mit den veränderten Umweltbedingungen besser zurecht. Viele Merkmale dieser evolutionären Entwicklungsgeschichte sind in allen lebenden Wesen – also

Systeme

Ein System ist mehrteilig, und zwischen den Teilen herrschen Abhängigkeiten. Ein System wechselwirkt mit seiner Umgebung.

Dynamische Systeme

verändern sich zeitabhängig. Die Erde, das Klima, das Sonnensystem oder das Universum sind Beispiele für dynamische Systeme.

auch dem Menschen selbst – noch immer zu finden. So gesehen, ist der Mensch ein lebendes Archiv der Evolution, die das Leben bis zur Entwicklung des Homo sapiens erfunden hatte.

2.2 Offene und geschlossene Systeme

Ein System besteht aus:
- mehreren Teilen,
- aus Beziehungen und Wirkungen zwischen diesen Systemteilen und
- Wechselwirkungen mit ihrer Umgebung.

Ein System ist durch eine es von seiner Umgebung trennende Grenze gekennzeichnet. Offene Systeme tauschen mit ihrer Umwelt sowohl Materie als auch Energie aus. Lebewesen stellen offene Systeme dar. Sie nehmen Materie in Form von Nahrung auf, verwandeln einen Teil davon in Energie und scheiden den Rest aus. Mit der umgewandelten Energie erhalten sie ihre Lebensfunktionen. Der menschliche Körper verbraucht Energie für die Bewegung der Gliedmaßen, das Pumpen des Herzens, den Stoffwechsel, das Atmen der Lungen und das Denken.

> **Offene und geschlossene Systeme**
>
> **Offene Systeme** tauschen Materie und Energie mit der Umgebung aus.
> **Geschlossene Systeme** weisen keinen Austausch von Materie mit der Umgebung auf.

Die Erde ist ebenfalls ein offenes System. Die Sonne führt dem Planeten stetig Energie zu, die er teilweise aufnimmt, in Pflanzen- und Tierwachstum abgibt, in Wasserverdampfung umwandelt und mit der er andere Kreisläufe betreibt.

Abbildung 4: Offenes System am Beispiel eines Topfes mit kochendem Wasser.

Ein Beispiel für ein offenes System ist ein Topf mit kochendem Wasser (siehe Abbildung 4). Dem Wasser wird von unten über eine Kochplatte Energie zugeführt. Das Wasser erwärmt sich, bis es kocht und verdampft. Mit dem Wasserdampf wird neben den erhitzten davonfliegenden Wassermolekülen auch Energie abtransportiert. Die Wärmeenergie, die von unten zugeführt wird, wird in Bewegungsenergie des verdampfenden Wassers umgewandelt.

Geschlossene Systeme nehmen keine Materie auf und geben auch keine an die Umwelt ab. Sie können allerdings Energie absorbieren und wieder abgeben.

Abbildung 5: Geschlossenes System am Beispiel eines Druckkochtopfs.

Ein anschauliches Beispiel eines geschlossenen Systems ist der Druckkochtopf. Dieser ist mit einem dichtenden Deckel verschlossen. Das Wasser wandelt sich im Druckkochtopf in Wasserdampf um. Temperatur und Druck des Wasserdampfes steigen mit der zugeführten Wärmeenergie. Unter dem höheren Druck und der höheren Temperatur garen Speisen schneller.

Das Universum ist, zumindest nach unserem heutigen Erkenntnisstand, ebenfalls ein geschlossenes System. Es tauscht mit keinem anderen System Materie aus.

2.3 Erhaltungsgrößen

Erhaltungsgrößen

Energie, Masse und Impuls können nicht verschwinden. Sie bleiben erhalten. Die der Erde zugeführte Sonnenenergie muss der abgeführten Energie entsprechen. Herrscht ein Ungleichgewicht in dieser Strahlungsbilanz, dann erwärmt sich die Erde, bis ein Gleichgewichtszustand erreicht ist.

Offene und geschlossene Systeme unterscheiden sich, wie erläutert, durch den Austausch von Energie oder Materie. Forscher erkannten die Erhaltung gewisser physikalischer Größen in abgeschlossenen Systemen. Für jedes abgeschlossene System gelten die folgenden Erhaltungssätze:

- Erhaltung der Energie,
- Erhaltung der Masse, sie kann nicht verschwinden – sie kann aber aus Energieumwandlung entstehen oder in Energie verwandelt werden,[4]
- Impulserhaltung und
- Drehimpulserhaltung.

Diese Erhaltungssätze sind bedeutend für das Verständnis des Klimas und seiner Veränderungen. Der Energieerhaltungssatz beschreibt, dass die eingestrahlte Sonnenenergie und die abgestrahlte Wärmeenergie ein Gleichgewicht bilden müssen. Führt

4 Dies beschreibt die berühmte Einstein'sche Formel $e = mc^2$ – Energie ist gleich der Masse, multipliziert mit der Lichtgeschwindigkeit zum Quadrat – vom Menschen genutzt zum Bau von Atombomben oder zur Stromerzeugung in Kernkraftwerken.

die Erde weniger Wärmeenergie durch Abstrahlung ins All oder durch Umwandlung in Materie (Pflanzen, Tiere) ab, dann heizt sie sich so lange auf, bis ein Gleichgewichtszustand erreicht ist. Der beobachtete durch die Menschheit verursachte rasante Temperaturanstieg der letzten 50 Jahre zeigt eine deutliche Störung eines früher vorhandenen Gleichgewichtszustandes.[5]

ZUSATZINFORMATION

Als Beispiel zur Erhaltung der Materie diene die Verbrennung des Bestandteils Oktan, welcher im Benzin vorhanden ist. Es gilt:

$2\,C_8H_{18} + 25\,O_2 \rightarrow 16\,CO_2 + 18\,H_2O$ C_8H_{18} = Oktan, O_2 = Sauerstoff, CO_2 Kohlendioxid
H_2O = Wasser

Da für alle Stoffe der Erhaltungssatz gilt, muss die Anzahl der Atome auf der linken Seite gleich den Atomen auf der rechten Seite sein.

Links stehen: 16 C-Atome ($2\,C_8 = 16\,C$)
36 H-Atome ($2\,H_{18} = 36\,H$)
50 O-Atome ($25\,O_2 = 50\,O$)

Rechts stehen: 16 C-Atome
36 H-Atome ($18\,H_2 = 36$)
50 O-Atome ($16\,O_2 + 18\,O = 50\,O$)

Wie der chemischen Summenformel zu entnehmen ist, wird das Oktan mit dem Sauerstoff zu Kohlendioxid und Wasser verbrannt, wobei Wärme entsteht. Dies wird als »exotherme (Wärme erzeugende) Reaktion« bezeichnet.
Ein Liter Diesel erzeugt bei der Verbrennung circa 2,6 kg CO_2 und circa 8.500 kcal Energie. Dies entspricht dem 3,5- bis 4,5-Fachen des täglichen Energiebedarfes eines erwachsenen Menschen.
Ein Auto, welches circa 7 l Treibstoff je 100 km Kilometer verbraucht und pro Jahr 12.500 km fährt, erzeugt 2 t Kohlendioxid und benötigt dazu 1,6 t Sauerstoff. Ein Pkw erzeugt damit pro Jahr ungefähr sein Eigengewicht in CO_2.
Zum Vergleich: Ein Mensch benötigt pro Tag circa 1,5 kg Sauerstoff. Vom Sauerstoffbedarf eines Autos können also 1.000 Menschen einen Tag lang atmen.

5 Vor dem Beginn der Industrialisierung und dem Anstieg der Verbrennung fossiler Brennstoffe.

2.4 Systemdynamik – Rückkopplung

Dynamische Systeme sind zeitabhängig und weisen Rückkopplungen auf. Darunter wird die Selbstbeeinflussung des Systems verstanden. Eine Rückkopplung kann zur Abschwächung oder zur Verstärkung des Prozesses führen. Eine abschwächende Rückkopplung nennt man »Gegenkopplung« und eine verstärkende »Mitkopplung«. Gegenkopplungen wirken dämpfend und abklingend auf das System, Mitkopplungen verstärkend und aufschaukelnd.

Abbildung 6 zeigt beispielhaft den Einfluss von Kohlekraftwerken auf den Temperaturanstieg der Atmosphäre. Kohlekraftwerke verbrennen Kohle und erzeugen dadurch CO_2. Das erzeugte und in die Atmosphäre entlassene CO_2 erhöht den Treibhauseffekt[6], wodurch sich die globale Erdtemperatur erhöht. Durch die steigende Temperatur schmelzen Eisberge und Gletscher schneller weg. Das Weiß der Gletscher und der Eisberge reflektiert das Sonnenlicht sehr gut, sodass mehr Strahlung von der Erde in den Weltraum abgegeben wird. Schmelzen verkleinert das Rückstrahlvermögen, die Erde

Rückkopplung

Systeme beeinflussen sich über Rückkopplungen selbst. Die Rückkopplung führt durch eine Gegenkopplung zu einem Beruhigen oder durch eine Mitkopplung zu einem Aufschwingen des Systems.

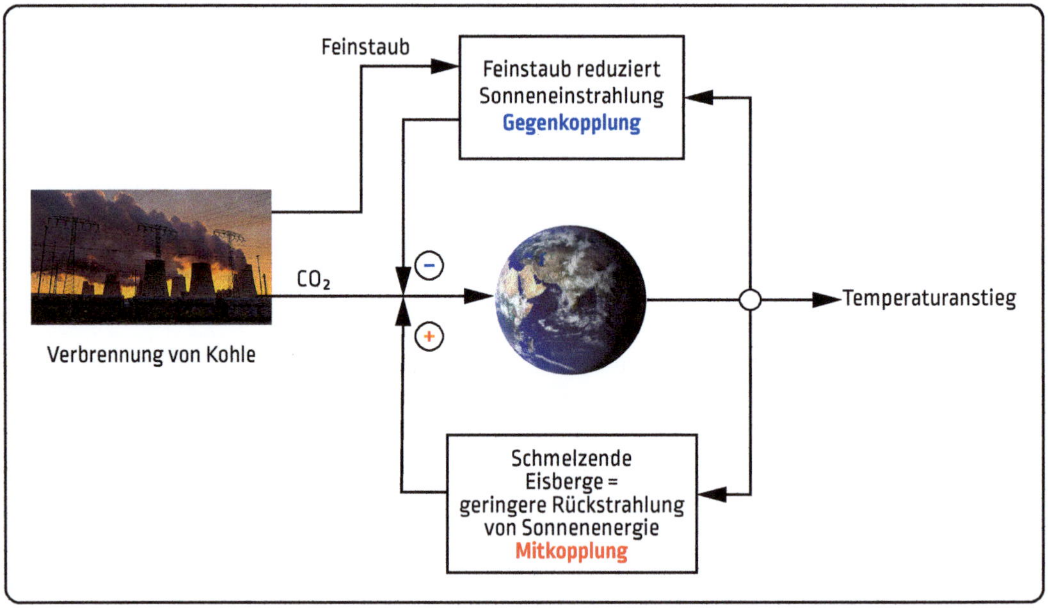

Abbildung 6: Schematische Darstellung von Mit- und Gegenkopplung eines Systemteils der Erde.

6 Der Treibhauseffekt wird später in diesem Buch detaillierter erklärt.

nimmt mehr Sonnenenergie auf und erwärmt sich schneller. In diesem Falle liegt eine positive Rückkopplung – eine Mitkopplung – vor. Kohlekraftwerke erzeugen im Verbrennungsprozess Aerosole, Partikel, die als Ruß oder Schwefeldioxid in die Atmosphäre gelangen. Erhöht sich der Aerosolanteil der Atmosphäre, gelangt weniger Sonnenenergie auf die Erdoberfläche, wodurch sie sich weniger erwärmt. In diesem Fall wirkt der erzeugte Feinstaub als negative Rückkopplung, also als Gegenkopplung. Ruß, der in die Atmosphäre gelangt, wirkt abkühlend. Die gegenkoppelnde Wirkung durch Aerosole ist sehr viel geringer als die verstärkende Wirkung des CO_2-Anstiegs. Um eine ungefähre Vorstellung vom Verbrauch von Kohle in Kraftwerken zu bekommen, wird das große Kohlekraftwerk Moorburg in Hamburg (mit 2-mal 800 Megawatt elektrisch erzeugter Leistung) beispielhaft vorgestellt.

Einheit der Leistung

W Watt (auch Nm/s oder Joule)

Vorsätze für Maßeinheiten sind:

k Kilo (Tausend)
M Mega (Million oder 10^6)
G Giga (1.000 Millionen oder 10^9)
T Tera (1.000 Giga oder 10^{12})
P Peta (1.000 Tera oder 10^{15})

Das Kohlekraftwerk Moorburg verbrennt *stündlich* 500 Tonnen Steinkohle, wobei etwa 1.000 Tonnen Kohlendioxid an die Atmosphäre abgegeben werden. Dafür werden fünf Güterwaggons mit Kohle entladen, diese pulverisiert und den Verbrennungskammern des Kraftwerkes zugeführt. Das Kraftwerk Moorburg darf nach den gesetzlichen Auflagen zusätzlich pro Jahr 7.850 Tonnen Schwefeldioxide und Stickoxide emittieren. Weiters ist die Abscheidung von bis zu 3,2 Tonnen Blei, 1,2 Tonnen Quecksilber und 1 Tonne Arsen zugestanden worden.

Abbildung 7: Steinkohlekraftwerk Moorburg in Hamburg-Moorburg.

2.5 Systemdynamik – Komplexität – chaotisches Verhalten

Randbedingungen sind bestimmend für das Verhalten eines Systems. Je komplexer es ist, je mehr Einflussgrößen wirken, desto schwieriger ist eine Vorhersage seiner Reaktionen.

Bei der Ausbildung des Klimas gibt es extrem viele Einflussfaktoren, weshalb die Forschung zwar schon sehr detaillierte Einblicke in das Systemverhalten erworben hat, aber noch immer nicht alle Zusammenhänge versteht. Die Simulationen und Vorhersagen der Klimaentwicklung weisen daher eine große Streubreite auf. Kleinste Störungen des Klimasystems können ein chaotisches Verhalten auslösen. Das ist eine der großen drohenden Gefahren der Klimaentwicklung.

> **Systemdynamik – Komplexität – chaotisches Verhalten**
> Komplexe Systeme neigen zu chaotischem Verhalten. Geringfügigste Änderungen der Anfangsbedingungen führen zu extremen Verhaltensunterschieden bis hin zu chaotischen ungeregelten Ausschlägen.

Das Klimasystem besteht aus:

- der Atmosphäre (Luftraum),
- der Hydrosphäre (Ozeane, Seen, Flüsse),
- der Kryosphäre (Eis, Schnee, Gletscher),
- der Lithosphäre (Gesteine, Landoberfläche, Böden) und
- der Biosphäre (Lebensraum im Wasser, in der Luft und auf dem Land).

Es verändert sich unter den agierenden Mit- und Gegenkopplungen wie Vulkantätigkeit, Plattentektonik, solaren Variationen, menschlichen Einflüssen, Schwankungen der Erdumlaufbahn um die Sonne, Änderung der Landnutzung und Änderungen der Zusammensetzung der Atmosphäre.

Bekannt ist der Ausspruch von Edward Lorenz, dem Begründer der Chaostheorie, im Hinblick auf gewonnene Erkenntnisse aus seinen Wettersimulationen: »Schon der Flügelschlag eines Schmetterlings über Hongkong kann einen Orkan über Alaska auslösen.«

3

Wetter und Klima

> Unterscheidet sich das Wetter vom Klima? Welche globalen Klimazonen gibt es, und wie charakterisiert man ein sich veränderndes Klima? Wo treten Klimaphänomene auf, und was sind die wichtigsten Klimakomponenten?

Wetter und Klima sind zwar eng miteinander verknüpft, unterscheiden sich aber wesentlich. Häufig werden Meteorologen gefragt, wie es denn sein kann, dass sie das Klima in 50 Jahren vorhersagen können, aber bei der Vorhersage des Wetters für die nächsten Tage scheitern. Es ist die chaotische Natur des Wetters als Ausdruck eines komplexen Systems mit zahlreichen Mit- und Gegenkopplungen, die es schon für einen Zeitraum von wenigen Tagen unvorhersehbar machen können. Meteorologen verstehen heute die Mechanismen der Wetterentwicklung sehr gut. Sie berechnen das Wetter anhand einer großen Datenbasis mit schnellen Computern. Die Grundlagen sind physikalische Konzepte, die die Bewegung der Atmosphäre beschreiben. Diese Beschreibung umfasst eine Vielzahl an Mechanismen: Wie wärmt sich die Atmosphäre auf, oder wie kühlt sie ab, wie viel Wasser verdunstet, in welche Richtung ziehen unter welchen Windeinflüssen die Wolken, wird es regnen oder schneien? Wettervorhersagen sind, zumindest für ein paar Tage im Voraus, relativ zuverlässig geworden.

> **Wetter und Klima**
>
> **Wetter** entspricht einer kurzfristigen Entwicklung und dem Verlauf atmosphärischer Vorgänge.
>
> **Klima** folgt aus der langjährigen Beobachtung (typisch sind Zeiträume von 30 Jahren) – z. B. durch Bildung des Mittelwertes der Temperatur und der Niederschläge.

Abbildung 8 zeigt die Temperatur der Wolken des Hurrikans »Michael«. Er traf am 10. Oktober 2018 den Nordwesten Floridas. Die purpurfarbenen Bereiche im Zentrum des Sturms zeigen eine Temperatur von circa –70 °C an, während die roten Bereiche bis zu 20 °C anzeigen. Dies ist ein Beispiel für ein anormales extremes Wetterereignis.

Auch wenn das Wetter oftmals chaotischen Bedingungen gehorcht, so ist das Chaos dennoch nicht ganz ohne Ordnung. Geringfügige Änderungen der Anfangsbedingungen können zu einer unterschiedlichen Wetterentwicklung führen, so kann sich die Richtung eines Sturmtiefs ändern, ohne Einfluss auf die Niederschlagsmenge oder die Sturmstärke zu nehmen.

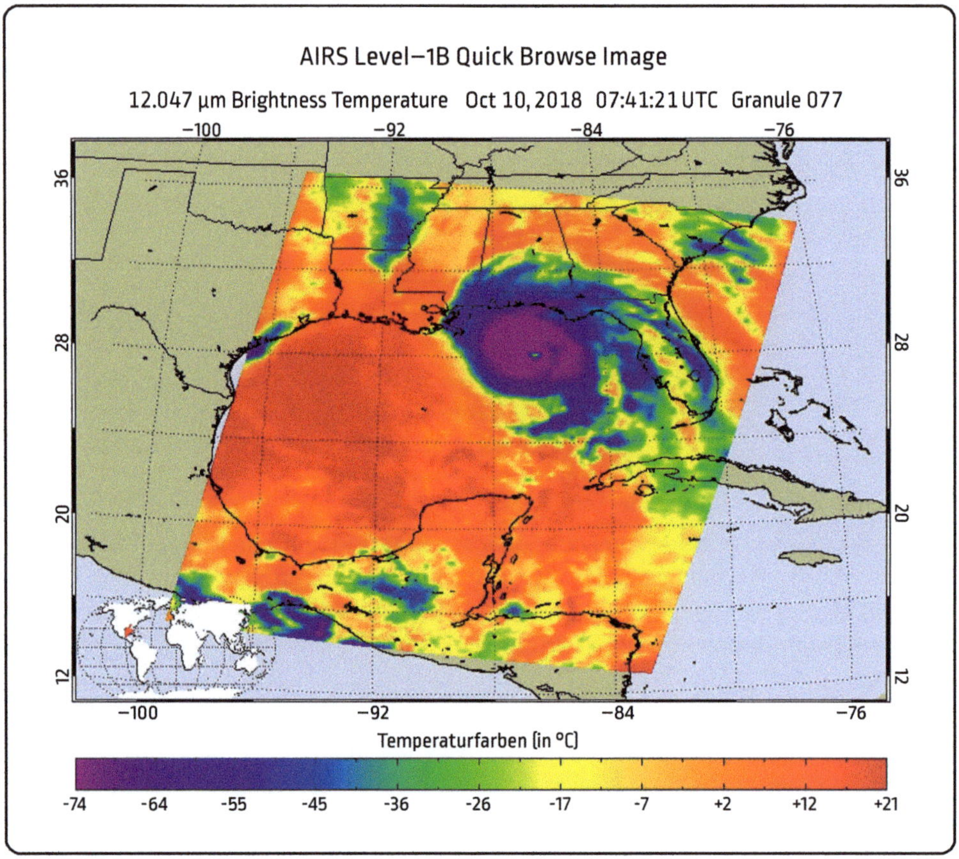

Abbildung 8: Temperatur der Wolken in und rund um den Hurrikan »Michael« der am 10. Oktober 2018 den Nordwesten von Florida traf.

Wetter tritt lokal auf und ist von Randbedingungen wie dem sich langfristig entwickelnden Klima, der geografischen Breite und Lage, der Bodenbeschaffenheit, den Höhendifferenzen, wie sie in den Alpen auftreten, der Lage in Tälern oder Hügeln, der Albedo und anderen Bedingungen abhängig.

Die Tatsache, dass an einem Ort in einem Winter sehr viel Schnee fällt und es lange kalt ist, ist kein Beweis dafür, dass es keine Erderwärmung gibt. Die unterschiedlichen Wetterlagen können spontan im Sinne eines komplexen Systems lokal entgegen der langfristigen Klimaentwicklung auftreten. Vorhersagen des Klimas hingegen können Zeitpunkt und Ort von Stürmen nicht vorhersagen, aber sie können die Wahrscheinlichkeit, Heftigkeit und Häufigkeit derartiger Ereignisse prognostizieren. Diese Prognosen werden aufgrund langjähriger Beobachtung und statistischer Auswertungen erstellt.

Klima unterscheidet sich vom Wetter durch die langfristige Beobachtung der Wetterlagen der Erde, der Ozeanströmungen, der Wassertemperaturen, der globalen Erdtemperaturen und erdweiten Windströmungen sowie des globalen Energiehaushalts der Erde. Einzelne Wetterkapriolen spielen dabei keine Rolle.

Das globale Klima kann als Zustand des gesamten Erdsystems betrachtet werden, einschließlich der Atmosphäre, des Landes, der Ozeane, Schnee und Eis und der Lebewesen. Diese globalen Hintergrundbedingungen bestimmen letztlich langfristig das Klima und kurzfristig das Wetter.

Klimabeeinflussend ist auch der Wechsel zwischen den Jahreszeiten. Je nach geografischer Lage unterliegt die entsprechende Landschaft unterschiedlicher eingestrahlter Sonnenenergie und abgestrahlter Erdwärme. Das zukünftige Klima verändert sich, wenn es grundlegende Veränderungen in diesen Energieverhältnissen gibt.

Klimatischen Änderungen liegen langfristige Schwankungen und Veränderungen in der Zusammensetzung der Atmosphäre zugrunde, deren Auswirkungen besser vorhersehbar und berechenbar sind als einzelne Wetterereignisse.

Vorhersagen gründen sich auf langjährig erfasste statistische Daten. In Analogie dazu: Das Ergebnis eines einzelnen Würfelwurfes ist unvorhersehbar, wohingegen die Wahrscheinlichkeit, eine Sechs zu würfeln, bei 1.000 Würfen sehr gut und zuverlässig mit einem Sechstel vorhergesagt werden kann.

3.1 Globale Klimazonen

Globale Klimazonen berücksichtigen lokale Gegebenheiten nicht. Beeinflussungen des Klimas durch Berge und Täler, Flüsse und Seen bleiben unberücksichtigt. Großräumig ist allerdings die Vegetation klimabeeinflussend. Nicht umsonst spricht man z. B. vom Regenwald. Der Regenwald speichert Feuchtigkeit und gibt sie auch entsprechend ab. Er erzeugt gewissermaßen *seine* Niederschläge durch *seine eigene* Verdunstung. Eine Abholzung führt lokal zu einem trockeneren Klima. Hinzu kommen andere bedeutende nachteilige Effekte wie der Verlust an CO_2-Aufnahme und -Speicherung.

> **Globale Klimazonen**
> werden nach Breitengradbereichen unterschieden, weil diese charakteristische Eigenschaften aufweisen.

Die Tropen (Breitengrad 0–23,5°)

Die Einstrahlung der Sonne fällt hier fast ganzjährig senkrecht auf die Erde. Aufgrund der hohen Strahlungsenergie je Quadratmeter ist es in diesen Gebieten sehr warm. Die hohen Temperaturen führen zu einer starken Verdunstungsrate, weshalb die Luft sehr feucht ist. Die Tropen sind durch hohe Niederschlagsmengen gekennzeichnet.

Die Subtropen (Breitengrad 23,5–40°)

Die Gebiete der Subtropen erhalten im Sommer auf der nördlichen Halbkugel die höchste Einstrahlung, da die Sonne gegen Mittag senkrecht zur Erdoberfläche steht

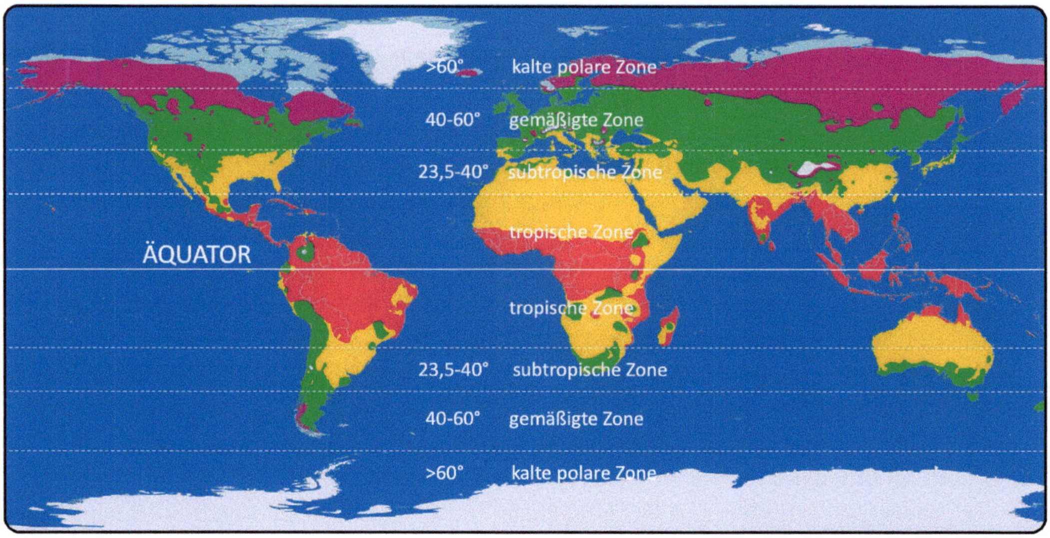

Abbildung 9: Klimazonen der Erde.

und die Bewölkung relativ gering ist. Diese Gebiete sind trockener, weil sie wegen der Passatwinde weniger Zufuhr an Feuchte erhalten. In diesen Zonen sind daher vorrangig Wüsten und Trockengebiete zu finden.

Gemäßigte Zone (Breitengrad 40 – 60°)

In den gemäßigten Zonen fallen die Sonnenstrahlen flacher ein, weshalb es, verglichen mit den Subtropen, im Durchschnitt wesentlich kühler ist. Die Tageslängen unterscheiden sich je nach Jahreszeit deutlich. Das Klima ist durch weniger häufig auftretende Extreme und eine gleichmäßige Verteilung der Niederschläge gekennzeichnet. Die gemäßigte Zone kennzeichnet eine lange Vegetationsperiode.

Kalte Zone (polare Zone) (Breitengrad 60 – 90°)

In den Polargebieten und den Gebieten des hohen Nordens fallen die Sonnenstrahlen sehr flach ein. Die eingestrahlte Energiemenge der Sonne pro Flächeneinheit ist sehr gering. Die Tageslängen zwischen Sommer und Winter schwanken zwischen Extremen – die Sonne geht entweder nie auf oder nie unter. Das Pflanzenwachstum ist auf wenige Monate im Jahr begrenzt und fällt dementsprechend spärlich aus. Abbildung 10 zeigt eine Weltkarte mit Temperaturen an Orten verschiedener Breitengrade, wenn in Europa Winter ist.

Deutlich ist der klimatische Unterschied von Städten in unterschiedlichen Klimazonen. In Kinshasa, das in den Tropen liegt, schwanken die durchschnittlichen Temperaturen im Jahresverlauf kaum und liegen mit 25 °C sehr hoch. Die Niederschlagsmengen sind von Januar bis Mai und von Oktober bis Dezember entsprechend der Regenzeit beträchtlich. Von Juni bis August hingegen regnet es kaum.

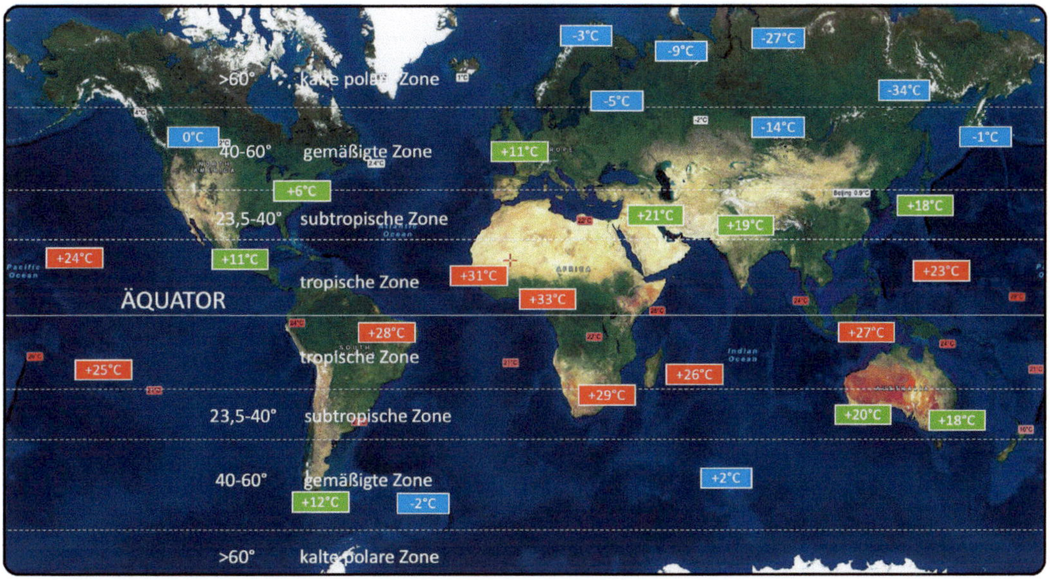

Abbildung 10: Temperaturen der Ozeane und der Kontinente abhängig vom Breitengrad (November 2019).

In Hammerfest steigen die Temperaturen praktisch nur von Mai bis Oktober über den Gefrierpunkt. Die Niederschläge sind während des ganzen Jahres ziemlich konstant. Die Vegetationsperiode ist sehr kurz.

In Rom, an der Grenze zwischen gemäßigter Zone und den Subtropen, liegt die durchschnittliche Temperatur das ganze Jahr nicht unter 10 °C und in den Sommermonaten bei 30 °C. In den Sommermonaten Juli und August regnet es wenig.

Abbildung 11: Durchschnittstemperaturen je Monat für Kinshasa (Tropen, 4° nördlicher Breite), Rom (gemäßigte Zone, 42° nördlicher Breite), Hammerfest (kalte Zone, 71° nördlicher Breite).

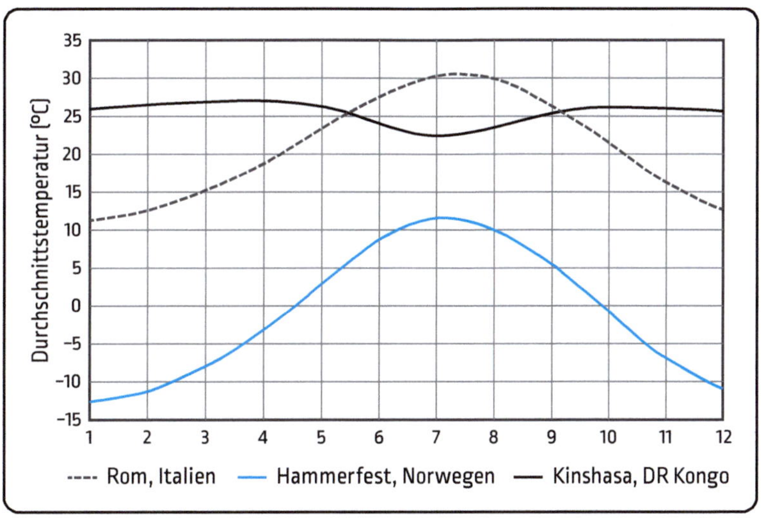

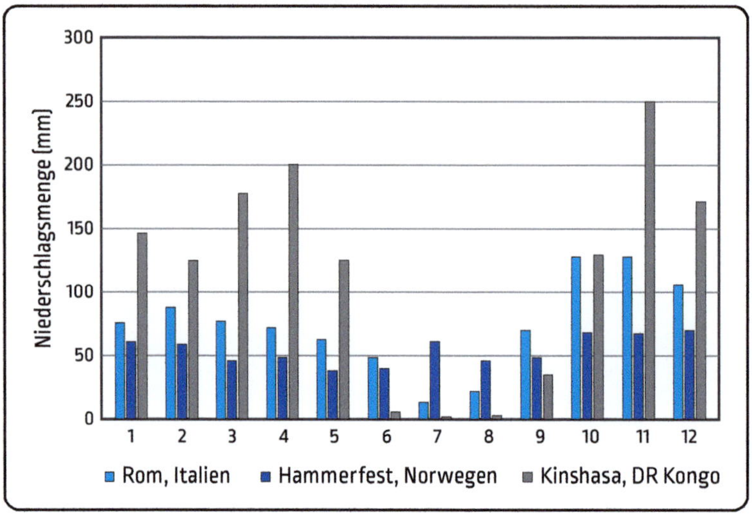

Abbildung 12: Durchschnittliche Niederschlagsmenge je Monat für Kinshasa, Rom und Hammerfest.

3.2 Klimaveränderung

Klimaveränderungen sind nur über lange Zeiträume nachweisbar. Typischerweise werden zur Beschreibung eines Klimas Zeiträume von 30 Jahren herangezogen. Berechnungsgrundlagen etwa sind mittlere Temperaturen oder Niederschlagsmengen, gemessen über einen Monat oder ein Jahr.

> **Gauß'sche Normalverteilung – Mittelwerte – Standardabweichung**
>
> Die **Gauß'sche Normalverteilung** ist eine Wahrscheinlichkeitskurve ähnlich einer Glockenform, die angibt, wie häufig ein bestimmter Wert unter vielen gemessenen Werten auftritt. Der **Mittelwert** liegt symmetrisch in der Mitte der Glockenkurve und gibt den am häufigsten auftretenden Wert an. Die **Standardabweichung σ** einer Normalverteilung definiert die Breite um den Mittelwert, sie zeigt an, dass sich 68,3 % aller Messwerte innerhalb dieser Grenzen befinden.

Zur Beschreibung der Charakteristiken der entsprechenden Klimazone werden die gesammelten Durchschnittstagestemperaturen eines ganzen Jahres oder von 30 Jahren als Häufigkeitsdiagramm aufgetragen. Es ergeben sich glockenförmige Kurven, die mit Methoden der Statistik berechnet und ausgewertet werden (sogenannte Gauß'sche Verteilungskurven mit den charakteristischen Parametern Standardabweichung und Mittelwert). Der Mittelwert liegt beim Maximum der Kurve. Ganz links liegen die tiefen Temperaturen. Extreme Kältetage sind selten. Deswegen nimmt die Kurve zunehmend nach links ab. Die extremen Hitzetage sind ebenfalls selten – sie finden sich ganz rechts im Diagramm.

In der Mitte sammelt sich das Gros an Tagen mit den typischen häufigsten Temperaturen. Die Breite der Glockenkurve ist ein Ausdruck dafür, wie sehr die Temperaturen streuen. Ist die Glockenkurve sehr eng (wie z. B. in Kinshasa), dann schwanken die

Abbildung 13: Häufigkeitskurve der Tagestemperaturen einer Klimazone, die in Richtung steigender Temperaturen verschoben wird.

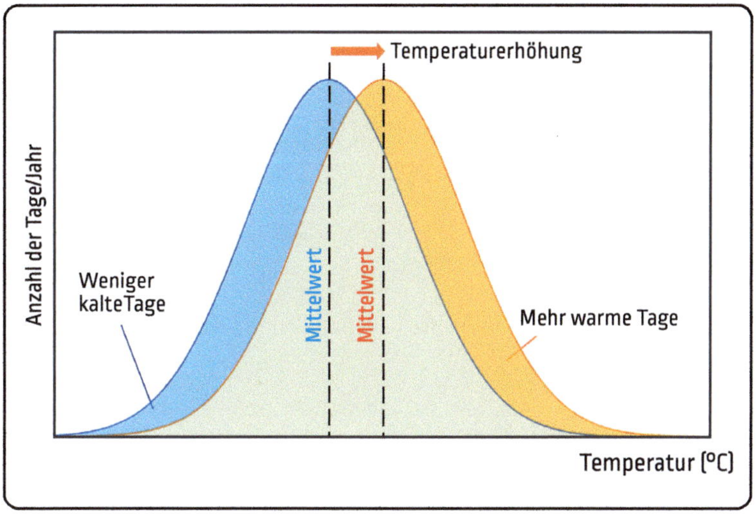

Abbildung 14: Häufigkeitskurve der Tagestemperaturen einer Klimazone, die in Richtung steigender Temperaturen verschoben wird und dabei in ihrer Breite zunimmt.

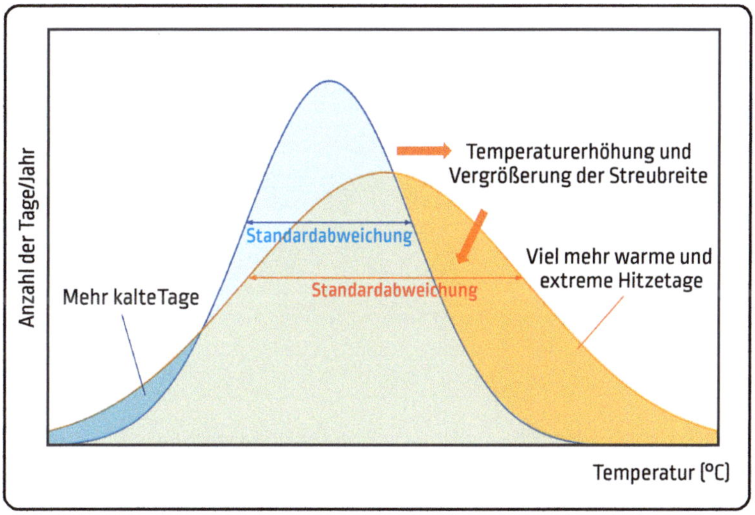

Temperaturen im Jahresverlauf nur sehr wenig. Je breiter die Kurve ist (wie in Rom), umso mehr schwanken die Temperaturen übers Jahr und umso flacher verläuft die Glockenkurve. Kommt es durch eine Klimaveränderung zu einer globalen Erhöhung der Temperatur (im Diagramm durch den Pfeil gekennzeichnet), dann verschiebt sich die gesamte Glockenkurve im Lauf der Jahre nach rechts, und die extrem heißen Tage nehmen zu, wohingegen die extrem kalten Tage abnehmen. Insgesamt treten mehr warme und heiße Tage auf.

Ändert sich bei einer Klimaveränderung die Verteilung der Tagestemperaturen, dann wird die Kurve breiter. Dieses Verhalten wird für das zukünftige Klima in Europa erwartet. Es wird nicht nur zu im Mittel höheren Temperaturen kommen, sondern

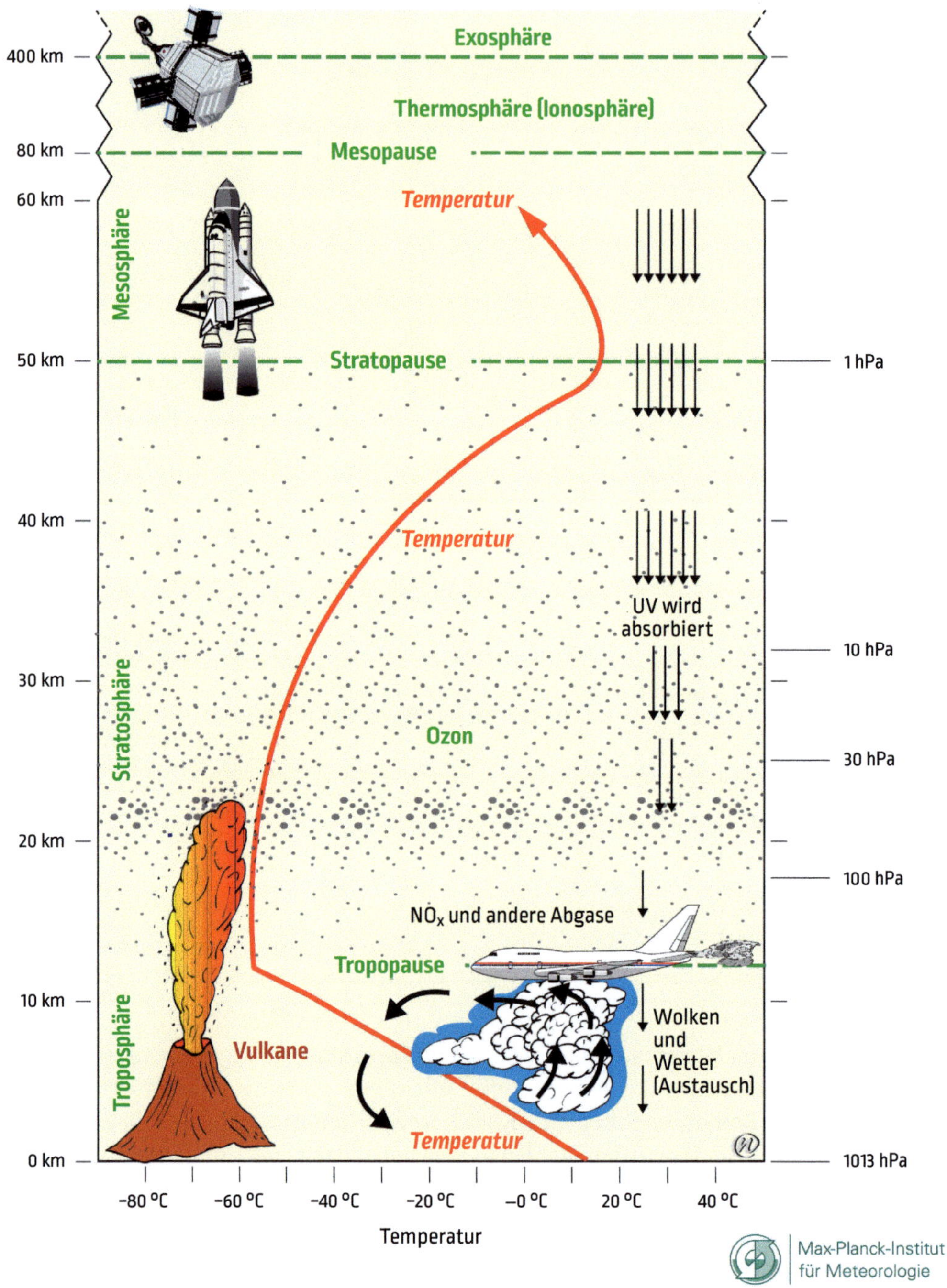

Abbildung 15: Vertikalgliederung der Atmosphäre.

auch zu einer Vergrößerung der Standardabweichung; das Wetter wird wechselhafter. Dann gibt es mehr kalte und mehr heiße Tage, die Tage mit Extremtemperaturen werden häufiger, die üblichen typischen Temperaturen werden unschärfer und weniger ausgeprägt auftreten. Das Wetter wechselt wesentlich öfter von warmen zu kälteren Tagen. Es wird unbeständiger.

Eine Erhöhung der globalen Temperatur um wenige Grade erscheint gering. Eine scheinbar kleine Änderung der Erdtemperatur kann aber auf lange Sicht zum Abschmelzen der arktischen und antarktischen Gletscher führen und die Erde in eine Gluthölle verwandeln. Dem Absinken um wenige Grade hingegen kann eine zunehmende Vergletscherung folgen und die Erde in eine Eiskugel verwandeln. Während der vergangenen Eiszeiten schwankten die globalen Mittelwerte der Tagestemperaturen nur in einem Bereich von etwa ±5 °C. Die globale Erdtemperatur wird über lokale Klimadaten vieler Stationen[7] auf der Erde gemessen.

3.3 Die Atmosphäre

Klimaphänomene treten vor allem in der Atmosphäre auf. Die Atmosphäre beginnt an der Erdoberfläche und geht nach oben hin ohne feste Grenzfläche in den interplanetarischen Raum über. Die Luftdichte und der Luftdruck nehmen nach oben hin ab. In 5,5 Kilometer Höhe ist er bereits auf die Hälfte gesunken und beträgt in 30 Kilometer Höhe nur mehr 1 % des Luftdrucks auf Meeresspiegelhöhe. In 100 Kilometer Höhe liegt bereits Hochvakuum vor. Für die Wetterereignisse und Klimaprozesse sind nur die unteren rund 10 bis 50 Kilometer (Troposphäre und Stratosphäre) von Bedeutung. Die Erde verdankt ihre Atmosphäre der Existenz der gravitativen Massenanziehungskraft. Wenn Meteore die Erde treffen, verglühen sie meistens bereits in der Mesosphäre. In der Thermosphäre steigt die Temperatur mit der Höhe wieder steil an. Dieser Temperaturanstieg ist eine Folge der beinahe vollständigen Absorption der energiereichen Sonneneinstrahlung, einhergehend mit der Ionisation der sich in dieser Höhe befindlichen Gase wie des Ozons. Die Thermosphäre überlappt mit der Ionosphäre, das ist der Bereich ionisierter Atome und freier Elektronen.

Abbildung 15 zeigt den vertikalen Aufbau der Atmosphäre.

---

7 Global Historical Climatology Network (GHCN); https://www.ncdc.noaa.gov/data-access/land-based-station-data/land-based-datasets/global-historical-climatology-network-ghcn, abgerufen am 23.4.2021.

3.4 Das Klimasystem

Die einzelnen Komponenten des Klimas beeinflussen einander wechselseitig. Zusätzlich treten äußere Faktoren wie Schwankungen der Sonneneinstrahlung, Bewegungen der Erde während des Umlaufs um die Sonne, Vulkanausbrüche, Meteoriteneinschläge etc. auf.

> **Atmosphäre – Troposphäre - Stratosphäre**
>
> Unter **Atmosphäre** wird die gasförmige Hülle um einen Himmelskörper verstanden. Sie besteht aus einem Gemisch aus Gasen, die vom Schwerefeld an den Planeten gebunden wird.
>
> Die **Troposphäre** ist die unterste Schicht der Atmosphäre. Sie enthält 90 % aller Gase und beinahe den gesamten Wasserdampf. In ihr spielt sich der Großteil der Wetterereignisse ab.
>
> In der **Stratosphäre** steigt die Temperatur mit der Höhe wieder an. Ursache dafür ist die Absorption von UV-Strahlung durch das in der Stratosphäre befindliche Ozon.

Das Wetter ereignet sich innerhalb von Tagen bis Wochen, die Witterung innerhalb der Jahreszeiten, die Klimaveränderungen überdecken einen Zeitraum von Millionen Jahren. Die meisten erdoberflächennahen Aufzeichnungen reichen etwa 350 Jahre zurück. Historische Aufzeichnungen, wie Pegelstände von Flüssen (der Nil in Ägypten), Höhlenmalereien, Jahresringe von Bäumen und Sedimentablagerungen, ermöglichen rückblickende Aussagen zum Klima bis vor etwa 5.000 Jahren. Eis- und Sedimenttiefenbohrkerne sowie Fossilienfunde erlauben Rückschlüsse bis in paläoklimatologische Zeiten zurück.

Ein geeignetes Klima ist für pflanzliches und tierisches Leben existenziell. Bei abrupten Klimaveränderungen können sich Lebensformen an die geänderten Ver-

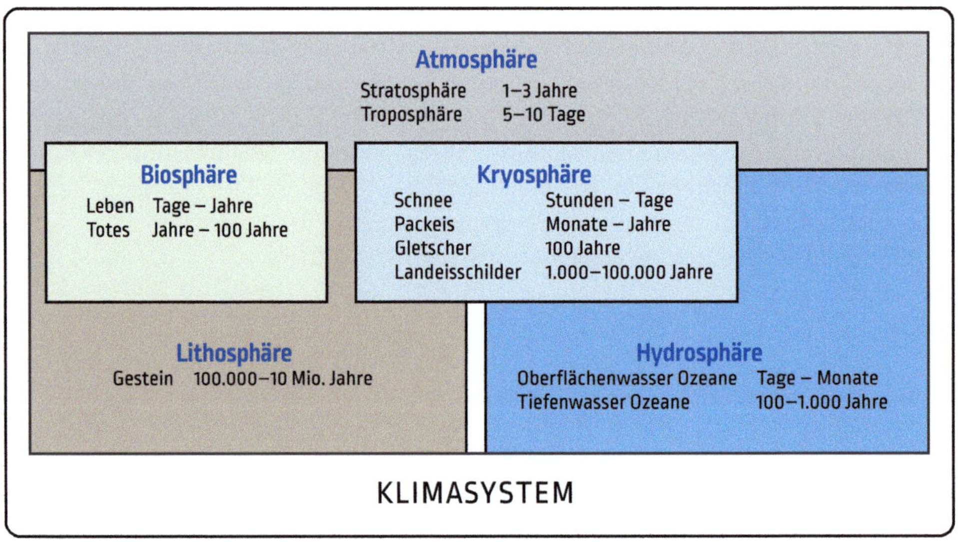

Abbildung 16: Schema des globalen Klimasystems und ihrer Zeitkonstanten.

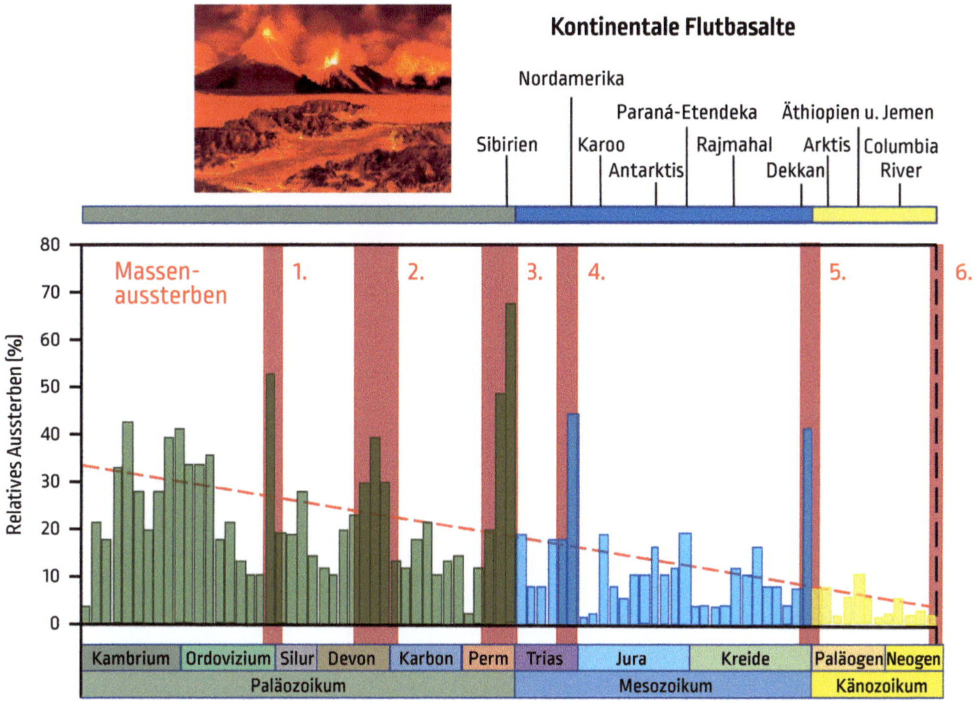

Abbildung 17: Die fünf großen Aussterbeereignisse.

hältnisse nicht rasch genug anpassen und sterben großteils aus. In der Geschichte der Erde ereigneten sich bisher fünf große Massenaussterbeereignisse infolge von Klimaveränderungen.

Das sechste Massenaussterben ist im Gange und durch den Menschen verursacht. In der langen Geschichte der Erde waren es vor allem vulkanische Tätigkeiten, der Austritt kontinentaler glühender Flutbasalte, die einen plötzlichen Klimawechsel verursachten. Die strichlierte rote Linie in der Abbildung 17 zeigt die Entwicklung des Umfangs des Aussterbens der Tierwelt. Sie zeigt die wachsende Widerstandsfähigkeit der Organismen gegen Klimaeinflüsse an. Das kann als ein Lernen der Evolution durch lebensbedrohende Klimaereignisse interpretiert werden.

Es ist von fundamentaler Bedeutung, aus diesen vergangenen Ereignissen zu lernen, um das Leben auf dem Planeten zu erhalten. Daher wird in diesem Buch auch auf die Entwicklung der Erde, auf die Entstehung und das Vergehen des Lebens eingegangen, damit Verständnis für die Beziehungen zwischen den einzelnen Sphären und ihre Auswirkungen auf die Lebensbedingungen geweckt wird.

4

Das Universum, das Sonnensystem und der Planet Erde

> **Wie sind das Universum, das Sonnensystem und die Erde entstanden?**
> **Aus wie vielen Sternen besteht unsere Galaxie?**

4.1 Die Entstehung des Universums und der Himmelskörper

Das Universum bildet ein geschlossenes System. Aus ihm entschwindet keine Materie, und es wird ihm keine zugeführt. Die vorhandene Energie bleibt erhalten.

Die Erde ist einem steten Energiefluss ausgesetzt und gibt diese Energie in Form von Wärmestrahlung an das All zurück. Sie verliert Teile ihrer Atmosphäre an den interstellaren Raum. Im Gegenzug erhält sie Materie durch einschlagende Meteoriten. Die Häufigkeit des Einschlags von Himmelskörpern nahm mit zunehmendem Alter des Sonnensystems ab. Die Erde bildet ein offenes System.

So wie das Universum, welches sich im Zeitenlauf ständig wandelt, entwickelt sich auch die Erde stetig weiter. Beide, das Universum und das Sonnensystem, die Erde als winziger Teil eingeschlossen, sind dynamische Systeme, die komplexen physikalischen Gesetzen folgen.

Zum Verstehen der großen Zusammenhänge wird auf die Entwicklung des Universums eingegangen, denn es ist Ursprung von allem, was ist, es ist der Keim allen Lebens. Weitgehend anerkannt unter Physikern ist die Entstehung des Universums aus dem Nichts heraus von einem Moment zum anderen. Dieser unvorstellbare Vorgang wird als »Urknalltheorie« oder als »Big-Bang-Theorie« bezeichnet. Die Bezeichnung »Urknall« bzw. »Big Bang« deutet auf eine Explosion hin. Damit ist aber keine reale Explosion (die mit einer Druckwelle einhergeht) gemeint, sondern das Entstehen von Raum und Zeit. Das Universum dehnt sich aus. Wo hinein dehnt es sich aus? Das Universum dehnt sich nirgendwo hin aus, es gebiert Raum und Zeit aus sich selbst heraus. Es gleicht dem Aufschäumen von PU-Schaum – allerdings in eine für uns Menschen unerfahrbare vierte Dimension hinein.

Stellen Sie sich Bewohner vor, die nur zwei Dimensionen kennen. Das wären Flächenwesen. Wenn diese Flächenwesen auf einem Ballon herumkriechen würden, dann kämen sie in keiner Richtung an ein Ende. Würde dieser Ballon aufgeblasen, dann würden sie bei hinreichender Intelligenz erkennen, dass sich die Fläche, auf der sie leben, ausdehnt, ohne allerdings eine Vorstellung des Raumes als dritter Dimension erfahren zu können. In Analogie zu dieser Vorstellung können wir den von uns bewohnten dreidimensionalen Raum ansehen. Er dehnt sich sozusagen in eine uns unzugängliche vierte Dimension aus. Rund um diesen sich ausdehnenden Raum ist Nichts. Dieses Nichts steht nicht stellvertretend für ein Vakuum (das entspräche leerem Raum), sondern für das nicht Vorhandensein weder des Raumes noch der Zeit.

Wie kann die Geschwindigkeit sich auf uns zu- oder wegbewegender Sterne gemessen werden? Der Optiker Joseph von Fraunhofer entdeckte 1814 im Lichtspektrum der Sonne bestimmte Linien. Diese Linien wurden nach ihm »Fraunhoferlinien« benannt. Woher diese Linien kamen, war Fraunhofer nicht bekannt. 1858 entwickelten Gustav Kirchhoff und Robert Bunsen die Spektralanalyse. Sie beobachteten beim Erhitzen chemischer Substanzen in Flammen (im »Bunsen«-Brenner) charakteristische Spektrallinien. Diese bilden einen Fingerabdruck des jeweiligen Elementes. Das Vorhandensein eines Elementes, welches bei den Brennprozessen eines Sternes eine Rolle spielt, kann daher anhand seiner Spektrallinien im Sternenlicht nachgewiesen werden. Bei den meisten Sternen sind dies die Spektrallinien von Wasserstoff und Helium (Sterne bestehen meist zu 75 % aus Wasserstoff und zu 25 % aus Helium).

Das Licht der Sterne bewegt sich mit Lichtgeschwindigkeit (300.000 Kilometer pro Sekunde). Da die Himmelskörper unvorstellbar weit entfernt sind, kommt das Licht aus einer fernen Vergangenheit zu uns. Bei sehr alten Sternen existieren diese nicht mehr, aber ihr Licht setzt weitere Jahrmillionen die Reise zur Erde fort und ist dort weiter zu sehen. Wir leben im Jetzt – um uns ist die Vergangenheit.

Die Geschwindigkeit sich auf unser Sonnensystem zu- oder wegbewegender Sterne bestimmt die Rot- oder Blauverschiebung der Spektren des Lichts des beobachteten Sternes. Bewegt sich ein Stern auf die Erde zu, werden die Wellenlängen seines charakteristischen Lichtspektrums verkürzt, das entspricht einer Verschiebung in Richtung Blau. Entfernt er sich, kommt es zu einer Verkürzung der Wellenlängen, das entspricht einer Verschiebung in Richtung Rot. Wird das Licht ferner Sterne in seine Spektrallinien zerlegt, würde die Verschiebung seiner charakteristischen Spektrallinien (z. B. der Wasserstofflinien) die Richtung und die Größe seiner Geschwindigkeit relativ zur Erde wiedergeben. Abbildung 18 zeigt links das Sonnenspektrum mit den typischen Linien der Elemente des Wasserstoffs und des Heliums. Rechts daneben ist das Licht des Supergalaxienhaufens CBA511 in seine Spektralfarben zerlegt. Es ist deutlich zu erkennen, dass sich die charakteristischen Linien insgesamt in Richtung Rot verschoben haben. Der Supergalaxienhaufen CBA511 entfernt sich also von der Erde.

Das Maß der Verschiebung ergibt die Fluchtgeschwindigkeit der Supergalaxie CBA511 in Bezug auf die Erde.

1929 untersuchte der Astronom Edwin Hubble die Geschwindigkeiten verschiedener entfernter Galaxien. Seine Untersuchungen ergaben erstaunlicherweise, dass

Abbildung 18: Rotverschiebung charakteristischer Spektrallinien.

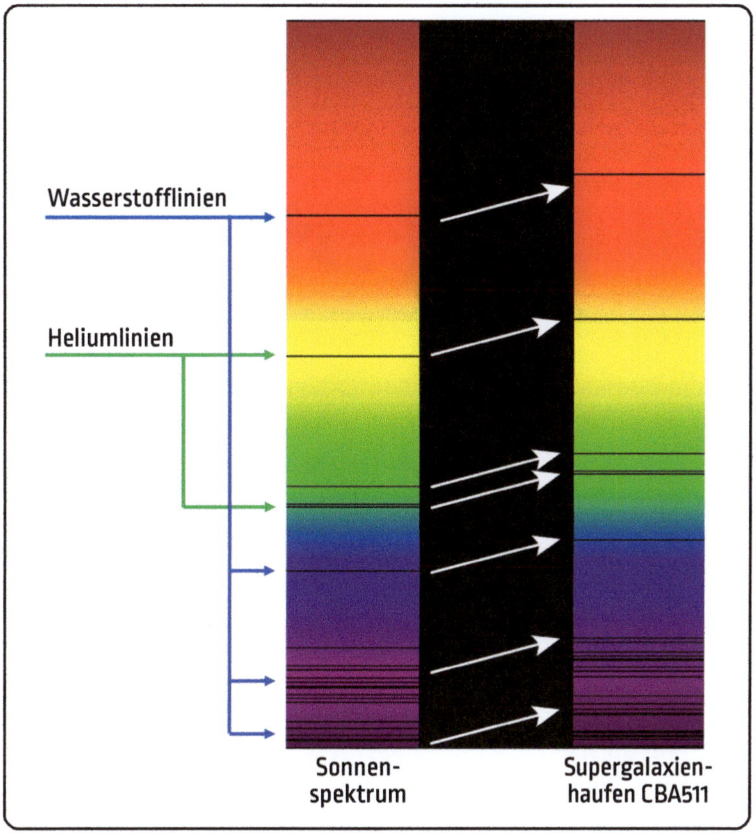

sich fast alle Galaxien von der Erde entfernen. Näherungsweise gibt es einen linearen Zusammenhang zwischen Distanz und Geschwindigkeit. Je entfernter eine Galaxie ist, umso schneller bewegt sie sich von der Erde weg.

ZUSATZINFORMATION

Vereinfacht beschreibt das Hubble-Lemaitre-Gesetz den Zusammenhang

$$c \cdot z \approx H_0 \cdot D$$
$$v \approx H_0 \cdot D$$

v → Fluchtgeschwindigkeit $\left[\frac{km}{s}\right]$

H_0 → Hubble-Konstante $\left[\frac{km}{s \cdot MParsec}\right]$

D → Distanz [MParsec]

z → kosmologische Rotverschiebung

c → Lichtgeschwindigkeit

Die Hubble-Konstante wird heute mit einer Genauigkeit von 10 % mit

$H_0 \approx 72 \frac{km}{s \cdot MParsec}$ angegeben.

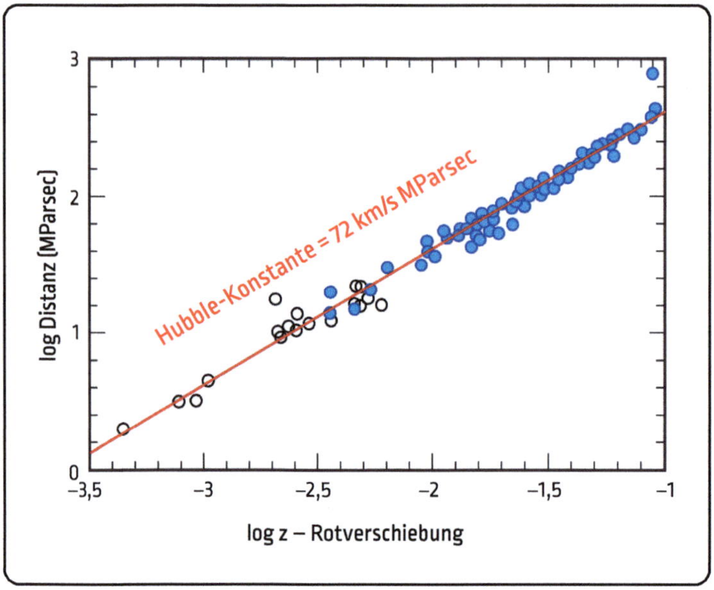

Abbildung 19: Fluchtgeschwindigkeit versus Distanz für Cepheiden (Kreise), Supernovae, Galaxien (alle blauen Kreise); die durchgezogene Linie ergibt eine Hubble-Konstante von 72 $\frac{km}{s \cdot MParsec}$].

Zu Beginn der Zeit, glauben die Astrophysiker, gab es nur eine gemeinsame Kraft, aus der sich während der Entwicklung des Universums die heute bekannten Grundkräfte (Gravitation oder Schwerkraft, elektromagnetische Kraft, Kernkraft und schwache Kraft) aufspalteten. Die Physik für diese Vorgänge ist bis heute unverstanden. Dieser Periode folgte die sogenannten GUT-Ära (Grand Unified Theory). Ob und welche Teilchen während dieses kurzen ersten Moments der Universumsbildung vorhanden

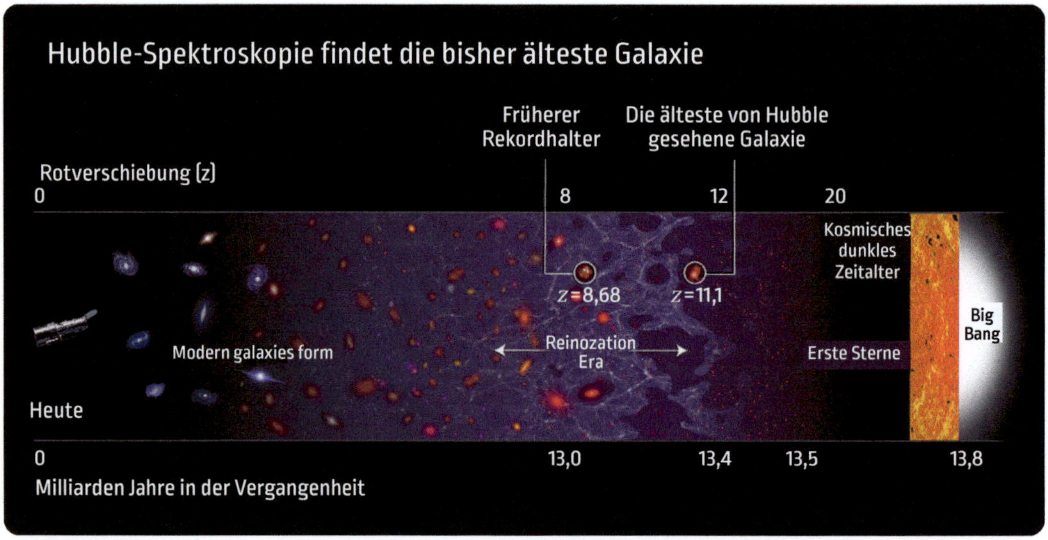

Abbildung 20: Alter der Galaxie GN-z11 im Hinblick auf die Zeit seit dem Urknall.

waren, ist ebenfalls unbekannt. Theoretisch sollte bei diesen Vorgängen gleich viel Materie wie Antimaterie erzeugt werden. Wir existieren nur, weil mehr Materie als Antimaterie erzeugt wurde. Die Wissenschaftler vermuten, dass in der GUT-Ära die Weichen für diese Asymmetrie, die der Materie die Oberhand gab, gestellt wurden.

Vor 13,8 Milliarden Jahren war er also plötzlich da, der Keim des Universums – von einem Augenblick zum anderen (siehe Abbildung 20). Woher er kam und warum, ist unbekannt und nicht begreifbar.

Zuallererst entfaltete sich eine unermessliche Energiemenge in unvorstellbar kurzer Zeit. Der dreidimensionale Raum wuchs explosionsartig an. Diese blitzartige Ausdehnung des Universums im ersten Augenblick bezeichnen die Astrophysiker als »Inflation«. In diesem Urmoment existierte ein heißes und dichtes Plasma, in dem unbekannte schwere Teilchen entstanden und verschwanden.

Die Eltern aller Partikel zerfielen in die uns heute bekannte Materie und in die *Dunkle Materie*. Die Dunkle Materie wird wie die *Dunkle Energie* von Wissenschaftlern postuliert, denn nur diese Annahmen erklären die beobachteten Eigenschaften des Universums. Bisher fanden die Wissenschaftler allerdings weder Teilchen der Dunklen Materie noch eine Erklärung für die Dunkle Energie. Tatsächlich besteht das Universum zu fast 26,8 % aus anziehender Dunkler Materie und zu 68,3 % aus abstoßend wirkender Dunkler Energie. Nur 4,9 % werden von der bekannten sichtbaren Materie gebildet.

Urplasma – Quarks – Gluonen

Das **Urplasma** war ein Quark-Gluon-Plasma. Darunter wird ein Materiezustand unter extrem hoher Dichte und Temperatur verstanden.
Quarks sind die inneren Bestandteile der Neutronen und Protonen.
Gluonen sind Elementarteilchen, die für die Anziehung der Protonen und Neutronen in einem Atomkern verantwortlich sind.

Der Begriff »Dunkle Materie« leitet sich aus deren spezieller Eigenschaft ab – sie wechselwirkt nicht mit Licht oder elektrischen Ladungen, daher kann sie nicht beobachtet und gemessen werden. Einzig die Gravitation scheint wirksam zu sein. Die Dunkle Energie wirkt der anziehenden Schwerkraft entgegen und ist für die beobachtete beschleunigte Ausdehnung des Universums verantwortlich. Verschiedene Galaxien weisen nämlich im Hinblick auf ihre sichtbare Materie viel zu große Geschwindigkeiten auf. Die sichtbare Materie reicht bei Weitem nicht aus, um die Galaxie zusammenzuhalten. Erklärbar sind diese Phänomene nur durch die Annahme, dass es Unmengen an unsichtbarer Dunkler Materie gibt, die für einen zusätzlichen Zusammenhalt der Himmelskörper sorgt. Kurzum, Dunkle Materie und Dunkle Energie sind immer noch Theorie.

Im extrem heißen Urplasma bildeten sich keine stabilen Atome, wie wir sie heute kennen. Es dauerte 380.000 Jahre, währenddessen sich das Universum ausdehnte und abkühlte, bis sich dauerhafte Atome bildeten. Aus dem heißen Plasma konnten keine elektromagnetischen Wellen wie das Licht entweichen. Erst als dieses Plasma zu Materie kondensierte, wurde das Universum für Licht durchlässig.

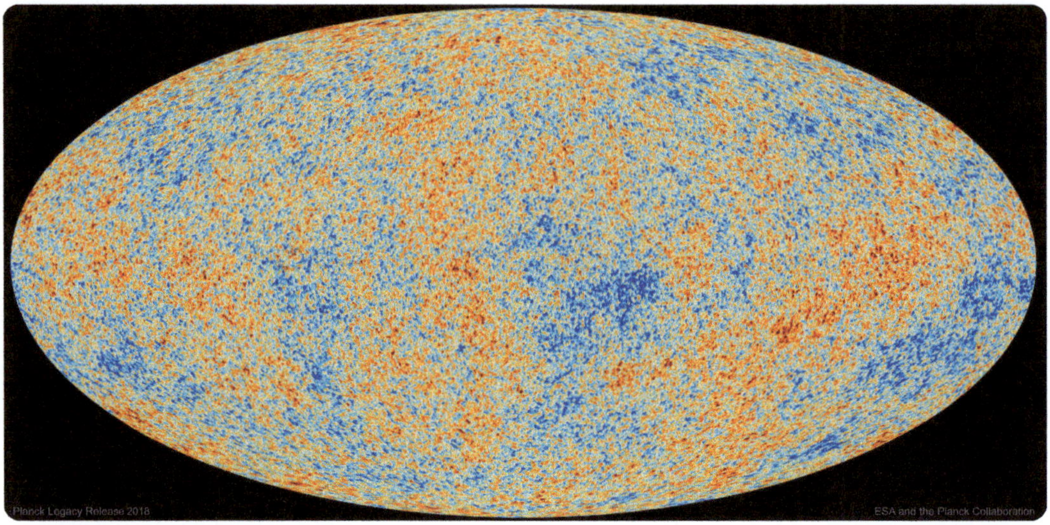

Abbildung 21: Mikrowellenhintergrundstrahlung des Universums.

Dieser Prozess fand bei einer Temperatur von etwa 3.000 °C statt. Aus dem Protonen-Elektronen-Plasmagemisch bildete sich elektrisch neutraler Wasserstoff, und die 3.000 °C heiße Wärmestrahlung entwich ins Universum. Mit der Ausdehnung des Universums kam es für diese Strahlung zu einer Rotverschiebung. Diese entstandene Urstrahlung wird heute als Mikrowellenstrahlung beobachtet. Sie ist in jeder Richtung des Himmels gleichförmig und weist nur sehr geringe Schwankungen auf. Die Rotverschiebung dieser Hintergrundstrahlung ist extrem groß ($z = 1.089$).

Abbildung 21, mit dem Planck-Satelliten der ESA (European Space Agency) aufgenommen, zeigt die Mikrowellenhintergrundstrahlung. Das Bild entspricht einem Schnappschuss des ältesten Lichts im Universum. Es gilt als Beweis für die Urknalltheorie. Die Farbunterschiede zeigen winzige Temperaturunterschiede des damals im Vergleich zu heute jungen und kleinen Universums. Die Schwankungen der Mikrowellenhintergrundstrahlen korrespondieren mit geringen Dichte- bzw. Temperaturunterschieden – den vergangenen Abbildern der heutigen Galaxien und Sternen entsprechend. Aus den minimalen Dichteschwankungen, den »Klumpen in der Ursuppe«, entwickelten sich allmählich durch Schwerkraft gebundene Strukturen. Zuerst entstanden kleinere Gebilde, die zu immer größeren Einheiten verschmolzen. Diese Prozesse dauern bis heute an, wenn auch die Galaxienbildung weitgehend abgeschlossen ist.

Riesige Gasmassen aus Helium und Wasserstoff (die ersten, leichtesten und einfachsten entstandenen Elemente) bildeten Galaxien und ungemein massereiche Sterne. Die Größe dieser ersten Sterne wird circa 100- bis 1.000-mal größer als die Masse der Sonne geschätzt. Die Oberflächentemperaturen dieser Giganten werden auf 100.000 °C geschätzt – etwa 17-mal höher als die Temperatur der Sonne. Diese Sterne lebten nur sehr kurz (nur ein paar Millionen Jahre). Sie verbrannten durch

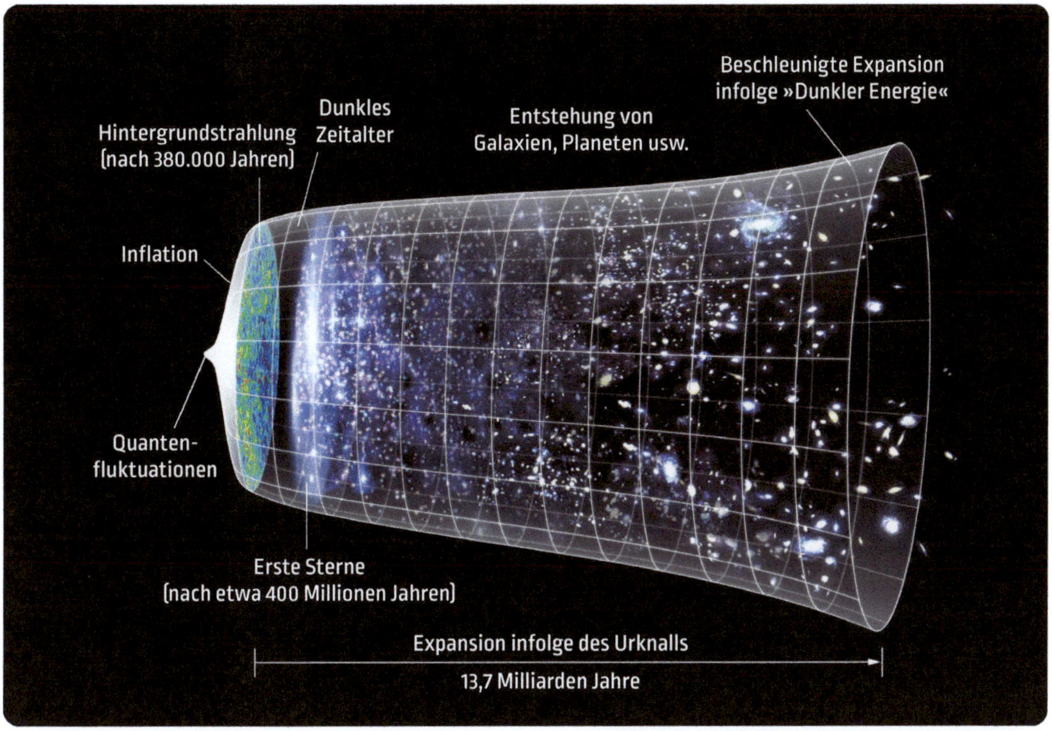

Abbildung 22: Zeitlicher Ablauf der Entstehung des Universums nach dem Urknall.

innere Kernprozesse (Wasserstoff und Helium). Bei diesen Kernreaktionen entstehen auch schwerere Elemente wie z. B. Eisen. Gigantische Supernova-Explosionen verteilten diese schweren Elemente im Universum, daraus bildeten sich jüngere Sterne wie die Sonne und die Erde. Die ersten Sterngiganten heizten die umgebenden Gase auf und ionisierten sie. Sie schufen das heutige Universum und setzten eine lebhafte kosmische Evolution in Gang. Viele dieser Vorgänge sind nach wie vor ungeklärt. Die extremen bei der Entstehung des Universums vorhandenen Energien können durch menschliche Bemühungen nicht nachgeahmt werden. Der derzeit größte Teilchenbeschleuniger, der LHC (Large Hadron Collider) am CERN bei Genf, kann nur einen winzigen Bruchteil jener seinerzeitigen Energie erzeugen. Das experimentelle Erforschen der Physik der Urzeit des Universums scheint daher ausgeschlossen.

Die kosmische extrem schnell verlaufende Inflation des Universums zu Beginn seiner Existenz erklärt die Gleichmäßigkeit des Universums. In jede Richtung des Universums zeigen Teleskope näherungsweise die gleiche Dichte an Materie, die gleiche Anzahl Galaxien und fast die gleiche Temperatur der Hintergrundstrahlung.

Abbildung 22 stellt vereinfacht den zeitlichen Ablauf der Entstehung des Universums dar. Sie steht analog für die eigentlich in vier Raumdimensionen ablaufenden Vorgänge. Ganz links im Bild beim Urknall ist die Ausdehnung des Universums winzig. Dann dehnt es sich plötzlich sehr rasch aus (Inflation), zu erkennen am steilen Anstieg des »Glockenbodens«. Nach dieser ersten Inflationsphase existiert das Quark-Gluon-Plasma, gefolgt vom »dunklen« Zeitalter, über welches wir nichts wissen, bis endlich das Universum für elektromagnetische Strahlung durchlässig wird. Im dunklen Zeitalter gab es keine Lichtquellen, die die abkühlenden Schwaden aus dem Gasplasma beleuchteten. Erst als größere Massen verklumpten und Kernreaktionen und Kernfusionen bei der Sternentstehung zündeten, kam Licht ins Dunkel.

4.2 Die Entstehung von Sonnensystemen

Die Astrophysik beschreibt die Entstehung von Sonnensystemen wie folgt: Nach der Explosion eines großen Sterns in Form einer oder mehrerer Supernovae schleuderten diese ihre Bestandteile ins All. Aus dieser heißen Wolke verdichtete sich die Protosonne. Um sie herum bildete sich eine ringförmige Scheibe aus Gas und Staub. Der vorhandene Drehimpuls der Urwolke führte zu einer scheibenförmigen Anordnung. Daraus entstand das Planetensystem, dessen Masse etwa 10 % der ursprünglichen Masse der explodierenden Supernova beträgt. Der Drehimpuls des Gesamtsystems ist eine Erhaltungsgröße und Ursache für das Kreisen der Planeten um die Sonne.

Supernova – Protostern – Planetesimale

Unter einer **Supernova** wird das blitzartige Aufleuchten eines explodierenden massereichen Sterns am Ende seiner Lebenszeit verstanden.
Ein **Protostern** ist ein Bereich einer interstellaren Wolke aus Gas und Staub, die durch die Gravitation Masse an sich zieht. Durch die sich beschleunigende Verdichtung kollabiert die Wolke, und Druck und Temperatur steigen bis zum Eintritt von Kernreaktionen.
Planetesimale sind Vorläufer von Planeten. Sie entstehen in der protoplanetaren Scheibe eines späteren Planetensystems.

Bei der Entstehung von Planeten kollidieren Staubkörner und verbinden sich zu immer größeren Brocken, den Planetesimalen. Ab einer Größe von etwa einem Kilometer ziehen sich diese Brocken durch die Schwerkraft an und wachsen zu mondgroßen Protoplaneten heran, den Vorläufern der Planeten. Das weitere Wachstum geschieht durch Kollisionen mit anderen Protoplaneten.

Als ein Protoplanet von der Größe des Mars mit der Protoerde kollidierte, wurden die Masse des Mondes herausgeschlagen und der Planet Erde gebildet.

Heute umkreisen neun Planeten (einschließlich Zwergplanet Pluto) die Sonne. Zur Entstehungszeit waren es bedeutend mehr, sie wurden von den heutigen Planeten durch die Gravitationskraft angezogen und einverleibt. Diese Vorläufer liefen noch nicht auf stabilen Umlaufbahnen. Beispielsweise wird die Stabilität der Erde durch die Gravitationskräfte des umlaufenden Monds unterstützt.

4.3 Unsere Galaxie und unsere Sonne

Die Sonne ist einer von 100 Milliarden Sternen der Milchstraße. Die Milchstraße ist eine spiralförmige Galaxie mit einem Durchmesser von 100.000 Lichtjahren. Die Sterne sind in einer Scheibe mit vier Hauptarmen angeordnet. Die Erde und ihre Sonne befinden sich in einem der Seitenarme (des Orion); etwa zwei Drittel des Weges vom Zentrum nach außen. Die meisten Sterne besitzen ihre eigenen Planetensysteme. Alle Sterne der Milchstraße umkreisen ein massives schwarzes Loch im Zen-

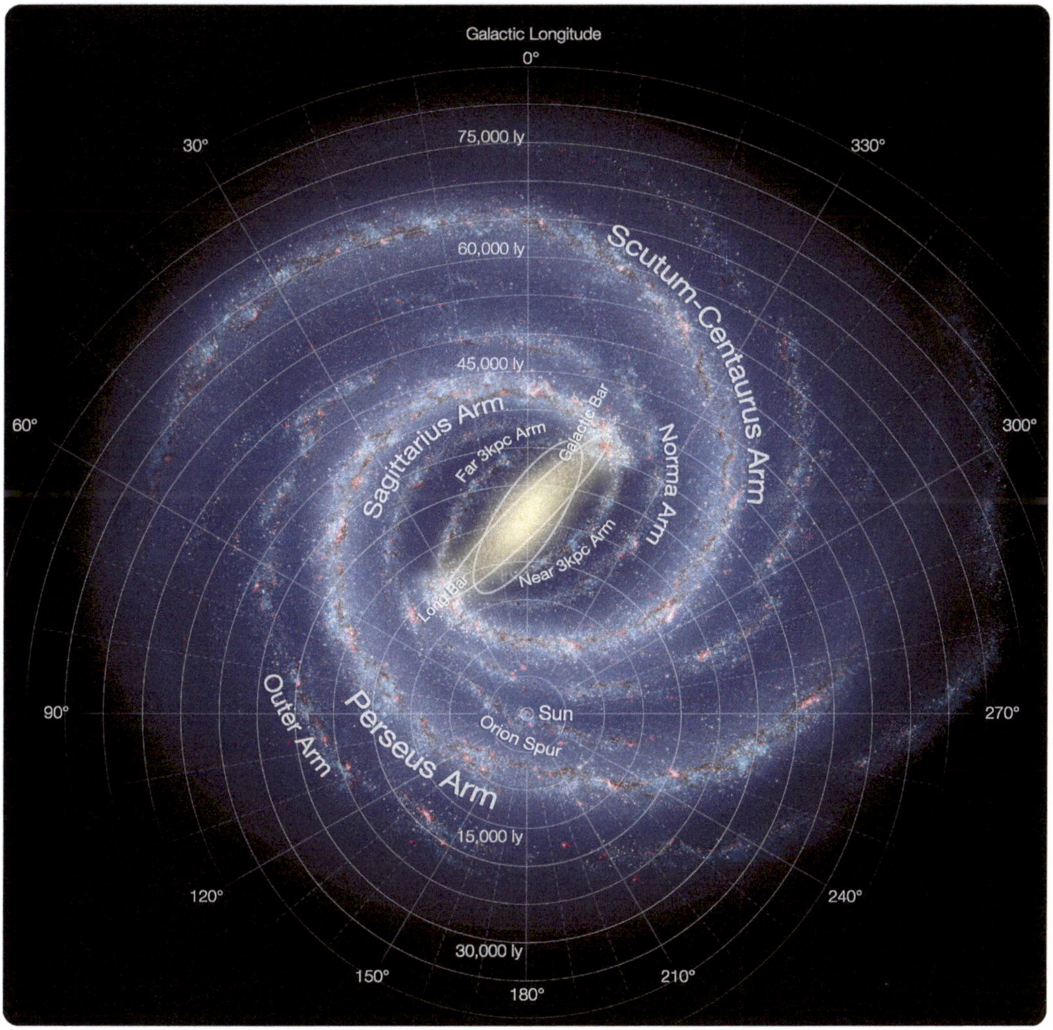

Abbildung 23: Künstlerische Darstellung unserer Lichtstraße nach Messungen und Beobachtungen mit Teleskopen der ESO und NASA.

trum. Es ist 4 Millionen Mal schwerer als die Sonne der Erde, die nur eine Galaxie von unzählbaren Milliarden anderer Galaxien ist. Die Milchstraße dreht sich einmal in 230 Millionen Jahren um das schwarze Loch. Die der Erde nächste große Galaxie ist Andromeda, die mit der Milchstraße in 4 Milliarden Jahren kollidieren wird.

Abbildung 23 zeigt die innere Region (gelb gefärbt) unserer Milchstraße, die einer Erdnuss ähnelt. Dieser wichtigste und massereichste Teil unserer Galaxie (der sogenannte Bulge) besteht aus etwa 10 Milliarden Sternen mit einem Durchmesser von einigen Tausend Lichtjahren.[8]

Unsere Sonne ist vom Sterntyp ein »Gelber Zwerg«, eine heiße Kugel glühenden Gases. Sie ist 4,5 Milliarden Jahre alt und 26.000 Lichtjahre vom Galaxiezentrum entfernt. Der Durchmesser beträgt 1,4 Millionen Kilometer. Sie vereint 99,8 % der gesamten Masse des Sonnensystems in sich. Sie besteht aus 91 % Wasserstoff und 8,9 % Helium. Aufgrund der hohen Masse ist die Sonne so stark komprimiert, dass in ihrem Inneren eine Temperatur von 15 Millionen °C herrscht. Diese Temperatur ist ausreichend hoch für Kernfusionsreaktionen. In diesem Kernfusionsprozess werden aus Wasserstoffatomen Heliumatome, wobei gleichzeitig extreme Hitze erzeugt wird. Energie wird in Form von Strahlungsenergie ans All abgegeben. Elektrische Ströme in der Sonne erzeugen gewaltige Magnetfelder, die einen Strom geladener Teilchen in alle Richtungen davonschleudern.

8 Eso1339de (2013): Die Erdnuss im Herzen unserer Galaxie; https://www.eso.org/public/germany/news/eso1339/, abgerufen am 6.4.2020.

5 Der Planet Erde

> **Was sind Planeten, welche außerordentlichen Eigenschaften der Erde ermöglichen die Entstehung von Leben?**
> **Wie ist die Erde im Inneren aufgebaut, und warum ist die Plattentektonik für entstehendes Leben so bedeutend?**
> **Wie bewegt sich die Erde um die Sonne?**
> **Was sind Milankovic-Zyklen, und warum sind sie für das Verständnis der Eiszeiten so wichtig?**

Für die Menschheit gibt es nur diesen einen einzigen bewohnbaren Planeten, die Erde. Auch wenn Astronomen in den letzten Jahren viele Planeten fanden, so scheint es in der Zwischenzeit sicher, dass es dort kein Leben gibt. Selbst wenn es einen Planeten gäbe, der vergleichbar gute Voraussetzungen für Leben wie die Erde bieten würde, hätte die Menschheit nichts gewonnen, denn all diese Planeten sind viele Lichtjahre entfernt und für Menschen unerreichbar. Selbst mit sehr schnellen Raumschiffen wären Menschen Jahrtausende bis Jahrmillionen unterwegs, bis sie diese Himmelskörper erreicht hätten. Die Imagination, dorthin zu reisen, ist Stoff zahlloser Filme und spiegelt das menschliche Vorstellungsvermögen, die Fantasie wider, aber nicht reale Möglichkeiten. Die erreichbare und ertragbare Reisegeschwindigkeit eines Raumschiffes bleibt nach Einstein deutlich unter der Geschwindigkeit des Lichtes. Die notwendige Energie zur Beschleunigung eines Körpers auf annähernd Lichtgeschwindigkeit geht gegen unendlich.

5.1 Was sind Planeten?

Planeten sind Himmelskörper, die sich in einer Umlaufbahn um eine Sonne befinden. Sie verfügen über genügend Masse, um eine fast runde Form anzunehmen. Sie beseitigten auf ihrer Umlaufbahn alle störenden anderen Körper.

Die aktuelle Suche der Astronomen nach Planeten ist bestimmt von der Idee einer bewohnbaren Zone (auch habitable oder Goldilocks-Zone) mit flüssigem Wasser an der Oberfläche und entsprechenden Temperaturen. Abhängig von der Aktivität und Größe der Sonne, um die jene gesuchten Planeten kreisen, gibt es einen Abstand, innerhalb dessen diese Voraussetzungen gegeben sind. Die Bedingungen für eine

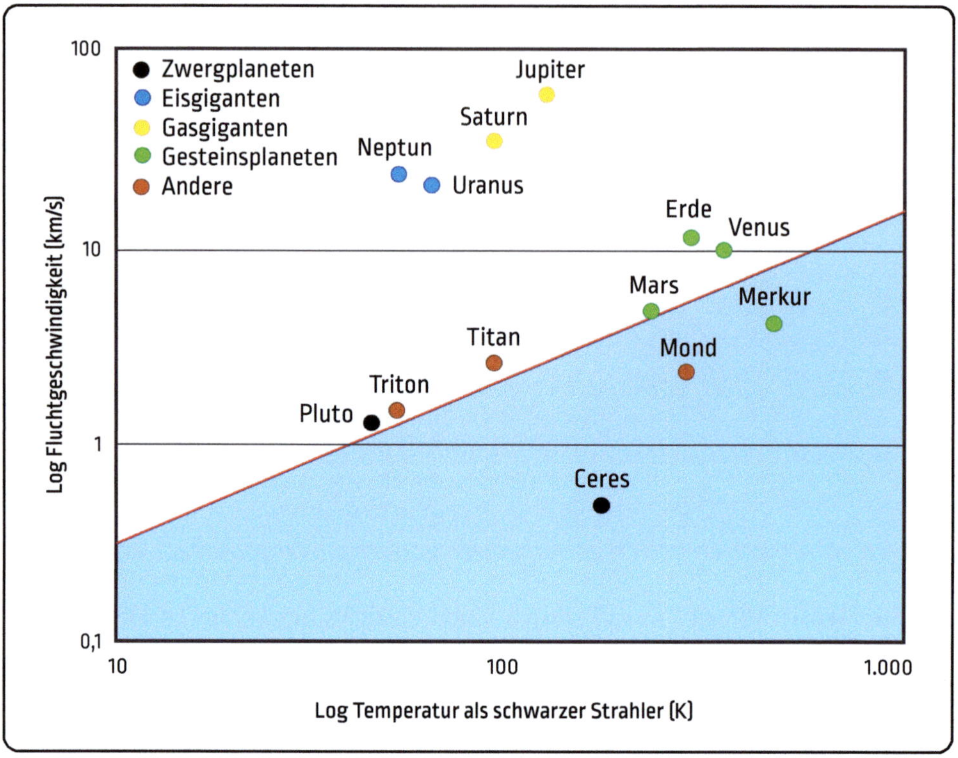

Abbildung 24: Fluchtgeschwindigkeit der Atmosphäre, abhängig von der Oberflächentemperatur und der Planetengröße.

bewohnbare Zone – flüssiges Wasser und entsprechende Temperatur – sind alleine für Bewohnbarkeit nicht ausreichend. Bei einem Vergleich mit der Erde, die eine Vielfalt an Lebensformen hervorbrachte, ergeben sich weitere Bedingungen: Sauerstoff, Stickstoff, Kohlenstoff und Wasserstoff sowie das Vorhandensein von Nährstoffen.

Obwohl es mehr Planeten als Sonnen gibt, sind wirklich bewohnbare Planeten vermutlich extrem selten, weil eine Vielzahl von Voraussetzungen für die Entstehung von höherem Leben erfüllt sein muss. Dazu zählen Vulkanismus, Plattentektonik zum Aufbau eines Kohlenstoffkreislaufs und die richtige Größe des Planeten für eine erträgliche Schwerkraft und die dauerhafte Bindung der Atmosphäre. Vielleicht ist die Erde der einzige Planet, auf dem sich eine Vielfalt unterschiedlicher Lebensformen entfalten konnte.

Abbildung 24 zeigt die Fluchtgeschwindigkeit der Atmosphäre, abhängig von der Oberflächentemperatur und der Größe der Planeten in unserem Sonnensystem. Planeten oberhalb der roten Linie können eine Atmosphäre halten, eine der Voraussetzungen für Leben. Der Mars liegt an der Grenze, hat aber seine Atmosphäre verloren. In der Vergangenheit könnte sich dort einfaches Leben entwickelt haben. Da Vulkanismus und Kontinentaldriften für Leben ebenfalls eine Voraussetzung sind, bleiben in unserem Sonnensystem nur die Erde und die Venus als bewohnbare Planeten übrig. Die Venus weist allerdings extrem feindliche Bedingungen (Temperaturen von 460 °C, eine CO_2-Atmosphäre, die 90-mal dichter als die der Erde ist, was den extremen Treibhauseffekt bewirkt) auf – unter diesen Bedingungen ist kein Leben vorstellbar. NASA-Forscher haben allerdings jüngst in Simulationen gezeigt, dass die Venus zu Beginn ihres Bestehens für circa 2 Milliarden Jahre flüssiges Wasser auf ihrer Oberfläche hatte und dadurch bewohnbar war. Die Venus nahm allerdings eine andere Entwicklung. Da sie in einem geringeren Abstand um die Sonne kreist als die Erde, verdampften ihre Wassermassen. Der Wasserdampf wurde durch die Höhenstrahlung in Sauerstoff und Wasserstoff aufgespalten. Der leichte Wasserstoff verflüchtigte sich ins All.

5.2 Der Aufbau der Erde

Die verschiedenen chemischen Elemente unserer Galaxis entstanden bei der nuklearen Verbrennung, die in Sternen abläuft. Die Nuklearreaktionen sind maßgebend für die Verteilung und Häufigkeit der Elemente. Eisen tritt besonders häufig auf, da es eine maximale nukleare Stabilität auszeichnet. Die Erde besitzt in ihrem Inneren einen festen Eisenkern und ist das Endprodukt mehrerer Kollisionen kleinerer Protoplaneten. Die Zusammenstöße führten zu hohen Temperaturen und schließlich zum Schmelzen von Teilen des Planeten. Die Dichteschichtung im Erdkörper weist eine unterschiedliche chemische Zusammensetzung auf. Der innere Kern hat einen Radius von etwa 3.450 Kilometern und besteht aus Eisen (80 %) und Nickel (20 %). Daran schließt sich nach außen der 2.900 Kilometer dicke Erdmantel aus Silikaten mit hohem Eisen- und Magnesiumanteil an. Die Kruste (5 bis 70 Kilometer dick) besteht aus Silikaten und Oxiden mit einem erhöhten Aluminiumanteil.

Glazio-Eustasie
Darunter wird der Rückzug der Eisgrenzen in geologischen Zeiträumen verstanden.

Subsidenz
ist eine großräumige Eintiefung eines Bereichs der Erde, der durch tektonische oder thermische Vorgänge verursacht wird.

Eustatischer Meeresspiegel
ist einer, der durch eine klimatisch oder tektonisch bedingte Aufwölbung des Meeresbodens verändert wird.

Physikalisch gesehen, gibt es einen festen inneren Kern (Radius 1.230 Kilometer) und einen dünnflüssigen äußeren Kern (Radius 2.200 Kilometer). Die äußere Kruste mit dem starren Mantel wird als »Lithosphäre« (steinerne Hülle) bezeichnet. Unterhalb befindet sich als Übergang eine zähflüssige Gesteinsschicht.

Auf dieser zähflüssigen Schicht schwimmen die Kontinentalplatten, weil sie leichter als das darunterliegende Material sind. Das auf- und absteigende Magma führt zum Driften der Kontinente und löst Erdbeben aus. Es existieren zwei Krustenteile. Die Ozeanische Erdkruste (5 bis 10 Kilometer stark) ist verhältnismäßig dünn. Sie besteht aus festen Platten, die ständig in langsamer Bewegung sind (Größenordnung

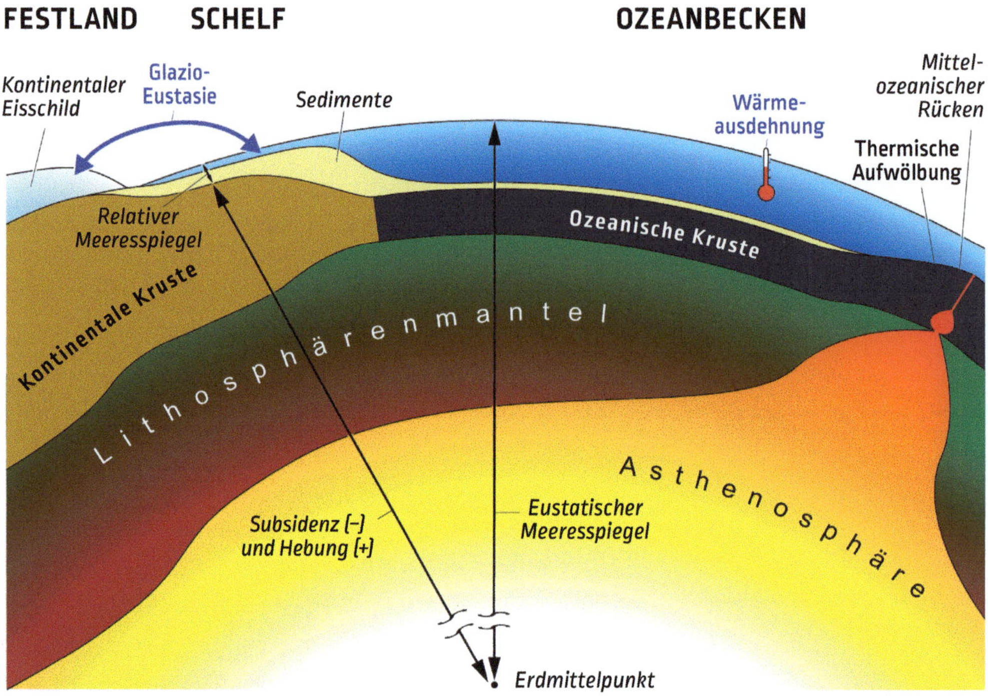

Abbildung 25: Aufbau der Erde, oberer Erdmantel.

Millimeter pro Jahr oder Zentimeter pro Jahr). An den Spreizungszonen dringen ständig basische Magmen empor und kühlen ab. Sie erstarren nahe dem Meeresboden zu Basalt. Die kontinentale Erdkruste besteht aus den Kontinenten (30 bis 60 Kilometer dick). Sie setzt sich aus Gesteinen zusammen, deren Hauptbestandteile Quarz und Feldspat sind. Die Erdkruste besteht aus 46 % Sauerstoff, 28 % Silizium, 8 % Aluminium, 6 % Eisen, 4 % Magnesium und 2,4 % Kalzium. 93 der 118 chemischen Elemente finden sich in der Erdkruste.

Abbildung 25 zeigt den Aufbau der Erdkruste, die sogenannte Lithosphäre (Steinmantel), und die Asthenosphäre, den leicht verformbaren Erdmantel, auf welchem sich die Kontinentalplatten bewegen. Die Asthenosphäre weist im Wesentlichen dieselben Gesteine wie der obere Erdmantel auf.

Das Kern- und Mantelmaterial entstand innerhalb der ersten Millionen Jahre durch Aufschmelzen bei Kollisionen mit anderen Himmelskörpern. Später traf ein Protoplanet von der Größe des Mars die Erde, und ihre metallischen Kerne vereinigten sich. Der Kern war damals noch vollständig flüssig. Schließlich begannen Nickel und Eisen zu kristallisieren, sie erstarrten unter dem hohen Innendruck. Der flüssige Teil des Erdkerns weist eine Temperatur zwischen 3.000 und 5.000 °C auf. Die bewegliche

Abbildung 26: Schutz des Lebens auf der Erde durch die abschirmende Wirkung des Magnetfeldes vor dem Sonnenwind.

flüssige Nickel-Eisen-Schmelze erzeugt im Zusammenwirken mit der Erdrotation das vor dem Sonnenwind schützende Magnetfeld.

Die Sonne sendet hochenergetische geladene Teilchen wie ionisierten Wasserstoff und Heliumatomkerne aus, die für Leben tödlich sind. Das Magnetfeld der Erde lenkt diese ab.

5.3 Die Plattentektonik

Die Erde erfuhr in ihrer 4,5 Milliarden Jahre alten Geschichte viele geophysikalische Veränderungen, die Leben erst ermöglichten. Die Anordnung der Kontinente und die Land-Meer-Verteilung unterliegen einer ständigen Veränderung.

Die gängige Theorie geht von verschiedenen Phasen eines plattentektonischen Geschehens aus. Zuerst zerbrechen die Kontinente, es bilden sich Risse, gefolgt von einer Phase des Wachstums der Ozeane durch aufsteigendes Mantelmagma und schließlich einer Phase des Abtauchens der Ozeanplatten durch das Wassergewicht auf dem Erdmantel. Der Meeresspiegel variierte durch diese Vorgänge immer wieder

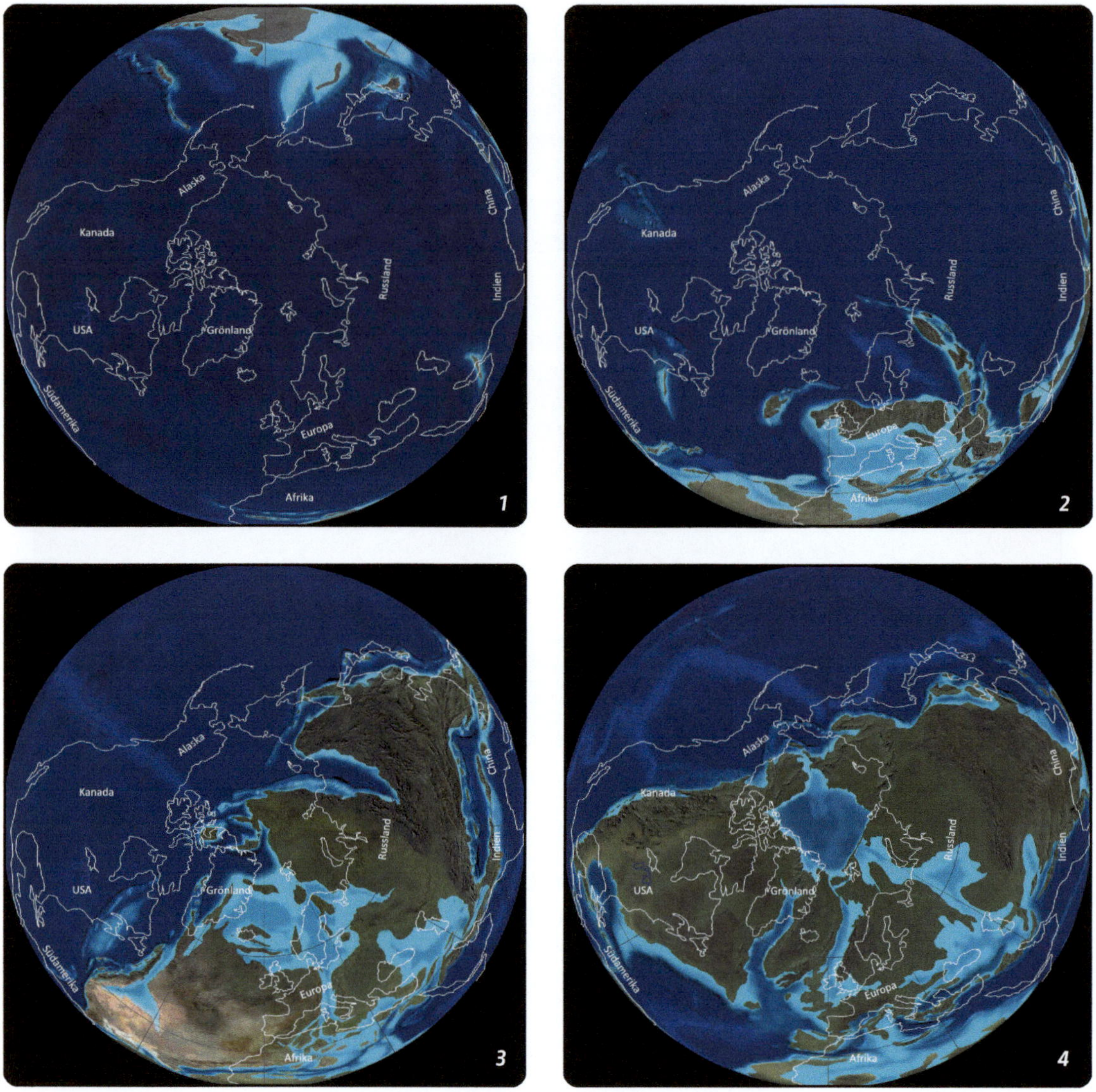

Abbildung 27: Bild von oben auf die Erde vor 500 (1), 340 (2), 170 (3) und 60 Millionen Jahren (4) (weiße Linien – Lage der heutigen Kontinente).

stark. In den letzten 1,5 Milliarden Jahren kam es fünfmal vor, dass alle Landmassen der Erde zusammendrifteten und einen Superkontinent bildeten. Ein sechster ist »in Arbeit«. Die Kontinente bewegen sich heute mit einigen Millimetern bis Zentimetern pro Jahr aufeinander zu. Geologen rechnen mit der Bildung eines neuen Superkontinents in 250 Millionen Jahren. Den Simulationen zufolge wird sich der Atlantik weiten, Afrika wird mit Europa kollidieren, Australien mit Südostasien zusammenstoßen, und Kalifornien wird sich nach Norden entlang der Küsten Alaskas schieben.

Die dynamischen Veränderungen der auf dem Erdkern schwimmenden Kontinentalplatten, ausgehend von vor 500 Millionen Jahren, bis sie nahezu die heutige Form annahmen, verdeutlicht Abbildung 27. Die Land- und Wassermassen bestimmen das globale und lokale Klima damals und heute. Aus einer entfernten Perspektive bewegen sich die Kontinente wie Spielzeuginseln, trotz der Maßstabsunterschiede ist die bestimmende Physik die gleiche.

Die Plattentektonik führt zur Bildung von Küstenlinien und zur Aufwölbung von Gebirgen. An den Gebirgen bildet sich Niederschlag, der die Küstenlinien entlang Spurenelemente aus dem verwitternden Gestein löst und ins Meer spült – eine wichtige Bedingung für die Entstehung von Leben.

Beim Abtauchen einer Erdplatte unter eine andere erwärmt das austretende Plasma den Meeresboden. Ohne diese Dynamik verbliebe dieser kalt und chemisch öde, es könnten sich keine höheren Organismen entwickeln. 2012 tauchte James Cameron mit dem U-Boot »Deepsea« 11.000 Meter am Marianengraben zum tiefsten Punkt des Ozeans. Dort sinkt die pazifische Platte in den Erdmantel ab, heizt sich dabei auf, und das im Gestein enthaltene Wasser wird aus diesem herausgepresst. Methan und andere Verbindungen werden frei, strömen als heiße Quellen ins umgebende Meerwasser und reichern dieses mit chemischen Stoffen an. Cameron brachte aus 11.000 Meter Tiefe, aus absoluter Dunkelheit und extrem hohem Druck, sensationelle Proben mit. Sie zeigten eine Ansammlung von Bakterien.

Forschungsergebnisse weisen einen Zusammenhang zwischen dem plötzlichen Auftreten vielfältiger Lebensformen im Kambrium (vor 540 Millionen Jahren) und tektonischen Aktivitäten nach. Dieses Zeitalter wird »die kambrische Explosion« genannt, weil in einem für das Sonnensystem und die Erde sehr kurzen Zeitraum von nur 5 bis 10 Millionen Jahren die Vorläufer fast aller heutigen Tierstämme entstanden. Zur Zeit des Kambriums verzehnfachte sich die Menge an Nährstoffen. Dies geschah durch die Auffaltung der Gebirge, die Verwitterung und Einschwemmung von Nährstoffen ins Meer.

Die Uratmosphäre vor 4 Milliarden Jahren enthielt keinen Sauerstoff, sondern einen sehr hohen Gehalt an Kohlendioxid, Wasserdampf und Methan. Der Konzentration der Treibhausgase entsprachen hohe durchschnittliche globale Temperaturen.

Wesentlich für Leben sind eine langfristig stabile, moderate Temperatur der Erdoberfläche und eine möglichst gleichbleibende CO_2-Konzentration in der Atmosphäre. CO_2 wird durch Vulkanismus, Verbrennungsvorgänge organischen Materials und Atmung erzeugt. Im sich einstellenden stabilisierenden CO_2-Kreislauf reagiert das Wasser zunächst in den Wolken mit dem CO_2 und bildet Kohlensäure. Das kohlensaure Regenwasser trägt zur schnelleren Verwitterung der Steine bei. Mit dem Regen gelangen Kohlensäure und Kalziumionen aus dem Gestein ins Meer. Gleichzeitig löst sich atmosphärisches CO_2 im Meerwasser. Dort verbindet es sich mit den Kalziumionen zu Kalkstein. Kalkstein ist schwer und sinkt zum Meeresboden. Im Laufe der Jahrmillionen wird er dort mit den abtauchenden Kontinentalplatten ins Erdinnere befördert.

Durch diesen Regelkreis bleiben der CO_2-Gehalt und damit der Treibhauseffekt, der eine moderate Erdoberflächentemperatur gewährleistet, über lange Zeiträume konstant und stabil.

Ein weiteres lebenswichtiges Gas entstand ebenfalls in Verbindung mit den Kontinentaldriften. Zwei Milliarden Jahre vor der kambrischen Explosion war Sauerstoff nur in Spuren vorhanden. Damals entstanden erste Algen, die mittels Fotosynthese Sauerstoff erzeugten. Dieser Sauerstoff wurde überwiegend im eisenhaltigen Gestein zu Eisenoxiden gebunden. Das Abtauchen der Kontinentalplatten führte zu einer ozeanischen und einer kontinentalen Kruste. Durch den Umwandlungsprozess bestand die kontinentale Kruste vorwiegend aus quarzreichem und wenig eisenhaltigem Gestein. Quarz reagiert nicht wie Eisen mit Sauerstoff, weshalb sich die Atmosphäre langsam mit ihm anreicherte. Auf diese Art und Weise ist die Plattentektonik die Basis der Evolution – der Entwicklung höherer Lebewesen mit Gehirn und Gliedmaßen aus einfachen (einzelligen) Organismen.

Die Plattentektonik der Erde unterscheidet sie von allen anderen[9] Planeten. Die ozeanische Kruste reguliert über den Kohlenstoffkreislauf langfristig die Temperatur der Atmosphäre und stabilisiert auf diese Weise das Klima.

Die Kontinentaldrift und die damit verbundene vulkanische Tätigkeit, das Aufsteigen des Plasmas am Meeresboden erwärmt das Wasser und hält es damit in flüssigem eisfreien Zustand auf der Erdoberfläche.

Es gibt drei Mindestanforderungen, die ein Planet erfüllen muss, damit sich auf ihm höheres Leben entwickeln kann:[10]

- das Vorhandensein einer Atmosphäre, die hauptsächlich aus Kohlenstoff und Stickstoff besteht,
- flüssiges Wasser und eine Landmasse mit verfügbaren Nährstoffen, und
- diese Bestandteile müssen untereinander einen zyklischen Austausch aufweisen, der unter der Energiezufuhr einer Sonne stattfindet.

Die Körper aller Lebewesen sind im Wesentlichen aus den chemischen Elementen Sauerstoff, Wasserstoff, Stickstoff und Kohlenstoff aufgebaut. Hinzu kommen Spurenelemente, die über Nährstoffe aufgenommen werden. Eine lebensbildende Umgebung muss diese essenziellen Elemente zur Verfügung stellen.

9 Boyle, R. (2019): Leben durch Plattentektonik; Spektrum der Wissenschaft 3, S. 43 ff.

10 Dohm, J. M.; Maruyama, S. (2014): Habitable Trinity, Geoscience Frontiers; http://dx.doi.org/10.1016/j.gsf.2014.01.005.

5.4 Die Bewegungsformen der Erde

Die Erde rotiert einmal pro Tag um sich selbst und einmal pro Jahr um die Sonne. Physikalisch unterliegt sie den Kepler'schen und den Kreiselgesetzen. Nach den Kepler'schen Gesetzen bewegt sie sich um die Sonne in Form einer Ellipse. In der Realität ist die Erdbahn allerdings fast genau ein Kreis. Durch den Einfluss der Planeten ändern sich die Größen der Halbachsen a und b geringfügig. Die Ellipse dreht sich periodisch in 100.000 Jahren einmal um die Sonne. Zusätzlich überlagert eine periodische Veränderung alle 413.000 Jahre die Halbachsen.

Aktuell neigt sich die Erdachse zur Bahnebene um 23,27 °. Die Neigung verändert sich innerhalb 41.000 Jahren zwischen 22,2 und 24,3 °.

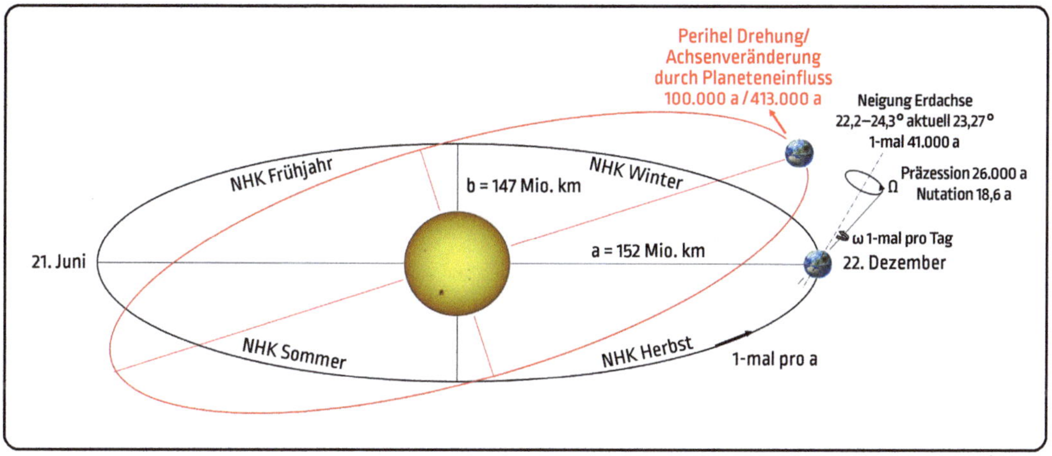

Abbildung 28: Bewegungen der Erde um die Sonne.

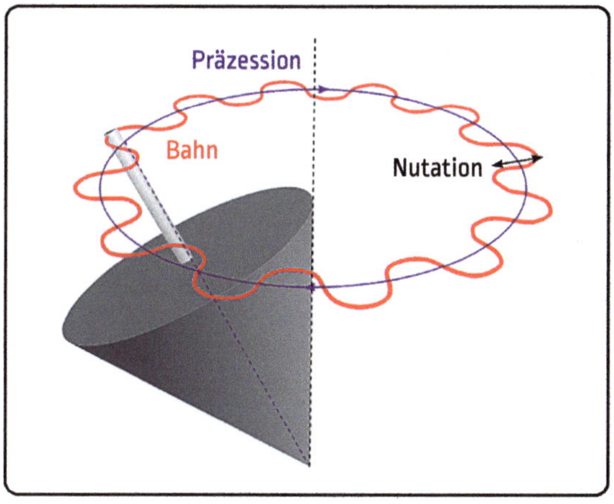

Nach den Kreiselgesetzen beschreibt die Erdachse zusätzlich eine kreisförmige Bewegung alle 26.000 Jahre. Diese Bewegung eines Kreisels wird »Präzession« genannt.

Der Kreisel Erde wird wegen der wirkenden Kräfte der Planeten und des Mondes von kleinen Nickbewegungen mit einer Periodendauer von 18,6 Jahren überlagert (siehe Abbildung 29).

Abbildung 29: Präzession und Nutation eines Kreisels.

Diese Nickbewegungen werden »Nutation« genannt. Diese Nutation ist noch von einer kleinen schnelleren Nutation mit einer Periodendauer von 6 Monaten überlagert.

Abbildung 28 stellt (nicht maßstabsgetreu) die verschiedenen Erdbewegungen um die Sonne dar. Die Bereiche für die Jahreszeiten (die durch die Neigung der Erdachse während ihrer Bewegung um die Sonne entstehen) sind in der Abbildung für die Nordhalbkugel (NHK) eingetragen. Im Falle der Südhalbkugel verhalten sie sich gerade umgekehrt (Sommer auf der Nordhalbkugel = Winter auf der Südhalbkugel).

Die Tabelle fasst die verschiedenen Periodendauern der Erdbewegung um die Sonne zusammen.

Tabelle 1: Periodendauern verschiedener Bewegungsformen der Erde um die Sonne.

Bezeichnung	Periodendauer	Bereich
Eigendrehung der Erde	1 Tag	
Drehung der Erde um die Sonne	365,24219 Tage	
Neigung der Erdachse (Ekliptikschiefe, Obliquität)	41.000 Jahre	22,1–24,5° Aktuell 23,27°
Präzession der Erdachse (trudelnder Kreisel)	26.000 Jahre	
Nutation der präzessierenden Achse, überlagert von einer viel kleineren Nutation	18,6 Jahre, überlagert durch 0,5 Jahre	
Periheldrehung der Erdbahn um die Sonne	112.000 Jahre	
Numerische Exzentrizität (Bahnachsen verändern sich wegen des Einflusses der Planetenbewegungen)	100.000 Jahre und 413.000 Jahre	derzeit kreisbahnförmig

5.4.1 Milankovic-Zyklen

Die planetaren Zyklen der Erde beeinflussen das Klima. Diese Zyklen werden als Milankovic-Zyklen bezeichnet. Neuere Forschungen der Rutgers-Universität in New Jersey bestätigten mithilfe der Analyse eines Bohrkerns, dass der lange Exzentrizitätszyklus bereits am Ende der Trias (vor 210 Millionen Jahren)[11] aufgetreten ist. Diese Schwankungen werden auf Schwerkrafteinflüsse der Venus und des Jupiters zurückgeführt.

Von der Wirksamkeit der Zyklen ist bekannt, dass sie einen wesentlichen Einfluss auf das Klima haben und Eiszeiten auslösen können. Der Einfluss der langwelligen Komponente mit 413.000 Jahren auf das Klima ist derzeit gering. Die kurzwelligeren Anteile mit 100.000 Jahren der Exzentrizität üben einen stärkeren Einfluss aus.

11 Kent, D. V.; Olsen, P. E.; Rasmussen, C.; Lepre, C.; Mundil, R.; Irmis, R. B.; Gehrels, G. E.; Giesler, D.; Geissmann, J. W.; Parker, W. G. (2018): Empirical evidence for stability of the 405-kiloyear Jupiter-Venus eccentricity cycle over hundreds of millions of years; PNAS, Vol. 115, No. 24, S. 6153–6158; doi: 10.1073/pnas.1800891115.

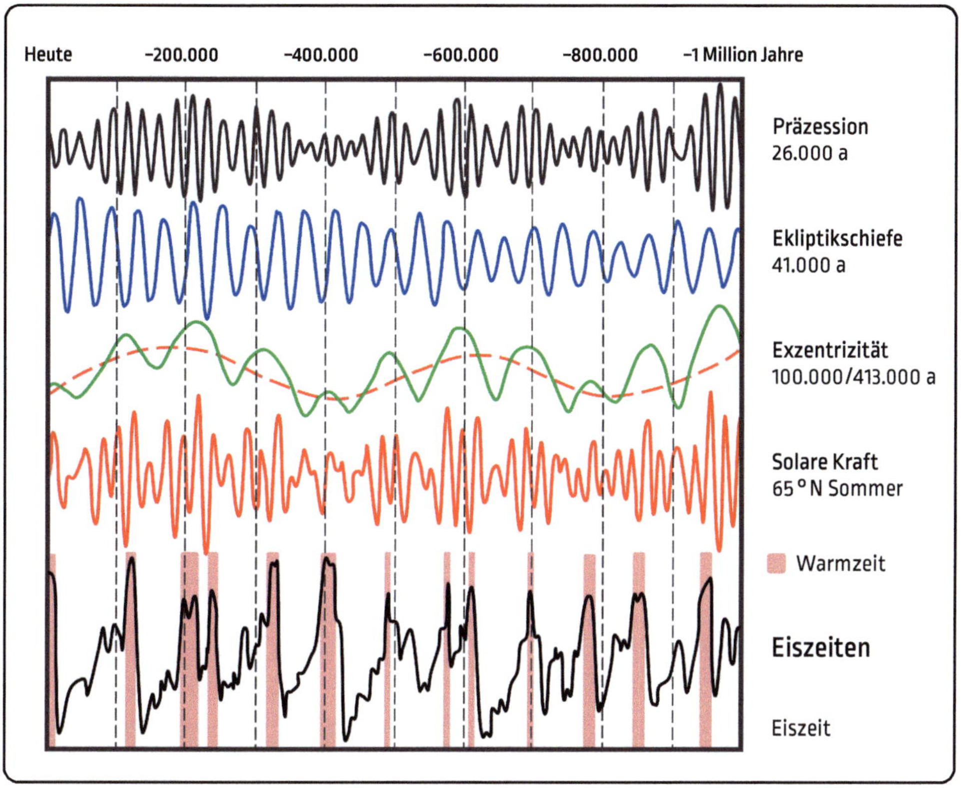

Abbildung 30: Milankovic-Zyklen.

Abbildung 30 zeigt den Verlauf der Erdbahnzyklen während der letzten Million Jahre. Ein Zyklus, den die Erdachsenneigung durchläuft, dauert 41.000 Jahre. Je aufrechter die Erdachse steht, desto geringer ausgeprägt werden die Jahreszeiten, das heißt vor allem mildere Winter. Je schiefer die Erdachse steht, desto kälter werden die Winter, die Unterschiede zwischen den Jahreszeiten werden ausgeprägter. Die Exzentrizitäten der Erdbahn verändern sich alle 100.000 Jahre, überlagert von einer langwelligen Komponente von 413.000 Jahren (rote strichlierte Linie). Die Präzession erscheint in diesen langen Zeiträumen mit 26.000 Jahren kurz. Steht die präzessierende Achse näher zur Sonne, dann ist die Nordhalbkugel im Sommer sonnennah, im umgekehrten Fall im Winter.

Milankovic stellte seine Theorie des Zusammenhangs der Eiszeiten mit der Erdbahn 1920 auf. Er vermutete, dass die sich aufgrund der Erdbahn ergebende unterschiedliche Energiezufuhr der Sonne ausschlaggebend für das Bilden von Eiszeiten sei. Neuere Forschungen haben zwar den Zusammenhang der Eiszeiten mit den Erdbahnzyklen bestätigt, als Ursache wird aber nicht mehr alleine die solare Kraft angesehen, sondern die dadurch ausgelösten Mitkopplungen des dynamischen Klimasystems.

Durch die anfänglich schwache Klimaänderung durch den veränderten Erdorbit sinkt die Temperatur im Ozean, damit erhöht sich die Löslichkeit von CO_2 im Meerwasser. In der Atmosphäre sinkt folglich die CO_2-Konzentration, der Treibhauseffekt nimmt ab, das verstärkt die Abkühlung. Wenn sich durch die Abkühlung mehr Eis im Arktischen Ozean bildet, steigt der Albedoeffekt. Das Eis strahlt mehr Energie ins All zurück, was die Abkühlung weiter erhöht. Die durch die Kühle abnehmende Wasserdampfkonzentration (das wichtigste Treibhausgas) in der Atmosphäre verringert den Treibhauseffekt weiter. Nimmt die Exzentrizität wieder zu, wird diese durch das Anbrechen einer neuen Warmzeit begleitet.

5.5 Geologische Zeiträume – astronomische Ausdehnungen

Die Zeitspanne der Existenz des Universums oder des Sonnensystems der Erde übersteigt das menschliche Vorstellungsvermögen. Die Erde ist 4,6 Milliarden Jahre alt, ausgeschrieben 4.600.000.000 Jahre. Eine Menschengeneration beträgt im Gegensatz dazu etwa 30 Jahre und die Lebensspanne eines Menschen 80 Jahre. 2,3 Millionen Mal würde die Zeitspanne unserer Zeitrechnung (2020 Jahre) in diese 4,6 Milliarden Jahre der Erdexistenz passen. Der Homo sapiens existiert seit etwa 200.000 Jahren. Die Erde besteht 23.000-mal so lange. Die Zwischeneiszeit, in der wir gerade leben, dauert seit 11.600 Jahren an, ein Bruchteil der Erdepochen. Die Tiere und Pflanzen der Jetztzeit entwickelten sich im Wesentlichen in den letzten 66 Millionen Jahren. Die Dauer der aktuellen Zwischeneiszeit ist nur ein Sechstausendstel davon.

Die räumlichen Entfernungen differieren ebenso. Mit freiem Auge können wir die Stärke eines menschlichen Haares von rund 0,1 Millimeter wahrnehmen. Viren und Bakterien sind viel kleiner und nur unter dem Mikroskop sichtbar. Die Höhe des Eiffelturms mit 300 Metern sowie die Länge eines Marathons mit 42 Kilometern sind dem Menschen erfahrbar. In 400 Kilometer Höhe über der Erdoberfläche bewegt sich die Internationale Raumstation ISS. Dem Menschen vorstellbar sind einige Hundert Kilometer – eine lange Autofahrt – oder einige Tausend Kilometer – eine lange Flugreise. Die Entfernung zum Mond mit 400.000 Kilometern liegt schon an der Grenze des Begreifbaren, des Erfahrbaren ohnehin. Der Durchmesser der Sonne mit 1,4 Millionen Kilometern oder der Abstand zwischen Saturn und Sonne mit 1,4 Milliarden Kilometer liegen außerhalb des menschlichen Vorstellungsvermögens. Der Durchmesser der Milchstraße beträgt eine Trillion Kilometer, die Entfernung zur nächstgelegenen Andromedagalaxie beträgt 23 Trillionen Kilometer.

6

Die Erdgeschichte

Wie wird das Alter von Fossilien, Gesteinen bestimmt?
Wie können Klimadaten längst vergangener Zeitalter gemessen werden?
Warum starben die Dinosaurier aus?
Wann entwickelten sich Säugetiere und der Homo sapiens?

Die Erde ist vor etwa 4,6 Milliarden Jahren entstanden. Kontinente bildeten, teilten und verschoben sich, ehe sie die heutige Form annahmen. Es entstand Leben, starb aus und bildete sich neu. Die wichtigsten Zeugnisse dieser Vergangenheit sind verschiedene Arten von Gesteinen. Für die Beschreibung der Erdgeschichte von besonderer Bedeutung sind in Gesteine eingeschlossene Fossilien.

Der Internationalen Kommission für Stratigraphie obliegt die Aufgabe der Erstellung einer Internationalen chronostratigraphischen Tabelle. Diese Tabelle[12] enthält die Erdzeitalter und deren Unterteilung sowie die international vereinbarten Bezeichnungen.

Stratigraphie
ist die Lehre von der Schichtabfolge in der Geologie und der Altersbestimmung von Gesteinskörpern.

12 https://stratigraphy.org/chart, abgerufen am 23.4.2021.

INTERNATIONALE CHRONO-

IUGS **www.stratigraphy.org**

Äonothem / Äon	Ärathem / Ära	System / Periode	Serie / Epoche	Stufe / Alter	GSSP	numerische Alter (Ma)
						heute
Phanerozoikum	Känozoikum	Quartär	Holozän		✓	0.0117
			Pleistozän	*Oberpleistozän*		0.126
				Mittelpleistozän		0.781
				Calabrium	✓	1.80
				Gelasium	✓	2.58
		Neogen	Pliozän	Piacenzium	✓	3.600
				Zancleum	✓	5.333
			Miozän	Messinium	✓	7.246
				Tortonium	✓	11.63
				Serravallium	✓	13.82
				Langhium		15.97
				Burdigalium		20.44
				Aquitanium	✓	23.03
		Paläogen	Oligozän	Chattium	✓	27.82
				Rupelium	✓	33.9
			Eozän	Priabonium		37.8
				Bartonium		41.2
				Lutetium	✓	47.8
				Ypresium	✓	56.0
			Paläozän	Thanetium	✓	59.2
				Seelandium	✓	61.6
				Danium	✓	66.0
	Mesozoikum	Kreide	Oberkreide	Maastrichtium	✓	72.1 ±0.2
				Campanium		83.6 ±0.2
				Santonium	✓	86.3 ±0.5
				Coniacium		89.8 ±0.3
				Turonium	✓	93.9
				Cenomanium	✓	100.5
			Unterkreide	Albium	✓	≈ 113.0
				Aptium		≈ 125.0
				Barremium		≈ 129.4
				Hauterivium		≈ 132.9
				Valanginium		≈ 139.8
				Berriasium		≈ 145.0

Äonothem / Äon	Ärathem / Ära	System / Periode	Serie / Epoche	Stufe / Alter	GSSP	numerische Alter (Ma)
						≈ 145.0
Phanerozoikum	Mesozoikum	Jura	Oberjura	Tithonium		152.1 ±0.9
				Kimmeridgium		157.3 ±1.0
				Oxfordium		163.5 ±1.0
			Mitteljura	Callovium		166.1 ±1.2
				Bathonium	✓	168.3 ±1.3
				Bajocium	✓	170.3 ±1.4
				Aalenium	✓	174.1 ±1.0
			Unterjura	Toarcium	✓	182.7 ±0.7
				Pliensbachium	✓	190.8 ±1.0
				Sinemurium	✓	199.3 ±0.3
				Hettangium	✓	201.3 ±0.2
		Trias	Obertrias	Rhaetium		≈ 208.5
				Norium		≈ 227
				Karnium	✓	≈ 237
			Mitteltrias	Ladinium	✓	≈ 242
				Anisium		247.2
			Untertrias	Olenekium		251.2
				Indusium	✓	251.902 ±0.024
	Paläozoikum	Perm	Lopingium	Changhsingium	✓	254.14 ±0.07
				Wuchiapingium	✓	259.1 ±0.5
			Guadalupium	Capitanium	✓	265.1 ±0.4
				Wordium	✓	268.8 ±0.5
				Roadium	✓	272.95 ±0.11
			Cisuralium	Kungurium		283.5 ±0.6
				Artinskium		290.1 ±0.26
				Sakmarium		295.0 ±0.18
				Asselium	✓	298.9 ±0.15
		Karbon	Pennsylvanium Ober	Gzhelium		303.7 ±0.1
				Kasimovium		307.0 ±0.1
			Pennsylvanium Mittel	Moskovium		315.2 ±0.2
			Pennsylvanium Unter	Bashkirium	✓	323.2 ±0.4
			Mississippium Ober	Serpukhovium		330.9 ±0.2
			Mississippium Mittel	Viseum	✓	346.7 ±0.4
			Mississippium Unter	Tournaisium	✓	358.9 ±0.4

Abbildung 31: Internationale Chronostratigraphische Tabelle.

STRATIGRAPHISCHE TABELLE

Internationale Stratigraphische Kommission (ICS)

v 2017/02

Äonothem / Äon	Ärathem / Ära	System / Periode	Serie / Epoche	Stufe / Alter	numerische Alter (Ma)
					358.9 ± 0.4
Phanerozoikum	Paläozoikum	Devon	Oberdevon	Famennium	372.2 ±1.6
				Frasnium	382.7 ±1.6
			Mitteldevon	Givetium	387.7 ±0.8
				Eifelium	393.3 ±1.2
			Unterdevon	Emsium	407.6 ±2.6
				Pragium	410.8 ±2.8
				Lochkovium	419.2 ±3.2
		Silur	Pridoli		423.0 ±2.3
			Ludlow	Ludfordium	425.6 ±0.9
				Gorstium	427.4 ±0.5
			Wenlock	Homerium	430.5 ±0.7
				Sheinwoodium	433.4 ±0.8
			Llandovery	Telychium	438.5 ±1.1
				Aeronium	440.8 ±1.2
				Rhuddanium	443.8 ±1.5
		Ordovizium	Oberordovizium	Hirnantium	445.2 ±1.4
				Katium	453.0 ±0.7
				Sandbium	458.4 ±0.9
			Mittelordovizium	Darriwilium	467.3 ±1.1
				Dapingium	470.0 ±1.4
			Unterordovizium	Floium	477.7 ±1.4
				Tremadocium	485.4 ±1.9
		Kambrium	Furongium	*Stufe 10*	≈ 489.5
				Jiangshanium	≈ 494
				Paibium	≈ 497
			Serie 3	Guzhangium	≈ 500.5
				Drumium	≈ 504.5
				Stufe 5	≈ 509
			Serie 2	*Stufe 4*	≈ 514
				Stufe 3	≈ 521
			Terreneuvium	*Stufe 2*	≈ 529
				Fortunium	541.0 ±1.0

Äonothem / Äon	Ärathem / Ära	System / Periode	numerische Alter (Ma)
			541.0 ±1.0
Präkambrium	Proterozoikum: Neoproterozoikum	Ediacarium	≈ 635
		Cryogenium	≈ 720
		Tonium	1000
	Proterozoikum: Mesoproterozoikum	Stenium	1200
		Ectasium	1400
		Calymmium	1600
	Proterozoikum: Paläoproterozoikum	Statherium	1800
		Orosirium	2050
		Rhyacium	2300
		Siderium	2500
	Archaikum: Neoarchaikum		2800
	Archaikum: Mesoarchaikum		3200
	Archaikum: Paläoarchaikum		3600
	Archaikum: Eoarchaikum		4000
	Hadaikum		≈ 4600

Globale stratigraphische Einheiten werden mit ihrer Basis definiert an Globalen Stratotyp Profilen und Punkten (GSSP, Global Stratotyp Section and Point). Dagegen sind Einheiten ≥ 1000 Ma definiert mit Globalen Stratigraphischen Standardaltern (GSSA). Mehr Informationen dazu unter: http://www.stratigraphy.org. Bis 02/2017 ratifizierte Grenzen sind mit einem Goldenen Nagel markiert.

Die numerischen Alter stammen aus der Global Time Scale 2012 (GTS 2012, Gradstein et al. 2012), die Alter für das untere Pleistozän, das Chattium, die untere Kreide, die Trias, das Perm und das Kryogenium von den zuständigen ICS-Subkommissionen. Das Zeichen ≈ steht vor relativ unsicheren Altern.

Farben: Commission for the Geological Map of the World (CGMW, http://www.ccgm.org).

Zitierweize: Cohen, K.M., Finney, S.C., Gibbard, P.L. & Fan, J.-X. (2013; aktualisiert) The ICS International Chronostratigraphic Chart. Episodes 36: 199-204. URL: http://www.stratigraphy.org/ICSchart/ChronostratChart2017-02.pdf

Version in Deutsch:
Deutsche Stratigraphische Kommission (DSK, M. Menning)
Österreichische Stratigraphische Kommission (ASC, W. Piller)

URL: http://www.stratigraphy.org/ICSchart/ChronostratChart2017-02German.pdf

6.1 Altersbestimmung

Zur Altersbestimmung werden verschiedene Methoden benutzt. Eine Möglichkeit ist die Orientierung des Paläontologen an der Lage des Fossils (Leitfossilien) innerhalb bestimmter Gesteinsschichten. Eine weitere bewährte Methode ist die Untersuchung radioaktiver Isotope im Gestein.

6.1.1 Klimaproxys

In der Literatur zur Klimaforschung wird häufig der Ausdruck »Proxy« für Messreihen verwendet. Was bedeutet er? Proxy ist ein Wort aus dem Englischen und bedeutet Stellvertreter. Paläologische Klimadaten können nur indirekt gemessen werden. Proxys stehen für stellvertretende Messreihen. Proxydaten werden anhand eines bekannten Zeitraums, für den gesicherte Daten vorliegen, kalibriert und überprüft. Mit dieser kalibrierten Funktion und der Annahme, dass die Proxydaten in der Vergangenheit sich analog zur kalibrierten Datenreihe verhalten, werden Aussagen über einen unbekannten Zeitbereich möglich. Solche Zeitreihen zur Kalibrierung können sein: Vulkanausbrüche, Sonnenvariabilität, Spurengase und Aerosole, Erdbahnzyklen um die Sonne. Klimarekonstruktionen werden für die Rekonstruktion der Verläufe von Temperatur, Niederschlägen, Vegetation, Strömungsverhältnissen in Ozeanen und der Atmosphäre der Vergangenheit erstellt. Genutzt werden neben Makro- und Mikrofossilien Pollendaten, Eiskerndaten, Erdbohrkerne, Insektenvorkommen, Seehöhen, Tiefseesedimente, Stalagmiten und Stalaktiten und andere mineralische Ablagerungen etc.

6.1.2 Stratigraphie

Entscheidend sind der Fundort der Fossilien und die Lage des Fundes innerhalb der Gesteinsschichten. Anhand der Abfolge von Gesteinsschichten wird deren Alter bestimmt. Das Alter des Fossils entspricht immer dem Alter der Gesteinsschicht, in die es eingebettet war, und umgekehrt.

6.1.3 Leitfossilien

Zur Bestimmung des Alters nutzt man sogenannte Leitfossilien, die in der Nähe des zu bestimmenden Gesteins gefunden werden. Zu Leitfossilien zählen sowohl Tiere als auch Pflanzen, die einem bestimmten Zeitalter exakt zugeordnet werden können. Leitfossilien sind z. B. verschiedene Ammonitenarten, die über einen Zeitraum von 350 Millionen Jahren lebten und in der Kreidezeit ausstarben.

6.1.4 Erdmagnetfeld

Das Erdmagnetfeld hat sich im Laufe der Zeit mehrfach umgepolt, dies geschieht durchschnittlich alle 250.000 Jahre. In magnetischem Gestein finden sich diese charakteristischen Umpolungen wieder und helfen so, das Alter zu bestimmen. Diese Umpolungen prägen sich in Eisenoxidmineralien wie Magnetit, Hämatit und Maghemit, in Lehm und verschiedenen Gesteinsarten ein.

6.1.5 Radiometrische Altersbestimmung

In der Stratigraphie wendet man häufig radiometrische Methoden an. Dazu werden entweder radioaktive Isotope oder aber stabile Isotope (die sich nicht radioaktiv umwandeln, z. B. Sauerstoff ^{18}O mit der Massenzahl 18 = 8 Protonen und 10 Neutronen) genutzt. Bei den zerfallenden Isotopen wird die Halbwertszeit (die Zeit, nach der die Hälfte des Ausgangsmaterials zerfallen ist) zur Altersbestimmung herangezogen. Stabile Isotope werden ins Verhältnis zu einem Standard gesetzt. Die Verhältniszahl gibt über bestimmte geänderte Verhältnisse, z. B. den Sauerstoffanteil in der Atmosphäre in der Vergangenheit, Auskunft.

In Gesteinen liegen verschiedene natürliche Isotope chemischer Elemente vor, deren Zerfallszeit exakt bekannt ist. Aus der Menge der noch vorhandenen radioaktiven Isotope kann auf das Alter des Fundes geschlossen werden. Langsam zerfallende Isotope dienen zur Altersbestimmung sehr alter Funde. Schnell zerfallende Isotope eignen sich besser zur Datierung von Funden, die jünger als 100.000 Jahre sind.

ZUSATZINFORMATION

Das Alter t einer radioaktiven Probe kann wie folgt bestimmt werden:

$$t = \frac{1}{\lambda} \cdot ln\left(1 + \frac{N_Z}{N_O}\right)$$

t → Alter der Probe
λ → Halbwertszeit des Ausgangsisotops
N_Z → Anzahl der Atome des Zerfallsprodukts in der Probe
N_0 → Anzahl der Atome des Ausgangsisotops in der Probe
ln → natürlicher Logarithmus

Die Uran-Blei-Datierung ist eines der am ältesten bekannten Verfahren zur Datierung und wird üblicherweise mit dem Mineral Zirkon durchgeführt. Im Ursprungskristallgitter dieses Minerals ist Uran und kein Blei eingebaut. ^{235}U (das ist Uran mit 235 Neutronen im Atomkern) zerfällt zu ^{207}Pb (Blei) mit einer Halbwertszeit von 703,8 Millionen Jahren. Parallel dazu zerfällt ^{235}U auch zu ^{206}Pb mit einer Halbwertszeit von

4,46 Millionen Jahren. Somit kann die Altersbestimmung einer Probe über zwei Zerfallsreihen erfolgen. Zirkone werden in den ältesten Gesteinen der Erde und auch im Gestein von Meteoriten gefunden.

Neben der Uran-Blei-Datierung ist weiterhin die Kalium-Argon-Datierung bekannt. ^{40}K zerfällt zu ^{40}Ar und hat eine Halbwertszeit von 1,28 Milliarden Jahren. Radioaktives Kalium ist in den Mineralien Glimmer und Feldspat enthalten.

Die Rubidium-Strontium-Datierung basiert auf der Umwandlung von ^{87}Rb in ^{87}Sr mit einer Halbwertszeit von 48,8 Milliarden Jahren. Radioaktives Rubidium findet sich in magmatischen Gesteinen. Es wurde auch in Mondgestein gefunden und zur Altersbestimmung genutzt.

Zur Bestimmung jüngerer Gesteine ist die Radiokohlenstoffmethode ^{14}C von Bedeutung. Kohlenstoff zerfällt mit einer Halbwertszeit von 5.730 Jahren. Radioaktiver Kohlenstoff entsteht fortwährend in der Natur durch Kollisionen von Neutronen mit Stickstoff in den oberen Schichten der Atmosphäre. Dieser radioaktive Kohlenstoff ist im atmosphärischen Kohlenstoffdioxid CO_2 als Spurenelement enthalten. Lebewesen nehmen fortwährend Kohlenstoff aus dem Kohlendioxid, also auch einen gewissen Anteil an radioaktivem Kohlenstoff zu sich. Stirbt ein Lebewesen, nimmt es keinen radioaktiven Kohlenstoff mehr auf. Die Menge des noch vorhandenen radioaktiven Kohlenstoffs in den Überresten des Lebewesens erlaubt die Altersbestimmung seit dem Tod.

Tabelle 2 listet verschiedene radioaktive Isotope und ihre Halbwertszeiten auf, die zur absoluten Altersbestimmung verwendet werden.

Tabelle 2: Halbwertszeiten verschiedener radioaktiver Isotope.

Radioaktives Isotop	Halbwertszeit (Jahre)	Zerfallsprodukt
Rubidium ^{87}Rb	48,8 Mrd.	Strontium ^{87}Sr
Thorium ^{232}Th	14,05 Mrd.	Blei ^{208}Pb
Uran ^{238}U	4,46 Mrd.	Blei ^{206}Pb
Kalium ^{40}K	1,28 Mrd.	Argon ^{40}Ar
Uran ^{235}U	703,8 Mio.	Blei ^{207}Pb
Uran ^{234}U	245.500	Thorium ^{230}Th
Kohlenstoff ^{14}C	5.730	Stickstoff ^{14}N

6.1.6 Sedimentablagerungen

Bohrkerne aus Ozeanen zeigen verschiedene Sedimentschichten. Die Größe der Teilchen ist typisch für bestimmte Ablagerungen. So können jährliche Sedimentablagerungen in Seen zur Altersbestimmung abgezählt werden. Die sedimentäre Abfolge der Schichten liefern beispielsweise durch datierbare Aschezwischenlagen absolute Altersangaben. Bedeutend sind die Untersuchung und das Vergleichen von Gesteinen gleichen Aussehens. Die Ausbreitung bestimmter Gesteinsschichten im Gelände und ihre vertikale Schichtung sind eine wesentliche Säule geologischer Arbeit.

6.1.7 Eiskernbohrungen

Bei Eiskernbohrungen zählt man die Schichten ab, die jedes Jahr durch Schneefall gebildet wurden. Die Lufteinschlüsse in den einzelnen Schichten erlauben Rückschlüsse auf den Sauerstoff- und den Kohlenstoffdioxidgehalt der Atmosphäre zum Zeitpunkt der entstandenen Schicht.

6.1.8 Jahresringzählungen von Bäumen

Die Dendrochronologie ermöglicht die Datierung durch Abzählen der Jahresringe verschiedener Baumarten – eine einfache und effiziente Methode für kürzer zurückliegende Zeiträume. Das Auszählen von nordamerikanischen Mammutbäumen erbrachte Altersnachweise von mehreren Tausend Jahren. Aber es sind nicht nur Wachstumsringe von Bäumen, sondern auch die Schalen von Muscheln oder die Kalkskelette von Korallen, die zyklisch abzählbare Muster aufweisen.

6.2 Messung von Ozeanwassertemperaturen der Vergangenheit

Zur Bestimmung der Meerwassertemperaturen längst vergangener Zeiten kann eine Methode der Isotopenchemie genutzt werden. Dabei wird das Verhältnis der Sauerstoffisotope ^{18}O (8 Protonen, 10 Neutronen) und ^{16}O (8 Protonen, 8 Neutronen) im Vergleich zu einem Standardverhältnis benutzt. Für die mittleren Standardozeanwasser wurde 1968 von der Internationalen Atomenergieorganisation ein Standard für Wasserproben definiert (Vienna Standard Mean Ocean Water, VSMOW). Sehr sauberes destilliertes Wasser bietet die Vergleichsgrundlage für die Bestimmung der physikalischen Eigenschaften. Der Standard weist für das Isotopenverhältnis von Sauerstoff den folgenden Wert auf:

$$\frac{n(^{18}O)}{n(^{16}O)} \approx \frac{1}{500}$$

Der Wert $\delta^{18}O$ ist ein Maß für das Verhältnis des Isotopenverhältnisses einer Probe zu dem Standard-Isotopenverhältnis des VSMOW. Es gilt:

$$\delta^{18}O = \left(\frac{\left(\frac{^{18}O}{^{16}O}\right)_{\text{Probe}}}{\left(\frac{^{18}O}{^{16}O}\right)_{\text{Standard}}} - 1 \right) \cdot 1000\ ‰$$

6.2.1 Mechanismus der $\delta^{18}O$-Methode

Meerwasser verdunstet bevorzugt ^{16}O, weswegen das Regenwasser reich an ^{16}O ist. Wassermoleküle in Regenwolken, die die schwereren ^{18}O-Atome enthalten, kondensieren früher und schlagen sich als Erste nieder. Ein Klimawandel, der die globalen Muster von Verdunstung und Niederschlag verändert, verändert aus diesem Grund auch das $\delta^{18}O$-Verhältnis. Damit lässt sich sehr feuchtes Klima (Meerwasser weist höhere ^{18}O-Konzentration auf) von sehr trockenen Klimaperioden unterscheiden.

Gemessen wird dies über Eisbohr- und Tiefseebohrkerne oder an Fossilien. Am häufigsten werden die Schalen von Foraminiferen (das sind einzellige, gehäusetragende Lebewesen) oder verschiedenste andere Makro- und Mikrofossilien und Kieselalgen (Diatomeen) untersucht. Die Kalkschalen bestehen aus Kalciumkarbonat und können in vielen geologischen Strukturen gefunden werden. Die Gehäuse enthalten Sauerstoff, der als Probe mit dem Standard verglichen wird.

Der $\delta^{18}O$-Gehalt in bestimmten Mineralien magmatischer Gesteine gibt die Temperatur des Magmas wieder, aus dem die Minerale kristallisiert sind.

Abbildung 32 zeigt die Auswertung von Tiefseebohrkernen anhand einer Foraminiferen-Art. Sie umfasst den Zeitraum von heute bis 5,5 Millionen Jahre in die Vergangenheit. In das Diagramm eingetragen sind die Bereiche, in denen das Klima von den Milankovic-Zyklen beeinflusst wurde (Ekliptikschiefe 41.000 Jahre, Bahnachsenänderung 100.000 Jahre).

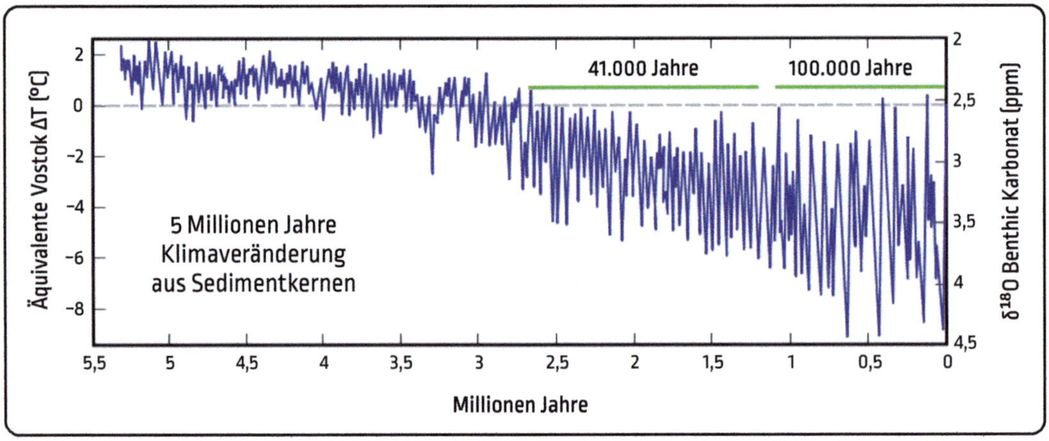

Abbildung 32: Rekonstruktion anhand von Sedimentbohrkernen (Kalkgehäuse von Benthic foraminifera) der Klimaschwankungen der Erde für die letzten 5 Millionen Jahre.

6.2.2 Mechanismus der δ^2H-Methode

Neben der δ^{18}O-Methode können klimatische Veränderungen auch mit der δ^2H-Methode bestimmt werden. Hier wird das Verhältnis des Isotops des Wasserstoffs ^{2}H (auch Deuterium genannt, 1 Proton, 1 Neutron) zum normalen Wasserstoffatom ^{1}H (1 Proton) gemessen.

Das Standard-Isotopenverhältnis des VSMOW für Deuterium zu Wasserstoff beträgt $\approx \frac{1}{6.420}$.

6.3 Fossilien

Fossilien sind Marker für verschiedene Erdzeitalter. Sie geben indirekt Auskunft über die damaligen Umweltbedingungen und Lebensformen. Fossilien sind Überreste von Tieren und Pflanzen mit einem Mindestalter von 10.000 Jahren. Die Erforschung der Fossilien ist eine Aufgabe der Paläontologen. Nach Schätzungen sind seit dem Entstehen der Erde mehr als eine Milliarde unterschiedlicher Tier- und Pflanzenarten entstanden und größtenteils wieder ausgestorben. Weniger als 1% dieser Arten ist fossil erhalten geblieben. Derzeit sind circa 250.000 fossile Arten bekannt und beschrieben.

6.3.1 Wie entstehen Fossilien?

Fossilien entstehen über eine lange Zeit unter bestimmten Randbedingungen und Umwelteinflüssen. Stirbt ein Tier, dann verwesen zuerst die Weichteile des Körpers, wie die Organe und die Haut. Knochen und Zähne benötigen längere Zeit, bis sie zerfallen. Bedeckt Schlamm ein Skelett oder eine Pflanze unter Luftabschluss, fehlt Sauerstoff, was ein Fortschreiten des Zerfalls des organischen Materials verhindert. Diese Voraussetzungen sind am Grund von Meeren gegeben, wo Tierkörper von Sedimenten unter Luftabschluss zu liegen kommen. Im Laufe der Zeit lagern sich über dem werdenden Fossil weitere Schlammschichten oder Sedimente ab. Durch das Gewicht dieser Schichten entsteht ein sehr hoher Druck, und die eingelagerten Organismen versteinern, weil durch den Boden und die Körperreste Wasser sickert, dabei die organischen Bestandteile auflöst und durch Mineralien ersetzt.

Dieser Vorgang wird als »Umkristallisation« bezeichnet. Es entsteht eine »Steinkopie« der Überreste. Oft ersetzen Siliziumverbindungen das vormals organische Material. Die Weichteile überstehen die Umwandlung nur in äußerst seltenen Fällen. Bei Tieren mit Gehäusen wie Ammoniten, Schnecken oder Muscheln entstehen bei der Zersetzung Hohlräume, die durch Mineralstoffe gefüllt werden. Später löst sich die Schale auf. Es entsteht ein Innenabdruck auf dem Stein, der das Gehäuse ausgefüllt hat.

Verschiedene Substrate sind unterschiedlich gut geeignet, einen Körper zu erhalten. Besonders günstig sind angeschwemmte Substrate wie Lehm oder Schlamm. Da Schlamm sehr feinkörnig ist, ermöglicht dieser eine gute, feingliedrige Erhaltung der Substanz. Der hohe Druck presst die Fossilien in der Regel flach.

Neben Körperüberresten finden Paläontologen auch Spuren, die Auskunft über das Leben und das Verhalten der urzeitlichen Tiere geben. Zu derartigen Spuren gehören Abdrücke von Kot, Federn, Kriech-, Brut- und Fressspuren und Tierfährten.

Holz versteinert bei Durchdringung von Kieselsäure. Dabei bleiben manchmal sogar die Jahresringe erhalten. Für diese Vorgänge ist eine sehr lange Zeit (bis zu mehreren Hundert Millionen Jahren) notwendig. Die Fossilien lagern stets weit unter der Erde. Durch die Bewegung der Kontinente, Aufspaltung von Gebirgen oder Erosion der Gesteine gelangen die Fossilien wieder an die Erdoberfläche.

6.4 Die Entwicklung des Lebens

Die größte und durchschlagende Erfindung der Natur ist die Zelle und mit ihr die Gene, die die DNA (Desoxyribonukleinsäure) abspeichert. Die große Stabilität der Doppelhelix der DNA erlaubt die nahezu fehlerfreie Weitervererbung bzw. die Erhaltung von Informationen über sehr lange Zeiträume. Die DNA ist die Schrift des Lebens. Sie gibt erworbenes evolutionäres Wissen an kommende Generationen weiter.

6.4.1 Was ist Leben?

Für Biologen gibt es drei Voraussetzungen für Lebendiges: erstens eine Membran oder Hülle, die den lebenden Körper von einer äußeren Welt abgrenzt, durch die aber Nährstoffe und Wasser ein- und wieder austreten können; zweitens einen Stoffwechsel, der chemische Stoffe in andere umwandeln kann, wie zum Aufbau von Körpersubstanzen, zur Energiegewinnung; drittens die Fähigkeit zur Fortpflanzung bzw. zur Selbstvervielfältigung. Die Anwesenheit von Wasser ist die wichtigste Voraussetzung für Leben. Der menschliche Körper enthält 55 bis 60 % seines Gewichts in der Form von Wasser. Die Tabelle 3 zeigt beispielhaft die Zusammensetzung des menschlichen Körpers.

Der Mechanismus des Verwitterns von Gestein aufgrund der Chemie der Atmosphäre und des Einschwemmens von Nährstoffen in den Ozean sind wesentliche Elemente des Lebens, die nur mit Energiezufuhr durch die Sonne in Gang gehalten werden. Die Sonne erwärmt den äquatorialen Ozean, dieser verdampft Wasser, welches nach Süden und Norden transportiert wird. Der Wasserdampf in der Atmosphäre bildet Wolken, die in Gebirgsbereichen abregnen. Das Aufstülpen der Erdmassen zu Gebirgen ist deshalb ebenfalls eine wichtige Voraussetzung für die Erhaltung des Nährstoffkreislaufes. Voraussetzung ist eine feste Landmasse aus Granit oder Andesit,

Tabelle 3: Zusammensetzung des menschlichen Körpers.

Chemisches Element	Gewicht (kg)	Gewicht (%)	Enthalten in/im
O → Sauerstoff	45,50	65	Allem
H → Wasserstoff	7,0	10	Ozean
C → Kohlenstoff	12,6	18	Atmosphäre
N → Stickstoff	2,1	3	Atmosphäre
Ca → Kalzium	1,05	1,5	Landmasse
P → Phosphor	0,7	1	Landmasse
Spurenelemente*	1,05	1,5	Landmasse
Gesamt	70	100	

*Spurenelemente sind: Kalium, Natrium, Chlor, Eisen, Kupfer, Zink, Molybdän, Chrom, Kobalt, Gallium, Selen, Indium, Silizium, Fluor, Cadmium, Barium, Zinn, Quecksilber, Nickel und Vanadium.

weil diese die wichtigsten Minerale, die für Leben notwendig sind, liefern. Landmassen stellen eine Million Mal mehr Nährstoffe zur Verfügung als der Mittelozeanische Rücken. Die Ozeane sind nicht nur für den Wasserkreislauf verantwortlich, sie lösen auch Kohlenstoff und Stickstoff im Wasser.

Die Fossilienfunde legen Zeugnis über einen unendlichen Erfindungsreichtum der Natur ab. Viele der Funde weisen auf Lebensformen hin, die mittlerweile ausgestorben sind. Welche Mechanismen zur Entwicklung neuer Arten führen, ist Gegenstand der Evolutionstheorie, die sich mit der Entstehung und der Veränderung der Arten beschäftigt. Die Evolution biologischen Lebens erfolgt innerhalb großer Zeiträume. Evolution ist die Weiterentwicklung von Lebewesen, die, abhängig von ihrer zurückliegenden Geschichte, auf äußere Einflüsse reagieren. Ursächlich führt man diese Veränderungen und Anpassungen an die Umweltbedingungen auf Mutationen (genetische Varianten), Rekombination des Erbgutes, Genfluss (Fortpflanzung zwischen Individuen verschiedener Populationen einer Art bzw. innerhalb einer Population) und Gendrift (Verlust von Individuen führt zu einem Absinken der genetischen Variabilität) zurück.

Das Verständnis der heutigen Lebewesen und der Vergleich mit Fossilien und deren rekonstruierter Lebensweise bilden die Grundlage, um die Mechanismen der Evolution zu verstehen.

Die natürliche Selektion ist einer der Vorgänge, die Populationen zwingen, sich zu entwickeln – nur die Kräftigsten und Angepasstesten überleben. Organismen mit günstigen Eigenschaften für spezifische Umweltbedingungen nutzen die vorhandenen Ressourcen besser und sind langfristig in der Zeugung ihrer Nachkommenschaft erfolgreicher.

Evolution ist ein steter Wettbewerb der Organismen. Die biologische Variabilität stellt sich als Erfolgsbedingung dafür dar, dass diejenigen Organismen überleben, die sich besser an sich ständig ändernde äußere Bedingungen anpassen. Beobachten wir heute Lebewesen, die sich besonders gut an die Umgebung angepasst haben, so liegt es daran, dass sich unzweckmäßige Eigenschaften nicht erhalten haben. Damit wird auch verständlich, warum es nach den im Laufe der Erdgeschichte immer wieder beobachteten Massensterben zu einer Auffächerung und Ausweitung der Arten (Radiation) kam. Salopp gesagt, bewirkten die Herausforderungen der neu entstandenen Umwelt einen Neustart für das Leben. Bisher erfolgreiche Arten könnten für diese neue Umgebung weniger geeignet sein als andere, die bis dahin eine untergeordnete Rolle spielten. So waren die Säugetiere zur Zeit der Dinosaurier eine zu vernachlässigende unbedeutende Spezies. Nach dem Massensterben der Dinosaurier entwickelten sich diese unter den geänderten klimatischen Verhältnissen zur bestimmenden Spezies.

Evolution ist ein Suchprozess, die Suche nach Möglichkeiten zur Verschmelzung oder Verstärkung von Genen, zur Teilung von Genen, zur Zusammenführung verschiedener Gene in einer einzigen Zelle. In der Evolution geht die Ungleichheit der Arten der Vielfalt voraus.

Evolutionäre Innovationen führen zu qualitativ neuen arttypischen Eigenschaften. Es entstehen durch neue Kombinationen genetischen Materials neue Regelkreise, neue Stoffwechselsysteme. In der Welt der komplexen Organismen sind evolutionäre Innovationen beispielsweise das Entstehen eines neuen Organs oder eines neuen Gewebes. Die Grundlage jeder evolutionären Innovation ist eine modifizierte Gensequenz.

Neueste Forschungen zeigen, dass die evolutionäre Entwicklung von Lebewesen auf einem Planeten wie der Erde schnell erfolgt und sein evolutionäres Potenzial enorm ist. Das Tempo der Evolution wird in erster Linie durch die physikalische Geschichte des Planeten selbst bestimmt. Eukaryonten, die Grundlage für makroskopisches Leben, entstanden erst, als der Planet für sie bereit war. Die Evolution verläuft weder in ihrem Verlaufsmuster noch in ihrer Geschwindigkeit gleichförmig. Der Blick in die fossile Vergangenheit weist Schlüsselereignisse nach, die durch wechselseitige Beeinflussung der Atmosphäre, Hydrosphäre und Lithosphäre die Lebenswelt grundlegend veränderten. Generell gilt, dass die Gesamtzahl der Tiergattungen, -familien und -ordnungen im Lauf der Erdgeschichte zunimmt. Die heute vorhandenen 35 Tierstämme sind die archaischen Überreste von etwa 60 Körperbauplänen, die während der kambrischen Lebensexplosion erfunden wurden.

Eukaryoten und Prokaryoten

Prokaryotische Zellen besitzen keinen echten Zellkern und sind einfacher aufgebaut als eukaryotische Zellen. Zu ihnen gehören die Bakterien. **Eukaryotische Zellen** besitzen einen Zellkern und eine Kernhülle um die in Chromosomen organisierte DNA.

Die verbesserten und mittlerweile hochgenauen Methoden der Altersbestimmung von Gesteinen und der darin abgespeicherten Zeugnisse des Lebens in Form von Fossilien erlauben es, einen Zeitplan der Evolution zu erstellen und anhand dessen Rückschlüsse auf die Geschwindigkeit der Evolutionsentwicklung zu ziehen. Diese genauen Methoden der Altersbestimmung weisen nach, dass Stromatolithen ein Alter von 3,458 Milliarden Jahre haben. Leben ist bereits in den ältesten erhaltenen Sedimentgesteinen vorhanden gewesen.

Die »Große Sauerstoffkatastrophe« (GOE, Great Oxygenation Event) stellt jenen Moment in der geologischen Geschichte dar, in dem der Sauerstoffgehalt in der Atmosphäre dauerhaft über eine Schwelle von etwa 10 % des heutigen Niveaus stieg. Vermutlich entstand die sauerstoffhaltige Photosynthese vor etwa 2,4 Milliarden Jahren und versorgte anschließend die Atmosphäre und die Oberflächenmeere mit Sauerstoff. Die Sauerstoffversorgung war der Grund für die plötzliche Ausdehnung und Entstehung aerober Arten.

Forschungen führen zu dem Schluss, dass der Prozess der Bereitstellung und Anhäufung von Sauerstoff in der Atmosphäre zügig vor sich ging. Der Sauerstoffanstieg während des Übergangs von der proterozoischen Ära zum Kambrium (NOE, Neoproterozoic Oxygenation Event) und das damit verbundene verstärkte Wachstum des eukaryotischen Phytoplanktons führten zu ähnlich starken Auswirkungen auf die Evolution wie das GOE.

Phylogenie
umfasst die stammesgeschichtliche Entwicklung der Gesamtheit aller Lebewesen.

Die Integration von Fossilien, Phylogenie und Geochronologie führte zu einem immer genauer aufgelösten Zeitplan der Evolution. Das Leben schlug Wurzeln, bevor die frühesten bekannten metamorphen Sedimentgesteine abgelagert wurden. Für eine Milliarde Jahre oder mehr spielte sich die Evolution unter einer im Wesentlichen nicht sauerstoffhaltigen Atmosphäre ab.

Geochronologie
ist die Wissenschaft, die sich mit der Entstehung von Gesteinen befasst.

Die Sauerstoffkonzentrationen in der Atmosphäre und den Oberflächenmeeren stiegen erstmals beim GOE vor 2,4 Milliarden Jahren an, und ein zweiter Anstieg begann in der späteren neoproterozoischen Ära NOE. Dieser etablierte die Zusammensetzung moderner Ozeane. Die GOE erleichterte die Entstehung von Eukaryonten, während die NOE mit großen und komplexen multizellulären Organismen assoziiert wird. Somit waren GOE und NOE grundlegende Schrittmacher der Evolution.

Metamorphes Gestein
ist Gestein, das sich unter hohem Druck und Temperatur tief im Erdinneren zu neuen Mineralien umgewandelt hat.

Auf der Zeitskala der gesamten 4-Milliarden-Jahre-Geschichte der Erde scheint die evolutionäre Dynamik der Biosphäre des Planeten schnell zu sein. Die physikalischen Veränderungen des Planeten bestimmen weitgehend das evolutionäre Tempo.

Während vorübergehender Umweltstörungen, wie sie beispielsweise mit Massenaussterben verbunden sind, könnten die Raten der genetischen Anpassung für das Leben begrenzend gewesen sein. Der Übergang vom Proterozoikum zum Kambrium kann heute sehr genau mit 541 Ma (Ma → Millionen Jahre) angegeben werden. Gefun-

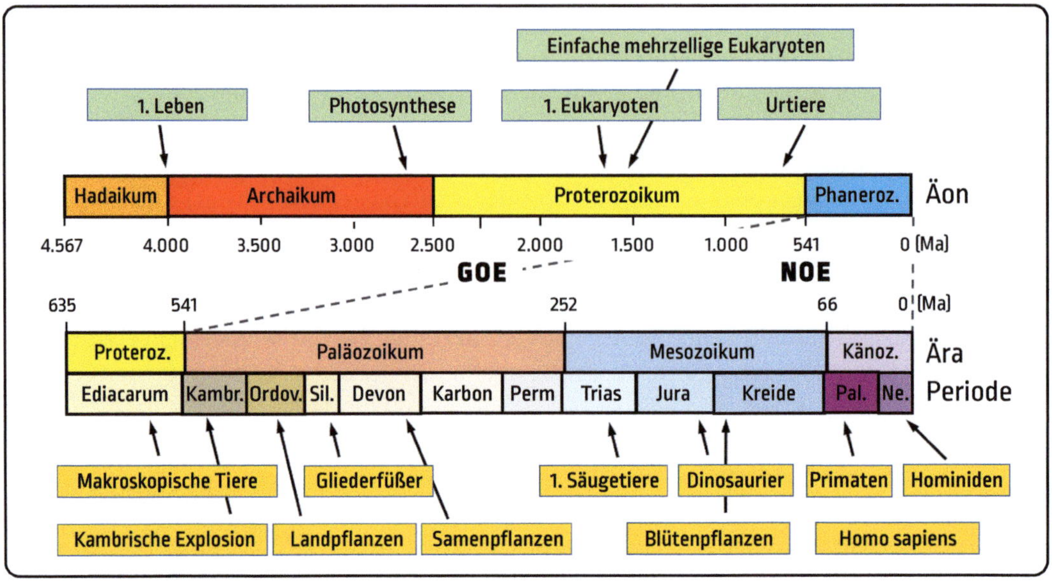

Abbildung 33: Die evolutionäre Zeittabelle.

dene Fossilien zeigen, dass in den ersten 30 Millionen Jahren der Kambriumzeit verschiedene Pläne für Tierkörper entstanden, wobei die Meeresfauna dominierte. Während des Paläozoikums wanderte die evolutionäre Innovation an Land. Die entstehenden Pflanzen und die mindestens neun Abstammungsgemeinschaften der Tiere etablierten das vielfältigste, produktivste und biomassereichste Ökosystem der Erde. Das Leben an Land stellt neuartige Anforderungen. Landpflanzen müssen der Schwerkraft beim Wachstum standhalten, Nährstoffe aus dem Boden aufnehmen, nach oben befördern und nutzen können und Fortpflanzungsmechanismen entwickeln, die in der Luft funktionieren. Tiere müssen, an Land lebend, ein Stützskelett entwickeln, welches der Schwerkraft standhält, neue Arten der Fortbewegung müssen entwickelt werden. Sie benötigen einen Verdunstungsschutz und müssen atmen können. Dazu gesellen sich veränderte Ernährungs- und Fortpflanzungsstrategien.

Abbildung 34 verdeutlicht die Erdgeschichte in Form einer Spirale. Die einzelnen Abschnitte zeigen schematisch Kommen und Gehen verschiedener Lebensformen.

Leben und Dasein auf dem Planeten Erde sind eng mit den in und auf ihm stattfindenden Ereignissen verbunden. Sie beeinflussen sich wechselseitig. Die Photosynthese der Organismen setzte Sauerstoff frei, der zu beschleunigtem Mineralabbau aus Gesteinen und einem Anstieg von Nährstoffen führte. Das verbesserte die Lebensbedingungen. Vulkanismus verschlechterte sie hingegen. Hinzu kommen externe Ereignisse, die schlagartig zu einer Änderung der klimatischen Verhältnisse führen.

Am Ende der Kreidezeit (vor 66 Millionen Jahren) ereignete sich das bekannteste Massenaussterben der Erdgeschichte. Ein Meteor mit einem Durchmesser von 10 Kilometern schlug auf der Halbinsel Yucatán in Mexiko ein. Flugbahn, Größe,

Abbildung 34: Geologische Zeitspirale der Erdgeschichte.

Geschwindigkeit und Einschlagwinkel des Asteroiden bestimmen die Auswirkungen des Einschlags. Der Vergleich verschiedener 3-D-Simulationen[13] mit vorgefundenen geologischen Gegebenheiten in Yucatán ergab einen Aufschlagwinkel von 60 ° mit 20 Kilometern pro Sekunde aus Richtung Nordosten in Richtung Südwesten. Die plötzlich freigesetzte Menge an CO_2 aus dem hochgeschleuderten Gestein entsprach den denkbar ungünstigsten und verheerendsten Bedingungen. Der Einschlag löste eine Tsunamiwelle in der Höhe von 1.500 Metern aus. Nach einigen Minuten stürzte das Wasser in den riesigen entstandenen Krater zurück. Die Tsunamis waren im Bereich des Golfs von Mexiko am verheerendsten, liefen aber um den gesamten Erdball. Zur Zeit der Dinosaurier waren Nord- und Südamerika nicht verbunden, deshalb breiteten

13 Collins, G. S.; et al. (2020): A steeply-inclined trajectory for the Chicxulub impact; Nature Communications, 2020; https://doi.org/10.1038/s41467-020-15269-x, abgerufen am 1. 6. 2020.

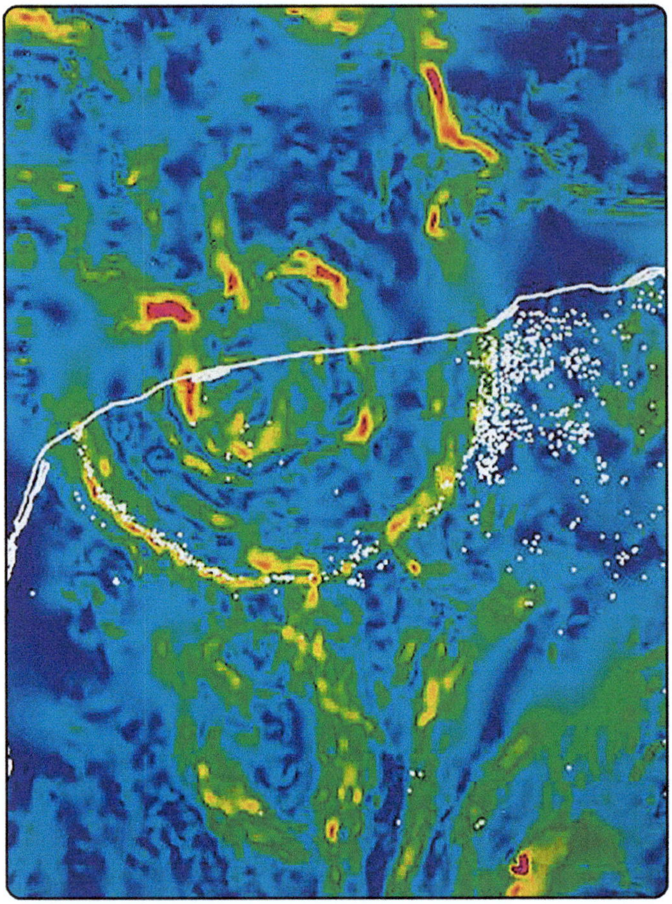

Abbildung 35: Chicxulub-Krater auf der Halbinsel Yucatán; Messungen der Schwereanomalie.

sich die Tsunamiwellen frei in den Pazifischen Ozean aus. Die hervorgerufenen Wellenberge wiesen im Pazifik- und Atlantikbecken Höhen von 14 Metern auf. Der Einschlag von Chicxulub verursachte ein großes Erdbeben mit Höhenbewegungen von 100 Metern, welches 3.000 Kilometer entfernt ein sofortiges Massensterben auslöste. In Tanis in Norddakota, USA, wurden Fossilien zusammen mit geschmolzenen glasartigen Mineralienkugeln gefunden. Diese entstanden beim Aufschlag, wurden hochgeschleudert und fielen nach etwa 15 Minuten 3.000 Kilometer entfernt zu Boden.[14] Die gefundenen fossilen Fische und Baumstämme erstrecken sich über einen mächtigen Fundbereich. Die vertikale Ablagerung beweist eine schnelle Einlagerung der Tiere und Bäume. Die Fische (Störe und Löffelstöre) wurden unter Sediment verschüttet und in Einströmrichtung ausgerichtet. Selbst die Bäume sind in Strömungsrichtung parallel gelagert.

14 DePalma, R. A.; et al. (2019): A seismically induced onshore surge deposit at the KPg boundary, North Dakota; PNAS, Vol. 116, No. 17; https://doi.org/10.1073/pnas.1817407116, abgerufen am 1. 6. 2020.

Der Einschlag heizte die Atmosphäre auf, riesige Waldbrände entstanden, Magma drang an die Erdoberfläche, giftige Gase entwichen und die Meere übersäuerten. Asche verdunkelte über Monate hinweg die Sonne. Für einen Zeitraum von mehreren Jahren kühlte die Erde ab, Dunkelheit brachte die Photosynthese der Pflanzen zum Erliegen. Die globale Erdtemperatur sank unter den Gefrierpunkt. Nach dem Niederschlag der Ascheteilchen nahm die einfallende Sonnenenergie wieder zu. In Indien erzeugte extreme vulkanische Aktivität große Mengen CO_2, welches über den Treibhauseffekt die Erde wieder aufheizte. Die lebhafte vulkanische Aktivität in Indien war eine Folgeerscheinung des Meteoriteneinschlags. Die biologische Krise traf die ozeanischen und die kontinentalen Ökosysteme. Neben den Dinosauriern und der in den Ozeanen lebenden Megafauna starb die artenreiche Gruppe der Ammoniten aus.

6.5 Die Erdneuzeit

Die Erdneuzeit begann vor 66 Millionen Jahren und dauert bis heute an.

Abbildung 36 zeigt die klimatischen Veränderungen anhand von Tiefseesedimentbohrkernen (nach der $\delta^{18}O$-Methode) und der Auswertung von Eisbohrkernen (ebenfalls nach der $\delta^{18}O$-Methode) der Vostok-Station in der Antarktis. In der ersten Hälfte

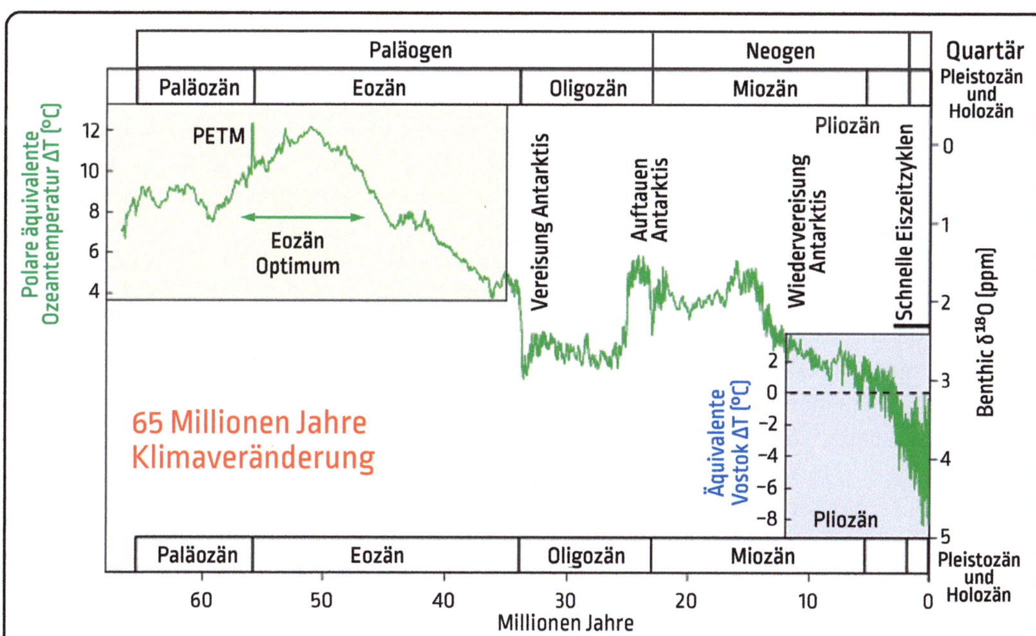

Abbildung 36: 65 Millionen Jahre klimatische Veränderungen anhand von Sedimentbohrkernen (Kalkgehäuse von Benthic foraminifera).

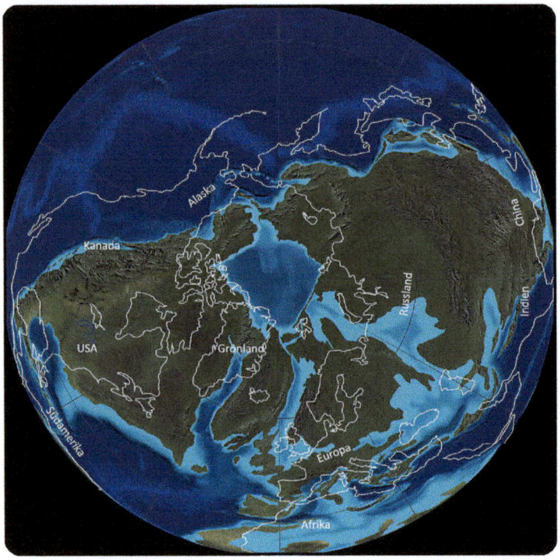

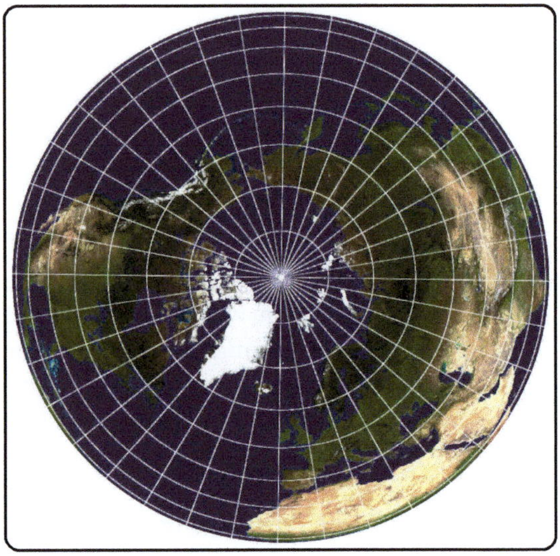

Abbildung 37: links: Bild von oben auf die Erde vor circa 60 Millionen Jahren (weiße Linien – heutige Lage der Kontinente), rechts: Aufnahme Terra-Satellit.

des Känozoikums zeigte das Klima Maximaltemperaturen, die in einer Eiszeit mündeten, gefolgt von schnell wechselnden Kalt- und Warmzeiten bis in unsere heutige Zeit.

Es ist die Periode, in der die Säugetiere von relativ kleinen, einfachen Formen zu einer großen Gruppe von verschiedenen Tieren diversifizierten.

Die Verteilung der Kontinente ähnelt im Paläogen zunehmend der heutigen (siehe Abbildung 37). Das Weltklima während des Paläogens wich von den heißen und feuchten Bedingungen des späten Mesozoikums ab. Es begann ein Abkühl- und Trocknungstrend, der zwar periodisch durch warme Perioden unterbrochen war, aber bis zur jüngsten Eiszeit anhielt. Der Trend wurde zum Teil durch die Bildung des antarktischen Zirkumpolarstroms verursacht, der die ozeanischen Wassertemperaturen deutlich senkte. Die sich ändernden Meeresströmungen führten zu einer Abkühlung der Antarktis, die schließlich vereiste. Nordamerika und große Teile Europas waren von tropischen und subtropischen Wäldern bedeckt.

Die beherrschenden Säugetiere der Meere wurden die Wale, Primaten bevölkerten als Säugetiere die Bäume, und Vögel beherrschten konkurrenzlos die Lüfte, da die Pterosaurier (Flugsaurier) ausgestorben waren.

Die ausgeprägte Abkühlung führte zu vielen erhalten gebliebenen modernen Pflanzen. Gräser und Kräuter wie beispielsweise Artemisia (Korbblütler wie Beifuß und Wermut) verdrängten tropische Pflanzen, und in den Berggebieten breiteten sich Nadelwälder aus.

Die Säugetiere und Vögel entwickelten sich zu heutigen Formen, während andere Tierarten unverändert blieben. Frühe Hominiden, Vorfahren des Menschen, tauchten gegen Ende der Periode in Afrika auf. Das bedeutendste Ereignis war die Verbindung von Nord- und Südamerika am Isthmus von Panama, wodurch die warme Meeresströmung vom Pazifik zum Atlantik unterbrochen wurde und nurmehr der Golfstrom die Wärme an den Arktischen Ozean abgeben konnte. Das Weltklima kühlte sich im Laufe der Neogenzeit deutlich ab und gipfelte in einer Reihe von kontinentalen Vergletscherungen im Quartär. Die Lage der Kontinente im Neogen veränderte sich gering. Afrika kollidierte mit Europa, was zur Auffaltung von Atlas, den Pyrenäen, dem Schweizer Jura, den Alpen, den Karpaten und dem Apennin führte. Arabien lagerte sich an Eurasien an. Der Himalaja wuchs wegen der andauernden Drift Indiens weiter in die Höhe. Die beiden amerikanischen Kontinente verbanden sich.

Das Klima war bereits im Paläogen kühler und trockener geworden. Die Vereisung der Antarktis führte zu einem Absinken der Meeresspiegel weltweit um 50 Meter. Durch das kältere und trockenere Klima wichen die vorher weitverbreiteten tropischen Wälder und machten offenen Wäldern und Graslandschaften Platz. Eine Folge davon war die evolutionäre Weiterentwicklung der Weidetiere. Afrika war feucht und bewaldet und die Sahara eine Savanne.

Die Menschenaffen – mit den Gattungen Orang-Utan, Gorilla, Schimpanse und Mensch – erlebten eine Blütezeit in Afrika. Aus dieser Epoche stammt auch Lucy. Das Skelett wurde in Äthiopien gefunden und ist 3,2 Millionen Jahre alt: Lucy, die aufrecht ging und zu den Homini (alle Arten der Gattung Homo) zugeordnet wird.

Das Quartär ist die aktuelle und jüngste der drei Perioden des Känozoikums in der geologischen Zeitskala der Internationalen Kommission für Stratigraphie. Die Quartärzeit ist in zwei Epochen unterteilt: das Pleistozän (vor 2,588 Millionen Jahren bis 11.700 Jahren) und das Holozän (anschließend bis heute). Das Quartär wird typischerweise durch das zyklische Wachstum und den Zerfall der kontinentalen Eisschilde im Zusammenhang mit den Milankovic-Zyklen und den damit verbundenen Klima- und Umweltveränderungen definiert.

Die Antarktis vergletscherte vor 30 Millionen Jahren im Paläogen. Zu Beginn des Quartärs bildeten sich Gletscher auf der Nordhalbkugel. Ein Eiszeitalter dauert mehrere Millionen Jahre an. Es zeichnet sich durch mit Eis bedeckte Pole aus. Innerhalb eines Eiszeitalters wechselt das Klima zwischen Eiszeiten (Kaltzeiten) – in denen die globale Durchschnittstemperatur um einige Grad niedriger ist und die Eisschilde sich von den Polen her ausbreiten – und Zwischeneiszeiten (Warmzeiten). Zurzeit leben wir in einer Zwischeneiszeit. Die letzte Eiszeit ging vor 11.700 Jahren zu Ende. Während dieser bedeckten die Eisschilde etwa 30 % der Erdoberfläche (heute sind es nur 10 %). Die Dicke des Eispanzers betrug bis zu 3 Kilometer, die globale Mitteltemperatur lag 5 °C tiefer als heute. Wasser, das im Eis gebunden ist, fehlt den Ozeanen – der Wasserspiegel lag während der letzten Eiszeit daher um 100 Meter tiefer als heute.

Abbildung 38 zeigt die antarktischen Temperaturwechsel der letzten Kalt- und Warmzeiten. Ganz rechts ist die während der letzten 11.700 Jahre einsetzende Warmzeit zu sehen. Der mit VOSTOK titulierte Verlauf entspricht Auswertungen von Eis-

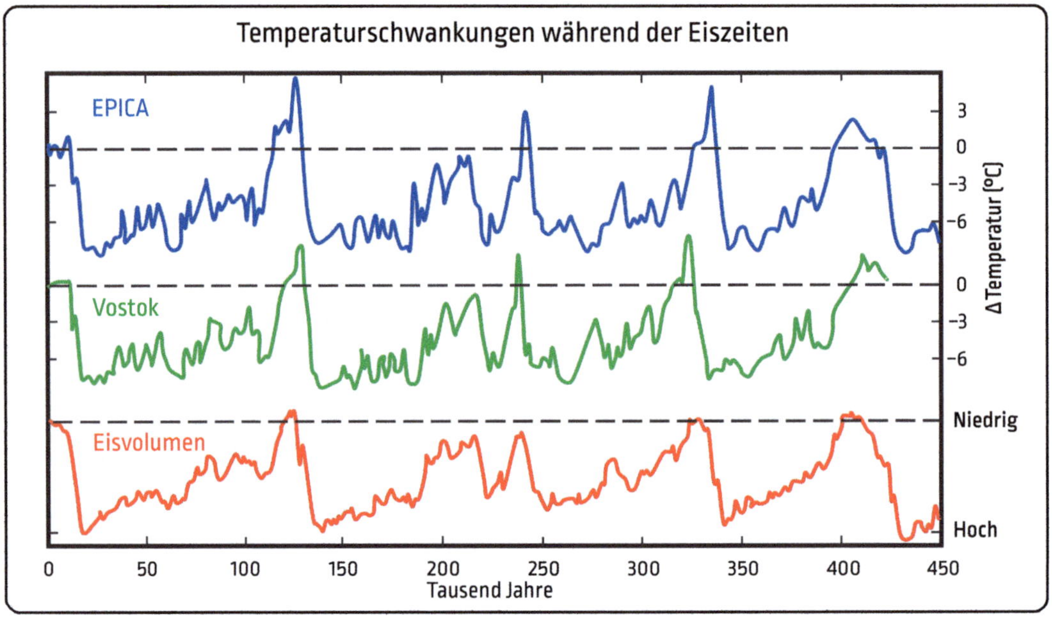

Abbildung 38: Eiszeiten während der letzten 450.000 Jahre.

bohrkernen der Vostok-Station in der Antarktis nach der $\delta^{18}O$-Methode. Die mit »EPICA« bezeichnete Kurve stammt ebenfalls aus der Auswertung von Eisbohrkernen nach der Deuterium-Methode (δ^2H).

Dem Diagramm kann die sehr gute Übereinstimmung des Eisvolumens mit den Temperaturrückgängen entnommen werden. Es zeigt auch die Stimmigkeit der beiden Temperaturbestimmungsmethoden[15] $\delta^{18}O$ und δ^2H.

Auffällig ist im Quartär die auftretende Megafauna: Es lebten große Tierarten wie Wollhaarmammut oder Wollnashorn in Europa oder Säbelzahnkatzen und Riesengürteltiere in Nordamerika. Nach der letzten Eiszeit starben die großen Tierarten aus, wobei die Ursache für ihr Verschwinden unklar ist. Möglicherweise ist der jagende Mensch dafür verantwortlich. Lediglich in Afrika gibt es heute noch große Säugetierarten wie Elefant oder Nashorn.

Das Holozän begann mit der vor 11.700 Jahren einsetzenden starken Erwärmung der Erde am Ende der letzten Kaltzeit. Die Altersbestimmung wurde mittels Sauerstoffisotopen (^{18}O) durchgeführt. Mit der $\delta^{18}O$-Methode konnte der Übergang der letzten Kalt- zur jetzt herrschenden Warmzeit bestimmt werden. Sie dokumentieren einen schnellen Temperaturanstieg. Das radiometrische Alter wurde auf ein absolutes Alter mit 11.700 Jahren vor dem Jahr 2000 bestimmt.

Das Diagramm (Abbildung 39) zeigt den Temperaturanstieg während der letzten 11.700 Jahre.

15 Mulvaney, R. (2004): How are past temperatures determined from an ice core?; Scientific American.

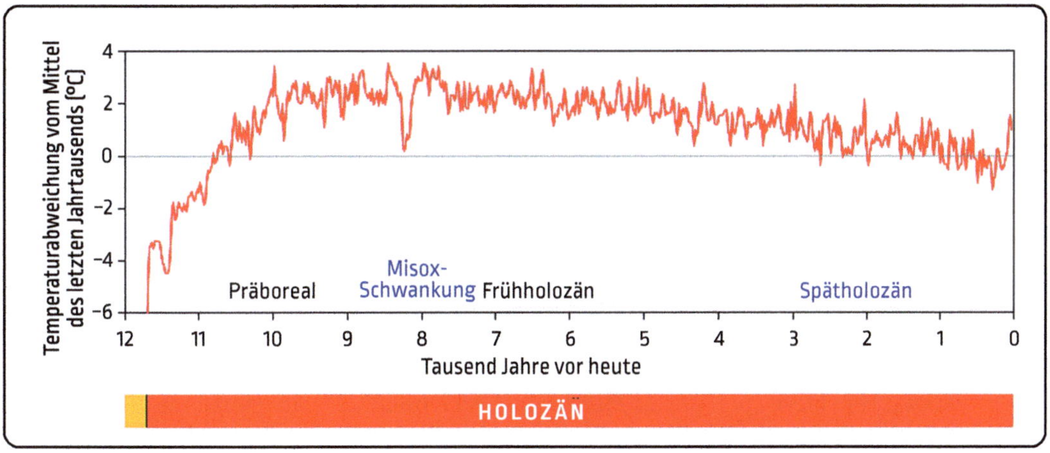

Abbildung 39: Temperaturverlauf des Holozäns, rekonstruiert aus einem grönländischen Eisbohrkern.

Vor ungefähr 11.700 Jahren entwickelte sich ein warmes und ausgesprochen stabiles Klima mit idealen Lebensbedingungen für die Menschen. Im Holozän schwankte die globale Mitteltemperatur nur noch um weniger als 1 °C.

Zu Beginn ging der Abbau der Inlandeisschilde äußerst rasch vor sich. Vor rund 6.000 bis 7.000 Jahren waren schließlich die letzten Eisreste verschwunden. Nur kurz unterbrach diese Periode eine kurzzeitige Abkühlung vor etwa 8.200 Jahren (Misox-Schwankung). Mittel- und Nordeuropa bewaldeten sich.

Misox-Schwankung

Die Misox-Schwankung war kein globaler Temperaturrückgang, sondern begrenzte sich regional auf Europa. Eine Unterbrechung der Zirkulation des warmen Nordatlantikstromes (die Verlängerung des Golfstromes in nördliche Breiten) wird als Ursache angesehen. Misox ist ein Tal in den Schweizer Alpen. Über die dort gefundenen Ablagerungen wurde die Temperaturanomalie erstmals nachgewiesen.

6.6 Die Evolution zur Entwicklung der Menschen

Die Gruppe der Primaten (Herrentiere), zu welchen der Mensch zählt, ist vergleichsweise jung. Vor 16 Millionen Jahren kommt es zur Abspaltung der Orang-Utans. Gorilla, Schimpanse und Mensch weisen die engsten verwandtschaftlichen Verhältnisse auf. Dies belegen eindeutige Erkenntnisse aus DNA-Untersuchungen.

Bei einem Fund (2015) im Unterallgäu[16] wurden die Fossilien einer bisher unbekannten Primatenart entdeckt. Das Alter dieser Fossilien wurde mit 11,6 Millionen Jah-

16 Böhme, M.; Spassov, N.; Fuss, J.; Tröscher, A.; Deane, A. S.; Prieto, J.; Kirscher, U.; Lechner, T.; Begun, D. R. (2019): A new Miocene ape and locomotion in the ancestor of great apes and humans; Nature; doi.org/10.1038/s141586-019-1731-0.

ren bestimmt. Diese Affenart bewegte sich sowohl auf zwei Beinen gehend als auch kletternd. Der als *Danuvius guggenmosi* benannte Fund wies bereits eine S-förmige Wirbelsäule auf. Entgegen der bisherigen Annahme der Wissenschaft dürfte der aufrechte Gang bereits wesentlich früher als bislang geschätzt bei den Menschenaffen aufgetreten sein.

Reine Stammbäume mit klaren Verzweigungen von Menschen und Menschenaffen gibt es nicht. Über Millionen von Jahren vermischten sich Populationen, weswegen nur vage Verwandtschaften nachgezeichnet werden können. Bei den Menschenaffen bildeten sich vier Äste aus. Auf dem Entwicklungszweig zum Menschen setzte sich unter der aufrecht gehenden Spezies nur der Homo sapiens durch.

Wann ist ein Menschenaffe als Mensch zu bezeichnen? Heranzuziehende Kriterien sind: Gehirngröße, die Fähigkeit des aufrechten Gangs, kulturelle und soziale Entwick-

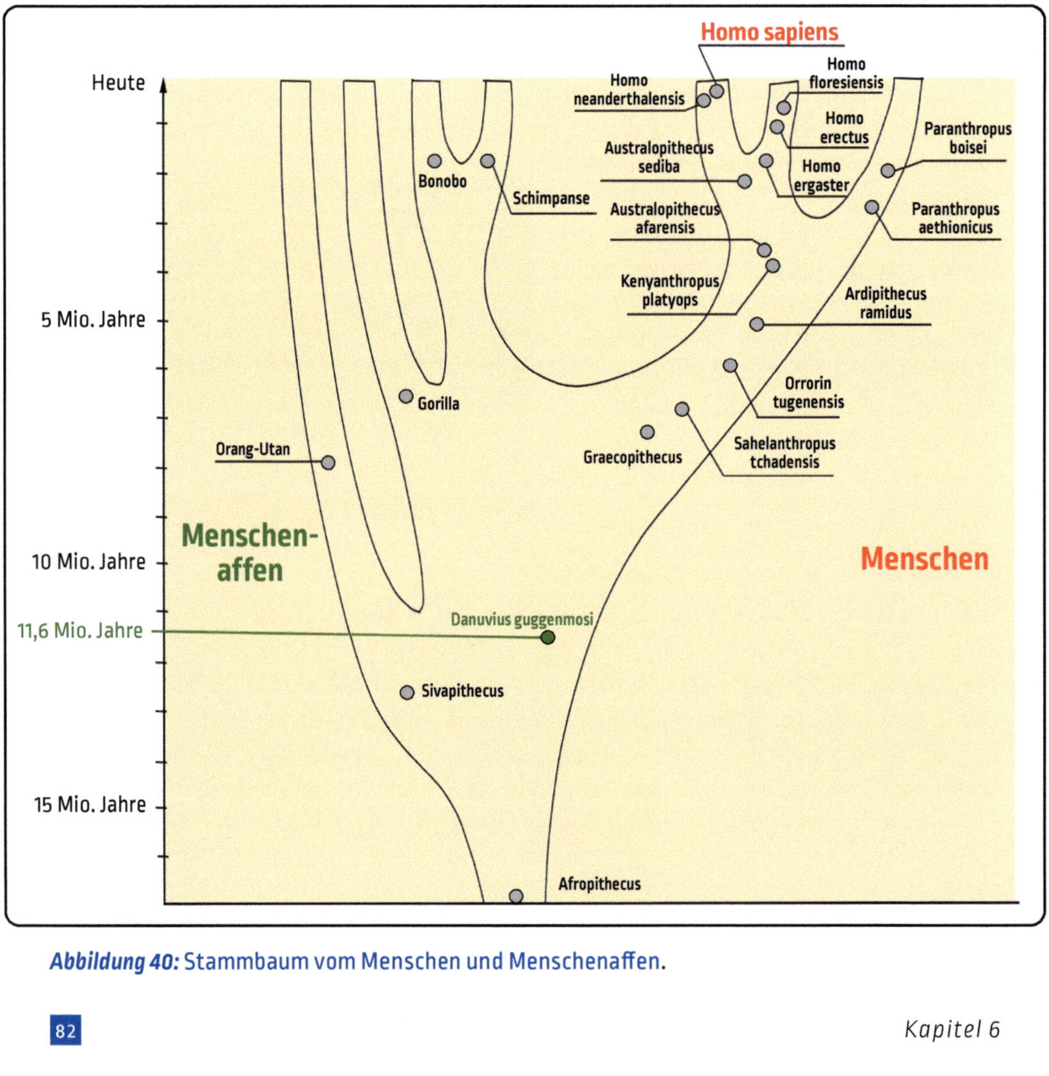

Abbildung 40: Stammbaum vom Menschen und Menschenaffen.

lungsmuster: Beherrschung des Feuers, Erzeugung und Benutzung von Werkzeugen, die Anfertigung von Schmuckstücken und der Gebrauch von Farbe.

Nach Fossilbefunden entstand unsere Spezies vor wenig mehr als 195.000 Jahren in Afrika und breitete sich dann auf dem Kontinent aus. Die klimatischen Verhältnisse veränderten sich zu dieser Zeit. Die Erde trat in eine lange Kaltzeit ein. Jenes Stadium (Sauerstoff-Isotopenstufe 6 genannt) dauerte bis vor 123.000 Jahren. Es herrschte ein kühles, trockenes Klima. Die Wüstenzonen waren viel weiter ausgedehnt, und wesentlich weniger Land war für Menschen bewohnbar. Unter diesen schwierigen Verhältnissen schrumpfte ihre Zahl bedrohlich.

Die Entstehung des *Homo sapiens* entpuppt sich als gesamtafrikanisches Phänomen. Statt sich als kleine Population irgendwo in Afrika gemeinsam zu entwickeln, so vermuten Forscher, kristallisierte sich die Spezies aus einer Bevölkerung, die in Grüppchen aufgeteilt den ganzen riesigen afrikanischen Kontinent bewohnte. Diese Subpopulationen blieben häufig jahrtausendelang durch große Entfernungen und ökologische Schranken wie Wüsten mehr oder weniger isoliert. In solchen Phasen entwickelte jede Gruppe eigene biologische und technische Anpassungen an die jeweilige ökologische Nische, sei es eine trockene Savanne, ein tropischer Regenwald oder die Meeresküste. Selten kam es zu Kontakten der Gruppen, der einen genetischen und kulturellen Austausch ermöglichte.

Alle heute lebenden Menschen stammen von diesen kleinen Bevölkerungsgruppen ab, die irgendwo in Afrika die Kaltphase überdauerten.

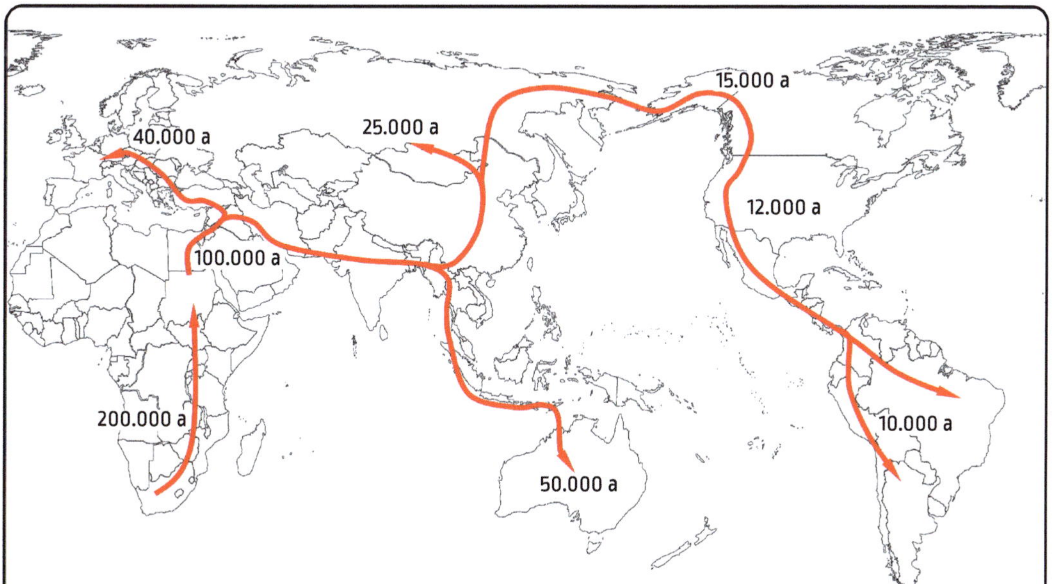

Abbildung 41: Ausbreitung des *Homo sapiens* von Afrika aus auf die gesamte Erde.

Die erste große anhaltende Auswanderungswelle der Menschen aus Afrika erfolgte vor rund 90.000 Jahren.[17] *Homo sapiens* zog von Afrika aus in den Nahen Osten. Vor 40.000 Jahren erreichte er Europa, Mittelasien und schließlich Australien. Er besiedelte die gesamte Erde. Was diese Expansion auslöste, ist weitgehend ungeklärt. Vermutlich überstanden mehrere Gruppen an verschiedenen Orten in Afrika die kalten unwirtlichen Zeiten, auch wenn nur von einer der Populationen alle heutigen Menschen abstammen, wie DNA-Analysen zeigen.

Bislang galt die These, *Homo sapiens* sei in einer einzigen Region in Afrika entstanden und habe bei seinem weltweiten Vordringen archaische Menschenformen verdrängt, ohne sich mit ihnen zu kreuzen.

Archäologische, paläontologische und genetische Befunde lassen aber mittlerweile daran zweifeln. Der Ursprung unserer Art scheint vielmehr in mehreren isolierten Populationen zu liegen, die sich unterschiedlich entwickelten und sich mit anderen Frühmenschen vermischten. In dem genetischen und kulturellen Austausch mit konkurrierenden Hominiden liegt wahrscheinlich der Schlüssel für den evolutionären Erfolg.

Während des größten Teils der Existenz von *Homo sapiens* wandelten mehrere Menschenspezies über die Erde: In Afrika streifte *Homo heidelbergensis* mit seinem großen Gehirn neben dem *Homo naledi* mit seinem wesentlich kleineren Gehirn umher. In Asien gab es den *Homo erectus* sowie eine rätselhafte Gruppe, die als *Denivosa*-Menschen bezeichnet wird, und später *Homo floresiensis*, ein zwergenhaftes Wesen mit großen Füßen. In Europa und Westasien herrschten stämmige Neandertaler mit dicken Brauenwülsten. Und vermutlich gab es noch weitere Formen, die bisher noch nicht entdeckt wurden.

Vor rund 40.000 Jahren war *Homo sapiens* plötzlich allein – das einzig übrig gebliebene Mitglied einer einstmals unglaublich vielgestaltigen Familie aufrecht gehender Primaten, die zusammenfassend als Homininen bezeichnet werden. Wie kam es dazu?

Beim Vergleich mit dem genetischen Material von heutigen Menschen stellte sich heraus, dass Nichtafrikaner Neandertaler-Erbgut in sich tragen. Damit war klar, *Homo sapiens* und Neandertaler haben sich gepaart.

Weitere Studien an sehr alten Genomen bestätigen, dass Neandertaler und auch andere archaische Populationen zum Genpool der heutigen Menschheit beitrugen. Die alte DNA lässt darauf schließen: Neandertaler und *Homo sapiens* spalteten sich bereits beträchtlich früher von ihren gemeinsamen Vorfahren ab, möglicherweise schon vor mehr als einer halben Million Jahre.

All diese Gruppen entwickelten sich in die gleiche Richtung, aber unsere Spezies überschritt offenbar in Bezug auf Kognitionsfähigkeit, komplexes Sozialverhalten und

17 Angelehnt an: Elicki, O.; Breitkreuz, C. (2006): Die Entwicklung des Systems Erde; Springer-Spektrum; https://doi.org/10.1007/978-3-662-47192-0, abgerufen am 23.4.2021.

Fortpflanzungserfolg früher als die anderen eine kritische Schwelle. Jetzt konnte der in Afrika entstandene und geprägte *Homo sapiens* in praktisch jede Umwelt auf der ganzen Welt vordringen und dort gedeihen. Er war nicht mehr aufzuhalten.

6.7 Übersicht über die Erdzeitalter

Tabelle 4: Übersicht über die Erdzeitalter.

Ära	System	Alter	Beschreibung
Hadaikum		4,6–4 Mrd. a (600 Mio. a)	Die Erde wächst zum Planeten heran, Erdkern und Erdmantel entstehen, Auftreten erster Minerale wie Zirkon
Archaikum	Ecoarchaikum Paläoarchaikum Mesoarchaikum Neoarchaikum	4–2,5 Mrd. a (1.500 Mio. a)	Atmosphäre (CO_2 und N_2) und Ozeane bilden sich, erstes Leben in Sedimenten – Bakterien
Proterozoikum	Paläoproterozoikum Mesoproterozoikum Neoproterozoikum	2,5–0,54 Mrd. a (2.000 Mio. a)	Sauerstoff bildet sich, erste Fossilien sind mit bloßem Auge sichtbar
Paläozoikum	Kambrium	541–490 Mio. a (51 Mio. a)	Kambrische Lebensexplosion Sauerstoffatmosphäre (63 % des heutigen Niveaus) – grundlegende Baupläne des Lebens Trilobiten, Schwämme – nur marines Leben
	Ordovizium	490–444 Mio. a (46 Mio. a)	Moos und Flechtenartige an Land, Riffbildung durch Korallen Erstes Massensterben
	Silur	444–419 Mio. a (25 Mio. a)	Auftreten von ersten Fischen und Riesenkrebsen, erste Gefäßpflanzen wie Urfarne und Bärlapppflanzen Mehrere Massensterben durch Vulkanismus
	Devon	419–359 Mio. a (60 Mio. a)	Starker Sauerstoffanstieg, Quastenflosser und Lungenfische, erste Amphibien und Insekten, Bildung von Wäldern, erste Pilze. Ende Devon: Vereisung der Pole führt zu marinem Massensterben
	Karbon	359–299 Mio. a (60 Mio. a)	Bildung von Torf und Steinkohle Ausbildung von Eiszeiten Riesenlibellen, erste Reptilien, erste Nadelbäume
	Perm	299–252 Mio. a (53 Mio. a)	Der Superkontinent Pangäa bildet sich, Salzlagerstätten entstehen, Nadelgehölze setzen sich durch, Reptilien breiten sich mehr aus als Amphibien, Nacktsamer und Vorläufer der Säugetiere erscheinen, am Ende des Perms erneutes Massenaussterben – Ursache: vulkanische Tätigkeit in Sibirien

Fortsetzung ▷

Ära	System	Alter	Beschreibung
Mesozoikum	Trias	252–201 Mio. a (49 Mio. a)	Pangäa beginnt zu zerfallen, Säugetiere behaupten sich, Schuppenechsen stehen in Konkurrenz, Vorläufer der Saurier, Samenpflanzen setzen sich gegen Sporenpflanzen durch, erneutes globales Massensterben
	Jura	201–145 Mio. a (44 Mio. a)	Der Superkontinent zerfällt weiter in Gondwana, das Zeitalter der Saurier beginnt, Brontosaurier, Allosaurier, Ichthyosaurier im Meer und erste Vögel, Palmfarne, Gingkobäume und Nadelbäume
	Kreide	145–66 Mio. a (79 Mio. a)	Gondwana zerfällt endgültig, heutige Kontinente nehmen Form an, Tiere mit Kalziumkarbonat als Baustoff treten auf, Muscheln, Korallen, Schnecken, Dinosaurier dominieren, vielfältige Säugetiere, Knochenfische und Meeresreptilien bilden sich, erste Gräser und Laubbäume, bekanntestes und größtes Massenaussterben durch Großmeteorit und Flutbasalte
Känozoikum	Paläogen	66–23 Mio. a (43 Mio. a)	Säugetiere diversifizieren Vögel, Wale erscheinen, Gräser und Blütenpflanzen entwickeln sich weiter
	Neogen	23–3 Mio. a (20 Mio. a)	Säugetiere und Vögel entwickeln sich zu modernen Formen, Hominiden tauchen auf
	Quartär	3 Mio. a	Eiszeiten dominieren, beide Pole bedecken sich mit Eis, niedrige Wasserspiegel während der Kaltzeiten, Megafauna – große Tierarten wie Mammut, Wollnashorn, Säbelzahnkatzen und Riesengürteltiere leben Der Mensch heute lebt in einer Zwischeneiszeit, Holozän genannt

7

Erdphysik und Klima

Woraus bestehen Sterne und Sonnen, und wie sieht ihr Lebenslauf aus?
Warum sind die Eigenschaften der Sonnen und ihrer Strahlung für das Leben und die klimatischen Bedingungen von ausschlaggebender Bedeutung?
Wie genau funktioniert der Treibhauseffekt?
Welche Bedeutung haben Treibhausgase? Warum beeinflussen sie das Klima, obwohl sie in verschwindender Konzentration vorkommen?
Was wird unter Albedo verstanden?
Was ist der Luftdruck, und wie entstehen Winde?
Warum ist die Luftfeuchte ein bestimmender Faktor des Treibhauseffekts?
Was sind Hadley-, Ferrel- und polare Zellen und was polare Jetstreams?
Was ist das El-Niño-Phänomen?
Wie entstehen der Golfstrom und andere Meeresströmungen?

Alle Prozesse in der Natur unterliegen physikalischen, biologischen und chemischen Grundgesetzen. Die Grenze zwischen den verschiedenen Wissenschaftsdisziplinen sind überlappend und unscharf.

Die Physik beschreibt die Welt, die Beziehungen und Bewegungen der Körper, den Aufbau des Universums, jenen der Materie, beginnend von den Quarks, die sich zu Materieteilchen kombinieren, zu Atomen und Molekülen, und die Art und Größe der wirkenden Kräfte. Die Physik beschreibt alles, was beobachtbar und messbar ist. Manchmal gebiert sie auch Theorien auf der Basis von Gedankenexperimenten und mathematischen Beschreibungen. In diesem Fall verschwimmt die Grenze zur Philosophie.

Die Chemie beschäftigt sich hauptsächlich mit Molekülen, chemischen Verbindungen von Atomen und Molekülgruppen, ihre Bildung und ihre Eigenschaften. Chemiker erwerben die Fähigkeit, künstliche Stoffe herzustellen.

Biologen sehen in der Erforschung des Lebendigen, der Vielfalt mit ihren spezifischen Ausprägungen ihre Aufgabe. Mittlerweile gelingt es, Pflanzen gentechnisch zu verändern, um sie an ungünstige Umweltbedingungen anzupassen.

7.1 Energieerhaltung

Energieerzeugung ist die Umwandlung vorhandener Energie in eine andere Energieform. Beispielsweise treibt die Gewalt des fließenden Wassers eines Flusses eine Turbine an. Die geradlinige Fließenergie wandelt sich in eine Drehbewegung (der Turbine), die einen Stromgenerator antreibt – mechanische Energie wird über magnetische Felder in elektrischen Strom umgewandelt. Die in Erdöl gespeicherte Bindungsenergie wird durch einen Verbrennungsprozess in Wärmeenergie verwandelt. Dabei handelt es sich um eine chemische exotherme Reaktion, nämlich eine Oxidation, bei der Wärme frei wird. Dies alles geschieht nach dem allgemeingültigen Gesetz der Erhaltung der Energie.

7.2 Der zweite Hauptsatz der Thermodynamik

Der zweite Hauptsatz der Thermodynamik gibt Auskunft über die Nichtumkehrbarkeit thermischer Prozesse. Die Verbrennung von fossilen Brennstoffen ist ein irreversibler Prozess. Das Gesetz kann auch in der Form angegeben werden, dass die Entropie (die Unordnung) in abgeschlossenen Systemen immer nur zunehmen und nicht abnehmen kann. Das bedeutet, dass wärmere Körper ihre Wärmeenergie immer nur an kältere abgeben und dass kalte Körper nicht von sich aus warm werden. Ein Glas, welches nahe dem Boden eine Schicht gefärbten Wassers aufweist, wird wegen der Molekularbewegungen das gesamte Wasser langsam gleichmäßig verfärben. Die Unordnung der Wasser- und Farbmoleküle – die Entropie – nimmt immer mehr zu (Boltzmann'sches Gesetz). Das Weltall, in seiner Gesamtheit betrachtet, bildet ein abgeschlossenes System, welches ebenfalls einen Zustand größter Entropie in den noch verbleibenden unvorstellbaren langen Zeiträumen seines Bestehens anstrebt. Die Physiker sprechen vom »Kältetod« des Universums.

Leben hingegen organisiert sich. Leben strebt einen Zustand höherer Ordnung an. Pflanzen nehmen Nährstoffe auf und bauen Stängel, Leitgefäße und betreiben Energiegewinnung aus Sonnenlicht. Der Mensch nimmt Nahrung in tierischer oder pflanzlicher Form zu sich und setzt Nahrung in elektrische und mechanische Energie um.

Das scheint ein Widerspruch zum Gesetz des Anwachsens der Entropie zu sein. Eigentlich sollte alles Nichtorganische bestehen bleiben und sich keinesfalls wie von selbst zu lebenden hochkomplexen Strukturen zusammenfinden.

Der scheinbare Widerspruch wird dadurch aufgelöst, dass die Erde mit ihren Bewohnern kein abgeschlossenes System bildet, sondern ein offenes. Es ist einem steten Energiefluss der Sonne ausgesetzt. Die Erde ihrerseits gibt Wärme ab, wandelt diese aber auch in andere Energieformen um. Die Sonne strahlt hochenergetische Teilchen und Strahlung in Richtung Erde (Sonnenwind), die zum großen Teil durch den Ozonschirm und das Erdmagnetfeld abgefangen und gebremst werden. Regelmäßig treffen Meteoriten oder Kometen die Erde. Sie selbst verliert einen kleinen Teil der Atmosphäre, der ins All entweicht.

Leben ist ein zyklischer Prozess. Tiere wie der Mensch nehmen Nahrung, Wasser und Sauerstoff auf und geben durch den Stoffwechsel Abbauprodukte und Wärme ab. Pflanzen ihrerseits nehmen Strahlungsenergie von der Sonne, Kohlendioxid aus der Luft und Wasser aus dem Boden auf und setzen Sauerstoff frei. Beide, Pflanzen und Tiere, sterben, werden zersetzt, verwandeln sich zurück in Nährstoffe, Zersetzungsgase, Kohlendioxid und Wasser.

Die Erde befindet sich in keinem exakten stationären Gleichgewicht. Die Erdbewegungen verändern den auf sie wirkenden Energiezufluss der Sonne, die Sonne selbst ändert zyklisch ihre Aktivität (11-Jahre-Zyklus) und erhöhte ihre Brennkraft seit ihrem Entstehen kontinuierlich. Bis heute nahm ihre Strahlungsstärke um 30 % zu, und diese wird weiter zunehmen, bis in ferner Zukunft alles Wasser der Erde verdampft und alles Leben auf ihr erloschen sein wird. Die gravitative Einwirkung des Mondes und der Planeten beeinflussen die Bewegungen der Erde ebenfalls unaufhörlich und tragen so zum instationären Gleichgewicht bei. Daraus folgen klimatische und thermische Veränderungen und auch die Wechsel in der Zusammensetzung der Atmosphäre. Die Lebewesen der Erde bilden mit den Erdprozessen eine nicht trennbare Verbindung. Ihre Sauerstoff- und ihre CO_2-Produktion beeinflussen die Atmosphäre und damit ihre eigenen Lebensbedingungen sowie den Wärmehaushalt der Erde.

7.3 Die Sonne

Der Umlauf der Erde um die Sonne erzeugt Jahreszeiten, Wind- und Ozeanströmungen, Wetter und Klima. Die Sonne unterliegt einem zyklischen Verhalten. Alle 11 Jahre ändert sie ihre Magnetfeldrichtung. Mit diesen Umpolungen ist eine starke Änderung der Sonnenaktivität verbunden. Die Schwankungen der Sonnenintensität beeinflussen das Klima auf der Erde. In Jahren der Sonnenmaxima wird mehr Energie zugeführt. Das Jahr 2019/20 lag aktuell in einem Sonnenminima.

Die Sonne ist 150 Millionen Kilometer von der Erde entfernt. Sie besteht hauptsächlich aus Wasserstoff und Helium. Die Verbrennungsenergie entsteht durch Fusionsprozesse von Wasserstoff zu Heliumkernen. Sie enthält praktisch die gesamte Masse unseres Sonnensystems. Die Anteile der umkreisenden Planeten und anderer Himmelskörper sind – im Verhältnis – vernachlässigbar. Sie leuchtet mit einer Farbtemperatur von etwa 5.700 Kelvin. Neben der Sonne

Absoluttemperatur in Kelvin

Die Temperatur eines Körpers ist ein Ausdruck für seine Wärme- oder Schwingungsenergie. Beim absoluten Nullpunkt schwingen die Atome nicht mehr. Sie stehen still. Dieser absolute Nullpunkt liegt bei −273,15 °C, das entspricht 0 °K (Kelvin), oder 273,15 K entsprechen 0 °C.

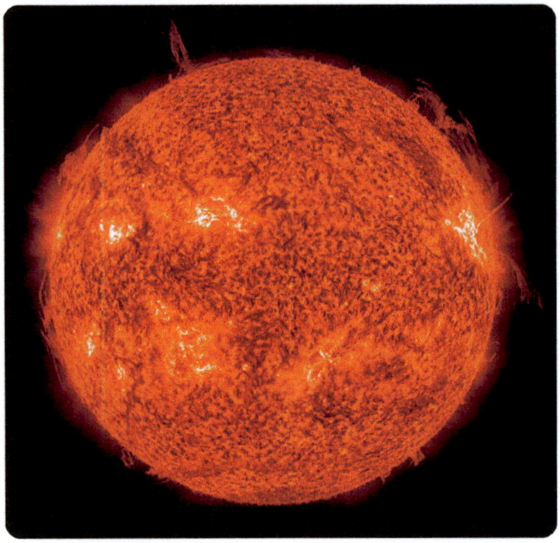

Abbildung 42: links: die Sonne, oben: die Erde im Vergleich zur Sonne.

existieren viele Sonnen im Universum, die sich nach Größe und Helligkeit, aber auch nach den stattfindenden Fusionsprozessen unterscheiden.

Hertzsprung-Russel-Diagramme (Abbildung 43) zeigen den Zusammenhang der absoluten Größe von Sternen und ihre effektiven Strahlungstemperaturen. Im Jahr 1910 erstellten es Ejnar Hertzsprung und Henry Norris Russel erstmals. Das Diagramm stellte einen Durchbruch im Verständnis der Sternentwicklung dar. Je massereicher ein Stern ist, desto höher ist seine Leuchtkraft, aber umso schneller verbrennt er. Auf der Hauptreihe, die diagonal von links oben nach rechts unten verläuft, befinden sich die Sterne, die sich im Stadium des stabilen und lange anhaltenden Wasserstoffbrennens befinden. Die Masse der Sterne nimmt von rechts unten nach links oben zu, genauso wie ihre Helligkeit. Die Spektralfarbe wechselt von Rot nach Blau entsprechend der Oberflächentemperaturen von 3.000 bis 20.000 °C.

Sterne, die rechts oberhalb der Hauptreihe liegen, verließen den Bereich des Wasserstoffbrennens und befinden sich in einem Fusionsprozess höherer Stufe. Sie blähen sich dabei enorm auf und werden als »Riesen« oder »Überriesen« bezeichnet. Links unterhalb der Hauptreihe befinden sich Sterne, deren Fusionsprozesse abgelaufen sind (Weiße Zwerge). Ihre Anfangsmasse war kleiner als acht Sonnenmassen. Sterne wie unsere Sonne kollabieren nach Beendigung der Fusionsprozesse auf etwa 5.000 bis 10.000 Kilometer Durchmesser. Sie werden »Weiße Zwerge« genannt. Sterne mit mehr als acht Sonnenmassen unterliegen enormen Gravitationskräften, die zu

Giese- und Hipparcos-Katalog

Der **Giese-Katalog** listet alle Sterne auf, die innerhalb 25 Parsec um die Erde zu sehen sind. Aktuell enthält er 3.803 Sterne.
Dem **Hipparcos-Katalog** liegen die Messungen des Astronomiesatelliten Hipparcos (aktiv von 1989 bis 1993) zugrunde. Er wurde durch die europäische Weltraumorganisation ESA erstellt. Insgesamt sind 118.218 Sterne in hoher Präzision erfasst.

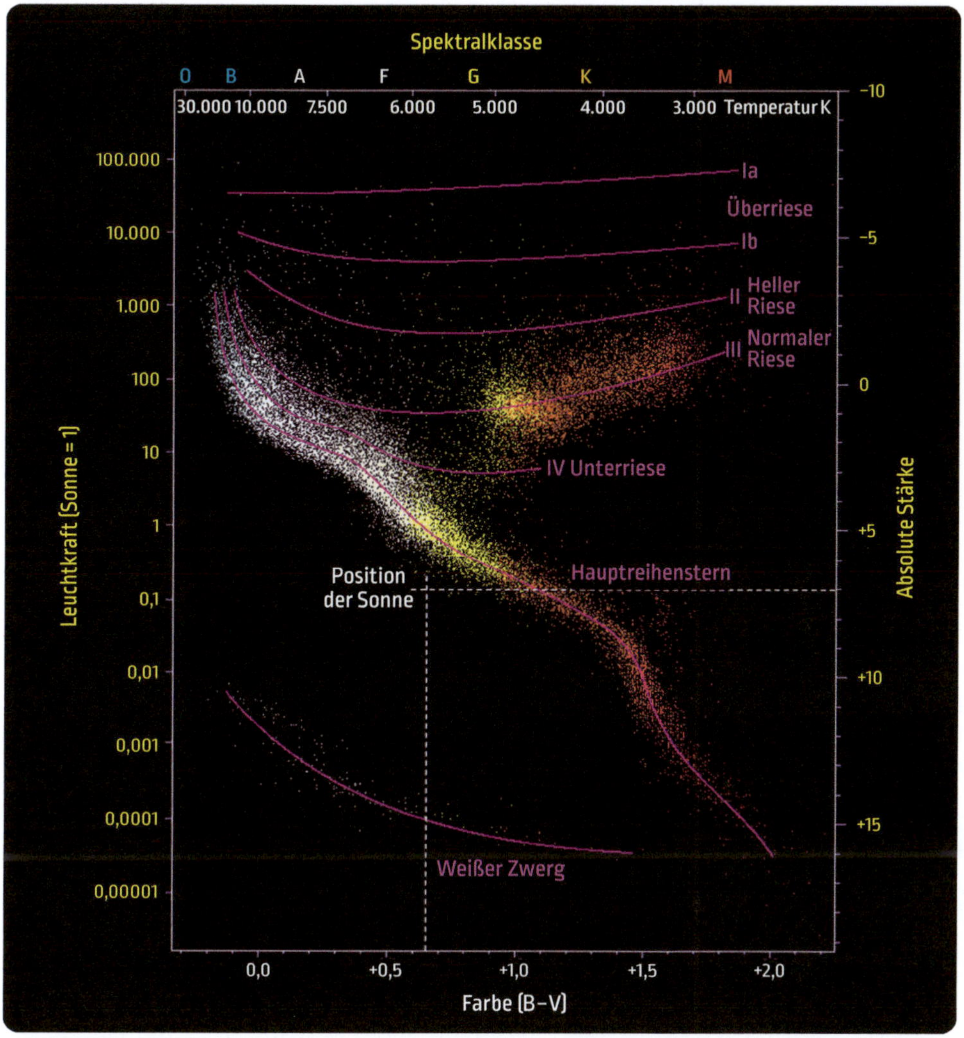

Abbildung 43: Hertzsprung-Russel-Diagramm mit 22.000 Sternen aus dem Hipparcos-Katalog und 1.000 Sternen aus dem Gliese-Katalog der nahen Sterne.

einer erhöhten Fusionsrate führen. Dadurch verbrennen diese Sterne in relativ kurzer Zeit (circa 10 Millionen Jahre). Sie enden in einer kosmischen Katastrophe – in einer Supernova. Im Gegensatz zu unserer Sonne durchlaufen sie höhere Fusionsstufen, wie das Sauerstoff- und Siliziumbrennen, das ungewöhnlich schnell (einige Jahre oder auch nur Tage) abläuft. Mit der Bildung von Eisen ist die höchste Stufe der Fusionsendprodukte erreicht. Der Strahlungsdruck aus dem Inneren des Sterns erlischt, und der Stern kollabiert unter den enormen Gravitationskräften. Seine Hülle sprengt sich mit unglaublicher Wucht weg, die Leuchtkraft nimmt für ganz kurze Zeit – einige Wochen oder Monate – unglaublich stark zu. Dieser Vorgang wird als »Supernova«

Abbildung 44: Krebsnebel im Sternbild Stier.

bezeichnet. Supernovae sind manchmal mit freiem Auge zu beobachten. Die weggesprengte Hülle bildet eine Stoßwelle und verursacht Kollisionen zwischen den davonfliegenden Teilchen. Dabei bilden sich die seltenen schwereren Elemente (wie Blei und Uran).

> **Pulsar**
> ist ein sich schnell drehender Neutronenstern. Er sendet, abhängig von seiner Drehfrequenz, Strahlung in der Bewegungsrichtung der abgestrahlten Elektronen aus. Liegt die Erde in Empfangsrichtung, dann können Astronomen diese Strahlungsimpulse messen, ähnlich den Lichtsignalen eines Leuchtturms.

Supernovas sind die Ausgangspunkte neuer Sonnensysteme mit Planeten. Der Krebsnebel im Sternbild Stier ist der Überrest einer Supernovaexplosion, die im Jahr 1054 beobachtet wurde (Aufzeichnungen zur Zeit der Song-Dynastie in China) also vor fast 1.000 Jahren. Die grüne Färbung steht für leuchtenden Wasserstoff, blau für hoch angeregte energiereiche Elektronen, die der Pulsar im Zentrum des Krebsnebels aussendet. Der Pulsar dreht sich mit 30 Umdrehungen pro Sekunde um seine eigene Achse.

7.4 Das Sonnenspektrum

Die größte Intensität des Sonnenspektrums liegt im Bereich des sichtbaren Lichts. Je weiter links im unsichtbaren Bereich die Strahlung (UV) liegt, desto energiereicher ist sie. Rechts nach dem Bereich des sichtbaren Lichts ist der Infrarotbereich (IR) zu finden – auch als »Wärmestrahlung« bezeichnet. Neben diesen elektromagnetischen

Wellen sendet die Sonne auch hochenergetische geladene Teilchen und Neutrinos aus. Die mittlere abgegebene Strahlungsleistung der Sonne beträgt 1.365 Watt pro Quadratmeter. Die Intensität der Sonne ist am Boden geringer als außerhalb der Atmosphäre, die einen Teil (nahezu ein Viertel) der Energie absorbiert.

Im Ultravioletten werden drei Strahlungsbereiche nach ihrer Intensität unterschieden. Die UVA-Strahlung dringt weitgehend durch die Atmosphäre durch und wird dabei gestreut (deswegen erscheint der Himmel blau). UVB als energiereichere Strahlung wird weitgehend von der Ozonschicht absorbiert. Die UVC-Strahlung wird vom Luftsauerstoff aufgenommen.

Der auf der Erdoberfläche ankommende Strahlungsbereich ist in der Abbildung 45 farbig und der nicht sichtbare Strahlungsbereich schwarz gekennzeichnet. Die Strahlung der Sonne entspricht beinahe der eines idealen schwarzen Körpers mit einer Oberflächentemperatur von 5.700 Kelvin. Das Maximum der Energieabstrahlung liegt bei 0,5 µm (grün). Das Spektrum ist nicht ganz ideal, weil es zu Absorptionen von Strahlung (kenntlich an den dunklen Fraunhoferlinien im Spektrum) durch die Sonne selbst kommt.

Etwa 47 % der einfallenden Sonnenenergie kommen auf der Erdoberfläche an, mehr als die Hälfte wird absorbiert und reflektiert. Die Photosynthese und das menschliche Sehen nutzen genau diese sichtbaren Bereiche des elektromagnetischen

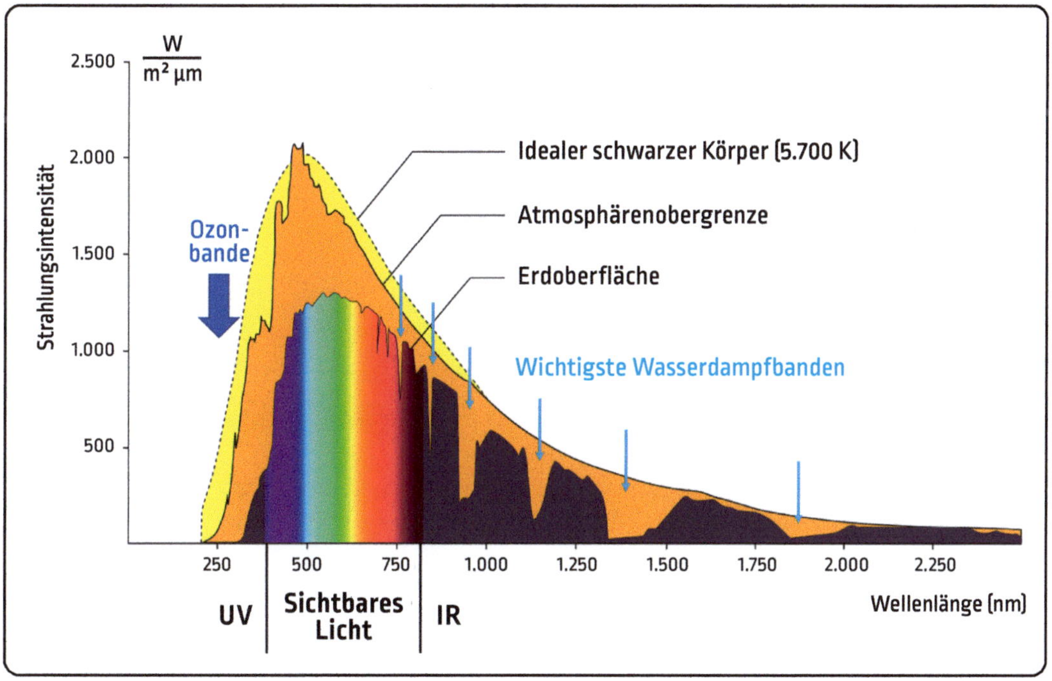

Abbildung 45: Sonnenspektrum.

Spektrums – eine erfolgreiche Anpassung der Evolution an die Gegebenheiten. Auf der vertikalen Achse des Diagramms ist die Strahlungsintensität und auf der horizontalen Achse die Wellenlänge des Lichts aufgetragen. Die Wellenlänge ist als Abstand zweier Wellenberge einer Wasserwelle vorstellbar.

Das Segment in Orange im Diagramm zeigt die spektrale Verteilung des Sonnenlichts, bevor sie auf die Atmosphäre trifft. Gelb hinterlegt und mit punktierter Linie dargestellt ist ein idealer schwarzer Körper mit einer Temperatur von 5.700 Kelvin. Ein schwarzer Strahler ist ein idealer strahlender Körper, der alle Wellenlängenbereiche der elektromagnetischen Strahlung vollständig absorbieren kann. Gleichzeitig sendet er eine elektromagnetische Strahlung aus, deren Intensität und spektrale Verteilung unabhängig von seinem Material und seiner Oberfläche ist und ausschließlich von seiner Temperatur abhängt. Die Sonnenstrahlung wird durch die Atmosphäre, die Wolken und Aerosole gestreut und gefiltert. Aus dem Diagramm ist ersichtlich, dass die Sonnenstrahlung in bestimmten Bereichen der Wellenlängen selektiv reduziert ist. Eingezeichnet sind die sogenannten Wasserdampfbanden und die Ozonbande, die angeben, in welchem Wellenlängenbereich Wasser- und Ozonmoleküle Strahlungsenergie der Sonne aufnehmen – sie reduzieren die auf der Erdoberfläche eintreffende Strahlungsenergie auf 47 %.

ZUSATZINFORMATION

Ein strahlender schwarzer Körper sendet nach dem Planck'schen Strahlungsgesetz die folgende Energiedichte je Wellenlänge aus:

$$Wd\lambda = \frac{2 \cdot \pi \cdot h \cdot c^2}{\lambda^5 \cdot \left(e^{\frac{h \cdot c}{\lambda \cdot k_B \cdot T}} - 1\right)} d\lambda$$

λ → Wellenlänge der elektromagnetischen Welle
c → Lichtgeschwindigkeit (300.000 km/s)
W → Energiedichte (W/m)
k_B → Boltzmann-Konstante ($5{,}6704\,10^{-8}$ W/m^2K^4)
h → Planck'sches Wirkungsquantum ($6{,}63\,10^{-34}$ Js)

Mithilfe dieser Beziehung kann das Spektrum eines schwarzen Körpers wie in der obigen Abbildung berechnet werden.
Die Gesamtmenge der Strahlungsleistung eines strahlenden schwarzen Körpers über seinen gesamten Wellenlängenbereich ergibt mithilfe des Gesetzes von Stefan Boltzmann:

$$P = k_B \cdot A \cdot T^4$$

P → Strahlungsleistung (W)
T → Absolute Temperatur des schwarzen Körpers (K)
A → Fläche (m^2)

Was passiert bei der Streuung des Lichts? Unter der Wirkung der Sonnenstrahlung werden die Wasser- und Ozonmoleküle zum Schwingen angeregt. Die Emission und Absorption elektromagnetischer Strahlung erfolgt aufgrund von Übergängen zwischen Elektronenbahnen und durch Schwingungs- und Rotationsanregungen von Atomen und Gasmolekülen.

7.5 Die Energieflussdichte der Sonne

Die durchschnittliche Energieflussdichte der von der Sonne kommenden Strahlung auf eine Querschnittsfläche, die senkrecht (in einem Winkel von 90°) auf die Verbindungslinie zwischen Sonne und Erde steht, wird als »Solarkonstante« (SC, solar constant) bezeichnet. Diese Energieflussdichte wird von der Sonne nach allen Seiten abgestrahlt. Sie beträgt:

$$SC = 1.365\ W/m^2$$

Die abschattende Fläche der Erde entspricht $\pi \cdot R^2$ mit R als dem Erdradius. Die Oberfläche der gesamten Erdkugel beträgt $4 \cdot \pi \cdot R^2$. Auf einen Quadratmeter der bestrahlten Fläche fällt also ein Viertel der Solarkonstante an Strahlungsenergie ein, das entspricht

$$S_0 = \frac{1.365}{4} = 341\ W/m^2$$

Da die Erde sehr weit von der Sonne entfernt ist, treffen die Lichtstrahlen parallel ein. Der Energiefluss trifft auf die Atmosphäre, passiert die Stratosphäre und die Troposphäre und wird weiter abgeschwächt.

Die Erdneigung bestimmt die Abfolge der Jahreszeiten auf der Nord- und Südhalbkugel, die sich gegenläufig verhalten. Abbildung 46 zeigt diesen Zusammenhang. Oben sind die Strahlungseinfallverhältnisse der Sonne im Winter und unten im Sommer skizziert. Der Nordpol erhält im Winter wenig wärmende Sonnenstrahlung., weil die Achse der Erde von der Sonne weggeneigt ist. Im Sommer ist er der Sonne zugeneigt. Da aber das Licht auch im Sommer sehr schräg einfällt (mit »b« gekennzeichnet), kann es nur gering wärmend wirken. Die Flächen, die normal zur einfallenden Sonnenstrahlung stehen (auf der Nordhalbkugel etwas oberhalb des Äquators mit »a« gekennzeichnet), bekommen die höchste Strahlungsdichte pro Quadratmeter – es ist deutlich wärmer.

Abbildung 47 zeigt die gemessene Globalstrahlung im Monatsmittel für den Dezember 2018. Die Messungen wurden mit dem Terra- bzw. dem Aqua-Satelliten durchgeführt. Die Strahlung auf der Nordhalbkugel (dunklere Bereiche oben) in den Wintermonaten ist aufgrund der von der Sonne abgewandten Schrägstellung der Erdachse reduziert und auf der Südhalbkugel erhöht.

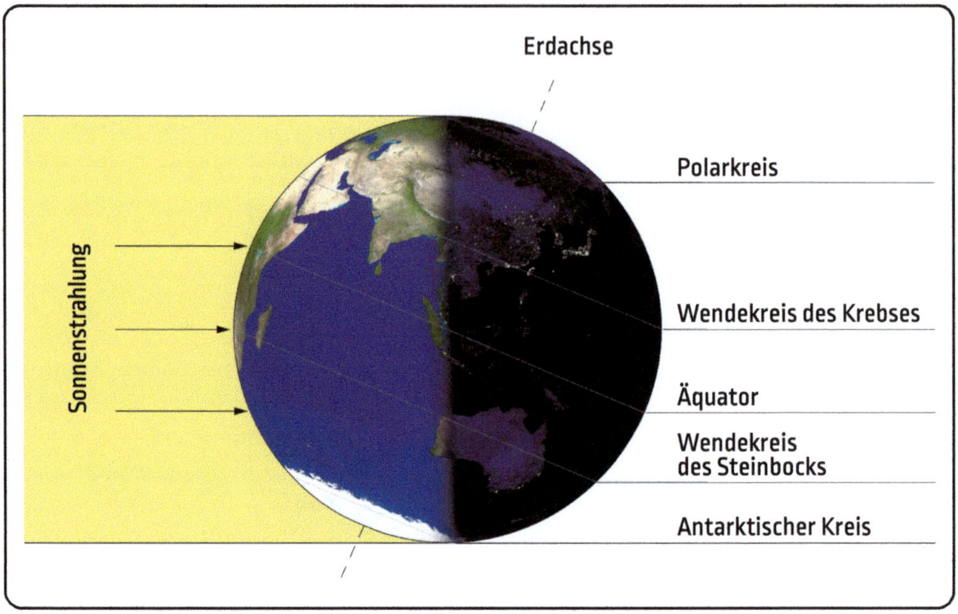

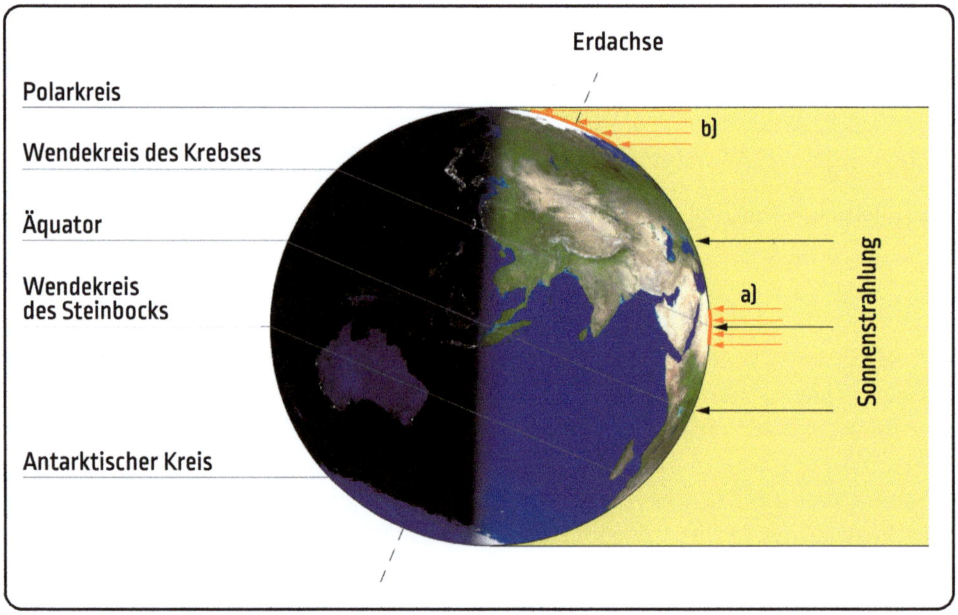

Abbildung 46: Sonneneinstrahlung und ausgezeichnete Breitenkreise am 21. Dezember (oben) und am 21. Juni (unten).

Abbildung 48 zeigt die Globalstrahlung in den Sommermonaten, die Globalstrahlung ist über den Juni gemittelt und zeigt den erhöhten Strahlungseinfall an der Nordhalbkugel (hellere Bereiche).

Abbildung 47: Monatsmittel der Globalstrahlung für Dezember 2018 (Messung mit dem Terra- bzw. dem Aqua-Satelliten der NASA).

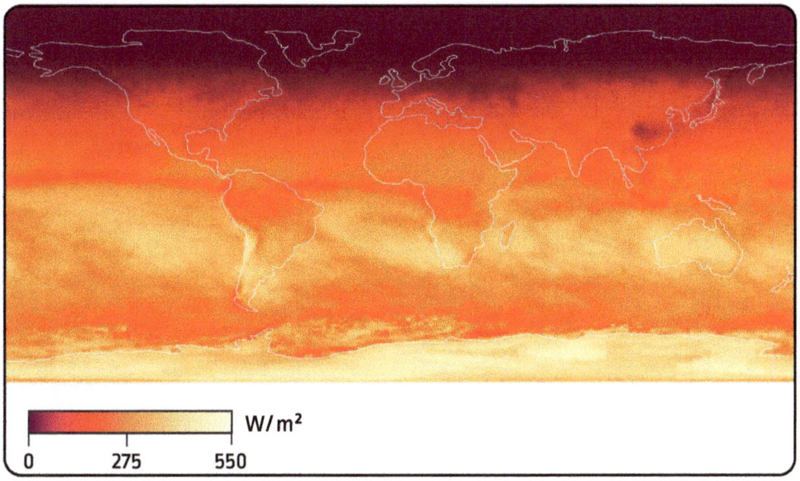

Abbildung 48: Monatsmittel der Globalstrahlung für Juli 2018 (aufgenommen mit dem Terra- bzw. dem Aqua-Satelliten der NASA).

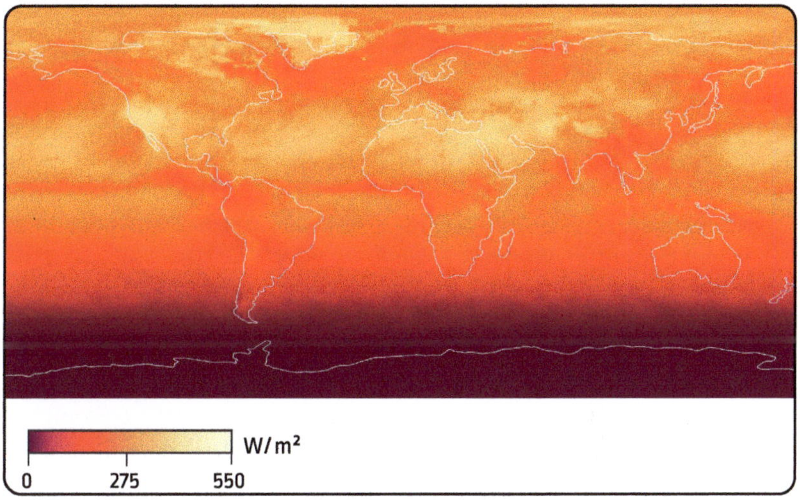

7.6 Der »Treibhauseffekt«

Der Erdboden kann Energie der Sonne in allen Wellenlängenbereichen absorbieren.

Die Erdoberfläche selbst kann, wie die Sonne, als schwarzer Körper mit einer entsprechend niedrigeren mittleren absoluten Temperatur von 287 Kelvin (das entspricht 14 °C globaler mittlerer Temperatur) idealisiert werden.

Die Sonnenstrahlung ist kurzwellig und hochenergetisch (Wellenlängenbereich von 0,2 bis 5 Mikrometer). Die von der Erde abgegebene Wärmestrahlung liegt im tief infraroten Bereich (von 5 bis 100 Mikrometer). Je nach Strahlungsverhältnissen stellt sich ein Gleichgewichtszustand ein, bei dem die aufgenommene Energie des Planeten gleich seiner abgegebenen Energie ist.

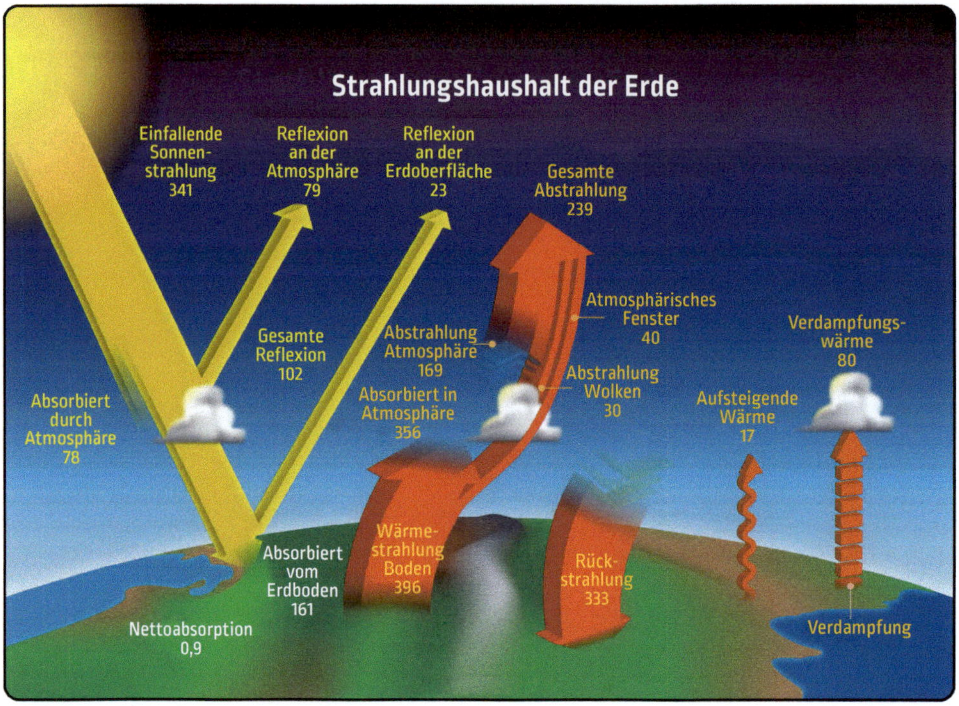

Abbildung 49: Energiebilanz der Erde (gelb beschriftet: hochenergetische kurzwellige Strahlung; orange beschriftet: Wärmestrahlung).

Das Diagramm (Abbildung 49) zeigt die Energiebilanz der Erde, gemittelt über ein Jahr. Auf der linken Seite ist die solare Einstrahlung mit einer Strahlungsleistung von 341 Watt pro Quadratmeter (W/m^2) zu sehen. Aktuelle Satellitenmessungen geben eine gute Vorstellung von der zeitlichen und räumlichen Verteilung der Strahlungsbilanzkomponenten und ihren Mittelwerten.

Die primäre (kurzwellige) Strahlungsleistung teilt sich wie folgt auf:[18]

- 79 W/m^2 werden direkt an den Wolken, an Aerosolen und der Atmosphäre zurück in den Weltraum reflektiert, dazu kommt eine
- am Erdboden direkt zurückreflektierte Strahlungsleistung von 23 W/m^2,
- das macht in Summe 102 W/m^2 und entspricht circa 30 % der Strahlungsleistung.
- 161 W/m^2 (entspricht etwa 47 %) nimmt der Erdboden auf, die verbleibenden 78 W/m^2 absorbiert die Atmosphäre.

18 Trenberth, K. E.; Fasullo, J. T.; Kiehl, J. (2009): Earth's global energy budget; American Meteorological Society; BAMS.

Die rechte Seite des Diagramms zeigt, wie der Planet Erde den Strahlungshaushalt durch Abgabe langwelliger (unsichtbarer) Wärmestrahlung ausgleicht:

- 80 W/m^2 verdampfen Wasser (vorwiegend aus Ozeanen) – auch als »latente Wärme« bezeichnet und
- 17 W/m2 gelangen direkt über aufsteigende Wärme, Konvektion – auch als »fühlbare Wärme« bezeichnet – in die Atmosphäre,
- 396 W/m^2 gibt der Erdboden durch Wärmestrahlung ab, 356 W/m^2 davon wandern in die Atmosphäre und 40 W/m^2 direkt ins Universum.
- Von der in der Atmosphäre gespeicherten Wärme werden 169 W/m^2 und von den Wolken 30 W/m^2 ins All abgegeben,
- 333 W/m^2 werden als »Gegenstrahlung« an die Erde zurückgestrahlt und vom Erdboden aufgenommen (Treibhauseffekt).

Abbildung 50 zeigt die langwellige Strahlung der Atmosphäre. Die einfallende Strahlungsleistung der Sonne von insgesamt 341 W/m^2 wird durch die direkte Reflexion von 102 W/m^2 und die langwellige Abstrahlung von 239 W/m^2 (siehe Abbildung) (102 + 239 = 341 W/m^2) zusammen abgegeben und gleicht dadurch die Strahlungsbilanz aus.

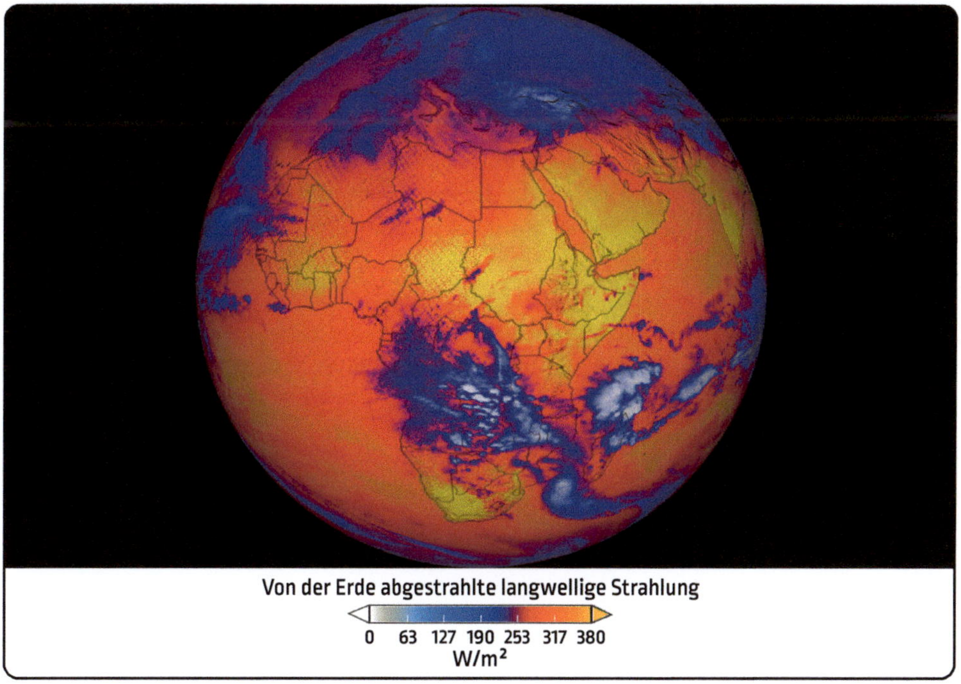

Abbildung 50: Von der Atmosphäre emittierte langwellige Strahlung.

ZUSATZINFORMATION

Für das Strahlungsgleichgewicht gilt:

$$(1-\alpha)\cdot S_0 = k_B \cdot T^4_{emission}$$

Aufgelöst nach $T_{Emission}$ und Einsetzen der Zahlenwerte, ergibt das eine Emissionstemperatur der Erde von:

$$T_{emission} = \sqrt[4]{\left[\frac{(1-\alpha)\cdot S_0}{k_B}\right]} = \sqrt[4]{\left[\frac{(1-0{,}299)\cdot 341}{5{,}67\cdot 10^{-8}}\right]} = 254{,}7\ °K = -19°C$$

Der Effekt der »Gegenstrahlung« der Atmosphäre wird fälschlicherweise als »Treibhauseffekt« oder »Greenhouse-effect« bezeichnet. Der Vergleich hinkt, weil der reale Glashauseffekt vor allem auf im Glashaus gestauter unbewegter Luft beruht und nicht auf einer Rückstrahlung des einhausenden Glases.

Die thermische Wärmestrahlung der Erde in den Weltraum von 239 W/m^2 entspricht einem schwarzen Körper mit einer effektiven Strahlungstemperatur von –19 °C (255 °K). Mit dieser Temperatur strahlt die Oberfläche eines festen schwarzen Körpers entsprechend der langwelligen Rückstrahlung der Erde und der Atmosphäre. Tatsächlich beträgt die mittlere Temperatur in Bodennähe 14 °C und ist damit um 33 °C höher. Diese höhere Temperatur in Bodennähe begründet sich in der zurückgestrahlten Wärmestrahlung der Atmosphäre aus der gewonnenen Energie der Sonnenstrahlung durch Absorption (Wasserdampf, CO_2 und Spurengase) – auch als »Rückstrahlung« bezeichnet. Diese Rückstrahlung in Richtung der Erde von 333 W/m^2 übertrifft die »verlorene« Sonnenstrahlung durch Reflexion von 102 W/m^2 – Summe der Energiezufuhr 219 W/m^2. Hinzu kommt die direkte, vom Erdboden absorbierte Energie von 161 W/m^2, was zusammen 392 W/m^2 (333–102 = 219 W/m^2) ergibt. Der Erdboden reagiert auf diesen Energieeintrag durch eine Temperaturerhöhung, wie beobachtet, im Mittel von 33 °C. Diesen Vorgang bezeichnet man als natürlichen Treibhauseffekt. An ihm sind folgende Gase beteiligt (Reihenfolge nach Wichtigkeit):

- H_2O (Wasserdampf),
- CO_2 (Kohlendioxid),
- CH_4 (Methan),
- N_2O (Distickstoffoxid) und
- O_3 (Ozon) am Boden und in der Stratosphäre.

CO_2, CH_4 und N_2O sind wegen ihrer langen Lebensdauer in den Schichten der Troposphäre und der Stratosphäre gleichmäßig verteilt. Die beiden am häufigsten in der Atmosphäre vorkommenden Gase Stickstoff (78 %) und Sauerstoff (21 %) üben nahezu keinen Treibhauseffekt aus, da ihre Atome nicht angeregt werden. Die Menge an Wasserdampf in der Atmosphäre regelt sich über die Lufttemperatur. Wasserdampf ist ein Mitkopplungsfaktor, der durch die anderen Treibhausgase indirekt beeinflusst wird. Seine Besonderheit: Er kann kondensieren und sich niederschlagen (als Tau, Nebel oder Regen).

Tabelle 5: Anteil der Treibhausgase am »Treibhauseffekt«.

Antriebskräfte des »Treibhauseffekts«	Anteil[19]	Verweildauer in Atmosphäre
Wasserdampf H_2O	62 %	10 Tage
Kohlendioxid CO_2	22 %	bis 2.000 Jahre
Ozon O_3	7 %	4 Monate
Distickstoffoxid N_2O	4 %	114 Jahre
Methan CH_4	2,5 %	12 Jahre
Restliche Treibhausgase	2,5 %	12 – 100 Jahre

Wolken und Aerosole haben einen wesentlichen Einfluss auf die globale Strahlungsbilanz, einerseits verringern sie den Fluss solarer Strahlung zum Erdboden durch Streuung, und andererseits schirmen sie das spektrale Fenster ab, innerhalb dessen die Erde Strahlungsenergie ins Universum als »Kühlung« schickt. Von 100 % freier Abstrahlung bei wolkenlosem Himmel wird die Nettoabstrahlung des Bodens durch Wolken auf die in der folgenden Tabelle gegebenen Werte reduziert:

Tabelle 6: Art der Bewölkung und Auswirkung auf das direkte Abstrahlvermögen der Erde.

Art der Bewölkung	Abstrahlungsreduktion Erde
Zirruswolken (12 km Höhe)	16 %
Zirrostratus (8,5 km Höhe)	32 %
Altostratus (hohe Schichtbewölkung in 2,2 km Höhe)	80 %
Stratus (Schichtbewölkung in 500 m Höhe)	96 %
Nimbostratus (tief liegende Regenwolken in 100 m Höhe)	99 %

Der »Treibhauseffekt« wird oftmals negativ dargestellt, aber er ist ein natürlicher und vor allem lebensermöglichender Effekt. Ganz ohne ihn läge die Mitteltemperatur der Erde deutlich unter null Grad.

19 Kondratyev, K. Y.; Moskalenko N. I. (1984): The role of carbon dioxide and other minor gaseous components and aerosols in the radiation budget. The global climate, Cambridge University Press, Cambridge, S. 225–233.

7.7 Albedo – das Rückstrahlvermögen der Erde

Von außerhalb der Atmosphäre gesehen, strahlt der Planet Erde wie oben geschildert 29 % der von der Sonne eingestrahlten Energie zurück. Dieses Gesamtrückstreuvermögen der Erde wird als »planetare Albedo« bezeichnet. Im Unterschied dazu gibt es die Bodenalbedo, welches das Rückstreuvermögen der Erdoberfläche selbst wiedergibt. Die planetare Albedo der Erde ist

$$Albedo = \alpha = \frac{S_{Erde}}{S_0} = \frac{102}{341} = 0{,}299 \sim 0{,}3$$

Die Venus hat eine Albedo von 0,77 und der Mond von nur 0,11.

Die Abbildung 51 gibt die vom Aqua- bzw. Terra-Satelliten der NASA gemessene Albedo der Erde für verschiedene Oberflächen wieder. Die Werte beziehen sich auf eine senkrecht zur Oberfläche der Erde angenommene Rückstrahlung. Je heller die Land- und Ozeanflächen sind, desto höher ist die Albedo. Die Tabelle 7 listet die Albedo für verschiedene Oberflächen auf:

Tabelle 7: Albedo von verschiedenen Oberflächen, Absorption/Reflexion verschiedener Oberflächen im infraroten Lichtbereich.

Oberfläche	Albedo (%)
Erdoberfläche, Ackerland	5–20
Wüstensand	20–40
Nadelwälder	8–15
Laubwälder	10–20
Grasland	15–30
Frischer Asphalt	4
Gealterter Asphalt	15
Frischer Beton	55
Meer bei senkrechtem Lichteinfall	4
Meer bei streifendem Lichteinfall	90
Meereis	30–40
Schnee, frisch gefallen	75–95
Schnee, gealtert	40–70
Schnee, in Polregionen	bis 90
Wolken	60–90
Gletscher	20–45
Gestein (Felsen)	10–40
Siedlungen	15–20
Tropischer Regenwald	10–20

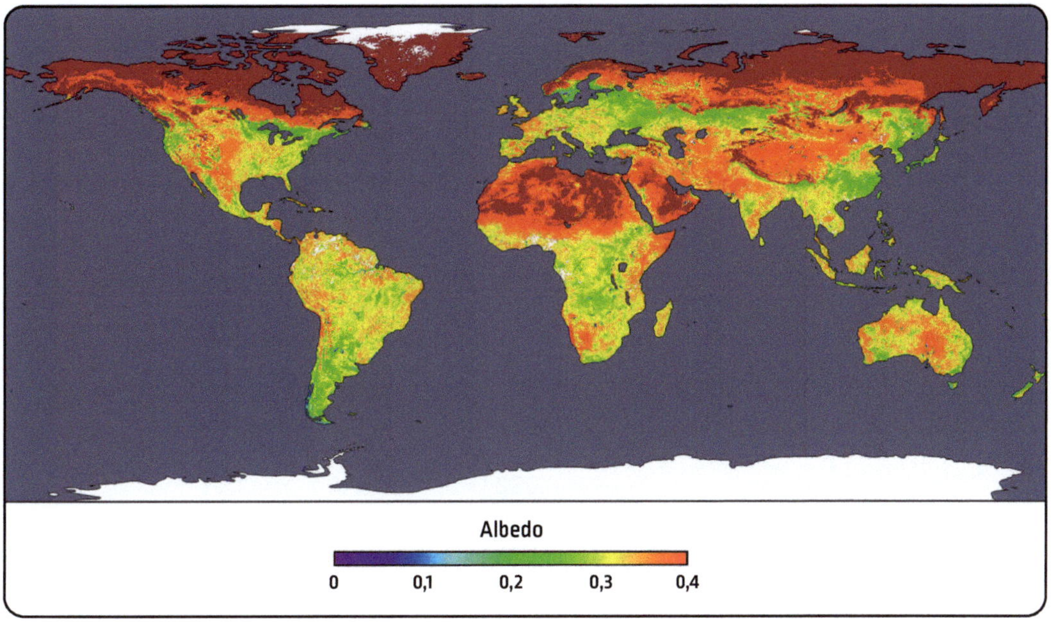

Abbildung 51: Albedo der Erde (Messung mit dem Aqua- bzw. Terra-Satelliten der NASA).

7.8 Physik der Gase

Die Atmosphäre besteht aus lebenswichtigen Gasen und ist entscheidend für das Klima. Zum Verständnis ist es notwendig und sinnvoll, einige physikalische Grundlagen zu behandeln.

7.8.1 Aggregatzustände

Jedes Element kann drei Aggregatzustände einnehmen:

- fest,
- flüssig oder
- gasförmig.

Wasser existiert auf der Erde in allen drei Zustandsformen. Die meisten Gase wie Stickstoff, Kohlendioxid, Argon und Neon treten in gasförmigen Zustand auf. Sauerstoff ist eine Ausnahme, es ist eines der häufigsten Elemente, tritt vorwiegend in gebundenem Zustand (in Wasser und Gesteinen) und in gasförmigem Zustand (in der Luft) auf.

7.8.2 Die Zustandsgleichung »idealer« Gase

In der freien Natur auftretende Gase gelten als »ideale Gase«.

Für den Zusammenhang zwischen Temperatur, Druck und Volumen gilt:

$$p \cdot V = n \cdot R_m \cdot T$$

p	→	Druck (Pascal = Pa = N/m²)
V	→	Volumen (m³)
n	→	Stoffmenge (mol)
R_m	→	universelle molare Gaskonstante (8,314 J/mol K)
T	→	absolute Temperatur (K)

Für eine Temperatur von 0 °C (273,15 Kelvin) und Normalluftdruck (101.325 Pa) ergibt sich durch Auflösung der Gleichung nach dem Volumen V:

$$V = \frac{n \cdot R_m \cdot T}{p} = \frac{1 \cdot 8{,}314 \cdot 273{,}15}{1{,}01325 \cdot 10^5} = 0{,}0224\, m^3 = 22{,}4\, dm^3 = 22{,}4\, l$$

Ein mol eines idealen Gases hat bei 0 °C und bei einem Druck von 1 bar das Volumen von 22,4 Litern (Gesetz von Avogardo). Gase sind im Gegensatz zu Flüssigkeiten wie Wasser kompressibel. Wird in obiger Gleichung der Druck bei gleichem Volumen erhöht, steigt zum Ausgleich die Temperatur. Dieser Effekt tritt auch beim Aufpumpen eines Fahrradschlauches auf: Durch die Kompression wird die Luft im Fahrradschlauch und in der Pumpe erwärmt. Wird das Gasvolumen plötzlich vergrößert, dann kühlt es ab – diesen Effekt nutzt man bei Kühlschränken.

Amedeo Avogardo (1776–1856)
war ein italienischer Chemiker und Physiker.

7.8.3 Partialdrücke in Gasgemischen

John Dalton (1766–1844)
war ein englischer Naturforscher und Lehrer. Er gilt als einer der Wegbereiter der modernen Chemie. Bevor er sich mit der Zusammensetzung der Luft beschäftigte, faszinierte ihn die Meteorologie. Dalton stellte das erste wissenschaftlich fundierte Atommodell auf. Dalton entdeckte auch die Rot-Grün-Sehschwäche (Daltonismus), an der er selbst litt.

Die Luft besteht aus einem Gasgemisch aus Sauerstoff (O_2), Stickstoff (N_2), Argon (Ar), Kohlenstoffdioxid (CO_2) und anderen Spurengasen.

Nach dem Gesetz von Dalton gilt für den Beitrag der Drücke der einzelnen Gase (Partialdrücke) zum Gesamtdruck der folgende Zusammenhang:

$$p_i = \frac{P_i(\%)}{100} \cdot p_{ges}$$

p_i	→	Druck, den das einzelne Gas zum Gesamtdruck beiträgt
P_i	→	Anteil des betrachteten Gases an der Gesamtmenge des vorhandenen Gases in %
p_{ges}	→	Gesamtdruck

Tabelle 8: Prozentanteile Gase an der Luft und die sich daraus ergebenden Partialdrücke.

Bezeichnung	Prozentanteil	Partialdruck
Luft	100 %	101,325 kPa
Stickstoff (N_2)	78,08 %	79,1 kPa
Sauerstoff (O_2)	20,95 %	21,2 kPa
Argon (Ar)	0,934 %	0,95 kPa
Kohlenstoffdioxid (CO_2)	0,04 %	0,04 kPa
Neon (Ne)	0,0018 %	0,0018 kPa
Helium (He)	0,0005 %	0,00051 kPa
Methan (CH_4)	0,00017 %	0,00017 kPa

101,325 kPa entsprechen 1 Atmosphäre (atm) oder 1,01325 bar. Die wesentlichsten Anteile am Gesamtdruck des Gasgemisches der Luft tragen Stickstoff und Sauerstoff. Mit 1 % Anteil ist das Edelgas Argon gerade noch relevant, die Übrigen sind Spurengase mit einem vernachlässigbaren Einfluss.

Pascal (Pa)

ist eine Druckeinheit. Sie ist nach dem französischen Mathematiker, Physiker und Philosophen Blaise Pascal (1623–1662) benannt.

1 Pascal (Pa) = 1 N/m²

1 bar = 100.000 Pa

7.8.4 Der Luftdruck

Als »Druck« wird das Verhältnis von wirkender Kraft auf eine Fläche bezeichnet. Für die Luftsäule gilt:

$$p_0 = \frac{F}{A} = \frac{m \cdot g}{A}$$

m → Masse der Luftsäule (kg)
g → Erdbeschleunigung (m/s^2)
A → Fläche (m^2)
p_0 → Luftdruck (1 atm = 1,013 bar = 101.325 Pa = 101.325 N/m^2) auf Meereshöhe

Die Dichte der Luft nimmt nach oben hin ab. Es ergibt sich für den Luftdruck in vertikaler Richtung folgende relativ komplizierte Beziehung – auch als »barometrische Höhenformel« bezeichnet:

$$p = p_0 \cdot \frac{1}{e^{\frac{g \cdot z}{R_L \cdot T}}}$$

z → Höhe (m)
p_0 → Luftdruck auf Meereshöhe (Pa)
T → Temperatur (°K)
R_L → spezifische Gaskonstante von Luft (287 J/kg K)

7.8.4.1 Tiefdruckgebiet

Ein Tiefdruckgebiet entsteht, wenn aus der Umgebung kalte Luft einströmt. Diese erwärmt sich am Boden und strömt nach oben. Durch den Sog der aufsteigenden warmen Luft sinkt der Luftdruck.

7.8.4.2 Hochdruckgebiet

Hochdruckgebiete entstehen durch das Absinken kalter trockener Luft aus großen Höhen, wodurch sich der Luftdruck am Boden erhöht. Die den Boden anströmende Luft erhöht den Druck, ganz ähnlich wie ein Radfahrer den Fahrtwind spürt.

7.8.4.3 Wie entsteht Wind?

Wind gleicht Luftdruckunterschiede in der Atmosphäre aus. Die Luftmassen strömen vom Hochdruckgebiet zum Tiefdruckgebiet. Je größer der Temperaturunterschied zwischen den Luftschichten ist, desto größer wird der Druckunterschied und umso stärker ist der Luftausgleich, analog verhält sich der Wind.

7.8.5 Die Luftfeuchtigkeit

Die Luftfeuchtigkeit – auch als »Feuchte« bezeichnet – ist der Anteil des Wasserdampfes am Luftgemisch. Je wärmer die Luft ist, umso mehr Wasserdampf nimmt sie auf.

Abbildung 52 zeigt die Abhängigkeit der Aufnahme des Wasserdampfes in der Luft von der Temperatur. Bei Normaldruck kann ein Kubikmeter Luft bei 10 °C maxi-

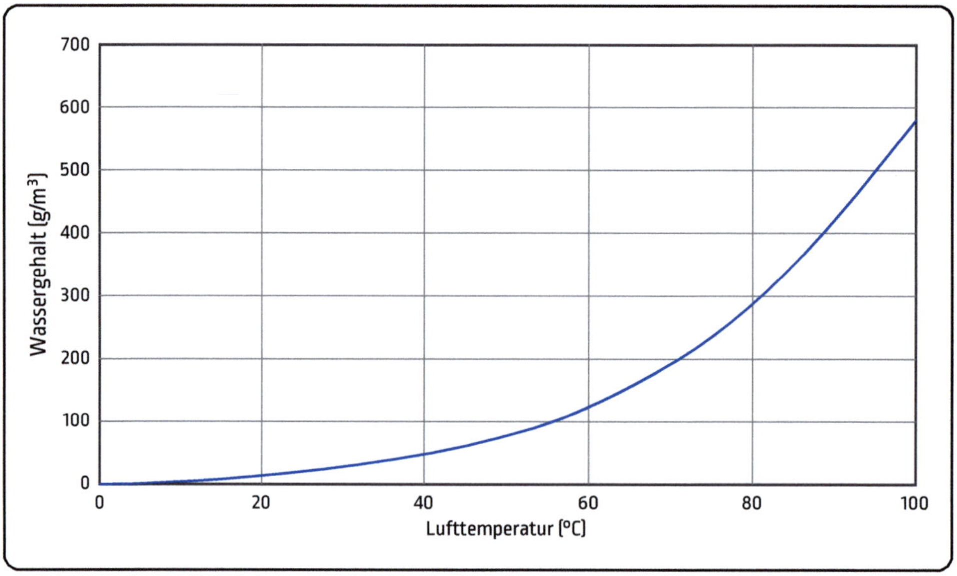

Abbildung 52: Sättigungsmenge von Wasserdampf in Luft, abhängig von der Temperatur.

mal 9,41 Gramm Wasser speichern. Bei 60 °C kann der gleiche Kubikmeter bereits 125 Gramm Wasser aufnehmen. Wasserdampf ist das dominierende Treibhausgas, bei einer Temperaturerhöhung der Luft tritt ein Mitkopplungseffekt auf. Ist die Luft mit Wasserdampf gesättigt, dann kondensiert dieser zu Tröpfchen, und es regnet oder schneit. Die Kondensation der Wassertröpfchen tritt entweder beim Absinken der Temperatur oder bei Zufuhr von zu viel Wasserdampf auf. Der Abkühlpunkt, bei welchem sich Wassertröpfchen niederschlagen, wird als »Taupunkt« bezeichnet. Für die Verdunstung oder Verdampfung wird viel Energie benötigt, weil die Wasseratome aus ihrer Bindung in der Flüssigkeit gelöst und in die Gasphase übergeführt werden müssen.

7.8.6 Wie entstehen Wolken?

Die Sonne erwärmt die Landoberfläche und die Ozeane. Aus den Ozeanen verdunstet Wasser und steigt in die Atmosphäre auf. Die aufsteigende, mit Wasser angereicherte Luft kühlt sich ab. Ist die aufsteigende Luft so weit abgekühlt, dass der Wasserdampfgehalt die Sättigung übersteigt, kondensiert der (überschüssige) Wasserdampf in Form kleiner Wassertröpfchen. Es bilden sich Wolken. Dieser Vorgang geschieht auch, wenn eine Warmfront auf eine Kaltfront trifft. Durch die Thermik in den Wolken bilden sich aus zuerst kleinen Wassertröpfchen größere, bis diese schließlich schwer genug sind und als Regen zu Boden fallen. Liegt die Temperatur unter 0 °C, gefrieren die Tröpfchen. In Gewitterwolken mit entsprechend großer Thermik werden die Wassertröpfchen in große (entsprechende kalte) Höhen gerissen und gefrieren dort zu Hagelkörnern.

Nebel ist eine andere Erscheinung der Kondensation von Wassertröpfchen. Er tritt im Herbst auf, wenn die Luft über Nacht abkühlt, und hängt dann als weißer Schleier über der Landschaft.

7.9 Corioliskraft

Winde und Ozeanströmungen werden bei ihrer Bewegung auf der Erde abhängig von ihrer Geschwindigkeit seitlich abgelenkt, ein Resultat der auf rotierenden Körpern wirkenden Corioliskraft. Der Planet Erde ist ein ebensolcher rotierender kugelförmiger Körper.

Abbildung 53 zeigt die Erdkugel von oben, die sich mit der Winkelgeschwindigkeit ω um sich selbst dreht. Bewegt sich ein Körper mit der Geschwindigkeit v auf das Zentrum der Kugelprojektion zu, dann wirkt auf ihn eine linksgerichtete Kraft. Bewegt er sich vom Zentrum der Kugel mit der Geschwindigkeit v nach außen, lenkt ihn die Kraft nach rechts ab. Wehen auf der Erdkugel Winde vom Äquator in Richtung Nordpol (oder Richtung Osten), dann werden diese auf der Nordhalbkugel nach

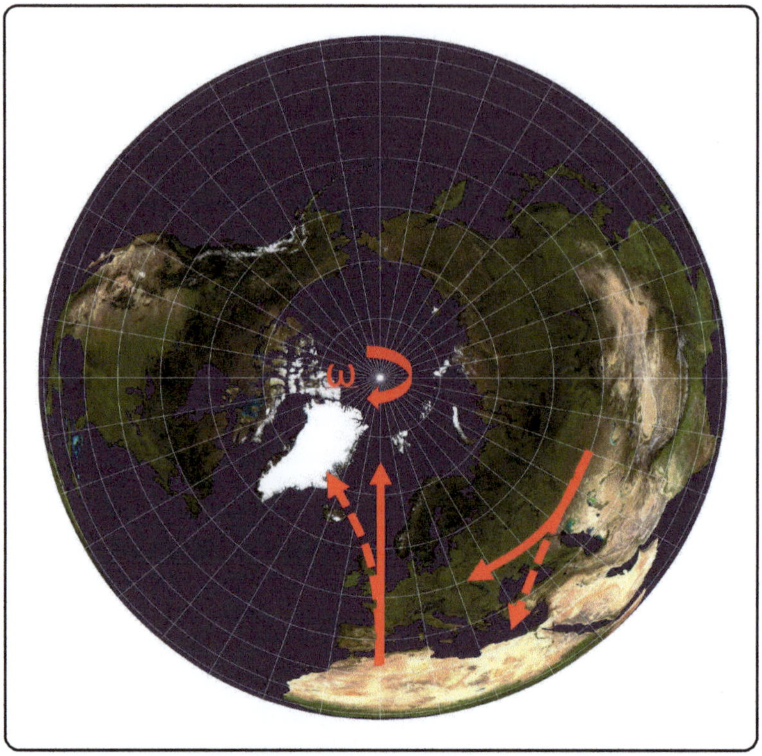

Abbildung 53: Nordhalbkugel der Erde von oben mit Drehrichtung und Corioliskraft (strichlierte Linie); Aufnahme der Nordhalbkugel (Terra-Satellit).

Abbildung 54: Linksdrehende Wirbelstürme auf der Nordhalbkugel und rechtsdrehende auf der Südhalbkugel.

links und auf der Südhalbkugel nach rechts abgelenkt. Wirbelstürme auf der Nordhalbkugel drehen gegen den Uhrzeigersinn und auf der Südhalbkugel im Uhrzeigersinn.

Die Corioliskraft verursacht linksdrehende Wirbelstürme auf der Nordhalbkugel (siehe Abbildung 54). Unten rechts auf der Südhalbkugel ist hingegen ein rechtsdrehendes System zu erkennen.

7.10 Planetare Windströmungen

Im Bereich des Äquators ist die eingestrahlte Sonnenenergie am stärksten und an den Polen am schwächsten. Der Bereich der größten Energieaufnahme schwankt im Lauf des Jahres. Aufgrund der Schrägstellung der Erdachse zur Sonne ist die höchste einfallende Strahlungsintensität pro Quadratmeter im Sommer etwas oberhalb des Äquators und im Winter etwas unterhalb des Äquators zu lokalisieren. Wegen der nach Breitengrad unterschiedlichen Erwärmung der Atmosphäre und des Erdbodens kommt es zwangsläufig zu Wärmeausgleichsströmen über die Wassermassen der Ozeane und der Winde in der Atmosphäre.

7.10.1 Die Hadley-Zelle

Im Bereich der Äquatorzone erwärmen sich der Erdboden und die Luft stark. Die Luft steigt auf und bewegt sich nach links und rechts in Richtung der Pole. Durch die aufsteigende Luft sinkt der Luftdruck.

Das Tiefdruckgebiet im Bereich des Äquators wird als »äquatoriale Tiefdruckrinne« bezeichnet. Die aufsteigende Luft auf der Nordhalbkugel, die sich Richtung Nordpol bewegt, wird durch die Corioliskraft nach links abgelenkt. Bei dieser Bewegung kühlt sie ab und sinkt – dabei wird sie dichter und schwerer – um den 30. Breitengrad ab. Der Luftdruck steigt. Diese typischen Hochdruckgebiete werden als »subtropische Hochdruckgebiete« bezeichnet. Zwischen dem Druckgefälle des subtropischen Hochdruckgebietes und dem äquatorialen Tiefdruckgebiet kommt es zu einem Druckausgleich in Form von Winden. Diese Winde werden als »Monsune« bezeichnet. Da sie Richtung Äquator wehen, werden sie auf der Nordhalbkugel durch die Corioliskraft nach links (westwärts) abgelenkt. Für einen Beobachter auf der Erde kommt daher der Passat aus Nordost.

Abbildung 55 zeigt eine Darstellung der planetaren Zirkulation. Der sich ausprägende Austausch der Wärmeenergie zwischen Äquator und dem 30. Breitengrad – beim Hoch zwischen Hadley- und Ferrel-Zelle – wird nach seinem Entdecker als »Hadley-Zelle« bezeichnet. Von der Erdoberfläche aus nach Westen gesehen, dreht sich die Hadley-Zelle auf der Nordhalbkugel wie eine Walze im Uhrzeigersinn. Auf der Südhalbkugel sind die Drehrichtungen und Ablenkrichtungen der Winde genau

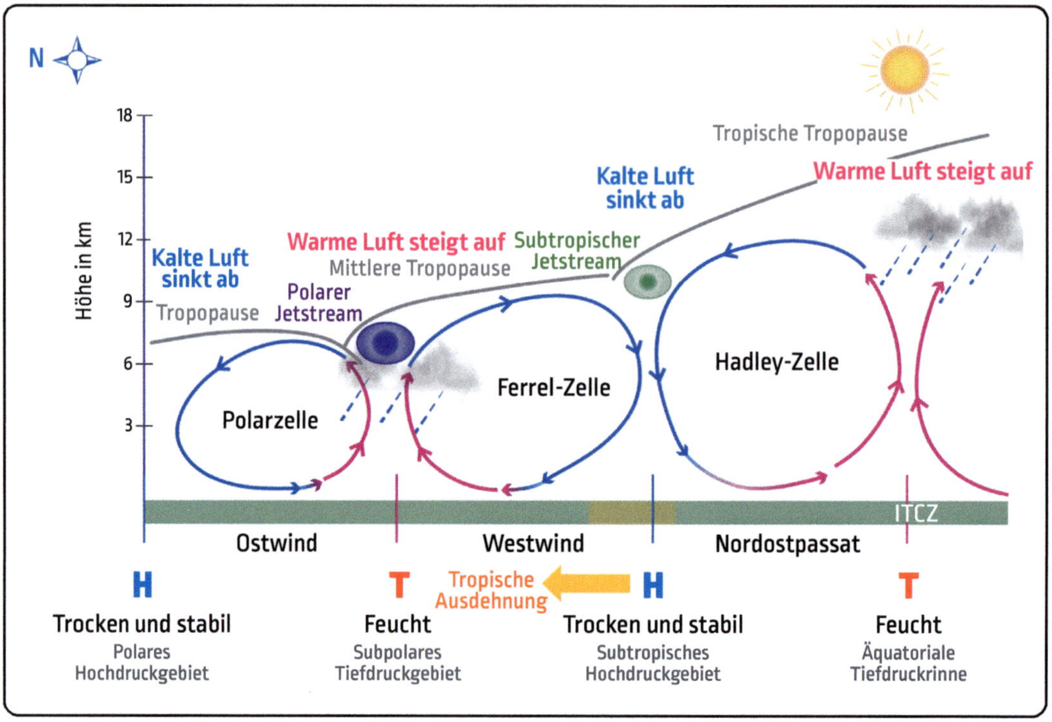

Abbildung 55: Darstellung planetarer Zirkulation.

umgekehrt. Oberhalb des Subtropenhochs befindet sich ein Starkwindband – der Subtropische Jetstream. Oberhalb des Tiefs zwischen Polarzelle und Ferrel-Zelle bläst der intensive polare Jetstream.

7.10.2 Die Polarzelle

Über den Polen sinkt die kalte Luft ab und bildet ein Hochdruckgebiet am Boden. Infolge des Druckausgleichs entstehen Winde, die sich Richtung Äquator bewegen. Für einen Beobachter am Polarkreis kommt der Wind aus Osten (polare Ostwinde). Die polaren Ostwinde erwärmen sich bis zum 60. Breitengrad so weit, dass sie aufsteigen und ein Tiefdruckgebiet bilden (subpolares Tiefdruckgebiet). Die Polarzelle ist wie die Hadley-Zelle ein sehr stabiles Gebilde. Die Drehrichtung ist die gleiche wie jene der Hadley-Zelle.

> **EOF (engl. Empirical Orthogonal Functions)**
> ist eine spezielle meteorologische Darstellung von Klimadaten über einen längeren Betrachtungszeitraum.

Abbildung 56 zeigt die Ausprägung des polaren Wirbels über Island. Ein sich im Sommer einstellendes Azorenhoch sorgt erfahrungsgemäß für beständiges und schönes Wetter in Mitteleuropa.

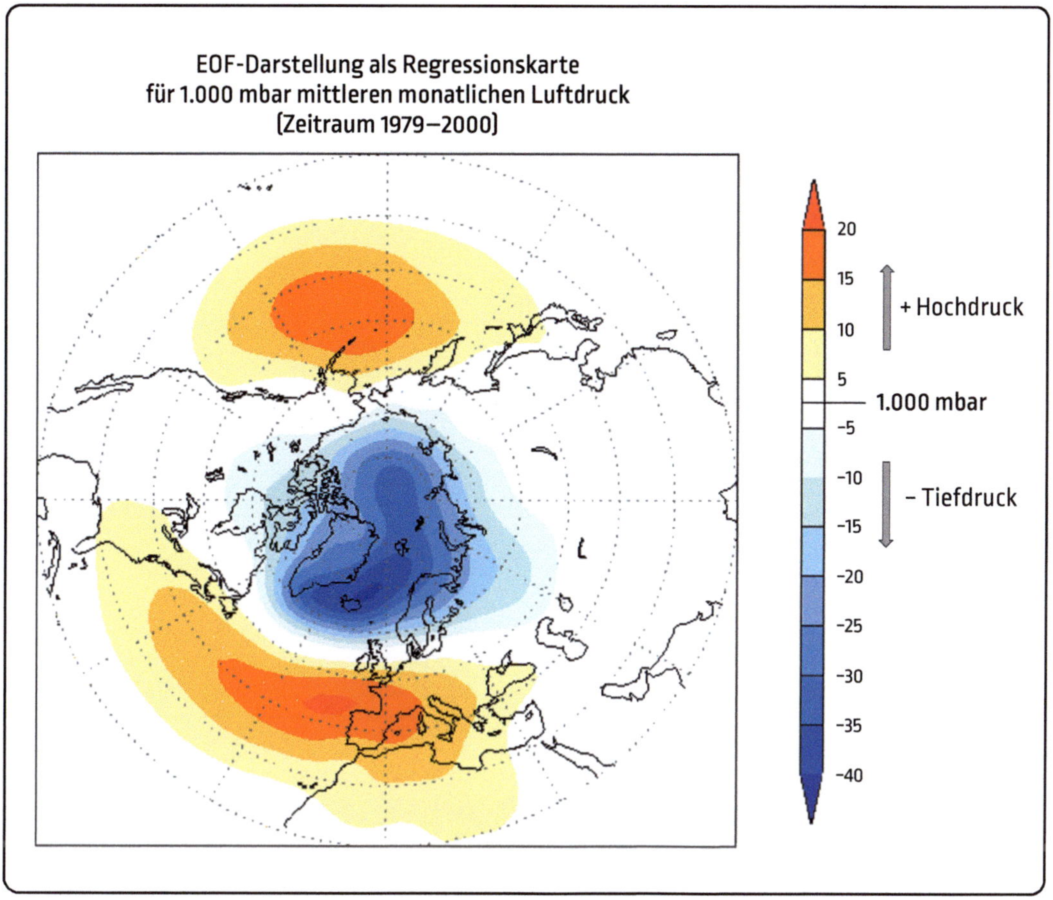

Abbildung 56: Tiefdruckgebiet über der Arktis (Polarwirbel über Island), Azorenhoch und Nordpazifikhoch.

7.10.3 Die Ferrel-Zelle

Zwischen der Hadley- und der Polarzelle (zwischen 30° und 60° nördlicher Breite) bildet sich eine zu den beiden Zellen gegenläufige Zelle aus, die als »Ferrel-Zelle« bezeichnet wird und stark vom Status der Nachbarzellen abhängt. Die Ferrel-Zelle bewirkt wechselhaftes und sehr regenreiches Wetter. Wegen der unterschiedlichen Drehrichtungen der Zellen blasen die Winde aus nordwestlicher Richtung. Der Bereich von 40° bis 60° nördlicher Breite in Europa wird auch als »Westwindzone« bezeichnet. Im Bereich der Ferrel-Zelle treffen warme subtropische und kalte polare Luftmassen aufeinander. In der oberen Troposphäre ist die Polarfront mit einem schmalen Band starker Winde, dem

Tropopause

Sie trennt die Troposphäre (in der das Wetter spielt) von der darüberliegenden stets stabilen Stratosphäre.

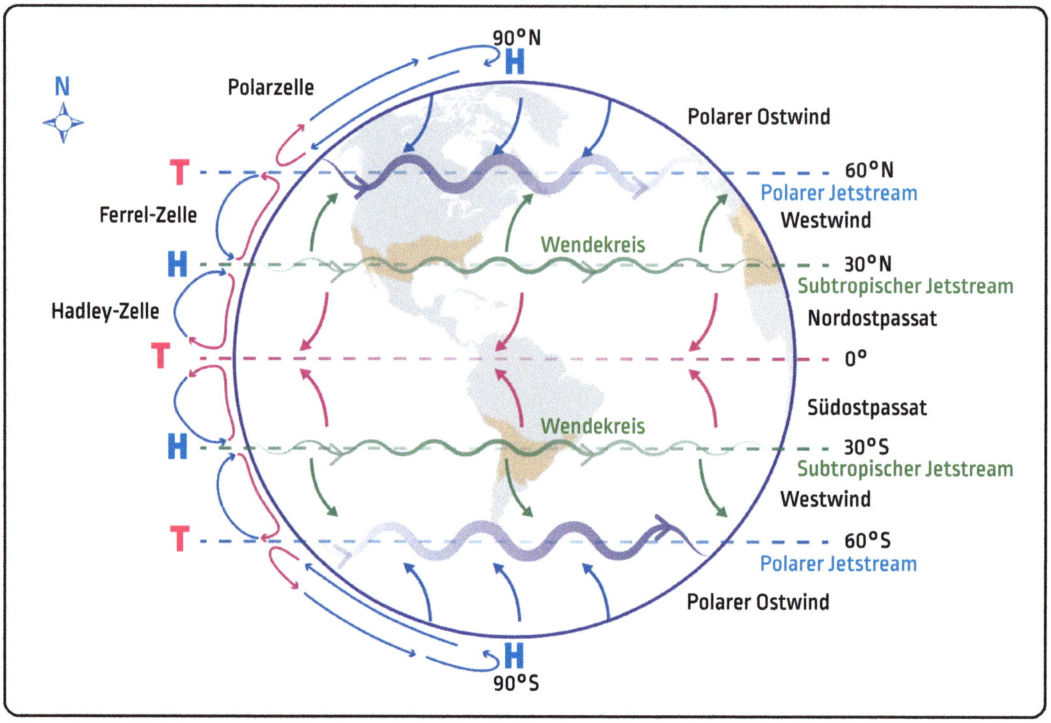

Abbildung 57: Planetare Zirkulation.

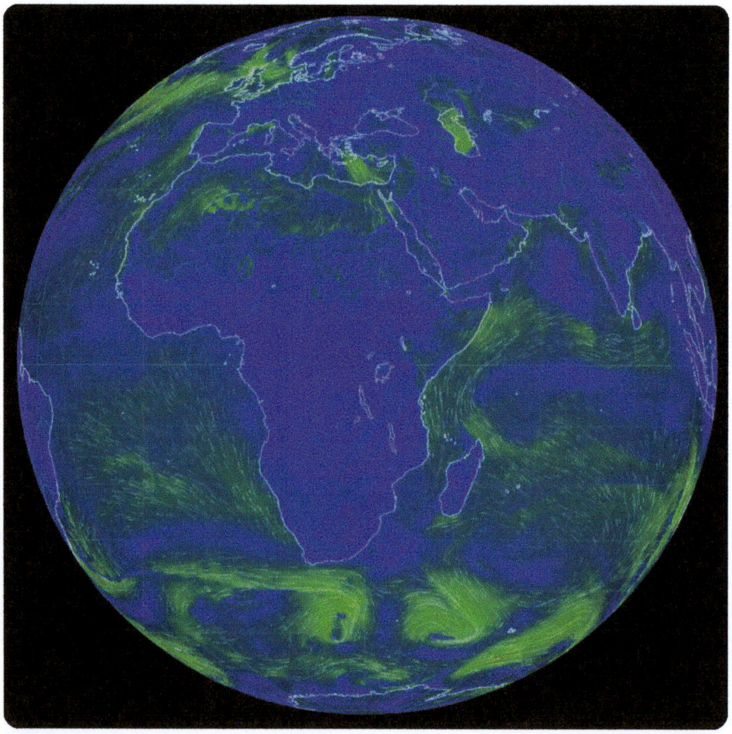

Abbildung 58: Globale Windströmungen auf der Erde.

sogenannten polaren Jetstream, gekoppelt. Die Höhe der Tropopause ist über den Tropen mit 17 Kilometern konstant sehr hoch und nimmt polwärts auf 6 bis 10 Kilometer ab (graue Linie in Abbildung 55).

Abbildung 57 zeigt schematisch die planetare Zirkulation der sich ausbildenden Zellen. Die Nordostpassate sorgen für eine kontinuierliche Abfuhr von Feuchtigkeit aus Gebieten um den Wendekreis, weswegen sich in diesen Breiten viele Wüsten befinden. Die kontinuierliche Zufuhr von Feuchtigkeit in die Äquatorregion begünstigt die Bildung von Regenwäldern. Wegen der Temperaturunterschiede zwischen Land, Ozean, Gebirgszügen und Eisschilden sind die atmosphärischen Wellen des Kreislaufsystems im planetarischen Maßstab in der Regel durch Kontinente und Berge geografisch bestimmt. Aufgrund der Wellenmuster kann ein besonders kalter Winter über Nordamerika mit einem besonders warmen Winter an anderer Stelle der Hemisphäre verbunden sein. Veränderungen in verschiedenen Aspekten des Klimasystems, wie die Größe der Eisschilde, die Art und Verteilung der Vegetation, die Temperatur der Atmosphäre oder des Ozeans, beeinflussen die großräumigen Zirkulationsmerkmale der Atmosphäre und der Ozeane.

7.10.4 Polarer Jetstream

Der Jetstream, der den Nordpol der Erde umkreist, fließt von Westen nach Osten. Triebkraft für den Polarjetstream ist die große Temperaturdifferenz zwischen der Arktis und den wärmeren Breiten. Zwischen den kalten polaren Luftmassen der Polarzellen und den warmen der Ferrel-Zelle entstehen durch Druckausgleich starke Jetstreams (bis 500 Kilometer pro Stunde schnell). Polare Jetstreams bilden durch unterschiedliche Windgeschwindigkeiten und dadurch auftretende Turbulenzen bestimmte Wellenmuster aus – sogenannte Rossby-Wellen. Die großräumigen Rossby-Wellen verdanken ihre Existenz der Rotation und Kugelform der Erde. Jetstreams sind typischerweise Tausende von Kilometern lang, einige Hundert Kilometer breit und nur wenige Kilometer dick. Von der Seite betrachtet, ist die Höhe, in der Wetter stattfindet, 1.000-mal dünner (vertikal) als seine Breite (horizontal). Diese extreme Dünnheit führt dazu, dass horizontale Winde in Wettersystemen stärker sind als vertikale Winde. Jetstreams wehen zwischen 10 und 15 Kilometer über der Erdoberfläche. Der Verlauf der Jetstreams markiert die Bereiche der stärksten Temperaturunterschiede der Erdoberfläche.

Am Äquator fließen die schwächeren und weniger ausschwingenden Subtropenjetstreams. Während des Sommers sind die Jetstreams schwächer als im Winter, weil das Temperaturgefälle zu den gemäßigten Breiten flacher verläuft. Durch den Klimawandel erwärmt sich die Arktis schneller als andere Regionen der Erde, wodurch sich die Jetstreams abschwächen und gewissermaßen zu »schlingern« beginnen. Sie beschreiben ausgeprägtere Kurven von Nord nach Süd; dies bildet die Ursache extremer Wetterlagen. Unter den nördlichen Wellenbergen bilden sich Hochdruckgebiete aus, die

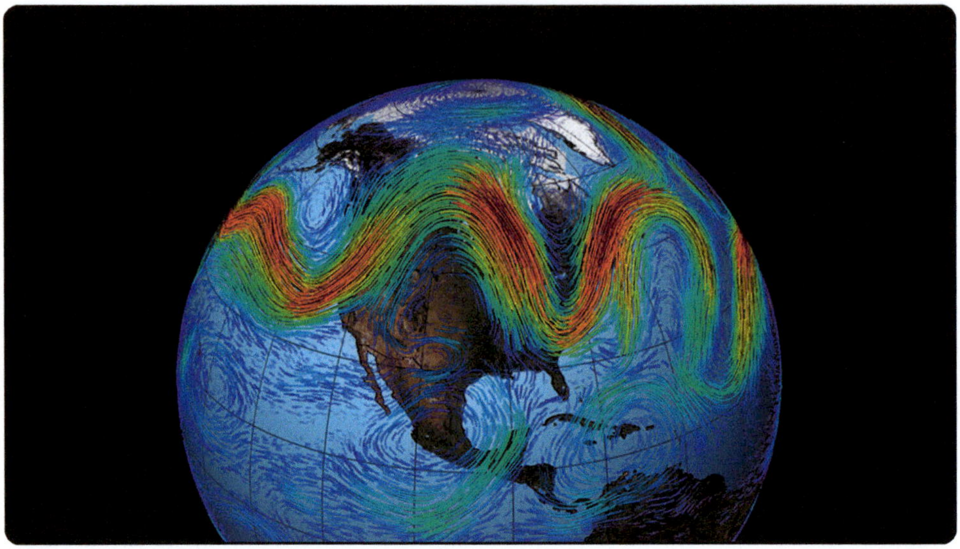

Abbildung 59: Jetstreammuster auf der Nordhalbkugel.

für trockenes und warmes Wetter (Hitzewellen) sorgen. Unter den südlichen Wellentälern entstehen Tiefdruckgebiete, die Niederschläge verursachen. Je ausgeprägter diese Wellenberge sind, desto stärker werden die Wetterextreme. Schwächelt der Jetstream, wandert er in Form von Rossby-Wellen langsamer um den Planeten oder bildet stehende stationäre Wellen aus, was in den betroffenen Regionen zu tage- und wochenlangem heißen trockenen Wetter führt. Andernorts bringt diese Wetterkonstellation lang andauernde Niederschläge mit Überschwemmungen.

Abbildung 59 zeigt einen ausgeprägten, weit nach Norden und Süden hin ausschwingenden polaren Jetstream. Normalerweise befindet sich dieser nördlicher mit geringer Amplitude.

7.10.5 El-Niño/El-Niña-Phänomen

Dieses Phänomen tritt zyklisch mit einer Schwingungsfrequenz von 2 bis 7 Jahren auf. Starke El-Niño-Ereignisse beeinflussen das Wettergeschehen durch Fernwirkung in vielen Teilen der Welt. Als »El-Niño-Phänomen« bezeichnet man das Auftreten einer Strömungsänderung zwischen Indonesien in Südostasien und Peru in Südamerika. El Niño tritt meist zur Weihnachtszeit auf – der Name bezieht sich im Spanischen auf das »Christuskind«.

Bei normaler Wetterlage beträgt die Wassertemperatur vor Indonesien etwa 28 °C und vor der Küste Perus nur 24 °C. Dieser Temperaturunterschied ist eine Folge der Passatwinde, die das Oberflächenwasser von Peru in Richtung Indonesien treiben – der Wasserspiegel steigt um einen halben Meter an. In Peru strömt als Folge des durch den Passat wegdriftenden Wassers kühleres Wasser aus der Tiefe an die Oberfläche,

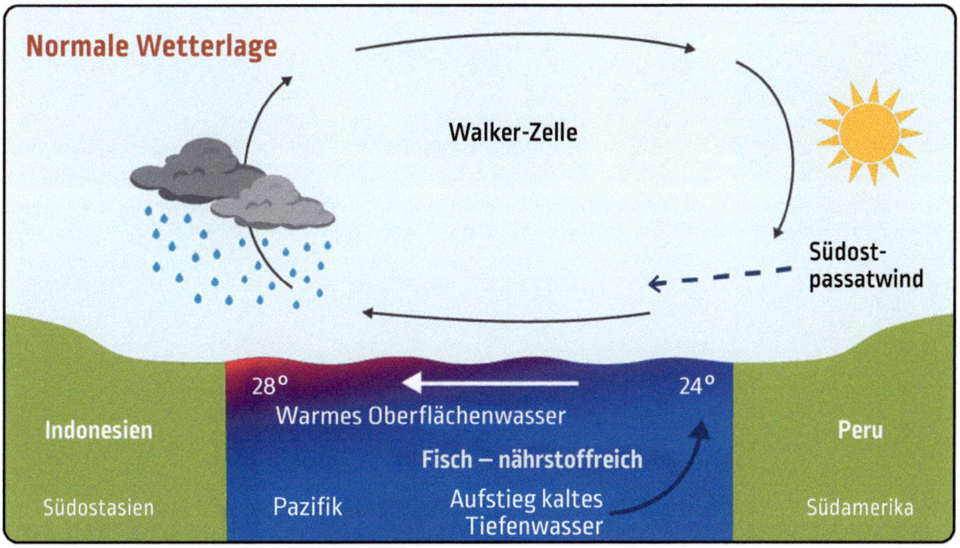

Abbildung 60: Normale Wetterlage über Indonesien und Peru.

um das Defizit auszugleichen. Über Indonesien steigt erwärmte Luft auf, bildet ein Tiefdruckgebiet, es bilden sich Wolken, die für Niederschläge sorgen. In Peru befindet sich zur selben Zeit ein Hochdruckgebiet, welches die Wolken auflöst und für reichlich Sonne sorgt.

So wie es in Richtung der Breitengrade Hadley-, Ferell- und Polarzellen gibt, existieren ähnliche Zellen – als »Walker-Zellen« bezeichnet – in Richtung der Längengrade. Walker-Zellen sind für das oszillierende El-Niño-Verhalten verantwortlich. In El-Niño-Jahren blasen die Passatwinde schwächer, weniger Oberflächenwasser wird von Peru Richtung Indonesien befördert, und kein kaltes Tiefenwassers steigt vor Peru auf. Das Plankton stirbt ab, die Fischschwärme bleiben aus, und für die peruanischen Fischer brechen schwere Zeiten an.

Die Walker-Zelle dreht sich um, es strömt warmes Wasser aus Südostasien und Australien Richtung Peru. Über Peru bildet sich ein Tiefdruckgebiet mit meist hohen Niederschlagsmengen. In Indonesien hingegen herrschen Trockenheit und Dürre.

Dieses großräumige Wettergeschehen beeinflusst die Wettermuster auf drei Vierteln der Erde. An der südamerikanischen Küste kommt es zu starken Regenfällen und Überflutungen, der Regenwald im Amazonas erlebt Trockenheit, vor Mexiko entstehen Wirbelstürme, die enormen Schäden anrichten, und Australien und Südostasien werden von Buschfeuern und riesigen Waldbränden heimgesucht. Bis auf wenige Ausnahmen bleibt Europa von den Fernwirkungen des El Niño verschont. Eine Ausnahme war der ungewöhnlich kalte Winter 1941/42.

Neben dem El-Niño-Ereignis ist auch das La-Niña-Phänomen (La Niña im Spanischen für »kleines Mädchen«) bekannt. Dieses tritt auf, wenn besonders starke Südostpassatwinde auftreten. Dann verstärkt sich die Trockenheit über Südamerika,

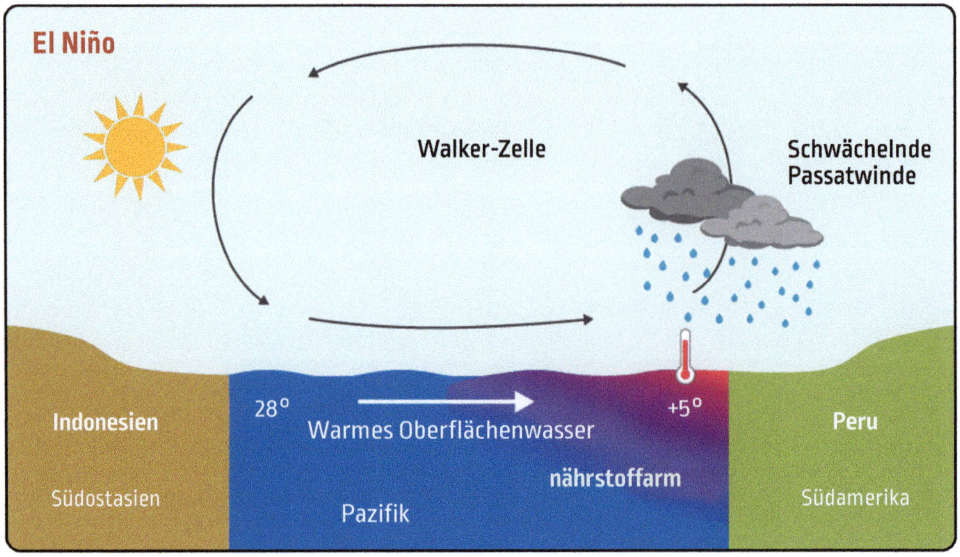

Abbildung 61: El-Niño-Wetterlage über Indonesien und Peru.

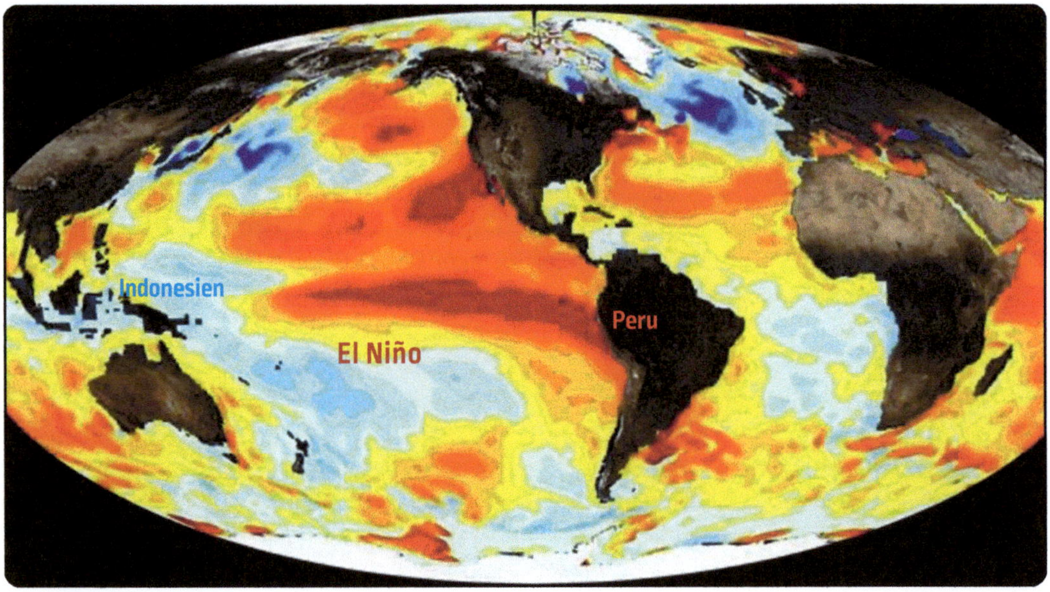

Abbildung 62: El-Niño-Wetterlage über Indonesien und Peru – rote Farben stehen für hohe Temperaturen, blaue für niedrige.

und die Regenfälle über Südostasien erhöhen sich wegen des besonders starken Tiefdruckgebietes. Abbildung 62 zeigt einen besonders stark ausgeprägten El Niño, der anhand des starken roten Wärmekeils von Peru Richtung Indonesien/Australien sichtbar wird.

Neuerdings verstärken sich die Auswirkungen des El Niño. Der El Niño von 2015/16 erwärmte das Wasser des Pazifiks stärker und auf einer größeren Fläche, die Spitzenwerte lagen um bis zu 3 Grad über dem Normalwert.

In den letzten Jahren entstehen mehr riesige Warmwasserblasen im Zentralpazifik, die wie El Niños aussehen, aber am falschen Ort erscheinen. Die Wissenschaftler sprechen von zentralpazifischen El Niños und bezeichnen diese neue Erscheinungsform mit El-Niño-Modoki, nach dem japanischen Wort für »fast, aber nicht ganz«. Bei diesem El-Niño-Typ bilden sich zwei Zellen – die eine löst Regenfälle über dem Zentralpazifik aus, und die andere bildet trockene Luftmassen beiderseits des Äquators, mit verheerenden Dürren in Australien, Asien sowie Nord- und Südamerika. Das Wärmemuster von Peru nach Indonesien bildet sich nicht mehr keilförmig, sondern hufeisenförmig aus.

7.11 Ozeanströmungen

7.11.1 Eigenschaften von Wasser

Wasser ist von grundlegender Bedeutung für das Leben auf der Erde. In der Natur kommt es niemals in reiner Form vor, es enthält immer Anteile gelöster Stoffe. Reines Wasser wird durch Destillation hergestellt, ist transparent, geschmacks- und geruchlos. Bei 20 °C hat Wasser eine Dichte von 998,2 Kilogramm pro Kubikmeter.

Es friert und schmilzt bei 0,0025 °C und siedet bei Normaldruck bei 99,97 °C. Seine spezifische Wärmekapazität (das ist das Vermögen von Wasser, Wärme zu speichern) ist sehr hoch und beträgt 4,2 Kilojoule pro Kilogramm pro Kelvin. Die Energiemenge, um 1 Liter Wasser zum Kochen zu bringen, übersteigt den täglichen Grundumsatz eines Menschen. Meerwasser hat eine etwas geringere Wärmekapazität von 3,9 Kilojoule pro Kilogramm pro Kelvin. Damit Wasser verdampft, muss viel Wärme (Verdampfungswärme, auch als »latente Wärme« bezeichnet) zugeführt werden – 2.257 Kilojoule pro Kilogramm. Zum Schmelzen von Eis (Schmelzwärme) benötigt man 333,5 Kilojoule pro Kilogramm. Die molare Masse wird mit 18,015 Gramm pro mol angegeben. Wasser weist eine Dichteanomalie auf. Seine größte Dichte hat es bei 4 °C. Das Volumen des Wassers nimmt beim Abkühlen zu, seine Dichte sinkt. Kühlt man Wasser unter 4 °C, dann erhöht sich sein Volumen, es wird leichter. Eis hat eine geringere Dichte als Wasser (Eis friert ab 0 °C) und schwimmt obenauf. Wasser mit 4 °C sinkt aufgrund seiner großen Dichte zum Grund von Seen oder Gewässern. Bei senkrechtem Einfall von Licht reflektiert Wasser nur 2 %, weist also eine sehr geringe Albedo auf. Bei schräg einfallendem Licht (ab 49 °) erhöht sich die Reflexion bis auf 100 %. Das Glitzern der Sonne auf den Wellen beruht auf diesem Effekt. Der Brechungsindex von Wasser beträgt 1,33. Luft hat einen Brechungsindex von 1, daher werden die Lichtstrahlen im Wasser zum Lot hin gebrochen; ein Strohhalm in einem

Glas Wasser erscheint geknickt. Wasser absorbiert Licht im sichtbaren Spektralbereich nur sehr schwach. Es ist näherungsweise transparent, weshalb für Algen und Pflanzen das Leben im Wasser möglich ist – sie benötigen Licht für die Photosynthese. Im blauen Bereich (400 bis 440 Nanometer Wellenlänge) ist die Absorption am geringsten. Blaues Licht wird erst nach mehreren Metern vom Wasser absorbiert, daher erscheint dieses bläulich gefärbt. In größeren Tiefen wird das Licht vollständig verschluckt, es herrscht tiefstes Dunkel. Wasser enthält verschiedene Isotope des Wasserstoffs und des Sauerstoffs. Wie bereits im Kapitel der Altersbestimmung erläutert, wird dieser Umstand im Bereich der Paläoklimatologie genutzt. Chemisch reines Wasser hat einen pH-Wert von 7 und ist chemisch neutral.

7.11.2 Eigenschaften von Meerwasser

Die für Süßwasser angeführten Eigenschaften gelten mit geringen Abweichungen auch für Meerwasser, das im Gegensatz zum Wasser der Seen und Flüsse salzig ist. Süßwasser enthält vor allem Karbonate, Meerwasser hingegen Chloride. Der größte Anteil der im Meer gelösten Salze stammt aus Quellen vom Meeresboden.

Mit steigendem Salzgehalt nimmt der Gefrierpunkt ab. Bei einem Salzgehalt von 40 PSU (Practical Salinity Unit) – entspricht 40 ‰ oder 40 Gramm pro Liter – liegt der Gefrierpunkt bei −2,2 °C.

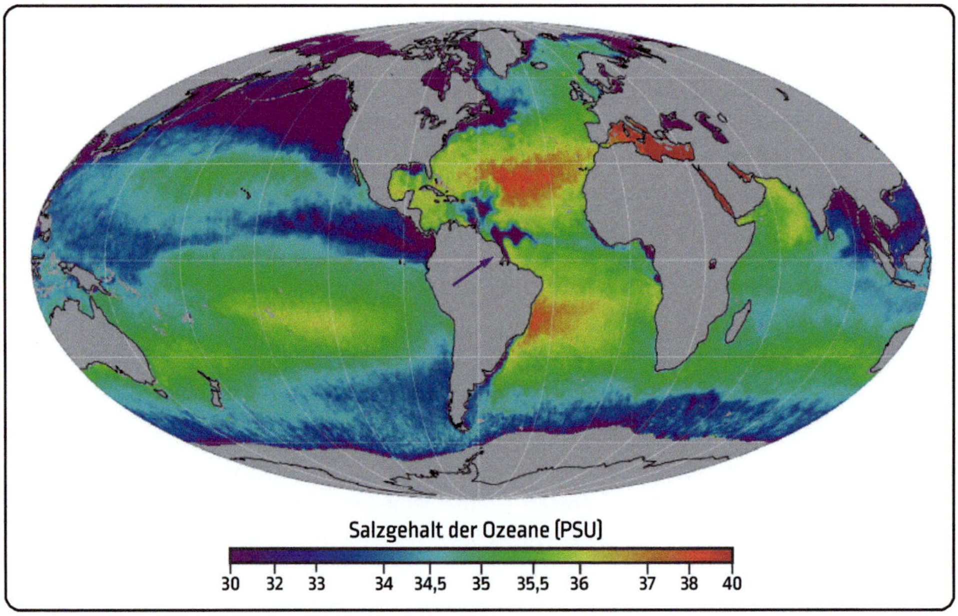

Abbildung 63: Salzgehalt an der Meeresoberfläche der Ozeane in PSU (Practical Salinity Unit) September 2019.

Mit steigendem Salzgehalt wächst das Dichtemaximum des Wassers – es wird schwerer.

Bei 0 °C weist Meerwasser eine Dichte von 999,8 Kilogramm pro Kubikmeter (also circa 1 Tonne pro Kubikmeter oder 1 Kilogramm pro Liter) auf. Bei einem Salzgehalt von 40 PSU steigt die Dichte auf 1032,1 Kilogramm pro Kubikmeter – eine Zunahme von 3,2 %. Diese scheinbar geringe Änderung ist für die Bewegungen und Strömungen des Ozeanwassers von Bedeutung. Im Temperaturbereich −3 bis +4 °C ergibt sich, abhängig von der Salinität, nur eine geringe Abweichung von der 0-°C-Dichtelinie.

Der Forschungssatellit Aquarius der NASA maß den Salzgehalt an der Meeresoberfläche der Ozeane (siehe Abbildung 63). Je südlicher oder nördlicher der Breitengrad, umso geringer ist der Salzgehalt, insbesondere in Richtung Arktis. Der Salzgehalt im Mittelmeer ist besonders hoch (37,5–38 PSU), im Bereich um den 30. nördlichen und südlichen Breitengrad treten im Atlantik und Pazifischen Ozean und etwas geringer im Indischen Ozean hohe Salzgehalte auf. Der Grund sind die dort herrschenden hohen Wassertemperaturen. Das oberflächliche Wasser verdampft, das Salz verbleibt im Oberflächenwasser und erhöht die Konzentration. In Bereichen der Flussmündungen oder abschmelzenden Gletscher wird das Meerwasser verdünnt, dort ist der Salzgehalt geringer. Im Nordosten Südamerikas ist die Einbringung großer Mengen Süßwassers durch den Amazonas zu sehen (Pfeil).

7.11.3 Bewegung des Meerwassers

Verschiedene Kräfte wirken auf das Wasser der Ozeane. Es unterliegt dem Einfluss globaler Winde (wie den Monsunen), den Gezeitenkräften und Ausgleichsflüssen infolge starker Dichteschwankungen – unterschiedlichen Salzgehalten oder Temperaturdifferenzen. Bewegte Wassermassen unterliegen überdies Corioliskräften. Die Ozeane dieser Erde beeinflussen, schon alleine aufgrund des Anteils an Oberfläche von 71 %, maßgeblich das Erdklima. Der Großteil der Landmasse befindet sich auf der nördlichen Hemisphäre. Überwiegend wird Sonnenenergie vom Meerwasser der Ozeane aufgenommen und gespeichert, vor allem im Oberflächenwasser. Mit den Strömungen und dem Wasserkreislauf werden diese aufgenommen, gespeichert, transportiert und in anderen Weltgebieten wieder abgegeben.

Das Wärmespeichervermögen wird am besten im Jahreszeitenwechsel deutlich. Der durchschnittliche Temperaturunterschied in mittleren Breiten der Ozeane beträgt 8 °C. Der Temperaturunterschied auf den Kontinenten zwischen Sommer und Winter ist hingegen wesentlich größer. In Mitteleuropa beträgt die Durchschnittstemperatur im Winter circa 5 °C, und im Sommer liegt sie bei 20 °C, eine Temperaturdifferenz von 15 °C.

Meereis weist eine hohe Albedo auf und isoliert das darunterliegende Meerwasser, das sich daher kaum erwärmt. Meereis wirkt einer Klimaerwärmung entgegen. Sich erwärmende Meere hingegen bringen das Meereis zum Schmelzen, die thermische

Isolierung geht verloren, und das Meerwasser nimmt mehr Strahlungsenergie auf und erwärmt sich schneller.

Ozeane tauschen Gase mit der Atmosphäre aus und beeinflussen damit indirekt das Klima. Sie enthalten 50-mal mehr CO_2 als die Atmosphäre. Es ist daher für das Klima entscheidend, ob die Ozeane mehr CO_2 aufnehmen können oder ob sie dieses vermehrt freisetzen und auf diese Weise den Treibhauseffekt weiter ankurbeln.

Im Äquatorbereich wird mehr Sonnenenergie eingebracht als an den Polen, es entsteht ein Energiegefälle. Ein Teil (50 %) des Energiegefälles wird durch Winde abgeführt. Den anderen Teil übernehmen die Ozeane durch globale Wasserströmungen, die das warme Wasser zu den Polen befördern. Einer der größten Wärmeströme liegt im Atlantik und transportiert Warmwasser vom Süden nach Norden. Die Corioliskräfte wirken nicht nur auf bewegte Winde, sondern verstärkt auf die globalen Meeresströmungen. Der Ausgleich der Energieströme erfolgt daher nicht geradlinig auf direktem Wege, sondern wird durch Corioliskräfte, die unterseeischen Gebirge und die Begrenzungen durch die Landmassen abgelenkt. Es entstehen komplizierte Zirkulationsmuster. Der Wasserstrom, mit dem warmes Oberflächenwasser nach Norden strömt, muss auch wieder – als kalter Rückfluss – zurückströmen. Antrieb der Ozeanströme sind unter anderem die Westwinddrift und die Passate und Monsune, die alle das Klima prägen.

Abbildung 64 zeigt vereinfacht die verschiedenen globalen Ozeanströmungen der Erde. Rot eingezeichnet sind die warmen oberflächennahen Strömungen. Blau eingezeichnet sind die kalten tiefen Rückströmungen. Aufgrund der Erhaltungssätze muss die Summe der Meeresströmungen gleich null sein. Die warmen Oberflächenströme sinken im hohen Norden in die Tiefe ab und strömen als kalte Tiefenströmung zurück.

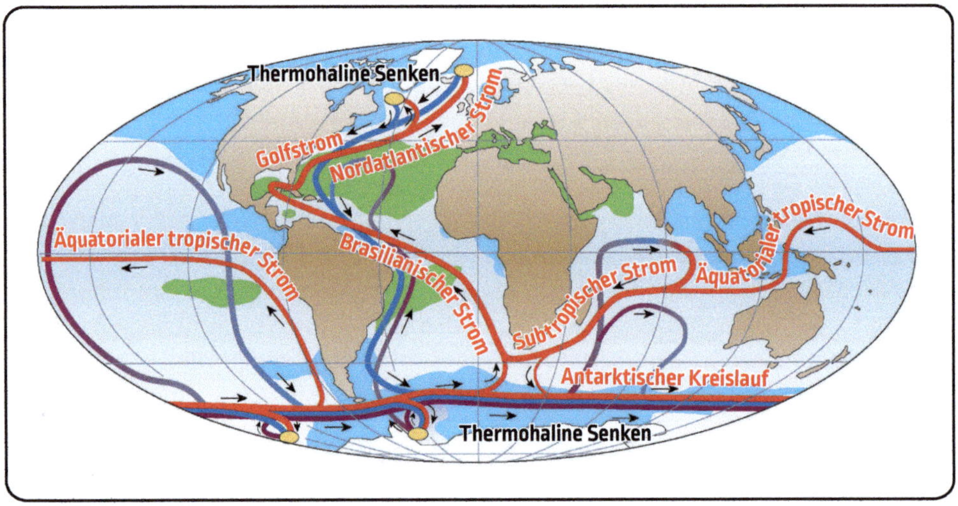

Abbildung 64: Globale Meeresströmungen.

7.11.4 Meridionale Umwälzzirkulation

Der Ausdruck »Meridionale Umwälzzirkulation« (MOC, Meridional Overturning Circulation) hat den früher gebräuchlichen Begriff der Thermohalinen Zirkulation ersetzt. Früher waren die Wissenschaftler der Meinung, dass das »Globale Förderband« der warmen Meeresströmung nach Norden vor allem durch die Dichteunterschiede des Wassers, bewirkt durch Temperaturunterschiede und den Salzgehalt, ausschlaggebend für die Meeresströmungen wie Golfstrom oder Nordatlantikstrom sei. Mittlerweile ist die Wissenschaft zu der Erkenntnis gelangt, dass die Windantriebskräfte einen weiteren wichtigen Einfluss haben. Das Auftreten der Oberflächenwinde und der Auftriebskräfte beim Zusammentreffen von verschieden dichten Wassermassen führt zu einem weltumspannenden Stromsystem, welches Wärme und Nährstoffe transportiert. An den Rändern der großen polaren Eisschilde gibt es Stellen (gelbe Kreise in Abbildung 64), wo die Strömungen in die Tiefe gerissen werden. Dort findet die Tiefenwasserbildung statt.

An anderen Stellen quillt das Tiefenwasser wieder an die Oberfläche, z. B. an der Westküste von Südamerika, wo der Humboldtstrom Wasser aus großen Tiefen nach oben zieht. Das aufquellende Tiefenwasser ist sehr nährstoffreich, sauerstoffarm und mehrere Grad kälter als das umgebende Oberflächenwasser. Mischt sich das aufquellende nährstoffreiche Wasser mit dem sauerstoffreichen Oberflächenwasser, bildet es äußerst fruchtbare Regionen. An der peruanischen Küste ist der Fischreichtum deshalb erheblich größer als in der Nordsee.

Abbildung 65 zeigt eine Auswertung von Messungen, die mit dem Satelliten Aquarius durchgeführt wurden. Sie gibt die Dichte des Meerwassers der Ozeane an – je salzhaltiger, desto höher die Dichte. Es ist deutlich zu erkennen, dass sich aufgrund der Verdampfung und des Abkühlens der Meeresströmungen im Bereich des Nordpolarmeeres (und auch Richtung der Antarktis) die höchsten Dichten von bis 1028 bis 1030 Kilogramm pro Kubikmeter einstellen. Dort sinkt das abgekühlte schwere Meerwasser ab und kehrt als Tiefenströmung zurück.

Die Dichte des Meerwassers hängt von der Temperatur, der Salzkonzentration und in der Tiefe auch vom Druck ab. Die Salinität hängt ab von der Wassertemperatur, der verdunsteten Menge am Weg nach Norden und von der Süßwasserzufuhr durch Flüsse, Niederschlag oder Schmelzwasser von Gletschern. Der Nordatlantikstrom als Ausläufer des Golfstromes kühlt sich auf seinem Weg durch die Polarwinde ab, an der Oberfläche bildet sich Eis.

Meereis bindet nur einen Teil des Salzes, es ist brüchiger als normales Eis. Durch das geringere Salzaufnahmevermögen des Meereises erhöht sich der Salzgehalt des umgebenden Wassers, dessen Dichte weiter ansteigt. Schließlich beginnt es, wie ein riesiger »Wasserfall« im Nordatlantik in die Tiefsee zu strömen. Das dichtere schwere Wasser sinkt bis in eine Tiefe von 2 Kilometern ab. Der Querschnitt dieser Abwärtsströmung beträgt Hunderte von Quadratkilometern. Ein Wasserblock mit einem

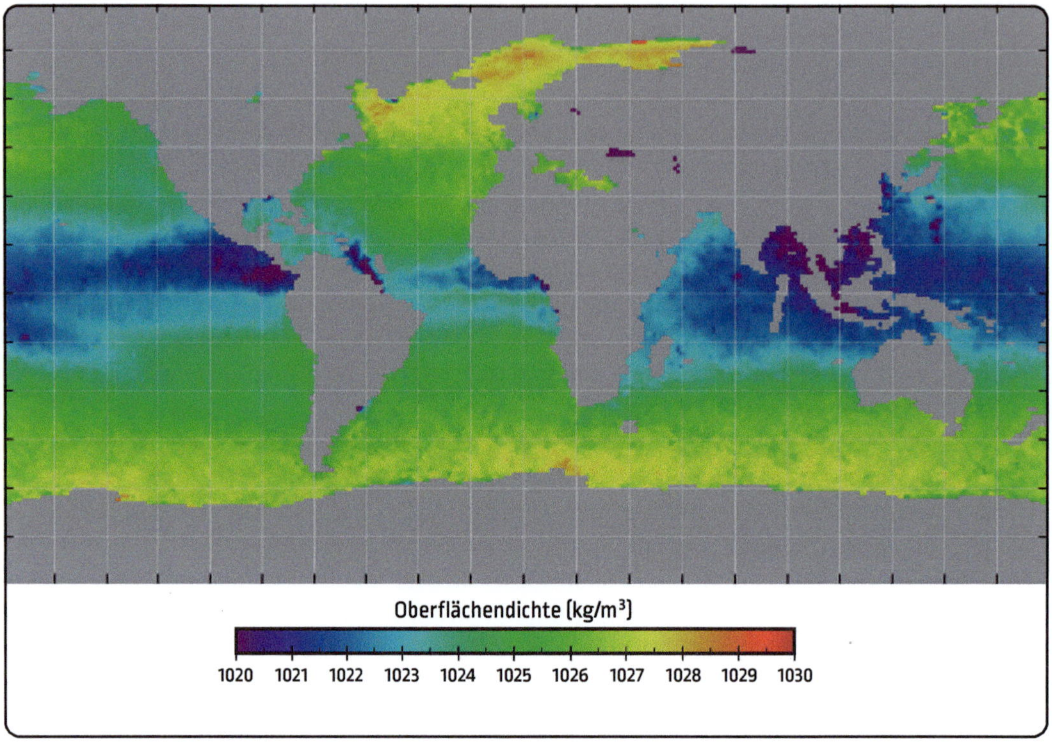

Abbildung 65: Dichte des Meerwassers der Ozeane, Juni 2015.

Querschnitt von mehreren Hundert Quadratkilometern und einer Höhe von 2 Kilometern ergibt eine ungemein gewaltige Strömungskraft, die über den Druck in die Tiefe strömenden kalten Wassers gleichzeitig an der Oberfläche warmes Wasser aus dem Atlantik, letztlich vom Golf von Mexiko, ansaugt. Die Strömungskraft wirkt wie ein gigantischer Staubsauger.

7.11.5 Der Golfstrom

Der Golfstrom zwängt sich vom Golf von Mexiko an der Spitze von Florida an den Bahamas vorbei und folgt dann als 100 bis 200 Kilometer breiter Strom der Ostküste Nordamerikas. Auf der Höhe von North Carolina verlässt er die Küste und fließt in den Atlantik.

Zur Darstellung der mit den Ozeanströmungen bewegten Wassermassen hat man die Einheit Sverdrup (Sv) eingeführt.

$1\ \text{Sv} = 10^6\ \text{m}^3/\text{s} = 1\ \text{Million}\ \text{m}^3/\text{s}$

Der Golfstrom ist mit 150 Sv und einer Geschwindigkeit von bis zu 9 Kilometern pro Stunde eine der stärksten Meeresströmungen der Welt. An seinen Küstenregionen herrschen überdurchschnittliche mittlere Jahrestemperaturen. Die gesamte Westküste Europas profitiert von diesen warmen Wassermassen. Zwischen Schottland und Island herrschen im Januar Wassertemperaturen von 15 °C, während in vergleichbaren Breiten 0 °C die Regel sind. Das Klima Europas und Grönlands ist stark abhängig von der Stärke und dem Verlauf des Golfstroms. Durch den Klimawandel verringert sich sein Salzgehalt, weil:

- mehr Frischwassereintrag durch das Abschmelzen der Festlandgletscher,
- mehr Niederschläge über dem Nordatlantik wegen höherer Luftfeuchtigkeit bei steigenden globalen Temperaturen und
- eine verminderte Meereisbildung auftreten.

Simulationsrechnungen lassen erwarten, dass der Golfstrom immer weiter nach Süden wandert, wodurch die Temperatur in Westeuropa allmählich abnehmen wird. Ab einer bestimmten Schwelle des Frischwassereintrages wird sich der Golfstrommotor abstellen – ein Kennzeichen für eine beginnende neue Eiszeit. Betrachtungen und Untersuchungen der vergangenen Eiszeiten zeigen, dass diese Übergänge sprunghaft erfolgten. Sie werden als »Dansgaard-Oeschger-Events« bezeichnet. Sie sind durch einen zunächst steilen Temperaturanstieg und ein anschließend langsames Zurückfallen in die Eiszeit charakterisiert.

Die größten ermittelten Temperatursprünge betrugen bis zu 12,5 °C. Diese Schwankungen führen die Wissenschaftler auf das An- und Abschalten des Golfstroms zurück. Da das Energiegleichgewicht erhalten bleiben muss, heizt sich im Gegenzug der Südatlantik auf und transportiert weniger Wärme in den Norden. Mittels antarktischer und grönländischer Eisbohrkerne konnte dieses erwartete gegenläufige Verhalten bestätigt werden. Wird der Nordatlantik kalt, heizt sich der Südatlantik auf und umgekehrt.

7.12 Wasserkreislauf

Die Erde wird häufig »Blauer Planet« genannt. Nicht ohne Grund. Es ist die Farbe des Wassers, welches mehr als 70 % seiner Oberfläche bedeckt.

97 % des Wassers ist in den Ozeanen als Salzwasser gebunden, nur 3 % als Süßwasser in den Landmassen und 0,001 % in der Atmosphäre als Wasserdampf. Zwischen den einzelnen Wasserreservoiren gibt es einen Austausch über Verdunstung, über Niederschlag und über Flüsse, die sich ins Meer ergießen. Ein großer Teil des Süßwassers (75 %) lagert als Eis in der Arktis, in der Antarktis und in Gletschern. Beinahe das gesamte restliche Süßwasser ist als Grundwasser in den Landmassen eingelagert. Ein kleiner Anteil findet sich in Flüssen, Seen, in Lebewesen und der Atmosphäre.

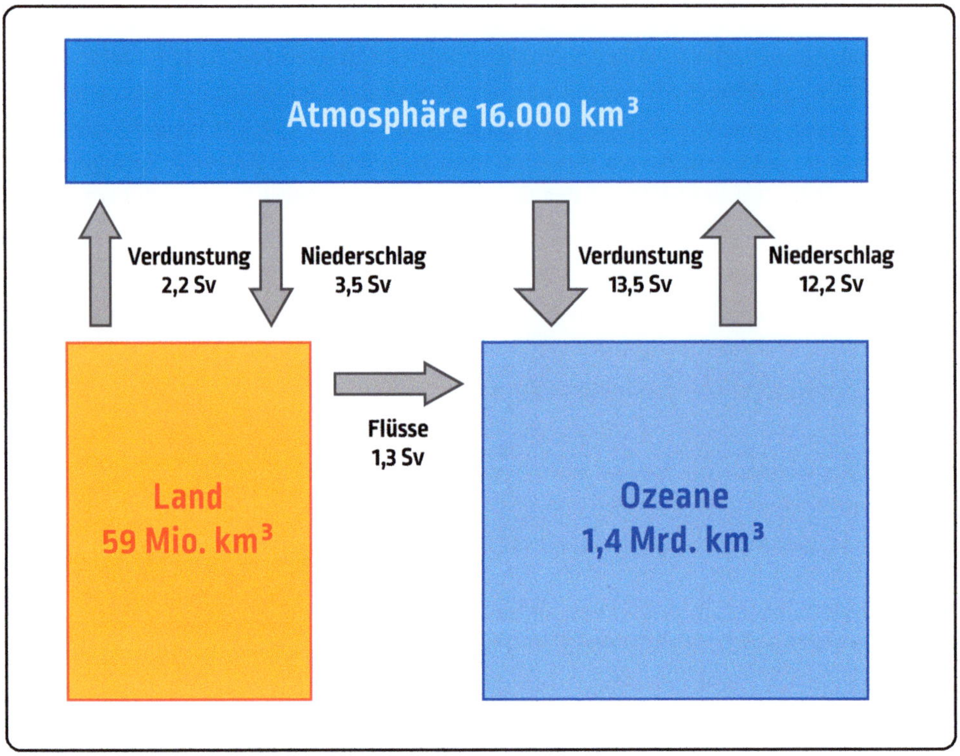

Abbildung 66: Wasserhaushalt der Erde (Sv = 1 Mio. m^3/s, Sverdrup).

Der Motor des Wasserkreislaufs ist die Sonnenenergie. Sie verdunstet und verdampft Wasser aus den Ozeanen, welches in die Atmosphäre aufsteigt. Dies führt zu Niederschlägen über den Kontinenten. Flüsse befördern gelöste Nährstoffe aus Erosionen ins Meer. 90 % des Wasserdampfes in der Atmosphäre entstehen durch Verdunstung, die verbleibenden 10 % stammen von der Pflanzenatmung. Die Pflanzen nehmen Wasser über ihre Wurzeln auf und geben es durch kleine Poren an der Unterseite ihrer Blätter wieder ab. Ein geringer Teil des Wasserdampfes entsteht durch Sublimation aus Eis oder Schnee.

Sublimation
ist der direkte Übergang eines Stoffes aus der festen in die gasförmige Phase.

Aufsteigende warme Luft trägt den Wasserdampf in große Höhen, wo es kühler ist. In der kalten Luft kondensiert der Wasserdampf und bildet Wolken. In den Wolken bilden sich größere Tropfen und gehen als Regen, Schnee oder Hagel nieder. Ein Teil der Niederschläge verdunstet und kehrt in die Atmosphäre zurück, ein anderer Teil durchfeuchtet den Boden oder sickert ins Grundwasser. Flüsse und Bäche sammeln das Wasser und führen es in Seen oder zum Meer, ein sich fortsetzender Zyklus.

Das Grundwasser strömt bzw. befindet sich zwischen zwei Zonen. Die obere Belüftungszone weist Poren im Boden auf, die sowohl mit Luft als auch mit Wasser gefüllt

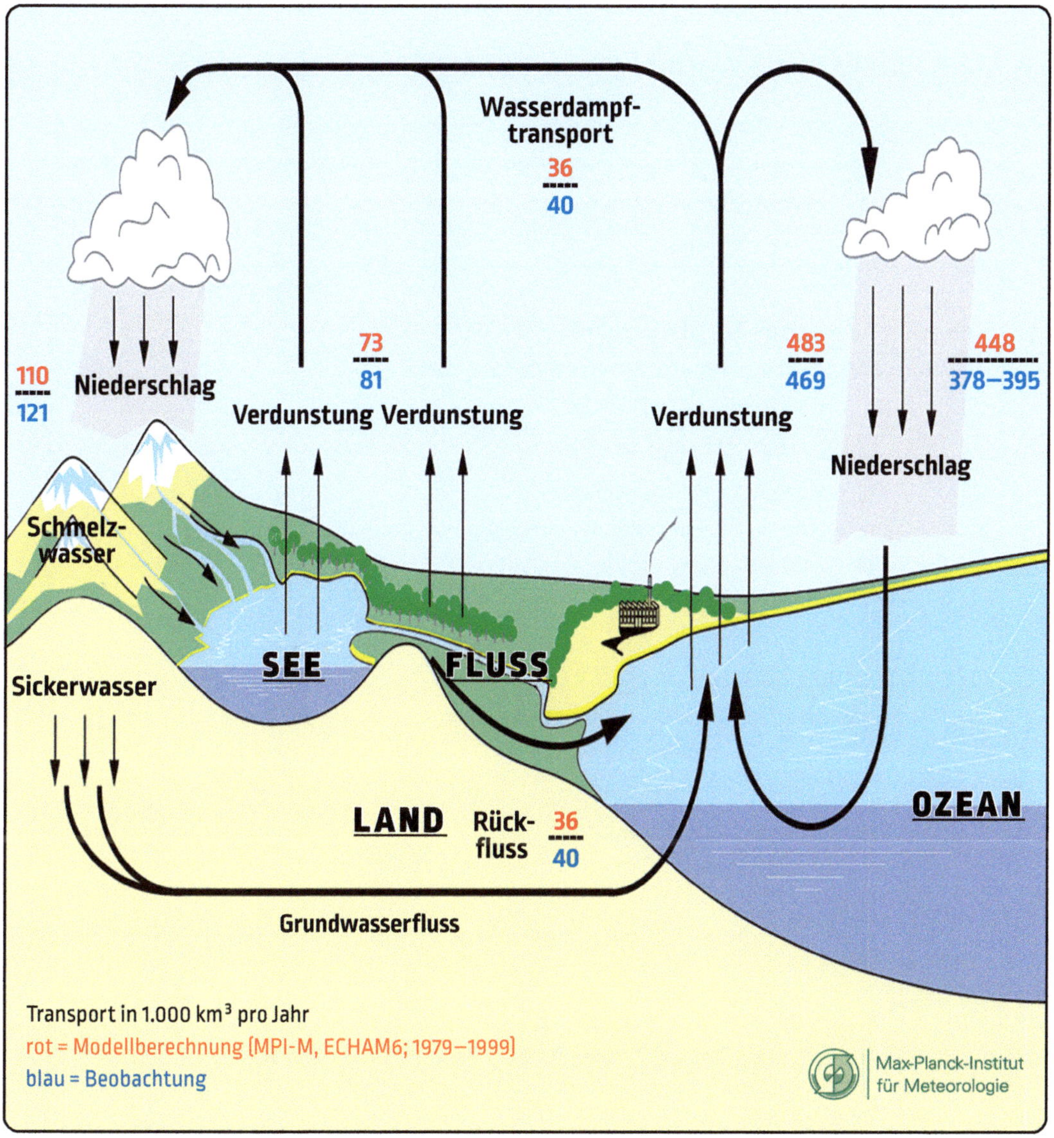

Abbildung 67: Globaler Wasserkreislauf.

sind. Die untere, die Sättigungszone, ist vollständig mit Wasser gefüllt. Die Grenze zwischen diesen beiden Zonen ist der Wasserspiegel. Auf das Grundwasser wirkt die Schwerkraft ein, daher fließt es mit geringer Geschwindigkeit in Richtung des Gefälles. Grobe Schichten wie Kies weisen höhere Fließgeschwindigkeiten auf als feinporiger Sand. Der gesamte Wassergehalt der Erde durchläuft 40 Zyklen im Jahresverlauf. Bei jedem Zyklus wird das Wasser vollständig ausgetauscht. Die verdunstete Menge des Wassers entspricht der Niederschlagsmenge.

7.12.1 Wo wird die Wärmeenergie auf der Erde gespeichert?

Die Wärmeenergie wird vor allem durch die Ozeane aufgenommen (93,4 %), gefolgt von der Atmosphäre mit 2,3 %. 2,1 % werden von der Landoberfläche absorbiert und der Rest durch die Kryosphäre.

ZUSATZINFORMATION

Die Wärmekapazität der Atmosphäre

Die Wärmekapazität der Atmosphäre errechnet sich durch:

$$C_{Atm} = c_p \cdot \frac{p}{g} = \frac{1004\,J \cdot 10^5\,N \cdot s^2}{m^2 \cdot °K \cdot kg \cdot m \cdot 9{,}81} = 1{,}02 \cdot 10^7 \frac{J}{°K \cdot m^2}$$

C_{Atm} → Wärmekapazität der Atmosphäre
c_p → spezifische Wärmekapazität der Luft bei konstantem Druck
p → konstanter Luftdruck
g → Erdbeschleunigung

Die Wärmekapazität des Ozeans

Die Wärmekapazität des Ozeans errechnet sich durch:

$$C_{Ozean} = \rho_W \cdot c_W \cdot d = \frac{10^3 \cdot kg \cdot 4218 \cdot J \cdot m}{m^3 \cdot °K \cdot kg} = 4{,}2 \cdot 10^6 \cdot d \left[\frac{J}{°K \cdot m^2}\right]$$

C_{Ozean} → Wärmekapazität des Ozeans
ρ_W → Dichte des Wassers
d → Tiefe

Will man die Dicke der Ozeanwasserschicht errechnen, in der die gesamte Wärme der Atmosphäre gespeichert ist, dann gilt:

$$C_{Atm} = C_{Ozean}$$

Also:

$$1{,}02 \cdot 10^7 = 4{,}2 \cdot 10^6 \cdot d$$

Aufgelöst nach d, ergibt sich:

$$d = \frac{1{,}02 \cdot 10^7}{4{,}2 \cdot 10^6} = 2{,}43\ m$$

Im Ozean erwärmen sich ungefähr die obersten 100 m. Dies ergibt einen Anteil der in der Atmosphäre gespeicherten Energie von nur circa $\frac{2{,}43}{100} \cdot 100 = 2{,}43\,\%$. Die solare Strahlungsenergie wird vor allem in den Ozeanen gespeichert.

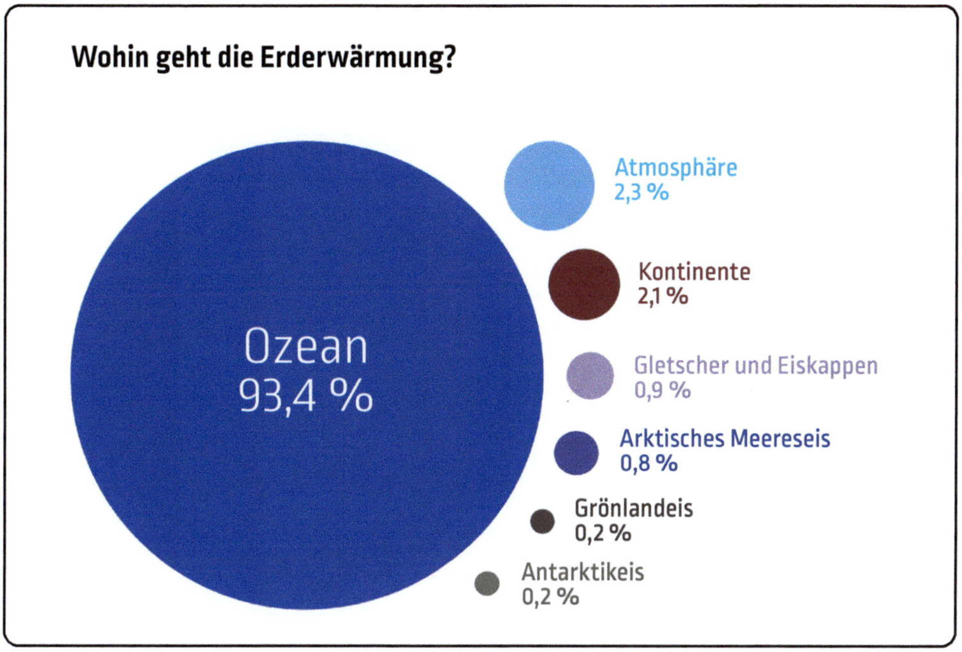

Abbildung 68: Wärmeaufnahme Aufteilung.

7.13 Sauerstoffkreislauf

Während des Großteils der Existenz der Erde verfügte diese über keine Sauerstoffatmosphäre. Durch die einfallende energiereiche Sonnenstrahlung bildete sich durch Aufspaltung von Wasser freier Sauerstoff. Dieser oxidierte mit Bestandteilen der Lithosphäre zu Eisenoxiden. Erst im Archaikum stieg der Sauerstoffgehalt der Atmosphäre durch Mikroben an. Den Durchbruch in der Sauerstoffproduktion brachte die evolutionäre Erfindung der Photosynthese. Die Photosynthese führte zur Besiedlung der Kontinente und zu einer Ausbreitung der Vegetation. Molekularer Sauerstoff kommt als Molekül in der Form O_2 vor, zerfällt unter starker ultravioletter Strahlung in der Atmosphäre zu einatomigem Sauerstoff (O) und bildet sich wieder zurück. Dabei entsteht aber nicht nur O_2, sondern auch der dreiatomige Sauerstoff Ozon (O_3). Ozon bildet einen Schutzschild vor der tödlichen hochenergetischen kurzwelligen Sonnenstrahlung. Zwischen Freisetzung von Sauerstoff durch Photosynthese und Aufnahme von Sauerstoff durch Organismen (Atmung) stellte sich ein Gleichgewicht ein. Durch den erhöhten Verbrauch von Sauerstoff durch Verbrennen fossiler Brennstoffe bei gleichzeitiger Reduzierung der Regenwälder wird dieses Gleichgewicht empfindlich gestört. Sauerstoff ist mit 21 % das zweithäufigste Gas in der Atmosphäre.

Die Abbildung 69 zeigt schematisch den Sauerstoffaustausch zwischen der Atmosphäre, der Gesteinssphäre und der Biosphäre. Der Verlust an entweichendem Was-

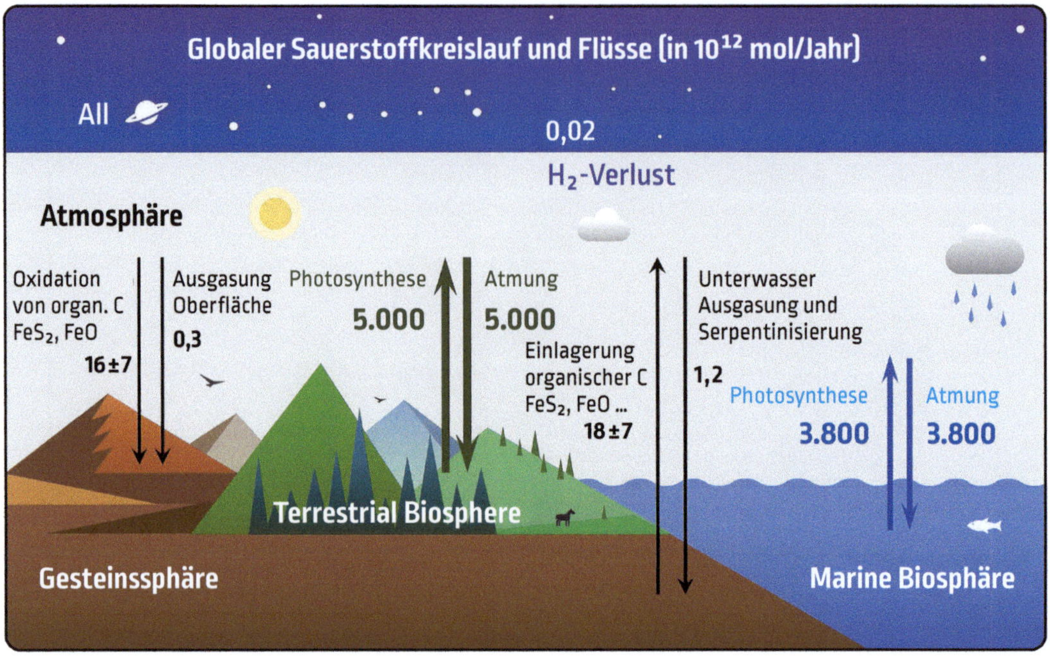

Abbildung 69: Sauerstoffkreislauf.

serstoff ins All wirkt sich nur geringfügig auf den Sauerstoffkreislauf aus. Die Vegetation erzeugt Sauerstoff, sie treibt den Kreislauf an. Die Verbrennung von Sauerstoff wird als »Oxidation« bezeichnet, die Rückgewinnung von Sauerstoff aus Mineralien hingegen heißt »Reduktion«. Nur ein kleiner Teil des Sauerstoffs liegt als freier Sauerstoff in der Atmosphäre vor. Der größte Anteil (99,5 %) ist in der Form chemischer Verbindungen in Mineralien in der Erdkruste und dem Erdmantel gebunden.

Abbildung 70: Sauerstoffproduzenten am Bachufer (Feldaist, Oberösterreich).

Die Photosynthese wird durch den folgenden chemischen Umwandlungsprozess beschrieben:

$$6CO_2 + 6H_2O \rightarrow C_6H_{12}O_6 + 6O_2$$

Sie bildet aus Kohlendioxid und Wasser (linke Seite) Glucose und setzt dabei Sauerstoff frei (rechte Seite der chemischen Summenformel). Bei der Atmung verläuft der Prozess in umgekehrter Richtung:

$$C_6H_{12}O_6 + 6O_2 \rightarrow 6CO_2 + 6H_2O$$

Dabei wird Glucose mit Sauerstoff verbrannt (ein exothermer Prozess), es entsteht Energie, und gleichzeitig werden Kohlendioxid und Wasser frei – es zeigt sich die enge Verbindung zwischen Tier- und Pflanzenwelt.

Exotherme Reaktion

Eine chemische Reaktion wird als »exotherm« bezeichnet, wenn sie mehr Energie freisetzt, als ihr zur Aktivierung zugeführt wurde. Das Gegenteil ist eine endothermische Reaktion, der Energie zugeführt werden muss.

KURZZUSAMMENFASSUNG

Die Erde bildet ein komplexes System. Zahlreiche Kreisläufe wie der Wasserkreislauf, die Nährstoffkreisläufe und ein reger Gasaustausch laufen ab. Die Energiezufuhr durch die Sonne, die Nährstoffe der Gesteinssphäre, die Kontinentalverschiebungen und die Anwesenheit von flüssigem Wasser und einer Treibhausatmosphäre, die für moderate Temperaturen sorgt, bildeten die Voraussetzungen für das Entstehen von Leben. Evolutionäre Vorgänge zeugten eine Vielzahl von Lebensformen, die nach Naturereignissen teilweise wieder ausstarben, sich aber beständig hin zu komplexeren Formen entwickelten, an dessen Endstufe Primaten und letztlich Menschen stehen.

Die Bewegungen der Erde um die Sonne und deren Intensitätsschwankungen beeinflussen das Klima. Die Erde stellt einen rotierenden Kreisel dar, der die Richtung der globalen Winde und der Meeresströmungen beeinflusst. Durch die schräg einfallende Sonne erwärmen sich die Gebiete um den Äquator stärker als die Pole. Die Temperaturunterschiede führen zum Entstehen von globalen Tief- und Hochdruckgebieten und Temperaturunterschieden in den Ozeanen. In der Atmosphäre bilden sich Hadley-, Ferrel- und Polarzellen mit Jetstreams an den Grenzgebieten zwischen den Zellen aus. Dieses komplexe Gebilde strebt nach Störungen einen Gleichgewichtszustand an. Diese Störungen waren in der langen Erdgeschichte vulkanische Tätigkeit, Einfall von Meteoriten oder das Auftreten von Leben, welches den Gasaustausch durch Photosynthese veränderte.

Infolge der variierenden Gaskonzentrationen der Atmosphäre erwärmte sich die Erde langfristig mehrmals, wodurch das Leben wiederholt beinahe zur Gänze ausgerottet wurde. Langfristig über Millionen von Jahren stellte sich immer wieder ein Gleichgewichtszustand ein, der zu einer Neuentfaltung verschiedener Lebensformen führte. Heißzeiten folgten auf Kaltzeiten, entsprechend stiegen oder sanken die Meeresspiegel. Kontinentalverschiebungen bildeten Superkontinente, die je nach der geografischen Lage, in der sie auf dem Erdmantel umherschwammen, unterschiedliche klimatische Verhältnisse ausbildeten. Die heutige Anordnung der Kontinente ist ebenfalls nur eine vorübergehende, die Verschiebungen sind jedoch für menschliche Zeiträume unwesentlich. Die Entladung der Spannungen, die sich zwischen den Kontinentalplatten aufbauen, treten als Erdbeben in Erscheinung.

Der Mensch ist für das Erdgeschehen ein überaus störender Faktor. Im Unterschied zu den Pflanzen und anderen Tieren ist das Ausmaß der Störung des Gleichgewichtes, das er verursacht, ungeheuer groß. Es sind vor allem der erdgeschichtlich kurze Zeitraum von nur etwa 200 Jahren und das Ausmaß des produzierten Störimpulses, welcher die Lebensgrundlage der Menschheit und mit ihr das gesamte Leben auf der Erde gefährdet. Die Abbildung 71 zeigt aber auch den Menschen als System, welches sich selbst durch Einsicht und Erkenntnis beeinflussen kann. Er kann sein Handeln ändern, es an die Erfordernisse des Erd- und Natursystems anpassen und so seinen negativen Impact bewusst vermindern.

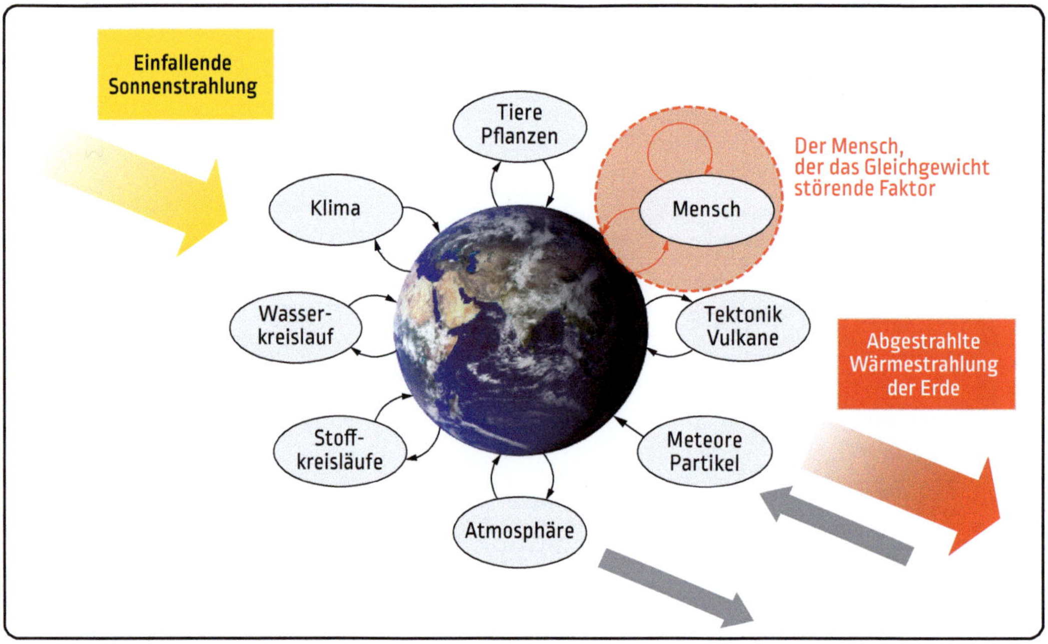

Abbildung 71: Die Erde als Gastgeber.

8

Der bedrängte Planet und seine Reaktion

Welchen Stressfaktoren ist das Erdsystem ausgesetzt und wie reagiert es darauf?

Die Griechen des Altertums legten vor mehr als 2.000 Jahren den Grundstein der Natur- und Geisteswissenschaften. Die Naturwissenschaften drangen in ihrem Wissen bis in den Bereich der Atombestandteile vor, genauso wie sie die Geheimnisse der Entstehung des Universums und die Bewegung der astronomischen Objekte klärten. Der Mensch lernte Energie aus fossilen Brennstoffen, aus Windeffekten, aus Wasserströmungen, aus Gezeitenhüben, aus geothermischen oder radioaktiven Quellen zu nutzen und sie in mechanische, elektrische oder Wärmeenergie umzuformen. Mittels der Erkenntnisse der Chemie schuf er neue Materialien – er ist auf dem Wege, neue Lebensformen zu kreieren. Dank seiner Kreativität und Intelligenz entwirft er Maschinen, die ihm vielleicht irgendwann gleichwertig sind. Ist das die letzte Stufe der Evolution? Oder schreitet die Evolution fort, und es entstehen neue Lebewesen, die dem Homo sapiens überlegen sein werden?

In den letzten 150 Jahren verändert der Mensch die Erde in einem Ausmaß, wie es bislang nur Naturgewalten vorbehalten blieb. Nach einer Phase der unglaublichen Steigerung der Produktivität und unermesslichen Reichtums ist die westliche Gesellschaft an einem Punkt angekommen, der durch die Verknappung kritischer Ressourcen, die Verschlechterung von Ökosystemleistungen, das rapide fortschreitende Artensterben und die eingeschränkte Fähigkeit des Planeten zur Entsorgung der Abfälle gekennzeichnet ist. Diese Situation ist neu in Bezug auf die Geschwindigkeit, mit der sie abläuft, sie ist neu in ihrer globalen Wirkung, und sie ist neu in der Bedrohung des ganzen Erdsystems.

Dieses Zeitalter wird als »Anthropozän« bezeichnet, als jenes Erdressourcenvernichtungszeitalter, das der Mensch verursacht.

Sollten künftige Archäologen unsere Hinterlassenschaft untersuchen, so werden sie künstliche Radionukleide (Atombombenversuche), Plastik, Aluminium, industrielle Schadstoffe, eine CO_2-Anreicherung der Atmosphäre, ein unvergleichbares Artensterben, tiefe Grabungen und Löcher vorfinden, die unser Zeitalter charakterisieren. Möglicherweise eine Vielzahl von menschlichen Knochen, alles Zeichen einer raubtier-

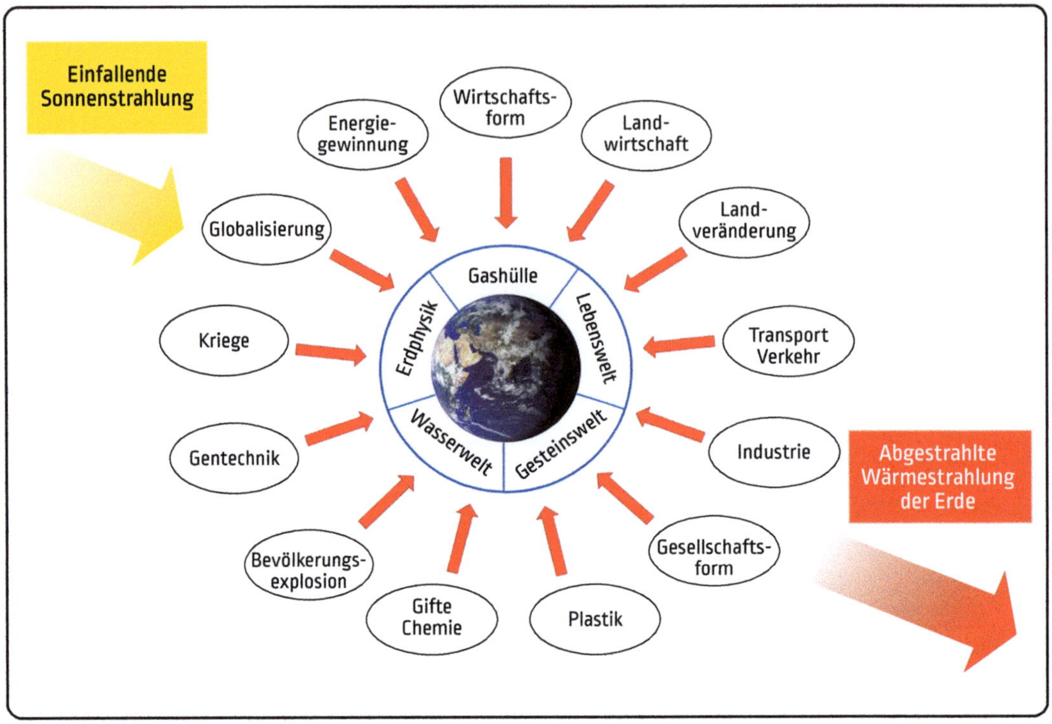

Abbildung 72: Die durch menschliche Aktivitäten bedrohte Erde.

ähnlichen rücksichtslosen Art, die offenbar mit Verstand, aber nicht durch Vernunft gekennzeichnet war.

Das Schema zeigt den vielfältigen Stress, dem das Erdsystem durch den Menschen aktuell ausgesetzt ist. Die Stressfaktoren beeinflussen die Atmosphäre, die Gesteins-, Lebens- und Wasserwelt. Die physikalischen Gesetze antworten auf diese Ursachen mit entsprechenden Wirkungen. Obwohl heute der durch den Menschen verursachte Klimawandel eine Tatsache ist, stellen sich doch Fragen wie: Wodurch zeigt sich die Veränderung? Ist diese messbar? Wie wird sich der Klimawandel auf die aktuelle Gesellschaft und die Generationen der Zukunft auswirken? Wie sind die verschiedenen Stressfaktoren zu gewichten?

8.1 Welche Reaktionen des Erdsystems werden gegenwärtig beobachtet?

Das Klima ist durch chemische und physikalische Elemente charakterisiert. Die Beobachtung der verschiedenen Einflussgrößen zeigt aktuell folgende Trends:[20]

- eine rasch zunehmende CO_2-Konzentration in der Atmosphäre,
- globale steigende Luft- und Meerestemperaturen,
- zunehmend wärmere, trockenere Sommer,
- wärmere, feuchtere, schneeärmere Winter,
- steigende Klimavariabilität durch extreme Hitzeperioden, Sommerdürren, Starkniederschläge, steigende troposphärische Ozonkonzentrationen,
- ein progressiv verlaufendes Artensterben,
- eine Migration der Vegetation,
- den Rückgang von Schnee- und Eisvorkommen (Abschmelzen von Gletschern, Verluste des grönländischen Eises und des Festlandeises der Antarktis),
- eine Versauerung der Meere und
- einen Anstieg des Meeresspiegels.

8.1.1 Anstieg der globalen Erdtemperatur

Abbildung 73 zeigt die globale Erdtemperatur der letzten 500 Millionen Jahre. In den letzten 400.000 Jahren sind die Eiszeiten als eine Art Sägezahnkurve identifizierbar. Der Temperaturanstieg von der letzten Eiszeit bis zur Zwischeneiszeit betrug 5 °C. Vor der letzten Zwischeneiszeit, die zu unseren klimatischen Bedingungen führte, war die Erde im Strahlungsgleichgewicht. Es gab kaum Änderungen im Strahlungsantrieb und auch nicht in der Oberflächenalbedo, weswegen die Temperatur wenig schwankte.

Während des Pleistozäns sind die Eiszeiten gut erkennbar. Die Spitzen stellen die Zwischeneiszeiten dar, in denen das Klima gute Lebensbedingungen bot. Die Menschheit befindet sich derzeit auf so einer Spitze. Die zeitliche Skala ist rechts auf 20.000 Jahre gedehnt dargestellt, weshalb sie nicht mehr wie eine Spitze, sondern wie ein Plateau aussieht. Die Verweilzeiten auf den Spitzen betragen jeweils mehrere Tausend Jahre und sind, in paläontologischen Zeiträumen gedacht, vernachlässigbar. Die derzeitige Zwischeneiszeit hält nunmehr seit ungefähr 12.000 Jahren an. Beim Übergang von einer Eiszeit in eine Zwischeneiszeit erwärmt sich die Erde in 10.000 Jahren um 4 bis 5 °C. Der derzeit beobachtete rapide ansteigende Verlauf der globalen Erdtemperatur lässt einen Anstieg bis zum Ende des Jahrhunderts von ebenfalls 4 bis 5 °C erwarten. Dieser Anstieg ist 100-mal schneller als bei allen historisch

20 Weigel, H.-J. (2011): Klimawandel – Auswirkungen und Anpassungsmöglichkeiten; Institut für Biodiversität, Braunschweig.

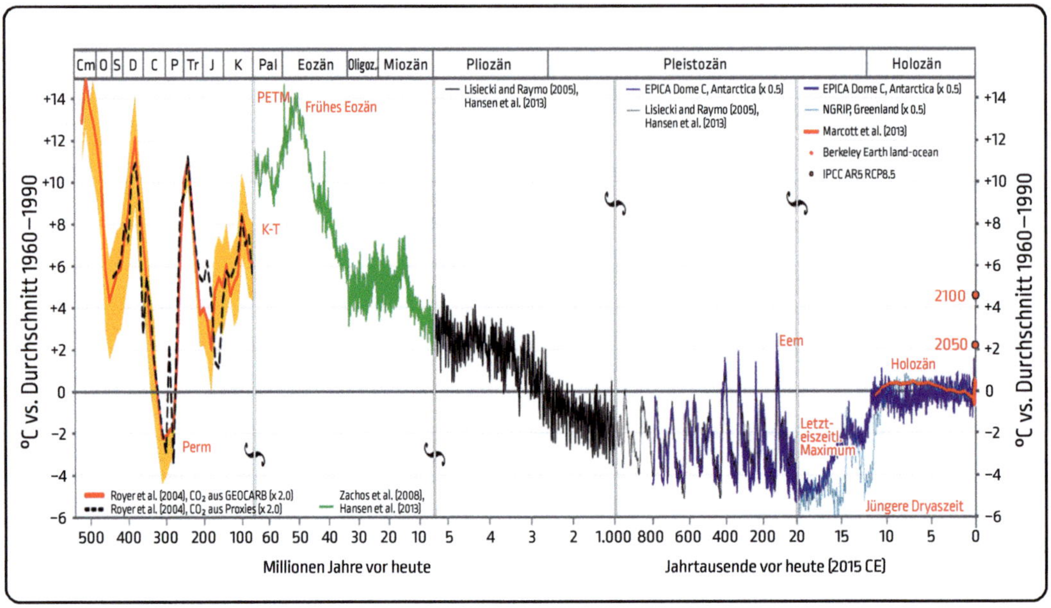

Abbildung 73: Temperaturverlauf des Planeten Erde für den Zeitraum von vor 540 Millionen Jahren bis heute.

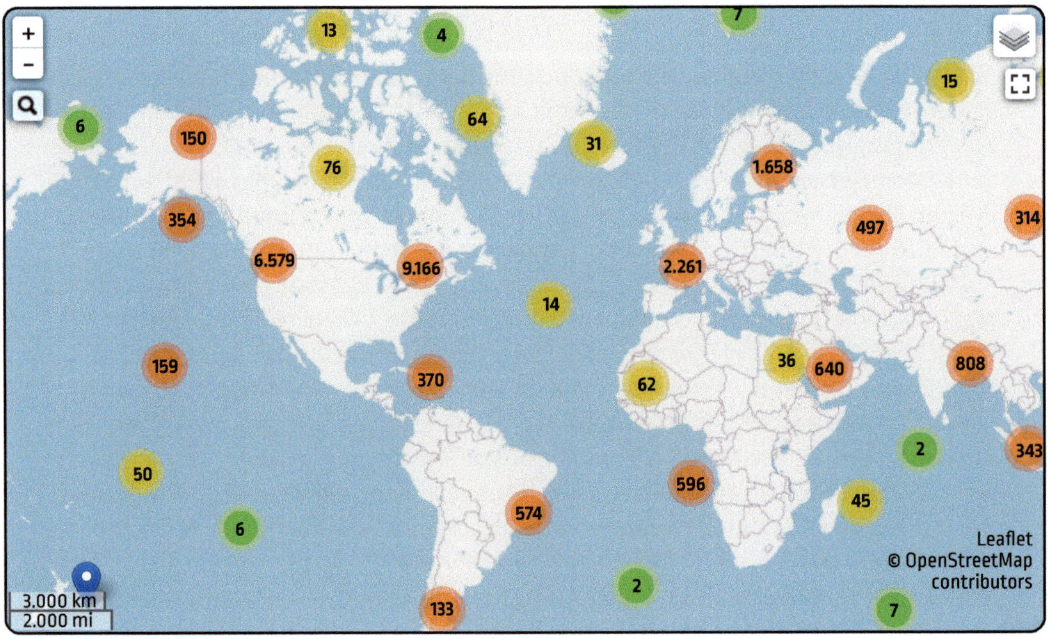

Abbildung 74: Anzahl Wetterstationen, die zur Messung der Erdtemperaturen herangezogen werden (die Zahlen in den Kreisen entsprechen der Anzahl der Messstationen im entsprechenden Gebiet).

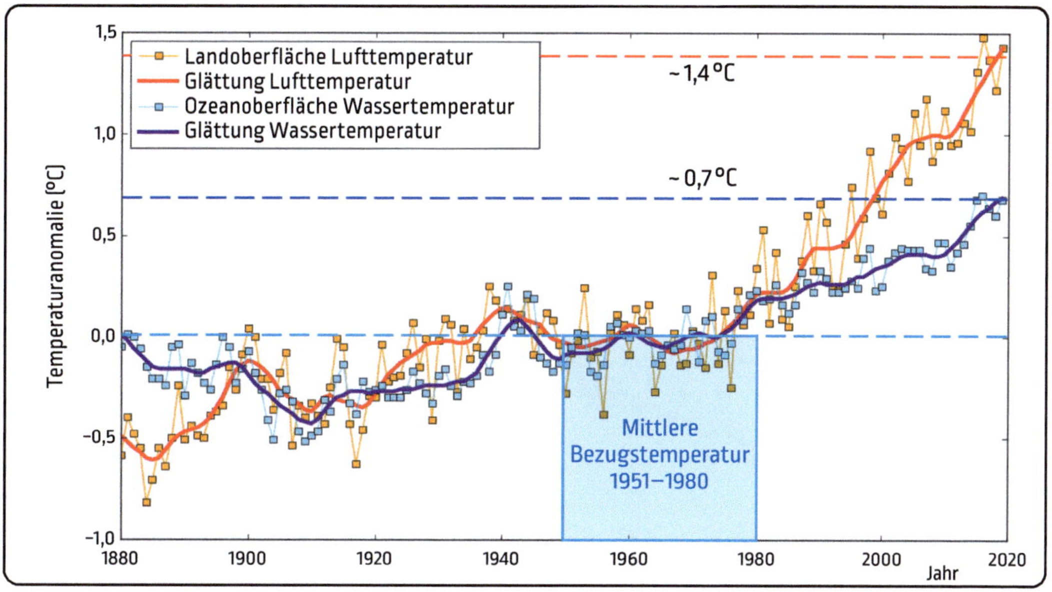

Abbildung 75: Temperaturanstieg über Land und über Ozean, verglichen mit der mittleren Temperatur von 1951 bis 1980.

beobachteten natürlichen Klimaveränderungen – stellt also eine ungewöhnliche Anomalie dar.

Zur Bestimmung der globalen Erdtemperatur erfassen eine Vielzahl von Wetterstationen in allen Erdteilen und Ländern nebst Satelliten zur Wetter- und Klimabeobachtung seit vielen Jahrzehnten die Klimadaten. Die Ergebnisse der Erdtemperaturbestimmung beruhen auf voneinander unabhängigen Messungen und vielfach geprüften Datenanalysen. Sie alle zeigen denselben Trend einer signifikanten Erwärmung vor allem seit Beginn der Industrialisierung und im Besonderen seit 1950. Die Messungen ergeben einen Anstieg von etwa 0,2 °C pro Jahrzehnt seit 1982.[21]

Abbildung 74 zeigt die Anzahl der Wetterstationen, die regelmäßig Wetter- und Klimadaten erfassen[22].

Abbildung 75 zeigt den gemittelten Temperaturanstieg von 1880 bis 2019 über Land und Ozean, bezogen auf die Jahre 1951 bis 1980. Die rote Linie steht für die gemittelte globale Lufttemperatur, die blaue Linie entspricht der gemittelten Ozeanwassertemperatur an der Oberfläche (die obersten 100 Meter). Der Ozean arbeitet als Wärmepuffer, er erwärmt sich ersichtlich langsamer als die Atmosphäre, nimmt aber viel mehr Wärme auf (93 %). Mit der Ozeanpufferwirkung ergibt sich eine Temperaturerhöhung aktuell von etwa 1 °C, ohne sie wären es bereits 1,4 °C.

21 Ahmed, M.; Anchukaitis, K.; Asrat, A.; et al. (2013): Continental-scale temperature variability during the past two millennia. Nature Geosci 6, S. 339–346; https://doi:10.1038/ngeo1797, abgerufen am 31.12.2019.

22 https://data.giss.nasa.gov/gistemp/station_data_v4/, abgerufen am 31.12.2019.

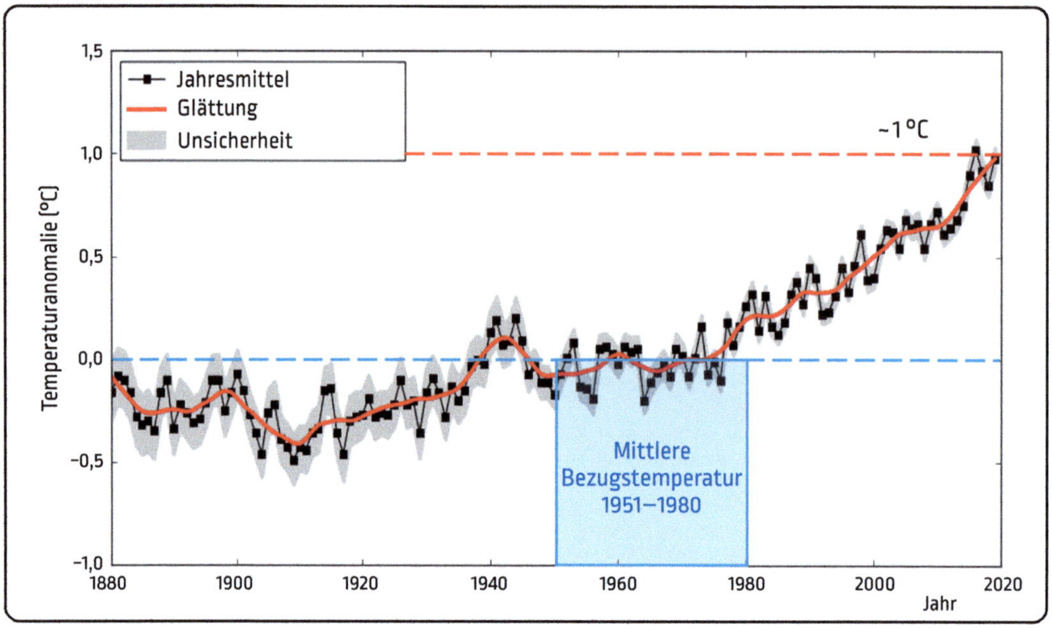

Abbildung 76: Globaler Mittelwert der Erdtemperatur, basierend auf Land- und Ozeanerwärmung.

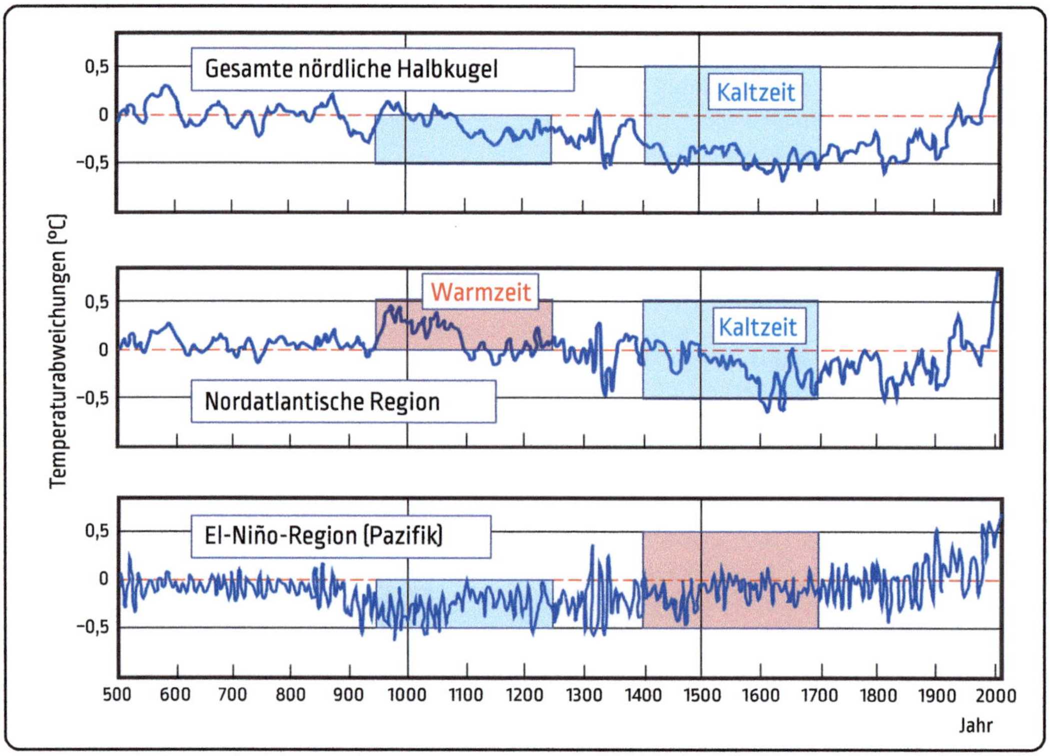

Abbildung 77: Oberflächentemperaturen, oben: gesamte nördliche Hemisphäre, Mitte: nordatlantische Region, unten: nordpazifische Region: El-Niño-Region.

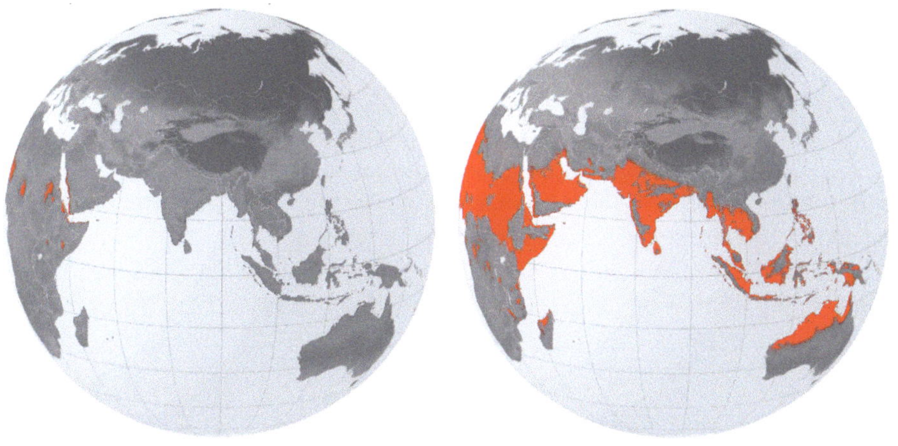

Abbildung 78: Anstieg der Heißzonen der Erde von 2020 bis 2070.

Ein Temperaturunterschied von einigen wenigen Grad erscheint minimal – hat dieser überhaupt einen Einfluss auf das globale Klima? Die Erdgeschichte zeigt, dass wenige Grade Temperaturunterschied entscheiden, ob eine Eiszeit oder eine Warmzeit herrscht. Die steigende Temperatur koppelt an viele andere Prozesse an. Sie erhöht das Abschmelzen der Gletscher, des Land- und Meereises, die Atmosphäre nimmt mehr Wasserdampf auf, die Ozeane erhöhen ihr Volumen aufgrund der Wärmeausdehnung, weshalb der Meeresspiegel ansteigt. Diese Kopplungen wirken auf das gesamte Klimasystem temperaturerhöhend, wodurch sich die Anstiegsrate weiter beschleunigt.

Die Diagramme in Abbildung 77 zeigen den Temperaturverlauf – rekonstruiert aus verschiedensten Quellen – für den Zeitraum von 500 n. Chr. bis etwa 2006. Während von 950 bis 1250 in der nordatlantischen Region eine Warmzeit mit optimalen Bedingungen für die lokale Bevölkerung herrschte, war das Klima auf der gesamten nördlichen Halbkugel, wie auch im Pazifik, insgesamt kühler. Von 1400 bis 1700 hingegen wurde es auf der nördlichen Halbkugel früher kälter als in der nordatlantischen Region, während es in der El-Niño-Region im Pazifik eher wärmer war. Das Diagramm zeigt verschiedene lokale Klimaausprägungen. Ganz rechts zu sehen ist der aktuell steile Temperaturanstieg. Bei einem Festhalten an der Strategie »Weiter wie bisher« werden die Heißzonen der Erde stark ansteigen und großräumige Migration und menschliches Elend auslösen.[23]

23 Voosen, P. (2020): Earth's climate destiny finally seen more clearly. Landmark study narrows bounds for »climate sensitivity,« ruling out benign warming; Science Vol. 369, Issue 6502, S. 354–355.

8.1.2 Das Abschmelzen der Gletscher

Da es verschiedene Klimazonen gibt, können auch in Zeiten des Klimawandels an einigen wenigen Orten wachsende Gletscher auftreten, aber die große Mehrheit der weltweit 160.000 Gletscher schrumpfen. Der Prozess des zunehmenden Abschmelzens wird seit Mitte der 1970er-Jahre beobachtet, wobei nicht die flächenmäßige Ausdehnung der Gletscher entscheidend ist, sondern ihr Volumen.

Abbildung 79 verdeutlicht das dramatische Abschmelzen der Gletscher. Der Gletscherrückgang beschleunigte sich insbesondere seit den 1990er-Jahren.

ZUSATZINFORMATION

Die spezifische Massenbilanz g ist in mm w. e. (water equivalent) angegeben.
Damit verschiedene Gletscher verglichen werden können, gibt man ihre Masse bezogen auf einen Quadratmeter an. Je größer dieser Wert ist, umso höher die Eisschicht.

$$G_{Gletscher} = \frac{m_{Gletscher}}{A_{Gletscher}} = \frac{\rho_{Wasser} \cdot V_{Gletscher}}{A_{Gletscher}} = \frac{\rho_{Wasser} \cdot A_{Gletscher} \cdot h_{Gletscher}}{A_{Gletscher}}$$

$$= \rho_{Wasser} \cdot h_{Gletscher}$$

Da es sich bei einem Gletscher um gefrorenes Wasser handelt, kann die Masse des Gletschers auch als die Dichte des Wassers, multipliziert mit dem Gletschervolumen, beschrieben werden. Das Gletschervolumen wiederum kann als Gletscherfläche mal der Höhe des Gletschers angegeben werden.
Die spezifische Massenbilanz in w. e. ergibt sich, indem durch die Dichte des Wassers dividiert wird. Es gilt dann:

$$g_{Gletscher}(w.e.) = \frac{G_{Gletscher}}{\rho_{Wasser}} \rightarrow \frac{kg \cdot m^3}{m^2 \cdot 1000kg} = \frac{m}{1000} = mm\ (w.e.)$$

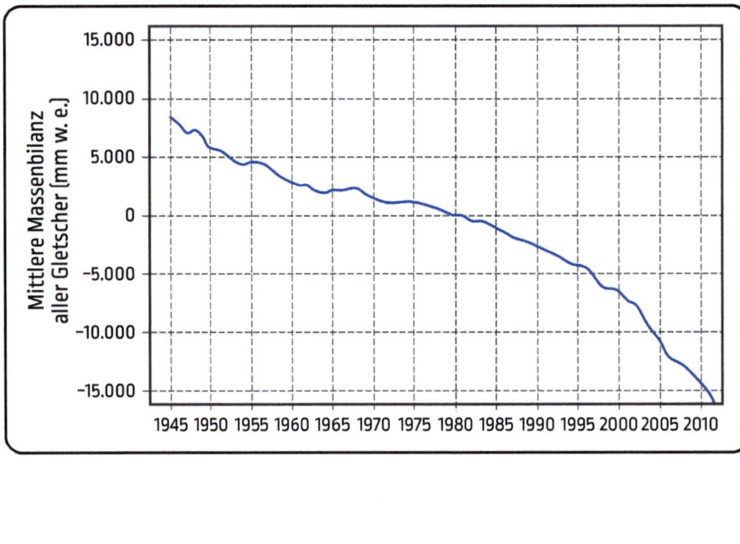

Abbildung 79: Mittlere kumulierte spezifische Massenbilanz seit 1945/46.

8.1.3 Das Abschmelzen der Antarktis und des grönländischen Eises

Der Kontinent Antarktis trägt die mit Abstand größte Eismasse der Erde. Sie umfasst 90 % des Erdeises und speichert 70 % des Süßwassers. Die durchschnittliche Dicke der Eisschicht beträgt 2 Kilometer.[24] Das Meereis, welches auf dem Wasser schwimmt, dehnt sich flächenmäßig leicht aus, was auf die Veränderungen der Windmuster und Ozeanströmungen zurückzuführen ist. Die Fläche des Meereises sagt nichts über das Volumen aus, da stärkere Winde das Meereis der Antarktis über eine größere Fläche verteilen. Relevant ist die Gesamteismasse der Antarktis, und diese wird vornehmlich vom Landeis bestimmt. Festgestellt wurde ein jährlicher Rückgang von aktuell 146 Gigatonnen pro Jahr.

Abbildung 80 zeigt deutlich die zunehmende Geschwindigkeit des Eisverlustes. Das vollständige Abschmelzen der südlichen Polkappe würde einem Anstieg des Meeresspiegels um 57 Meter gleichkommen.

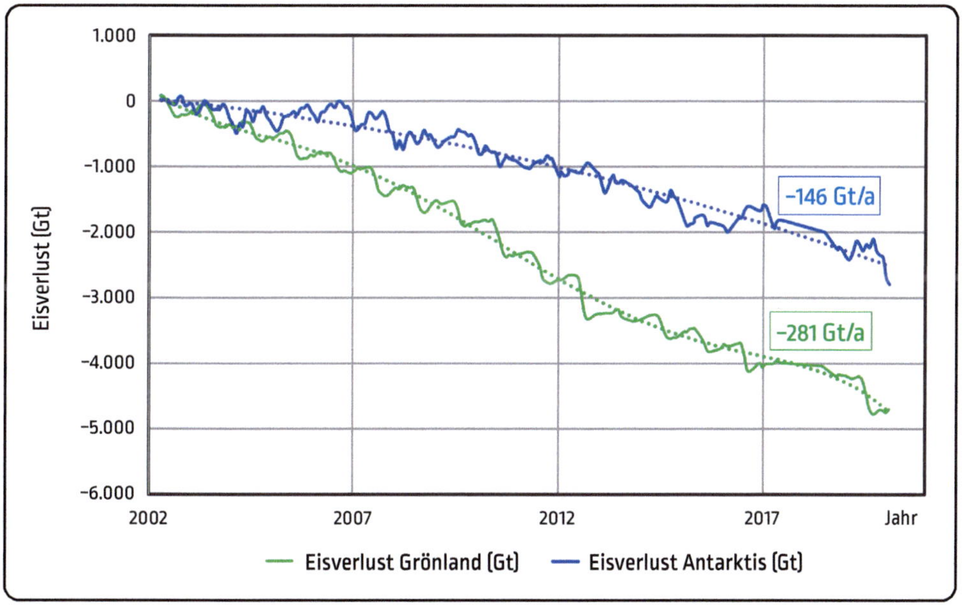

Abbildung 80: Gesamteisverlust Grönlands und der Antarktis.

Der grönländische Eisverlust verläuft noch dramatischer. Insgesamt verliert das Grönlandeis aktuell 281 Gigatonnen pro Jahr. 2019 schmolz, wie aus der Abbildung 81 ersichtlich, das grönländische Eis auf ein bisheriges Minimum. Die arktische Region

24 Rignot, E. [2020]: Four decades of Antarctis Ice Sheet mass balance from 1979–2017; PNAS [2019]; https://doi.org/10.1073/pnas.1812883116, abgerufen am 1.1.2020.

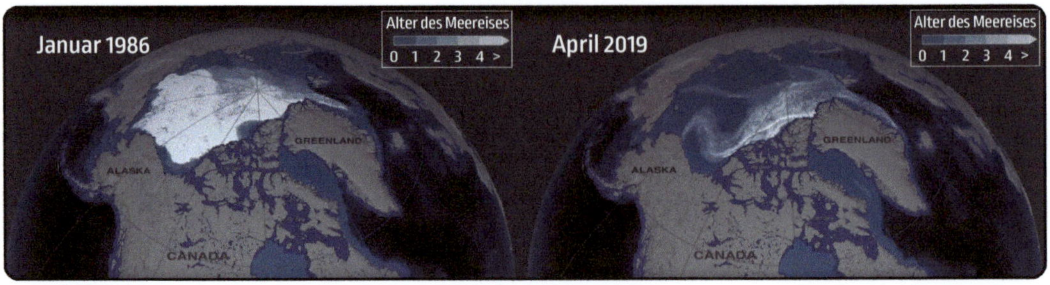

Abbildung 81: Größe des Meereises in der Arktis 1986 und 2019.

erwärmt sich doppelt so schnell wie der Rest der Erde.[25] Die sogenannte arktische Verstärkung wird auf positive Strahlungsrückkopplungsprozesse zurückgeführt. Die Eis-Albedo-Rückkopplung entsteht durch die Reduktion des Meereises, das die Strahlungsabsorption des dunklen Ozeans verstärkt. Wissenschaftler berechneten die Eisfreiheit der Arktis im Sommer noch vor dem Jahr 2050.[26] Die Arktis ist ein weiteres Opfer des Anthropozäns. Der Rückzug des arktischen Eisschildes nach Norden eröffnet neue wirtschaftliche Möglichkeiten. Unter dem Meeresboden der Arktis wird ein Viertel der unerschlossenen Reserven an Erdöl und Erdgas der Welt vermutet. Der kommerziellen Schifffahrt eröffnen sich wegen der eisfrei werdenden Gewässer neue nutzbare Seetransportrouten über die kanadische Nordwestpassage und die russische Nordseeroute. Diese Routen halbieren die notwendige Zeit der südlichen Routen, das verleiht der wirtschaftlichen Nutzung der Arktis weiter Auftrieb. Die arktischen Staaten (mit Ausnahme der USA) verpflichteten sich, ihren Beitrag zur globalen Erwärmung zu reduzieren, trotzdem erforschen sie weiterhin Möglichkeiten der arktischen Öl- und Gasförderung und des Tiefseebergbaus.[27] Obwohl der zeitliche Horizont der Nutzung dieser Ressourcen weit entfernt liegt und die Kosten für die Förderung sehr hoch sind, treiben die arktischen Staaten die Erkundung voran. Das gefährdet eine bisher unberührte und sensible Naturlandschaft.

Die Abbildung 82 des Südpols zeigt in Farben die Bereiche des Abschmelzens der Gletscher der Antarktis. Grüne Bereiche stehen für langsames Abschmelzen, blau und rot aufsteigend für einen schnellen Rückgang.

Die Antarktis enthält den größten Teil des Süßwassers der Erde, das in zwei großen Eisschilden gespeichert ist.[28] Der stabilere ostantarktische Eisschild ist größer und

25 Hwang, J.; et al. (2019): Interpretation of the Top-of-Atmosphere Energy Flux for Future Arctic Warming, Scientific Reports 9: 13059; https://doi.org/10.1038/s41598-019-49218-6, abgerufen am 6. 9. 2020.

26 SIMIP Community (2020): Arctic sea ice in CMIP6, Geophysical Research Letters, 47; https://doi.org/10.1029/2019GL086749, abgerufen am 6. 9. 2020.

27 Paraskova, T. (2019): Norway plans to expand Arctic Oil exploaration areas; https://oilprice.com/Latest-Energy-News/World-News/Norway-Plans-To-Expand-Arctic-Oil-Exploration-Areas.html, abgerufen am 7. 9. 2020.

28 Bell, R. E.; Seroussi, H. (2020): History, mass loss, structure, and dynamic behavior of the Antarctic Ice Sheet; Science, Vol. 367, Issue 6484, S. 1321–1325; https://doi.org/10.1126/science.aaz5489, abgerufen am 11. 6. 2020.

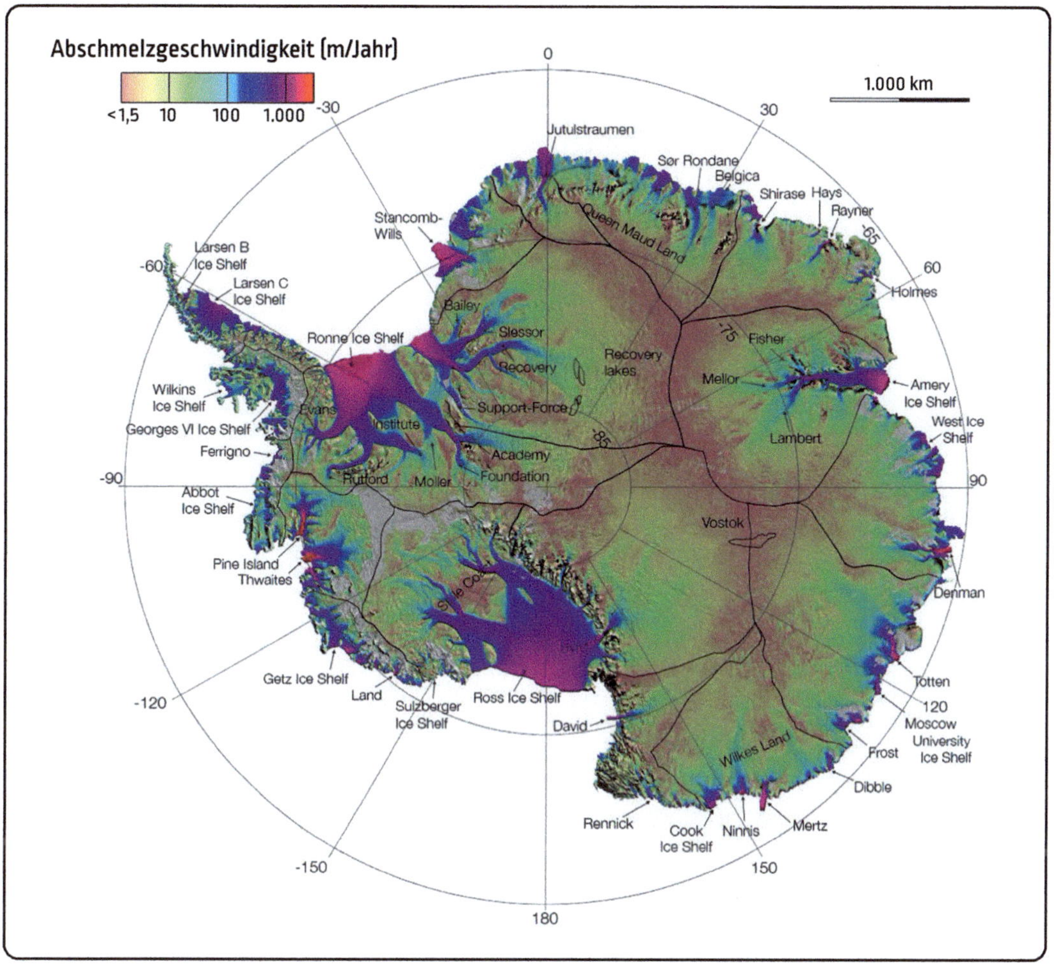

Abbildung 82: Geschwindigkeit des Abschmelzens der Gletscher in der Antarktis.

älter und verbirgt ganze Gebirgsketten und alte Seen. Der weniger stabile westantarktische Eisschild ist kleiner und jünger und hat sich auf einem ehemals flachen Meer gebildet. Es gibt drei Hauptkomponenten eines Eisschildsystems: auf dem Boden liegendes, langsam fließendes Eis, schnell fließende Eisströme oder Auslassgletscher und schwimmende Eisschelfe. Das am Boden liegende, sich langsam bewegende Eis enthält den größten Teil des Eises und steht in Kontakt mit dem darunterliegenden Gestein. Dieses Eis bewegt sich sehr langsam mit Geschwindigkeiten von 1 Meter pro Jahr und ist 4.800 Meter dick. Die schnell fließenden Eisströme und Auslassgletscher sind Förderbänder, die das Eis zum Ozean hinbewegen. Sie sind bis zu 100 Kilometer breit und bewegen sich mit Geschwindigkeiten von bis zu 4 Kilometern pro Jahr. Das Eis der Antarktis, welches auf Land liegt, wird, wenn es abschmilzt, den Meeresspiegel um 58 Meter ansteigen lassen.

8.1.4 Anstieg des Meeresspiegels

Eine Vielzahl verschiedener unabhängiger Messstationen, unterstützt durch Satellitenbeobachtungen, belegen einen Anstieg des Meeresspiegels.

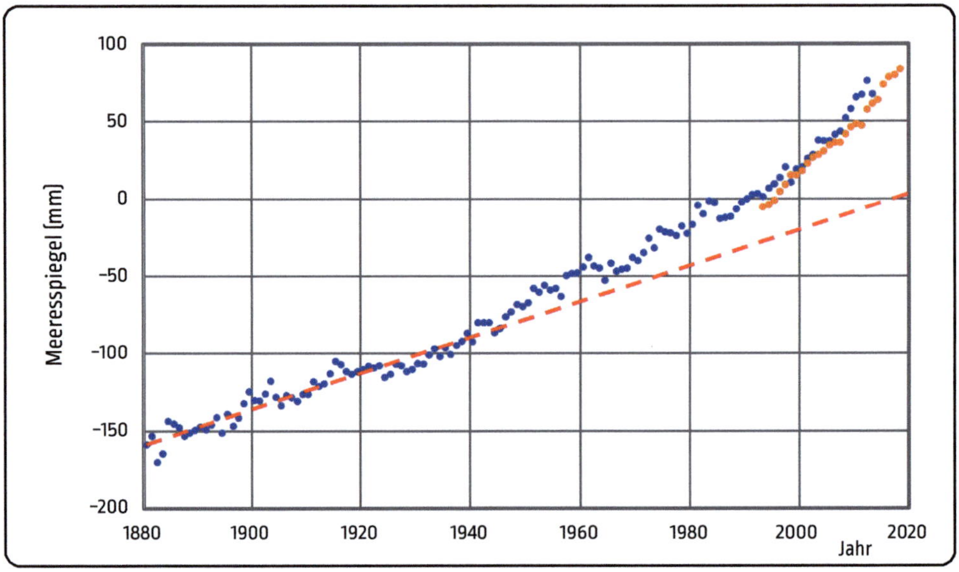

Abbildung 83: Meeresspiegelanstieg von 1880 bis 2018 (orange: Satellitenmessungen seit 1993).

Die Abbildung 83 zeigt Messungen der Satelliten TOPEX/Poseidon und der Jason-Serie. Das Abschmelzen des Grönlandeises, der Gletscher und der Antarktis sowie die Wärmeausdehnung der sich erwärmenden Ozeane verursachen diesen Anstieg. Die sich beschleunigenden Abschmelzprozesse weisen darauf hin, dass der Meeresspiegel schneller als erwartet steigt. Die prognostizierten Werte bewegen sich zwischen einem halben und einem Meter bis 2100.

Die Messdaten verdeutlichen den Anstieg des Meeresspiegels um 25 cm seit 1880. Mithilfe der rot strichlierten Linie wird der sich beschleunigende Anstieg seit etwa 1940 markiert. Da der Schmelzvorgang des Eises in der Arktis und Antarktis wegen der nötigen hohen Schmelzwärme sehr langsam vor sich geht ergibt sich bisher ein mäßiger Anstieg.

Mangrovenbäume gedeihen in Gezeitengewässern der Tropen. Ihre Grenzwerte für die Anpassung an steigende Meerespegel liegt bei 6 bis 7 Millimeter pro Jahr.[29] Mangrovenwälder versorgen 200 Millionen Menschen mit Ökosystemdienstleistun-

29 Saintilan, N.; et al. (2020): Thresholds of mangrove survival under rapid sea level rise; Science, Vol. 368, Issue 6495, 5th June 2020, S. 1118–1121.

gen wie Schutz vor Stürmen und Sturzfluten, Kohlenstoffspeicherung, Sicherung der Wasserqualität, Erhaltung der Biodiversität und Fischerei. Aktuell steigt der Meeresspiegel um 3,4 Millimeter pro Jahr. Bei einem Business-as-usual-Szenario wird 2100 der Meeresspiegel um 10 Millimeter jährlich steigen. In manchen Mangrovengebieten nimmt bereits jetzt der Meeresspiegel schneller als 7 Millimeter pro Jahr zu – begleitet von Landerosion und Salzwassereintrag. Mangroven lagern CO_2 in der Biomasse und in Sedimenten ein – als »Blauer« Kohlenstoff bezeichnet. Daten aus Sedimentuntersuchungen ergaben Schätzungen von 85 Gigatonnen Kohlenstoff, die in den letzten 1.400 Jahren Mangrovenentwicklung gespeichert wurden. Das ist mehr als der geschätzte Kohlenstoff, der während des gleichen Zeitraums in borealen Torfmooren eingelagert wurde. Dies beweist die Bedeutung des »Blauen« Kohlenstoffs für die Eindämmung des globalen Klimawandels.

8.1.5 Wachstum der Kohlendioxidkonzentration in der Atmosphäre

Die Atmosphäre besteht aus den folgenden Gasen, Aerosolen und Wasserdampf:

Tabelle 9: Zusammensetzung der Atmosphäre.

Gas	Chemisches Zeichen	Volumsanteil [%]	Gas	Chemisches Zeichen	Volumsanteil [%]
Stickstoff	N_2	78,084	Methan	CH_4	0,000187
Sauerstoff	O_2	20,946	Krypton	Kr	0,000114
Argon	Ar	0,934	Wasserstoff	H_2	0,000052
Kohlendioxid	CO_2	0,0415	Distickstoffoxid	N_2O	0,000033
Neon	Ne	0,001818	Xenon	Xe	0,000009
Helium	He	0,000524			

Kohlenstoffdioxid, Methan und Distickstoffoxid weisen einen minimalen Volumenanteil an der gesamten Atmosphäre auf, warum spielen sie in der Gesamtbetrachtung überhaupt eine Rolle?

Die Beantwortung der Frage liegt im Absorptionsvermögen dieser Treibhausgase. Für die Absorption in der Erdatmosphäre sind bei kurzen Wellenlängen atomare Übergänge verantwortlich. Oberhalb des sichtbaren Bereichs im Infraroten sind die Energieübergänge zwischen Rotations- und Schwingungszuständen der Gasmoleküle dominierend. Da CO_2 und H_2O symmetrisch aufgebaut sind, können diese schwingen und Rotationsübergänge ausführen, während die in der Atmosphäre dominierenden Gase Sauerstoff (O_2) und Stickstoff (N_2) keine Absorption in diesem tiefen Energiebereich aufweisen und daher als Treibhausgase unwirksam sind. Die Abstrahlung der Energie der angeregten Moleküle findet in alle Richtungen, also auch in Richtung der Erde, statt.

Kohlenstoffdioxid ist ein wichtiger Bestandteil des Kohlenstoffkreislaufs. CO_2 ist ein natürliches Nebenprodukt der Zellatmung vieler Lebewesen, entsteht aber auch durch Verbrennung von Holz, beim Zerfall von toten Organismen oder durch andere natürliche Quellen wie aktive Vulkane. Im Holozän (die letzten 12.000 Jahre vor der Industrialisierung) war der CO_2-Gehalt mit 300 Parts per million (260 bis 280 Parts per million) und der Methangehalt mit 100 Parts per billion in der Atmosphäre ebenso wie die globale Erdtemperatur von 14 °C näherungsweise konstant. Die Erde bewegte sich in einem stabilen Strahlungsgleichgewicht. Dies wirkte sich positiv auf die kulturelle und zivilisatorische Entwicklung der Menschheit aus. Das milde Klima und die ertragreiche Umgebung führten zu einem starken Bevölkerungswachstum.

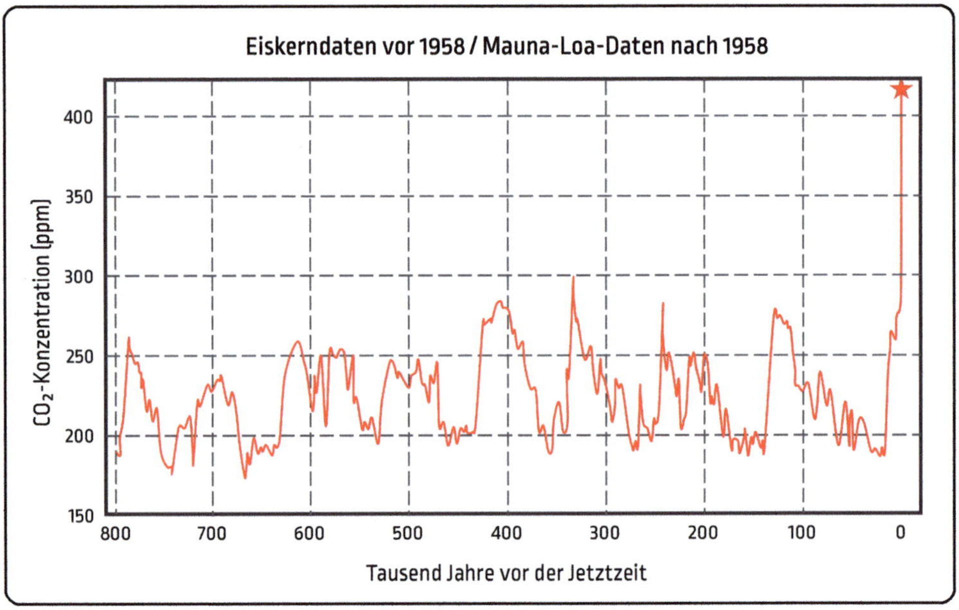

Abbildung 84: CO_2-Verlauf in der Atmosphäre, beginnend vor 800.000 Jahren bis heute.

Abbildung 84 gibt den Verlauf der CO_2-Konzentration während der letzten 800.000 Jahre wieder. Das Auf und Ab der CO_2-Konzentration in der vorindustriellen Zeit kennzeichnet die Eiszeiten. Minimalkonzentrationen von CO_2 sind dabei mit der globalen Erdtemperatur gekoppelt. Die Minima entsprechen den niedrigen Erdtemperaturen während einer Eiszeit. Bemerkenswert ist der rasante Anstieg der CO_2-Konzentration in der Atmosphäre während der Neuzeit. Der aktuelle Wert von 410 Parts per million (2019) ist als roter Stern eingezeichnet.

Charles David Keeling, Doktorand am Institut für Ozeanografie, installierte im Jahr 1957 eine CO_2-Messstation auf dem Berg Mauna Loa auf Hawaii in 3.397 Meter Höhe. Bis auf den heutigen Tag stammen die verlässlichsten CO_2-Daten von dieser Station.

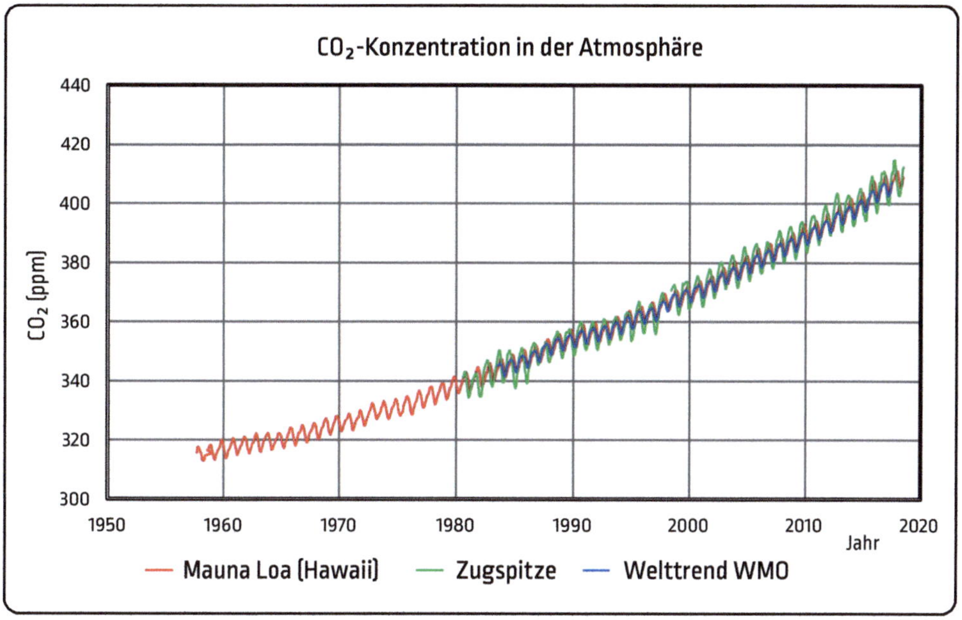

Abbildung 85: Anstieg der CO_2-Konzentration in der Atmosphäre.

Abbildung 85 zeigt die »Keeling«-Kurve mit dem steigenden typischen sägezahnförmigen Verlauf. Der Sägezahn entspricht der CO_2-Atmung der Pflanzenwelt mit der typischen jahreszeitlich schwankenden Pflanzenaktivität.

8.1.6 Anstieg der Methankonzentration

Methan liegt in wesentlich geringerer Konzentration in der Atmosphäre vor als CO_2, ist allerdings ein deutlich effizienteres Treibhausgas. Es absorbiert erheblich mehr Infrarotstrahlung und heizt dadurch die Atmosphäre anteilig stärker auf. Die Zerfallszeit von Methan in der Troposphäre beträgt ungefähr 10 Jahre, weshalb eine Verringerung des Ausstoßes von Methan relativ schnell zu einer Reduktion der Treibhauswirkung führt.

Methan entweicht aus aktiven Vulkanen, wird als Sekundärgas bei der Gewinnung fossiler Brennstoffe frei und entsteht bei der unvollständigen Verbrennung fossiler Brennstoffe und Biomasse. Methan wird in Sümpfen und Termitenbauten freigesetzt. Der Anbau von Reis, die Haltung von Wiederkäuern und Mülldeponien verursachen Methanemissionen. Biogenes Methan entsteht aus organischen Substanzen unter sauerstoffarmen Bedingungen durch Zersetzung mittels Mikroben. Neuere Beobachtungen mit Satelliten weisen auf bedeutende Methanausgasungen im Bereich der Kontinentalränder in den Ozeanen hin.

Die atmosphärischen Konzentrationen von Methan sind einen Faktor 200 kleiner als jene von CO_2. Eine genaue Messung des Methananteils ist daher schwierig, aber

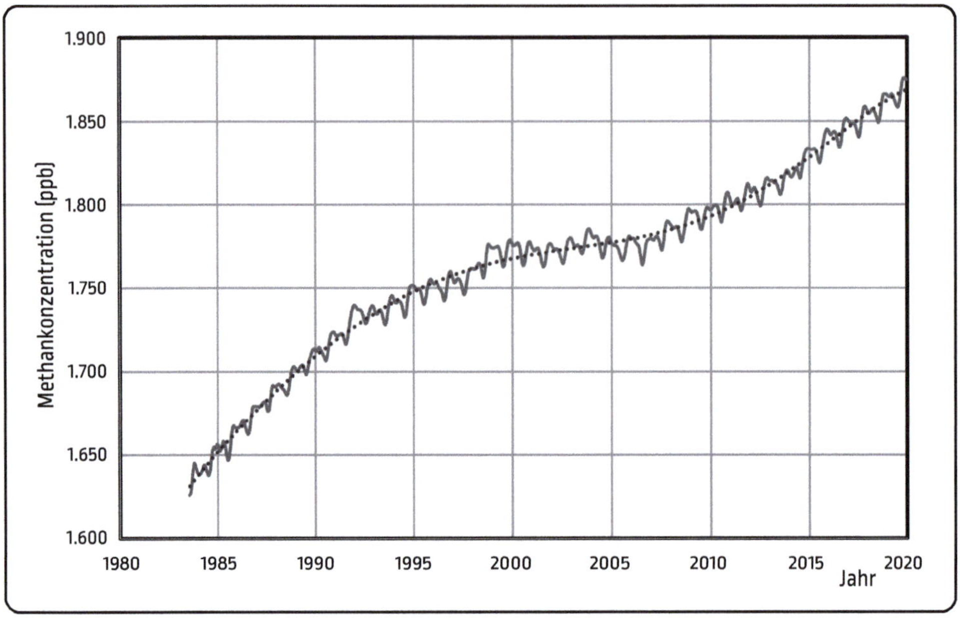

Abbildung 86: Verlauf der Methankonzentration in der Atmosphäre.

heute durch die gestiegene Genauigkeit der Instrumente möglich. Der Anteil von Lachgas (N_2O) ist noch viel geringer als jener von Methan; er ist um den Faktor 1.200 kleiner als jener von CO_2. Die Wissenschaftler gingen früher davon aus, dass diese Gase keinen großen Anteil an den Klimaantrieben haben. Inzwischen ist ein bedeutender Anteil an der Klimaänderung bewiesen. Methan ist 28-mal, Lachgas ist 265-mal und FCKW-Gase bzw. halogenisierte Verbindungen sind bis zu 24.000-mal effektiver

Abbildung 87: Darstellung der Methanhülle (orange) um die Erde.

als CO_2 in ihrer Treibhausgaswirkung – geringe Zunahmen dieser Gase in der Atmosphäre führen zu entsprechend großen Auswirkungen.

Abbildung 86 zeigt die Zunahme von Methan in der Atmosphäre von 1993 bis 2020. Ähnlich wie CO_2 nimmt Methan in seiner Konzentration sukzessive zu.

In überfluteten Regionen gedeihen Methanogene, die aus organischem Material Methan produzieren. Zusätzlich zu den Veränderungen der natürlichen Feuchtgebiete erhöhen zunehmende Landnutzung, die Ausdehnung von Reisfeldern und intensive Viehzucht die Methanproduktion.

Die NASA erstellte aus Satellitenmessungen ein eindrucksvolles Bild der Methanverteilung um den Erdball (Abbildung 87). Neben der Konzentration sind auch die Orte größter Emission festgehalten.

8.1.7 Anstieg von Distickstoffoxid in der Atmosphäre

Stickstoff ist Teil eines Zyklus, der sich über die Atmosphäre, die Gewässer, den Boden und die Lebewesen erstreckt. Molekularer Stickstoff ist mit 78 % das häufigste Gas in der Atmosphäre. Stickstoff ist wesentlicher Bestandteil von Proteinen und weiterer lebenswichtiger Verbindungen. Pflanzen und Tiere nehmen stickstoffhaltige Verbindungen mit der Nahrung auf. Durch Ausscheidungen und Verwesung wird der Stickstoff wieder freigesetzt und dem Kreislauf zugeführt. Freier Stickstoff ist äußerst reaktionsträge und kann nur von speziellen Bakterien genutzt werden. Pflanzen sind darauf angewiesen, Stickstoff über wasserlösliche Stickstoffverbindungen (wie Ammonium [NH_4] oder Nitrate [NO_3]) aufzunehmen. Heute werden diese Verbindungen als Düngemittel oder Gülle in die Felder ausgebracht.

Bestimmte Pflanzen gehen mit Bakterien (Knöllchenbakterien) eine Symbiose ein. Die Pflanzen stellen den Bakterien ATP zur Energiegewinnung zur Verfügung und diese im Gegenzug wasserlösliche Stickstoffverbindungen. Es gibt spezialisierte Bodenbakterien, die den Stickstoff aufnehmen und zu Ammonium umwandeln. Nitrifizierende Bakterien erzeugen aus Ammonium Nitrite und Nitrate, die von Pflanzen genutzt werden. Andere anaerobe Bakterien wiederum können die gebildeten Nitrate zersetzen und der Atmosphäre freien Stickstoff zuführen. Pilze zersetzen organische Materialien zu Ammonium.

> **ATP**
> ist die Kurzbezeichnung von Adenosintriphosphat. Dieser Stoff ist die universelle und sofort verfügbare Hauptenergiequelle in Zellen.

Die Ausscheidungen von Tieren bzw. deren Aas werden über die Verarbeitung der Destruenten zu Ammonium umgewandelt und nehmen so am Kreislauf wieder teil (siehe Abbildung 88).

> **Destruenten**
> In der Ökologie werden Organismen als »Destruenten« oder »Zersetzer« bezeichnet, wenn sie organische Substanzen abbauen und in anorganische Bestandteile zerlegen können.

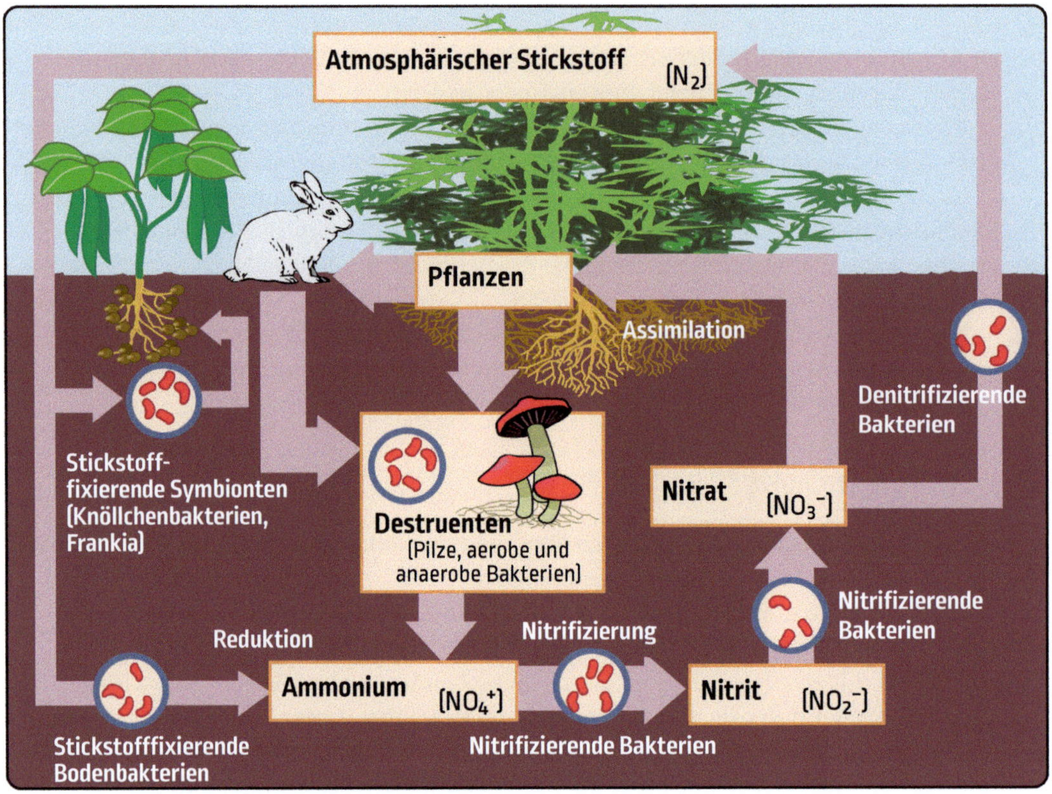

Abbildung 88: Terrestrischer Stickstoffkreislauf.

Stickstoff wird auch durch Blitzentladungen gebunden. Dabei entstehen aus dem Stickstoff und dem Luftsauerstoff Stickoxide, die mit Wasser zu Salpetersäure reagieren, der als »saurer« Regen zu Boden fällt. Pflanzen und Mikroorganismen konkurrieren miteinander in diesem Kreislauf um Ammonium. Nitrate sind für Pflanzen die wichtigste Stickstoffquelle. Daher ist die Nitrifikation in allen Ökosystemen von besonderer Bedeutung. Bei der Denitrifikation wird Nitrat zu Stickstoffoxiden (NO, NO_2) und Stickstoff (N) umgewandelt. Ein großer Teil der Stickstoffverbindungen in der Atmosphäre besteht aus Stickoxiden (NO_x), die hauptsächlich bei Verbrennungsprozessen (Verkehr, Kohlekraftwerke, Heizungen) entstehen.

Tabelle 10: Stickstoffmengen im globalen Stickstoffkreislauf.

Stickstoffzufuhr (in Mio. t)		Stickstoffverbrauch (in Mio. t)	
Blitze	30	Abgase/Verbrennung	20
Düngemittel	80	Nitrifikation/Ammonifikation	20
Mikroorganismen	175	Denitrifikation	210
Gesamt	285	Gesamt	250

Tabelle 10 stellt die Stickstoffverbraucher den Stickstoffproduzenten gegenüber. Der jährliche Stickstoffgehalt in der Atmosphäre ändert sich durch »menschliche« Produktion nur unwesentlich, da der mengenmäßige Gesamtstickstoffgehalt der Atmosphäre 1 Million Mal größer ist. Die Tabelle zeigt einen Überschuss der Stickstoffzufuhr.

Tabelle 11: Durch den Menschen verursachte Umweltschädigung.

Stickstoffverbindungen		Herkunft	Auswirkung
Stickstoffmonoxid Stickstoffdioxid	NO NO_2	Abgase, Verbrennung	Saurer Regen, Waldsterben, Ozonloch
Nitrate	NO_3	Überdüngung, Auswaschung	Nährstoffanreicherung, Lebensmittel- und Grundwasserbelastung
Ammoniak, Ammoniumsalze	NH_3 NH_4	Ausgasung, Auswaschung von Gülle und Mist	Nährstoffanreicherung, Saurer Regen
Distickstoffmonoxid (Lachgas)	N_2O	Überdüngung, Ausgasung	Treibhauseffekt, Ozonabbau

Trotz der am gesamten Stickstoffkreislauf durch den Menschen umgesetzten geringen Mengen kommt es wegen der industriellen Stickstoffumsetzung zu massiven Umweltproblemen. Distickstoffmonoxid ist mittlerweile zu 5 % am Treibhauseffekt beteiligt. NO_2-Moleküle absorbieren mehr als 200-mal so viel Infrarotstrahlung wie CO_2-Moleküle und heizen die Atmosphäre überproportional auf.

Abbildung 89: Verlauf der Distickoxidkonzentration in der Atmosphäre.

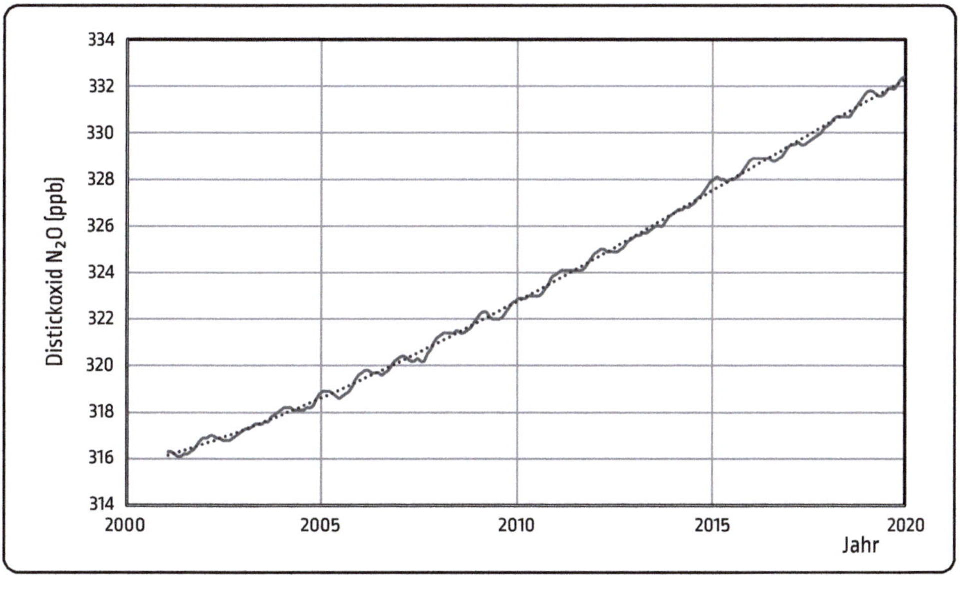

Distickstoffoxid (N_2O), auch als »Lachgas« bezeichnet, ist ein farbloses Gas, ein Produkt des Stickstoffkreislaufs. Es wird durch die bakterielle Oxidation in Böden und Ozeanen gebildet. Es gehört mit 120 Jahren Verweildauer und einem 296-fach stärkeren Treibhauspotenzial als CO_2 zum drittwichtigsten Treibhausgas. Seine Absorptionsbande liegen im Bereich jener des Methans. Der Einfluss beider Gase auf den Treibhausgaseffekt ist also voneinander abhängig.

8.1.8 Anstieg von Schwefelhexafluorid

Schwefelhexafluorid (SF_6) ist chemisch träge und ein langlebiges klimawirksames Gas. Seine Lebensdauer in der Atmosphäre beträgt 3.200 Jahre, und es ist 22.800-mal klimawirksamer als Kohlendioxid. SF_6 ist ein künstliches Gas, sein Anteil in der Atmosphäre ist zu 100 % menschengemacht. Es wurde in der Industrie als Isolations- und Kühlgas eingesetzt. Mit dem Gas wurden Isolierfenster, elektrische Hochleistungsschalter, Transformatoren und Gummireifen befüllt, und es wurde als Schutzgas bei Gießverfahren genutzt. Die Sportindustrie befüllte damit Sportschuhe zur Dämpfung.

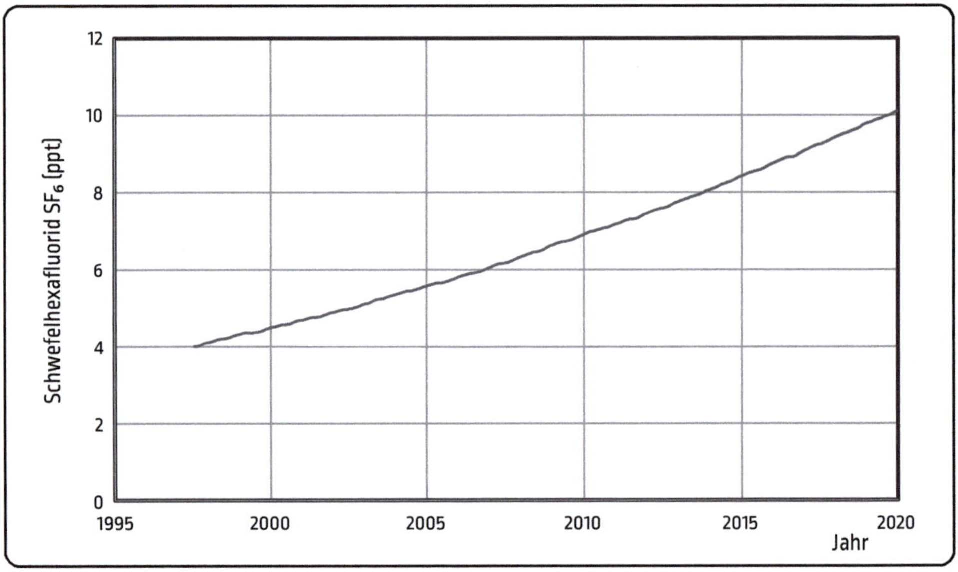

Abbildung 90: Verlauf des Anteils von SF_6 in der Atmosphäre.

Dass es sich bei SF_6 um ein künstliches Gas handelt, ist auch daran zu sehen, dass es keine Jahresabhängigkeit aufweist. Sein Anteil steigt immer noch, obwohl es 2007 für viele Anwendungen in der EU verboten wurde. Bei der Entsorgung SF_6-gefüllter Geräte entweicht das Gas in die Atmosphäre, wo es lange Zeit wirksam bleiben wird. Der Höhepunkt der Emission ist noch nicht erreicht.

8.1.9 Der Rückgang borealer Wälder und der Regenwaldgebiete

Wälder in den borealen, gemäßigten und tropischen Regionen machen etwa 30 % der Erdoberfläche aus. Weideflächen, definiert als Gebiete mit weniger als 10 % Baumbedeckung, und Grasland, Wüstengebüsch, Savannenwälder, alpine Wiesen und Gebiete mit Tundragräsern und -sträuchern machen etwa 44 % aus. Sie werden von Wild- und Haustieren beweidet und weisen eine sehr unterschiedliche Produktivität auf. Sowohl natürliche Wälder als auch Weideflächen sind in den letzten 100 Jahren durch das zunehmende Ausmaß und die Intensität menschlicher Nutzung, einschließlich der Holzernte, der Beweidung und Umstellung auf die Landwirtschaft, verloren gegangen oder degradiert worden. Die Wälder gehen weiterhin in alarmierendem Maße verloren, obwohl in einigen Gebieten auch ein Nachwachsen der Wälder aufgrund der Stadtflucht stattfindet. Eine kürzlich durchgeführte globale Analyse der Quellen von Verlusten an Baumbeständen zeigte, dass die industrielle Landwirtschaft für Rohstoffpflanzen für die dauerhafte Umwandlung von 5 Millionen Hektar Wald pro Jahr verantwortlich ist – das entspricht 27 % der Verluste, vor allem in Teilen Lateinamerikas und Südostasiens.

Die Regenwälder beherbergen mit den Weltmeeren gemeinsam die größte Artenanzahl – sie sind ein ungeheurer Pool an Biodiversität.

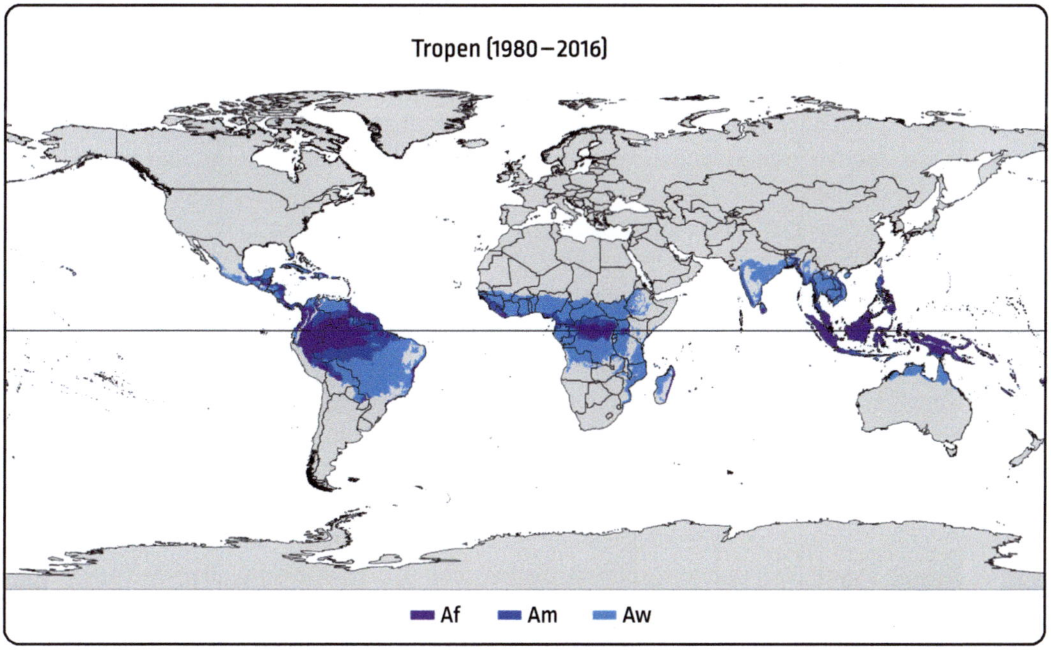

Abbildung 91: Gebiete des tropischen Regenwaldes. Af → Tropisches Regenwaldklima, Am → Tropisches Monsunklima, Aw → Tropisches Savannenklima.

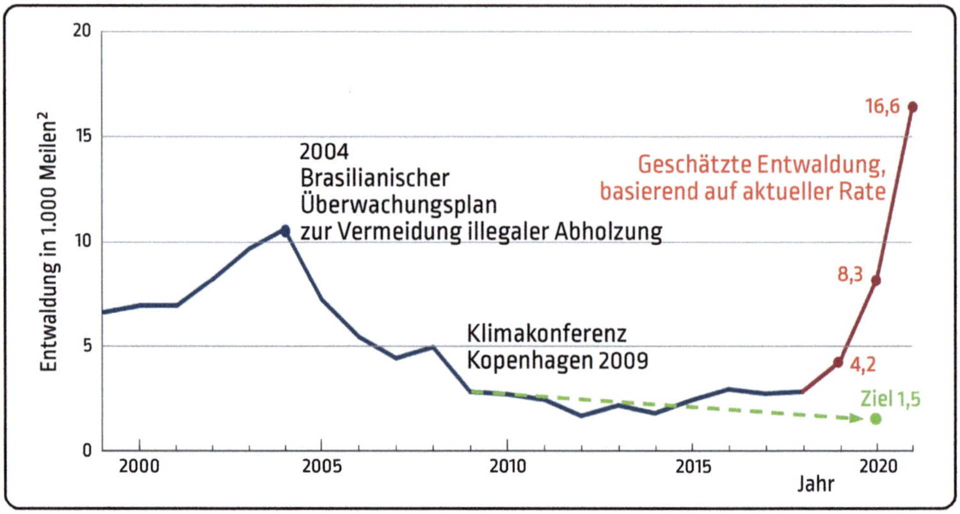

Abbildung 92: Entwaldungsraten im brasilianischen Amazonasgebiet.

Sie befinden sich innerhalb ±10 Breitengrade um den Äquator und wachsen in Süd- und Mittelamerika, Afrika, Asien und Australien. Das ausgedehnteste Regenwaldgebiet liegt in Amazonien. Das brasilianische Amazonasgebiet wie jenes Indonesiens steht unter zunehmendem anthropogenen Druck. Amazonien gehört zu den am stärksten veränderten brasilianischen Regionen – 22 % Entwaldung im Jahr 2017. Zu den Hauptursachen für den Waldverlust gehören Landnutzungsänderungen, Raubbau, Bergbau und die Errichtung von Wasserkraftwerken.

Weiden sind nach wie vor die dominierende Landnutzung in Amazonien, nehmen 65 % der abgeholzten Fläche ein und beherbergen 85 Millionen Tiere als regionale Herde. In den letzten 10 Jahren ist die Entwaldung im Amazonasgebiet vorübergehend zurückgegangen, von einer Rekordfläche von 27.772 Quadratkilometern im Jahr 2004 auf 6.947 Quadratkilometer im Jahr 2017 – ein Ergebnis der Strafverfolgung zur Eindämmung der illegalen Abholzung. Seit 2017 steigt die Entwaldungsrate allerdings wieder stark an.

Der Rückgang der Entwaldung zwischen 2004 und 2014 spiegelt das Engagement der brasilianischen Regierung und die Zusammenarbeit zwischen Brasilien und den Vereinigten Staaten wider, die zur Stärkung der Überwachungsmechanismen und der Rechtsdurchsetzung beitrugen.[30] In Zusammenarbeit mit der NASA wurde ein modernes satellitengestütztes System zur Echtzeiterkennung von Entwaldung (DETER), geschaffen. Es nutzt hochfrequente Satellitenbilder zur Überwachung der Waldbedeckung und sendet Warnungen an das brasilianische Institut für Umwelt und erneuerbare natürliche Ressourcen, das für die Durchsetzung der Gesetze und die Anwen-

30 De Bolle, M. (2019): The Amazon Is a Carbon Bomb: How Can brazil and the World Work Together to Avoid Setting it Off? Peterson Institute for International Economics, PB 19-15.

dung von Bußgeldern und anderen Strafen zuständig ist. Durch die geänderte Politik des seit 2019 im Amt befindlichen brasilianischen Präsidenten Jair Messias Bolsonaro ist dieser Erfolg gefährdet. 2009 setzte sich die brasilianische Regierung im Rahmen der Kopenhagener Vereinbarung das ehrgeizige Ziel, die Entwaldung bis 2020 um 80 % zu reduzieren.

Der Anstieg der Entwaldung in den Jahren 2015/16 lässt sich auf die tiefe wirtschaftliche Rezession Brasiliens zurückführen, die das BIP um fast 8 % schrumpfen ließ. Die angespannten Staatsfinanzen während und nach der Rezession führten zu Ausgabenkürzungen, die sich auf die Überwachung und Durchsetzung der Umweltvorschriften negativ auswirkten. Die anhaltenden politischen Turbulenzen und die dringende Notwendigkeit, die Haushaltskonten anzupassen, dauerten bis 2018 an, was sich auf die Finanzsituation der Umweltbehörden negativ auswirkte und Versuche zur Eindämmung der Entwaldung behinderte. Der Wahlsieg von Jair Messias Bolsonaro 2019 hat die schwierige Situation noch verschlimmert, da er eine Politik betreibt, die absichtlich darauf abzielt, die unter früheren Regierungen erzielten Fortschritte im Umweltbereich zunichtezumachen. Es ist zu befürchten, dass die zu erwartende Abholzungsrate in den nächsten Jahren den Amazonas gefährlich nahe an den geschätzten »Kipppunkt« bringen wird, über den hinaus der Regenwald nicht mehr genug Regen erzeugen kann, um sich selbst zu erhalten.

Der Angriff auf die Bolsonaro-Regierung durch ausländische Regierungen, ohne andererseits eine Zusammenarbeit oder die Bereitstellung von Mitteln anzubieten, war wenig hilfreich. Die internationale Aufmerksamkeit erregten 2019 die Brände im Amazonasgebiet, die eine Gelegenheit gewesen wären, zur Förderung nachhaltiger Entwicklungsstrategien in der Region zurückzukehren. Es wäre für die internationale Gemeinschaft an der Zeit und von äußerster Wichtigkeit, an einer Strategie zur Bereitstellung von Ressourcen für die Erhaltung und Entwicklung des größten zusammenhängenden Regenwaldes der Erde zu arbeiten. Die großflächige Entwaldung verringert die Niederschläge in Amazonien und verlängert die Dauer der Trockenzeit. Dies treibt die Häufigkeit von Bränden an und führt zur Savannenbildung. Der Amazonas Regenwald ist der größte zusammenhängende Tropenwald der Welt und beherbergt 20 % aller Pflanzen- und Tierarten des Planeten. Etwa 49 % des legalen Amazonasgebiets sind durch die Gesetzgebung geschützt – das sind Naturschutzgebiete oder indigenes Land –, und der Rest ist zu gleichen Teilen in Privatbesitz und nicht registrierte Gebiete aufgeteilt. Alle Privatgrundstücke in Brasilien unterliegen dem brasilianischen Waldgesetz von 2012, das als eines der strengsten Umweltgesetze der Welt gilt. Dem Kodex zufolge müssen 80 % des Landes in Form von einheimischer Vegetation erhalten bleiben, während nur 20 % für Landwirtschaft, Viehzucht oder andere wirtschaftliche Aktivitäten genutzt werden dürfen. Das Amazonasgebiet hat eine reiche Vielfalt an einheimischer Vegetation, aber auch das höchste Armutsniveau. Um die wirtschaftliche Entwicklung anzukurbeln, förderten die brasilianischen Behörden den Bau von Straßen, Häfen, Wasserkraftwerken und anderen Infrastrukturprojekten

Abbildung 93: Intakter Regenwald in Manaus, Brasilien.

sowie die Abholzung, die Sojaproduktion, den Bergbau und die Viehzucht im legalen Amazonasgebiet. Die Ausdehnung der Viehweiden in weiten Teilen dieser Region hat zu einer Fragmentierung und zur Isolation der verbleibenden Waldflächen geführt. Der Prozess der Fragmentierung steigert das Baumsterben, verändert wechselseitige und tropische Interaktionen zwischen den Arten und erhöht die Feueranfälligkeit und das Artensterben.

Im Vergleich zu Primärwäldern sind Weideflächen durch eine geringe Anzahl von generalistischen und randtoleranten bzw. lückenspezialisierten Waldarten gekennzeichnet. Die möglicherweise negativste indirekte Auswirkung von Weiden auf die Biodiversität ist die durch Brände, die zur Waldrodung oder Weidepflege genutzt werden, und umliegende Waldgebiete erfassen.[31]

Das brasilianische Amazonasgebiet ist nicht die einzige Region der Welt, die 2019 von einer Zunahme der vom Menschen verursachten Brände betroffen ist. In Indonesien und Malaysia ist der weitverbreitete Einsatz der Brandrodung – Bäume werden gefällt und zum Roden in Brand gesetzt – im Kommen, da sowohl Großunternehmen als auch Kleinbauern die einheimische Vegetation für die Produktion von Palmöl, Zellstoff und Papier abholzen. Indonesien ist der weltweit größte Produzent von Palmöl, und die Abholzung der Wälder während eines Großteils des Jahres 2019 steht in direktem Zusammenhang mit dem Anstieg der weltweiten Nachfrage.

31 Vieira, I. C. G. (2019): Land use drives change in amazonian tree species, An Acad Bras Cienc 91; https://doi.org/10.1590/0001-3765201920190186, abgerufen am 21.3.2020.

8.1.10 Verlust der Arten – das sechste Massenaussterben

Was den aktuellen Klimawandel von allen anderen vorangegangenen unterscheidet, ist das Tempo, mit dem er voranschreitet. Die langsame natürliche Evolution von Pflanzen und Tieren kann einem derart schnellen Wandel nicht folgen.[32] Änderungen von Temperatur, Niederschlagsmenge, Störungen der Nahrungskette und der wechselseitigen symbiotischen Beziehungen führen zu hohem Stress und Aussterben betroffener Spezies. Oft stehen natürliche Barrieren im Weg. Tiere, die sich etwa im Hochgebirge aufhalten, können ihren Lebensraum mit steigenden Temperaturen nicht weiter nach oben verlegen, und Tiere, deren Nahrung ausbleibt, verhungern ganz einfach. Bäume sind verwurzelt, ihre Schrittgeschwindigkeit hängt von der Reichweite des Samentransportes ab. Landnutzung und Klimawandel stellen die größte Bedrohung für die Vielfalt der Arten dar. Eine Untersuchung schätzt den Verlust der Arten auf circa 40 % bis 2070.[33] Die biologische Vielfalt (man denke an Bestäuberfunktionen der Bienen und anderer Insekten) ist eine wichtige Ökosystemfunktion, auf die auch der Mensch angewiesen ist. Der Klimawandel wirkt sich umfassend auf ökologische Prozesse in Meeres-, Süßwasser- und Landökosystemen aus.

Die höchsten Risiken des Artenverlustes treten bevorzugt in jenen Gebieten auf, die über eine besonders große Artenvarietät verfügen, wie Südamerika, Afrika und Australien.[34]

Tropische Korallenriffe gehören zu den artenreichsten Ökosystemen der Erde und beherbergen etwa 30 % der gesamten marinen Arten. Die Region des »Korallendreiecks«, zu der Indonesien, Malaysia, Philippinen, Timor-Leste, Papua-Neuguinea und die Salomon-Inseln gehören, ist das Gebiet mit der größten Biodiversität und beherbergt mehr als 550 Arten von Hartkorallen. Aufgrund des vielfältigen menschlichen Drucks, einschließlich der Umweltverschmutzung, Überfischung und hohen Wassertemperaturen, ist der derzeitige Zustand der Riffe an vielen Stellen sehr schlecht. Korallenbleiche tritt auf, wenn Korallen durch Veränderungen der Bedingungen, wie Temperatur, Licht oder Nährstoffe, gestresst werden und dadurch symbiotische Algen, die in ihren Geweben leben, ausstoßen und ihre weißen Schalen freilegen. Weil sich der Ozean weiter erwärmen wird, befürchten Experten die Überschreitung eines Kipppunkts, wonach das Korallensterben nicht mehr aufzuhalten ist. Vermutlich werden 75 % aller Korallenriffe bereits vor 2070 absterben.[35]

---

32 Quintero, I.; Wiens, J. J. (2013): Rates of projected climate change dramatically exceed past rates of climate niche evolutions among vertebrate species; Ecology Letters Vol. 16; https://doi:10.111/ele.12144, abgerufen am 2.1.2020.

33 Newbold, T. (2018): Future effects of climate and land-use change on terrestrial vertebrate community diversity under different scenarios; Proc. R. Soc. B.; http://dx.doi.org/10.1098/rspb.2018.0792, abgerufen am 1.1.2020.

34 Urban, M. C. (2015): Accelerating extinction risk from climate change; Science Vol. 348.

35 Baker, E. (2019): Oceans and Coasts – global Environment Outlook (GEO-6): Healthy Planet, Healthy People Chapter 7, United Nations Environment Program.

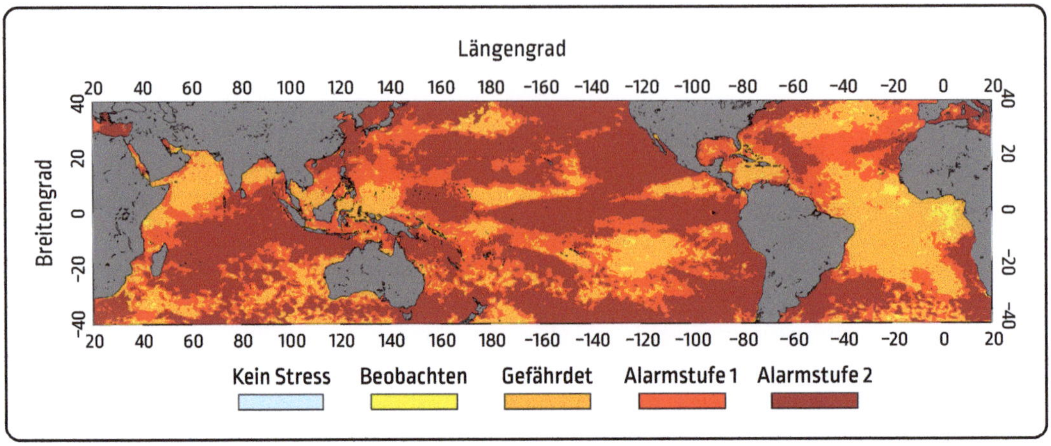

Abbildung 94: Karte mit dem maximalen Hitzestress der Korallen während der Saison 2014–2017.

Abbildung 94 zeigt den Hitzestress im Zeitraum 2014 bis 2017, dem die Korallenbänke der Welt ausgesetzt waren. Alarmstufe 1 ist der Hinweis auf die Gefahr einer signifikanten Korallenbleiche. Bei Alarmstufe 2 verbreitet sich die Korallenbleiche und Korallensterblichkeit.

Das erwartbare Ende der in den Fotos gezeigten vielfältigen bunten Lebenswelt der Korallenriffe und seiner Bewohner kann nur Entsetzen und Trauer und ein Gefühl der Hilflosigkeit und Ohnmacht auslösen.

Der Global Living Planet Index (LPI) ist eine Maßzahl für den Zustand der Biodiversität und wird auf der Basis von über 20.000 Populationen von mehr als 4.200 Säugetier-, Vogel-, Fisch-, Reptilien- und Amphibienarten aus der ganzen Welt erstellt. Er repräsentiert die Entwicklung des Durchschnitts der Zahl der Tiere in den einzelnen Populationen und deren Veränderung im Lauf der Jahre.

Wirbeltiere

(Vertebrate) sind Tiere mit Wirbelsäule und verknöchertem oder knorpeligem Schädel.

Megafauna

Hierunter werden die körperlich größten Organismen in einem Habitat verstanden. Abgestuft nach Größe wird weiter in Makrofauna und Mikrofauna unterschieden.

Abbildung 95: Great Barrier Reef.

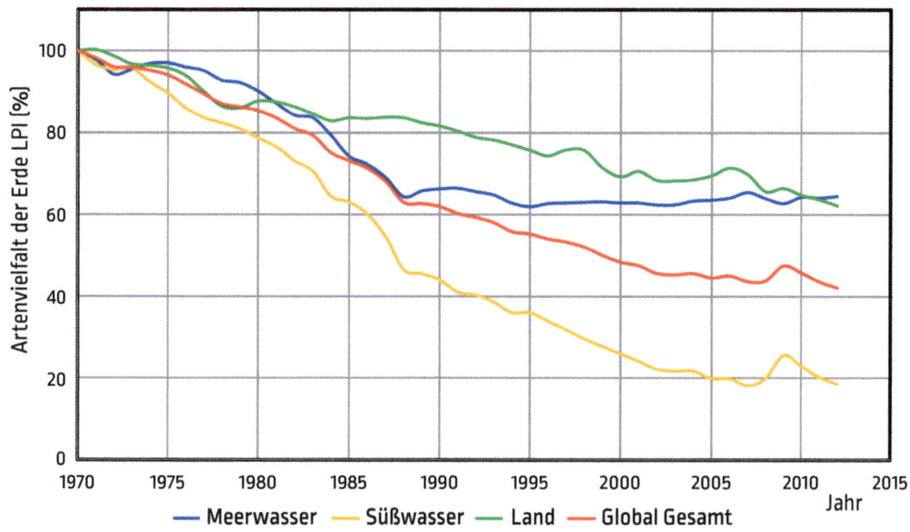

Abbildung 96: Living Planet Index.

Abbildung 97 zeigt im Überblick die bedrohten Tierarten, getrennt nach Megafauna und Wirbeltieren. Die Umwandlung natürlicher Ökosysteme in vom Menschen domestizierte führten in den letzten 50 Jahren zu einem dramatischen Verlust der biologischen Vielfalt und der Leistungsfähigkeit der Ökosysteme. Die wichtigsten Gründe sind die Veränderung von Lebensräumen – Änderungen in der Landnutzung, Verän-

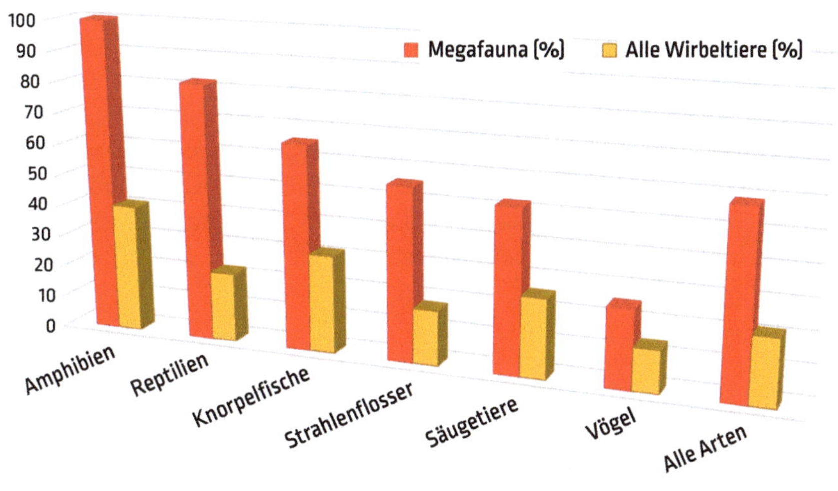

Abbildung 97: Bedrohte Tierarten, in Megafauna und Wirbeltiere unterschieden.

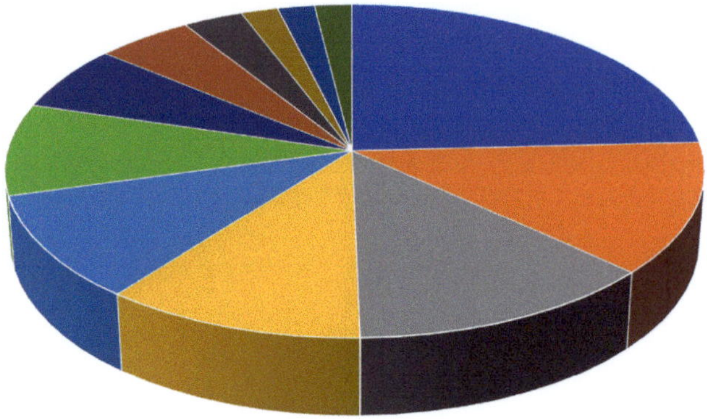

Abbildung 98: Hauptfaktoren für den Rückgang der Insekten.

derung und Begradigung von Flussläufen, Verlust von Korallenriffen und Schäden am Meeresboden durch Schleppnetzfischerei, Einschleppung invasiver gebietsfremder Arten, Überbeanspruchung und Verschmutzung.

Amphibien sind vor den Reptilien die am meisten gefährdeten Spezies.

Das sechste Massenaussterben ist eine der ernsthaftesten Umweltbedrohungen, weil es irreversibel ist.[36] Es gab in der Vergangenheit mehrere Massenaussterbeereignisse, die 70 bis 95 % aller Arten verschwinden ließen, und es dauerte Millionen Jahre, bis sich das Leben davon erholte. Die verschwindende biologische Vielfalt ist damit für die Menschheit für immer verloren.

Abbildung 98 zeigt die wesentlichen Faktoren, die für den bedrohlichen Rückgang der Insektenarten verantwortlich sind. Eine Metastudie[37] ergab einen Verlust bei landlebenden Insekten von 9 % pro Jahrzehnt, während die wasserlebenden Insekten einen Anstieg von 11 % pro Jahrzehnt verzeichneten. Der Anstieg der wasserlebenden Insekten ist auf Verbesserungen der Gewässerqualitäten zurückzuführen. Ein angemessener Schutz und die Wiederherstellung von Lebensräumen stellen wirksame Strategien zur Abschwächung des Insektensterbens dar.

36 Ceballos, G.; Ehrlich, P. R.; Raven, P. H. (2020): Vertebrates on the brink as indicators of biological annihilation and the sixth mass extinction; PNAS; https://doi.org/10.1073/pnas.1922686117, abgerufen am 13. 6. 2020.

37 Klein, R. v.; et al. (2020): Meta-analysis reveals declines in terrestrial but increases in freshwater insect abundances; Science Vol. 368, Issue 6489, S. 417–420.

8.1.11 Die Verschiebung der Klimazonen

Die Klimazonen verschieben sich. Die Hadley-Zellen dehnten sich seit 1979 um etwa 300 Kilometer polwärts in jeder Hemisphäre aus.[38] Damit verschieben sich subtropische Trockenzonen, die Jetstreams in den mittleren Breiten und die geografische Lage der Stürme. Die Hadley-Zelle dehnt sich um 1° Breite pro Jahrzehnt nach Norden aus. Die Vegetationszonen verschieben sich mit und verändern die Lebensbedingungen der Fauna und Flora in den betroffenen Gebieten. Das beeinflusst Niederschlagsmuster, was sich wiederum auf die natürlichen Ökosysteme, Landwirtschaft und Wasserressourcen auswirkt.

Die Erhöhung der Erdtemperatur erweitert den Wirkbereich der Hadley-Zelle (in der Abbildung 99 durch die orangefarbenen Pfeile veranschaulicht) und beeinflusst die Ferrel- und die »Polarzelle«. Die Verschiebung des subtropischen Gürtels in Richtung der Pole verändert die Lage der subtropischen und der polaren Jetstreams. Das hat entscheidende Bedeutung für die Klimaveränderungen rund um den Globus.

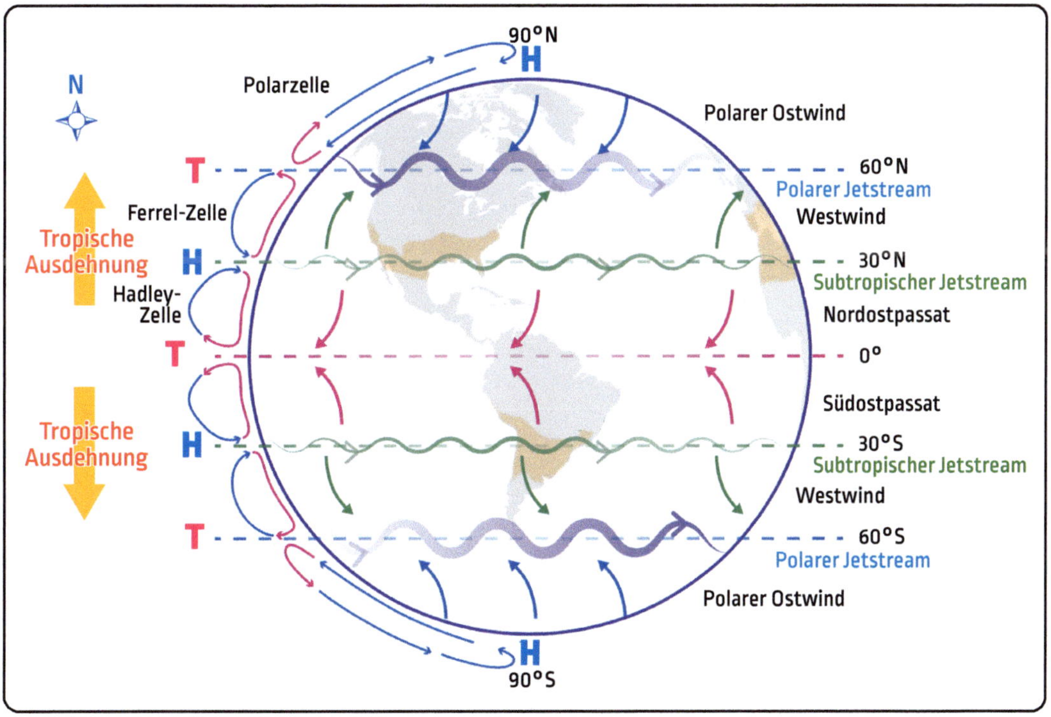

Abbildung 99: Großräumige atmosphärische Zirkulation (adaptiert nach Perlwitz).

38 Perlwitz, J. T.; et al. (2017): Large-Scale Circulation and Climate Variability; Climate Science Report: Fourth National Climate Assessment, Volume I; https://doi.org/10.7930/J0R2V0KVQ, abgerufen am 15.1.2020.

8.1.12 Die Wetterextreme nehmen zu

Extreme Wetterlagen nehmen zu, Australien und Kalifornien werden von Feuerwalzen heimgesucht, andernorts versinkt die Landschaft unter Fluten – alles Anzeichen eines Kapriolen schlagenden Wetters als Folge der Klimaveränderung.

Nach den Gesetzen der Physik sind diese Erscheinungen »normal«. Steigt die globale Erdtemperatur, nehmen statistisch Wechselhaftigkeit des Wetters und Extremwetterlagen zu.

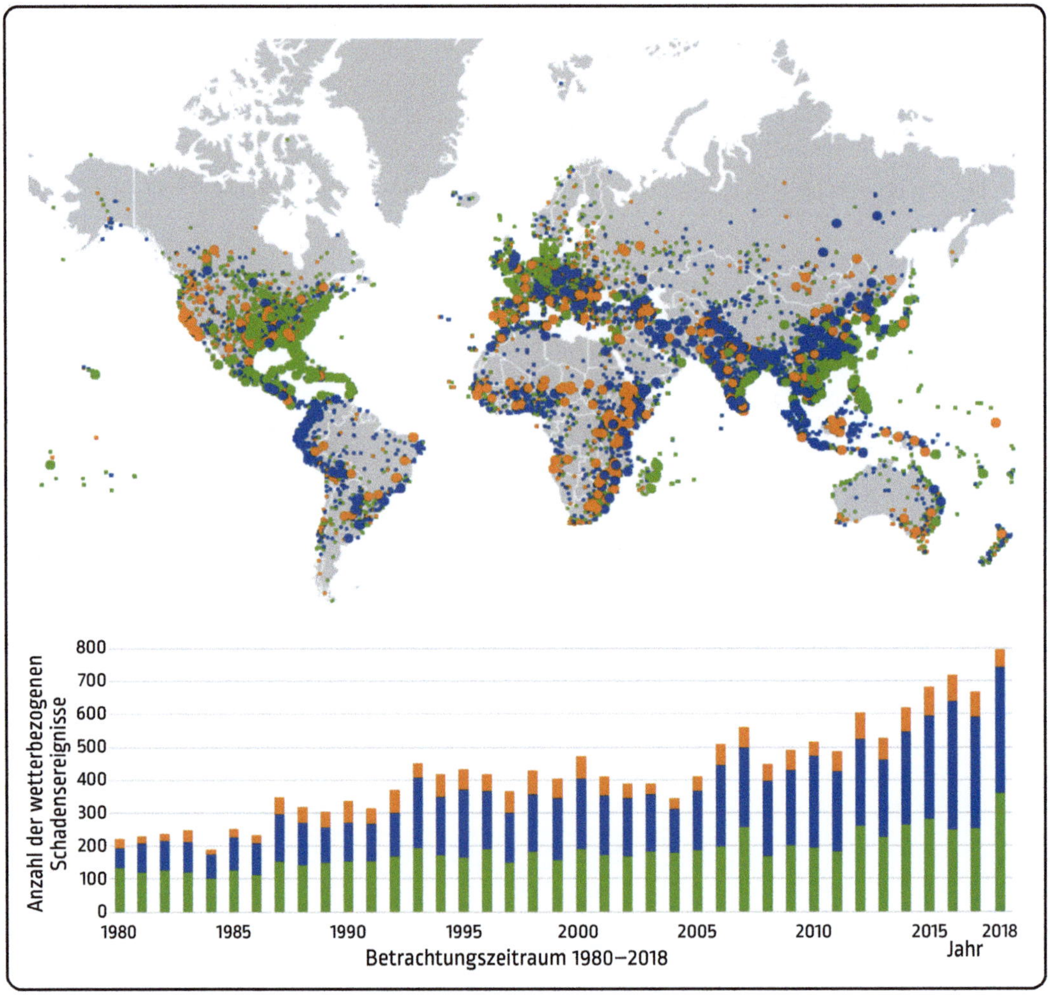

Abbildung 100: Anzahl der wetterbezogenen Schadensereignisse und Weltkarte, grün: meteorologische Ereignisse (Stürme, Zyklone), blau: hydrologische Ereignisse (Fluten, Muren), orange: klimatologische Ereignisse (Hitzewellen, Dürren, Waldbrände).

Es treten mehr und stärkere tropische Wirbelstürme auf. Die Wissenschaftler sagen anhand von Simulationsmodellen vorher, dass

- der Meeresspiegelanstieg zu höheren Sturmfluten führen,
- die Niederschlagsmenge (um 14 %) und
- die Stärke tropischer Stürme zunehmen werden.[39]

In den letzten Jahrzehnten erhöhte sich die Zahl und die Intensität von Wetterkatastrophen (siehe Abbildung 100).

Die durch extreme Wetterereignisse verursachten Schäden belasten Versicherungen und Volkswirtschaften. Die Forschungen zeigen einen eindeutigen Zusammenhang zwischen der globalen Erwärmung und dem zukünftigen Hochwasserrisiko (ein Anstieg des Risikos um 500 %) sowohl auf europäischer als auch auf globaler Ebene.

Die Hochwasserrisiken sind geografisch ungleichmäßig verteilt, wobei die größten Zunahmen in Asien, in den USA und in Europa erwartet werden.[40]

8.1.13 Umwandlung von natürlichem Land

Seit der Zeit der Industrialisierung hat der Einfluss des Menschen auf die natürliche Umwelt mit atemberaubender Geschwindigkeit zugenommen. Die Bevölkerungszunahme erhöhte den Bedarf an Nahrungs- und Futtermittelprodukten. Die für Ackerbau und Viehzucht genutzten Flächen dehnten sich auf Kosten der Wälder und natürlichem Grasland aus.

Geschätzt wird ein Rückgang der Wälder von 10 Millionen Quadratkilometern, dies entspricht 20 % des ursprünglichen Umfangs im Jahr 1700. Etwa 17 Millionen Quadratkilometer natürliches Grasland und Savannen wurden ebenfalls domestiziert. Der derzeitige Waldverlust beläuft sich auf rund 146.000 Quadratkilometer pro Jahr. Gegenwärtig nimmt Ackerland etwa 15 Millionen und Weideland etwa 34 Millionen Quadratkilometer der Erdoberfläche ein. Seit 1992 gingen weltweit 2,7 % natürlichen Landes an andere Landnutzungsarten verloren. Über 80 % entfielen auf Ackerland, 5 % wurden verbaut, und 9 % verödeten.

Abbildung 101 (folgende Seite) gibt einen Überblick der Umwandlung von Landflächen in bebaute Gebiete. Angegeben wird zusätzlich der Umfang der Bebauung in 1.000 Quadratkilometer seit 1990.

---

39 Knutson, T. (2019): Tropical Cyclones and Climate Change Assessment: Part II. Projected Response to Anthropogenic Warming; Bulletin of the American Meteorological Society; https://doi:10.1175/BAMS-D-18-0194.1, abgerufen am 2.1.2020.

40 Alfieri, L. (2016): Global projections of river flood risk in a warmer world, Earth's Future, Vol. 5; https://doi.org/10.1002/2016EF000485, abgerufen am 2.1.2020.

Abbildung 101: Umwandlung von Landflächen in bebaute Gebiete (Stand 2014 in 1.000 Quadratkilometer und Neubauten seit 1990).

9

Bedrohung der Menschheit durch den Klimawandel

> Wie bedroht der Klimawandel die Menschheit?
> Was sind Kipppunkte, und worin besteht deren Gefahr?
> Was sind Strahlungsantriebe, und wodurch werden sie verursacht?
> Wer und was verursacht die Treibhausgase?

Das Pew Research Center stellt sich die Aufgabe, die Öffentlichkeit unparteiisch über Themen, Einstellungen und Trends zu informieren, die die Welt prägen.[41] Bei einer Umfrage in 26 Ländern im Frühjahr 2018 nannte die Mehrzahl in 13 Ländern den

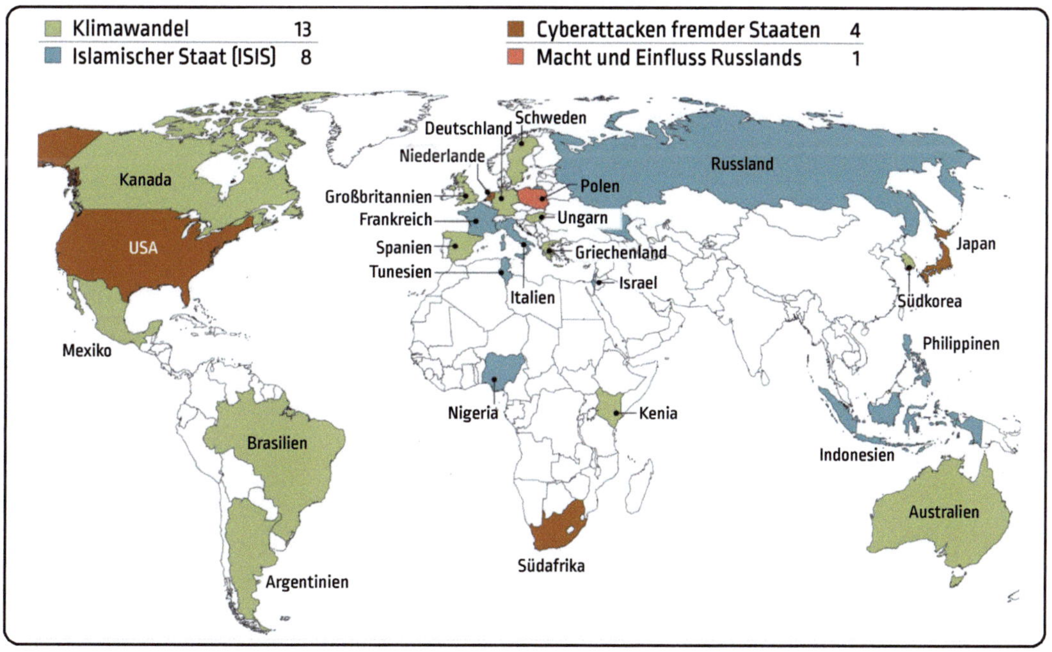

Abbildung 102: Länder mit befragten Einwohnern nach der größten Bedrohung.

41 Pew Research Center; www.pewresearch.org, abgerufen am 15.1.2020.

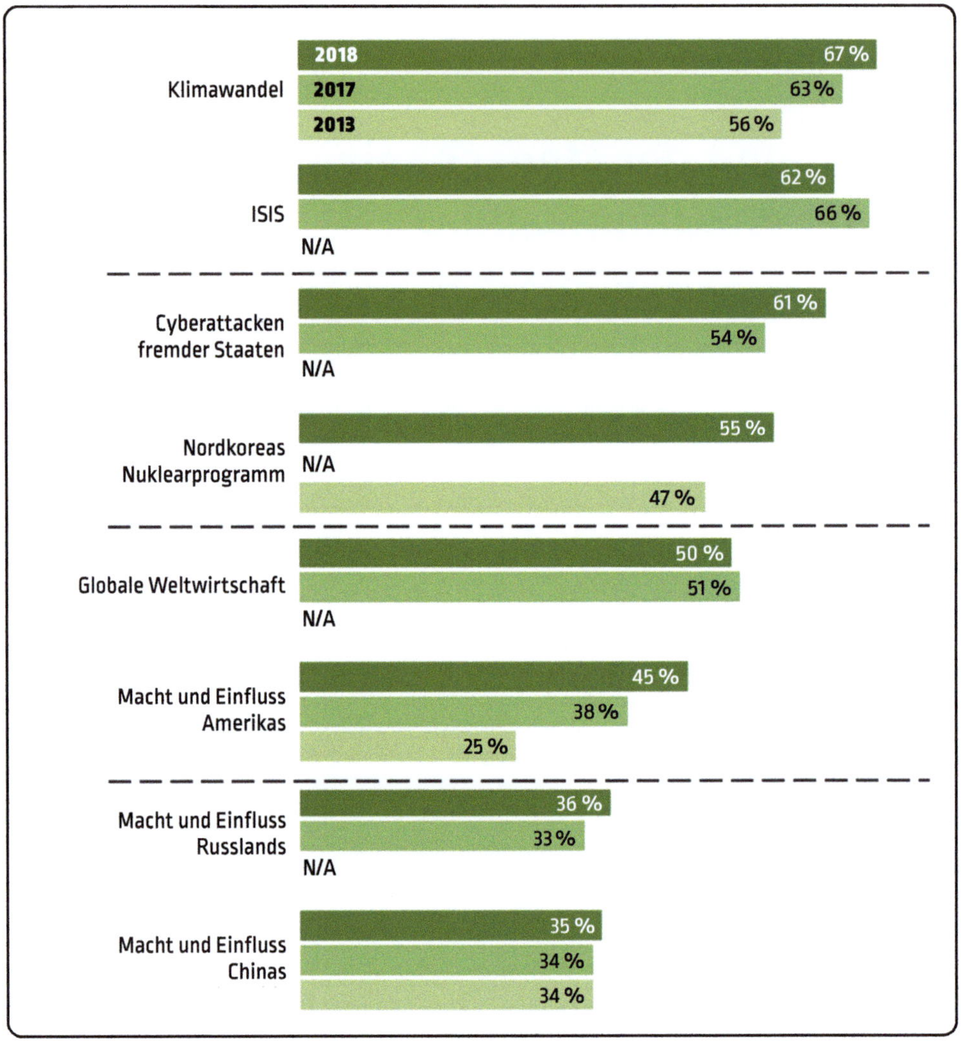

Abbildung 103: Länder mit befragten Einwohnern nach der größten Bedrohung (in den USA und Russland wurde nicht nach der Bedrohung durch die eigene Macht und den eigenen Einfluss gefragt).

Klimawandel als größte Bedrohung. In acht Staaten wurde der Islamische Staat ISIS als größte Bedrohung empfunden, gefolgt von der Bedrohung durch Cyberattacken fremder Staaten. Polnische Bürger sahen in Russland die größte Bedrohung.

Bei einigen der acht Fragen, die zur internationalen Bedrohung in der Umfrage 2018 gestellt wurden, gab es über die Jahre erhebliche Veränderungen. Im Jahr 2013, noch vor der Unterzeichnung des Pariser Klimaabkommens, sahen bereits 56 % der befragten Länder den globalen Klimawandel als eine große Bedrohung an. Im Jahr 2017 stieg dieser Wert auf 63 %, und 2018 lag er bei 67 %. Seit 2013 nahm die Sorge um die Klimabedrohung in 13 der Länder, für die Daten vorliegen, deutlich zu. Die größten Zuwächse gab es in Frankreich (plus 29 %) und Mexiko (plus 28 %), aber auch in den USA, Großbritannien, Deutschland, Spanien, Kenia, Kanada, Südafrika und Polen gab es zweistellige Prozentpunktezuwächse.

Es ist interessant, dass ein atomarer Krieg von der Mehrheit nicht als sonderlich bedrohend empfunden wird. Vermutlich würde eine aktuelle Umfrage nach den Erfahrungen mit dem Coronavirus SARS-CoV-2 eine Spitzenreihung für die Angst vor Pandemien erbringen.

Diese Umfragedaten zeigen, dass der Weltbevölkerung zunehmend die Gefahr durch den Klimawandel bewusst wird. Zur Zeit der Verfassung dieses Manuskripts tobten in Australien Buschfeuer in bisher nicht bekanntem Ausmaß.

Abbildung 104: Waldbrände in Nordkalifornien, fotografiert von der ISS-Raumstation.

Das Foto (Abbildung 104), aufgenommen aus der Internationalen Raumstation ISS, zeigt die verheerenden Waldbrände in Nordkalifornien. Ein Hitzerekordjahr folgt auf das nächste. Überschwemmungen und Dürren sind an der Tagesordnung. Entfesselte Stürme nehmen an Stärke zu. Regelmäßig berichten Medien über den Klimawandel. Die Zivilgesellschaft formiert sich, vor allem durch Jugendliche, die regelmäßig gegen das Verheizen ihrer Zukunft demonstrieren – »Fridays for Future«. Menschen sind – zu Recht – verunsichert.

9.1 Kipppunkte des Klimasystems oder der freie Fall ins Klimachaos

Wissenschaftler, die sich mit der Klimaforschung und deren komplizierten Regelkreisen mit vielfältigen Mit- und Gegenkopplungen beschäftigen, befürchten das Auftreten von Kipppunkten (engl.: tipping points). Wenn die Treibhausgase weiter steigen, könnte ein kritischer Zustand erreicht werden, ab welchem das System durch die auftretenden Mitkopplungen – z. B. durch das Abschmelzen der Polkappen – eine drastische Veränderung der Wolkenbildung und deren kühlende Wirkung »ganz von selbst« in Richtung einer »Heißerde« kippt. Das Treibhausklima würde zum Heißhausklima, und zwar auf Jahrtausende ohne Chance auf Umkehr. Eiszeitzyklen dauern 100.000 Jahre. Eine vereiste Erde verharrt lange in diesem Zustand, ehe sie sich

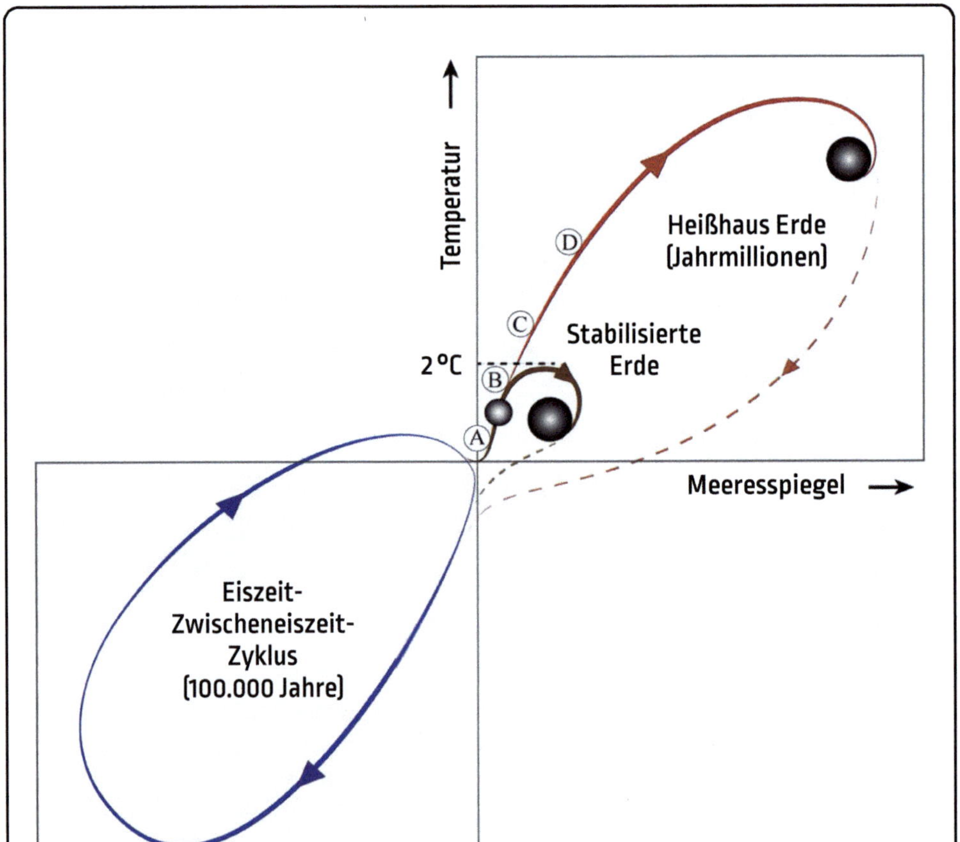

Abbildung 105: Schematische Darstellung verschiedener möglicher Klimaverläufe.

wieder erwärmt und eine Zwischeneiszeit erlebt – ähnlich jener, in welcher sich die Erde gerade befindet.

Abbildung 105 zeigt die Erde schematisch in einer Eiszeit (linke blaue Verlaufskurve). Die Nulllinie der Temperatur ist die Erdtemperatur vor der Industrialisierung. Der Grenzwert von 2 °C (strichlierte Marke auf der Y-Achse) ist ebenfalls eingetragen. Kann die Menschheit diesen nicht einhalten, wird die Erde den roten Pfad einschlagen. Die Großbuchstaben bedeuten:

A Zustand der Erde im Mittelholozän (6.500 Jahre, 260 Parts per million CO_2, 0,8 °C),

B Zustand in der Eem-Warmzeit (125.000 Jahre, 300 Parts per million CO_2, 1,3 °C, 7 Meter Meeresspiegelanstieg),

C Zustand im Mittelpliozän (3,5 Millionen Jahre, 430 Parts per million CO_2, 2,5 °C, 15 Meter Meeresspiegelanstieg) und

D Zustand im Mittelmiozän (16 Millionen Jahre, 500 Parts per million CO_2, 4,5 °C, 40 Meter Meeresspiegelanstieg).

Gegenwärtig weist die Erde >410 Parts per million CO_2 und >1 °C auf, wobei sich die Temperatur, der CO_2-Gehalt und der Meeresspiegel in jedem Fall weiter erhöhen werden. Die gesellschaftlichen und technologischen Entwicklungen der nächsten ein bis zwei Jahrzehnte sind von entscheidender Bedeutung für das Erdsystem der nächsten zehn- bis hunderttausend Jahre.[42]

Im Diagramm eingetragen ist neben der Lufttemperatur auch der Meeresspiegel, der davon abhängig beträchtlich schwankt. In Eiszeiten sinkt der Meeresspiegel deutlich, und in Warmzeiten steigt er. Da die meisten Küstenstädte nur bis 10 Meter über Wasserspiegel liegen und in Küstennähe viele Menschen leben, wird die Dramatik einer Warmzeit mit einer Temperaturerhöhung von mehr als 2 °C richtig greifbar. So schnelle Anstiegsraten des CO_2-Gehalts und der Erdtemperatur traten in der paläologischen Vergangenheit nur nach Naturkatastrophen auf – wie die ungeheuren Magmaaustritte am Ende des Perms in Sibirien mit einem Aussterben von 96 % aller Meereslebewesen. Durch die Lethargie der Politik und das »Business as usual« scheint eine deutliche Überschreitung des 2-°C-Zieles mittlerweile immer wahrscheinlicher, ein Anstieg des Meeresspiegels um mehr als 10 Meter ist auf lange Sicht geradezu unvermeidlich.

Einige wenige der mit den Rückkopplungen verbundenen Veränderungen können innerhalb kurzer Zeiträume (50 bis 100 Jahre) rückgängig gemacht werden. Die bedrohlichen lebensgefährdenden Mechanismen, wie das Auftauen des Permafrosts und die Freisetzung des gesamten dort gebundenen Kohlenstoffes, sind innerhalb menschlicher Zeiträume nicht mehr umzukehren. Die Umwandlung großer Gebiete, wie des Amazonas-Regenwaldes in eine Savanne, ist ein weiteres Beispiel für einen

42 Nach: Steffen, W.; et al. (2018): Trajectories of the Earth System in the Anthropocene; PNAS Vol. 115, No. 13; https://doi.org/10.1073/pnas.1810141115, abgerufen am 16.1.2020.

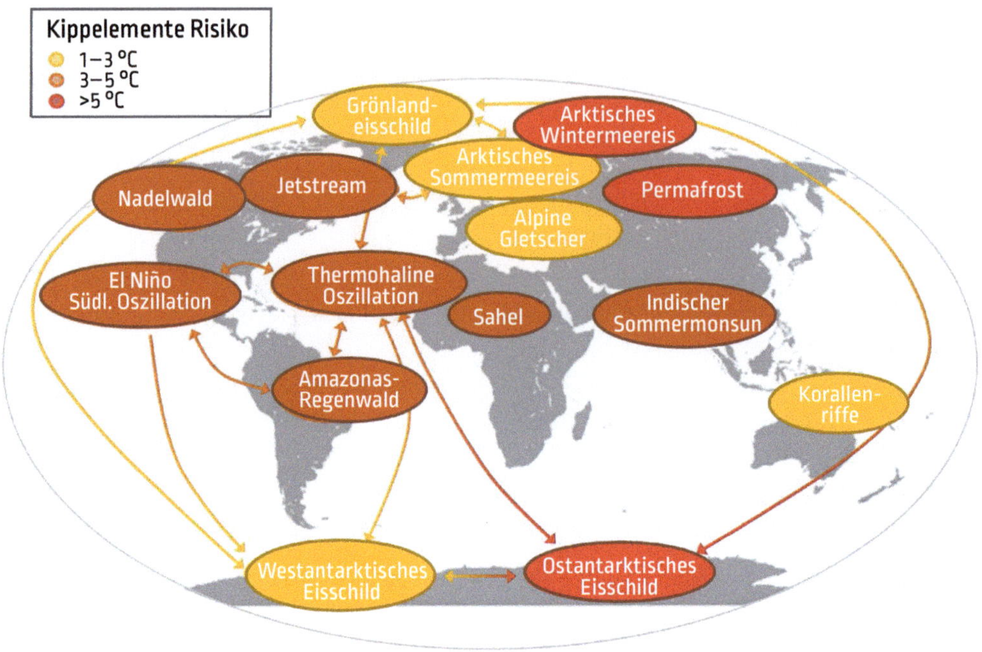

Abbildung 106: Mögliche Kippkaskaden.

befürchteten Kipppunkt. Weitere sind: die Zersetzung von Methanhydraten im Ozean, stärkere Bakterienatmung im Meer, der Verlust der Eisschilde, begleitet von einem Anstieg des Meeresspiegels mit einer möglichen Verstärkung durch Veränderung der Ozeanzirkulation. Kippeffekte können zu einem über Jahrhunderte bis Jahrtausende andauernden Rückkopplungseffekt führen. Ist ein Kipppunkt überschritten, kann der Mensch die eintretenden Folgen nicht mehr abwenden – er gleicht einem Schwimmer in der Donau, der mit bloßen Händen den Strom aufhalten will.

Die einzelnen Kippelemente sind je nach den geschätzten Kipptemperaturen farblich im Diagramm gekennzeichnet. Pfeile zeigen die Wechselwirkungen zwischen den Kippelementen an, die Kaskaden erzeugen können.

Es ist von immenser Wichtigkeit, das Erdsystem unter ähnlichen Bedingungen der letzten 12.000 Jahre zu halten (max. +2 °C). Das kann nur durch eine tiefe Senkung der Treibhausgasemissionen, den Schutz und die Verbesserung der biosphärischen Kohlenstoffsenken und zusätzliche Maßnahmen zur Entfernung von CO_2 aus der Atmosphäre erfolgen. Eine Anpassung der Lebensumstände der Menschen und der landwirtschaftlichen Produktion an die klimatischen Bedingungen sind ebenfalls zwingend notwendig.

Tabelle 12 zeigt die wichtigsten Rückkopplungsmechanismen und ihr Zeitverhalten, die zu einem Kippen des Erdsystems führen könnten.

Tabelle 12: Biogeophysikalische Rückkopplungen des Erdsystems, die als Kippelemente den Weg in eine Heißhauserde beschleunigen können (1.000 Gigatonnen C ~2 °C).

Rückkopplung	Antrieb → Abschätzung Rückkopplungsstärke	Stärke Rückkopplung (° C und Gt C bis 2100)	Reaktionsgeschwindigkeit des Erdsystems
Auftauen des Permafrosts und Freisetzung CO_2 und CH_4	~2 °C	45 Gt C 0,09 °C	Geschätzte Rückkopplung spürbar ab 2100
Freisetzung CH_4 aus Ozean	~2 bis 6,5 °C	Vernachlässigbar bis 2100	Allmähliche langsame Freisetzung auf tausendjährigen Zeitskalen ergeben 0,4 bis 0,5 °C Rückkopplung
Schwächung der C-Senken an Land und im Ozean	~2 °C	Relative Abschwächung der Senken um 0,25 °C	Geschätzte Rückkopplung spürbar ab 2100
Erhöhte bakterielle Atmung, Freiwerden von CO_2	~2 °C	12 Gt C 0,02 °C	Geschätzte Rückkopplung spürbar ab 2100
Absterben der Amazonas-Regenwälder	2 °C Kipppunkt vielleicht zwischen 3 und 5 °C	25 Gt C 0,05 °C	Geschätzte Rückkopplung spürbar ab 2100
Sterben borealer Nadelwälder	2 °C Kipppunkt vielleicht zwischen 3 und 5 C°	30 Gt C 0,06 °C	Geschätzte Rückkopplung spürbar ab 2100
Arktischer Sommermeereisverlust	Kipppunkt vielleicht zwischen 1 und 3 °C	Verstärkung polare Temperatur um Faktor ~2	Schnell, wahrscheinlich eisfreier Ozean im Sommer bis 2040/50
Antarktischer Sommermeereisverlust		Vermutlich geringere Rückkopplung als Arktis	Geschätzter Verlust 30 % bis 2100
Verlust der polaren Eisdecke	1 bis 3 °C	3 bis 5 m Meereshöhenanstieg durch Abschmelzen westantarktisches; bis zu 7 m durch grönländisches; bis 12 m durch ostantarktisches Eis	Jahrhunderte bis Jahrtausende

9.1.1 Kipppunkt: Auftauen der Permafrostböden

Die Permafrostböden beginnen bereits aufzutauen. Über die Menge des freigesetzten CO_2 und Methans bis 2100 herrschen noch Unstimmigkeiten in der Forschung. Die Angabe von einer Abgabe von 45 Gigatonnen Kohlenstoff in den Kohlenstoffkreislauf beruht auf jüngeren wissenschaftlichen Arbeiten.

9.1.2 Kipppunkt: Der Bakterienstoffwechsel im Ozean

Der Ozean stellt eine Kohlenstoffpumpe dar, die im Wesentlichen auf zwei Mechanismen beruht. Einer davon ist ein anorganischer chemischer, bei dem das Oberflächenwasser der Ozeane CO_2 aus der Atmosphäre aufnimmt und durch eine chemische Reaktion als Karbonate und Bikarbonate bindet. Damit versauern Ozeane, und die Lebenswelt der marinen Lebewesen wird nachteilig beeinflusst. Der zweite Mechanismus entspricht einer biologischen Pumpe.

An der Basis aller Nahrungsketten im Meer steht das Plankton, ein Gemisch aus Bakterien, Viren, pflanzlichen und tierischen Einzellern. Circa die Hälfte der Photosyntheseleistung der Erde vollbringt das Plankton. Sein Stoffwechsel bindet Kohlenstoff und setzt Sauerstoff frei. Der Kohlenstoff des gefressenen Planktons wird durch die Meerestiere teilweise in Knochen, Muschel- oder Schneckenschalen eingebaut. Nach dem Absterben sinkt der mineralisierte Kohlenstoff ab und lagert sich in den Tiefen der Meere dauerhaft ab. Die organischen Überreste werden nach oben getrieben, zersetzt und dem globalen Kohlenstoffkreislauf wieder einverleibt. Teile des Kohlenstoffs werden dabei wieder remineralisiert. Somit sind die Remineralisierungsraten des organischen Kohlenstoffes ein kritischer Bestandteil der biologischen Pumpe.[43] Diese wird durch die Durchmischung des Tiefen- mit dem Oberflächenwasser und den Umweltbedingungen reguliert.

Die mikrobielle Stoffwechselaktivität ist ebenfalls von der Temperatur abhängig. Mikroben aus kälteren Meeresregionen scheinen genetisch auf die kälteren Umgebungen spezialisiert und daher weniger anpassungsfähig zu sein. Eine Erwärmung der kälteren Meeresregionen lässt einen starken Einfluss auf die Fischvorkommen und damit die Nahrungskette, an dessen Ende der Mensch steht, erwarten.

9.1.3 Kipppunkt: Absterben der Amazonas-Regenwälder

Bei einer globalen Erwärmung von 2 °C wird ein Absterben von 40 % des Amazonas-Regenwaldes erwartet.[44] Innerhalb eines Jahrzehnts ging die Amazonas-Kohlenstoffsenke um 30 % zurück (von 0,54 auf 0,38 Gigatonnen Kohlenstoff pro Jahr).

Tropischer und subtropischer Wald speichern die größte Menge an Kohlenstoff, gefolgt von den nördlichen borealen Nadelwäldern. Die letzte Spalte der Tabelle 14 zeigt, dass die tropischen und subtropischen Wälder Kohlenstoff, bezogen auf die benötigte Fläche, mit Abstand am effizientesten speichern. Die Abholzung der Amazonas-Regenwälder kann in der Folge eine Kette von Reaktionen – Schwächung der

43 Bendtsen, J.; et al. (2015): Analysis of remineralization, lability, temperature sensitivity and structural composition of organic matter from the upper ocean; Progress in Oceanography 130; https://doi.org/10.1016/j.pocean.2014.10.009, abgerufen am 18.1.2020.

44 Jones, C.; et al.: Committed terrestrial ecosystem changes due to climate change, Nature Geoscience 2 (2009); https://doi.org/10.1038/ngeo555, abgerufen am 18.1.2020.

Tabelle 13: In Biomen gespeicherter Kohlenstoff.

Biom	Gespeicherter Kohlenstoff (Gt)	Fläche des Bioms (Mio. km²)	Gespeicherter Kohlenstoff (Gt C/Mio. km²)
Tropischer/ subtropischer Wald	548	20	27
Tropisches/ subtropisches Grasland/ Savanne	285	16	17
Wüste/ trockenes Strauchland	178	25	7
Grasland/Savanne in gemäßigter Zone	184	15	13
Wald in gemäßigter Zone	315	20	15
Nördliche (boreale) Nadelwälder	348	19	18
Tundra	155	17	9

Niederschlagsysteme, Umwandlung der Wälder in Savannengebiete, Mängel bei der Wasserversorgung großer Städte (wie São Paulo) und Abnahme der Ernteerträge in den Ausläufern der Anden – auslösen.

In den 1990er- und frühen 2000er-Jahren nahmen die Regenwälder etwa 15 % der menschlichen Kohlendioxidemissionen auf. Abbildung 107 zeigt das Ergebnis einer Untersuchung von 244 intakten Regenwäldern aus 11 afrikanischen Ländern und vergleicht diese mit 321 Parzellen aus Amazonien. Die gesünderen afrikanischen Regenwälder nehmen relativ konstant 0,66 Tonnen Kohlenstoff je Hektar auf. Langfristig zeigt sich im Vergleich dazu ein Rückgang der Kohlenstoffaufnahmefähigkeit der

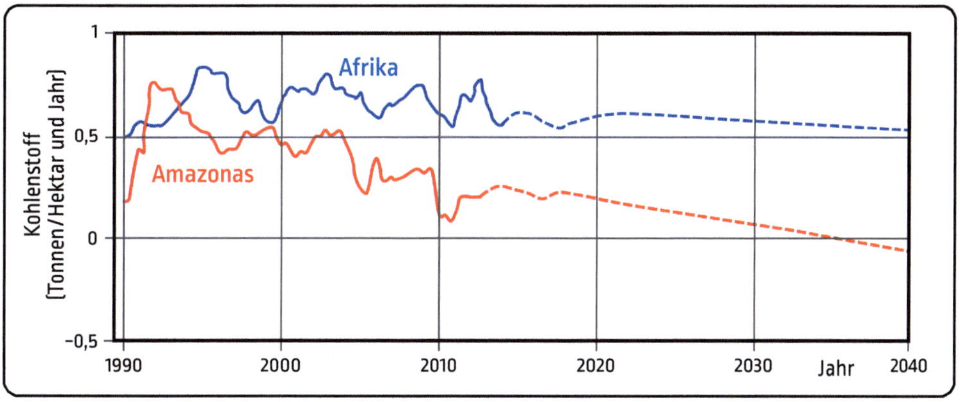

Abbildung 107: Rückgang der Fähigkeit der Regenwälder, Kohlenstoff aufzunehmen (ausgezogene Linie: Messung; strichlierte Linie: statistische Berechnung).

Regenwälder Amazoniens. Beide weisen ein zunehmendes Baumwachstum auf (entsprechend dem erwarteten Anstieg durch die wachsende CO_2-Konzentration), diesem wirken die steigende Temperatur und die damit verbundenen Dürren und der klimatische Stress durch eine höhere Baumsterblichkeit entgegen. Auch in Afrika ist ein langsamer Rückgang der Kohlenstoffsenke zu beobachten.

9.1.4 Kipppunkt: Absterben nördlicher borealer Nadelwälder

Die kanadischen Wälder zeigten in der Zeit von 1920 bis 1970 einen Anstieg der Kohlenstoffspeicherung, gefolgt von einem Rückgang, der bis heute andauert, als Folge einer insektenbedingten Baumsterblichkeit, vermehrten Waldbränden und dem sich erwärmenden Klima. Der kanadische Wald macht in seinem Bestand etwa ein Drittel der borealen nördlichen Nadelwälder aus. Zwischen 1986 und 2016 wurden 17 % der europäischen Waldfläche durch natürliche und/oder menschliche Einflüsse geschädigt.[45]

9.1.5 Kipppunkt: Auflösung von Stratokumulus-Wolken

Stratokumuluswolken bedecken 20 % der Ozeane in den niedrigen Breitengraden und sind besonders in den Subtropen weit verbreitet. Sie kühlen die Erde, weil sie große Teile ihrer Oberfläche vom Sonnenlicht abschirmen. Simulationen zeigen die Auflösung der Stratokumuluswolkendecke in einzelne verstreute Wolken, wenn der CO_2-Gehalt über 1.200 Parts per million steigt.[46] Dieser Kipppunkt führt neben der Erwärmung durch den CO_2-Anstieg zu einer globalen Oberflächenerwärmung von etwa 8 °C in den niedrigen Breitengraden und 10 °C in den Tropen. Dieser Kipppunkt könnte bereits bei früheren Klimawechseln – wie beim Übergang Eozän–Oligozän vor 34 Millionen Jahren – eine Rolle gespielt haben. Noch scheint ein derartiger hoher Anstieg des CO_2-Gehalts in der Atmosphäre weit entfernt, allerdings zeigt das Beispiel, wie vielfältig und unerwartet Kippeffekte auftreten können.

---

45 Senf, C.; Seidl, R. (2020): Mapping the forest disturbance regimes of Europe; https://www.biorxiv.org/content/10.1101/2020.03.30.015875v2, abgerufen am 17.9.2020.

46 Schneider, T.; et al. (2019): Possible climate transitions from breakup of stratocumulus decks under greenhouse warming; Nature Geoscience Vol. 12; https://doi.org/10.1038/s41561-019-0310-1, abgerufen am 18.1.2020.

9.2 Das Konzept der Strahlungsantriebe

ZUSATZINFORMATION

Ein einfaches Modell der Strahlungsflüsse

Der solare Energiefluss , der auf die Erde trifft, entspricht S_0 = 341 W/m² (siehe Kapitel 7.5). Die von der Erde absorbierte Energie errechnet sich nach

$$S_{absorb} = S_0 - \alpha \cdot S_0 = (1-\alpha) \cdot S_0$$

Für das Strahlungsbudget gilt (absorbierte solare Energie minus abgestrahlte Wärmeenergie der Erde)

$$\frac{dE}{dt} = (1-\alpha) \cdot S_0 - k_B \cdot T^4_{Emission}$$

Die Erde speichert die Energie vor allem im Ozean und geringe Teile in der Atmosphäre. Für das Wärmespeichervermögen gilt

$$E = C \cdot T_{Erde}$$

E → Energie (Ws)
C → Effektive Wärmekapazität (J/°K/m²)
T_{Erde} → Globale mittlere Oberflächentemperatur (°K)
S_0 → Solare eingestrahlte Energie (W/m2)
α → Albedo der Erde

Nach Einsetzen in die Strahlungsbudgetformel ergibt sich

$$C\frac{dT_{Erde}}{dt} = (1-\alpha) \cdot S_0 - k_B \cdot T^4_{Emission}$$

Befindet sich das klimatische System im Gleichgewicht, dann ist die zeitliche Änderung = 0, und es gilt

$$(1-\alpha) \cdot S_0 = k_B \cdot T^4_{Emission}$$

Nach Auflösen der Formel nach $T_{Emission}$ ergibt sich die $T_{Emission}$ zu 254,7 °K, das entspricht einer Temperatur von –18,4 °C. Diese Temperatur würde sich ohne Treibhauswirkung einstellen.

$$C\frac{dT_{Erde}}{dt} = (1-\alpha) \cdot S_0 - k_B \cdot T^4_{Emission} = F_{Atm}$$

F_{Atm} → Nach unten zur Erde gerichteter Energiefluss (W/m²)
t → Zeit (s)
$\frac{d}{dt}$ → Differentialoperator (Ableitung der Funktion nach der Zeit)
kB → Boltzmann Konstante (J/°K)

Fortsetzung ▷

Wird das klimatische System aus dem Gleichgewicht gebracht – das heißt, es wird Energie zugeführt, die als Strahlungsantrieb R bezeichnet wird –, führt dies zu einer Änderung der globalen mittleren Erdoberflächentemperatur und des Energieflusses wie folgt

$$C\frac{d\Delta T_{Erde}}{dt} = R + \Delta F_{Atm}$$

Die vereinfachende Grundannahme des Konzepts der Strahlungsantriebe ist, dass diese proportional zur Erdoberflächentemperatur wirken:

$$\Delta F_{Atm} = \lambda \cdot \Delta T_{Erde}$$

Damit ergibt sich

$$C\frac{d\Delta T_{Erde}}{dt} = R + \lambda \cdot \Delta T_{Erde}$$

λ → Klima Rückkopplungsparameter [W/m²/°K]

Unter der Annahme, dass nach der Einwirkung des Strahlungsantriebes so lange gewartet wird, bis sich ein klimatischer Gleichgewichtszustand eingestellt hat, die zeitliche Änderung also null ist, gilt

$$C\frac{d\Delta T_{Erde}}{dt} = 0 = R + \lambda \cdot \Delta T_{Erde}$$

Mit der vereinfachten Annahme, dass die Emissionstemperatur der Erde mit der globalen Erdoberflächentemperatur wie folgt zusammenhängt [β aus Beobachtung = 0,885]

$$T_{Emission} = \beta \cdot T_{Erde}$$

ergibt sich T_{Erde} zu

$$T_{Erde} = \frac{T_{Emission}}{\beta} = \frac{254{,}7}{0{,}885} = 288\,°K \quad (+14{,}9°C)$$

Aus diesen physikalischen Zusammenhängen gilt nun für das einfache Klimamodell

$$C\frac{dT_{Erde}}{dt} = (1-\alpha)\cdot S_0 - k_B \cdot (\beta \cdot T_{Erde})^4$$

Nun wird ein Strahlungsantrieb hinzugefügt

$$C\frac{dT_{Erde}}{dt} = (1-\alpha)\cdot S_0 - k_B \cdot (\beta \cdot T_{Erde})^4 + R$$

Unter der Annahme einer kleinen Störung kann λ als linearer Faktor [Entwicklung in eine Taylorreihe und Abbruch nach dem ersten Glied] wie folgt ermittelt werden

$$\lambda = \frac{d}{dT_{Erde}}[(1-\alpha)\cdot S_0 - k_B \cdot (\beta \cdot T_{Erde})^4] = -4 \cdot k_B \cdot \beta^4 \cdot T_{Erde}^3 = -3{,}3\,\frac{W}{m^2 \cdot °K} = \lambda_{Planck}$$

Jedes Klimamodell hat diese grundsätzliche Rückkopplung, die als »Planck-Rückkopplung« bezeichnet wird. Diese beschreibt den Umstand, dass ein wärmerer Planet mehr Strahlung abgibt als ein kälterer.

Fortsetzung ⊳

Die Wirkung eines Klimaantriebes R kann nun (nach dem Einstellen eines Gleichgewichtszustandes) wie folgt errechnet werden:

$$C\frac{d\Delta T_{Erde}}{dt} = 0 = R + \lambda \cdot \Delta T_{Erde}$$

Daraus folgt

$$\Delta T_{Erde} = -\frac{R}{\lambda}$$

Da die Planck-Rückkopplung in allen Klimamodellen auftritt und nur den Einfluss der Schwarzkörperstrahlung wiedergibt, wird der Einfluss der anderen wirkenden Rückkopplungen der Strahlungsantriebe λ_i (Treibhausgase, Landnutzungsänderungen, Aerosole, Albedoänderung etc.) wie folgt berücksichtigt

$$\lambda = \lambda_{Planck} + \lambda_1 + \lambda_2 + \cdots = \lambda_{Planck} + \sum_{i=1}^{n} \lambda_i$$

Eine Vielzahl von Faktoren beeinflussen das Klima. Es stellt sich die Frage, wie stark die verschiedenen Einflüsse auf das Klima wirken. Will man selbst seine Lebensgewohnheiten hin zu klima- und umweltschonenden ändern, ist es notwendig, die Parameter mit der größten Wirkung zu kennen – Müll trennen oder statt Auto fahren öffentliche Verkehrsmittel nutzen, auf Langstreckenflüge verzichten oder auf vegetarische Kost umsteigen.

Wie wird der Einfluss verschiedener Parameter auf das Klima objektiv bewertet und verglichen? Zur Beantwortung dieser Frage entwickelten Wissenschaftler ein Konzept zur Vergleichbarkeit der Einflussfaktoren über ihren Strahlungsantrieb (siehe Zusatzinformationskasten für mathematisch/physikalisch Interessierte).

Die Erde ist einer hochenergetischen kurzwelligen Strahlung durch die Sonne ausgesetzt. Die Strahlungsleistung der Sonne beträgt heute 1.362 Watt pro Quadratmeter. Sie steigerte langsam im Laufe von Millionen Jahren ihre Kernfusion und erhöhte sukzessive die abgegebene Strahlungsleistung. Die Erde ohne Atmosphäre erwärmt sich durch die Sonnenenergie auf 254,8 °K oder −18,4 °C. Mit der Atmosphäre werden heute im Mittel 287,1 °K oder 14 °C auf der Erdoberfläche gemessen. Dies entspricht einem Temperaturunterschied von 32,3 °C. Diese Temperaturdifferenz verursacht der Rückstrahlungseffekt der angeregten Treibhausgasatome. Wasserdampf und alle anderen Treibhausgase (engl. Green House Gases, GHG) nehmen Energie von der Sonne und von der im langwelligen elektromagnetischen Bereich strahlenden Erde auf, werden angeregt und senden ihre Anregungsenergie teilweise zur Erde zurück. Treibhausgase und alle anderen das Erdklima beeinflussenden Faktoren wirken physikalisch gesehen energiespendend. Diese Interpretation führt zum Konzept der Strahlungsantriebe in Watt pro Quadratmeter (engl. Radiative Forcing, RF), mit denen der Einfluss klimabeeinflussender Akteure beschrieben wird. Die Auswirkung der Strahlungsantriebe

(Triebkräfte des Klimas) auf eine Erhöhung oder Erniedrigung der Erdtemperatur wird als Klimasensitivität in °C pro Watt und Quadratmeter bezeichnet.

Richtungsweisend war die berühmte sogenannte Charney-Studie.[47] Diese errechnete für eine Verdopplung des CO_2-Anteils in der Atmosphäre einen Strahlungsantrieb von 4 Watt pro Quadratmeter und schätzte die daraus folgende globale Erwärmung auf etwa 3 °C. Für 3 °C bei 4 Watt pro Quadratmeter liegt die Klimasensitivität für CO_2 entsprechend bei 0,75 °C pro Watt und Quadratmeter. Die Ergebnisse dieses Berichts sind bis heute wegweisend.

Die Gleichgewichtsklimaempfindlichkeit (ECS, engl. Equilibrium climate sensitivity) ist die global gemittelte Oberflächentemperaturänderung im Gleichgewicht mit einer Verdoppelung der atmosphärischen CO_2-Konzentration. Dieser Ansatz nimmt in der Klimawissenschaft einen mythischen Status ein. Seit seiner Einführung und ersten Bewertung durch Charney et al. (1979)[48] bis zum letzten Bericht des Intergovernmental Panel on Climate Change (IPCC), dem Fünften Sachstandsbericht (AR5), bewegte sich diese Spanne um 1,5 bis 4,5 °C per Verdopplung der CO_2-Konzentration. Im Unterschied dazu gibt es die Übergangsklimaantwort (TCR, engl. Transient climate response). Diese gibt jene globale Erdtemperatur an, die bei der doppelten CO_2-Konzentration gemessen wird, die nachwirkenden ausgelösten Klimarückkopplungen werden nicht berücksichtigt. Es gilt:

- Gleichgewichtsklimaempfindlichkeit ECS 2,6 – 3,9 °C (nach einer neueren Arbeit im Jahr 2020 veröffentlicht)[49]
- Übergangsklimaantwort TCR 1 – 2,5 °C, bester Wert 1,5 °C

Neben den Einflüssen, die verschiedene Treibhausgase auf das Klima haben, zählen Aerosole (kleine Teilchen, Verschmutzungen in der Atmosphäre im kurzwelligen Spektrum) zu wichtigen beeinflussenden Faktoren. Aerosole können sowohl wärmende als auch kühlende Wirkung haben. Es gibt verschiedene Arten von kohlenstoffhaltigen Aerosolen, die eine große Vielfalt an Mischzuständen aufweisen. Jede Art beeinflusst die Bildung von Wassertropfen und Eiskristallen auf ihre Weise. Starken kühlenden Einfluss bewirken emittierte Staubwolken bei Vulkanausbrüchen. Im Gegensatz zu den sich gleichmäßig über die Erde verteilenden und vermischenden Treibhausgasen weisen Aerosole eine inhomogene zeitliche und räumliche Verteilung auf. Die Abschätzung dieser Einflüsse ist schwierig und bildet einen wesentlichen Unsicherheitsfaktor für die Angabe der Strahlungsantriebe. Veränderungen der

47 National Academy of Sciences (1979): Carbon Dioxide and Climate: A Scientific Assessment.

48 National Research Council (1979): Carbon Dioxide and Climate: A Scientific Assessment. Washington, DC: The National Academies Press;https://doi.org/10.17226/12181, abgerufen am 24.4.2021.

49 Sherwood, S. et al. (2020): An assessment of Earth's climate sensitivity using multiple lines of evidence; American Geophysical Union, Rev. Geophysics and WCRP; https://doi.org/10.1029/2019RG000678, abgerufen am 6.9.2020.

Landnutzung (Änderung der Albedo) werden ebenfalls als Strahlungsantrieb angegeben. Auch die Art der Wolken und deren Höhe beeinflussen die Klimarückwirkung. Die Einführung des Begriffs des Strahlungsantriebes liefert eine Maßzahl, wie die menschlichen Aktivitäten sowie natürliche Faktoren den Energiefluss des Klimasystems beeinflussen.

Das Klimasystem stellt physikalisch ein Strahlungsgleichgewicht zwischen zugeführter und abgegebener Energie her. Die durch Menschen zusätzlich verursachte Energiezufuhr gleicht das Erdklima durch eine Temperaturerhöhung, verbunden mit erhöhter Energieabstrahlung, aus. Dieses komplexe System kann nur sehr schwer in Modellen dargestellt und berechnet werden, da Temperaturänderungen zu verschiedenen Rückkopplungseffekten führen können. Die Zeitkonstanten der das Klima beeinflussenden Größen sind stark unterschiedlich. Das Meer ist ein riesiges Wärmereservoir. Die Zeitkonstante, mit der es auf Temperaturveränderungen reagiert, ist sehr lang. Das Eisschild der Antarktis benötigt zum Schmelzen sehr viel Energie über lange Zeiträume hinweg. Anders reagiert die Atmosphäre wegen ihrer geringeren Wärmespeicherkapazität. Sie antwortet wesentlich schneller auf Störungen des Energiegleichgewichts, hinzu gesellen sich natürliche Strahlungsantriebe – Strahlungsschwankungen der Sonne, die Einflüsse der komplizierten Erdbewegungen oder Vulkanausbrüche, die bis in die Troposphäre feine Teilchen emporwirbeln.

Das Meer, welches die Wärme an der Oberfläche aufnimmt, braucht Jahrhunderte, bis sich Oberflächenwasser (100 bis 700 Meter) mit kalten tieferen Schichten (>2 Kilometer) vermischt. Im Meerwasser sind Spuren der vergangenen großen Vulkanausbrüche und Störungen des früheren Klimas gespeichert und wirken träge immer noch nach. Ebenso erzeugen die von der Menschheit eingebrachten Störungen ein langanhaltendes Wärmegedächtnis des Meeres. Selbst bei einem sofortigen Stopp des CO_2-Eintrags wird die globale Erdtemperatur noch Jahrhunderte weiter ansteigen, bis wieder ein Gleichgewichtszustand erreicht ist.

Die Beziehung zwischen Strahlungsantrieb und globaler Temperatur kann wie folgt angegeben werden:

$$dT_{Erde} \sim S \cdot dF = -\frac{dF}{\lambda}$$

dT_{Erde} entspricht dabei einer kleinen Veränderung der globalen mittleren Erdtemperatur, dF dem betrachteten Strahlungsantrieb, S der Klimasensitivität und λ der Klimarückkopplung in Watt pro Quadratmeter und Grad. Eine Verdopplung des CO_2-Gehalts entspricht einem Strahlungsantrieb von 3,7 Watt pro Quadratmeter. Es ist üblich, die verschiedenen Klimaantriebe auf die Wirkung des doppelten CO_2-Gehalts zu beziehen, weil dies der Wert ist, bei dem sich die CO_2-Konzentration (bezogen auf das vorindustrielle Zeitalter) nach Erwartungen der Wissenschaftler einpendeln muss, wenn die Auswirkungen des Klimawandels halbwegs ertragbar bleiben sollen.

In der statischen Beschreibung des Strahlungsantriebs ist es schwierig, zeitlich schnelle troposphärische Anpassungen (Wolkenbildung, Wirkung von Aerosolen) zu beschreiben. Diese Einflüsse werden durch eine Erweiterung der oben angegebenen Beziehung auf die sogenannten Effektiven Strahlungsantriebe miterfasst:

> **Lachgas**
> wird in Kombination mit Sauerstoff als Anästhetikum bei klinischen Operationen eingesetzt. Der Name rührt entweder vom Auftreten euphorischer Zustände beim Patienten oder vom Auftreten von Zwerchfellkrämpfen her, die als Lachen interpretiert werden.

$$dT_{Erde} \sim E_i \cdot S_{CO_2} \cdot dF$$

E_i steht für die Wirksamkeit eines bestimmten Klimaänderungsmechanismus, die durch das Verhältnis der Klimasensitivität für diesen Mechanismus zu jener für das CO_2 gegeben ist. So ergibt sich die Effektivität verschiedener Treibhausgase, bezogen auf CO_2, wie folgt:

Tabelle 14: Effektivität verschiedener Treibhausgase gegenüber CO_2.

Gas	Effektivität E_i gegenüber CO_2
CO_2	1
Methan CH_4	28-fach
Lachgas N_2O	265-fach
Fluorierte/halogenierte Verbindungen	100 – 24.000-fach

9.2.1 Strahlungsantrieb durch Treibhausgase

9.2.1.1 Strahlungsantrieb CO_2

Eine genaue Berechnung des Strahlungsantriebs durch CO_2 und andere gasförmige Bestandteile der Erdatmosphäre wurde erst durch genauere spektroskopische Messgeräte möglich. CO_2 wirkt vor allem im langwelligen elektromagnetischen Emissionsband. Mittlerweile sind die physikalischen Schwingungsmoden und Eigenschaften der einzelnen Absorptionsbänder der wesentlichen Treibhausgase bestens bekannt. In Fraunhofer-Liniendatenbanken[50] sind über 50 strahlungsaktive gasförmige Substanzen detailliert gespeichert und dienen als Grundlage der Berechnung der Strahlungsantriebe. Der aktuelle Strahlungsantrieb von CO_2 in Bezug auf den vorindustriellen Wert im Jahr (1759) beträgt (2019) 2,05 Watt pro Quadratmeter. Der Strahlungsantrieb der Treibhausgase nimmt mit ihrer Konzentration zu und wirkt verstärkend.

50 HITRAN Datenbank; die Datenbanken HITRAN und HITEMP werden in der Abteilung für Atom- und Molekularphysik, Harvard-Smithsonian Center for Astrophysics, entwickelt und gepflegt; https://hitran.org/, abgerufen am 27.12.2019.

Tabelle 15 zeigt die steigende Zunahme der CO_2-Konzentration pro Jahr.

Tabelle 15: Zunahme der CO_2-Konzentration im Laufe der Zeit.

	Vergangene Zunahme während eines Zeitraumes von ...		
Treibhausgas	... 40 Jahren	... 10 Jahren	... 1 Jahr
Kohlendioxid CO_2	1,83 ppm	2,3 ppm	2,05 ppm

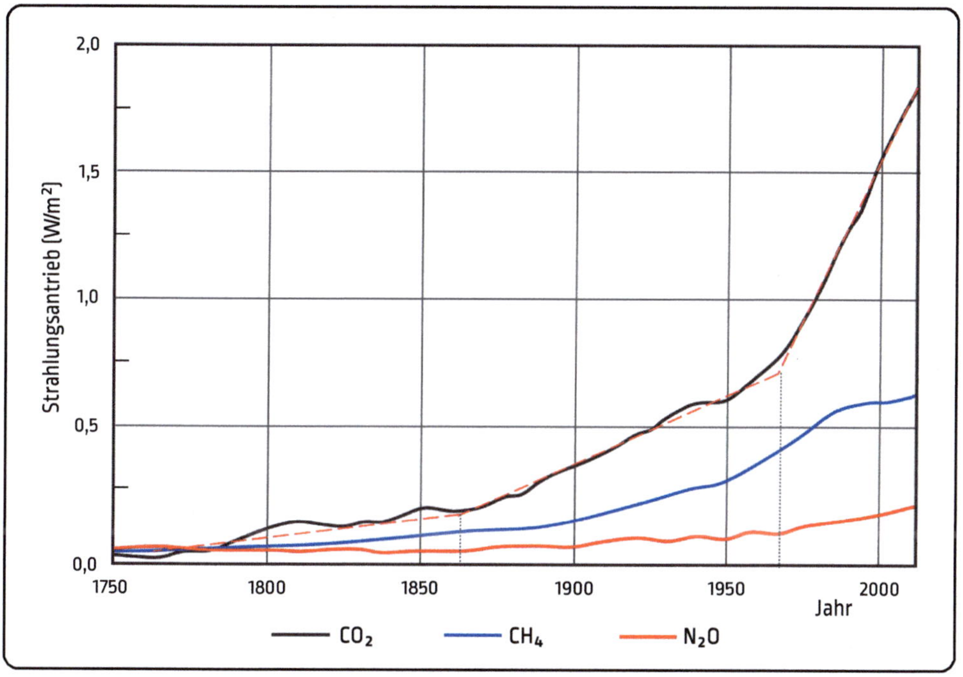

Abbildung 108: Strahlungsantrieb von CO_2, Distickoxid (N_2O) und Methan (CH_4). Strahlungsantriebe von 1750 bis 2011.

Dem Diagramm (Abbildung 108) deutlich zu entnehmen sind ein erster schneller Anstieg des CO_2-Strahlungsantriebes ab 1855 (Beginn der industriellen Revolution) und eine weitere deutliche Beschleunigung ab 1965 (Wirtschaftswunder – rasant zunehmender Individualverkehr).

Zur Zeit der Industrialisierung entdeckte der Mensch die Möglichkeit, thermische Energie in mechanische oder elektrische Energie umzuformen. Dies begann mit der Erfindung von dampfgetriebenen Maschinen, setzte sich in brennstoffgetriebenen Motoren und in mit aus Wasserkraftwerken oder thermischen Kraftwerken gewonnener elektrischer Energie fort. Die elektrische Energie ist verlustarm über elektrische Hochspannungsleitungen über weite Strecken übertragbar und kann problemlos mit hohem Wirkungsgrad in thermische oder mechanische Energie rückverwandelt werden.

Die industriellen Revolutionen, die durch die Erkenntnisse der Wissenschaftler ausgelöst wurden, erlaubten den Ersatz schwerer körperlicher Arbeit durch mechanische Hilfen bzw. gingen weit über menschliche Kräfte hinaus. Die thermische Energie wird vorrangig aus der Verbrennung fossiler Brennstoffe – Erdöl, raffinierte Stoffe, Erdgas und Kohle – bezogen. Da sich CO_2, im Gegensatz zu anderen Treibhausgasen, nicht selbstständig zersetzt, muss es durch andere Mechanismen abgebaut werden. Dies geschieht durch Pflanzen, die Kohlenstoffdioxid durch Photosynthese in Glucose umwandeln, durch die Aufnahme von CO_2 in den Ozeanen oder durch die Verwitterung von Gestein oder die Einlagerung in marine Lebewesen.

Der atmosphärische CO_2-Anstieg gegenüber dem vorindustriellen Niveau wurde zunächst durch Entwaldung und Landnutzungsänderungen verursacht. Die Emissionen aus fossilen Brennstoffen begannen bereits vor der industriellen Ära, wurden aber erst ab 1950 zur dominierenden Quelle. Die menschlich eingebrachten Emissionen überlagern einen aktiven natürlichen Kreislauf, der den Kohlenstoff zwischen der Atmosphäre, dem Ozean und der Biosphäre zirkulieren lässt.

9.2.1.2 Strahlungsantriebe Methan, Lachgas, FCKW und halogenisierte Verbindungen

Die atmosphärischen Konzentrationen von Methan in der Atmosphäre sind um einen Faktor 200 kleiner als die von CO_2. Eine genaue Messung des Methananteils ist daher schwierig. Erst Instrumente mit höherem Auflösungsvermögen ermöglichten eine exakte Messung. Der Anteil von Lachgas ist noch viel geringer als jener von Methan und ist um den Faktor 1.200 kleiner als jener von CO_2.

Ähnlich wie CO_2 nimmt Methan in seiner Konzentration immer mehr zu. In überfluteten Regionen gedeihen Methanogene, die aus organischem Material im Boden Methan produzieren. Zusätzlich zu den Veränderungen in den natürlichen Feuchtgebieten erhöhten die Ausdehnung des Reisanbaus, die Erdöl- und Erdgasförderung und die industrialisierte Viehzucht die Methanproduktion.

9.2.1.3 Berechnung der Strahlungsantriebe der wichtigsten Treibhausgase

Die Strahlungsantriebe der wichtigsten Treibhausgase, ausgehend von der vorindustriellen Zeit (mit 1750 angenommen) errechnen sich wie folgt:

Tabelle 16: Berechnungsformel für den Strahlungsantrieb der wichtigsten Treibhausgase.

Treibhausgas	Berechnungsformel	Konstante
Kohlendioxid CO_2	$F_{CO_2} = \alpha \cdot \ln\left(\frac{C}{C_0}\right)$	α = 5,35
Methan CH_4	$F_{CH_4} = \beta \cdot \left(\sqrt{M} - \sqrt{N_0}\right) - [f(M, N_0) - f(M_0, N_0)]$	β = 0,036
Distickoxid N_2O	$F_{N_2O} = \varepsilon \cdot \left(\sqrt{M_0} - \sqrt{N}\right) - [f(M_0, N) - f(M_0, N_0)]$	ε = 0,12
Halogenierte Verbindung CFC11	$F_{CFC11} = \lambda \cdot (X - X_0)$	λ = 0,25
Halogenierte Verbindung CFC12	$F_{CFC12} = \omega \cdot (X - X_0)$	ω = 0,32

C steht für CO_2, M für CH_4, N für N_2O und X für die CFCs. Der Index 0 steht für die vorindustriellen Werte. Für die Funktion f(M,N) gilt:

$$f(M, N) = 0{,}47 \cdot ln(1 + 2{,}01 \cdot 10^{-5} \cdot (M \cdot N)^{0{,}75} + 5{,}31 \cdot 10^{-15} \cdot M \cdot (M \cdot N)^{1{,}52})$$

Mit den aktuell gemessenen Treibhausgaskonzentrationen ergibt sich:

Tabelle 17: Berechnete Strahlungsantriebe für die wichtigsten Treibhausgase in Bezug auf die vorindustrielle Konzentration im Jahr 1750.

Treibhausgas	1750 Konzentration	2019 Konzentration	Antrieb F (W/m^2)
Kohlendioxid CO_2 (ppm) (C)	278	407,8	2,05
Methan CH_4 (ppb) (M)	722	1.869	0,52
Lachgas N_2O (ppb) (N)	270	331	0,20
Halogenierte Verbindung CFC11 (ppb) (X)	0	0,228	0,06
Halogenierte Verbindung CFC12 (ppb) (X)	0	0,506	0,16

9.2.2 Strahlungsantrieb: Aerosole

Aerosole bilden Gemische aus festen und flüssigen Schwebeteilchen in der Atmosphäre. Die kleinsten Partikel sind wenige Nanometer groß. Aerosole verändern sich durch Kondensation von Dämpfen an Partikeln oder durch Verdampfen flüssiger Anteile. Dies erschwert die eindeutige Zuordnung als Strahlungsantrieb und die Art der Wirkung – kühlend oder temperaturerhöhend. Durch Waldbrände, Industrieabgase, Flugzeuge, Wüstenstaub, Verbrennung fossiler Brennstoffe sowie durch Vulkanausbrüche stoßen Aerosole bis weit in die Troposphäre vor. Generell werden künftig die Einflüsse der Aerosole auf den Strahlungsantrieb immer unbedeutender, weil die Zunahme der Treibhausgase derart rapide erfolgt, dass die Aerosolwirkung zu vernachlässigen sein wird. Die weltweiten Schwefeldioxidemissionen (saurer Regen) haben sich seit 1990 stabilisiert und sinken seither. Das ist das Ergebnis einer wirksamen Luftreinhaltepolitik. Paradox ist, dass dieser Umwelterfolg gleichzeitig den Strahlungsantrieb weiter erhöht, da die kühlend wirkenden SO_2-Aerosole abnehmen. In der EU und in den USA sind die Schwefeldioxidemissionen seit ihrem Höchststand um den Faktor 5 zurückgegangen.

Trockenes, unbewachsenes Land, das starken Winden ausgesetzt ist, ermöglicht das Mitreißen von Staub in die Atmosphäre. Das ist die massenmäßig größte Quelle von Aerosolen. Untersuchungen weisen auf eine Staubzunahme innerhalb des 20. Jahrhunderts um fast den Faktor 2 hin. Der Beitrag von Staub zu den Strahlungsantrieben ist allerdings gering.

9.2.2.1 Strahlungsantrieb: Kondensstreifen und kondensstreifeninduzierte Trübung

Eine wichtige Komponente aus dem Flugzeugbetrieb entsteht durch den Ausstoß heißer feuchter Luft und Aerosolen aus den Triebwerken in die obere Troposphäre und die untere Stratosphäre. Die linearen Kondensstreifen können sich zu Zirruswolken entwickeln, die überwiegend aus Eiskristallen bestehen. Der entsprechende Klimaantrieb wird als relativ gering (0,05 Watt pro Quadratmeter) angenommen. Nicht eingeschlossen in diesen Wert sind die entstehenden Verbrennungsgase des Flugverkehrs.

9.2.2.2 Strahlungsantrieb stratosphärische Aerosole

Eine gewisse Menge an sehr kleinen Sulfatpartikeln (10 bis 100 Nanometer) ist permanent in der Stratosphäre vorhanden und stört dadurch den Strahlungshaushalt. Diese stratosphärischen Aerosole nehmen nach Vulkanausbrüchen, die Material direkt in die Stratosphäre einbringen, stark zu. Vulkanische Einflüsse sind seit der Antike dokumentiert. Pompeji wurde durch den Ausbruch des Vesuvs 79 n. Chr. zerstört und verschüttet. Plutarch erwähnte, dass die Eruption des Ätna im Jahr 44 v. Chr. die Sonne verdunkelte und die Ernten vernichtete. Die Folge waren Hungersnöte in Rom und

Abbildung 109: Ausbruch des Raikoke auf den Kurilen im Juni 2019, aufgenommen von der ISS-Raumstation.

Ägypten. Heute existiert eine umfassende Datenbank aktiver Vulkane und Vulkanausbrüche.[51] Die Wirkung der durch Vulkane eingebrachten Aerosole hält 7 bis 8 Jahre an. Der tiefe Ozean reagiert träge auf die thermische Störung (100 Jahre), als könnte er sich besonders lange an vergangene Einflüsse erinnern – das Gedächtnis des Meeres. Stratosphärische Aerosole streuen die einfallende kurzwellige Strahlung der Sonne und vermindern die zur Erde gerichtete Sonnenstrahlung. Die Strahlungswirkung der

51 http://volcano.si.edu/reports_weekly.cfm, abgerufen am 29.12.2019.

stratosphärischen Aerosole ist gering, sie wirken kühlend. Der Strahlungsantrieb liegt zwischen −0,01 bis −0,05 Watt pro Quadratmeter.

Nach einem Vulkanausbruch wie dem des Raikoke 2019 ist die stärkste Wirkung nach einem halben Jahr zu beobachten. Sie sinkt danach innerhalb von 1 bis 2 Jahren auf 40 % ab.

9.2.3 Strahlungsantrieb Albedo-Veränderungen durch Landnutzung und Landbedeckungswechsel

Die Oberflächenalbedo variiert zwischen dunklen Wäldern, hellen Grasflächen oder Nutzpflanzen, kargen Wüsten oder schneebedeckten Flächen. Folglich führt paradoxerweise die Abholzung von Wäldern zur Erhöhung der Albedo, mehr Licht wird reflektiert, was die Erde abkühlt. Die größten Auswirkungen von Landnutzung und Entwaldung treten in höheren nördlicheren Breiten auf, da schneebedeckte Wälder eine niedrige Albedo haben, während schneebedeckte Ackerflächen eine hohe Albedo aufweisen. Gegenteilig wirkt bei der Entwaldung und Umwandlung natürlicher Flächen für die Bewirtschaftung die tendenziell größere direkte Freisetzung von Kohlendioxid. Aufforstung erhöht das natürliche Aufnahmevermögen von CO_2. Waldbrände setzen erhebliche Mengen an Kohlendioxid, Schwefeldioxid, Methan und anderen organischen Gasen sowie kohlenstoffhaltige Aerosole frei. Wahrscheinlich überwiegen die kühlenden Effekte auf das Klima der in die Atmosphäre abgegebenen Aerosole. Böden setzen auf natürliche Weise Stickoxide und Ammoniak frei. Die Landwirtschaft

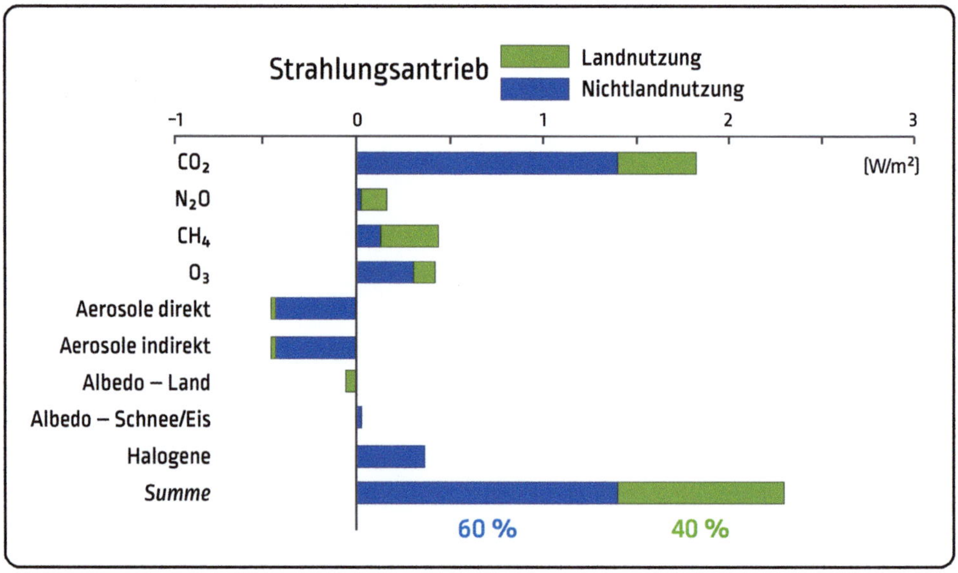

Abbildung 110: Strahlungsantrieb aus Landnutzung und aus anderen Strahlungsantrieben.

erhöhte die Stickstoffeinträge durch Düngereinsätze erheblich. Stickstoffbasierte Gase wie N_2O sind langlebige Treibhausgase mit einer Lebensdauer in der Größenordnung von 100 Jahren. Ammoniakemissionen stammen überwiegend aus Stickstoffdüngung im Rahmen der Acker- und Weidenutzung und verändern die Ammoniakaerosole. Insgesamt wird der Strahlungsantrieb aus Landnutzung und Landbedeckungswechsel auf etwa 40 % des derzeitigen durch menschliche Eingriffe verursachten gesamten Strahlungsantriebes geschätzt (siehe Abbildung 110).

Ablagerung von Ruß auf Schnee verändert die Albedo des Schnees und verursacht einen geringen Strahlungsantrieb (+0,04 Watt pro Quadratmeter).

9.2.4 Solarer Strahlungsantrieb

Die aktuelle Sonnenstrahlungsforschung fußt auf drei Säulen:

- weltraumgestützten Messungen,
- Modellierung der beobachteten Sonnenintensitätsschwankungen und
- Erfassung und Verständnis der Reaktionen der Erde.

Die Anzahl der Sonnenflecken geht mit der Strahlungsstärke der Sonne einher (siehe Abbildung 111). Alle 27 Tage dreht sich die Sonne um ihre Achse. Die Strahlungsintensität verändert sich periodisch alle 11 Jahre. Die Erderwärmung infolge der Intensitätsschwankungen der Sonne ist bezogen auf den menschlichen Einfluss auf die Erderwärmung klein (0,08 °C).

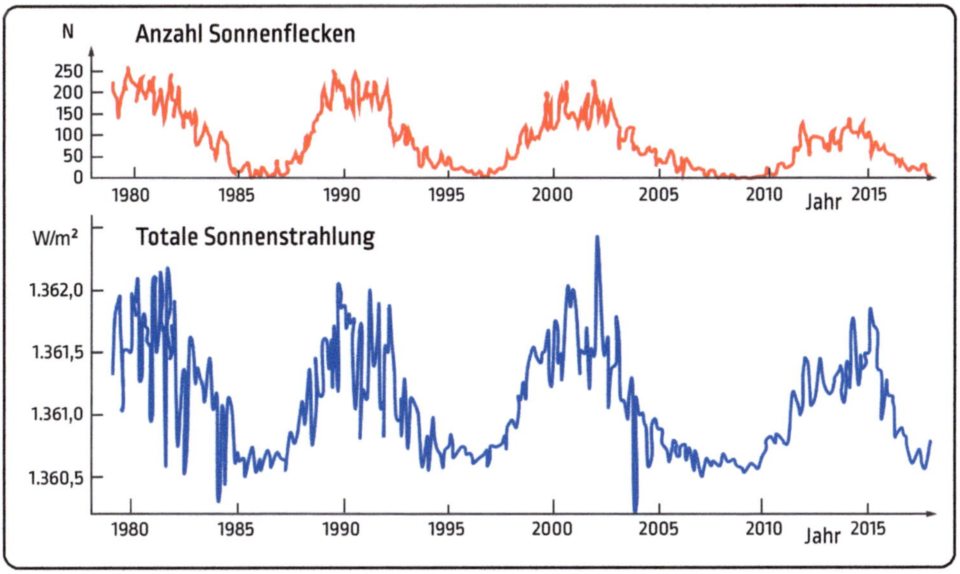

Abbildung 111: Anzahl der Sonnenflecken und die Strahlungsstärke der Sonne.

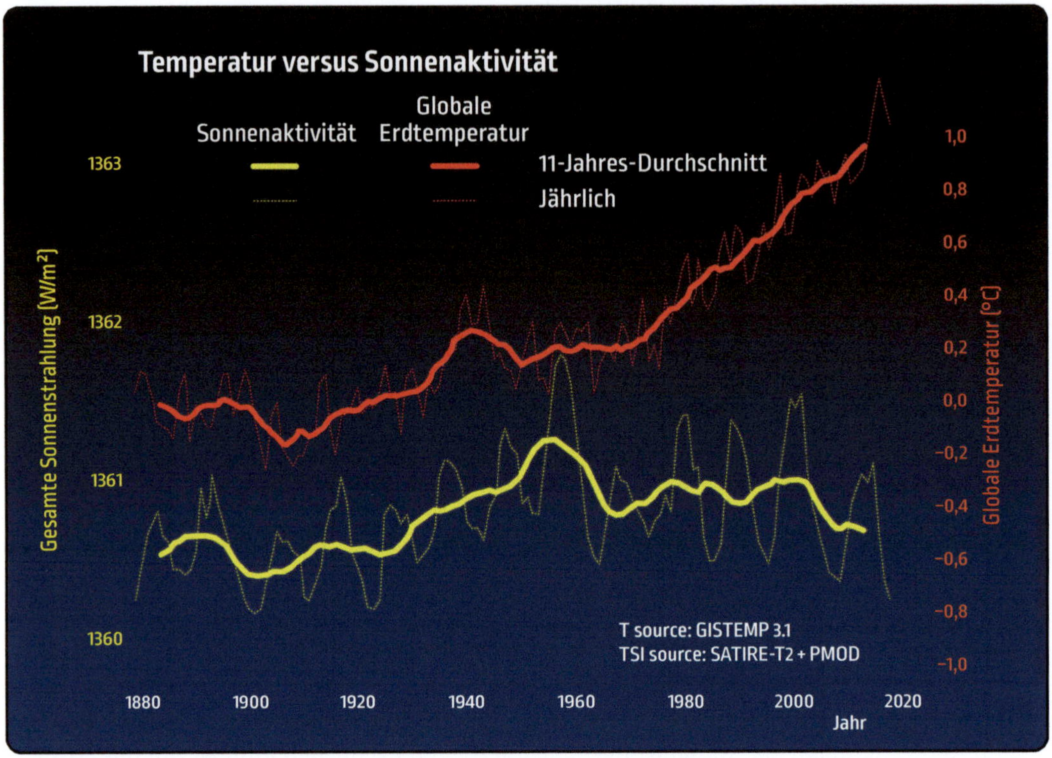

Abbildung 112: Globale Erdtemperatur und Solare Aktivität versus Zeit.

Abbildung 112 stellt klar, dass die globale Erderwärmung nicht auf die solare Aktivität zurückzuführen ist. Obwohl die Sonnenaktivität seit etwa den 1960ern im Mittel abnahm, steigt die Temperatur steil nach oben. Er ist mittlerweile von der Sonnenaktivität weitgehend abgekoppelt, da die anderen Strahlungsantriebe dominieren.

9.2.5 Gesamter natürlicher und anthropogener Strahlungsantrieb

Die Art der verschiedenen Antriebe ist hinsichtlich ihrer Größe, ihrer Genauigkeit in der Bestimmung, ihrer räumlichen Verteilung auf der Erde und ihrer zeitlichen Entwicklung stark unterschiedlich. Die zeitliche Entwicklung der natürlichen Klimaantriebe und der durch den Menschen verursachten führt zu einem besseren Verständnis der Abhängigkeiten zwischen beiden.

Ab 1850 sind die menschlichen (anthropogenen) Einflüsse deutlich zu erkennen. Ab 1959 wird die Kurve steiler, der durch den Menschen verursachte Eintrag der Treibhausgase nimmt zu. Die braunen Dreiecke in der Abbildung 113 markieren große Vulkanausbrüche, die einen kühlenden Einfluss auf die Atmosphäre hatten (steile hellgrüne Spitzen nach unten). Die rote Linie stellt den menschlichen Antrieb und die schwarze Linie den Gesamtantrieb dar. Werden von den (oberhalb der Nulllinie ein-

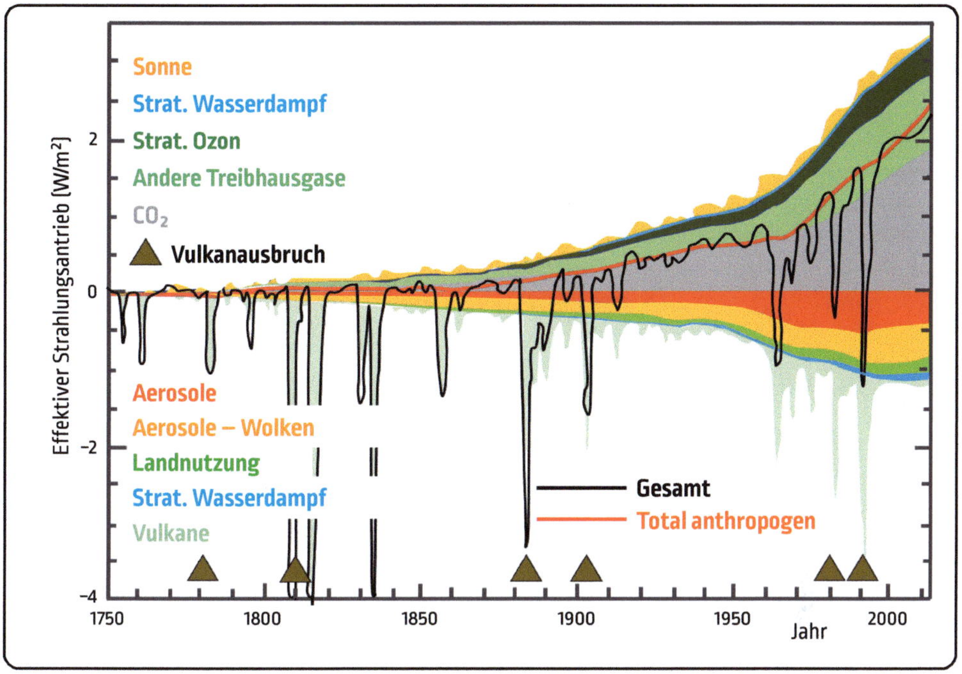

Abbildung 113:
Zeitliche Entwicklung der effektiven Strahlungsantriebe.

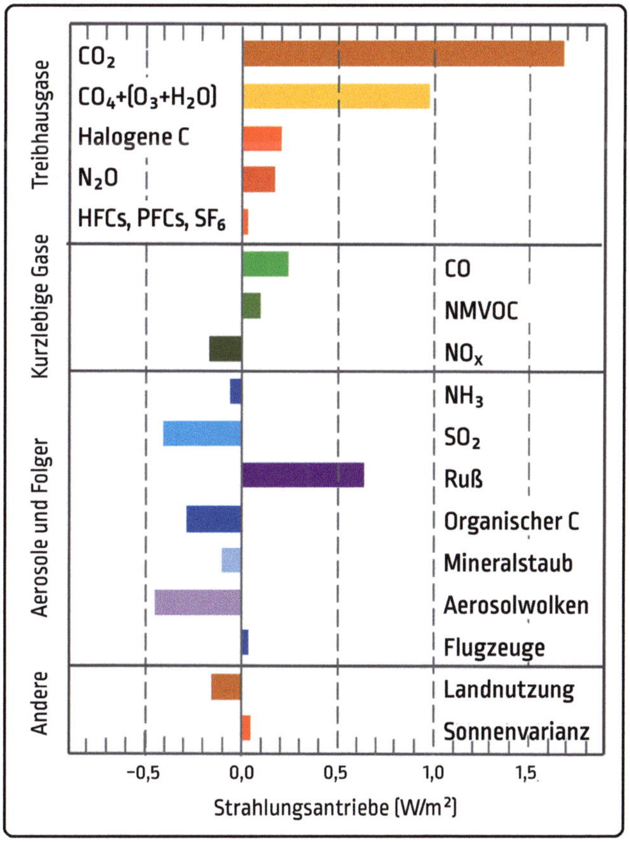

Abbildung 114:
Übersicht über die positiv und negativ wirkenden Strahlungsantriebe (gemittelt über den Zeitraum von 1750 bis 2011).

gezeichneten) positiv wirkenden Antrieben (erwärmenden) die natürlichen absorbierenden (kühlenden) abgezogen, ergibt sich der Gesamtantrieb.

Positive Strahlungsantriebe wirken erwärmend, negative abkühlend (siehe Abbildung 114). HFCs sind Fluorkohlenwasserstoffe, PFCs stehen für Polyfluorierte Chemikalien, NO_x bezeichnen Stickoxide, NMVOC steht für flüchtige organische Verbindungen (wie Lösungsmittel etc.), und SF_6 ist Schwefelhexafluorid. Die Gesamtsumme aller Strahlungsantriebe ergibt +2,3 Watt pro Quadratmeter (2011) und wirkt erderwärmend.

9.2.6 Die Auswirkung der Strahlungsantriebe auf das Erdklima

Können diese Strahlungsantriebe direkt auf die zu erwartete Steigerung der globalen Erdtemperatur umgerechnet werden? Nein, eine direkte Umrechnung der Strahlungsantriebe mit der Planck'schen Formel würde falsche Ergebnisse zeigen, da die Rückstrahleffekte der Erdatmosphäre nicht berücksichtigt wären.

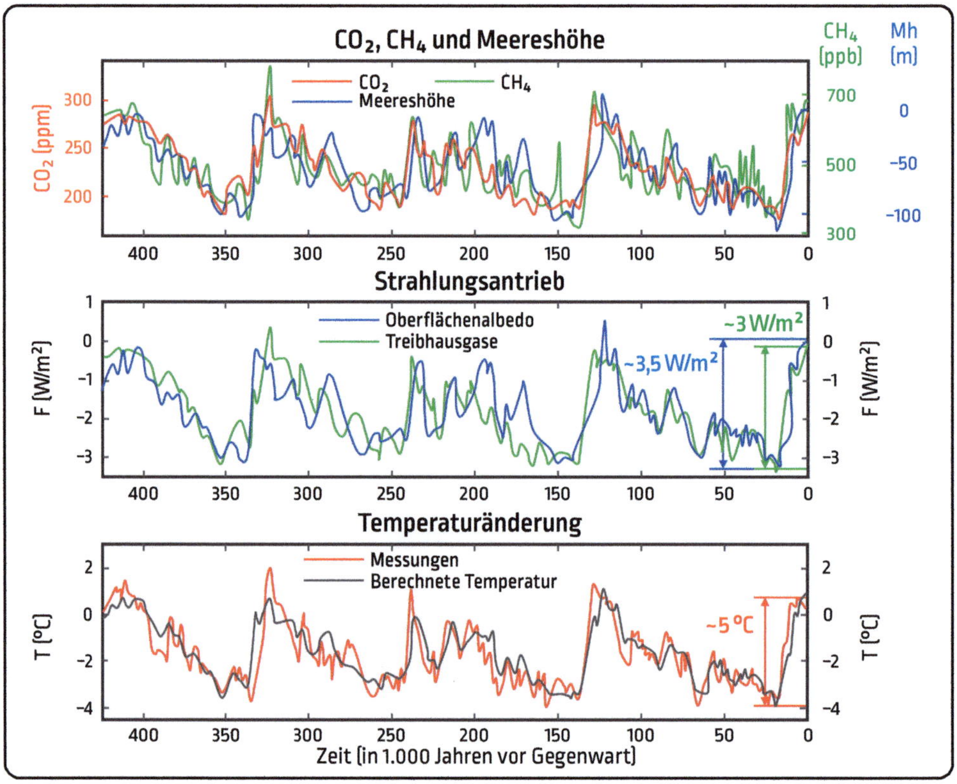

Abbildung 115: Verlauf der Treibhausgaskonzentrationen, der Meereshöhe, der Strahlungsantriebe und der Erdtemperatur in den letzten 425.000 Jahren.

9.2.6.1 Schnell wirkende Klimareaktion

Das Klimasystem ist ein komplexes System mit nicht linearen Rückkopplungen zahlreicher Komponenten. Selbst aktuelle aufwendige Klimamodelle und Klimasimulationen bilden nicht alle Effekte genau genug ab.

Mittlerweile sind die Verläufe von Temperatur, Sauerstoff, Treibhausgasen und Meeresspiegel prähistorischer Zeit sehr gut gemessen und bekannt. Der paläontologische Blick zurück ist wichtig, denn er erlaubt Rückschlüsse von vergangenen Klimareaktionen auf die gegenwärtige Klimasituation.

Abbildung 115 gibt den Verlauf von CO_2 und CH_4 auf Meereshöhe für die vergangenen 425.000 Jahre an. Die letzte Eiszeit liegt 20.000 Jahre zurück, erkennbar am steilen Anstieg von 180 auf 300 Parts per Million CO_2. Die Seehöhe stieg im Wechsel von der letzten Eiszeit auf die Zwischeneiszeit um mehr als 100 Meter. Im mittleren Diagramm sind die Strahlungsantriebe für die Treibhausgase und die Oberflächenalbedo eingetragen. Die Strahlungsantriebe nehmen nach einer Zwischeneiszeit (mit erhöhten Temperaturen z. B. vor 125.000 Jahren) langsam ab. Diese Abnahme verläuft analog zur Konzentration der Treibhausgase und der Oberflächenalbedo.

9.2.6.2 Berechnung der Effektivität der Klimastörung durch eine Veränderung der Konzentration der Treibhausgase

Der gesamte Strahlungsantrieb, der während des schnellen Anstiegs von der letzten Eiszeit zur heutigen Zwischeneiszeit führte, betrug 6,5 Watt pro Quadratmeter. 3 Watt pro Quadratmeter stammten dabei von der Veränderung der Treibhausgase (vorrangig CO_2) und 3,5 Watt pro Quadratmeter von der Veränderung der Oberflächenalbedo. Die globale Erdtemperatur stieg im selben Zeitraum um 5 °C an. Dies ergibt eine Klimaempfindlichkeit von:

$$S = \frac{\Delta T}{\Delta F} = \frac{5°C}{6{,}5\,\frac{W}{m^2}} \approx 0{,}75\ {}^{°C}\!\Big/_{\frac{W}{m^2}}$$

Eine Verdopplung der CO_2-Konzentration entspricht

$$2 \cdot CO_2\,(1750) = 2 \cdot 278\,ppm = 556\,ppm$$

Für eine Verdopplung der CO_2-Konzentrationen wird mit einem äquivalenten Strahlungsantrieb von 3,7 Watt pro Quadratmeter gerechnet. Das ergibt bei einer Klimasensitivität von 0,75 °C je Watt pro Quadratmeter einen globalen Temperaturanstieg von

$$T_{2\cdot CO_2} = S \cdot \Delta F = 0{,}75 \cdot 3{,}7 = 2{,}8\,°C.$$

Derzeit (Ende 2019) beträgt die CO_2-Konzentration etwa 410 Parts per million. Näherungsweise ergibt sich, selbst bei einem sofortigen Stopp aller durch den Menschen verursachten Klimastörungen, eine Temperaturerhöhung von

$$T_{Zukunft} \approx S \cdot \Delta F_{2\cdot CO_2} \cdot \frac{k_{CO_2(2019)}}{k_{2\cdot CO_2}} = 0{,}75 \cdot 3{,}7 \cdot \frac{410}{556} \approx 2\,°C$$

Wie bereits ausgeführt, wird in jedem Fall noch ein weiteres Grad Temperaturerhöhung, resultierend aus der Trägheit der Ozeanreaktionen, eintreten. Das Klimaziel von 2 °C bis 2050 lässt sich daher aus heutiger Sicht mit großer Sicherheit nicht mehr einhalten.

9.2.6.3 Langsam wirkende Klimareaktion

Der Ozean bedeckt 71 % der Erdoberfläche und hat eine gewaltige Ausdehnung und ein enormes Volumen. Die mittlere Höhe der gesamten Landfläche von 29 % der Erde beträgt 685 Meter. Die mittlere Tiefe des Ozeans ist 3.800 Meter. Das Wasservolumen der Ozeane ist circa 6-mal so groß wie das Landvolumen über Meereshöhe. Die Aufnahmekapazität von Wärmeenergie – das Wärmespeichervermögen – der Ozeane ist schier unerschöpflich. Aufgrund ihrer großen Masse verlaufen die Energieaufnahme und die Durchmischung der oberen mit den tieferen Wasserschichten entsprechend langsam. Die Ozeane verhalten sich so, als erinnerten sie sich an vergangene, längst verschwundene Störungen, und reagieren noch lange auf sie.

Neben den schnellen Klimareaktionen der Atmosphäre und der Erdoberfläche tritt eine langsame, verzögernd ablaufende der Ozeane auf. Nachfolgend soll abgeschätzt werden, wie groß die Temperaturänderung ist, die sozusagen noch »in der Pipeline« ist und im nächsten Jahrhundert weiterwirken wird. Neben der Trägheit der Wärmeaufnahme und Wärmeabgabe der Ozeane verzögert die langsame Veränderung der Oberflächenalbedo durch das Wegschmelzen des Meerwassereises, der Gletscher und der Polkappen den Effekt. Ein paläontologischer Blick in die Erdvergangenheit hilft, diesen Effekt abzuschätzen.

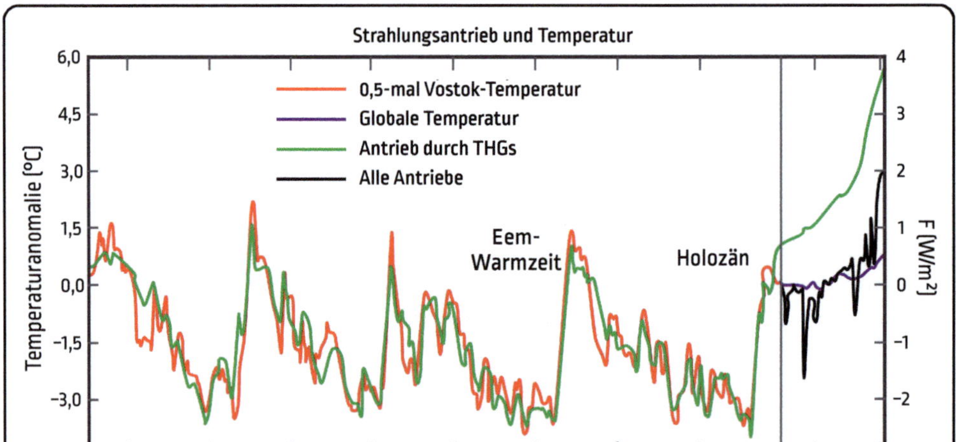

Abbildung 116: Strahlungsantriebe und Temperatur der letzten 425.000 Jahre.

Bekannt sind der Verlauf der Strahlungsantriebe aus Treibhausgasen und die Temperaturen der Vergangenheit, abgeleitet aus Eiskernbohrungen der Antarktis. Die Antarktistemperaturen werden im Diagramm (Abbildung 116) halb so groß angenommen, weil bekannt ist, dass an den Polen wegen der geringeren Sonneneinstrahlung die Temperaturen ungefähr die Hälfte der globalen Erdtemperatur betragen. Rechts ist eine erweiterte Zeitskala für das Industriezeitalter angegeben. Die schwarze Linie entspricht dem gesamten Strahlungsantrieb, grün dem der Treibhausgase, und die violette Linie entspricht dem beobachteten Temperaturanstieg bis 2007.

Vergleicht man die beiden Skalen, links für den Temperaturverlauf (−4,5 bis +6 °C, also 10,5 °C Temperaturdifferenz), rechts für den Strahlungsantrieb (−3 bis +4 °C entsprechend 7 Watt pro Quadratmeter Antriebsstrahlungsdifferenz), und dividiert diese, dann erhält man für die gesamte Klimasensitivität über lange Zeiträume:

$$S_{Gesamt} = \frac{\Delta T}{\Delta F} = \frac{10{,}5°C}{7\,\frac{W}{m^2}} \approx 1{,}5\ {}^{°C}\Big/_{\frac{W}{m^2}}$$

Für die langsam wirkende Klimasensitivität nach Abzug der kurzfristigen ergibt sich:

$$S_{Lang} \approx S_{Gesamt} - S = 1{,}5 - 0{,}75 = 0{,}75\ {}^{°C}\Big/_{\frac{W}{m^2}}$$

Der langfristige wirkende Klimaantrieb ist etwa gleich groß wie der transient beobachtete. Lange nachdem die Menschheit ihre Emissionen und Störungen des Strahlungsgleichgewichts der Erde eingestellt haben wird, wird die Erde ihre Temperatur weiter erhöhen, bevor diese durch natürliche Prozesse wieder zu sinken beginnen wird. Die Folgen des Industriezeitalters werden die Menschheit mit Sicherheit noch das nächste Jahrhundert beschäftigen. Für die schnelle Temperaturerhöhung werden 0,6 °C und für die langsamen Antriebe (Ozeane, Eisflächen) 1,4 °C weiterer Temperaturanstieg erwartet. Die Erhöhung der Temperatur durch die in den Ozeanen bereits aufgenommene Wärme wird innerhalb der nächsten 25 Jahre zur Hälfte und in 250 Jahren zu drei Vierteln stattfinden. Das Strahlungsgleichgewicht wird die Erde voraussichtlich in 1.000 Jahren erreichen.

Neben den Ozeanen als Wärmespeicher wirken die großen Eismassen stabilisierend. Zur Erklärung: Solange sich Eis in einem Cocktailglas befindet, stabilisiert das Getränk seine Temperatur konstant bei 0 °C. Diese 0 °C halten so lange an, bis alles Eis geschmolzen ist. Anschließend erwärmt sich der Cocktail und passt sich relativ rasch an die Umgebungstemperatur an.

Ähnlich verhält es sich mit den stabilisierenden Effekten des Meereises, der Gletscher und der eisbedeckten Polkappen. Solange diese vorhanden sind, stabilisieren und verzögern sie den Temperaturanstieg. Das verhindern die erwähnten trägen Kältespeicher. Die Temperaturen der Zwischeneiszeit sind wegen der Eiskappen ausgeglichen und werden durch sie auch während der Eiszeiten in einem engen Temperaturbereich von etwa 5 °C stabilisiert. Sind die Polkappen einmal weggeschmolzen (das Abschmelzen der Antarktis wird positiverweise Tausende von Jahren dauern), bewegt sich die Erde rasant auf eine »Heißerde« zu. Verursacht die Menschheit weiter einen Strahlungsantrieb in der aktuellen Größenordnung, kommt es zwangsläufig zu einem nicht mehr aufhaltbaren Prozess des Abschmelzens der Antarktis.

Tabelle 18: Übersicht über die Strahlungsantriebe und die effektive Klimasensitivität.

Komponente	Strahlungsantrieb (W/m²)	Effektive Klimasensitivität transient °C/W/m²	Effektive Klimasensitivität Gleichgewicht °C/W/m²
Gut gemischte Treibhausgase (THG)	3,4	0,35	0,71
Aerosole, vom Menschen verursacht	-0,735	0,83	0,93
Landnutzung	-0,113	1,81	0,11
Ozon	0,27	0,53	0,56
Solare Variabilität	0,04	0,35	0,26
Vulkane	-0,044	0,45	0,47
Historisch		0,71	0,71

Tabelle 18 gibt eine Übersicht über die Strahlungsantriebe und die effektiven Klimasensitivitäten. Beim Erreichen des Gleichgewichts sind die Ozeane durchmischt und die durch die Strahlungsantriebe indirekt ausgelösten Rückkopplungen abgeklungen. Die transiente Klimasensitivität ist die globale Temperaturerhöhung zum Zeitpunkt der gemessenen doppelten CO_2-Konzentration in der Erdatmosphäre und beschreibt die schnelle Klimaantwort.

9.3 Ursprung und Verursacher des Treibhausgases CO_2

9.3.1 CO_2 – und globaler Kohlenstoffkreislauf

Das CO_2-Gas stellt in der Atmosphäre die wichtigste Komponente im globalen Kohlenstoffkreislauf dar. Ein Bestandteil dieses Kreislaufs ist der gespeicherte Kohlenstoff im Erdsystem – in den Ozeanen in Bodensedimenten, an Land in der Lithosphäre und den Pflanzen. Die Permafrostböden und fossilen Brennstoffe in der Form von Erdöl, Erdgas und Kohle speichern eine riesige Menge Kohlenstoff. Zwischen diesen Reservoiren kommt es zu Austauschflüssen. Die Zeiten und Mechanismen des Kohlenstoffaustausches – Freisetzung, Aufnahme und Bindung – sind extrem unterschiedlich und reichen von Jahren bis zu Jahrtausenden. Kohlenstoff, der im Boden und in den Pflanzen gebunden ist, braucht zum Austausch (Wachstum/Zerfall) Jahrzehnte bis Jahrhunderte. Die riesigen Kohlenstoffmengen, die durch Verwitterung, Erosion oder Sedimentbildung am Ozeanboden abgelagert werden, benötigen Zeiträume von 10.000 Jahren und mehr. Das CO_2 der Luft wird durch Gasaustausch mit dem Oberflächenwasser der Ozeane gelöst und bindet sich im Wasser als Kohlensäure (H_2CO_3), das teilweise chemische Bindungen in Form von Karbonaten eingeht. In Lebewesen wird Kohlenstoff in Form organischer Verbindungen gebunden. Ein Teil des Kohlenstoffs findet sich in abgestorbener organischer Substanz in Böden oder im Permafrost.

Kohlenstoffdioxid wird durch Pflanzen mithilfe der Photosynthese aus der Atmosphäre aufgenommen, in Pflanzengewebe und Wachstum umgewandelt und nach dem Absterben der Pflanzen über Zerfall und Zersetzung wieder dem Kreislauf zugeführt. Die Photosynthese erfolgt nur während der Vegetationszeit. Die Landmasse der nördlichen Hemisphäre liefert daher einen charakteristischen sägezahnförmigen CO_2-Verlauf im Jahresrhythmus.

9.3.1.1 *Globaler Kohlenstoffhaushalt*

Eine genaue Bewertung der durch den Menschen verursachten Kohlendioxidemissionen und ihrer Umverteilung in der Atmosphäre, den Ozeanen und der Biosphäre ist für ein Verständnis des globalen Kohlenstoffkreislaufs wichtig.

Abbildung 117 zeigt quantitativ die aktuellen Kohlenstoffmengen in Gigatonnen Kohlenstoff (Gt C). 1 Gigatonne Kohlenstoff sind 1.000.000.000 Tonnen, die zwischen

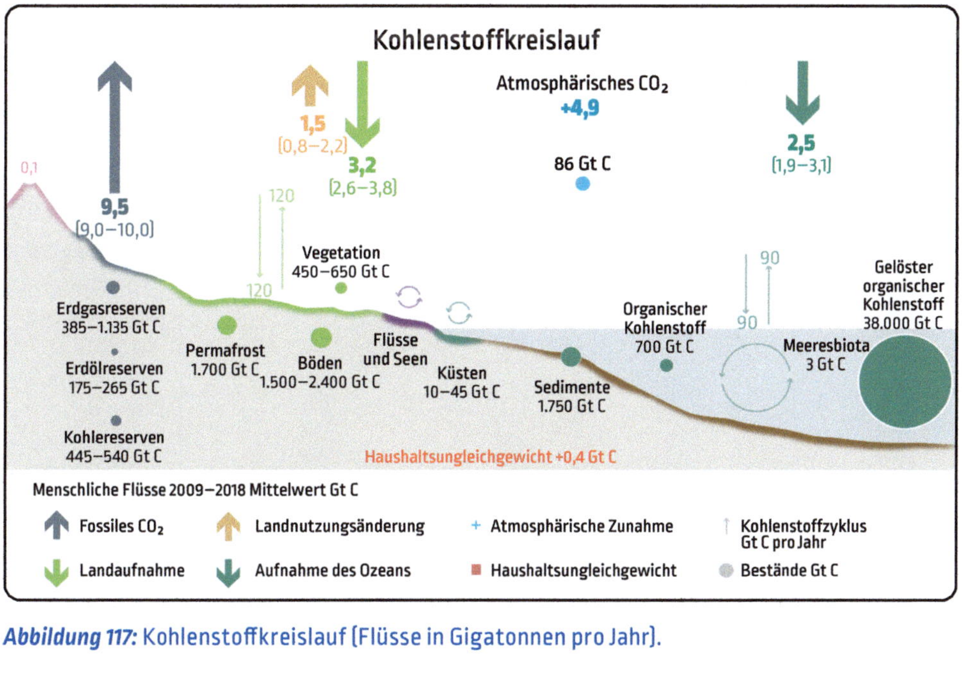

Abbildung 117: Kohlenstoffkreislauf (Flüsse in Gigatonnen pro Jahr).

Boden, Luft und Ozean pro Jahr ausgetauscht werden bzw. abgespeichert sind. Der Anteil des CO_2 in Parts per million in der Atmosphäre kann wie folgt in Masse umgerechnet werden:

$$1\ \text{ppm}\ CO_2 = 2{,}124\ \text{Gt C}$$

Derzeit werden 86 % der Gesamtemissionen von CO_2 durch Verbrennung fossiler Brennstoffe und 14 % durch Landnutzungsänderungen erzeugt. Diese Gesamtemissionen verteilen sich auf die Atmosphäre (46 %), den Ozean (24 %) und das Land (30 %). Mit Ausnahme der Landnutzungsänderungen, die in etwa gleich bleiben, nehmen die anderen Komponenten stetig zu. Die natürlichen Komponenten des Kohlenstoffkreislaufes wirken auf verschiedenen Zeitskalen.

Die Zusammenstellung im Diagramm (Abbildung 118) zeigt die Gesamtmenge an eingebrachtem Kohlenstoff in den Kreislauf durch den Menschen. Über den Zeitraum von 1850 bis 2018 (170 Jahre) haben Kohle, Erdöl und Landnutzung etwa gleich große Anteile. Links im Diagramm werden die Stoffflüsse pro Jahr dargestellt. Der Anteil durch Landnutzungsänderungen stagniert, während jener aus Kohle und Erdöl zunimmt. Die Verbrennung von Erdgas weist große Steigerungsraten auf.

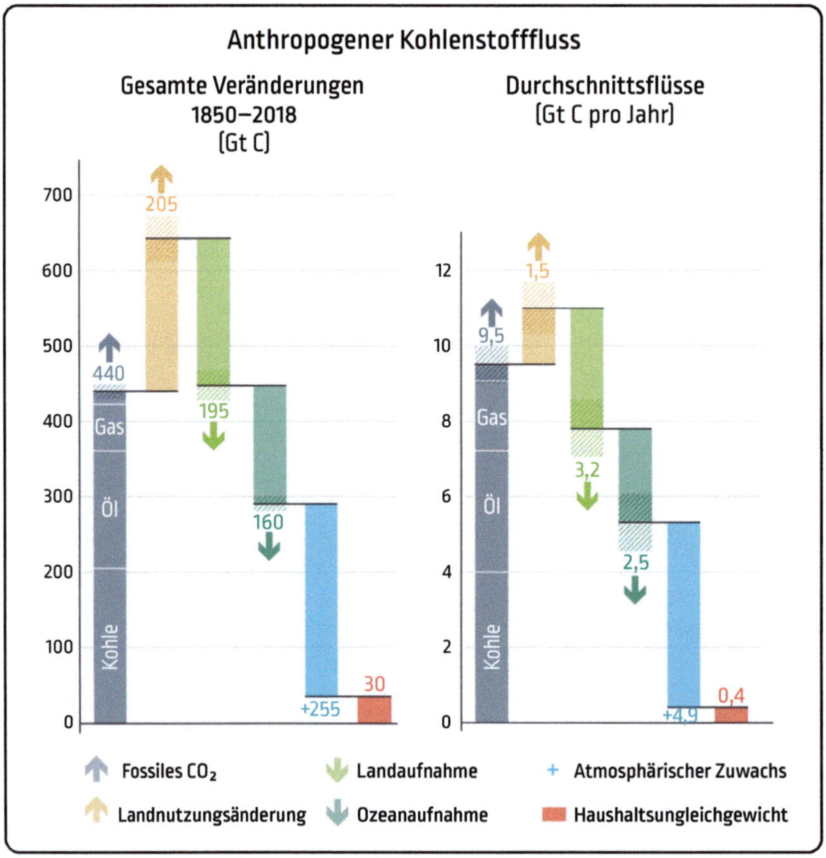

Abbildung 118: Gesamteinbringung von CO_2 in Gigatonnen C in den Kohlenstoffkreislauf und durchschnittliche jährliche Kohlenstoffflüsse für den Zeitraum 1850 bis 2018.

Tabelle 19: Zeitskalen für die Entfernung eines durch die Menschheit eingebrachten CO_2-Impulses durch natürliche ablaufende Prozesse.

Prozess	Zeitskala (Jahre)	Chemische Reaktionen
Landnutzungsänderung Photosynthese Atmung	1–100	$6CO_2+6H_2O+Licht \rightarrow C_6H_{12}O_6+6O_2$ $C_6H_{12}O_6+6O_2 \rightarrow 6CO_2+6H_2O+Wärme$
CO_2-Aufnahme des Ozeans	10–1.000	$CO_2+CO_3^{2-}+H_2O \leftrightarrow 2HCO_{3-}$
Bindung des CO_2 in Meeresbodensedimenten	1.000–10.000	$CO_2+CaCO_3+H_2O \rightarrow Ca_{2+}+2HCO_{3-}$
CO_2-Bindung durch Silikatverwitterung	10.000–1 Mio.	$CO_2+CaSiO_3 \rightarrow CaCO_3+SiO_2$

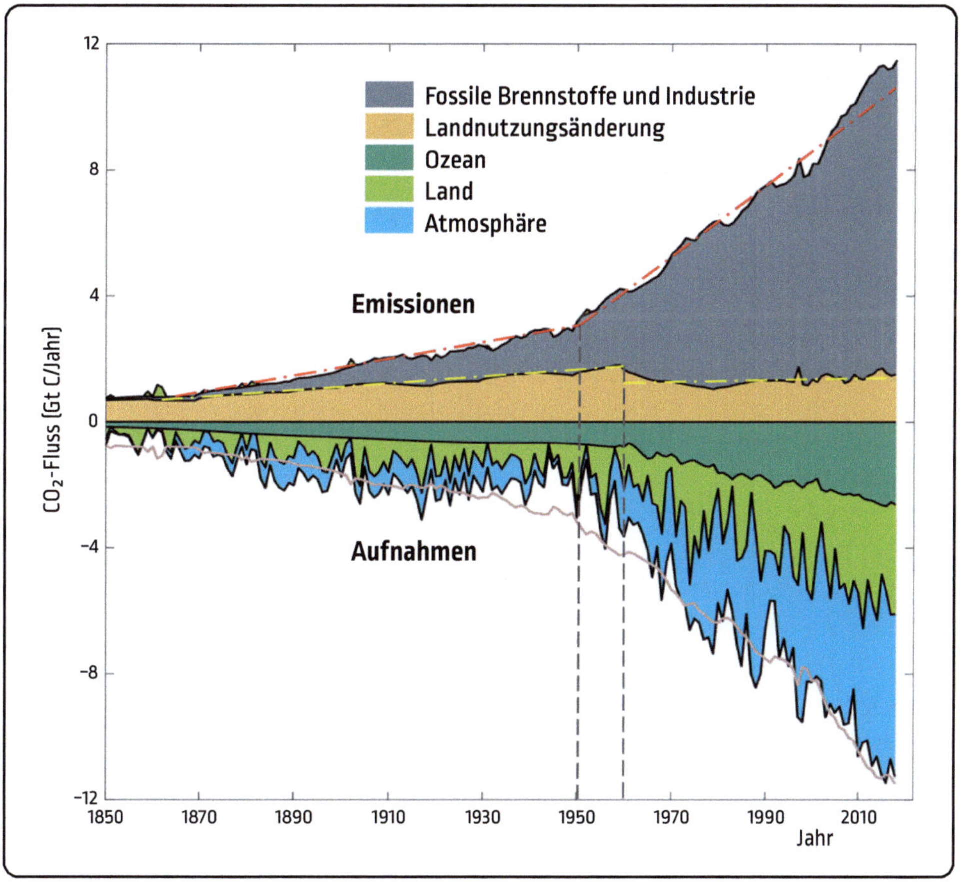

Abbildung 119: CO_2-Flüsse nach Emissionen und Aufnahmen über den Zeitraum 1850 bis 2018.

Abbildung 119 zeigt ab 1950 bei den Emissionen einen progressiven Anstieg. Die zunehmende Anzahl an Autos und das Wirtschaftswunder schlugen sich als erhöhter Energiebedarf und Verbrauch nieder. Bis etwa 1960 wurden Landflächen agrartechnisch großräumig erschlossen, seither bleiben die damit verbundenen jährlichen Emissionen weitgehend konstant. Die Verbrennung fossiler Brennstoffe stieg seit 1950 stark an und nimmt seither weiter zu. Entsprechend den in den Kreislauf eingebrachten Emissionen und den darauffolgenden Klimaänderungen haben die natürlichen Gegenspieler wie die Ozeane, die Atmosphäre und das Land darauf durch vermehrte Aufnahme von CO_2 reagiert, es kam zu Klimaänderungen, und es hat sich insgesamt noch kein Gleichgewicht eingestellt.

9.3.2 Kohlenstoffemissionen

Hauptverursachend für den hohen anthropogenen Emissionsbeitrag der Treibhausgasemissionen in die Atmosphäre ist die Verbrennung fossiler Brennstoffe durch Kohlekraftwerke, das Heizen von Gebäuden, Pkws und Lkws, Flugzeuge und Schiffe, die Landnutzung und Landnutzungsänderungen, reduzierte Kohlenstoffsenken und zunehmend Waldbrände. Im Jahr 2019 wurden insgesamt 36,8 Gigatonnen CO_2 (entspricht 10 Gigatonnen Kohlenstoff) emittiert.

ZUSATZINFORMATION

Aus dem Blickwinkel der Treibhauswirkung der emittierten Gase in die Atmosphäre wird häufig die CO_2-Menge genommen. Wird der gesamte Kohlenstoffhaushalt der Erde betrachtet, ist der Gebrauch der Kohlenstoffmenge sinnvoller, weil das Kohlendioxid chemisch in andere Kohlenstoffverbindungen übergeführt wird. Für den Kohlenstoffhaushalt ist es wichtig zu wissen, wie viel des Kohlendioxids durch den Ozean aufgenommen und in Sedimenten abgelagert wird, wie viel davon Pflanzen absorbieren und wie viel sich in den Gesteinen ablagert etc. CO_2 hat zusätzlich zum Kohlenstoffatom zwei Sauerstoffatome, das vergrößert seine Molmasse. Die Umrechnung der Massen erfolgt nach der folgenden Beziehung:

$$m_{CO_2} = 3{,}664 \cdot m_C$$

Tabelle 20: Prozentuale Aufteilung der CO_2-Emissionen in % der Gesamtmenge (2018).

Emittent CO_2	% der Gesamtmenge	Emittent CO_2	% der Gesamtmenge
Kohleverbrennung	38,9	Zementherstellung	7,3
Erdölverbrennung	33,1	Abfackeln von Begleitgasen	0,7
Erdgasverbrennung	20,0		

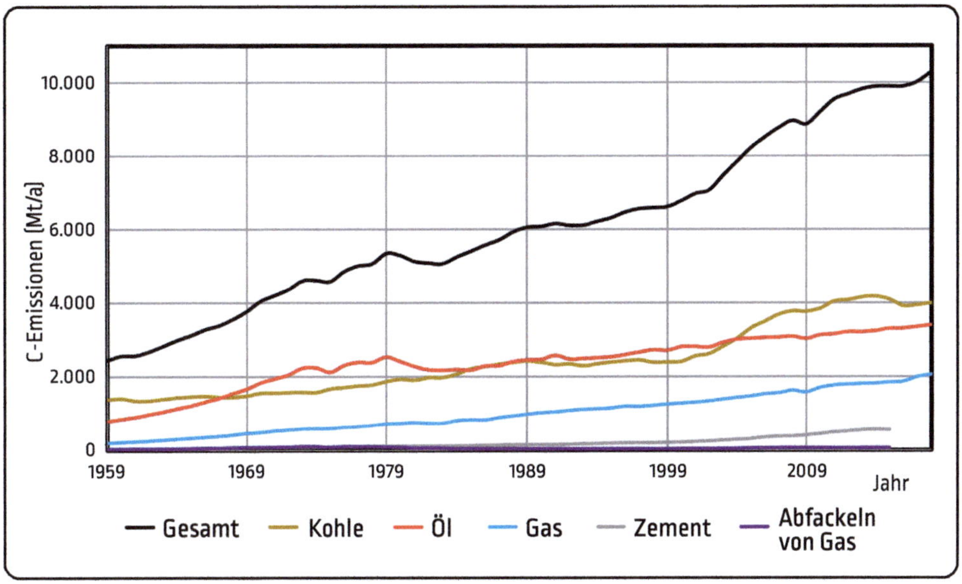

Abbildung 120: Kohlenstoffemissionen pro Jahr nach Herkunft.

Abbildung 120 zeigt die Verteilung der CO_2-Emissionen nach deren Herkunft. Die Verbrennung von Kohle zur Energiegewinnung ist vor Öl der größte CO_2-Emittent. Nach dem Erdgas folgt der CO_2-Anteil aus der Zementproduktion und dem Abfackeln der Begleitgase bei der Erdölgewinnung.

Die Emissionen aus der Kohleverbrennung stiegen 2018 um 1,4 %, jene aus der Ölverbrennung um 1,2 %, die aus Erdgas um 5,4 % und jene aus der Zementherstellung um 2,1 %.

9.3.3 Globale Emissionen von Treibhausgasen nach Wirtschaftssektoren

Mit 25 % der Verbrennung von Kohle, Erdgas und Öl zur Erzeugung von Elektrizität und Wärme ist der Sektor Strom und Heizung der größte Emittent von Treibhausgasen (siehe Abbildung 121). An zweiter Stelle rangieren die Landwirtschaft, Forstwirtschaft und andere Arten der Landnutzung. Sie tragen 24 % zum globalen Ausstoß bei – Anbau von Pflanzen, Aufzucht von Tieren und Entwaldung. Den drittgrößten Beitrag liefert die Industrie – chemische, metallurgische und mineralische Prozesse und Emissionen aus der Abfallwirtschaft.

14 % der weltweiten Treibhausgasemissionen entspringen dem Verkehr durch Verbrennung erdölbasierter Kraftstoffe, hauptsächlich Benzin und Diesel. Der Sektor Sonstige Energie umfasst Emissionen aus dem Energiesektor, die nicht direkt mit der Strom- oder Wärmeerzeugung in Verbindung stehen, z. B. Raffinierung, Verarbeitung und der Transport von Brennstoffen.

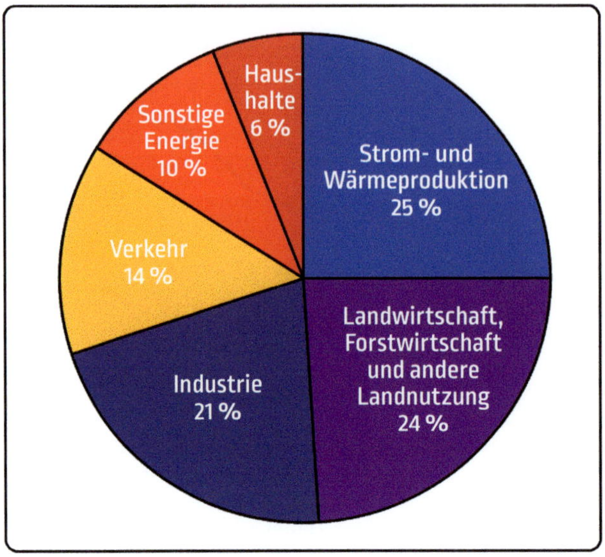

Abbildung 121: Globale Emissionen von Treibhausgasen nach Wirtschaftssektoren (die Zahlen beziehen sich auf 2010).

9.3.4 CO_2-Emissionen durch Verkehrsträger

Wie aus der Abbildung 122 ersichtlich, liefert der Individualverkehr den größten Betrag an CO_2, gefolgt vom Schwerlastverkehr auf der Straße. Der Flugverkehr liegt knapp vor dem Schiffsverkehr. Die Eisenbahn ist das umweltfreundlichste Verkehrsmittel und weist die beste CO_2-Bilanz auf. Pkws waren für 3,6 Gigatonnen CO_2, Lkws für 2,4 Gigatonnen CO_2, der Flugverkehr für 0,9 Gigatonnen CO_2, der Schiffsverkehr für 0,8 Gigatonnen CO_2 und der Eisenbahnverkehr für nur 0,1 Gigatonnen CO_2 2018 verantwortlich.

Abbildung 122: CO_2-Emissionen nach Verkehrsträger (Gigatonnen pro Jahr).

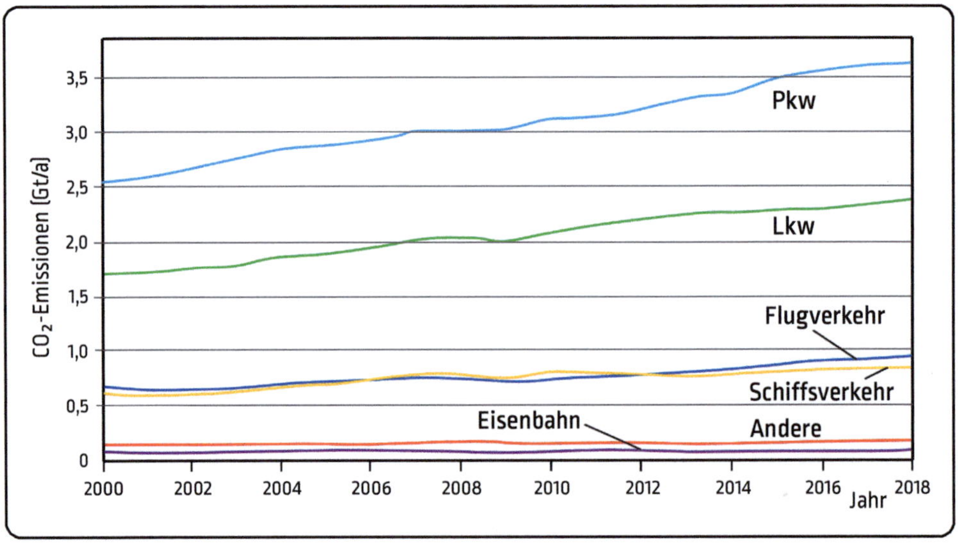

9.3.5 CO_2-Emissionen durch Zementproduktion

2019 wurden 4,65 Milliarden Tonnen Zement hergestellt und verbaut. Bis 2050 wird mit einem weiteren Anstieg von 20 % gerechnet. Pro Tonne Zement werden durchschnittlich 590 Kilogramm CO_2 ausgestoßen.[52] Vor allem die Schwellenländer China, Indien und Indonesien benötigen für Infrastrukturprojekte viel Beton. Seit den 1980ern steigt der Bedarf deshalb kontinuierlich. China ist mit derzeit 52 % Weltmarktanteil der absolut größte Verbraucher. Das Land durchlebt gerade die rasanteste Urbanisierung seiner Geschichte. In den nächsten Jahrzehnten werden mehr als 400 Millionen Menschen vom Land in die Städte ziehen. Parallel zu China laufen nacheilend in Indien ähnliche Entwicklungen ab.

Wie entsteht CO_2 bei der Zementproduktion? Ein Gemisch aus Kalkstein (Kalziumkarbonat $CaCO_3$), Ton, Sand und Eisenerz wird pulverisiert und auf 1.450 °C erhitzt. Bei diesem Prozess (Umwandlung von Kalkstein zu Zementklinker) wird CO_2 freigesetzt, es entsteht Kalziumoxid (CaO). Diese chemische Reaktion erzeugt 61 % der Emissionen. Weitere entstehen durch den Energieaufwand. Aber das ist nur eine Seite der Medaille. Die Landfläche der Erde ist heute durch ein Straßennetz mit 36 Millionen Kilometern parzelliert. Nur 7 % der Erdoberfläche weisen zusammenhängende Gebiete mit mehr als 100 Quadratkilometer Größe auf. Der Rohstoff Sand wird knapp. Für die riesigen benötigten Mengen werden Küstengebiete und Inseln mit noch nicht genau vorhersehbaren Folgen abgebaggert.

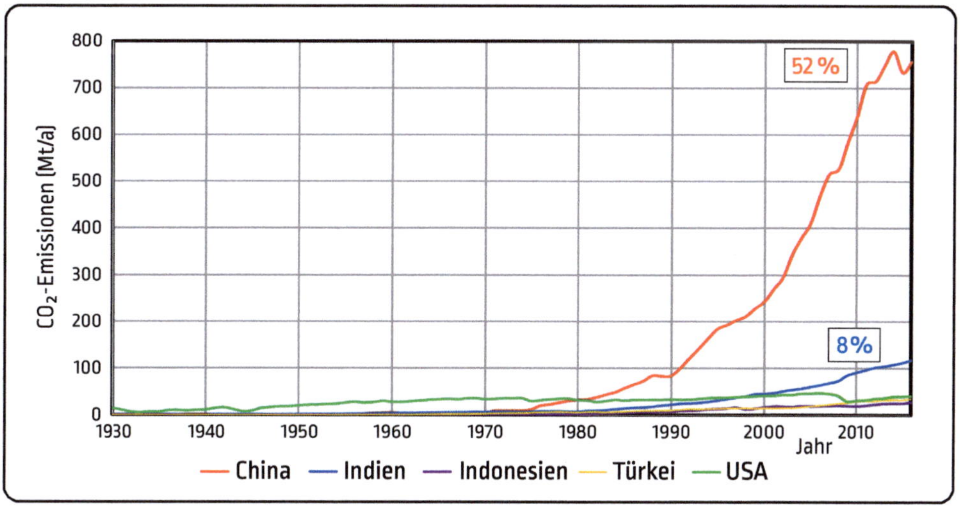

Abbildung 123: Chronologische Entwicklung der CO_2-Emissionen durch Zementproduktion der fünf größten Produzenten von 1930 bis 2016.

52 WWF Deutschland (2019): Klimaschutz in der Beton- und Zementindustrie, Berlin.

Abbildung 123 zeigt die chronologische Entwicklung der CO_2-Emissionen durch die Zementproduktion von 1930 bis 2016 der fünf größten Verbraucher. 1980 überschritt die hergestellte Zementmenge Chinas jene der USA, des bis dahin führenden Produzenten.

9.3.6 CO_2-Emissionen aus Land- und Forstwirtschaft und anderer Landnutzung

Die Landwirtschaft, die Forstwirtschaft und andere Landnutzungsarten spielen eine zentrale Rolle für die Ernährungssicherheit. Pflanzen nehmen Kohlendioxid aus der Atmosphäre und Stickstoff aus dem Boden auf und verteilen sie über ober- und unterirdische lebende Biomasse, abgestorbene Rückstände und organische Substanzen im Boden. Treibhausgase wie CO_2, Methan, Lachgas und andere werden durch die Pflanzenatmung, durch die Zersetzung abgestorbener Pflanzen und Bodensubstanz sowie durch Verbrennung wieder in die Atmosphäre freigesetzt.

Die Bewirtschaftung von Ackern, Wäldern, Grasland und Feuchtgebieten, die Umwandlung von Wald- und Grasland in Acker- und Weideland sowie die durch Aufforstung verursachten Veränderungen überlagern sich den natürlichen Stoffflüssen; sowohl CO_2-Quellen als auch CO_2-Senken werden beeinflusst. Aus Viehzucht und Reisanbau entstehen Methanemissionen, Lachgas entweicht aus der Lagerung von Dung, aus landwirtschaftlichen Böden und durch Verbrennen von Biomasse. Wälder enthalten durch das Wachstum der Bäume und Zunahme des Bodenkohlenstoffs einen großen Teil des auf dem Land gespeicherten Kohlenstoffs. Sie sind ein sehr wichtiger Kohlenstoffspeicher. Die weltweite Waldvegetation speichert 283 Gigatonnen Kohlenstoff in ihrer Biomasse, 38 Gigatonnen Kohlenstoff in Totholz und 317 Gigatonnen Kohlenstoff in Böden. Die zunehmenden Waldbrände sind eine erschreckende Entwicklung, da sie bisher sicher gespeicherten Kohlenstoff freisetzen.

Der gesamte Beitrag der Agrarwirtschaft zur Emission von Treibhausgasen beträgt weltweit 5 Gigatonnen CO_2-Äquivalent pro Jahr. Aus Landnutzungsänderungen entstehen jährlich 4 Gigatonnen CO_2-Äquivalent pro Jahr. Dies entspricht in Summe 9 Gigatonnen CO_2 und damit 24 % des weltweiten Treibhausgasausstoßes. Alleine die Entwaldungsvorgänge verminderten 2011 die CO_2-Senke um −2,1 Gigatonnen CO_2-Äquivalent pro Jahr.

9.3.7 CO_2-Emission aus der Gewinnung elektrischer Energie aus fossilen Brennstoffen

In Verbrennungskraftwerken wird Kohle oder Erdgas verbrannt, heißer Dampf erzeugt und damit eine Turbine angetrieben, die mit einem Elektrogenerator verbunden ist und elektrischen Strom generiert. Die elektrische Spannung wird hochtransformiert – höhere Spannungen bedeuten geringere Leitungsverluste (Hochspannungs-

Abbildung 124: Kohlekraftwerk Großkrotzenburg, Hessen, Deutschland.

leitungen) bei der Stromübertragung. Der Turbinendampf wird nach der Energieerzeugungsstufe in einem Kondensator abgekühlt, und das Wasser wird in den Kreislauf rückgespeist. Der Kondensator selbst muss gekühlt werden – einem nahen Fluss wird kaltes Wasser entzogen und das erwärmte Wasser wieder in den Fluss rückgeführt, was das Flussbiom belastet.

Bei Kohlekraftwerken wird Kohle zu Staub zermahlen und in den Brennraum eingeblasen, über dort verlegte Rohre wird Dampf erzeugt, und damit werden Dampfturbinen angetrieben. Die Heizgase (CO_2) werden über Entstickungs- (NO_x-Reduktion um 70 %), Entstaubungs- (Entfernung Aerosole, Ruß über elektrostatische Filter) und Entschwefelungsanlagen (SO_2-Reduktion um 90 %) in die Atmosphäre geblasen. Zur Verfeuerung werden Braunkohle und Steinkohle eingesetzt.

Abbildung 125: Braunkohleabbau Turów in Polen.

Der Abbau von Braunkohle erfolgt im Tagebau und reißt riesige Wunden in die Landschaft – ganze Dörfer werden geschliffen und Wälder gerodet.[53]

Bei Heizkraftwerken wird die entstehende Abwärme genutzt (oft auch als »Kraft-Wärme-Kopplung« bezeichnet). Sie heizen öffentliche Gebäude und Wohnhäuser. Der Vorteil liegt im höheren Wirkungsgrad (bessere Nutzung der fossilen Heizenergie) und im geringeren Kühlwasserbedarf.

53 https://www.alle-doerfer-bleiben.de/aktionen/, abgerufen am 17. 9. 2020.

9.3.8 Fossiler Brennstoff Kohle

Es gibt verschiedene Kohlequalitäten. Aus globaler Sicht spielt Braunkohle gegenüber Steinkohle eine untergeordnete Rolle.[54] In Deutschland hingegen ist sie nach wie vor Spitzenreiter – für 45 (2017) in Betrieb befindliche Braunkohlekraftwerke ist sie der primäre Rohstoff. Kohlekraftwerke sind die Hauptquelle des klimaschädlichen CO_2. Die Emissionen der vorhandenen Kraftwerke reichen aus, die Erderwärmung um 1,5 °C zu steigern.

ZUSATZINFORMATION

Wie entsteht Kohle, und was ist der Unterschied zwischen Braun- und Steinkohle?

Kohlen sind brennbare Sedimentgesteine, die über Jahrmillionen unter Luftabschluss aus organischem Material entstanden sind. Torf ist das Material mit dem geringsten Kohleanteil und dem niedrigsten Heizwert.

Je weiter der Prozess der Inkohlung fortgeschritten ist, umso reiner liegt Kohlenstoff vor, und umso höher sind die Heizwerte. Je niedriger der Kohlenstoffgehalt, umso niedriger der Heizwert und umso höher die Verunreinigungen. Der Kohlegehalt von Steinkohle ist höher als jener von Braunkohle, Steinkohle weist weniger Verunreinigungen auf, die während des Verbrennungsprozesses frei werden und die Umwelt belasten.

2018 nahmen – verglichen mit 2017 – 20 % weniger Kohlekraftwerke ihre Produktion auf. Um 39 % sank die Zahl der Neubauten. Die klimaschädliche Kohle ist auf dem Rückzug. Die Zahl der weltweit geplanten Kohlekraftwerke ist 2018 das dritte Mal in Jahresfolge zurückgegangen – insgesamt eine positive Entwicklung.

Der Erdgasverbrauch stieg 2018 um 5,3 % und der Kohleverbrauch um 1,4 %. Der OECD-Verbrauch fiel auf den niedrigsten Kohleverbrauchswert seit 1975 (China und Indien sind keine OECD-Mitglieder).

Tabelle 21: Heizwert, flüchtige Bestandteile und Kohlenstoffanteil der verschiedenen Kohlearten.

Kohlenart	Heizwert (GJ/t)	Flüchtige Bestandteile (%)	Kohlenstoffanteil (%)
Brenntorf	14	70–80	5–8
Braunkohle	7–15	43–60	65–75
Steinkohle	30–36	10–40	75–92
Anthrazit	35	<10	>92

54 Umweltbundesamt Deutschland (2017): Daten und Fakten zu Braun- und Steinkohlen, Fachgebiet I 2.5, ISSN 2363-829X.

Tabelle 21 fasst die Eigenschaften verschiedener Kohlearten zusammen. Der Heizwert von Braunkohle liegt um die Hälfte unter der von Steinkohle und weist einen viel größeren Anteil unerwünschter flüchtiger Bestandteile auf. Anthrazit ist die hochwertigste Kohle und besteht aus beinahe reinem Kohlenstoff.

ZUSATZINFORMATION

Das Ziel der OECD (Organisation for Economic Cooperation and Development) ist die Koordination der Wirtschafts-, Handels- und Entwicklungspolitik der 36 Mitgliedsländer. Die Politik soll Wirtschaftswachstum, Vollbeschäftigung, Preisstabilität und steigenden Lebensstandard fördern. Die OECD berät Regierungen, erstellt Leitlinien und Statistiken und sucht nach Regeln für die Globalisierung. Kritisiert werden die Beschränkung auf den »Club der reichen Staaten« und der mangelnde Einfluss der OECD. Beschlüsse und Empfehlungen werden im Konsens getroffen. Die Urmitglieder (beigetreten 1961 bis 1969) sind Österreich, Belgien, Kanada, Dänemark, Frankreich, Deutschland, Griechenland, Großbritannien, Island, Irland, Luxemburg, Niederlande, Norwegen, Portugal, Spanien, Schweden, Schweiz, Türkei und die USA. Zwischen 1971 und 1996 folgten die Australien, Neuseeland, Mexiko, Tschechien, Ungarn, Südkorea, Polen und die Slowakei. Die jüngsten Mitglieder (seit 2010) sind Chile, Estland, Israel, Slowenien, Lettland und Litauen.

Warum ist der Brennstoff Kohle so attraktiv? Der Brennstoffpreis für Braunkohlenstaub liegt deutlich unter dem Preis für Erdgas oder Heizöl. Steinkohle wird weltweit gehandelt und in großem Ausmaß gefördert, und die Preise sinken.

ZUSATZINFORMATION

Der EU-Emissionshandel von CO_2-Zertifikaten hat zum Ziel, die Treibhausgasemissionen unter möglichst geringen volkswirtschaftlichen Kosten zu senken. Jeder Betrieb einer Anlage muss für jede Tonne emittiertes CO_2 ein gültiges Zertifikat vorlegen. Ein Teil der Zertifikate wird durch den Kommissar für Klimaschutz kostenlos zugeteilt. Zertifikate sind handelbar, überschüssige Zertifikate können verkauft werden. Zertifikate können auch von Betreibern außerhalb des EU-Raumes erworben werden.

Am 30.5.2020 lag der Preis für die europäischen CO_2-Emissionsberechtigungen bei 25,15 Euro pro Tonne CO_2. Damit bleibt die Stromerzeugung aus modernen Steinkohlekraftwerken betriebswirtschaftlich kostengünstiger als die Stromerzeugung aus effizienteren Erdgaskraftwerken oder alternativen Stromerzeugern. Durch die Verbrennung von Kohle werden Luftschadstoffe wie Schwefeldioxid, Lachgas, Stickoxide, Staub und Schwermetalle (Blei, Quecksilber, Kadmium, Arsen) und andere Verunreinigungen in die Umwelt eingebracht. Der Abbau von Kohle erzeugt gravierende zusätzliche Umweltprobleme und Folgekosten. Belastend ist die Abdichtung der Berghalden, um das Grundwasser zu schützen. Absinkender Boden führt zu erheblichen Schäden an Gebäuden und Verkehrsanlagen. Risiken sind auch Überschwemmungen, die mit Deichen und der Installation von Pumpen verhindert werden müssen. Zur Kühlung der Kraftwerke werden große Mengen Wasser benötigt. Die Abfuhr des erwärmten Wassers stresst die Lebenswelt der Flüsse.

9.3.9 Fossiler Brennstoff Erdöl

Amerika ist mit Abstand der größte Konsument von Erdöl, gefolgt von China und Indien. Entgegen der notwendigen Reduktion des Erdölverbrauches ist der Verbrauch der Welt an Erdöl 2018 um 220 Millionen Liter pro Tag gestiegen. Der weltweite tägliche Verbrauch lag damit auf der Weltrekordhöhe von 16 Milliarden Liter. Die Treiber der täglichen Verbrauchssteigerung sind China (49 %) und die USA (36 %). Weltweit stieg der Ölverbrauch beständig, allein in den letzten 25 Jahren um 35 %.

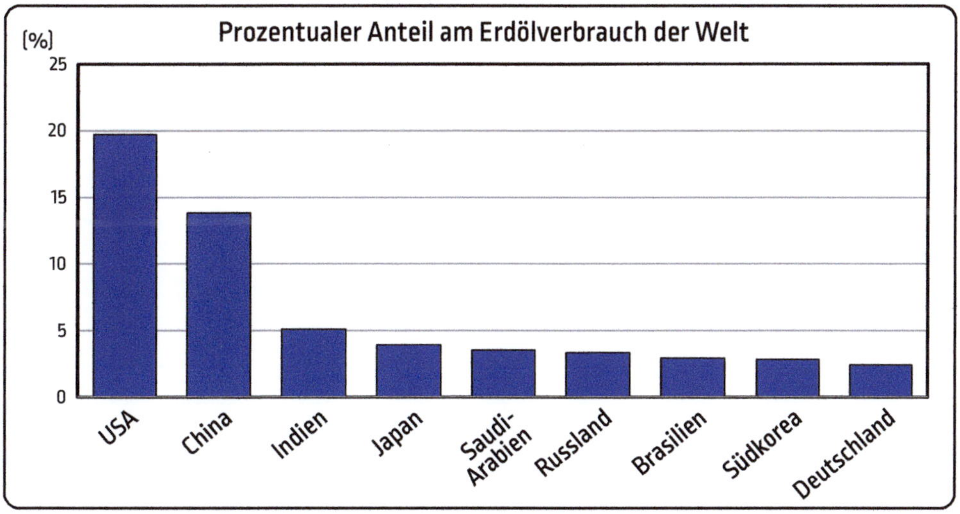

Abbildung 126: Die neun größten Erdölkonsumenten (Angabe in % des Erdölverbrauchs der Welt).

9.3.10 Globale Emissionen von Treibhausgasen, aus fossilen Brennstoffen stammend, nach Herkunftsländern

Das Land mit den größten Treibhausgasemissionen aus fossilen Brennstoffen ist 2014 China, gefolgt von den USA, Europa und Indien (siehe Abbildung 127, links). Es sind China und Indien und die hoch industrialisierten Länder der nördlichen Hemisphäre wie die USA, die EU, die Russische Föderation und Japan, die den Planeten belasten.

Der Rest der Welt verursacht nur 30 % der Treibhausgasemissionen, insbesondere Länder der Dritten Welt verursachen die geringsten Emissionen und tragen am wenigsten zur Umweltverschmutzung bei. Ungerechterweise sind diese Länder aufgrund ihrer geografischen Lage am stärksten vom Klimawandel betroffen.

Unten in der Abbildung 127 werden die größten Emittenten von CO_2 angezeigt: an der Spitze China, gefolgt von den USA, der EU 28 und Indien. Die Mengen entsprechen 59 % der weltweiten Emissionen.

Abbildung 128 zeigt den enormen Energieverbrauch im asiatischen Raum. China gefolgt von Indien erzeugen den Großteil ihrer Energie in Kohlekraftwerken.

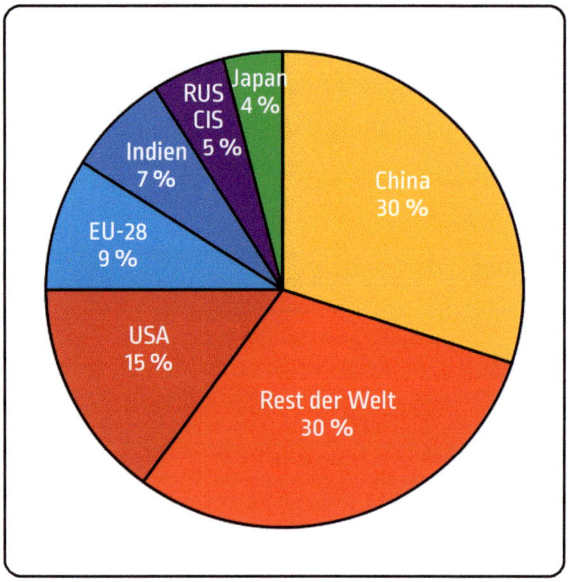

Abbildung 127: oben: Globale Emissionen von Treibhausgasen, aus fossilen Brennstoffen stammend, nach Herkunftsländern (die Zahlen beziehen sich auf 2014); unten: CO_2-Emissionen in Gt C pro Jahr nach Ländern (durchgezogene Linien: gebietsbezogen; punktierte Linien: verbrauchsbezogen).

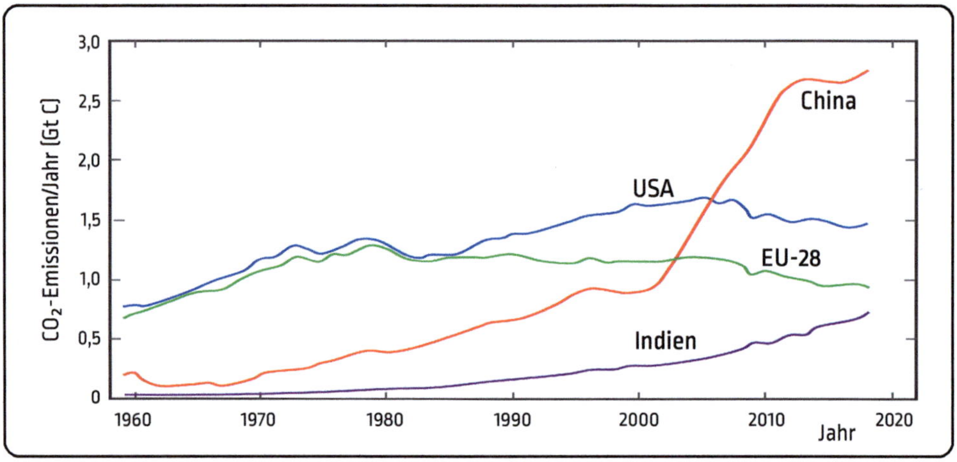

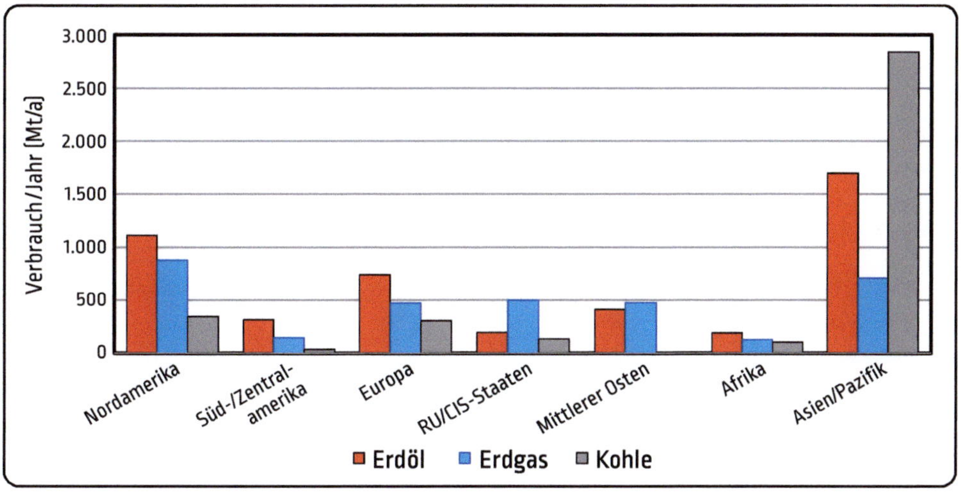

Abbildung 128: Verbrauch fossiler Energieträger 2018 nach Herkunft.

9.3.11 Spitzenverbraucher/Einwohner

Die pro Kopf größten Emittenten von CO_2 sind mit Abstand die US-Amerikaner, gefolgt von Europäern, Chinesen und Indern. Die reichen Länder sind die Hauptverursacher des Klimawandels. Sie lagerten bereits in der Vergangenheit ein Übermaß an Treibhausgasen in der Atmosphäre ab. China trägt erst seit den letzten Dezennien zur Umweltverschmutzung bei.

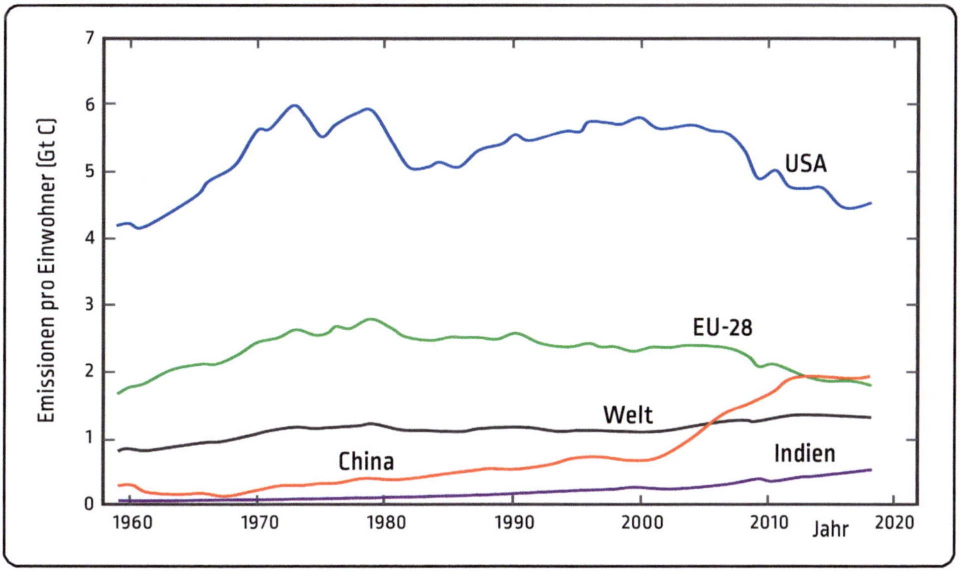

Abbildung 129: CO_2-Emissionen pro Einwohnerzahl und Jahr.

9.3.12 Weltweit größte Förderer und Verbraucher fossiler Brennstoffe[55]

Die weltweiten Emissionen von fossilen Brennstoffen und Zement beliefen sich von 1965 bis 2018 auf insgesamt 1.354 Milliarden Tonnen (das entspricht 1,354 Teratonnen) Kohlendioxid.

Tabelle 22: Top-20-Unternehmen, die durch die Verbrennung ihrer Produkte zur Klimakrise beitragen (in Teratonnen CO_2-Äquivalenten).

Rang	Unternehmen	Tt CO_2e	% global	Land	Eigentümer
1	Saudi Aramco	59,3	4,4	Saudi-Arabien	Staat
2	Chevron	43,3	3,2	USA	Privat
3	Gazprom	43,2	3,2	Russland	Staat (50 %)
4	ExxonMobil	41,9	3,1	USA	Privat
5	National Iranian Oil Co.	35,7	2,6	Iran	Staat
6	BP	34,0	2,5	UK	Privat
7	Royal Dutch Shell	31,9	2,4	Niederlande	Privat
8	Coal India	23,1	1,7	Indien	Privat
9	Pemex	22,6	1,7	Mexiko	Staat
10	Petroleis de Venezuela (PDVSA)	15,7	1,2	Venezuela	Staat
11	PetroChina/China Natl Petroleum	15,6	1,2	China	Staat
12	Peabody Energy	15,4	1,1	USA	Privat
13	ConocoPhillips	15,2	1,1	USA	Privat
14	Abu Dhabi	13,8	1,0	VAE	Staat
15	Kuweit Petroleum Corp.	13,5	1,0	Kuweit	Staat
16	Iraq National Oil Co.	12,6	0,9	Irak	Staat
17	Total SA	12,4	0,9	Frankreich	Privat
18	Sonatrach	12,3	0,9	Algerien	Staat
19	BHP Billiton	9,8	0,7	Australien	Privat
20	Petrobas	8,7	0,6	Brasilien	Staat
	Top 20	**480,2**	**35,5**		
	Global	**1.354,4**	**100,0**		

Tabelle 22 listet die 20 größten Produktionsunternehmen auf. Die Verbrennung ihrer Produkte produzierte bislang 480 Milliarden Kohlendioxid und Methan, das entspricht

55 Carbon Majors (2019): Update of Top Twenty companies 1965–2017; Press Release 9 October 2019; Climate Accountability Institute.

Abbildung 130: Umweltkatastrophe Brand der Ölplattform »Deepwater Horizon« im Golf von Mexiko.

35 % der weltweiten Emissionen von fossilen Brennstoffen und Zement seit 1965 (insgesamt 1,35 Billionen Tonnen CO_2-Äquivalent). 12 % davon entstanden durch CO_2 beim Abfackeln, beim Entlüften der Beigase zur Erdölgewinnung und beim eigenen Brennstoffverbrauch bei der Produktion.

Der Name »BP« erinnert an die Explosion der Ölbohrinsel »Deepwater Horizon« im Golf von Mexiko 2010. Wegen mehrerer schwerer Fehler geriet die Ölplattform in Brand und explodierte. 87 Tage lang strömten insgesamt 800 Millionen Liter Öl ins Meer. Das war die schwerste Umweltkatastrophe dieser Art in der Geschichte der Menschheit.

CO_2e-Äquivalent
ist die Klimawirksamkeit eines Gases im Vergleich zum CO_2 (dessen Bezugswert 1 ist).

Zahlreiche Tankerunfälle[56], Ölinselschäden, Bohrinselunglücke, undichte Bohrlöcher und leckende Pipelines verursachten große Ölkonzerne wie BP, Shell, Chevron, ExxonMobil, Total oder Texaco. Gelobte Besserung, mehr Sorgfalt und das Versprechen auf Nachhaltigkeit – leere Worthülsen. Greenwashing der multinationalen Ölkonzerne gaukelt der Öffentlichkeit Bemühen um die Umwelt vor und lenkt von deren dominanter Rolle bei der Erwärmung des Planeten ab. Im Dezember 2019 reichte ClientEarth eine Beschwerde gegen die Greenwashing-Kampagnen von BP ein. Im Juni 2020 bestätigte die englische NCP[57] die Berechtigung der Beschwerde. Vorbeugend zog im Februar 2020 BP ihre globalen Greenwashing-Werbekampagnen zurück.

Erneuerbare Energien wachsen schneller als jene aus fossilen Brennstoffen. Schon jetzt muss Energie aus Kohle subventioniert werden – erneuerbare Energie ist billig geworden. Für BP und alle anderen Erdölfirmen sollte jegliche Werbung für fossile Brennstoffe verboten werden. Es wäre im Gegenteil sinnvoll, Produkte der Erdölindustrie mit Gesundheitswarnungen und Hinweisen auf die Gefahren, die mit der

56 Wikipedia: https://de.wikipedia.org/wiki/Liste_bedeutender_%C3%96lunf%C3%A4lle, abgerufen am 7. 9. 2020.
57 https://www.gov.uk/government/organisations/uk-national-contact-point, abgerufen am 7. 9. 2020.

weiteren Verbrennung von fossilen Brennstoffen verbunden sind, vorzuschreiben. Wie weit reicht die Macht der Konzerne? Der verzögerte Ausstieg (2038) aus der Kohle in Deutschland, ungeahndete Umweltkatastrophen, die Erdöl- und Kohleindustrie verursachen, sind Zeugnisse ihrer Macht. Mit ein Grund ist eine Gesellschaft, die dem Mammon alles unterordnet – alles, was Gewinn verspricht, ist erlaubt und richtig. Ohne gesetzliche Regelungen und Verbote werden die fossilen Lagerstätten durch BP, Shell, ExxonMobil und andere Konzerne weiter ausgeschöpft und geleert werden, und sei es bis zum Untergang der Erde mit ihren Bewohnern.

Bislang beteiligen sich die Verwerter fossiler Brennstoffe nicht an einer Lösung der Klimakrise – weder finanziell noch rechtlich oder moralisch. Im Gegenteil, sie befeuern sie sogar.

10

Bedrohungen der Umwelt durch den Menschen

10.1 Die schleichende Vergiftung des Menschen und seiner Umwelt

> Welche Umweltschäden verursacht der Mensch?
> Mit welchen Gefahren geht die Bevölkerungsexplosion einher?
> Welchen anderen Gefahren sieht sich die Menschheit ausgesetzt?

Alleine in den USA sind etwa 70.000 verschiedene Chemikalien im regulären Einsatz. Jede Stunde werden 70 neue erfunden. Jährlich lässt die USA 1.000 neue Chemikalien für den Handel zu. 450.000 Millionen Kilogramm an Pestiziden, Herbiziden und Fungiziden werden jährlich in Amerika in die Umwelt gesprüht oder gestreut. 10 % davon gelten als krebserregend. Weltweit kommen 100.000 verschiedene Chemikalien zum Einsatz. In den letzten Jahrzehnten breiteten sich agrochemische Rückstände in der Umwelt aus, führten zu erheblichen Kontaminationen der Ökosysteme am Land und in Gewässern.

Die Verbreitung von Pestizidrückständen in der Umwelt und Massentötungen nicht menschlicher Biota – Insekten, Vögel, Amphibien, Fischen und Kleinsäugern – sind Realität. Pestizidrückstände in Lebensmitteln werden in der EU streng überwacht. Im Allgemeinen werden die zulässigen Höchstkonzentrationen eingehalten. Eine andere Frage ist, ob die angegebenen zulässigen Höchstkonzentrationen auch tatsächlich unschädlich und als für die menschliche Gesundheit unbedenklich einzustufen oder diese zum Teil Konzessionen an Produzenten geschuldet sind. 2014 wurden 83.000 in der EU zugelassene Lebensmittel aus 28 Mitgliedsstaaten analysiert: 97 % befanden sich innerhalb der gesetzlichen Grenzwerte; 54 % waren frei von Rückständen, 43 % enthielten Rückstände. In pflanzlichen Produkten wurden 154 verschiedene Substanzen in messbaren Konzentrationen gefunden, einschließlich neuer und alter Pflanzenschutzchemikalien.

Die Chemikalien für die Agrarindustrie ermöglichten eine Verdopplung der Nahrungsmittelproduktion im vergangenen Jahrhundert. Die schnell wachsende Welt-

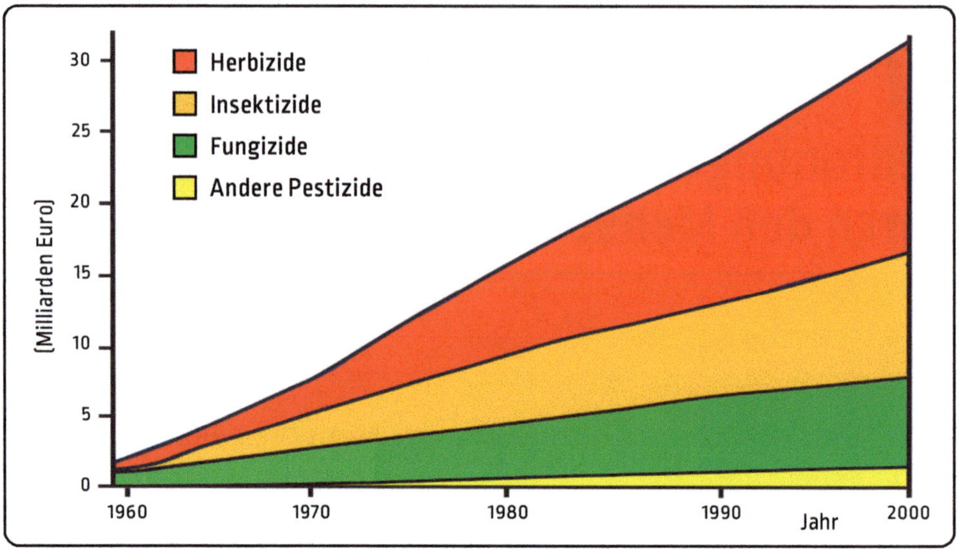

Abbildung 131: Geschätzte weltweite Verkäufe von Pestiziden in Milliarden US-Dollar (gelb: andere; Stand 2017).

bevölkerung hält den Druck zum intensiven Einsatz von Pestiziden und Düngemitteln aufrecht. Eine andere treibende Kraft stellen die globalen wirtschaftlichen Interessen großer Chemie- und Düngemittelkonzerne dar.

Endokrine Störungen
sind negative Beeinflussungen von Hormondrüsen. Endokrine Drüsen geben ihr Produkt direkt ins Blut ab.

Pestizide und synthetische Chemikalien können beim Menschen Krebs, endokrine Störungen und andere Störungen auslösen. Das in der Landwirtschaft am häufigsten eingesetzte Unkrautvernichtungsmittel Glyphosat gilt als krebserregend. Es wird mit etwa 1 Kilogramm pro Hektar von Landwirten eingesetzt. Herbizide auf der Basis von Glyphosat sind Breitbandpestizide, die mit einer Reihe von Zusatzstoffen versetzt sind. In letzter Zeit gab es eine anhaltende Kontroverse über die Karzinogenität und mögliche Nebenwirkungen.

Karzinogenität
ist eine Substanz, ein Organismus oder eine Strahlung, der bzw. die krebserregend wirkt.

Von der US Environment Protection Agency (US-EPA) und der europäischen Internationalen Agentur für Krebsforschung (IARC) gab es eine höchst unterschiedliche Einschätzung der Karzinogenität von Glyphosat.[58] Die EPA betrachtete Glyphosat als »wahrscheinlich nicht krebserregend für den Menschen«, während die IARC es als »wahrscheinlich krebserregend für den Menschen (Gruppe 2A)« einstufte.

58 Benbrook, C. M. (2019): How did the US EPA and IARC reach diametrically opposed conclusions on the genotoxicity of glyphosate-based herbicides? Environmental Sciences Europe 31; https://doi.org/10.1186/s12302-018-0184-7, abgerufen am 25.1.2020.

Die IARC kommt zu dem Schluss, dass es »überzeugende Beweise« dafür gibt, dass bei Exposition mit Glyphosat mindestens zwei Mechanismen genotoxisch wirken – DNA-Schädigung und oxidativer Stress –, Glyphosat daher als karzinogen für den Menschen einzuschätzen ist. Drei Hauptgründe sind für die unterschiedliche Beurteilung durch EPA und IARC verantwortlich:

> **Genotoxizität**
> Darunter wird die Wirkung von chemischen Stoffen verstanden die Änderungen im genetischen Material (DNA) von Zellen auslösen.

- Die EPA stützte sich auf Auftragsstudien der Industrie, die zu 99 % negativ ausfielen, während die IARC sich auf Studien unabhängiger Fachleute stützte, die zu 70 % positiv waren.
- Die Bewertung der EPA basierte weitgehend auf Studien über technisches Glyphosat, während die IARC bei ihrer Überprüfung auch Zuschlagstoffe berücksichtigte.
- Die Bewertung der EPA stützte sich auf typische allgemeine Bevölkerungsexpositionen über die Nahrung, die von einer legalen Verwendung in der Lebensmittelproduktion ausgehen, während die IARC typische Szenarien der ernährungsbedingten, beruflichen und erhöhten Expositionen in Betracht zog.

10.1.1 Schadstoffquellen in der Umwelt

Es ist unverzichtbar, Quellen der Schadstoffe, ihren Weg in die Nahrungs- und Wasserquellen zu verstehen. Faktoren wie Bodeneigenschaften, Aktivitäten von Menschen und Schadstoffquellen beeinflussen die Ansammlung von Giften in der Umwelt.

10.1.1.1 Metalle und Metalloide

Metalle und Metalloide in der Umwelt haben unterschiedliche Quellen.[59] Eine Quelle für Quecksilber und Blei ist der Goldbergbau. Im Goldabbaugebiet von Tongguan in der Provinz Shaanxi in China überstiegen die Konzentrationen der Schwermetalle in lokal produziertem Getreide und Gemüse die staatlichen Toleranzgrenzen bei Weitem. Blei und Kadmium aus einer Eisenmine in Marokko führten zu Kadmiumkonzentrationen in Organen von Nutztieren, die ebenfalls über den zulässigen Grenzwerten lagen. Ähnliches galt für Schafe, die in Spanien in der Nähe einer Mine weideten. Industrieregionen setzen sehr häufig Schwermetalle – Blei, Thallium, Kadmium, Kupfer und Zink – frei. Viele Obst- und Gemüsesorten weisen Schwermetallrückstände auf. Beispielsweise wurden in argentinischen Sojabohnen Blei und Kadmium nachgewiesen.

59 Thompson, L. A.; Darwish, W. S. (2019): Environmental Chemical Contaminants in Food: Review of a Global Problem; Journal of Toxicology; https://doi.org/10.1155/2019/2345283, abgerufen am 25.1.2020.

Auf globaler Ebene fand sich Methylquecksilber in Fischen und anderen Meeresfrüchten, wobei einige Konzentrationen die europäischen Grenzwerte deutlich überschritten. Fische aus der Türkei wiesen Rückstände von Kupfer, Eisen, Zink und Mangan auf. In menschlichen Milchproben in Spanien wurden Quecksilber, Blei und Kadmium nachgewiesen.

10.1.1.2 *Polyzyklische aromatische Kohlenwasserstoffe*

Polyzyklische aromatische Kohlenwasserstoffe entstehen nach unvollständiger Verbrennung organischer Stoffe oder aus industriellen Prozessen. Die Verunreinigung von Lebensmitteln stammt aus der Umwelt, der Industrie oder dem Kochen bei Verwendung von Biomassebrennstoffen. Chemische Dispersionsmittel zur Ölbindung im Meer sind verwandte Stoffe.

10.1.1.3 *Industrielle Chemikalien*

Beständige schwer abbaubare Schadstoffe sind synthetische organische Chemikalien, die in der Industrie verwendet oder als Pestizide eingesetzt werden. Sie entstehen auch als Nebenprodukte industrieller Prozesse. Dazu zählen Pestizide wie Aldrin, Chlordan und DDT, Industriechemikalien wie polychlorierte Biphenyle und Hexachlorbenzole sowie Nebenprodukte wie Dibenzodioxine und Dibenzofurane. Sie bleiben in der Umwelt bestehen, werden weltweit durch Luft- und Meeresströmungen verteilt und reichern sich in der Nahrungskette an. In entsprechender Konzentration wirken sie auf das Fortpflanzungs- und Immunsystem und erhöhen das Krebsrisiko.

Chlorpyrifos ist ein Organophosphat-Pestizid, das als Schadstoff die Sehkraft beeinträchtigen und andere neurologische Wirkungen beim Menschen hervorrufen kann und in Nahrungsproben nachgewiesen wurde. Polychlorierte Biphenyle werden in der Industrie – in Transformatoren, als Wärmetauscherflüssigkeiten, als Lackzusätze, in Kunststoffen – verwendet. Die Aufnahme erfolgt als Hauptquelle über kontaminierte Lebensmittel vor allem in Fleisch, Fisch und Geflügel. Polybromierte und polychlorierte Verbindungen haben zahlreiche Verwendungszwecke – als Flammschutzmittel, als Dielektrikum oder als Kühlmittel in elektrischen Geräten. Zu den toxischen Wirkungen zählen endokrine Störungen, Neurotoxizität und Krebsrisiko. Perfluorierte Verbindungen sind Chemikalien mit reibungsfesten Eigenschaften. Zu den toxischen Auswirkungen gehören Störungen des endokrinen und Immunsystems sowie Entwicklungsstörungen. Acrylamid kommt in vielen Nahrungsmitteln vor. Meist entsteht es bei Prozessen mit hoher Hitze – in Brot und Backwaren oder Bratkartoffeln.

10.1.1.4 *Pharmazeutika und Körperpflegeprodukte*

Diese Produkte umfassen eine breite Palette an Substanzen, die in die Umwelt und von dort in Lebensmittel oder ins Wasser gelangen. Antimikrobielle Mittel werden sowohl bei Menschen als auch (häufiger) bei Tieren angewandt. Die Gefahr liegt in der Ausbildung einer erhöhten antimikrobiellen Resistenz – z. B. Antibiotikaresistenz.

Abbildung 132:
Elektronikschrott.

10.1.1.5 Radioaktive Elemente

Die meisten radioaktiven Elemente kommen nicht natürlich vor. Eine Kontamination ist erst seit der Entwicklung von Kernwaffen und Kernreaktoren zum Problem geworden. Radionukleide wurden in Meeresfrüchten in Indien, in verschiedenen Lebensmitteln auf dem Balkan und in Lebensmitteln wie auch im Trinkwasser in der Schweiz nachgewiesen. Der Reaktorunfall in Tschernobyl 1986 kontaminierte große Teile Europas. Waldböden, Pilze und Wildfleisch sind auch heute noch radioaktiv belastet.[60]

10.1.1.6 Elektronischer Abfall

Die Konsumgesellschaft ist mit vielen Elektro- und Elektronikgeräten ausgestattet. Elektronikschrott ist mittlerweile zu einem Riesenproblem geworden.

Bei unsachgemäßer Verarbeitung und Entsorgung wird eine Vielzahl der bereits genannten Schad- und Giftstoffe freigesetzt – polybromierte Diphenylether, polyzyklische aromatische Kohlenwasserstoffe, polychlorierte Biphenyle, Dioxine/Furane und Metalle/Metalloide. 22 Kilogramm Elektronik kauft jeder Österreicher im Jahr. Große Geräte wie Waschmaschinen, Trockner, Kühlschränke oder Geschirrspüler

---

60 Verbraucherzenrale [2021]: 10 Jahre Fukushima, 35 Jahre Tschernobyl und die Folgen für Lebensmittel; https://www.verbraucherzentrale.de/wissen/lebensmittel/lebensmittelproduktion/10-jahre-fukushima-35-jahre-tschernobyl-und-die-folgen-fuer-lebensmittel-12683, abgerufen am 24. 4. 2021

werden 10 Jahre genutzt, während die Verwendungsdauer von Notebooks und Fernsehern etwa 5 Jahre beträgt. Smartphones werden bereits nach zweieinhalb Jahren gewechselt. Entsprechend viel Elektroschrott fällt an. Im Schnitt werden jedes Jahr 1,4 Milliarden kurzlebige Smartphones verkauft.

10.1.1.7 *Kunststoffe*

Das Übermaß produzierter und verwendeter Kunststoffe wurde bereits besprochen. Verpackungsmaterialien der Lebensmittel – vor allem fetthaltiger – sondern Giftstoffe ab und kontaminieren direkt Nahrungsmittel. Dazu zählen Phthalate und andere Weichmacher.

10.1.1.8 *Nanopartikel*

Eine weitere neue technische Entwicklung sind Nanopartikel – winzigste, teils lungengängige Teilchen. In einer Vielzahl an Produkten – Farben, Kosmetika, Pestiziden – sind Nanoteilchen enthalten. Die Auswirkungen dieser Partikel auf die Umwelt und den Menschen sind noch unklar, aber sie tauchen bereits in der Nahrungskette des Menschen auf.

10.1.1.9 *Natürliche Toxine in Lebensmitteln*[61]

Jede menschliche Nahrung ist ein komplexes Gemisch aus Chemikalien, Kohlenhydraten, Aminosäuren, Fetten, Ölen und Vitaminen, von denen einige in großen Mengen durchaus toxisch sein können. Das Hydrazin der Pilze wirkt beim Menschen karzinogen. Zahlreiche natürlich vorkommende Gifte finden sich in Grundnahrungsmitteln: Lektinproteine in Hülsenfrüchten, Getreide und in geringen Mengen in Tomaten, Rohkost und Früchten. Hitze zerstört diese Lektine. Lathyrogene, Derivate von Aminosäuren, kommen in Kichererbsen vor, die, in großen Mengen genossen, zur Lähmung der unteren Gliedmaßen führen können. Rohe Sojabohnen enthalten ein Protein, welches zur Vergrößerung der Bauchspeicheldrüse führt. Erdäpfel enthalten Alpha-Solanin und Chachaini. Dem Sonnenlicht ausgesetzt, bildet sich ein Alkaloid, welches neurologische und gastrointestinale Symptome erzeugt. In Maniok, Limabohnen und den Samen von Pfirsichen kommen cyanogene Glykoside vor. Werden diese in großen Mengen roh verzehrt, sind sie tödlich. Die Toxizität von Maniok wird durch Schälen, Waschen unter fließendem Wasser und anschließendes Kochen oder Fermentierung beseitigt. Kohl, Blumenkohl, Brokkoli, Grünkohl, Kohlrabi, Rübe, Radieschen und Ölsaatenmehle von Raps und Rübe hemmen die Aufnahme von Jod durch die Schilddrüse. Die stärksten natürlichen Toxine sind die Mykotoxine von Pilzen (Schimmel). Der Verzehr schimmliger Produkte – z. B. Brot, Marmelade – ist gesundheitsgefährdend und kann zum Tod führen.

61 Sankhla, M. S.; et al. (2018): Water Contamination through Pesticide & Their Toxic Effect on Human Health; International Journal for Research in Applied Science & Engineering Technology Vol. 6, Issue I.

10.2 Die Plastifizierung der Welt

Bakelit wurde durch den Belgier Leon Hendrik Baekeland 1907 durch Zufall erfunden, wie so viele andere Kunststoffe auch. Der Name »Plastik«, eine andere Bezeichnung für Kunststoff, weist auf seinen großen Vorteil hin, die Plastifizierbarkeit. Er kann beliebig geformt und mit den unterschiedlichsten Eigenschaften – hart oder weich, zähe oder spröde, schwer oder leicht, elastisch oder unelastisch – hergestellt werden, ein geradezu ideales Material.

Heute werden Kunststoffe nach Vorgaben designt. Aus sogenannten Monomeren werden durch Hitze, chemische Lösungen oder Druck langkettige Moleküle –Polymere – erzeugt, die äußerst stabil sind. Die Rohstoffe für Kunststoff stammen vor allem aus Erdöl. Die einfachsten Kunststoffe setzen sich aus drei Elementen zusammen: Kohlenstoff, Wasserstoff und Sauerstoff.

Es gibt drei große Gruppen von Kunststoffen:

- Thermoplaste können mehrere Male eingeschmolzen und neu geformt werden.
- Dehnbare und zähe Elastomere – diese kehren nach einer Beanspruchung in ihre ursprüngliche Form zurück, sie sind aber nicht schmelzbar.
- Dauerhafte und langlebige, aber nicht wiederverwertbare Duroplaste. Nach dem Aushärten können sie nicht mehr verformt und geschmolzen werden. Beim Verbrennen geben sie giftige Dämpfe ab.

Kunststoffe eroberten die Welt – sie scheinen unersetzbar. Sie sind in der Herstellung billig und leicht zu verarbeiten, nehmen jede Form an. Ein Ausdruck für die vom Konsum dominierte Welt ist die Verwendung von Verpackungsmaterial, Plastikflaschen, Plastikbechern, Plastikbeuteln, Plastikfolien und Plastikbehältern als Einweggebrauchsartikel. Plastik ist zu billig, um es aufzubewahren oder mehrfach zu verwenden.

2018 wurden weltweit 360 Millionen Tonnen Plastik produziert. Die Hälfte der Kunststoffe wird in Asien hergestellt, ein Drittel davon in China. Der verbleibende Anteil wird in Nordamerika und Westeuropa produziert und verbraucht. Eine weitere Steigerung der Produktion bis 2050 auf eine 1 Milliarde Tonnen wird prognostiziert. 8,3 Milliarden Tonnen Plastik wurden seit den 1950er-Jahren insgesamt erzeugt, das entspricht 1 Tonne Plastik pro Mensch. Österreichs Verbrauch liegt bei 1 Million Tonnen jährlich, ein Drittel davon wird für Verpackungen verwendet. Deutschlands Produktion betrug 2017 etwas über 14 Millionen Tonnen. Der Glasverbrauch – Glas ist wesentlich schwerer als Kunststoff – liegt in Deutschland vergleichsweise bei nur 8 Millionen Tonnen.

Seit den 1970er-Jahren wurden zahlreiche Expeditionen zur Messung von Mikroplastik in den Meeren durchgeführt. Auf der Grundlage dieser Daten wurden Simulationsrechnungen durchgeführt, um die Verteilung auch in anderen Meeren und Weltregionen zu erstellen. Eine derartige Simulationsrechnung (nach Maximenko) zeigt

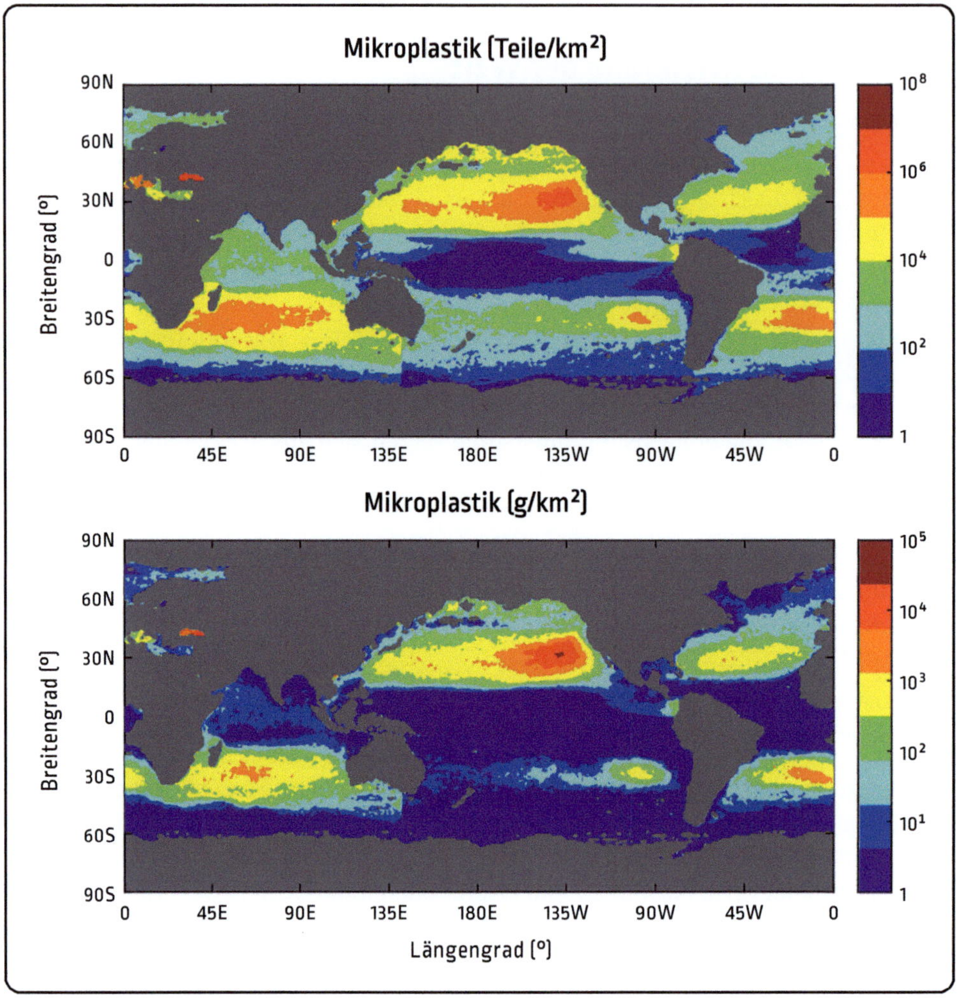

Abbildung 133: Verteilung von Mikroplastik im Meer.

die Ansammlung und Verteilung der ins Meer eingebrachten und der sich dort zerkleinernden Plastikteile.

In weniger als 80 Jahren verteilten sich Plastikabfälle über die gesamte Erdoberfläche. 80 % davon stammen aus Quellen von der Landoberfläche, die restlichen 20 % sind marinen Ursprungs. Die Schätzungen im Jahr 2014 geben etwa 30 Billionen Teilchen mit einem Gewicht von 150.000 Tonnen an, was nur 1 % der jährlichen ins Meer gelangenden Menge entspricht. 1 % des jährlich ins Meer abgeladenen Plastiks findet sich an der Meeresoberfläche. Wo sind die verbleibenden 99 %? Vom Land wird über Flüsse und Stürme Plastik ins Meer transportiert. Dort bilden sich an der Oberfläche treibende Plastikhalden, an Flussmündungen sinkt Mikroplastik in die Tiefsee ab. Teile davon werden durch oberflächennahe globale Meeresströmungen mitgenom-

Abbildung 134: Verteilung der Produktion von Einwegplastikartikeln nach Regionen (2014).

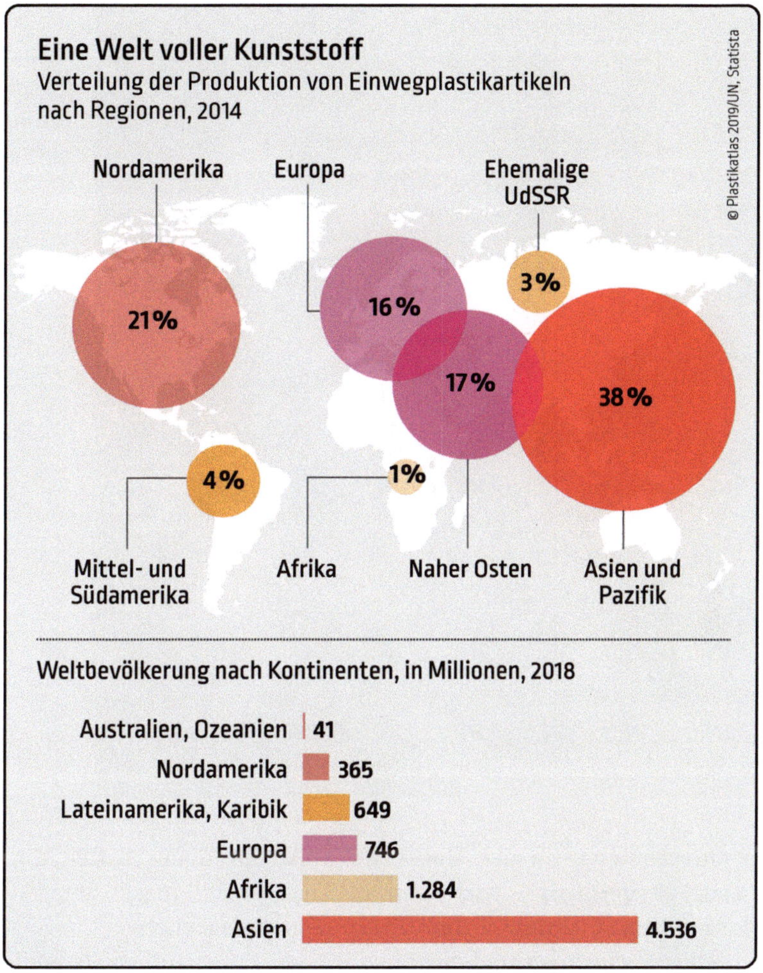

men.[62] Diese Ströme steuern die Verteilung des Mikroplastiks am Meeresboden. Messungen im Mittelmeer fanden in Sedimenten 190 Stück Mikroplastik pro 50 Gramm. Dies entspricht einer Konzentration von 1,9 Millionen Mikroplastikteilen pro Quadratmeter. Das in den Sedimenten gefundene Mikroplastik besteht zu 70 bis 100 % aus Fasern, die restlichen Anteile sind Plastikfragmente. Anlass zur Besorgnis gibt der Umstand, dass die Ozeanströmungen bevorzugt Nährstoffe in sauerstoffreichem Wasser mit sich führen – dadurch sammelt sich an den Futterstellen der Unterwasserwelt bevorzugt menschlicher Plastikunrat.

Abbildung 134 gibt einen Überblick über Anteile verschiedener geografischer Bereiche an der Weltproduktion von Einwegplastikartikeln.

---

62 Kane, J. A.; et al. (2020): Seafloor microplastic hotspots controlled by deep-sea circulation, Science, Vol. 368, Issue 6495, 5th June 2020, S. 1140–1145.

Abbildung 135:
Plastikmüll am Ufer des Roten Meeres in Ägypten.

Die scheinbar für den Menschen günstigen Eigenschaften von Plastik, wie hohe Festigkeit, geringes Gewicht und niedrige Herstellungskosten, sind gleichzeitig eine der größten Gefahren für Umwelt, Tiere und Menschen.

Mikroorganismen sind nicht in der Lage, Kunststoffe vollständig abzubauen. Plastikpartikel werden in der Natur zwar mechanisch zerkleinert, können jedoch nicht vollständig verschwinden. Meist ist Plastik leichter als Wasser. Es schwimmt auf dem Meer, auf den Flüssen und Seen und wird durch Wind und Wetter fortgetragen. Plastikmüll sammelt sich an Stränden oder als »Inseln« auf dem Ozean. Dieses auf dem Meer treibende Plastik wird durch Wellenbewegung und UV-Licht zerkleinert bis pulverisiert und von der marinen Tierwelt mit oder statt Nahrung aufgenommen und gelangt in die Nahrungskette. Eine Studie[63] zeigt, dass 88 % der weltweiten Meeresoberflächen mit Mikroplastik verschmutzt sind. Der nordatlantische und der südatlantische Ozean sind dabei am höchsten belastet.

Die tägliche und sorgsame Mülltrennung ist nur ein winziger Beitrag zur Reduktion der Umweltverschmutzung. In Wahrheit wird ein Großteil des gesammelten und

63 Cózar, A.; et al. (2014): Plastic debris in the open ocean; PNAS 2014; https://doi.org/10.1073/pnas.1314705111, abgerufen am 12.1.2020.

Abbildung 136: Marine Müllsammelplätze im Nordpazifik.

getrennten Plastikmülls verbrannt und trägt so neben den freigesetzten Giftstoffen auch zu CO_2-Emissionen bei. Nur 9 % der seit 1950 produzierten 8,3 Milliarden Tonnen Kunststoff wurden recycelt.

7.500.000.000 Kilogramm Kunststoff wurden nicht recycelt. Aktuell liegt die Recyclingquote bei 14 %. 40 % des Plastiks werden in Mülldeponien entsorgt, 14 % gelangen in Verbrennungsanlagen, und 32 % verbleiben irgendwo in der Umwelt.

Abbildung 136 zeigt große Ansammlungen von Plastikteilen im Nordpazifik, ein Gebiet, das als »Großer Pazifischer Müllfleck« (engl.: Great Pacific Garbage Patch) bezeichnet wird. Auf einer Fläche von 1,6 Millionen Quadratkilometern befinden sich 1,8 Billionen Plastikteilchen.

10.2.1 Gefahren des Kunststoffs und des Mikroplastiks

Kunststoff ist einer der wichtigsten toxischen Schadstoffe der heutigen Zeit. Er besteht aus giftigen Chemikalien und vor allem aus biologisch nicht oder nur schwer abbaubaren Substanzen, er verschmutzt die Erde, die Luft und das Wasser. Die Schadstoffe infiltrieren die Nahrungskette und schädigen Menschen und Tiere. Derzeit gibt es keine sichere Methode, Kunststoffabfälle zu entsorgen, weshalb die Menge stetig zunimmt und den ganzen Erdball überzieht. Gefährlich sind vor allem die beigefügten Zusatzstoffe, die spezifische Eigenschaften der Kunststoffe garantieren. Als Additive werden UV-Stabilisatoren, Weichmacher und Flammschutzmittel eingesetzt. Diese Zusatzstoffe verbleiben nicht im Material, sondern werden freigesetzt und verseuchen Raumluft, Hausstaub oder Lebensmittel. Über Hautkontakt, Atmung oder Nahrungsaufnahme gelangen die Stoffe in den menschlichen Körper. Die schädlichen Auswirkungen auf das Leben im Wasser sind verheerend und beschleunigen sich. Das Verschlucken von Plastikteilen durch marine Lebewesen ist wesentlich häufiger als das Sichverheddern. Viele Tiere nehmen mit oder statt Nahrung Plastikabfälle auf und verenden. Das Wissen über die Wechselwirkung der Kunststoffpartikel mit den menschlichen Zellen ist noch nicht ausreichend erforscht. Die bisherigen Studien zeigen, dass Kunststoffpartikel Lungen- und Darmschäden verursachen können. Sehr feine Partikel durchdringen Zellmembranen und die Blut-Hirn-Schranke – eine an sich sehr wirksame organische Schutzeinrichtung gegen das Eindringen gefährlicher Substanzen. Als Auswirkungen wurden oxidativer Stress, Zellschäden und Entzündungen beobachtet.

Vor der belgischen Küste wurden treibende Plastikteile gefunden, an denen für Menschen bedrohliche Bakterien – Escherichia coli, Bacillus cereus, Stenotrophomonas maltophilia – hafteten, was darauf hindeutet, dass Plastikabfälle einen ausgeprägten Lebensraum für Krankheitserreger bilden. Bakterien besiedeln Plastikteile in Kläranlagen, Haushalten und Abwässern in Form stabiler Biofilme und gelangen über diesen Weg (zurück) ins Bade- und Trinkwasser. In Lacken schaffen sie Lebensräume für Mückenlarven, die Parasiten oder Viren wie Zika oder Dengue übertragen.

Mikroplastik ist kleiner als 5 Millimeter und entsteht durch Zerfall und/oder mechanische Zerkleinerung. Allerdings halten Zersetzung und Zerkleinerung nicht bei dieser Größe an, sondern setzen sich weiter bis auf sehr kleine lungengängige Teilchengröße fort.

10.2.2 Welche Gefahren bergen die Zusatzstoffe des Plastiks in sich?

Mithilfe von Weichmachern wird die Elastizität oder die Härte der Kunststoffe modifiziert. Als Weichmacher werden Ester der Phthalsäure, der Zitronensäure und der Adipinsäure verwendet. Einige Vertreter der Weichmacher aus der Gruppe der Phthalate gelten als besorgniserregende Stoffe, weil sie schädigend auf das Hormonsystem, die Leber, die Nieren und die Fortpflanzungsfähigkeit wirken.

Flammschutzmittel verringern die Entzündbarkeit von Kunststoffen, dazu zählt Bisphenol A (BPA), welches als gesundheitsgefährdend gilt. Es kann das Hormonsystem stören und bei Kindern zu Entwicklungsstörungen führen. Bisphenol kann zudem schädigend auf Leber, Niere und Brustdrüse wirken.

Eine Laborstudie listete einen unübersehbaren Chemiemix in vielen Alltagsgegenständen auf. Von mehr als 1.400 entdeckten Chemikalien konnten die Wissenschaftler nur 260 identifizieren. Zum Großteil ist die Schädlichkeit der Zusatzstoffe unbekannt. Vier der getesteten Produkte enthielten Substanzen, die im Laborversuch Zellen schädigten.[64]

Abbildung 137 zeigt getestete Kunststoffe verschiedener Gebrauchsgegenstände des gleichen Materials, die unterschiedliche toxische Eigenschaften zeigen. Für den gleichen Kunststoff werden also verschiedene teilweise unbekannte Zuschlagstoffe verwendet. Vor allem PVC-, PUR- und PLA-Kunststoffe wiesen die bedenklichsten

64 Zimmermann, L.; et al. (2019): Benchmarking the in vitro toxity and chemical composition of plastic consumer products; Environ. Sci. Technol. 53, 19; https://doi.org/10.1021/acs.est.9b02293, abgerufen am 15.1.2020.

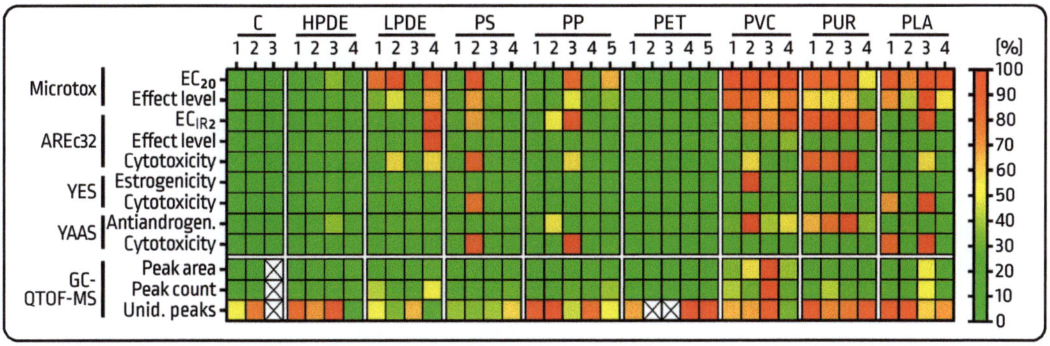

Abbildung 137: Toxikologische und chemische Signaturen von untersuchten Alltagsartikeln aus Kunststoff (grün bedeutet unbedenklich). Microtox, AREc32, YES, YAAS, GC-QTOF-MS sind Standardmethoden zur Ermittlung toxischer Wirkungen von Stoffen.

Ergebnisse auf, HPDE, PP und PET die besten. Bei LPDE und PS gibt es gute, aber auch bedenkliche Ergebnisse, was offenbar entweder vom Produzenten oder von der Art des Produkts abhängt.

Tabelle 23: Kunststoffe, ihr Verwendungszweck und ihre Eigenschaften.

Kunststoff	Lebensdauer (Jahre)	Verwendung	Problemstoffe	Mögliche Erkrankung
Polyethylen (PE)	10 – 600	Plastiksack, Folien, Verpackung, Rohre, Formteile		
Polypropylen (PP)	10 – 600	Plastiksack, Babyflaschen, medizinische Geräte		
Polystrol (PS) (Styropor)	50 – 80	Haushaltsartikel, Gefäße, Spielzeug, Schalter, Koffer	Benzol	krebserregend
Polyethylenterephthalat (PET)	450	Plastikflasche, Verpackung, Kosmetik, Lebensmittel	Acetaldehyd, Antimonoxid	Leberzirrhose, krebserregend
Polyvinylchlorid (PVC)	50 – 100+	Folien, Verpackungen, Rohre, Kabelmäntel, Fußbodenbeläge	Salzsäure, Dioxin beim Verbrennen, Phthalate, Nolyphenol	hormonschädigend
Polyamid (PA) (Nylon, Perlon)	600	Geräteteile, Formteile, Kunstfasern	Blausäure beim Verbrennen	
Polyurethan (PU)	20 – 50+	Harte und weiche Integralschäume, Profile, Formteile, Matratzen, Schuhe	Blausäure beim Verbrennen	Bei Verarbeitung: Allergien, krebserzeugend
Polytetrafluoräthylen (Teflon) (PTFE)	>10	Beschichtung Pfannen, Outdoorjacken	Perfluoroctansäure bei der Herstellung	Schädigung des Immun-/Hormonsystems
Polykarbonat (PC)	10+	Hitzebeständige Gefäße, Mikrowellengeschirr, CD-Hüllen	Bisphenol	Schädigung Hormonsystem, krebserregend, fortpflanzungsschädigend

10.2.3 Die größten Produzenten von Plastik

Die Firma Coca-Cola produziert die größte Menge an Kunststoffabfall. Nahezu die Hälfte (43 %) des durch mehr als 70.000 Menschen in mehr als 50 Ländern gesammelten Kunststoffabfalls trug den Markennamen von Coca-Cola. Auf den wenig ruhmreichen Plätzen der größten Kunststoffverschmutzer der Umwelt folgen Nestlé und PepsiCo. In den USA sind weiter Solo Cup Company und Starbucks zu nennen. In Europa war Heineken der drittgrößter Verunreiniger.[65] Die Top 10 weltweit sind: Coca-Cola, Nestlé (zu Nestlé gehören die Marken Poland String, KitKat und Häagen Dazs), PepsiCo (zu PepsiCo gehören die Marken Lay's Mountain Dew und Aquafina), Mondelez International, Unilever, Mars, P & G, Colgate-Palmolive, Phillip Morris und Perfetti Van Melle.

Diese Rangliste zeigt, wie groß und global diese Unternehmen sind. Sie alle produzieren eine große Bandbreite an Lebensmitteln und Haushaltsprodukten und haben bis heute ihre Philosophie, was die Verwendung nachhaltiger oder recycelbarer Materialien angeht, nicht grundlegend verändert.

Bei der Herstellung von Kunststoffen und ihrer Entsorgung entsteht eine große Menge an Treibhausgasen. 2019 entstanden mehr als 850 Millionen Tonnen Treibhausgase bei der Verbrennung von Kunststoffabfällen. Bis 2050 wird befürchtet, dass bei gleichbleibender Verwendung und Produktion von Kunststoff dafür 10 bis 13 % des verbleibenden Kohlenstoffhaushalts der Erde aufgewendet werden müssen.

Die 10 größten Kunststoffproduzenten weltweit sind:[66]

1. Dow Chemical (amerikanischer multinationaler Konzern)
2. Hanwool Corporation (südkoreanischer multinationaler Konzern)
3. Lyondellbasell (niederländischer multinationaler Konzern)
4. Ihne & Tesch GmbH (deutscher multinationaler Konzern)
5. ExxonMobil (amerikanischer multinationaler Konzern)
6. Matsui Technologies India Ltd (Tochter des indischen multinationalen Konzerns Motherson Group)
7. SABIC (saudi-arabischer Konzern)
8. Acros Pvt. Ltd (indische Firma)
9. BASF (deutscher multinationaler Konzern)
10. Ser Rezistans A.s (türkische Firma)

65 Segran, E.; Fast Company; https://www.fastcompany.com/90425011/coca-cola-nestle-and pepsico-are-the-worlds-biggest-plastic-polluters-again, abgerufen am 11.1.2020.

66 Plastics-Technology; https://www.plastics-technology.com/articles/top-largest-plastic-prducing-companies, abgerufen am 11.1.2020.

10.3 Die Bevölkerungsexplosion

Schon 1973 warnte Konrad Lorenz in seinem Buch *Die acht Todsünden der Menschheit* vor der »Übervölkerung«. Gleichzeitig gab er aber auch seinem Optimismus Ausdruck, als er sagte: »Jede Gefahr verliert von ihrer Schrecklichkeit, wenn ihre Ursache erkannt wird.«

Die Anzahl der Menschen, die auf dem Planeten Erde leben, ist proportional zum Verbrauch an natürlichen Ressourcen und der Umweltbelastung. Eine geringere Anzahl beansprucht den Ressourcenhaushalt der Erde weniger. Das Ökosystem Erde ist endlich, konstant und in seiner Verfügbarkeit begrenzt. Land, Wasser, Luft, fossile Brennstoffe, Kupfer und andere Materialien sind limitiert vorhanden. Selbst bei der Wiederverwertung bestimmter Stoffe gehen doch gewisse Anteile verloren. Wächst die Weltbevölkerung weiter wie bisher, fehlen Ressourcen zur Ernährungsproduktion. Es drohen Hungersnöte, große Migrationsbewegungen und Kriege. Aber es gibt auch eine optimistischere Sicht. Diese glaubt an eine künftige Adaption der landwirtschaftlichen Systeme, an die Weiterentwicklung der Nutzpflanzen und Nutztiere und an die Steigerung der Effizienz der Nahrungsgewinnung, damit auch eine Weltbevölkerung von über 10 Milliarden Menschen ausreichend Nahrung zur Verfügung hat. Selbst wenn diese optimistische Sicht zutrifft, wäre es vernünftig, nicht an die Grenze der Leistungsmöglichkeiten zu kommen.

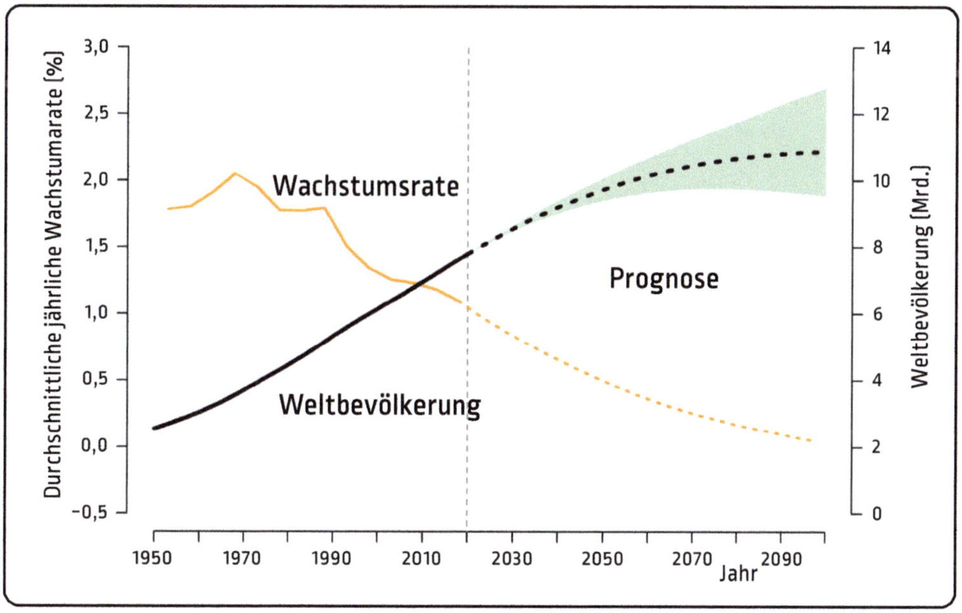

Abbildung 138: Prognose der Weltbevölkerung in Milliarden und durchschnittliche jährliche Wachstumsrate.

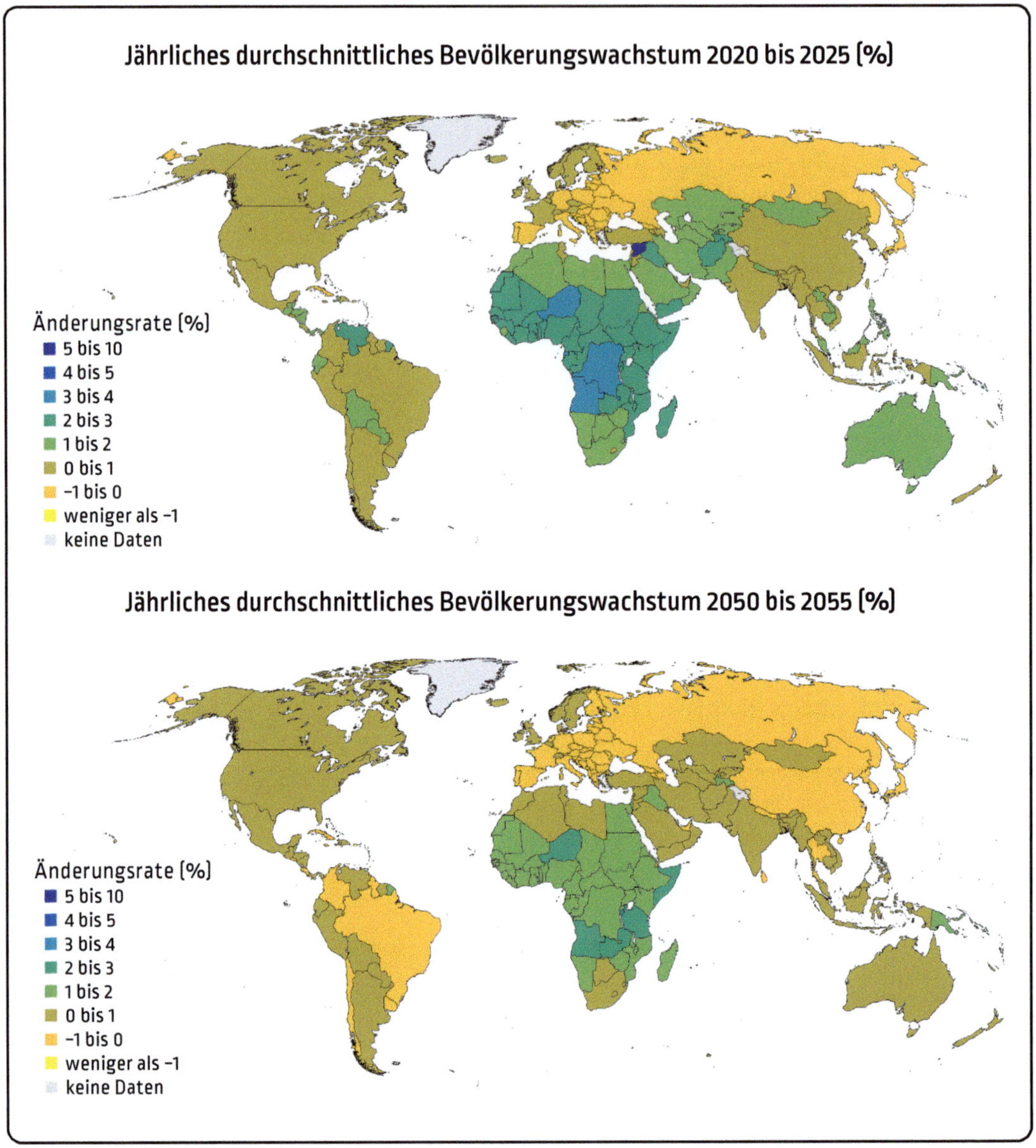

Abbildung 139: Bevölkerungszunahme oder -abnahme in verschiedenen Weltregionen; oben: 2020–2025, unten: 2050–2055.

Es herrscht ein anhaltendes Bevölkerungswachstum. Im Jahr 2100 werden geschätzt 10,9 Milliarden Menschen leben. Aktuell (20.12.2019, 16:21 Uhr) bevölkern 7.760.122.716 Menschen die Erde.

Zwischen 1965 und 1970 wuchs die Weltbevölkerung mit einer Rate von 2,1 % pro Jahr. Seit 1970 reduzierte sich das Wachstum auf 1,1 %, was lediglich ein weiteres,

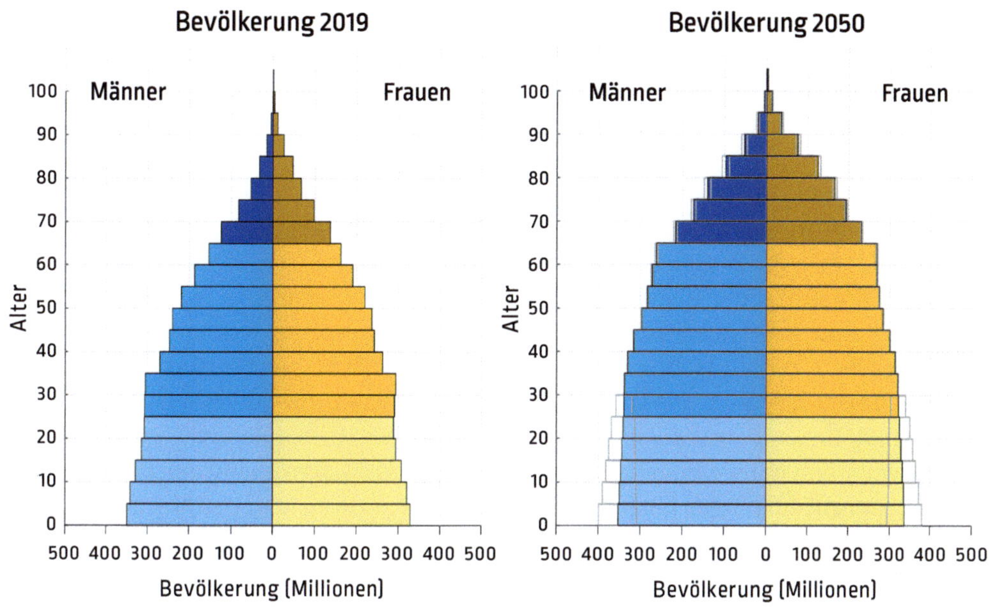

Abbildung 140: Altersstruktur der Bevölkerung, links: 2019, rechts: 2050 (erwartet).

jedoch verlangsamtes Wachstum bedeutet. Die wachsende Bevölkerung ist eine, die in Großstädten und Megametropolen hinein- und heranwächst. Die reichen Länder weisen einen Trend zur Bevölkerungsschrumpfung auf, während die Bevölkerung ärmerer Länder wächst. Die Fortschritte der Medizin, eine gesündere Ernährung und verringerte kriegerische Auseinandersetzungen führten zu einem wesentlich höheren und immer noch zunehmenden Lebensalter, weshalb heute die Anzahl der älteren Menschen die der Jungen übertrifft.

Das gesamte Bevölkerungswachstum wird in den nächsten 45 Jahren vorwiegend in den ärmsten Ländern stattfinden. Derzeit gebären Frauen in Entwicklungsländern im Schnitt 2,9 Kinder, während es in den reichen Ländern des Nordens nur 1,6 Kinder sind. Die Hälfte dieses Wachstums wird Indien, Pakistan, Nigeria, DR Kongo, Bangladesch, Uganda, USA, Äthiopien und China aufweisen (siehe Abbildung 139). Das Wachstum der USA ist durch Immigration angetrieben. Im Gegensatz dazu verlieren 51 meist hoch entwickelte Länder wie Deutschland, Italien, Japan und Russland Einwohner.[67]

67 Cohen, J. E. (2005): Human Population grows up; Scientific American, September 2005, S. 48–55.

10.3.1 Migrationsbewegungen

Seit den 1950er-Jahren stiegen die globalen Durchschnittstemperaturen um 1 °C, die winterlichen Schneefälle nahmen um 10 % und die nördliche Eisdecke um 40 % ab, die Häufigkeit und Intensität der Dürren, Stürme und Wärmeperioden nahm zu, die Gletscher zogen sich zurück, und der Meeresspiegel stieg. Ausgehend von einem »Business as usual«, werden sich diese Probleme weiter verschärfen. Zu diesen gehören Hungersnöte, mangelnde Gesundheitsversorgung, erheblich steigende ökologische Probleme, die Überflutung von Küstengebieten und die Verschlechterung der Land- und Süßwasserreserven. Kaum zu bewältigende Lebensumstände treiben die Menschen in die Flucht – Massenmigration ist die Folge. Alle Untersuchungen weisen darauf hin, dass jene Länder, die besonders von Umweltbedingungen abhängen, am stärksten betroffen sind. Deren Bevölkerung ist ökonomisch arm, schlecht ausgebildet und hat wenig technische Möglichkeiten zur Verfügung, um die ungünstigen Lebensbedingungen abzumildern – zum Überleben scheint das Abwandern der einzige Ausweg.

Etwa 1,1 Milliarden Menschen fehlt der Zugang zu Trinkwasser – die Hälfte der Bevölkerung in Subsahara-Afrika, ein Drittel in Ostasien und ein Fünftel in Lateinamerika, Südasien und im Nahen Osten. In Afrika, gefolgt von Asien und Lateinamerika, litten die Menschen unter der größten Anzahl von Dürren. Die meisten Überschwemmungen ereigneten sich in Asien, gefolgt von Lateinamerika und Afrika. Im Jahr 2000 betrug der Anteil der von und in der Landwirtschaft Beschäftigten in Afrika 58 %, in Asien 51 %, in Mittelamerika 24 %, in Ozeanien 18 %, in Südamerika 14 %, in Europa 8,6 % und in Nordamerika 6 %. In den Jahren 1975 bis 2001 trafen Dürreperioden 1,1 Milliarden Menschen in Asien, 222 Millionen in Afrika und 48 Millionen in Lateinamerika. Unter Überschwemmungen litten 2,1 Milliarden Menschen in Asien. Von Stürmen wurden etwa 416 Millionen asiatische Menschen heimgesucht, gefolgt von Lateinamerikanern (22 Millionen).

In den letzten Jahrzehnten waren Asien, Afrika und Lateinamerika mit den intensivsten Umweltproblemen konfrontiert und waren gleichzeitig am stärksten von der Umwelt als Lebensgrundlage abhängig. Dies lässt den Schluss zu, dass eine sich steigernde Klimakrise von einer stark anwachsenden Migration aus diesen Gebieten der Welt begleitet wird. Zum Abschätzen künftiger klimaverursachter Migrationsbewegungen hilft ein Vergleich mit bisherigen Migrationsströmen in den letzten Jahrzehnten.

Tabelle 24 zeigt, dass die Ursachen von Migrationsbewegungen auf mehreren gleichzeitig wirkenden Umweltfaktoren beruhen.

Tabelle 24: Größere Migrationsbewegungen und ihre Ursachen und Folgen.

Ursprungsland	Zielland	Umweltfaktoren	Andere Faktoren	Anzahl Migranten	Konflikte
Ruanda, ländlicher Süden und Zentrum, Anfang der 1990er-Jahre	Norden Ruandas, Zaire	Ackerland- und Wasserknappheit, Bodendegradation, Entwaldung	Überbevölkerung, Nahrungsmittelknappheit, Bürgerkrieg, Unterentwicklung, staatliche Hilfe im Norden	1,7 Mio.	Ethnische Spannungen mit kolonialen Wurzeln, Bürgerkrieg, Völkermord
Bangladesch, verschiedene Regionen, seit 1950 anhaltend	Indien, Westbengalen, Assam, Tripura	Dürren, Wasser-, Land-, Nahrungsmittelknappheit, Bodenerosion, Stürme, versalzte Böden	Indiens Umleitung des Ganges, Nichtteilung des Flusswassers, Überbevölkerung	12–17 Mio.	Hindu-muslimische Gewalt, Massaker
Äthiopien/Eritrea, 1960–1980	Südsudan	Dürren, Hungersnöte	Unterentwicklung, eritreische Unabhängigkeit, Krieg	1,1 Mio.	Konflikt zwischen Migranten und Einwohnern über Wasser und Land
Haiti, Norden, 1970er- – 1990er-Jahre	Region L'Artibonite, Städte, Dominikanische Republik, USA	Entwaldung, Landknappheit und -degradation, Erosion	Armut, ungleiche sozioökonomische Verteilung, hohe Dichte, Repression	1,3 Mio.	Unruhen, städtische Gewalt
Philippinen, Tiefland, 1970er- – 1990er-Jahre	Philippinen, Zentrum, Hochland	Ackerland- und Wasserknappheit, Entwaldung, Überschwemmungen, Rutschungen, Dürre, Bodendegradation	Überbevölkerung, ungleiche sozioökonomische Verteilung, unklare Eigentumsrechte, Arbeitslosigkeit	4,3 Mio.	Spannungen zwischen Landbesitz und Bauern, Bürgerkrieg, Aufstand
Südafrika, Gebiete mit schwarzer Bevölkerung, 1970–1980	Südafrika, städtische Zentren	Landdegradation, Entwaldung, Ernährungskrise, Wasserknappheit	Repression, Armut, schlechte Infrastruktur, afrikanische Arbeitslosigkeit, Überbevölkerung	Jährlich 0,75 Mio.	Landbesetzungen, sozialer Unfrieden, Gewalt
Sahelzone, ländliche Gebiete, 1960–1980	Sahelzone, Stadtregionen, benachbarte Küstenstaaten	Dürren, Hungersnöte, Landknappheit	Inflation, Unterentwicklung, Überweidung	10 Mio.	Unruhen in Dürregebieten, Ablehnung von Neuankömmlingen

Fortsetzung ▷

Ursprungsland	Zielland	Umweltfaktoren	Andere Faktoren	Anzahl Migranten	Konflikte
Brasilien, Nordosten, 1960 bis heute	Brasilien, zentrales und südliches Amazonasgebiet	Dürren, Bodendegradation, Wasserknappheit, Entwaldung	Überbevölkerung, Armut, Landungleichheit, Regierung subventioniert Siedler, vage Eigentumsrechte	8 Mio.	Zusammenstöße zwischen Landbesitzern und Hausbesetzern
Sudan, Norden, Süden, Westen, 1970–1980	Sudan, Khartum, Zentralsudan, Kordofan, Ostsudan	Dürren, Hungersnöte, Wüstenbildung, Entwaldung, Erosion	Bürgerkrieg, Unterentwicklung, Politik gegen Kleinbauern und Viehzucht, Bevölkerungswachstum	4 Mio.	Zusammenstöße von Landbesetzern, ethnische Spannungen, Zusammenstoß von Nomaden mit Grundbesitzern
USA, Great Plains, 1930er-Jahre	USA, andere Regionen	Dürren, Sandstürme, Bodendegradierung	Große Depression, Überbauung und Überweidung	2,5 Mio.	Ablehnung von Migranten, Arbeitsplatzkonflikte, Zwietracht
China, vor allem Gansu und Ningxia, 1980–1990	China, städtische Zentren	Überschwemmungen, Bodendegradation, Wüstenbildung, Wasserknappheit	Bergiges Gelände, Armut, Unterernährung, staatliche Anreize	20–30 Mio.	
Somalia, Ende 1980 – Mitte 1990	Somalia-Ogaden, Kenia, Äthiopien, Dschibuti	Dürre, Erosion, Entwaldung	Bürgerkrieg in Somalia, Bevölkerungswachstum, Überweidung	2,8 Mio.	
Mexiko, ländliche Gebiete, Oaxaca	Mexiko, städtische Zentren, USA	Dürre, Bodendegradation, Wasserknappheit, Entwaldung	Unterentwicklung, ungleiche sozioökonomische Verteilung, Bevölkerungswachstum	Jährlich 0,6–0,9 Mio.	

10.3.2 Das Leben in den Städten

Derzeit lebt die Hälfte der Weltbevölkerung in den am dichtesten besiedelten Ländern auf lediglich 2 bis 3 % der eisfreien Landfläche. Bis zum Jahre 2050 werden sich Städte sowohl hinsichtlich ihrer Ausdehnung als auch hinsichtlich der Anzahl der in ihnen lebenden Menschen verdoppeln und die städtischen Gebiete auf 6 % der Landfläche anwachsen.

Die Reduktion der landwirtschaftlich nutzbaren Fläche – 10 bis 15 % – führt zu erheblichen Einbußen der landwirtschaftlichen Produktion. Im Durchschnitt wird jeder Landbewohner in weniger als einem halben Jahrhundert nicht nur sich selbst und einen Stadtbewohner, sondern zwei Stadtbewohner mitversorgen müssen. Nimmt die Intensität der landwirtschaftlichen Produktion auf dem Land zu, fließt im Gegenzug Technologie aus den Städten in die ländlichen Regionen und vermindert die Armut der Landbevölkerung.

Werden zur Ertragssteigerung mehr chemische Düngemittel und Biozide eingesetzt, bedeutet der Anstieg der Nahrungsmittelproduktion eine enorme Belastung für die Umwelt. Für die Stadtbewohner birgt die Verstädterung Gefahren durch Infektionskrankheiten, wenn nicht durch angemessene sanitäre Maßnahmen sauberes Wasser bereitgestellt und Abfälle beseitigt werden. In den Städten konzentrieren sich die Möglichkeiten für Bildung und kulturelle Bereicherung, der Zugang zu medizinischer Versorgung und vielfältiger Beschäftigung. In den nächsten 30 Jahren muss die Hälfte der städtischen Infrastruktur, die es in der Welt von 2050 geben wird, gebaut werden. Das ist die Chance, Städte besser zu planen und zu betreiben. Die Städte erhöhen die wirtschaftlichen Aussichten für jüngere, besser ausgebildete Arbeitskräfte, sie sind mobiler als ältere Familienangehörige, die auf dem Land zurückbleiben. Dies schwächt traditionelle Verwandtschaftsnetzwerke, welche älteren Menschen familiäre Unterstützung bieten. Verheiratete ältere Menschen werden im Vergleich zu alleinstehenden, verwitweten oder geschiedenen Personen eher zu Hause leben können als in Heimen.

Die Zukunftsfähigkeit der älteren Bevölkerung hängt in komplexer Weise nicht nur von Alter, Geschlecht und Familienstand ab, sondern auch von der Verfügbarkeit von unterstützendem Nachwuchs und vom sozioökonomischen Status – insbesondere vom Bildungsniveau. Eine bessere Ausbildung in der Jugend ist mit einer besseren Gesundheit im Alter verbunden. Eine zielführende Strategie zur Verbesserung der Situation künftiger älterer Menschen ist eine Investition in die Bildung der heutigen Jugend. Eine weitere Strategie ist die Investition in wirtschaftliche und soziale Institutionen, die künftig wirtschaftliche Produktivität und soziales Engagement älterer Menschen erleichtern.

Die Ausstattung von Gebäuden mit Solarthermie- und Photovoltaikanlagen, mit Wärmepumpen, hochwertiger Gebäudedämmung, die Begrünung von Dächern und Häuserfronten, die Anlage von Parks und die Verbannung des Verkehrs aus den Städten, die Förderung und der Ausbau öffentlicher Verkehrsmittel und von Radfahrwegen sind sinnvolle Maßnahmen gegen die städtische Überhitzung und Luftverschmutzung. Zahlreiche Großstädte begehen diesen Weg.[68]

68 https://www.moment.at/story/Paris-gegen-Wien-wer-ist-dem-autofreien-Traum-naeher, abgerufen am 17.9.2020.

10.4 Verschiebung der Vegetationszonen

Klimatische Veränderungen beeinflussen die Lebensweise und Lebensbedingungen der Menschen. Der Niedergang der Maya-Hochkultur in Südmexiko und Mittelamerika – Dezimierung der Bevölkerung um 70 % – führt die Wissenschaft heute auf Dürreperioden zurück, wie sich aus Sedimentablagerungen beweisen lässt; dies ist nur ein Beispiel klimatischer Auswirkungen auf die menschliche Evolution, die Demografie und Zivilisationen.

Gegenwärtig wirken sich Klimaveränderungen auf Infektionskrankheiten, Küstenstädte, landwirtschaftliche Erträge, Schädlinge, invasive Arten, biologische Vielfalt, Blüte- und Erntezeiten aus. Die gerade stattfindenden Klimaveränderungen verstärken Wirbelstürme, Dürren und Überschwemmungen. Der Anstieg des Meeresspiegels bedroht auf lange Sicht Küstenregionen, das heißt Land bis maximal 10 Meter über dem Meeresspiegel. Auf diesen 2 % der weltweiten Landfläche leben 10 % aller Menschen und 13 % aller Städter.

10.5 Die Gefahr von Hungersnöten durch den Rückgang der Nahrungsmittelproduktion

Mitte des 20. Jahrhunderts wurde die »Grüne Revolution« propagiert, eine hoch technisierte hochproduktive Landwirtschaft. Diese sollte zu einer dramatischen Verbesserung der Nahrungsmittelproduktion führen und die Ernährung der ganzen Welt dauerhaft sicherstellen. Die industrialisierte Landwirtschaft ist zweifelsfrei hochproduktiv, aber um den Preis einer Vielzahl von ungelösten Umwelt-, Gesundheits-, Sozial- und Wirtschaftsproblemen, wie weitverbreiteter Wasserverschmutzung, Trinkwassermangel, toxischer Luftverschmutzung, gesundheitlicher Schädigung der Landarbeiter, globaler Bestäuberkrise (Bienensterben) und erheblichem Artenverlust.

Der Schwerpunkt der »Grünen Revolution« lag auf der Maximierung der Ernteerträge für eine wachsende Weltbevölkerung. Die menschliche Arbeit wurde durch einen hohen Einsatz von synthetischen Düngemitteln und Wasser, Pestiziden, Fungiziden und Herbiziden ergänzt. In den USA z. B. traten an die Stelle vieler kleiner Bauernhöfe mit einer Vielzahl unterschiedlicher Kulturpflanzenarten einige wenige hoch mechanisierte Großbetriebe. Diese verrichten die Arbeiten vorwiegend mit dieselbetriebenen Maschinen, pflanzen Monokulturen, was den gesteigerten Einsatz von Pestiziden fördert. Einige dieser Pestizide verbleiben über Monate bis Jahre in der Umwelt.

Eine der dramatischsten Veränderungen der »Grünen Revolution« war die Trennung von Tier und Pflanze auf dem Bauernhof. In der Vergangenheit verwerteten die Landwirte die tierischen Abfälle zur Düngung, was den Einsatz künstlicher Dünger reduzierte. Die industrielle Viehzucht andererseits führt durch den Einsatz von Kraft-

Abbildung 141: Pestizidsprühung von Monokulturen in Kalifornien.

futter zur Produktion riesiger Mengen an tierischen Abfällen, die nicht zur Bodenanreicherung genutzt werden, sondern zur Luft- und Wasserverschmutzung beitragen.

Der Klimawandel wird eine Reihe von Umweltveränderungen hervorrufen, weltweit müssen sich landwirtschaftliche Systeme anpassen, andernfalls gehen sie zugrunde, und es kommt zu massiven Einbußen der Ernteerträge. Die Folgen sind höhere Nahrungsmittelpreise und verminderte Ernährungssicherheit. Der Klimawandel reduzierte in vielen geografischen Regionen die Weizen- und Maiserträge – bis 2050, so schätzen Experten, kommt es zu Ertragseinbußen von 10 bis 25 %. Zugleich wird die Nachfrage einer wachsenden wohlhabenderen Bevölkerung um 60 % steigen.

Bis zum Jahr 2030 wird mit Ertragseinbußen von 5 % und bis zum Jahr 2080 von 30 % gerechnet, selbst bei Berücksichtigung verbesserter landwirtschaftlicher Praktiken, optimierter Bewässerung und Innovationen für ertragreichere Kulturen.

Die Naturgefahren bedrohen arme Menschen stärker, da sie auf die Lebensmittelproduktion aus eigener Landwirtschaft angewiesen sind. Die Wissenschaft sagt folgende Gefahren voraus:

- steigende Häufigkeit von Hitzewellen,
- Erhöhung der Anzahl der Dürretage weltweit um mehr als 20 %,
- Flutkatastrophen, die 15 bis 20 % mehr Menschen treffen,
- Überflutungen von Küstengebieten durch den steigenden Meeresspiegel.

Ernteerträge – Menge und Qualität – sinken bei Wetterextremen mit wechselnden Niederschlägen und Temperaturen. Bis 2080 werden die durchschnittlichen Ertragsrückgänge für Südasien auf 23 %, Ostasien und im Pazifik auf 17 %, in Afrika südlich der Sahara auf 15 % und in Lateinamerika auf 14 % geschätzt.

Tabelle 25 zeigt einige der Risiken für Veränderung verschiedener Ökosysteme in Verbindung mit dem Klimawandel. Sie zeigt auch die Auswirkungen auf die in den Gebieten lebende Bevölkerung.

Tabelle 25: Veränderungsrisiken für Ökosysteme und mögliche Auswirkungen auf die Lebensgrundlagen in verschiedenen Regionen.

Ökosystem	Langfristige Risiken des Klimawandels	Mögliche Auswirkungen auf den Lebensunterhalt, die für arme Menschen relevant sind
Subsahara Afrika		
Trockengebiete	Die lokale Erwärmung, die durch trockene Bedingungen verstärkt wird, führt zu einer Ausdehnung der Trockengebiete im südlichen Afrika und im westlichen Afrika.	Kürzere Wachstumssaison und Verschiebung in Gebiete, die sich für die Landwirtschaft mit Regenfeldbau eignen, werden negative Auswirkungen auf die Landwirte haben.
Grasland, Savanne	Höhere CO_2-Konzentration lässt Bäume in Savannengebieten besser wachsen und reduziert Grasland.	Reduzierte Verfügbarkeit von Nahrung für Weidetiere mit negativen Auswirkungen für die Hirtenvölker
Wälder	Extremere Temperatur- und Niederschlagsbedingungen erhöhen die Baumsterblichkeit in immergrünen Wäldern und Waldflächen.	Begrenzte Verfügbarkeit von Holzressourcen für Waldgemeinschaften
Trinkwasser	Erschöpfung von Süßwasserressourcen und Feuchtgebieten	Verringerung der Fläche für Hochwasser, Rezession Landwirtschaft, Weidewirtschaft für Vieh und Verfügbarkeit von Süßwasserfischen für ländliche Gemeinden
Küste	Anstieg des Meeresspiegels erhöht die Überflutung der Küsten.	Landverlust für Küstengemeinden, verstärkte Versalzung
Ozeane	Erwärmung und Versauerung der Ozeane führen zum Ausbleichen der Korallenriffe und zu Veränderungen in der Verteilung der Fischarten.	Rückgang des Fangpotenzials für Küstengemeinden und Arbeitsplätze in der Fischerei
Naher Osten und Nordafrika		
Trockengebiete	Das wärmere und trockenere Klima verlagert die Vegetation nach Norden und löst die Versteppung und Versalzung der Böden aus.	Erhöhter Wasserstress, der die Vieh- und Pflanzenproduktion beeinträchtigt, mit negativen Auswirkungen für Kleinbauern und Hirten
Küste	Meeresspiegelanstieg beschleunigt die Versalzung des Grundwassers im Nildelta, Schäden an der Pflanzenproduktion mit negativen Auswirkungen auf die Kleinbauern	Schäden an der Pflanzenproduktion mit negativen Auswirkungen auf die Kleinbauern

Fortsetzung ▻

Ökosystem	Langfristige Risiken des Klimawandels	Mögliche Auswirkungen auf den Lebensunterhalt, die für arme Menschen relevant sind
Europa & Zentralasien		
Wälder	Verschiebung von borealen und Temperaturwäldern mit Hitzewellen, Wasserstress, Waldbränden und Baumsterben in borealen Wäldern in Russland	Rückgang der Holzernte gefährdet die Arbeitsplätze der Beschäftigten in der Forstwirtschaft.
Trockengebiete	Die Ausdehnung von Trockengebieten und häufigere und intensivere Dürreperioden verstärken die Wüstenbildung.	Verlust von Flächen für die Produktion von Regenfeldfrüchten und Druck auf den Viehbestand mit negativen Auswirkungen für kleinere landwirtschaftliche Erzeuger
Gebirge	Der Rückzug der Gletscher führt zu einer erhöhten saisonalen Wasservariabilität und langfristig zu einer erheblichen Wasserknappheit	Erhöhter Wasserstress in der Bewässerungslandwirtschaft mit negativen Auswirkungen für die Arbeiter in landwirtschaftlichen Betrieben
Ostafrika & Pazifik		
Trinkwasser	Steigende Temperaturen, Eindringen von Salz und zunehmende Intensität tropischer Wirbelstürme übersteigen die Toleranz für Zuchtfischarten.	Schäden in der Fischproduktion mit negativen Auswirkungen für die Aquakulturbetriebe
Küste	Anstieg des Meeresspiegels und erhöhte Intensität tropischer Wirbelstürme, die zu verstärkter Küstenerosion und Salzwasserintrusion im Flussdelta und anderen tief liegenden Gebieten sowie zum Verlust von Mangrovenwäldern führen	Verlust von Land für den Reisanbau im Mekong-Delta, reduzierter Schutz der Küstensiedlungen und begrenzte Verfügbarkeit von Mangrovenwaldressourcen für die Küstengemeinden
Ozeane	Erwärmung und Versauerung der Ozeane führen zum Ausbleichen der Korallenriffe und zu Veränderungen in der Verteilung der Fischarten.	Reduzierung des Fischfangpotenzials mit negativen Auswirkungen auf Arbeitsplätze in der Fischerei und in den Küstengemeinden

Fortsetzung ▻

Ökosystem	Langfristige Risiken des Klimawandels	Mögliche Auswirkungen auf den Lebensunterhalt, die für arme Menschen relevant sind
Südasien		
Gebirge	Der Verlust von Gletschern im Himalaja und Hindukusch führt zu erhöhter jahreszeitlicher Variabilität der Wasserflüsse in gletschergespeisten Flusssystemen.	Reduzierte Nahrungsmittelproduktion in Flusseinzugsgebieten mit negativen Auswirkungen für Kleinbauern
Landstriche	Veränderungen der Monsunniederschläge erhöhen die Überschwemmungen der Flüsse, die Anzahl der Trockentage, die Schwere der Dürre und die Verringerung der Grundwasserressourcen.	Erhöhter Wassermangel, der die Pflanzenproduktion beeinträchtigt, mit negativen Auswirkungen für Kleinbauern
Küste	Der Anstieg des Meeresspiegels und immer intensivere tropische Wirbelstürme beschleunigen das Eindringen des Salzgehalts in Deltaregionen und Feuchtgebiete.	Verringerung der landwirtschaftlich nutzbaren Flächen mit negativen Auswirkungen für die Landwirte
Lateinamerika und Karibik		
Trockengebiete	Ausdehnung der Trockengebiete und extremere Dürreperioden in den trockenen Subtropen Mexikos und im Nordosten Brasiliens	Erhöhter Wassermangel mit negativen Auswirkungen auf die örtliche Wasserversorgung und die Vieh- und Pflanzenproduktion, von denen die Kleinbauern betroffen sind.
Wälder	Längere Trockenzeit, extreme Trockenheit und Waldbrände führen zur Zerstörung der Tropenwälder.	Reduzierte Verfügbarkeit von Waldressourcen für indigene Völker und andere Waldbewohner und Waldrandgemeinden
Gebirge	Rückzug der Gletscher und wechselnde Schneefälle führen zu einer erhöhten jahreszeitlichen Variabilität der Flussläufe.	Negative Auswirkungen auf die Wasserversorgung und die Pflanzenproduktion, die Kleinbauern und indigene Gemeinschaften in den Anden betreffen
Küste/Inseln	Anstieg des Meeresspiegels, Sturmflut und tropische Wirbelstürme, die kleine Inselstaaten und tief liegende Küstenzonen betreffen	Landverlust und Schäden durch touristische Aktivitäten mit negativen Auswirkungen auf die Küsten- und Inselgemeinden
Ozeane	Versauerung und Erwärmung der Ozeane führen zu Korallenbleichen in der Karibik und zur Verlagerung der Fischspezies in höhere Breiten.	Rückgang des Fangpotenzials in den meisten Gewässern mit negativen Auswirkungen für die lokalen Fischer

10.6 Bedrohung: der atomare Krieg

Die Bedrohung durch einen atomaren Krieg und die Bedrohung durch den Klimawandel haben für die Menschheit vergleichbare Folgen. Beide Szenarien drohen mit einem Massensterben von Menschen, Tieren und Pflanzen, dem Untergang allen Lebens auf der Erde. Bei beiden fehlt angesichts dieser existenziellen Bedrohungen eine energische öffentliche und internationale Debatte.

Den Zweiten Weltkrieg prägten nicht nur unvorstellbare Gräuel – systematische Vernichtung von 6 Millionen Juden, Millionen toter Soldaten, Hungersnöte der Zivilbevölkerungen in ganz Europa –, sondern auch ein technisches Wettrüsten mit modernen Waffen bis hin zur Atombombe. Der Abwurf zweier Atombomben Ende des Zweiten Weltkrieges über Japan – auf Hiroshima und auf Nagasaki – zeigte der Welt, welch unvorstellbares Verwüstungspotenzial sie in sich bergen.

Die mögliche Auslöschung ganzer Städte und allen Lebens wurde Realität und zugleich Bedrohung aller. Die Folge war der »Kalte Krieg«, ein Wettrüsten um die Entwicklung von immer stärkeren Atomwaffen zwischen den USA und der Sowjetunion, geleitet von der Angst, zu unterliegen und damit Opfer eines Atomkrieges zu werden. Die Entwicklung der Wasserstoffbombe 1952, eine Steigerung, endete mit dem Zünden von »Castle Bravo«, der stärksten je von den USA gezündeten Bombe, tausendmal stärker als die über Hiroshima abgeworfene. »Castle Bravo« machte das Bikini-Atoll

Abbildung 142: Hiroshima nach dem Abwurf und der Detonation der Atombombe im Juli 1945.

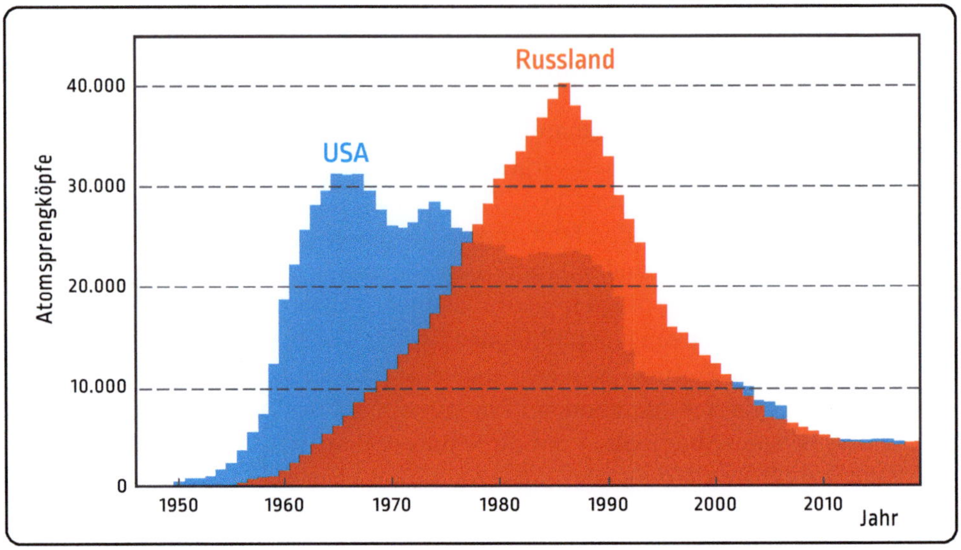

Abbildung 143: Chronologische Entwicklung der Anzahl der Atomsprengköpfe.

innerhalb eines Augenblicks unbewohnbar. Die Sowjetunion antwortete darauf 1961 mit »Zar Bomba«, mit einer dreimal so starken Zerstörungskraft wie »Castle Bravo« – ihr Einsatz würde Paris, New York City oder Moskau zur Gänze dem Erdboden gleichmachen und Millionen Menschen das Leben kosten. Neben diesen Wasserstoffatombomben von albtraumhafter Vernichtungskraft verfügen die Atommächte über große Bestände von Atomwaffen, die 80-mal stärker sind als die Hiroshimabombe. Derzeit gibt es weltweit etwa 13.400 Atomsprengköpfe. Jeweils 1.600 sind von den Amerikanern und Russen auf Raketen montiert, oder es sind damit schwere Bomber bestückt, die jederzeit aktiviert werden können.

Abbildung 143 zeigt die Anzahl der Atomsprengköpfe, mit denen sich während des Kalten Krieges die USA und Russland bewaffneten. Nicht die absolute Anzahl der Atomwaffen ist von Bedeutung, sondern das Prinzip der Abschreckung. Beide Atommächte drohen bei einem Erstschlag den Angreifer mit dem Gegenschlag zu vernichten. Das bedeutet, dass Militärstrategen einen Gegenschlag innerhalb kurzer Zeit (Minuten) auslösen können müssen. Dies wirft die Frage nach der Sicherheit und der Entscheidungsgrundlage für eine Aktivierung auf – eine Fehlentscheidung fordert Milliarden Todesopfer und käme der Unbewohnbarmachung des Planeten Erde gleich.

Die hohen Sicherheitsanforderungen, die man erwarten würde, werden nicht erreicht. Die Vereinigten Staaten von Amerika verfügen über 44 Minuteman-III-Interkontinentalraketen, die in unterirdischen Silos verstreut in den Ebenen von Colorado, Nebraska, Wyoming, Montana und North Dakota, zum Abschuss bereit, lagern und innerhalb von zwei Minuten abflugbereit sind. Die meisten der Abschlusskomplexe wurden während der Präsidentschaft von Präsident Kennedy gebaut. Die Computersysteme sind veraltet – im Einsatz sind I.B.M.-Serie/1-Computer, die 1976 der letzte

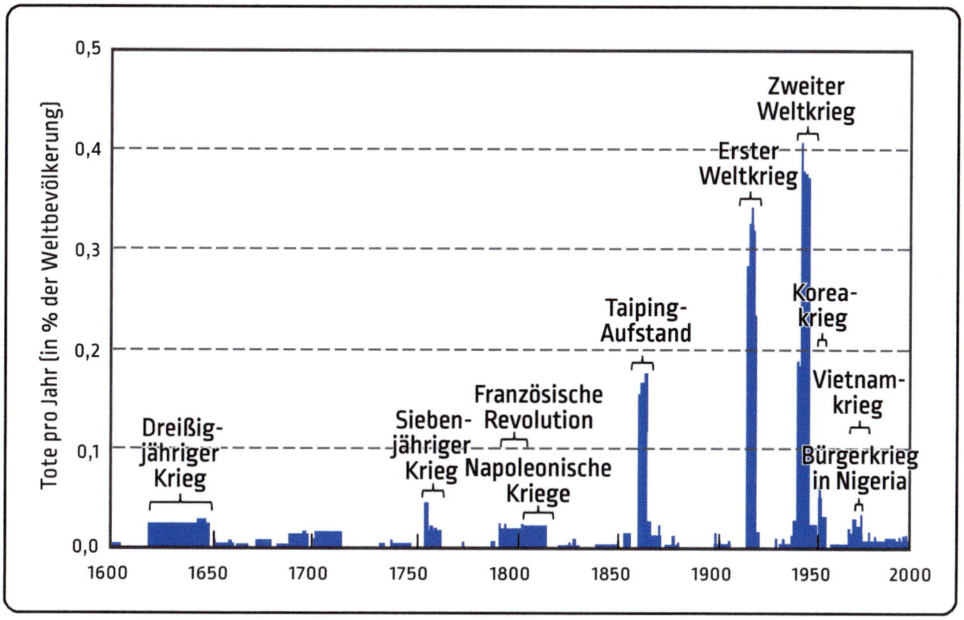

Abbildung 144: Übersicht über Kriege mit hohen Opferzahlen von 1600 bis in die Gegenwart.

Schrei der Technik waren. Diese Rechner sind immer noch auf 8-Zoll-Disketten angewiesen.[69] Es gibt Berichte von Fehlalarmen aufgrund defekter elektronischer Leiterplatten und Bauteile, falsch eingelegter Magnetbänder und dergleichen. Zusätzlich gibt es aktuelle Bedrohungen, wie Malware, Spyware, Würmer, Viren, Bugs, beschädigte Firmware, trojanische Pferde und all die anderen modernen Werkzeuge der Cyberkriegsführung.

Die Sicherheiten im russischen Lager sind vermutlich nicht besser. Die größte strategische Verwundbarkeit Russlands ist das Fehlen eines ausgeklügelten und effektiven Frühwarnsystems. Die Sowjetunion hatte früher fast ein Dutzend Satelliten im Orbit, die einen amerikanischen Großangriff erkennen konnten. Ab 1996 verschlechterte sich der Zustand des Systems, da ein Frühwarnsatellit nach dem anderen altersbedingt außer Betrieb genommen werden musste. Das Land ist auf bodengestützte Radaranlagen angewiesen. Im Gegensatz zu Amerika verfügt Russland nicht mehr über zwei getrennte, voneinander unabhängige Frühwarnanlagen.

Die Menschheit lebt in einem Szenario, in welchem sich Atommächte mit gegenseitiger Vernichtung bedrohen, um die Sicherheit zu gewährleisten. Was für ein Paradoxon.

Kriege begleiteten die Menschheit seit ihrem Bestehen bis in die Gegenwart (siehe Abbildung 144). Die größte globale Bedrohung ist ein Atombombenabwurf, selbst wenn er durch einen Fehler ausgelöst wird. Befürchtet werden außer der zerstöreri-

69 Schlosser, E. (2016): World War Three, by Mistake; December 23, 2016, The New Yorker.

schen Wirkung der Explosion an sich der sich über den Erdball ausbreitende Fallout radioaktiver Strahlung und der nachfolgende atomare Winter. Die Abdunkelung der Atmosphäre durch hochgewirbelten Staub würde die Sonnenstrahlung stark reduzieren und extreme winterähnliche Witterungsverhältnisse hervorrufen.

Tabelle 26: Atommächte und Anzahl der Kernwaffen (2019).

Atommacht	Anzahl Kernwaffen	Jahr der ersten Atomtests
Weltweit	13.400	
Russland	6.375	1949
USA	5.800	1945
China	320	1964
Frankreich	290	1960
Großbritannien	215	1952
Pakistan	160	1999
Indien	150	1974
Israel	90	–
Nordkorea	30–40	2006

Tabelle 26 zeigt, dass es neben den USA und Russland zahlreiche andere Länder mit Kernwaffen gibt. Proportional zur Anzahl der Länder mit Atomwaffen steigt die Gefahr eines Kernwaffeneinsatzes.

10.7 Bedrohung: die gentechnische Versuchung

Gentechnik gewinnt immer mehr an Bedeutung. Sie liefert Pflanzensorten mit gewünschten Eigenschaften, die resistent gegen gewisse Schädlinge und Pflanzengifte, sogar gegen Trockenheit oder Nässe widerstandsfähiger sind. Neben Pflanzen greift der Mensch in die Genome von Tieren ein, um diese mit gewünschten Eigenschaften auszustatten. Die Einführung von Genen aus verschiedenen Organismen in Nutzpflanzen und Nutztiere gilt als vielversprechender Weg zur Produktivitätssteigerung in Land- und Forstwirtschaft. Gentechnik hat den Zeitaufwand für die Entwicklung neuer kommerzieller Sorten von Nutzpflanzen drastisch verkürzt. Gentechnologie geht dabei weit über die klassische Pflanzen- und Tierzüchtung hinaus – sie ermöglicht die schnelle Übertragung genetischer Merkmale zwischen völlig unterschiedlichen Organismen – ein Vorgang, der bei herkömmlichen Züchtungsmethoden unmöglich ist. In gewisser Weise bedient sich der Mensch des vorhandenen DNA-Vokabulars der Evolution. Während aber die Evolution ihr Spiel langsam in ökologischen Nischen erprobt, hasardiert der Mensch hektisch an natürlichen Grenzen vorbei.

Zu den erhofften Vorteilen gehören höhere Erträge und ein verbesserter Nährwert von Nutzpflanzen und -tieren, eine Verringerung des Pestizid- und Düngemitteleinsatzes und eine verbesserte Kontrolle von Boden- und Wasserschadstoffen. Das Konzept der Gentechnik als direkte Übertragung von DNA von einem Organismus auf einen anderen stammt aus dem Jahr 1972. Das erste gentechnisch veränderte Tier war eine 1974 geborene Maus. Ein antibiotikaresistentes Gen fügten Wissenschaftler erstmals 1983 in Tabakpflanzen ein. 1982 wurde gentechnisch zum ersten Mal menschliches Insulin erzeugt. Seither gibt es eine zunehmende Anzahl unterschiedlichster Anwendungen und Entwicklungen.

10.7.1 Risiken, verbunden mit gentechnisch veränderten Organismen

Die Hauptanwender gentechnisch veränderter Pflanzen sind die USA, gefolgt von Brasilien und Argentinien. Die wichtigsten angebauten gentechnisch veränderten (GV) Pflanzen sind Mais, Soja, Baumwolle, Raps, Zuckerrüben, Luzerne, Papaya, Kürbis und Kartoffeln. Indien hat mit 11,6 Millionen Hektar die viertgrößte Anbaufläche, auf der GV-Baumwolle angebaut ist. 99 % der weltweiten Anbaufläche für GV-Kulturen bestehen aus Soja, Mais, Raps und Baumwolle.[70]

In großem Maßstab werden derzeit nur zwei GV-Merkmale kommerzialisiert: herbizidtolerante und schädlingsresistente Sorten, die hauptsächlich in Nord- und Südamerika angebaut werden, und zwar vorwiegend für Tierfutter und Biokraftstoffe.

Gentechnik birgt Risiken. Die Freisetzung genetisch veränderter Organismen in die Umwelt kann zu ökologischen Katastrophen führen. Die Möglichkeiten sind vielfältig und teilweise unheimlich wie gentechnisch modifizierte Mäuse, die grün fluoreszieren.

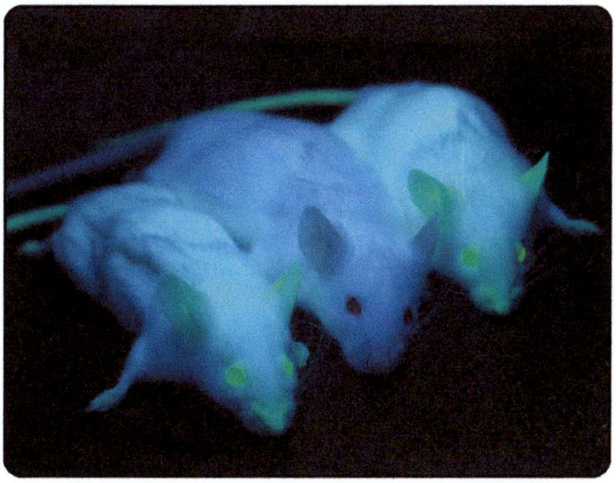

Abbildung 145: Gentechnisch veränderte Mäuse, die in manchen Körperteilen grün fluoreszierendes Protein bilden.

70 Raina, M.; et al. (2018): Genetic Engineering and Environmental Risk; M. Oves et al. (eds.), Modern Age Environmental Problems and their Remediation – Chapter 4; Springer International Publishing; https://doi.org/10.1007/978-3-319-64501-8_4, abgerufen am 24.1.2020.

10.7.2 Risiken, verbunden mit möglicher ökologischer Instabilität

Die Sequenz eines Gens hat im Spenderorganismus eine gut charakterisierte Funktion. Wird es isoliert und in einen anderen Organismus übertragen, so sind die Folgen nicht bestimmt vorhersagbar. Kopien eines Gens können integriert, zusätzliche Fragmente eingefügt und Gensequenzen neu angeordnet oder gelöscht werden – dies kann zu einer mangelnden Funktion der Gene führen. Instabilität und Wechselwirkungen mit anderen Genfunktionen sind potenzielle Risiken. Diese Risiken sind im Einzelnen:

- Jedes Gen kann mehrere verschiedene Merkmale in einem einzigen Organismus kontrollieren. Die Einfügung eines einzelnen Gens kann das gesamte Genom des Wirts beeinflussen und zu unbeabsichtigten Nebenwirkungen führen – eine gesicherte Vorhersage ist fraglich.

- Eingeführte gentechnisch veränderte Organismen können sich mit dem Wildtyp oder geschlechtsverträglichen Verwandten kreuzen. Das neue Merkmal kann verschwinden oder zu neuen unerwünschten Toleranzfähigkeiten von Wildtypen führen.

- Durch den Wettbewerbsvorteil gegenüber anderen einheimischen Organismen könnten sich gentechnisch veränderte übermächtig in neue Lebensräume ausbreiten und ökologische und wirtschaftliche Schäden verursachen.

- Der Selektionsdruck erhöht sich auf Ziel- und Nicht-Ziel-Organismen. Dadurch kann die Lebensvielfalt nachteilig durch Aussterben und Verdrängen einzelner Arten beeinflusst werden. Zudem kann der Selektionsdruck zur Entwicklung neuer resistenter Arten führen und so den anfänglichen Vorteil verringern oder zunichtemachen.

- Die Auswirkungen der Veränderungen einer einzelnen Art können weit über das Ökosystem hinausgehen. Das Risiko ist die Schädigung oder Zerstörung des gesamten Ökosystems.

- Sobald die gentechnisch veränderten Organismen in Umlauf gebracht wurden und Probleme auftreten, ist es unmöglich dies rückgängig zu machen.

- Ein besonders besorgniserregendes Risiko ist der Erwerb von Fremdgenen durch Organismen in einer Vielzahl von Umweltsituationen. Sie tritt vor allem als Reaktion auf sich verändernde Umweltsituationen auf und verschafft Organismen Zugang zu anderen als den vererbbaren Genen. Die ungewollte Übertragung eines Gens kann dem betreffenden Organismus ein neues Merkmal verleihen, welches die Gesundheit der Menschen oder die Umwelt bedroht. Zum Beispiel würde die Übertragung von Antibiotikaresistenz auf einen Erreger diesen schwer bekämpfbar machen. Diese Übertragung von Genen auf verschiedene Bakterien wurde viele Male bereits beobachtet. Zu den Risiken zählen daher eine erhöhte Krankheitsanfälligkeit, das Auftreten einer neuen Krankheit oder eines neuen Schädlings. Die Übertragung eines eingeführten Gens auf potenzielle Schädlinge oder Pathogene und andere noch unbekannte Organismen ist möglich und wurde schon oft in der Natur beobachtet. Das Risiko unbeabsichtigter Auswirkungen ist unvorhersehbar und derzeit nicht überschaubar. Selbst unter hohem Selektionsdruck kann es Tausende von Generationen dauern, bis ein Empfängerorganismus zur dominanten Form wird.

- Es gibt mehrere weitere Risiken für die menschliche Gesundheit und die Umwelt. Bei der Erzeugung gentechnischer Veränderungen haben die Gentechniker keine Möglichkeit, das Gen an einer bestimmten Stelle einzufügen. Das Gen landet an einer zufälligen Stelle im genetischen Material, und seine Position wird in der Regel nicht identifiziert. Welche weiteren Auswirkungen dieses Gen dann auf den gesamten Genpool des Wirtes hat, ist unklar und praktisch unvorhersehbar. So kann der Stoffwechsel des Organismus oder der Pflanze, die Wachstumsrate und/oder die Reaktion auf Umweltfaktoren zu unbekannten Auswirkungen führen.

Staaten bemühen sich um Regelungen und Gesetze, die Risiken gentechnisch veränderter Organismen minimieren, andererseits verspricht das Genengineering große kommerzielle Erfolge. Die Entwicklung, Prüfung und Zulassung gentechnischer Produkte ist teuer, und entsprechend groß ist der Druck der Produzenten auf die zuständigen Stellen. Die Produzenten verfügen in der Regel über ausreichende finanzielle Mittel, Medienpräsenz und politischen Einfluss, um ihre Interessen durchzusetzen.

Verschiedene schwere Unfälle in Kernkraftwerken, die nach deren Risikoanalyse und der prognostizierten geringen statistischen Wahrscheinlichkeit niemals hätten auftreten dürfen, sollten die Fortschrittsgläubigkeit der Öffentlichkeit gegenüber Sicherheitsversprechungen deutlich mindern.

Die weiträumige Anwendung der Gentechnik könnte sich als weiteres die Menschheit existenziell bedrohendes Szenario herausstellen. Die Menschheit wäre gut beraten, in der Anwendung neuer Technologien eine weitsichtige Philosophie der Langsamkeit anzunehmen, um auf unerwartete negative Folgen rechtzeitig reagieren zu können.

10.8 Bedrohung: die Entmenschlichung durch Digitalisierung

Die Digitalisierung, das Internet verändern die Gesellschaft. Eine Fahrt am Morgen in der U-Bahn zeigt die Veränderung. Jeder Zweite widmet seine Aufmerksamkeit dem Smartphone, telefoniert, liest Nachrichten, spielt, nutzt eine der vielen Apps oder tippt behände Nachrichten ein. Menschen liefern Daten – Daten, die von Anbie-

Abbildung 146:
Die Diktatur der Smartphones.

tern kommerziell genutzt, verarbeitet und verkauft werden. Softwareprogramme, die Methoden künstlicher Intelligenz oder Maschinenlernmethoden anwenden, verarbeiten diese Daten, durchleuchten Interessen, Fähigkeiten, Verhalten – wertvolle Informationen für »den Markt«, den Staat, Sicherheitssysteme, Versicherungen sowie Arbeitgeber.

10.8.1 Die GAFAM-Oligopole

Das Internet wird von einer kleinen Zahl von Konzernen oftmals nach den Anfangsbuchstaben ihrer Namen mit GAFAM abgekürzt dominiert. Dies sind Google, Apple, Facebook, Amazon und Microsoft. Sie weisen gemeinsame Merkmale auf: Sie nutzen jeden Weg, um möglichst wenig Steuern zu zahlen; sie sind in den USA ansässig, arbeiten weltumfassend, sind finanzkräftig, Träger der »kalifornischen Ideologie« und bilden ein globales Oligopol gegen das öffentliche Interesse. Jedes dieser Oligopole versucht die Gesamtheit der Software- und Hardwareinfrastruktur zu kontrollieren, die für die Bereitstellung von Inhalten und Diensten für die Internetnutzer erforderlich ist. Sie konkurrieren um die Aufmerksamkeit ihrer Nutzer, entwickeln Medienprodukte und -dienstleistungen und ziehen den größten Teil der Online-Werbeinvestitionen an sich.

Damit bedroht die GAFAM die Entwicklungsmöglichkeiten und die Wettbewerbsfähigkeit der Kultur- und Kreativwirtschaft und bedroht die Vielfältigkeit und Objektivität der Berichterstattung. Die Bezeichnung »Fünf Lords« ist zutreffend – alle sind kontrollierende Feudalherren, Besitzer von Dienstleistern, Plattformen, Suchmaschinen und elektronischen Geräten, deren Einnahmen auf der Nutzung ihrer Kunden beruht. Digitale Wirtschaft basiert auf immateriellen Produkten und Dienstleistungen und funktioniert auf globaler Ebene, ihr Wert sind Daten und der Zustrom neuer

Nutzer. Sie agieren auf den verschiedensten Wirtschafts- und Produktionsfeldern. Jedes Mitglied der GAFAM-Gruppe bildet ein eigenes Ökosystem in einem digitalen Umfeld. So versteht ein iPhone-Nutzer die Vorteile des Eintauchens in das Apple-Universum durch Apps, Inhalte und Cloud-Speicher. Gleichzeitig werden die Nutzer dazu angehalten, ihre Geräte zu aktualisieren und andere ergänzende Geräte zu erwerben in einer Spirale des unendlichen Konsums. Der Ein- und Austritt aus diesen Ökosystemen ist mit Kosten verbunden – es sind die Informationen zur Person und der Kauf angebotener Fotos, Videos, Dokumente, Musik, Apps, Passwörter. Die digitalen Ökosysteme sind quasi geschlossen und nicht miteinander kompatibel – Apple- und Microsoft-Rechner sind nicht austauschbar, auch wenn sie sich nicht immer wechselseitig ausschließen. Beispielsweise sind Android OS (Google) und iOS (Apple) inkompatibel, aber beide unterstützen YouTube. Apple TV spielt zwar Amazon Prime Video ab, unterstützt aber nicht Spotify. Diese Technologieriesen stehen zwar untereinander erheblich im Wettstreit, andere Konkurrenz fehlt hingegen gänzlich. Google konkurriert bei der Werbung mit Facebook, beide konkurrieren nicht im Bereich der Suchmaschinen oder der sozialen Netzwerke miteinander. Alle konkurrieren gegeneinander im Bereich der digitalen Expansion: künstliche Intelligenz, audiovisuelle Inhalte, Big Data, das Internet der Dinge (Internet of Things) und Cloud-Speicher. Diese Märkte sind der Wachstumsbereich und das Überlebensspielfeld der GAFAM.

Wachstum wird durch Innovation und die Übernahme anderer Firmen oder durch spezifische Vereinbarungen mit wichtigen Unternehmen ermöglicht. Gleichzeitig stellt dieser Zwang zur Expansion auch eine große Belastung dar und zwingt die GAFAM zur ständigen Suche nach neuen Technologien und Märkten. Dieser expansive Charakter bringt einen Prozess der Zentralisierung mit sich. Das Endziel ist die Vorherrschaft über das nächste Internet.

Die Übermacht der GAFAM bildet eine enorme Eintrittsbarriere für neue Unternehmen. Falls es einem Start-up gelingt, erfolgreich zu sein und in diese Bereiche vorzudringen, werden diese kurzerhand absorbiert oder durch Kopieren ruiniert. Die Akquisition von Start-ups ist eine Schlüsselstrategie für die GAFAM. Dadurch erwer-

Abbildung 147: Supercomputer Blue Gene/P.

ben sie Innovationen und unterdrücken gleichzeitig das Wachstum möglicher künftiger Konkurrenten.

Mittlerweile sind die fünf Lords zu wirtschaftlichen Großmächten aufgestiegen. Tabelle 27 zeigt den Aufstieg der GAFAM-Firmen von 1990 bis 2017 zur Spitze der fünf größten börsennotierten Unternehmen. Damit repräsentieren sie den aktuellen Kapitalismus (auch als »Überwachungskapitalismus« bezeichnet), der sich auf die Wirtschaft des Netzwerks konzentriert.

Tabelle 27: Die fünf größten amerikanischen Unternehmen, basierend auf der Börsenkapitalisierung.

Rang	1990	2000	2010	2017
1	IBM	General Electric	ExxonMobil	Apple
2	ExxonMobil	ExxonMobil	Apple	Alphabet (Google)
3	General Electric	Cisco Systems	Microsoft	Microsoft
4	Bristol-Myers Squibb	Wal-Mart Stores	Berkshire Hathaway	Amazon
5	Merck&Co	Microsoft	General Electric	Facebook

Google und Facebook konkurrieren direkt um den Werbemarkt, der mit 90 % bzw. 71 % ihrer Einnahmen zu Buche schlägt. Apple und Amazon sind nicht auf Werbeeinnahmen angewiesen, sondern auf den Verkauf von Produkten. Microsoft ist dominant auf dem Prozessor- und dem Softwaremarkt für Personal Computer. In den letzten Jahren hat die GAFAM sich auf die Bereiche Gesundheit und das »Internet der Dinge« konzentriert. Eines der Ziele ist die Verknüpfung der Nutzung mit dem Smartphone. Amazon und Apple patentierten die Erkennung von Herzkrankheiten über Smartphone. Alphabet (Google) hat drei Tochtergesellschaften (Calico, Verily und Deep Mind) sowie über 40 Anwendungen, die mit Gesundheit in Verbindung stehen. Der Einsatz von Drohnen, unbemannten Fahrzeugen und intelligenten Städten sind nur einige der Innovationsbereiche.

Im Bereich der künstlichen Intelligenz dominiert Apple mit einer Reihe von Patenten in den Bereichen Virtual Reality und Augmented Reality. Bei autonomen Autos ist Google führend. Microsoft arbeitet an Kopfsensoren zur Interaktion zwischen Gehirn und Apps. Amazon ist am stärksten an der Entwicklung von Drohnen interessiert, da dies Teil der Vertriebslogistik werden könnte. Der Schwachpunkt sind die Telekommunikationsnetze. Der technologische Charakter der GAFAM macht sie vollständig von dieser Infrastruktur abhängig. Die GAFAM strebt naturgemäß nach globaler Verbindungsfähigkeit, hauptsächlich durch Unterwasserverkabelungsprojekte.

Sie verwertet die Daten ihrer Nutzer: persönlich identifizierbare Informationen, einschließlich physischer Merkmale, soziale Kontakte, geografische Lage, Beschäftigung, Überzeugungen, Meinungen und Vorlieben, Aktionen, die während des Onlinebetriebes durchgeführt werden, besuchte Webseiten, gekaufte Produkte, ausgegebene Geldbeträge, angeklickte Links, angesehene Videos und durchgeführte Suchvorgänge usw. Hauptdatenquellen sind das Mobiltelefon und eine Reihe von Apps, die für das IoT, die Gesundheit oder die künstliche Intelligenz entwickelt wurden, oder die Gewinnung aus Daten der Cloud. Die GAFAM wird zunehmend von chinesischen Technologiegiganten wie Alibaba, Tencent, Baidu und Xiaomi bedrängt. Die meisten dieser Organisationen sind jung und wachsen extrem schnell.

10.8.2 Datenschutzprobleme

Der Erfolg der großen Plattformen löst Bedenken aus. In der Vergangenheit wurden die führenden amerikanischen Technologieunternehmen nicht durch Regeln und Gesetze behindert. Dies ändert sich in letzter Zeit. Die Allgemeine Datenschutzgrundverordnung der EU ist ein Anfang. Der Datenskandal von Facebook: Cambridge Analytica im Jahr 2018 zeigte die Verwendung von Millionen von Facebook-Profilen für politische Werbezwecke. Ein anderes Problem ist die Verzerrung der von den Plattformen erstellten Ranglisten. Diese können zum Filtern bestimmter Meinungen (z. B. für politische Zwecke) bis hin zur ungerechten Einstufung von Produkten reichen. So wurde Google beschuldigt, seinen eigenen Vergleichsshopping-Service in den Suchergebnissen zu bevorzugen. Datenverletzungen bei Facebook und anderswo machten schmerzlich deutlich, dass die von diesen Unternehmen gespeicherten Daten nicht immer sicher sind und gestohlen werden können. Technische Verwundbarkeit ist allen Computersystemen eigen, und die Menge feindlicher Akteure, die bereit sind, Cyberangriffe zu starten, ist groß. In der Vergangenheit hat es bereits erfolgreiche Angriffe gegeben. Bei Facebook gab es mehrere Datenverstöße, von denen einer etwa 30 Millionen Nutzer betraf. Im November 2018 wurde der Google-Internetverkehr kurzzeitig nach China umgeleitet. Verantwortlich war die China Telecom. Der GAFAM-Deal mit den Nutzern ist heute: kostenlose Bereitstellung digitaler Dienste gegen den Austausch von Nutzerdaten. Die Frage, die sich aber stellt, ist, ob dieser Deal den Wert der Informationen angemessen widerspiegelt.

10.8.3 Die Gefahr von Monopolen

Der Suchmaschinenmarktanteil von Google wird auf 93 % geschätzt. Amazon verkauft 84 % aller E-Books. Monopolstellungen führen zu entsprechenden Machtverhältnissen. So könnten Google-Suchmaschinen gewisse Meinungen und Vorstellungen bevorzugen und so auf breiter globaler Basis die Bevölkerungen beeinflussen. Die Nutzer haben wenig Kontrolle über die Verarbeitung ihrer Informationen und deren Wert. Kontrollen, die einen Missbrauch im Sinne einer Beeinflussung öffentlicher Debatten verhindern, sind lax oder nicht vorhanden. Die Dominanz der Monopolisten über exklusive Informationen der Internetnutzer und das erfolgreiche Rekrutieren analytischer Talente verhindern den Markteintritt potenzieller Konkurrenten. Im Jahr 2017 berichtete Google, dass sein Android-Betriebssystem auf mehr als 2 Milliarden Geräten installiert wurde. Im Jahr 2018 wies die soziale Plattform Facebook 2,3 Milliarden Nutzer auf und damit fast 60 % der Weltbevölkerung mit Internetzugang. Eine gefestigte Marktbeherrschung führt zu dauerhaft überhöhten Preisen und/oder Qualitätseinbußen für die Verbraucher.

10.8.4 Die Gefahr der Manipulation der öffentlichen Meinung

Die nahezu universelle Reichweite der GAFAM-Unternehmen wird zur Beeinflussung der öffentlichen Meinung genutzt. Öffentliches Interesse an Meinungsfreiheit, Vielfalt und objektiver Information steht den Interessen der Firmen, Kundendaten als Werbeinformationen an den Meistbietenden zu verkaufen, konträr entgegen.

Edward Snowdens Enthüllungen über die allgegenwärtige Überwachung durch die NSA und das Facebook-Cambridge-Analytica-Durcheinander um die US-Wahl 2016 – Stichwort »russische Hacker« – untergraben das Vertrauen in die Datensicherheit der Internetplattformen.

10.8.5 Droht eine Übernahme der Welt durch die KI?

Machine Learning oder künstliche Intelligenz (AI, Artificial Intelligence) sind Beispiele für eine beschränkte künstliche Intelligenz oder künstliche Intelligenz, deren Fähigkeiten auf spezialisierte Aufgaben beschränkt sind. Der nächste Schritt, der angestrebt wird, ist das maschinelle Denken, das zu menschenähnlicher Kreativität und Flexibilität fähig ist (auch als »starke künstliche Intelligenz« oder »Deep Learning« bezeichnet). GAFAM hat alleine aufgrund der Fülle der Daten die besten Voraussetzungen, Deep Learning schneller als die Konkurrenz zu entwickeln. Ein Ansatz der KI-Forschung ist es, Computer dazu zu bringen, menschliches Verhalten nachzuahmen. Unternehmen, denen dies gelingt, werden besonders gut in der Lage sein, menschliche Entscheidungsfindung zu verstehen, da sie ständig in Echtzeit über das Tun von Milliarden Menschen informiert sind. Wenn die GAFAM-Firmen vor allen anderen Unternehmen Fortschritte in dieser Hinsicht machen, könnten sie diese neuen ausgeklügelten Methoden einsetzen, um weitere Nutzer anzuziehen oder in ihrem Sinne als Kunden zu manipulieren. Die Verwendung des Ausdruckes »künstliche Intelligenz« sollte nicht darüber hinwegtäuschen, dass sie der menschlichen Intelligenz weder derzeit noch vermutlich in ferner Zukunft auch nur annähernd nahe kommen kann.[71]

71 https://www.retresco.de/kuenstliche-intelligenz-ersetzt-menschen-nicht/, abgerufen am 17.9.2020.

11

Was unternimmt die Menschheit gegen die existenzielle Bedrohung durch den Klimawandel und seine Folgen?

Wer verursacht die beobachteten Reaktionen des Klimasystems?
Was brachten die zahlreichen UN-Klimakonferenzen?
Gibt es überhaupt Erfolge im Umweltschutz?

Der weltberühmte Mathematiker Jean Baptiste Fourier, Entdecker der Fourier-Transformation, wäre beinahe der Französischen Revolution durch Guillotinieren zum Opfer gefallen. Die gewonnenen Lebensjahre nutzte er für seine Studien. 1824 veröffentlicht er seine *Bemerkungen zur Temperatur des Erdballs und planetaren Raums,* in der er seine Überlegungen über den Wärmehaushalt der Erde ausführt. Diese umfassten die Erwärmung durch die Sonne, die Wärmespeicherung und die Wärmeverteilung durch den Erdkörper und die Ozeane sowie die Vorstellung, dass die Erde in ihrem Inneren sehr heiß ist – ein Überbleibsel ihrer Entstehungszeit. Er erwog bereits die Möglichkeit einer absoluten Nulltemperatur im All und bedachte die von der Erde abgegebene und durch Wolken abgeschirmte Strahlung. Den daraus resultierenden Treibhauseffekt erkannte er noch nicht.

1859 wies John Tyndall, ein irischer Physiker und Eiszeitenforscher, nach, dass Kohlendioxid, Wasserdampf und Ozon in der Atmosphäre einen Teil der abgestrahlten Infrarotstrahlung zurückwerfen. Tyndall erkannte als Erster, dass sich mit einer Veränderung der Zusammensetzung der Gase in der Atmosphäre auch das Klima ändern kann.

Im selben Jahr wurde in Schweden mit Svante Arrhenius ein Wunderkind geboren. 1896 veröffentlichte Arrhenius den Aufsatz *Über den Einfluss von Kohlendioxid in der Luft auf die Temperatur am Boden.* Er errechnete aus einer Verdoppelung der CO_2-Konzentration in der Atmosphäre eine Erderwärmung von 4 bis 6 °C. Heute wird bei einer Verdopplung von 2,6 bis 4 °C Erdtemperaturerhöhung ausgegangen. Arrhenius berücksichtigt in seinen Überlegungen bereits die verstärkende Mitkopplung über den Wasserdampf – wärmere Luft nimmt mehr Wasserdampf auf.

1956 veröffentlichte der kanadische Physiker Gilbert Plass im Magazin *Time* den Artikel *Kohlendioxid-Theorie des Klimawandels.* Er ist der Erste, der eine Temperaturerhöhung von 1,1 °C aufgrund der menschlichen Aktivitäten in den kommenden Jahrhunderten prophezeite. Er warnte damals schon: »Die Klimaveränderung könnte für künftige Generationen zum ernsten Problem werden.« Er irrte nicht. 0,8 °C haben wir in nur 63 Jahren verursacht.

US-Präsident Lyndon B. Johnson glaubte (zu Recht) seinen wissenschaftlichen Beratern, die ihn 1965 über die Gefahren des ungebremsten CO_2-Ausstoßes aufklärten. Die Politik wurde aktiv. Weltklimakonferenzen begannen und werden bis heute fortgesetzt.

11.1 Wer verursacht die beobachteten Reaktionen des Klimasystems?

Die Wissenschaftler sind sich einig. Alle beobachteten Reaktionen sind überwiegend auf den menschlichen Einfluss zurückzuführen.

Vor 28 Jahren (1992) unterzeichneten 1.700 unabhängige Wissenschaftler, darunter die Mehrheit der lebenden Nobelpreisträger, eine Warnung an die Menschheit, die Umweltzerstörung einzudämmen. Im Jahr 2017 unterschrieben 15.364 Wissenschaftler aus 184 Ländern neuerlich eine Warnung, in der sie auf die wachsenden Gefahren des Klimawandels hinwiesen.[72] In einer Untersuchung von 11.944 wissenschaftlichen Artikeln zum Thema Klima aus dem Jahre 2013 vertraten 97,2 % der Autoren die Ansicht, dass der Anstieg der globalen Erdtemperatur vom Menschen verursacht ist.[73]

Eine neuere Untersuchung 2019, nur 6 Jahre später, kommt zu dem eindeutigen Schluss, die vom Menschen verursachte Erderwärmung sei weiter angestiegen. Die abgerufenen 11.602 Artikel teilten zu 100 % die Meinung eines durch den Menschen verursachten Klimawandels.[74]

Der Mensch verursacht – beginnend mit dem Zeitalter der Industrialisierung – eine exponentiell zunehmende, aus der Sicht paläontologischer Zeiträume impulsartige Störungsspitze. Wissenschaftler bezeichnen dieses Zeitalter als das anthropogene – »das vom Menschen beeinflusste«. Ein Begriff beschreibt das aktuelle Geschehen sehr gut: »the Great Acceleration« – oder auf Deutsch: »die große Beschleunigung«. Die rasante Veränderung der Naturdeformationen, die Entwicklung des Energiebedarfs, die Leistungsfähigkeit der Computer, die explodierende Mobilität und digitale Kommunikation sind äußere sichtbare Anzeichen einer sich mit Vollgas beschleunigenden Welt. In der gesamten Erdgeschichte gibt es kein annähernd vergleichbares Vorbild.

72 Rippe, W. J. (2017): World Scientists' Warning to Humanity: A Second Note; BioScience, Vol. 67, No. 12.

73 Cook, J. (2013): Quantifying the consensus on anthropogenic global warming in the scientific literature; Environ. Res. Lett. 8; https://doi:10.1088/1748-9326/8/2/024024, abgerufen am 31.12.2019.

74 Powell, J. (2019): Scientists Reach 100% Consensus on Anthropogenic Global Warming; Bulletin of Science, Technology & Society 37 (4); https://doi:10.1177/0270467619886266, abgerufen am 31.12.2019.

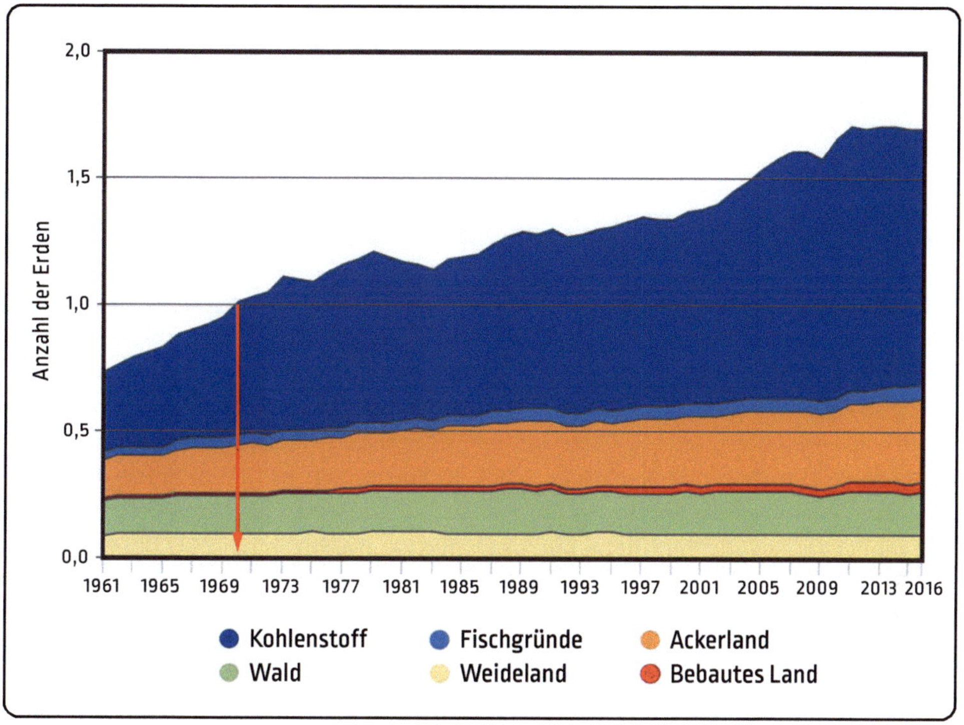

Abbildung 148: Global Footprint.

Die Reaktionen des Gesamtsystems sind nur bedingt vorhersehbar und damit besonders gefährlich.

In der reichen, hoch industrialisierten Welt ist ein Wirtschaftssystem etabliert, welches mit begrenzten Ressourcen auf steigenden Ressourcenverbrauch abzielt, das vom Konsum übersättigten Menschen immer neue Bedürfnisse anbietet und aufschwatzt, um Wirtschaftswachstum zu erhalten und weiter anzukurbeln, als gäbe es mehrere Reserveplaneten. Dies unter dem Versprechen von immer noch mehr Freiheit, Wohlstand, Glück und Zufriedenheit. Ein Versprechen, das sich bisher nur unzulänglich erfüllt hat.

Vertreter der reichen, hoch industrialisierten Welt glauben an den freien Markt, an das Wirtschaftswachstum und ungezügelten Konsum, täuschen den Glauben an Selbstverantwortung des Individuums vor und schüren Ichbezogenheit (Egozentrik) zum Preis des Verlustes an Solidarität, Gemeinschaftssinn und Loyalität.

Abbildung 148 zeigt auf der Vertikalachse die Anzahl der Erden, die notwendig wäre, um die derzeitigen Ansprüche der Erdbewohner zu erfüllen. Die Erde nahm bis 1970 das ausgestoßene CO_2 natürlich auf und lieferte genügend Nahrung. Seit 1970 lebt der Mensch zunehmend über seine Verhältnisse. Damals lebten 3,7 Milliarden Menschen auf der Erde, heute sind es knapp 7,8 Milliarden. Derzeit beansprucht die Menschheit 1,7 Erden. Die Überlastung der natürlichen Regenerationsfähigkeit des

Planeten führt zu einem jährlichen Treibhausgasanstieg mit Auswirkungen auf das Klima und damit auf die Vegetation, die Tierwelt und das Wetter mit extremen Ausschlägen.

11.2 Warnungen der Wissenschaft

1992 veröffentlichte Henry Way Kendall von der »Union of Concerned Scientists« (UCS – Vereinigung besorgter Wissenschaftler) die erste »Warnung der Wissenschaftler der Welt an die Menschheit«. Diese beginnt mit den Worten: »Die Menschen und die natürliche Welt sind auf einem Kollisionskurs.« Die meisten Nobelpreisträger der Naturwissenschaften und 1.700 der weltweit führenden Wissenschaftler unterzeichneten diese alarmierende Nachricht.[75] Seit 40 Jahren gibt es Klimakonferenzen und endlose Verhandlungen ohne wesentlichen Erfolg. Die Menschheit reagiert träge und versagt bei der Lösung der Klima- und Umweltkrise. Im November 2017 unterzeichneten 15.364 Wissenschaftler eine zweite »Warnung der Wissenschaftler an die Menschheit«.[76] Diese mahnt eindringlich vor einer Fortsetzung des gegenwärtigen Tuns, da die meisten umweltrelevanten Aspekte in die falsche Richtung tendieren. 2019 folgte eine dritte Mitteilung, die von 11.000 Wissenschaftlern aus 153 Ländern, darunter 871 Forscher deutscher Universitäten und Institute, unterzeichnet wurde.[77] In dieser dritten Warnung verwenden die Wissenschaftler den Begriff des Klimanotfalls. Falls die Menschen ihr Verhalten nicht grundlegend und anhaltend ändern, sei unsägliches menschliches Leid nicht mehr zu verhindern. Mit dem Ausdruck »Klimanotfall« wird der Befürchtung Ausdruck verliehen, dass die Klimaentwicklung unkontrollierbar verlaufen und die Erderwärmung sich von selbst beschleunigen würde. Die größten Bedenken werden hinsichtlich der folgenden Fakten geäußert:

- Anstieg der Treibhausgase Jahr auf Jahr,
- saurer werdende Ozeane,
- Abschmelzen der Polkappen, Gletscher und des Meereises,
- Anstieg des Meeresspiegels,
- Abholzung und Brandrodung der Wälder,
- Bevölkerungswachstum,
- Fleischkonsum und
- steigender Energieverbrauch.

75 https://www.webcitation.org/61DcmWeQM, abgerufen am 10.12.2019.

76 Ripple, W. J.; Wolf, C.; Newsome, T. M.; Galetti, M.; Alamgir, M. (2017): World Scientists' Warning to Humanity: A Second Notice; Bioscience Bd. 67, Nr. 12, ISSN 0006-3568, S. 1026–1028; https://academic.oup.com/bioscience/article/67/12/1026/4605229, abgerufen am 10.12.2019.

77 Ripple, W. J.; Wolf, C.; Newsome, T. M.; Barnard, P.; Moomaw, W. R. (2019): World Scientists' Warning of a Climate Emergency, BioScience, Vol. 70, Issue 1; https://academic.oup.com/bioscience/article/70/1/8/5610806, abgerufen am 24.4.2021.

Die Eindämmung und Lösung der Probleme werden gesehen in:

- nachhaltiger Weltwirtschaft,
- Eindämmung des Bevölkerungswachstums,
- Umstieg auf erneuerbare Energien,
- Reduktion des Ausstoßes von Treibhausgasen,
- intensivem Schutz von Wäldern und Mooren,
- Wiederherstellung von Ökosystemen,
- Eindämmung der Umweltverschmutzung,
- Begrenzung invasiver Arten,
- Umstellung der Ernährungsweisen auf bevorzugt pflanzliche Nahrung.

11.3 Berichte und Konferenz der UNO – IPCC

Im Juni 1972 trafen sich 1.200 Delegierte aus 113 Staaten in Stockholm zur UN-Weltkonferenz über die Umwelt. Es war der erste so geartete Gipfel. Auf Vorschlag der Stockholm-Konferenzteilnehmer wurde in Nairobi die UN-Umweltbehörde gegründet. Vor 40 Jahren (1979) trafen sich die Wissenschaftler aus 50 Nationen zur ersten Weltklimakonferenz in Genf. Die Teilnehmer waren sich einig, dass alarmierende Trends auf einen Klimawandel hindeuten. Dringender Handlungsbedarf sei gegeben. 1981 war es Ronald Reagan, der die Mittel für die weltweit führende Klimaforschung in den USA kürzte. Public-Relations-Strategen des Ölkonzerns Exxon nutzten die Gunst der Stunde und zweifelten die wissenschaftlichen Ergebnisse nicht nur an, sondern brachten diese bewusst in Misskredit, was eine anhaltende Klimawandelleugner-Bewegung in Gang setzte. Heute ist dieses Leugnen unglaubwürdig geworden, da die Menschen den vor sich gehenden Klimawandel am eigenen Leib erleben – nunmehr bekleiden sich die Konzerne mit Nachhaltigkeitsmäntelchen. Die Arbeit Tausender Forscher fließt in die Berichte des IPCC ein. 1990 erschien der erste von bisher fünf umfassenden Berichten.

ZUSATZINFORMATION

Der Intergovernmental Panel on Climate Change (IPCC, auf Deutsch: Zwischenstaatlicher Ausschuss für Klimaänderungen oder einfach Weltklimarat) wurde 1988 als eines der größten Wissenschaftsprojekte aller Zeiten vom Umweltprogramm der Vereinten Nationen (UNEP) und der Weltorganisation für Meteorologie (WMO) gegründet. Er soll Politiker über den Stand der Forschung zum Klimawandel informieren. Die Berichte sollen als Basis für deren Entscheidungen dienen.

1992 dient der erste Klimareport des IPCC als Grundlage für die in Rio de Janeiro verabschiedete Klimarahmenkonvention. Die Klimarahmenkonvention erklärt die Erderwärmung zur größten Herausforderung der Menschheit. Die CO_2-Emissionen sollen bis 2050 um mindestens 60 % verringert werden.

Im Jahr 1997 werden im Kyoto-Protokoll verbindliche Zielwerte festgeschrieben. Es dauert weitere 8 Jahre internationaler Verhandlungen, bis 2005 das Kyoto-Protokoll in Kraft tritt. Die beiden Länder mit den größten CO_2-Emissionen, China und die USA, unterschreiben das Protokoll nicht. Sie stellen sich außerhalb der Staatengemeinschaft und beeinträchtigen das Erdsystem auf Kosten anderer Nationen. 176 Länder verpflichten sich zum Klimaschutz. Der CO_2-Ausstoß hingegen zeigt sich von diplomatischen Verhandlungen unbeeindruckt und steigt weiter an. 2015 wurden mit dem Pariser Abkommen erstmals völkerrechtlich verbindliche Zielwerte in den Industrieländern festgelegt. Es trat im November 2016 in Kraft. Es sieht vor, die globale Erwärmung durch Minderung der Emission von Treibhausgasen deutlich unter 2 °C zu senken. Um dies zu erreichen, müssen die jährlichen CO_2-Emissionen bis 2050 neutralisiert werden. Das Abkommen sieht kein klares Bekenntnis zu einem Ausstieg aus der Nutzung fossiler Brennstoffe vor und vereinbart auch keinen Schadenersatz für Staaten, die unschuldig mit realen Folgen des Klimawandels zu kämpfen haben.

11.3.1 Warum wurden im Paris-Protokoll genau 2 °C als Grenzwert gewählt?

Ob der 2-°C-Grenzwert ausreichend ist oder ob schon bei einer Temperaturerhöhung unter 2 °C einer der fatalen Kipppunkte erreicht wird, ist ungewiss. Die Zahl wurde von Regierungsvertretern vereinbart, die eine Vielzahl von internen und außerstaatlichen Forderungen von Interessengruppen und Unternehmen berücksichtigen mussten. Alles weist darauf hin, dass in den nächsten 10 Jahren Klimastörungen häufiger und extremer werden. Weltweit ansteigende Unterernährung, Waldbrände, Überschwemmungen, Dürren, Hungersnöte, Krankheiten und Kriege in betroffenen Gebieten werden die Folge sein.

Die Staatengemeinschaft hat den Kampf gegen das Ozonloch, welcher im Montreal Protokoll 1987 beschlossen wurde, erfolgreich umgesetzt, ist aber hinter den Erwartungen eines notwendigen Klimaschutzes weit zurückgeblieben. Auch die jüngste Konferenz in Kattowitz konnte daran nichts ändern. Der schleppende Fortschritt ist nicht nur die Folge des Versagens der Verhandler, sondern das Ergebnis einer erfolgreichen und skrupellosen Gegenpropaganda. Meist waren und sind die vorgeschobenen Fachleute schlecht getarnte Interessenvertreter der Kohle- und Erdölindustrie. Zuerst startete der Exxon-Konzern mit entsprechenden Desinformationskampagnen. Ihm folgten Ölmilliardäre wie die Brüder Charles und David Koch, die desinformierende Medienkampagnen und Lobbyisten finanzierten.

Abbildung 149: Eröffnungssitzung UN-Klimakonferenz, Paris, 2015.

Letztlich führte das zum Ausstieg der USA unter der Präsidentschaft Trumps aus dem Pariser Klimaschutzabkommen. Trump erklärte, der Klimawandel sei eine aus China stammende Lüge, und kürzte die Gelder für die bundesstaatliche Umweltschutzbehörde.

Norwegische und deutsche Wissenschaftler untersuchten die Auswirkungen des Ausstiegs Amerikas aus der Pariser Klimavereinbarung[78]. Das Resultat waren folgende Schlussfolgerungen: Je mehr die Länder des Pariser Abkommens auf das Verhalten anderer Länder reagieren, umso größer sind die nachteiligen Auswirkungen des Rückzugs der USA. Je stärker und vertrauenswürdiger der Pariser Überwachungsprozess ist, desto wirksamer ist er. Optimistische Szenarien zeigen eine deutliche Auswirkung des Austritts der USA. Die anderen Länder des Abkommens könnten die Untätigkeit der USA durch eine einprozentige zusätzliche Emissionsreduktion alle 5 Jahre ab 2025 ausgleichen. Der Ausstieg der USA unter Trump verhindert schon heute die Erreichung des Pariser 2-°C-Zieles. Die Präsidentschaft Trumps bringt aktuell bereits eine Verzögerung der angestrebten globalen Reduktionen um 5 Jahre. Der 2020 neu gewählte Präsident der USA, Joe Biden, hat seine Amtszeit mit der Ankündi-

78 Sælen, H.; Hovi, J.; Sprinz, D.; Underdal, A. (2020): How US withdrawal might influence cooperation under the Paris climate agreement; Environmental Science an Policy 108, S. 121–132; https://doi.org/10.1016/j.envsci.2020.03.011, abgerufen am 31.5.2020.

gung der Rückkehr seines Landes ins Pariser Klimaabkommen begonnen. Die größte Volkswirtschaft der Welt plant den Ausstoß von Treibhausgasen bis 2030, bezogen auf 2005, zu halbieren.

Es verwundert, dass die internationale Staatengemeinschaft die USA und China, welche die Lebensbedingungen aller anderen Staaten und deren Bewohner nachhaltig verschlechtern, nicht entsprechend ächten.

11.3.2 Ein kurzer historischer Überblick über die bisherigen Klimakonferenzen

Tabelle 28: Übersicht über die UN-Klimakonferenzen von 1992 bis 2019.

Jahr	Ort	Ergebnis der UN-Klimakonferenzen und Arbeitsgruppen
1992	**Rio de Janeiro**	Bis dahin weltgrößte Konferenz. Beschluss der Klimakonventionen. Dieser sah vor, die klimaschädigenden Emissionen zu verringern.
1995	**Berlin**	Beschluss des »Berliner Mandats«. Gründung einer Arbeitsgruppe, die konkrete Maßnahmen zur CO_2-Reduktion für die verschiedenen Länder ausarbeiten sollte.
1996	**Genf**	Die Arbeitsgruppe hatte bis zu dieser Konferenz bereits dreimal getagt. In Genf fand die 4. Sitzung statt. Es wurde die »Genfer Deklaration« beschlossen, die in einer rechtlich verbindlichen Regelung zur Reduzierung von Treibhausgasen gipfelte.
1997	**Berlin**	Die Arbeitsgruppe legte einen Entwurf vor, der die Industrieländer bis 2010 zu einer 15%igen Reduktion der Treibhausgase verpflichten sollte. Dieser Vorschlag fand keine Zustimmung und wurde deutlich verwässert. Die USA wollten nur eine Stabilisierung der Werte auf dem Stand von 1990 bis 2012. Japan wollte eine Reduktion um nur 5 %.
1997	**Kyoto**	2.300 Delegierte aus 158 Vertragsstaaten nahmen teil. Es wurde keine Einigung auf die offenen Fragen aus dem »Berliner Mandat« gefunden.
2000	**Den Haag, Bonn**	Die 6. Klimakonferenz führte ebenfalls zu keiner Einigung. Das Kyoto-Protokoll wurde weiter ausgedünnt.
2001	**Marrakesch**	Das Kyoto-Protokoll wurde nach großzügigen Nachlässen an Russland, Kanada und Japan endlich abgeschlossen, es blieb aber fraglich, ob es ratifiziert werden würde.
2002	**Neu-Delhi**	95 Staaten ratifizierten das Kyoto-Protokoll. Russland und die USA fehlten als Unterzeichner.
2003	**Mailand**	Bis zur 9. Klimakonferenz hatten 119 Staaten die Beschlüsse des Protokolls umgesetzt und ratifiziert. Dies entsprach 47 % der weltweiten Treibhausgasemissionen. Ohne die großen Treibhausgasemittenten wie die USA, China und Russland aber konnten die notwendigen 55 % nicht erreicht werden. Erst dieser Wert hätte dem Kyoto-Protokoll Gültigkeit verliehen. Obwohl sich Al Gore und Bill Clinton im Kongress deutlich für das Kyoto-Protokoll aussprachen, fanden sie keine Mehrheit. Fortsetzung ▷

Jahr	Ort	Ergebnis der UN-Klimakonferenzen und Arbeitsgruppen
2004	**Buenos Aires**	Russland ratifizierte das Kyoto-Protokoll zum Jahresende. Es war Putin, der durch die Zustimmung Russlands dem Kyoto-Protokoll zur Gültigkeit verhalf.
2005	**Montreal**	Kein wesentlicher Fortschritt.
2006	**Nairobi**	Die Frage, wie Entwicklungsländer in die Beschlüsse einbezogen werden sollen, war eines der Themen und dass in Zukunft Staats- und Regierungschefs selbst in die Pflicht genommen werden sollen anstelle von Ministern oder Delegierten.
2007	**Bali**	Auf der 13. Klimakonferenz wurde eine erste vorläufige Vereinbarung getroffen, die nach Ablauf des Kyoto-Protokolls 2012 gelten sollte. Als größter Bremser stellten sich wieder die USA heraus.
2008	**Posen**	Es wurde an der Nachfolgeregelung des Kyoto-Protokolls gearbeitet.
2009	**Kopenhagen**	Weitere Verhandlungen bezüglich der Nachfolgeregelung.
2010	**Cancun**	Kein größerer Fortschritt zu verzeichnen.
2011	**Durban**	Unverbindliche Minimalbeschlüsse. Kanada trat aus dem Kyoto-Protokoll aus.
2012	**Doha**	Verlängerung des Kyoto-Protokolls bis 2020. 2014 sollte eine Überprüfung der Reduktionsziele stattfinden.
2013	**Warschau**	Zusage zur Unterstützung der Entwicklungsländer. Es wurde ein Beschluss gefasst, die zulässige Erderwärmung auf 2 °C festzulegen.
2014	**Lima**	Vorbereitung eines neuen internationalen Klimaschutzabkommens, welches in Paris verabschiedet werden sollte.
2015	**Paris**	Der Nachfolgevertrag für das Kyoto-Protokoll legte für die 195 Mitglieder der UN-Klimarahmenkonvention neue verbindliche Klimaziele fest. Ziel war der Beschluss 2016.
2016	**Marrakesch**	Deutschland präsentiert den ambitionierten Klimaschutzplan 2050, USA, Mexiko und Kanada legten ebenfalls Klimaschutzpläne vor.
2017	**Bonn**	Plan zu einer Bestandsaufnahme zur Motivation der Vertragsstaaten, ihre Klimaschutzziele ehrgeiziger zu verfolgen. Vorschläge zur Beschlussfassung für die nächste Klimakonferenz.
2018	**Kattowitz**	Verabschiedung eines Regelbuchs, um die Umsetzung des Pariser Klimaschutzabkommens zu ermöglichen. Absichtserklärungen der Staaten, ihre nationalen Klimaschutzmaßnahmen künftig weiter zu verbessern.
2019	**Madrid**	Die 25. Klimakonferenz führte zu keinen nennbaren Ergebnissen. Bei der nächsten, der nunmehr 26. Klimakonferenz, sollen alle Vertragsstaaten verbindliche Klimaschutzzusagen für das nächste Jahrzehnt vorlegen. Wie wird wohl das Ergebnis sein?
2020	**Glasgow**	Die 26. Klimakonferenz war für den November 2020 geplant. Wegen der COVID-19-Pandemie wurde sie auf den November 2021 vertagt. Sie ist wegen der Rückkehr der USA ins Pariser Klimaschutzabkommen von großen Erwartungen geprägt.

Angesichts der Ergebnisse der UN-Klimakonferenzen wäre es vermutlich besser gewesen, auf die vielen Flüge Tausender Delegierter zu den Konferenzen zu verzichten und so einen Beitrag zum Klimaschutz zu leisten. Der Grund für diese zahlreichen ergebnislosen Verhandlungen unter den Vertragsstaaten sind die Schwäche der Regierungen und die im Hintergrund bestimmenden Großkapitalisten und multinationalen Konzerne. Sie sind nicht an einer Reduktion der Emissionen interessiert, die ihre Einkünfte schmälern. Ob Fukushima, verheerende Stürme, riesige Waldbrände in Australien und den USA oder das Auftreten von noch nie da gewesenen Überflutungen und Dürreperioden – scheinbar nichts kann sie vom Kurs in die Klimakatastrophe abbringen.

11.4 Voraussagen des Klimas (IPCC 1990) und tatsächlicher Verlauf bis 2020

Im ersten IPPC-Bericht des UN-Klimarats 1992 wurde eine Temperaturerhöhung bis 2020 mit 0,8 °C berechnet. Tatsächlich waren es 0,7 °C. Die Abschätzung bezüglich des Temperaturanstieges vor beinahe 30 Jahren stimmte mit dem tatsächlichen gemessenen Verlauf überein. Der gesamte Kohlenstoffeintrag in Gigatonnen Kohlenstoff der 1990 berechneten IPCC-Klimasimulation »SA90« sagte für 2020 11,3 Gigatonnen Kohlenstoff voraus: 2019 betrug er 10 Gigatonnen Kohlenstoff. Für den CO_2-Anstieg in der Atmosphäre prognostizierte der Bericht für die Entwicklung »Business as usual« 430 Parts per million für 2020 und mit der Simulationsvariante B (geringe Maßnahmen zur Reduktion der Treibhausgasemissionen) 400 Parts per million. Ende 2019 waren es 413 Parts per million. Der Meeresspiegelanstieg der IPCC wurde mit 2 bis 4 Zentimeter pro 10 Jahre berechnet: Aktuell gemessen wurden 3,3 Zentimeter in 10 Jahren. Die Vorhersagen des IPCC aus dem Jahre 1990 traten entsprechend dem Fall »Business as usual« ein.

Die Staatengemeinschaft hat sich bisher zu 25 Klimakonferenzen zusammengefunden, den Erdball mit leeren Worthülsen überschwemmt und wenig bis nichts erreicht. Die Menschheit hat einfach so weitergemacht, die erwarteten Steigerungen der Treibhausgasemissionen sind eingetreten. Die Arbeit der vielen Wissenschaftler des IPCC ist in der Zwischenzeit durch die verbesserten und leistungsfähigeren Klimasimulationsmodelle noch genauer geworden und war und ist hervorragend. Die Modelle stimmen mit den erwarteten Auswirkungen überein. Es gibt keinen Zweifel: Die Klimaänderungen sind vom Menschen verursacht, und das Klima wird sich weiter mit extremeren Witterungsausschlägen, mit mehr Trockenheit und Dürren, mit heftigeren Niederschlägen und mehr Überschwemmungen, mit weiter steigenden Temperaturen, Meeresspiegeln, Waldbränden und aussterbenden Tierwelten wandeln.

11.5 Erfolge, Teilerfolge und Misserfolge der Welt im Kampf gegen Umweltprobleme

11.5.1 Das Ozonloch schließt sich – ein Erfolg internationaler Zusammenarbeit

Der amerikanische Chemiker Thomas Midgley erfand 1929 mit den Fluorchlorkohlenwasserstoffen (FCKW) scheinbar völlig harmlose Gase und Flüssigkeiten, die Organismen nicht schädigten und ideale Stoffe zu sein schienen. Sie ließen sich zur Reinigung von Werkstoffen, als Treibgas für Haarsprays oder als Gas in Kühlschränken oder Feuerlöschern einsetzen. Die Stoffe waren billig in der Herstellung und fanden breite Anwendung. Negative Auswirkungen waren unbekannt. Fluorchlorkohlenwasserstoffe waren weltweit erfolgreich.

1974 wiesen die Wissenschaftler Mario Molina und Frank Sherwood Rowland darauf hin, dass FCKW in der Atmosphäre unter Sonnenlicht Chlorradikale bilden und Ozon zerstören könnte. Die Ozonschicht in der oberen Atmosphäre fängt hochenergetisches UV-Licht ab und schützt das Leben auf der Erde. Die Warnung wurde durchaus ernst genommen, allerdings schien die Ozonschicht der Atmosphäre nicht geschädigt zu werden, daher wurde weiter im Business-as-usual-Mode verblieben. Der Wettersatellit Nimbus 7 maß nämlich seit 1978 regelmäßig die Ozonschicht und fand keine besorgniserregenden Werte. Leider war der Bordrechner falsch programmiert (sein Programm schloss einen so dramatischen Verlauf als unrealistisch aus) und negierte den real verlaufenden Ozonabbau. Eine unabhängige Ballonmessung der Ozonwerte zeigte Anfang der 1980er-Jahre alarmierend niedrige Werte. Nachdem der Programmfehler behoben worden war, maß der Wettersatellit Nimbus 7 regelmäßig jedes Jahr ein größer werdendes Ozonloch. Vorbildhaft reagierten in diesem Fall die Verantwortlichen. Bereits 1987 verpflichteten sich 196 Länder und die Europäische Union in Montreal, die Produktion von FCKW bis 1999 zu halbieren. In einer Folgekonferenz in London 1990 wurde die Regelung verschärft und beschlossen, die Produktion von FCKW binnen 10 Jahren einzustellen. Ungeachtet dieser Beschlüsse wuchs das Ozonloch weiter – erklärbar aus der Lebensdauer der FCKW-Gase von 50 bis 200 Jahren. 1995 stellte das Ozonloch das Wachstum ein und begann ab 2012 zu schrumpfen.

Den Erfolg dieser Maßnahmen zeigt die Abbildung 150. Sie zeigt die Größe des Ozonlochs im September 2000 neben jener im September 2019. Gegenüber der größten Ausdehnung des Ozonlochs im Jahr 2000 wird die größte Abnahme 2019 durch die Reduktion der Farbanteile Purpur und Blau ersichtlich.

Das Bild im Jahr 2019 zeigt nicht nur eine deutliche Abnahme der Ausdehnung, sondern auch einen Wiederaufbau der Dicke. Die Einheit Dobson beschreibt die Anzahl der Ozonatome in einer Säule mit 1 Quadratzentimeter Querschnittsfläche. Der mittlere »normale« Wert des Ozons über der Erde beträgt 300 Dobson – das satte Grün der Abbildung. Heutige Satelliten zur Erd- und Wetterbeobachtung liefern wesent-

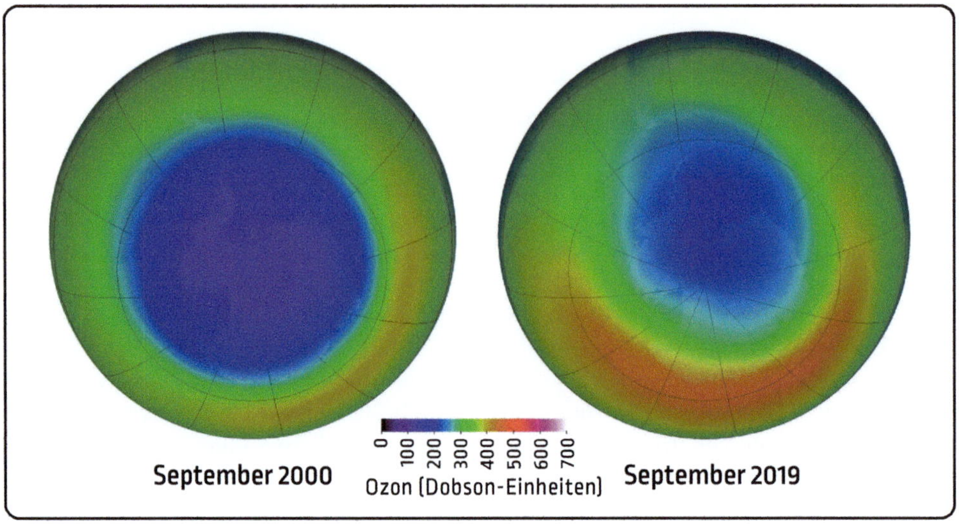

Abbildung 150: Größte beobachtete Ausdehnung des Ozonlochs im September 2000 im Vergleich zu seiner Ausdehnung im September 2019.

lich genauere, auch umfassendere Ergebnisse. 2017 zeigten sie, dass das Ozonloch seit 2013 langsamer als erwartet schrumpfte, nämlich nur um 0,4 % statt um 0,8 %. Die erste Annahme, dass das langsame Austreten von FCKW-Gasen in die Atmosphäre aus verbauten Schaumstoffen in Geräten die Ursache der Verzögerung sei, bestätigte sich nicht – diese Menge war einfach zu klein. Die Auswertungen der Satellitenmessungen ergaben, dass jährlich 11.000 Tonnen FCKW zusätzlich freigesetzt wurden. Einige Fabriken in China verwendeten weiterhin trotz Verbots CFC-11 als Treibmittel zum Aufschäumen von Kunststoffen. 7.000 Tonnen stammen aus Fabriken der chinesischen Provinzen Shandong und Hebei. Für die restlichen 4.000 Tonnen ist noch kein Verursacher gefunden. Neben seiner Eigenschaft als Ozonkiller ist CFC-11 eines der effizientesten Treibhausgase, in seiner Wirksamkeit übertrifft es CO_2 um den Faktor 5.000.

Als Alternative kommen fluorierte beziehungsweise teilfluorierte Kohlenwasserstoffe als Ersatzstoffe zum Einsatz. Diese Stoffe enthalten kein Chlor und tragen deshalb nicht zum Abbau der Ozonschicht bei. Allerdings besitzen diese Stoffe (HFKW) ein deutliches Treibhausgaspotenzial. 2016 einigten sich die Vertragsstaaten zum Montrealer Protokoll auf einen Fahrplan zur Begrenzung der HFKW-Stoffe – es gibt auch klimaneutrale Produkte. Die Verwendung soll zunächst eingefroren und in den Folgejahren vermindert werden. Die EU regelte die Verwendung dieser Gase in der Verordnung 517/2014 EG. Die Verkaufsmengen sollen bis 2030 auf ein Fünftel sinken.[79] Diese Gase sind bis zu 23.000-mal klimawirksamer als die gleiche Menge CO_2, bei wesentlich längeren Verweildauern in der Atmosphäre.

79 Umweltbundesamt Deutschland (2019): Fluorierte Treibhausgase und FCKW; https://www.umweltbundesamt.de/print/3471, abgerufen am 7. 2. 2020.

11.5.2 Die Gewässerverschmutzung

Der letzte Bericht der Europäischen Umweltagentur zeigt einen sich verbessernden Zustand der Flüsse und Seen. Noch immer erfüllen 62 % nicht die gefordertem Toleranzgrenzwerte bei Chemikalien: Verunreinigungen mit Quecksilber, bromierten Flammschutzmitteln, Pestiziden und Stoffen, die in Richtlinien noch nicht geregelt sind, wie Arzneimittelrückstände. Quecksilber stammt aus der immer noch verbreiteten Kohleverbrennung; bromierte Flammschutzmittel aus brandgeschützten Produkten und aus Pestiziden der Landwirtschaft. Die Gewässerqualität wird durch die Analyse von 45 Schadstoffen bewertet. Schadstoffe führen zwar bei niedrigen Konzentrationen nicht zum Tod der im Wasser lebenden Tiere, sie beeinträchtigen aber ihr Verhalten und ihre Fortpflanzung.

Ein weiteres Problem sind Mikroverunreinigungen, die bereits in sehr niedrigen Konzentrationen empfindliche Wasserlebewesen schädigen oder die Fortpflanzung der Fische gefährden. Mikroverunreinigungen sind ein Sammelbegriff für organische Spurenstoffe und Schwermetalle. Im täglichen Gebrauch fallen über 30.000 solcher

Abbildung 151: Übersichtsdarstellung der Flüsse, Seen und Küstengebiete Europas, die sich in keinem guten ökologischen Zustand befinden.

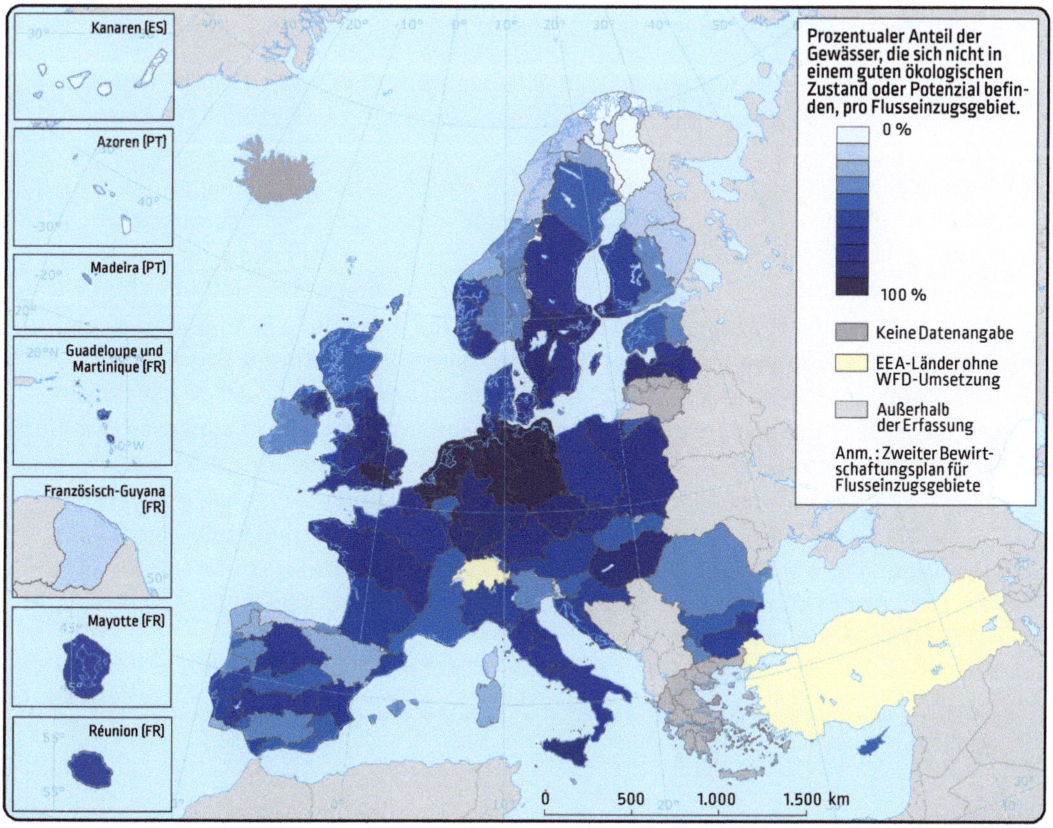

Stoffe an. Sie stammen aus unzähligen Produkten aus Industrie, Gewerbe, Landwirtschaft und aus Haushalten. Herkömmliche Kläranlagen entfernen diese Stoffe nicht.

Waren es früher einzelne Umweltsünder, die lokal das Wasser durch Einleitung von Schadstoffen verunreinigten, so sind es heute flächenhafte Schadstoffeinträge, die sich wie Nebel über die Landschaft legen. Zu den Hauptbelastungen, die Fortschritte bei der Erfüllung der EU-Ziele behindern, gehören Dämme, Landgewinnung und Kanalisierung des Fluss- und Bachlaufs. Hinzu kommen unterschiedliche Verschmutzungen durch landwirtschaftliche Betriebe, die Ableitung von Abwässern aus der Kanalisation, Nährstoffanreicherungen und chemische Verschmutzungen.[80]

Regulierungen und Gesetze führten nachweislich zu einer Verbesserung der Wasserqualität. Allerdings stehen weitere Verbesserungen an, insbesondere Regelungen bezüglich nicht erfasster Stoffe (Hormone aus Medikamenten) und Verbesserungen der Kläranlagen zum Filtern von Mikroverunreinigungen.

Abbildung 151 gibt einen Überblick über die Wasserqualität der Flüsse und Seen Europas. Je dunkler die eingefärbten Bereiche sind, desto schlechter ist der ökologische Zustand des Wassers im entsprechenden Gebiet.

Wasser ist für Menschen lebenswichtig. Das Wohlbefinden und die Gesundheit hängen von sauberem Wasser ab.

11.5.3 Der Rückgang der Luftschadstoffe

Ausgangspunkt zur Reduktion der Luftschadstoffe war das seit 1980 in den Wäldern Europas beobachtete zunehmende Absterben ganzer Waldgebiete (siehe Abbildung 152).

Zwischen 1984 und 2016 verdoppelte sich die Sterberate der Bäume – vorwiegend betroffen waren ältere Wälder und Einzelbäume. Das Sterben betraf zahlreiche Baumarten. Die Schadensbilder zeigten sich unabhängig vom lokalen Klima, Standort und von den Praktiken der Forstwirtschaft. Charakteristisch sind eine Auflichtung des Kronenbereichs, ein starkes Absterben der Feinwurzeln, eine verminderte Reproduktionsfähigkeit und ein Rückgang der Synergien mit Pilzen.

Glücklicherweise ist das in den 1980er-Jahren befürchtete dramatische Waldsterben im angenommenen Ausmaß nie eingetreten. Eine eindeutige quantitative Beziehung zwischen Schwefeldioxid (SO_2) und dem Waldsterben konnte nie nachgewiesen werden, obwohl direkte Schäden (vor allem in Osteuropa) augenscheinlich waren. Zur Verhinderung eines fortschreitenden Waldsterbens wurden die zulässigen Emissionen gesenkt, was zu einem weltweiten Rückgang der Luftschadstoffe führte – eine Maßnahme zur Gesundung der Wälder mit dem Benefit einer positiven Auswirkung auf die Gesundheit der Bevölkerung.

80 Europäische Umweltagentur (2018): Die europäischen Gewässer werden sauberer, aber große Herausforderungen bleiben bestehen.

Abbildung 152: Abgestorbene Fichten im Riesengebirge.

Abbildung 153 verdeutlicht die positiven Auswirkungen in der Bundesrepublik Deutschland. Mit Ausnahme von Ammoniak (eine Folge der zunehmenden intensiven Tierhaltung) nahmen die Luftschadstoffe kontinuierlich ab. Zwischen 1995 und 2015 ging der Ausstoß jährlich um 4 % zurück. Die europäischen und nordamerikanischen SO_2-Emissionen wurden seit 1990 um 70 bis 80 % verringert. Bis etwa 2006 stiegen

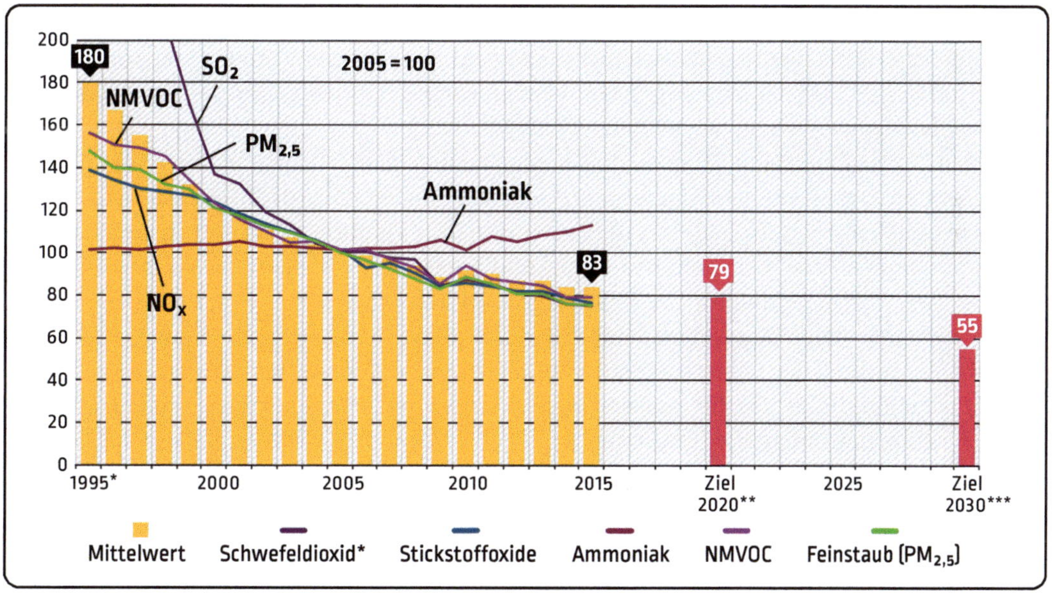

Abbildung 153: Mittelwert der Entwicklung prozentualer Luftschadstoffemissionen gegenüber 2005 (100 %)

* Wert Schwefeldioxid 1995: 360; ** Zielwert 2020 (Göteborg-Protokoll);

*** Zielwert 2030 EU-National Emission Reduction Commitments

NMVOC Flüchtige organische Verbindungen ohne Methan

$PM_{2,5}$ Lungengängiger Feinstaub (50 % der Teilchen sind unter 2,5 µm)

die globalen Emissionen (zurückzuführen auf Chinas industrielle Expansion) wieder an, sind aber dank der eingeführten strengeren Emissionsrichtlinien Chinas wieder rückläufig. Aktuell steigen die Emissionen von Schwefeldioxid in Indien, dem zweitgrößten SO_2-Emittenten der Welt.

Gemeinschaftliche Untersuchungen in den USA und Europa über die Schädlichkeit von SO_2 und dessen Auswirkung auf Bäume lieferten die Erkenntnis, dass dieser Parameter nicht alleine für das beobachtete Waldsterben verantwortlich ist.

Heute wird die Emotionalität der Diskussion über das Waldsterben auf eine übertriebene Darstellung der Medien – vor allem in Deutschland, Österreich und der Schweiz – zurückgeführt. Es wurde der Eindruck erweckt, die gesamten Wälder Europas seien betroffen. Die Bilder stark zerstörter Waldgebiete aus den 1980er-Jahren stammten ausnahmslos von einigen wenigen Stellen im Harz oder Erzgebirge. Heute geht man davon aus, dass die in den 1970ern intensive Braunkohlenutzung in Deutschland, der DDR und der ČSSR in Verbindung mit einer unzureichenden Umwelttechnik zu entsprechenden Belastungen der Wälder geführt haben. Die Schadstoffbelastung ging zwischenzeitlich zurück, die Abschaltungen vieler ostdeutscher Braunkohlekraftwerke, die weitgehend ohne Filteranlagen arbeiteten, führten zu einer weiteren Reduktion. Der Gesamtausstoß von Schwefeldioxid reduzierte sich in Deutschland von 7,5 Millionen Tonnen pro Jahr auf 0,5 Millionen Tonnen für die Jahre nach der Jahrtausendwende.

Das Waldsterben ist noch nicht Geschichte. Aktuell weisen im Durchschnitt aller Baumarten 27 % deutliche Kronenlichtungen auf. Nur 36 % der Bäume zeigen keine Verlichtung.[81] Maßnahmen gegen die Versauerung der Böden, wie das Kalken, bekämpfen nur die Symptome, nicht die Ursachen.

Mit Gülle überdüngte Wiesen und Felder gasen Stickstoffverbindungen aus und rieseln anschließend als Salpetersäure mit den Niederschlägen in die Waldböden. Dazu gesellen sich Stickoxide aus dem Pkw- und Lkw-Verkehr, die als Nitrate im Waldboden landen. Der so zugeführte Stickstoffdünger lässt die Bäume zwar schneller wachsen, allerdings nimmt die Holzqualität ab. Buchen tragen normalerweise alle 7 Jahre sehr viele Bucheckern, in überdüngten Gebieten bereits alle 2 Jahre. Damit geht ein Großteil der Energie in die Fortpflanzung und nicht ins Wachstum.

Hauptverantwortlich für sauren Regen ist nach wie vor die Luftverschmutzung. Schwefelverunreinigungen stammen aus der Verbrennung schwefelhaltiger fossiler Brennstoffe. Dabei entstehen Stickoxide, die in der Atmosphäre mit Wasser und Sauerstoff salpetrige Säure (HNO_2) wie auch Salpetersäure (HNO_3) bilden. Für die Versauerung der Böden sind Schwefeloxide zu zwei Dritteln und Stickoxide für ein Drittel verantwortlich. Die betroffenen Wälder liegen nicht ganz unerwartet in höheren Lagen mit häufigen und ergiebigen Niederschlägen. Die Übersäuerung des Bodens stört das natürliche Gleichgewicht. Es werden Schwermetallionen und Aluminiumionen frei,

81 Wikipedia: Waldsterben.

Abbildung 154: Weltweite SO_2-Emissionen in Millionen Tonnen Schwefel im zeitlichen Verlauf.

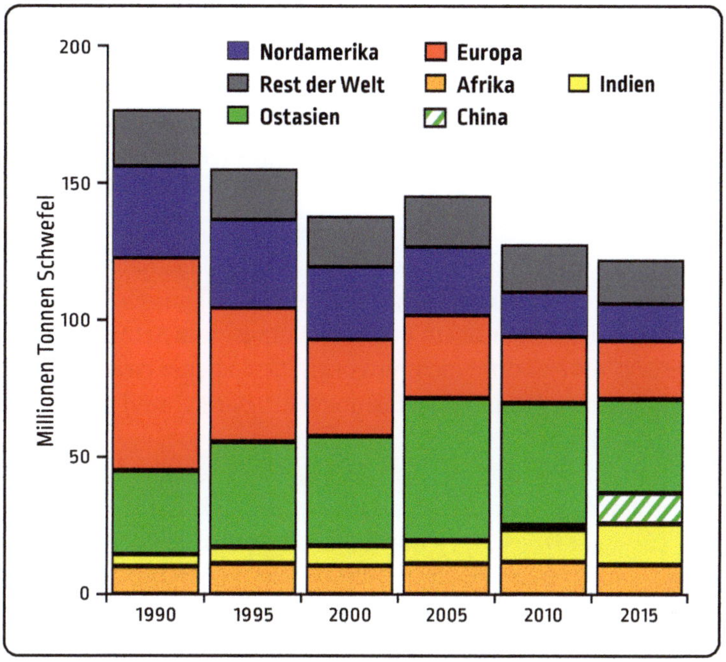

die die Feinwurzeln der Bäume schädigen. Derart betroffene Bäume nehmen weniger Wasser und Nährstoffe auf, erkranken und sind anfälliger. Schädlinge und sonst harmlose Einwirkungen wie Bodenfrost richten bei einem geschwächten Baum erhebliche Schäden an. Das zeigt sich zuerst im Abwerfen von Blättern oder Nadeln.

Trotzdem, den Bäumen geht es heute besser als vor 20 Jahren. Der SO_2-Ausstoß hat drastisch abgenommen und den Stress auf die Bäume vermindert.

Die SO_2-Emissionen (siehe Abbildung 154) nahmen in Nordamerika und Europa deutlich ab, blieben in Afrika in etwa konstant und stiegen in den Schwellenländern Asiens stark an. Der Umbau der letzten 20 Jahre von reinen Nadelwäldern zu Laub- und Mischwäldern wirkt sich ebenfalls positiv auf den Waldboden aus. Laubwälder binden mehr organische Substanz und Kohlenstoff. Diese Kohlenstoffbindung ist ein wichtiger Beitrag für den Klimaschutz. Problembereiche bleiben der Stickstoffeintrag aus der Agrarwirtschaft und die Stickoxide aus dem Straßenverkehr.

Zweifellos führte das ökologische Bewusstsein vieler Menschen, die Bewegung der Grünen und zahlreicher NGOs wie Greenpeace, WWF und Global 2000 zu Erfolgen im Umweltschutz. Bisher wurden einige Umweltprobleme – unbemerkt vom Konsumenten – durch Gesetze gestoppt. Im Falle des Ozonlochs verbot man die FCKW-Gase, die Industrie stieg auf Ersatzstoffe um. Die Kühlschränke funktionierten weiter, alles war gut. Im Falle des Waldsterbens und der Luftverschmutzung wurde die Emission von Schwefeldioxid zurückgefahren, auch dies geschah ohne großartige Auswirkung auf den Konsumenten. Gleiches gilt für den Feinstaub, Stickoxide und andere Aerosole. Es wurden Filteranlagen für Verbrennungsmotoren und Katalysatoranlagen vorgeschrieben, was zu Kostensteigerungen bei Pkws führte, aber den Gebrauch und Kauf nicht beeinflusste.

Luft ist heute in den meisten europäischen Ländern weit weniger verunreinigt als 1990. Schwefel und Rußpartikel sind fast vollständig aus der Luft verschwunden, ebenso wie das Blei aus den Auspuffen der Fahrzeuge. Selbst die Feinstaub- und Stickoxidwerte sind deutlich gesunken – seit 1990 um mehr als 60 %. Diese Erfolge sind bisher vor allem auf die europäischen und nordamerikanischen Länder begrenzt. Nach der Weltgesundheitsorganisation (WHO) atmen derzeit nur 10 % der Menschen saubere Luft ein. Vor allem in Entwicklungs- und Schwellenländern leiden Menschen unter extremer Luftverschmutzung. Die Lebenserwartung der Menschen verkürzt sich infolge der Feinstaubbelastungen. In der EU sind es nur 1 bis 2 Monate, in Indien mehr als 4 Jahre.

Die erste Reaktion der Industrie gegenüber der Forderung nach Reduktion der Luftschadstoffe war der Bau höherer Schornsteine. Diese Maßnahme verursachte nicht weniger Dreck, verteilte ihn jedoch großräumiger und war billiger. Die EU erließ schärfere Abgasvorschriften. 1988 waren vier Fünftel der Kohlekraftwerke mit Filtern ausgestattet, die Übrigen wurden 1993 stillgelegt. Bei den Treibstoffen wurden bleifreies Benzin und Katalysatoren eingeführt. Der gefährlichste Schadstoff ist Feinstaub. Er entsteht bei Verbrennungsprozessen in Kraftwerken, Autos oder Holzkaminen, auf Baustellen und durch den Abrieb von Reifen und Bremsbelägen. Einen Teil der Luftverschmutzung exportierten die reichen Länder in andere Gebiete über alle Grenzen hinweg. Die Kohleförderung, die Stahlindustrie oder das Kunststoffrecycling verlagerten sie in Billiglohnländer. Auch hier trifft wieder zu: Die Ärmsten leiden am meisten. Laut WHO sind die Schwefeldioxidwerte in China von 2015 bis 2019 um 70 % gesunken. Die Feinstaubbelastung sank um 36 % im gleichen Zeitraum. Chinesische Kohlekraftwerke und Kohle nutzende Industriebetriebe mussten Filter installieren, trotzdem ist Luftverschmutzung in China immer noch ein Problem. China ist hingegen ein Vorreiter in der Elektromobilität. Öffentliche Busse werden zunehmend batteriebetrieben. Ein Netz von Hochgeschwindigkeitszügen durchzieht China und verringert den Bedarf an Inlandsflügen. China übernahm mittlerweile die Technologieführerschaft im Bau von Photovoltaikanlagen. In den Megacitys dieser Welt sind die Menschen von den Auswirkungen der Luftverschmutzung durch Industrie und Autoverkehr betroffen. Die zehn Städte der Erde mit der schlechtesten Luftqualität sind Kairo, Tianjin, Shenyang, Zhengzhou und Chongqing (China), Delhi, Kolkate, Kanpur und Lucknow (Indien) und Jakarta (Indonesien). Feinstaub, bodennahes Ozon und Stickstoffdioxid verursachen und verstärken Atemwegserkrankungen, Herz-Kreislauf-Erkrankungen und Krebs. Die WHO schätzt, dass infolge der Luftverschmutzung jährlich 7 Millionen Menschen sterben. Dabei scheinen Emissionen aus dem Straßenverkehr häufig ungünstiger zu sein als andere Quellen, da sie in Bodennähe ausgestoßen werden.

12

Warum passiert nichts oder: »Alles, was geschieht, ist zu wenig!«

Welche Rolle spielen die Wirtschaftssysteme?
Wie steht es um die Nachhaltigkeit der Lieferketten?
Was ist Green- und Bluewashing?
Wie nachhaltig sind Runde Tische für die Nachhaltigkeit der Produkte?
Welche Rolle spielen die Medien?
Warum trüge Gendergerechtigkeit zum Klimaschutz bei?
Was sind externe Kosten?
Was kosten Klimaschäden?
Wie viel kostet eine Tonne CO_2?

12.1 Die Geschichte der Technik oder: Die vergiftete Frucht der Erkenntnis

Der Begriff »Naturwissenschaft« weist bereits auf den Tätigkeitsbereich hin: das Erkennen und Begreifen der Natur, das Erforschen und Beschreiben der Naturgesetze. Die Sesshaftigkeit der Menschen regte die Naturforschung über die Bestimmung der Sonnen- und Sternpositionen an.

Aufzeichnungen der alljährlichen Nilüberschwemmungen führten zu genaueren Zeitmessungen. Die Ägypter bestimmten die Dauer des Sonnenjahrs im Mittel mit 365 Tagen. Durch das Zusammenleben der Menschen in Siedlungen und Städten forderte die Verwaltung und der Handel eine praktikable Dokumentation – die Erfindung der Schrift und der Mathematik. Mit der griechischen Kultur und ihren Denkern begann die Überzeugung, die Natur selbst unterliege – von Göttern unabhängigen – Gesetzmäßigkeiten, und alle Erscheinungen der Welt ließen sich rational erklären. Die ersten Universitäten entstanden im 12. Jahrhundert in Bologna, Paris und Oxford. Die älteste noch bestehende Universität im heutigen deutschen Sprachraum ist die Wiens, gegründet 1365 durch Herzog Rudolf IV. Der Buchdruck revolutionierte die Speicherung und Weitergabe erworbenen Wissens. James Watt erfand die Dampfmaschine. Mit der Erfindung Watts konnte Wärme aus Verbrennung in mechanische Energie umgewandelt werden. Ende des 18. Jahrhunderts begann die Ära der industriellen Revolutionen. Um 1800 wurden erstmals Werkzeugmaschinen herge-

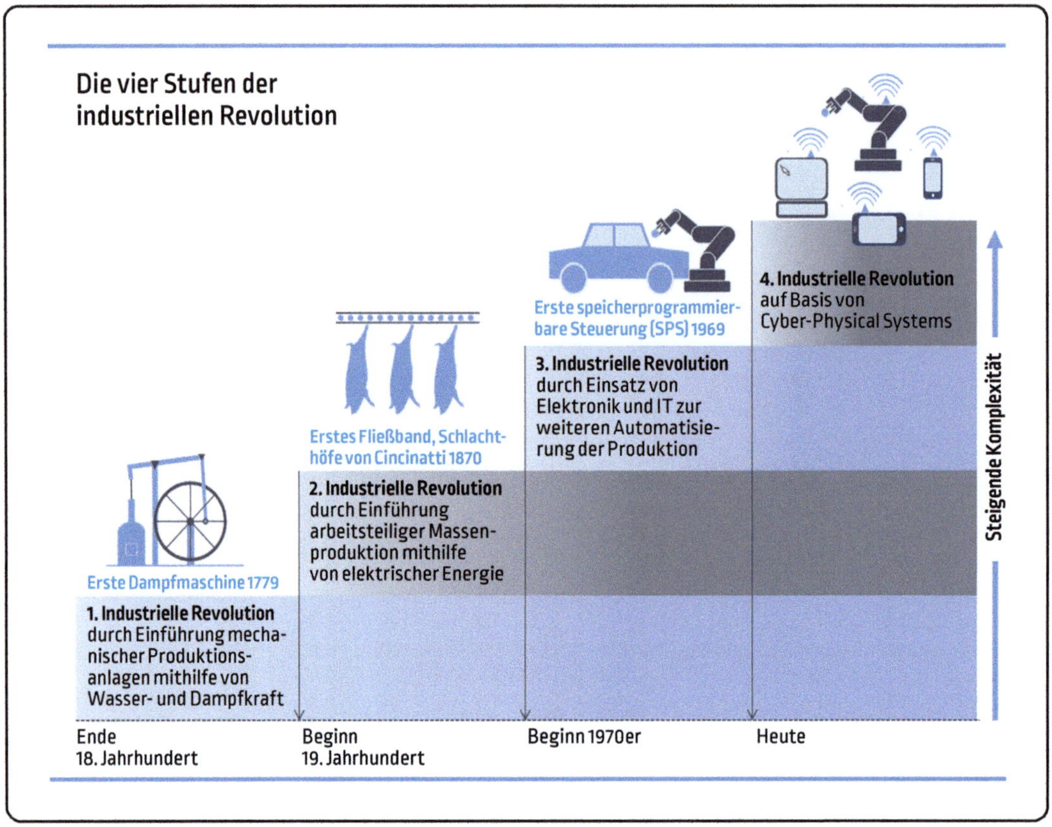

Abbildung 155: Schematische Darstellung der vier Stufen der industriellen Revolution.

stellt. Als Industrie 4.0 wird die aktuelle vierte industrielle Revolution (siehe Abbildung 155) bezeichnet.

Die wesentliche Kenngröße einer industriellen Revolution ist eine neue Technologie, die zu einer tief greifenden und dauerhaften Umgestaltung wirtschaftlicher und sozialer Verhältnisse, der Arbeitsbedingungen und Lebensumstände der Menschen führt.

Das erste Industriezeitalter kennzeichnete den Übergang der Agrar- zur Industriegesellschaft. Energiequelle war vor allem der Kohleabbau. Zur Erzeugung des Stahls und zur Fertigung von Maschinen wurde Erz verhüttet. Der Bergbau erlebte eine Blütezeit. In ersten Produktionshallen kamen Spinnmaschinen, mechanische Webstühle und Werkzeugmaschinen zum Einsatz. Die Menschen folgten den Arbeitsplätzen und zogen in die Städte. Diese Wanderbewegung ging mit einer katastrophalen Entwicklung der hygienischen Verhältnisse und einer Verelendung der Massen einher.

Die zweite industrielle Revolution beginnt Anfang des 20. Jahrhunderts und ist mit Massenproduktion, Fließbandarbeit, Entwicklung des Elektromotors durch Werner von Siemens, Entstehung der industriellen Chemie und Pharmazie verbunden. Der

Bau der Eisenbahn verbilligte den Transport der Waren. Die Entwicklung des Otto- und des Dieselmotors führte zur steigenden Mobilität. Verbesserte Lebensverhältnisse – Hygiene, Ernährung, medizinische Versorgung – verlängerten die Lebenserwartung. Es kam erstmals zu einer engen Zusammenarbeit zwischen Forschung und industrieller Produktion. Die Schwerindustrie verlor gegenüber den neuen Technologien zunehmend an Bedeutung.

Die dritte industrielle Revolution, die sogenannte mikroelektronische Revolution, begann 1975 mit der Erfindung integrierter elektronischer Schaltkreise, beschleunigte sich durch die Entwicklung des Computers, der darauffolgenden Miniaturisierung der elektronischen Schaltkreise und des Preisverfalls aufgrund von Massenproduktion. Es entstand eine computergesteuerte vollautomatische Produktionsweise, gekennzeichnet durch einen hohen Grad an Arbeitsteilung, die Internationalisierung der wirtschaftlichen Beziehungen, die Globalisierung und eine extrem zunehmende Mobilitätssteigerung. Neue Transportwege, wie der Hochgeschwindigkeitsverkehr der Bahnen, wurden erschlossen. Die billige Nutzung von Erdöl löste Kohle als Energieträger ab. Die Kommunikationsmittel und der Zugang zu Wissen erreichten eine neue Stufe und durchdrangen die Gesellschaft.

Die vierte industrielle Revolution stellt die zweite Phase der Digitalisierung dar. Durch die rasante Entwicklung der Computerbausteine und ihrer Leistungsfähigkeit, der Sensorik, des Speichervermögens, der hohen Datenübertragungsraten und der Programmierungsmöglichkeiten ist es möglich, jedes Bauteil, jedes Ding, jeden Menschen, jedes Tier elektronisch zu markieren und miteinander zu vernetzen. Für diese Funktionalität wird der Begriff das »Internets der Dinge« verwendet. Entlang der Wertschöpfungskette wird über Prozess- und Messdaten der aktuelle Zustand der Produkte und der Produktionsmittel umfassend erhoben. Damit kann die Effizienz der Serienfertigung auf die Produktion von kundenspezifischen Kleinserien angewendet werden. Es entstehen dynamische, echtzeitoptimierte und selbstorganisierende Wertschöpfungsnetzwerte. Diese Entwicklung wird zu einer zunehmenden Effizienzsteigerung in vielen Bereichen der Industrie führen und damit starke Auswirkungen auf die Anzahl und die geforderten Fähigkeiten der Arbeitskräfte haben.

Die einzelnen industriellen Revolutionen basierten mit fortschreitender Entwicklung auf den Erkenntnissen der Naturwissenschaftler und Techniker. Die Nutzung ungeheurer Energien aus der Umwandlung von Atomen oder aus der Verbrennung fossiler Brennstoffe ermöglichte den Aufbau und Betrieb der heutigen Industrie und Lebensweise. Ob es die Erfindung des Plastiks ist, neuer Chemikalien wie Pestizide, Fungizide oder Herbizide, die Erfindung des Autos und des Flugverkehrs, sie alle scheinen sich am Ende gegen den Menschen und die Natur zu wenden. Kaum erkennt der Mensch Zusammenhänge und beherrscht diese, wendet er sie global und umfassend an. Zu verlockend sind die kommerziellen Möglichkeiten, und zu weit entfernt sind die Spätfolgen des Tuns. Heute sind es Erkenntnisse der Nanotechnologie, der Gentechnologie und der künstlichen Intelligenz, die Probleme von morgen mit sich bringen werden. Zu schnell und zu unbekümmert verwertet die Menschheit in großem Maßstab ihre Kenntnisse.

So liegt in der kreativen und neu schaffenden Kraft der Naturwissenschaftler und Ingenieure gleichzeitig ein meist unbemerkter und oft auch bewusst vernachlässigter verderblicher, tödlicher Keim. Es sind ursächlich die Erkenntnisse der Naturwissenschaft, die ein Leben in Wohlstand und Luxus, aber auch den Klimawandel, die Atomwaffen und die Umweltkrise gebracht haben.

Die Welt der Wissenschaft ist eine, die auf wiederholbaren Experimenten und überprüfbaren Hypothesen beruht. Eine gute Rede überzeugt Wissenschaftler nicht, sie geben Beweisen den Vorzug. Dieses Konzept der kritischen Objektivität bildet für Wissenschaftler eine wichtige Säule ihrer Identität. Sie stellt aber ein Hindernis für Menschen dar, denen diese Welt fremd ist. Sie verlieren sich in den detaillierten Abwägungen der Wissenschaft, für die nur eindeutige Beweise zählen: Das führt zu Wahrscheinlichkeitsangaben und vorsichtigen und relativierenden Aussagen. Die Maxima »Nullius in verba« (»Nimm niemandem das Wort«) ist in der Wissenschaft ein hohes Gut, scheitert aber an der notwendigen Übersetzung in eine Laien- und Politikersprache. Die Skepsis gegenüber dem Klimawandel ist gering, das öffentliche Bewusstsein für den Klimawandel und die Besorgnis darüber sind groß, der Einsatz erneuerbarer Energien und die Wiederaufforstung finden große Unterstützung: Die Verhaltensänderungen im Gegensatz dazu sind nach wie vor gering.[82] Es ist nicht gelungen, den Klimawandel in einer Weise zu vermitteln, die ein breites Publikum erreicht und dieses befähigt und motiviert, entsprechend zu handeln. Notwendig ist das Angebot konkreter Lösungen und klarer Möglichkeiten, wie Einzelpersonen und Gemeinschaften reagieren sollen.

12.2 Der reale Klimawandel und die empfundene Bedrohung

Von Kurt Tucholsky, dem großen deutschen Satiriker, stammt die Aussage: »Es ist ein großer Irrtum zu glauben, dass Menschheitsprobleme ›gelöst‹ werden. Sie werden von einer gelangweilten Menschheit liegen gelassen.« Die kritische Betrachtung der Vielzahl erfolgloser Klimakonferenzen, die wirkungslos verhallten Warnungen der Wissenschaft, das mühselige und niederschmetternde Ergebnis endloser diplomatischer Verhandlungen im Kampf gegen den Klimawandel geben Tucholsky recht.

Ignoriert, verdrängt und blendet unser Gehirn Geschehnisse aus, die wir als uns nicht unmittelbar betreffend erleben? Es scheint so zu sein. Wie ist die Nichtreaktion, das Nicht-Wahrnehmen oder Nicht-wahrnehmen-Wollen des längst vorhergesagten und auch real spürbaren Klimawandels sonst erklärbar? Wirtschaft, Politik

82 Howarth, C.; Parsons, L.; Thew, H. (2020): Effectively Communicating Climate Science beyond Academia: Harnessing the Heterogeneity of Climate Knowledge; One Earth; https://doi.org/10.1016/j.oneear.2020.04.001, abgerufen am 13.6.2020.

und weite Teile der Gesellschaft ignorieren oder leugnen das Ausmaß und die vorhergesagten dramatischen Folgen des Klimawandels. Längst ist klar, welche Konsequenzen aus dem vorhandenen Wissen zu ziehen wären. Obwohl die Fakten auf dem Tisch liegen und entschlossenes schnelles Handeln angebracht wäre, geschieht nichts, oder es geschieht halbherzig und zu wenig. Wie sind die weltweite Furcht vor Terrorismus und die daraus resultierenden riesigen Investitionen in seine Bekämpfung im Gegensatz zu den Minimalausgaben für den Klimaschutz zu verstehen? Warum glauben viele Menschen an einen unsichtbaren nicht beweisbaren Gott, aber verleugnen die sichtbaren und real vorhandenen Klimaveränderungen? Vermutlich liegt der Grund in der Psychologie der Menschen, der Wahrnehmung von Risiken und seiner Instinkte.

Eine umfassende Metaanalyse[83] der Parameter, die den Glauben der Menschen in den Klimawandel beeinflussen, kam zu den folgenden Schlussfolgerungen: Ideologien, Weltanschauungen und politische Orientierung haben einen bedeutenden Einfluss, und unabhängig von der Stärke der Überzeugung vom Klimawandel üben diese nur einen geringen Anreiz auf das Maß der Bereitschaft der Menschen aus, klimafreundlich zu handeln.

Tabelle 29: Wichtigste Parameter, die die Überzeugung bezüglich des Klimawandels bestimmen.

Parameter	Korrelation[84]	Anzahl der Studien
Politische Zugehörigkeit	0,301	20
Vorläufer der Überzeugungen zum Klimawandel		
Vertrauen in Wissenschaftler	0,365	23
Wahrgenommener wissenschaftlicher Konsens	0,349	30
Neues ökologisches Paradigma (NEP)[85]	0,493	38
Ideologie der freien Marktwirtschaft	-0,296	30
Erfahrungen mit lokalen Wetteränderungen	0,336	17
Folgen der Überzeugungen zum Klimawandel		
Private Absichten, etwas für die Umwelt zu tun	0,316	65
Unterstützung politscher Anliegen für den Umweltschutz	0,324	25
Bereitschaft, der Umwelt Vorrang vor der Wirtschaft zu geben	0,384	20

83 Hornsey, M. J.; Harris, E. A.; Bain, P. G.; Fielding, K. S. (2016): Meta-analyses of the determinants and outcomes of belief in climate change; Nature Climate Change; https://doi.org/10.1038/NCLIMATE2943, abgerufen am 28.2.2020.

84 Liegt der Korrelationsfaktor über 0,1, dann gibt es einen nachweisbaren Zusammenhang. Der größte Wert, den der Korrelationsfaktor annehmen kann, ist 1 (100%ige Übereinstimmung) oder –1 (100%ige Ablehnung). In die Tabelle wurden nur Korrelationen aufgenommen, die größer als 0,3 sind. Diese zeigen einen deutlichen Zusammenhang der Parameteraussage und der Überzeugung hinsichtlich eines Klimawandels.

85 New Ecological Paradigm (NEP) ist eine Maßzahl, die sich aus einer standardisierten Befragung und der Bewertung der Beantwortung der Fragen in Bezug auf die Umwelt ergibt.

Relativ geringen Einfluss haben Alter, Bildung, Einkommen, Rasse und Geschlecht. Anhänger konservativer Parteien sind deutlich klimaskeptischer als liberale Demokraten. Angesichts der hohen Komplexität des Klimasystems neigt die Mehrzahl der Menschen dazu, ihr Urteil nach Faustregeln oder Meinungen zu fällen, und weniger dazu, diese anhand von wissenschaftlichen Tatsachen zu überprüfen. Wer Wissenschaftler als vertrauenswürdig ansieht, der glaubt ihnen. Verstärkend wirkt der wissenschaftliche Konsens. Je mehr Wissenschaftler den Klimawandel als Tatsache ansehen, umso größer ist der Glauben der Menschen an ihn. Es ist einleuchtend, und die Metaanalyse vieler Studien belegt: Menschen, die über die Umwelt besorgt sind, nehmen Gefahren des Klimawandels und Warnungen aufmerksamer wahr. Die stärkste Übereinstimmung haben Personen, die an ein notwendiges neues ökologisches Paradigma[86] glauben. Die Risikowahrnehmung der Menschen ist von ihrer Vorstellung beeinflusst, wie eine Gesellschaft sein sollte. Menschen, die neoliberal und hierarchisch denken, neigen dazu, Eliten und den Status quo zu schätzen, und glauben daher eher nicht an eine Verantwortung der Industrie für die Umwelt. Andererseits hegen Menschen, die gleichberechtigte und gemeinschaftliche Werte vertreten, eher Misstrauen gegenüber der Industrie und sind daher motiviert, den Klimawandel als akute Herausforderung anzunehmen. Die Ideologie des freien Marktes, Angebot und Nachfrage sollten von allen Eingriffen und Regulierungen ausgenommen sein, wird von jenen, die den Klimawandel als real ansehen, abgelehnt. Lokale andauernde Veränderungen des Wetters, welches Menschen erleben, verbinden sie stärker mit dem Klimawandel als extreme Wetterereignisse. Menschen, die die Existenz des menschengemachten Klimawandels akzeptieren, entwickeln eher ein mit der Umwelt verträgliches Verhalten.

Die zwei wichtigsten Faktoren für den Glauben an den Klimawandel sind Werte wie Selbstlosigkeit, Uneigennützigkeit, Gemeinschaftssinn und die Erfahrung und Wahrnehmung veränderten lokalen/regionalen Wetters.[87] Mit Abstand folgen Menschen mit freizügigem, liberalem, nicht hierarchischem Denken, Gemeinschaftsnormen, die die Bedürfnisse und Ziele der Gruppe als Ganzes über die Bedürfnisse und Wünsche des Einzelnen stellen und selbst angeeignetes Wissen über den Klimawandel. Etwas schwächer wirken die emotionale Besorgnis über den Klimawandel und die Erfahrung extremer Wetterereignisse.

Der Klimawandel wird von konservativen Gruppen, die eher an Hierarchien glauben, abgelehnt. Negativ wirkt der Einfluss von Einzelpersonen oder Gruppen aus dem Energie- und Ölsektor, die ihre eigenen Interessen im Zusammenhang mit der Leugnung des Klimawandels vertreten. Einen negativen Einfluss üben konservative Thinktanks aus, die Ideen zur Nichtexistenz des Klimawandels verbreiten, und pro-

86 Dunlap, R. E.; Van Liere, K. D.; Mertig, A. G.; Jones, R. E. (2000): Measuring Endorsement of the New Ecological Paradigm: A Revised NEP Scale; Journal of Social Issues, Vol. 56, No. 3.

87 Ruis, I.; Faria, S. H.; Neumann, M. B. (2020): Climate change perception: Driving forces and their interactions; Environmental Science and Policy Vol. 108, S. 112–120; https://doi.org/10.1016/j.envsci.2020.03.020, abgerufen am 13.6.2020.

minente Einzelpersonen oder kleine Gruppen, die Gegenbewegungen zum Klimawandel fördern.

Das abstrakte Thema eines komplexen Klimawandels, der schleichend einhergeht, führt psychologisch dazu, ihn nicht als Bedrohung wahrzunehmen.[88] Würde der Klimawandel durch das Abschlachten niedlicher Hundewelpen verursacht, würden Millionen von Menschen empört reagieren und demonstrieren und die sofortige Einstellung des rohen und verabscheuungswürdigen Tötens verlangen. Das sechste aktuelle Artensterben, welches unzählige Tieropfer fordert, wird hingegen zwar mit Bedauern, aber wie ein nicht vermeidbares Naturereignis hingenommen. Wäre ein finsterer übellauniger Diktator für den Klimawandel verantwortlich, längst hätten ihn amerikanische Drohnen überrascht und getötet. Es sind weniger die Fakten, die Menschen aufrütteln, als Emotionen. Grafiken und Diagramme sind abstrakt und unverständlich, erzählen keine rührende emotionale Geschichte und sind seit Langem bekannt. Ein Zustand der Gewöhnung stellt sich ein. Der Mensch fühlt sich eher durch neuartige Risiken, wie z. B. aktuell der Coronapandemie, bedroht. Wissenschaftler äußern sich vorsichtig und alle Möglichkeiten erwägend. Daher finden sich in den Klimaberichten Angaben wie »wahrscheinlich«, »höchst wahrscheinlich«. Diese Termini werden in der Öffentlichkeit falsch verstanden. Der Wahrscheinlichkeitsbegriff der Wissenschaft ist mit Standardabweichungen und »mathematischen Wahrscheinlichkeiten« verbunden. Wenn Wissenschaftler sagen, ein Ansteigen der globalen Erdtemperatur um 2 °C sei höchst wahrscheinlich, dann bedeutet das übersetzt ein 100%iges Eintreten. Die Allgemeinheit nimmt jedoch an, die Wissenschaftler seien sich nicht ganz sicher, ob die befürchteten Auswirkungen des Klimawandels wirklich eintreten würden. Das ist verstehbar, führt jedoch zu verheerendem Kleinreden und Nicht-wahrhaben-Müssen.

12.3 Der Neoliberalismus als Beschleuniger des Klimawandels

50 % der weltweiten Kohlendioxidemissionen verantworten 7 % der Weltbevölkerung – die ärmsten 3 Milliarden produzieren nur 6 %.

Die Menschen der hoch technisierten nördlichen Hemisphäre leben in Wohlstand und Überfluss und zeichnen für die Klimakrise hauptverantwortlich. Der überwiegende Anteil der Weltbevölkerung lebt in unterentwickelten Ländern (siehe Abbildung 156). Der Neoliberalismus beherrscht die Welt, führt im Namen das Neue und die Freiheit und ist doch nur eine Spielart des altbekannten Kapitalismus. Diese herrschende Wirtschaftsform gilt als alternativlos. Sie fußt auf der nonverbalen Zustimmung zu prekären Arbeits- und Lebensverhältnissen unabhängig von Klassenunterschieden oder Geschlechtern, zur Ausbildung und zur Form des Weltmarktes, zu dominanter Parteienpolitik und einer im Hintergrund herrschenden mächtigen

88 Marshall, G. (2014): Don't even think about it. Why our brains are wired to ignore climate change; Bloomsbury.

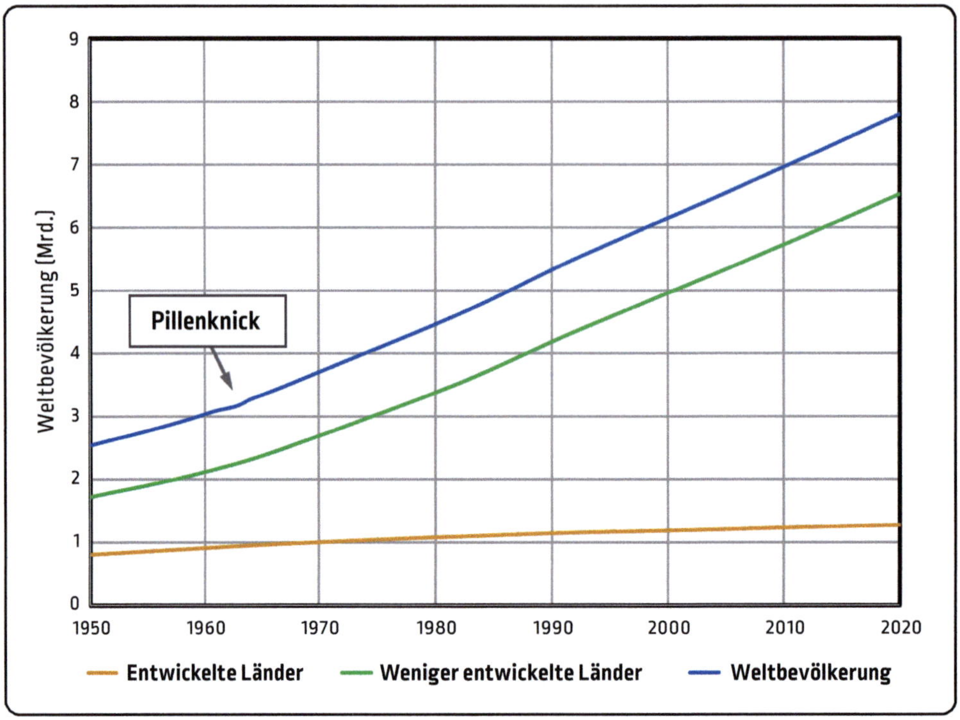

Abbildung 156: Entwicklung der Weltbevölkerung nach Entwicklungsstand.

Superklasse, mit Medien, deren vorrangiges Ziel Gewinnmaximierung ist. Die demokratischen Gesellschaften des Westens stehen der Ausbeutung der Ressourcen, dem gewalttätigen Umgang mit der Natur, dem Streben nach Wirtschaftswachstum und einem ungezügelten Konsum machtlos und handlungsunfähig gegenüber.

Warum steht der Neoliberalismus dem Kampf gegen den Klimawandel im Weg? Weil der Neoliberalismus verantwortlich für ein »Business as usual« und durch folgende Merkmale gekennzeichnet ist:

- zunehmende Einkommensunterschiede und eine damit verbundene Macht- und Mittelkonzentration auf eine Superklasse,
- Finanzmärkte ohne Beschränkungen,
- Globalismus mit einem breiten Spektrum an Freihandelsabkommen und Freihandelszonen und einen die Entwicklungsländer ausbeutenden Neokolonialismus,
- Wirtschaftswachstum mit dem Versprechen eines beglückenden, ungezügelten Konsums,
- Ausbeutung der Ressourcen durch eine technisierte Wegwerfgesellschaft und vollkommene Ignoranz gegenüber der Natur, ihrer Vielfältigkeit und Verletzlichkeit,
- Zurückdrängung der Ideen von Solidarität, der sozialen Aufgaben des Staates und seiner Verantwortung den Schwächeren gegenüber.

12.3.1 Der Neoliberalismus erobert die Welt

Die Lehren aus der Großen Depression 1929 – nach einer Zeit des ungezügelten Kapitalismus, die in eine weltweite Wirtschaftskrise mündete – und die Folgen des Zweiten Weltkriegs führten zur Idee eines Sozial- und Wohlfahrtsstaates und einer Veränderung der Verteilung von Reichtum und Macht zwischen den Klassen. Die Schere der vorher herrschenden extremen Ungleichverteilung von Reichtum und Armut begann sich langsam zu schließen. Höhere Steuersätze für Vermögende, Vollbeschäftigung und die Erstarkung der Gewerkschaften führten zu höheren Löhnen der arbeitenden Bevölkerung bei gleichzeitigem Ansteigen der Produktivität. Die wirtschaftliche und politische Macht der Großkapitalisten nahm ab. In den USA halbierte sich der Anteil am gesamten Volkseinkommen der Reichsten (1 %) von 16 % auf 8 %.

In den 1970ern stellten die Eliten den alten Machteinfluss wieder her. Den Weg ebneten Ideen von Ökonomen wie Friedrich von Hayek und später Milton Friedman.

Die Wirtschaftskrise in den 1970er-Jahren – eine Folge der Ölkrise durch den arabisch-israelischen Jom-Kippur-Krieg – führte zum Vertrauensverlust in die bis dahin erfolgreiche Keynes'schen Nachfragepolitik. Statt die Nachfrage über Löhne und Gehälter zu steigern, gaben die Regierungen einer Hayek'schen Angebotspolitik den Vorzug. Diese versprach durch Entlastung der Unternehmer und Bezieher hoher Einkommen eine Nachfrage zu stimulieren mit dem Nebeneffekt zunehmenden Wohlstands. Diese Idee fand, ungeachtet der Vorteile eines Sozialstaats mit seinen Sozialleistungen und Errungenschaften, großen Zuspruch. Entgegen den Versprechungen stellten sich aber keine sinkenden Arbeitslosenzahlen, sondern steigende Staatsverschuldungen mit wachsenden Unternehmensgewinnen ein. Die bekannten Maßnahmen zur Krisenbewältigung waren Steuersenkungen, Kürzung der Staatsausgaben, Privatisierung von Versorgungsunternehmen, Deregulierung der Finanzmärkte und Beschneidung des Gewerkschaftseinflusses. Der Neoliberalismus mutierte zur Staatsreligion mit einem weltweiten Eldorado für Kapitalanlage und Spekulation – der zahlungslose, länderübergreifende und unbeschränkte Finanztransfer begünstigte die »Welt der Reichen«. Als Reagan die neoliberale Wirtschaftspolitik in den USA einführte, prophezeite sein Wirtschaftsberater David Stockman, dass sich durch Steuersenkungen für die Reichen und üppigen Investitionen in die Wirtschaft der Wohlstand der Nation von ganz oben bis ganz nach unten hinein bis in die untersten sozialen Schichten ausbreiten würde. Dieses Potemkin'sche Bild wurde »Trickle-down-Effekt« genannt.

Abbildung 157 zeigt das Haushaltsdefizit bzw. den Haushaltsüberschuss in Prozent der USA. Der Zweite Weltkrieg erforderte ungeheure Mittel zu seiner Finanzierung. In der Reagan-Ära erblühte der Neoliberalismus. Reagan senkte den Höchststeuersatz von 90 % auf 33 % und reduzierte die Unternehmenssteuern in der Erwartung einer Reinvestition der erzielten Gewinne. Der freie Markt handelte egoistischer als erwartet – im Diagramm zeigt sich das deutliche Haushaltsdefizit. Die Politik Reagans und Thatchers zerstörte die Macht der Gewerkschaften, was zu einem deutlichen Abbau

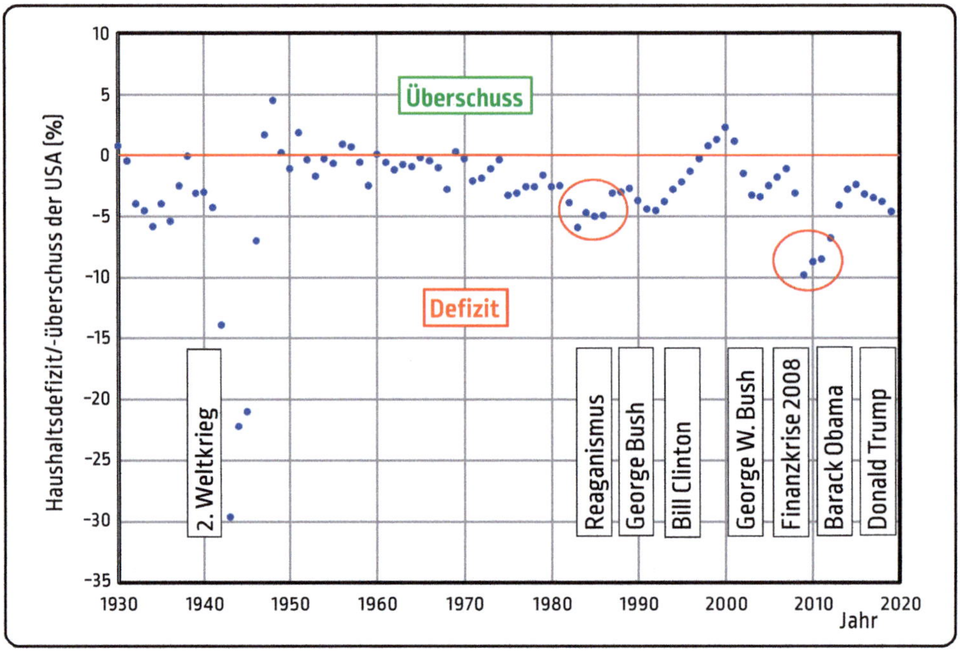

Abbildung 157: Haushaltsdefizit/-überschuss der USA von 1930 bis 2019.

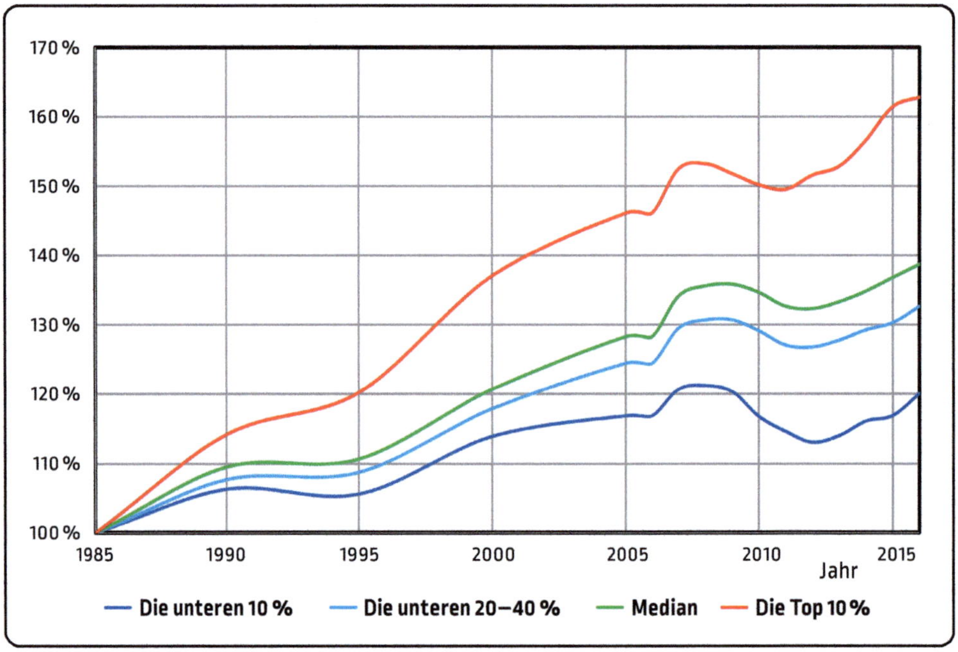

Abbildung 158: Wachstum des real verfügbaren Einkommens (Durchschnitt von 17 OECD-Ländern von 1985 bis 2016).

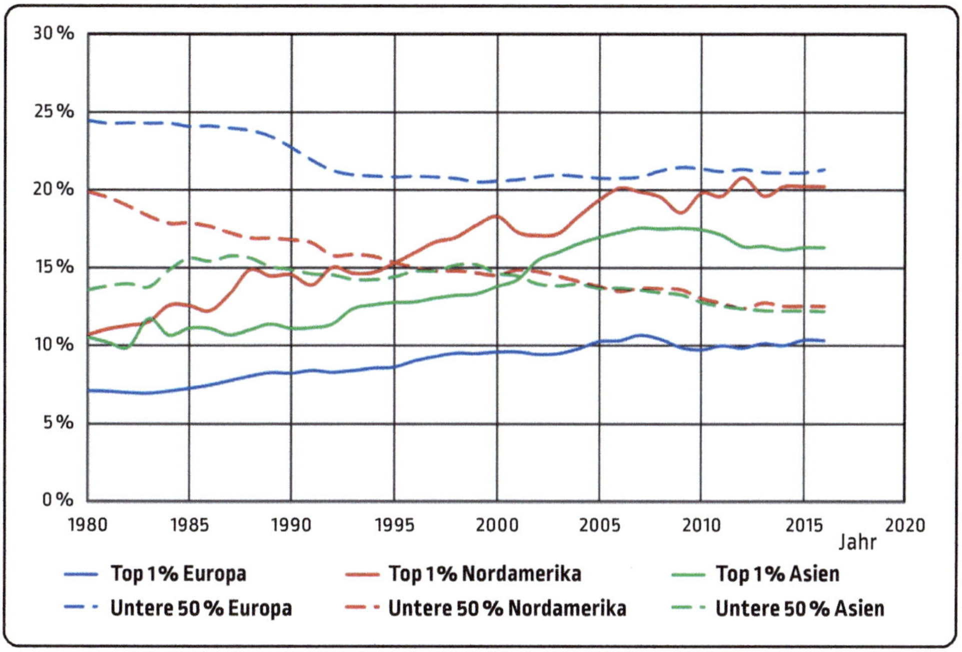

Abbildung 159: Anteil in % am Bruttonationaleinkommen der obersten Top-1-%- und der untersten 50-%-Einkommensbezieher in Europa, Nordamerika und Asien.

wohlfahrtsstaatlicher Leistungen und gesellschaftlicher Solidarität führte. Staatliche Unternehmen – Stahlindustrie, British Airways, British Gas, Sozialwohnungen, Eisenbahn, Telekommunikationssysteme und Energienetze – wurden privatisiert. Die Märkte wurden dereguliert, die Volkswirtschaften liberalisiert und für ausländisches Kapital und Investitionen geöffnet. In Deutschland fasste der Neoliberalismus unter der Regierung Helmut Kohl Fuß. Diese Politik wurde unter der Regierung Gerhard Schröder und in England durch Tony Blair fortgesetzt. Sie deformierten die Ideen der europäischen Sozialdemokratie und glichen sie dem Neoliberalismus an. Die globale Finanzkrise 2008 erbrachte eine große Staatsverschuldung der USA und der europäischen Staatshaushalte – ein Zusammenbruch des Finanzsystems wurde auf Kosten der Staatsbürger verhindert. Mit der Agenda 2010 setzte Gerhard Schröder in Deutschland weitreichende Reformen durch. Das führte zum Bruch zwischen Schröder und Oskar Lafontaine, der darin (zu Recht) einen Verrat an sozialdemokratischen Werten konstatierte. Die Bundeskanzlerin Merkel setzte nach der Regierung Schröders den neoliberalen Weg fort. Donald Trump steht für einen neuen Reaganismus – die zunehmende Staatsverschuldung der USA ist ein sichtbares Zeichen. 2019 betrug das Haushaltsdefizit 984 Milliarden Dollar (885 Milliarden Euro).

Der Verlauf des real verfügbaren Einkommens von 1985 bis heute (siehe Abbildung 158) zeigt ein übermäßiges Wachstum der Einkommen der Top 10 %. Es stieg um 63 %. Die Einkommen der unteren 20 bis 40 % erhöhte sich dagegen nur um 32 %.

Jenes der unteren 10 % wuchs überhaupt nur um bescheidene 20 %. Die durch die freie Marktwirtschaft erzielten Produktivitätsgewinne landen vorwiegend in den Taschen der Großkapitalisten.

Heute, nach 40 Jahren Neoliberalismus, besitzen die reichsten 1 % der USA wie vor der Großen Depression 1929 über 20 % des gesamten Vermögens der USA. Die Hyäne einer neuerlichen weltweiten Wirtschaftskrise bleckt schon die Reißzähne.

Die durchgezogenen Linien in der Abbildung 159 zeigen den durchweg deutlich steigenden Vermögenszuwachs der Top-1-% in Europa, Nordamerika und Asien. Die strichlierten Linien hingegen stehen für das Vermögen der unteren 50 % der Einwohner dieser Weltregionen. In Europa verläuft die Auseinanderentwicklung zwischen Arm und Reich weniger dramatisch als in Asien und Nordamerika. 1995 überholte das Gesamtvermögen der Top-1-% in Nordamerika das der unteren 50 %. In Asien war dieser Wendepunkt 2002. Diese extreme Kapitalkonzentrationen mit der unvermeidlichen Bildung von Monopolen sind bedenklich: Seinerzeit waren sie die Hauptursache der großen Weltwirtschaftskrise.

12.3.2 Die Schwächung des Sozialstaats

Das neoliberale Denken durchdringt sämtliche Lebensbereiche und kommerzialisiert sie. Es schafft alle Maßstäbe ab, die nicht ökonomischer Art sind. Es stellt sämtliche Ziele infrage, die nicht mit Mitteln des Wettbewerbs erreichbar sind. Neoliberalismus interessiert sich nicht für soziale Fragen, Verantwortlichkeit, Solidarität, Moral und Ethik. Neoliberales Denken hält sich nicht mit der Auseinandersetzung mit unterschiedlichen Positionen auf, ökonomische Prinzipien sind das Leitbild. Der gepriesene Fahrstuhleffekt des Neoliberalismus, der Wohlstand komme allen zugute, hat sich als Paternostereffekt erwiesen, bei dem die Reichen nach oben und im Umkehreffekt zwangsweise die Ärmeren immer weiter nach unten befördert werden. Die Ökonomisierung des Lebens durchdringt alles: kommerzialisierte Pflege- und Gesundheitsdienste, erkaufte Ausbildung, privatisierte Versicherungsleistungen und Pensionen. Der Staat wird aus der sozialen Verantwortung gedrängt und lässt das zu. Die Zivilgesellschaft und NGOs übernehmen ehrenamtlich Care- und Versorgungstätigkeiten, ohne dafür entsprechend gewürdigt zu werden.

Die wachsende Wirtschaftskraft der Reichsten führt zu einer ungesunden Zunahme ihrer politischen Macht. In den USA setzte der Oberste Gerichtshof Wahlkampfspenden dem Recht auf freie Meinungsäußerung gleich. Das Geld selektiert Politiker und präsentiert sie den Bürgern zur (scheinbaren) Entscheidung an der Wahlurne. Das politische System der USA entspricht einer Oligarchie mit flachen demokratischen Strukturen. In kleinerem Maßstab ist diese Tendenz auch in Österreich zu beobachten. Konservative Parteien erhalten Querfinanzierungen von Lobbygruppen und überschreiten gesetzlich beschränkte Wahlkampfkosten erheblich. Die politische Macht verlagert sich vom Volk und seinen Repräsentanten hin zu den Eliten und Konzernen.

12.3.3 Die Ausbeutung der Entwicklungsländer durch den Neoliberalismus

Paul Volcker, ehemaliger Präsident der US-Notenbank FED, ordnete 1979 eine Beschränkung der Bankreserven an, wodurch die Zinsen extrem anstiegen. Er beendete die Konvertierbarkeit des amerikanischen Dollars in Gold, setzte einen Lohnpreisstopp durch und führte einen Zoll von 10 % auf ausländische Produkte ein. Volcker wollte dadurch die Schmach einer notwendigen Abwertung des Dollars umgehen. Er beendete die Inflation um den Preis einer 1981 einsetzenden Rezession.

Als Folge stieg der Leitzins auf über 20 %, die amerikanische Industrie schrumpfte um 22 %, begleitet von einer 10%igen Arbeitslosenquote. Viele Entwicklungsländer waren bei den Wall-Street-Investmentbanken verschuldet. Durch den »Volcker-Schock« gerieten Entwicklungsländer wegen der hohen Zinsen an den Rand der Zahlungsunfähigkeit. Die US-Regierung schaltete sich ein und stellte die Rückzahlung der Kredite sicher: Über den Internationalen Währungsfonds IWF zwangen sie die Entwicklungsländer, Strukturanpassungsprogrammen (SAP) zuzustimmen. Die SAPs umfassten drei Bereiche: Kürzung der Sozialausgaben, Privatisierung öffentlicher Güter und Liberalisierung von Handel und Finanzen. Anders ausgedrückt: Die Verschuldung der Entwicklungsländer stellte die Rückzahlung der Kredite an die Wall Street sicher und setzte den neoliberalen Gedanken weltweit durch. Die Pro-Kopf-Einkommen der wirtschaftsschwachen Entwicklungsländer halbierten sich in der Folge. Bis heute werden wichtige wirtschaftspolitische Entscheidungen nicht mehr von den Staaten selbst, sondern von Bankern und Technokraten in Washington getroffen. Multinationale Unternehmen profitierten von diesen Maßnahmen: Zugang zu neuen Märkten, billige Arbeitskräfte und Rohstoffe. Die unabhängig gewordenen Entwicklungsländer müssen sich einer neuen Knechtschaft und Ausbeutung beugen. Die Unterdrücker sind aber nicht mehr aggressive Kolonialstaaten, sondern private Superkapitalisten.

Neoliberaler Kapitalismus wird durch internationale Finanzmächte, die WTO (Welthandelsorganisation) sowie durch Freihandelsabkommen und Freihandelszonen umgesetzt. Unternehmen steht es frei, in aller Welt neue Exportmärkte und Investitionsmöglichkeiten zu erschließen und billige Arbeitskräfte zu nutzen. Sie bestimmen unbeschränkt über ihre Investitionen und Unternehmungen und können diese ohne irgendeine Rücksichtnahme jederzeit abbrechen und sich zurückziehen. Dies ist ein großes Macht- und Druckmittel auf die Regierungen der Entwicklungsländer. Unternehmen dürfen Staaten auf Entschädigungszahlungen verklagen (ISDS-System, engl.: Investor State Dispute Settlement – Investor-Staat-Streitbeilegung), wenn sie ihre Profite durch Gesetze zum Schutz der Umwelt oder Menschenrechte gefährdet sehen. Die Verfahren und Auseinandersetzungen finden intransparent, geheim und vor nicht demokratisch legitimierten »Gerichtsbarkeiten« statt. In der Vergangenheit zogen Regierungen Gesetzesentwürfe zum Schutz der Umwelt oder der Verbraucher aus Angst vor Klagen zurück oder entschärften diese. Mittlerweile gibt es 817 bekannte Fälle, allein 2016 kamen 69 hinzu: Die Tendenz ist steigend.[89]

Das neoliberale Wirtschaftssystem schuf sich mit der Weltbank, dem Internationalen Währungsfonds (IWF) und der Welthandelsorganisation (WTO) eigene »Regierungsformen«, die keinen demokratischen Regulierungs- und Kontrollmechanismen unterworfen sind.[90]

12.3.4 Die Aushöhlung demokratischer Regierungsformen durch den Neoliberalismus

Regierungsformen, die sich unverhohlen zeigen, wie Faschismus, Kommunismus und Militärregierungen, sind aus weiten Teilen der Welt verschwunden. Die meisten Länder halten Wahlen ab, demokratische Regierungsformen setzten sich durch. Aber wie demokratisch sind diese Regierungen, und wie stabil sind ihre Demokratien? Auch in Venezuela, Ungarn, Nicaragua, Peru, den Philippinen, Polen, Russland, Sri Lanka, der Türkei und der Ukraine wird gewählt. Wie es dort um die demokratischen Grundwerte steht, ist täglich den Zeitungen zu entnehmen. Die Aushöhlung der Institutionen der Demokratie erfolgt schleichend und löst bei den Bürgern keine Alarmglocken aus. Die Muster gleichen sich. Sie sind begleitet von Angriffen auf die Justiz und auf die verfassungsrechtlichen Grundlagen sowie vom Kauf der Medien. Eine Polarisierung der Gesellschaft ist Sand im Getriebe demokratischer Vorgänge, der Neoliberalismus hingegen ist eine gut geölte Transformationsmaschine, die den öffentlichen Reichtum in Privatvermögen überführt.

Eine funktionierende starke Demokratie erlaubt es dem Volk, den Gang der Wirtschaft und der eigenen Geschicke mitzubestimmen. Gewählte Politiker vertreten die Interessen der Bürger, diese beeinflussen nach den Wahlen den Gang der Politik. Der Staat sollte ausreichend soziale Ressourcen zur Gesundheitsversorgung, zur Bildung (einer, die allen gleiche Chancen bietet), zum Wohnen (über Sozialwohnungen und vernünftige geregelte Mietpreise), zum Transport (billiger bis kostenloser öffentlicher Verkehr) und Chancengleichheit für alle zur Verfügung stellen.

Formen dieser Staatsbildung waren in Europa bis etwa 1980 auf dem Vormarsch. Die Sozialleistungen des Staates, der Wohlstand und die Sicherheit der Bürger in diesen Staaten nahmen, begleitet von einer wachsenden Wirtschaft, zu.

Abbildung 160 erläutert schematisch heutige reale Formen der repräsentativen Demokratie, sie zeugt von der Existenz einer im Hintergrund herrschenden Elite neben einer demokratischen Gesellschaft. Die erwirtschafteten Produktivitätsgewinne werden nicht reinvestiert oder mit den Arbeitnehmern geteilt, sondern sie

---

89 Grotefendt, N.; Hartmann, A. (2019): Under Pressure: Mit Konzernklagen gegen Umweltschutz. Die Auswirkungen von Konzernklagerechten auf Rohstoff- und Umweltpolitik; PowerShift – Verein für eine ökologisch-solidarische Energie- & Weltwirtschaft e. V.

90 Hickel, J. (2016): Neoliberalism and the end of democracy; London School of Economics.

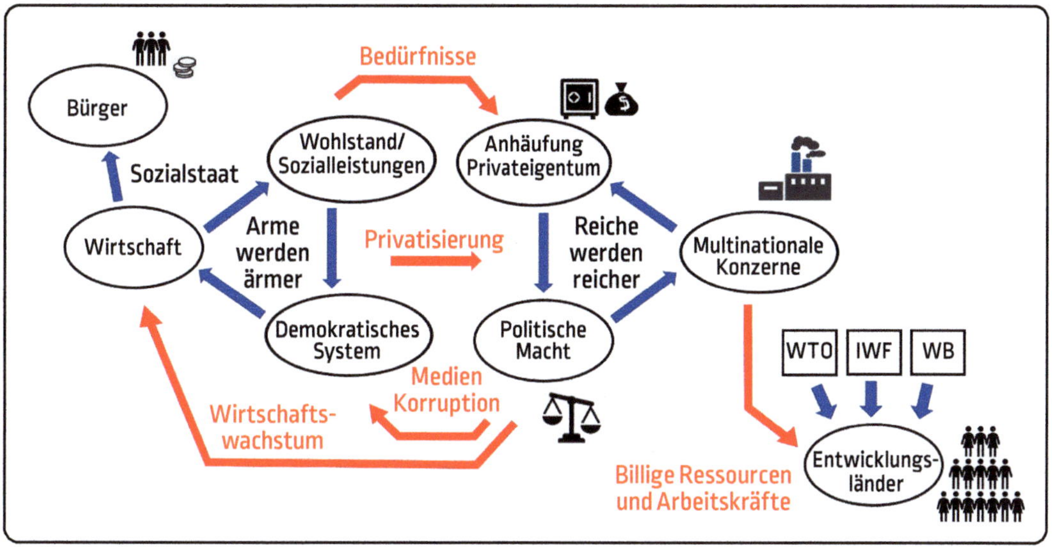

Abbildung 160: Schema des aktuellen Wirtschaftssystems.

häufen sich als Privatreichtum an. Das Wirtschaftswachstum wird durch künstliche Bedürfnisse am Leben gehalten. Über Medien und die Einflussnahme auf Entscheidungsträger wird die Gesellschaft im Sinne neoliberalen Gedankengutes beeinflusst. Die globale freie Wirtschaftswelt setzt über billige Ressourcen und Arbeitskräfte in Entwicklungs- und Schwellenländern den heimischen Arbeitsmarkt unter Druck. Arbeit wird zur Mangelware und zwingt die Bürger, sich mit geringeren Entlohnungen und schlechteren Arbeitsbedingungen abzufinden. Das versprochene Paradies freier Entfaltung deformiert sich zu isolierten Einzelunternehmern, die Wirtschaft entzieht sich ihrer Haftung und sozialen Absicherungen.

Es ist eine Wesensart des Kapitalismus, den Mangel an Arbeit, den Mangel an Wohnungen, den Mangel an Sicherheit aufrechtzuerhalten, weil dadurch die Nachfrage und mit der Nachfrage die Preise und mit den Preisen die Gewinne steigen. Die Neuverteilung der Risiken am Arbeitsmarkt tragen Leiharbeitskräfte, ausländische schlecht bezahlte Arbeitskräfte, jugendliche Arbeitslose, Teilzeitbeschäftigte, Mindestsicherungsbezieher und Einzelunternehmer. Sie sind gewünschte Produkte der herrschenden Wirtschaftsform, weil sie einen Mangel aufrechterhalten, der letztlich zu einer großen Gruppe von Menschen geführt hat, die sich zurückgelassen fühlen und sich in ihrer Hilflosigkeit Demagogen und nationalistischen Heil- und Seligversprechern zuwenden.

Abbildung 161 zeigt den zeitlichen Verlauf der Entwicklung des öffentlichen und des privaten Nettovermögens in Prozent des Nationaleinkommens Englands, Deutschlands und der USA. Seit dem Beginn des Thatcherismus in England und der Reagonomics in den USA sank das öffentliche Kapital stark, während das Privatkapital unaufhörlich anwuchs.

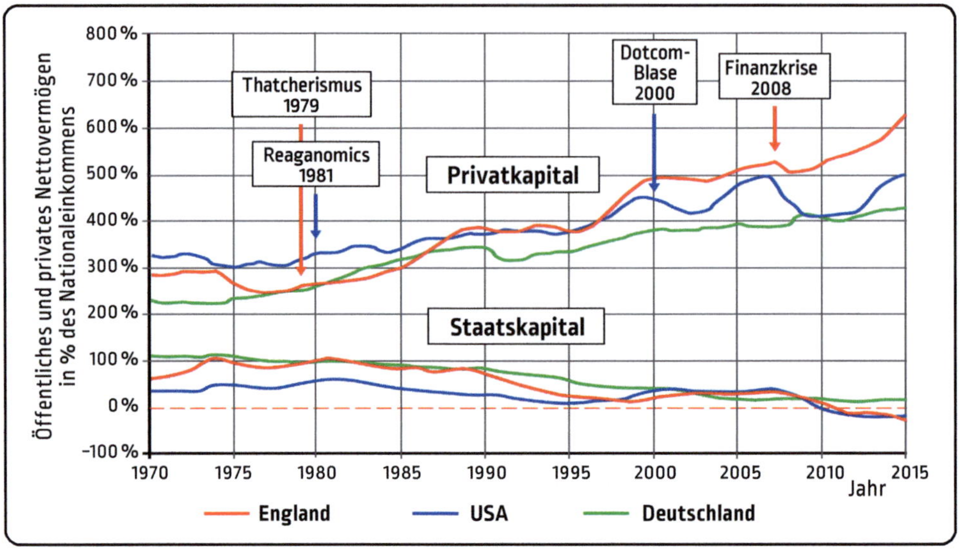

Abbildung 161: Öffentliches und privates Nettovermögen in % des Nationaleinkommens (von 1970 bis 2015).

Entgegen der These des neoliberalen Denkens, der freie Markt regle alles und löse alle Probleme von selbst, mussten die Staaten 2008 wegen der durch Spekulationen auf dem Finanzmarkt verursachten Wirtschaftskrise das durch Spekulanten und Banken verursachte Finanzloch stopfen. Das Privatvermögen der USA und Englands zeigte zwar eine Delle, diese unterbrach aber nur unwesentlich den weitergehenden Anstieg der Privatvermögen.

Die Coronapandemie im Frühjahr 2020 ist ein weiteres aktuelles Beispiel für das Versagen des »freien Marktes«. Die erste »hilfreiche« Maßnahme des neoliberalen Wirtschaftssystems waren Massenentlassungen. Es ist ein bequemes Paradox des Neoliberalismus, eine gut gehende Wirtschaft für sich zu beanspruchen, aber bei einem Versagen der Marktmechanismen den Staat und seine Staatsbürger zur Kasse zu bitten. Ein kommerzielles Wunder: das Perpetuum mobile der Kapitalismusmaschinerie.

12.3.5 Die neoliberalen Antriebskräfte des Klimawandels

Der grundlegende neoliberale Antrieb des Klimawandels liegt im Dogma Wirtschaftswachstum. Entgegen der Notwendigkeit, den Klimawandel zu stoppen, steigert Wirtschaftswachstum den Energieverbrauch aus fossilen Brennstoffen. Statt vermehrt alternative Energieformen wie Solar-, Wind- und Wasserenergie zu nutzen, werden neue Kohlekraftwerke geplant und gebaut, weitere Pipelines verlegt, neue Erdöl- und Erdgasvorkommen erkundet und umweltzerstörende Methoden zur Gewinnung fossiler Brennstoffe wie das Fracking erfunden.

Umweltkosten und damit auch soziale Folgekosten scheinen in keiner neoliberalen Wirtschaftsberechnung auf. Fracking ist, verglichen mit konventionellen Erdölfördermethoden, teuer und damit auf hohe Ölpreise angewiesen. 2020 jedoch brach der Ölpreis ein. Dies führte in der Folge zu einer Pleitewelle unter amerikanischen Frackingunternehmen. Nach den Regeln des freien Marktes kassierten einige der Vorstände vor dem Bankrott noch schnell ihre Prämien.[91] Der große Förderer der Erdölindustrie in den USA, Donald Trump, hob Umweltauflagen aus der Zeit Obamas auf, nach denen zweimal jährlich die Bohrlöcher auf Undichtheiten zu prüfen waren. Die Frackingfirmen saßen aber auf Schulden ohne vorgeschriebene Rücklagen (das Abdichten eines Bohrloches kostet circa 300.000 US Dollar), dafür war kein Geld mehr da. Mehr als 3 Millionen Bohrlöcher sind aufgegeben worden. 2 Millionen sind schlecht abgedichtet, aus diesen tritt das hochwirksame Treibhausgas Methan aus.

Fracking

ist eine Methode, bei der Erdöl oder Erdgas, welches in tiefen Schieferschichten eingeschlossen ist, durch mit Chemikalien versetztes Wasser mit hohem Druck in Gesteinsschichten gepresst wird. So werden die Gesteinsschichten aufgebrochen, und das Erdöl oder Erdgas wird freisetzt. Die injizierten Lösungsmittel verschmutzen die Grundwasserschichten dauerhaft.

Die Natur wird als billige Schadstoffdeponie angesehen und genutzt. Diese einseitige Sicht der gängigen Wirtschaftspolitik nimmt den Klimawandel und die Forderungen nach einer nachhaltigen Produktion nur als Handelshemmnis wahr. Der Begriff »Nachhaltigkeit« wird zwar von Wirtschaftstreibenden und Politikern gebetsmühlenartig wiederholt, taucht in Freihandelsabkommen auf, allerdings zahnlos, weil unverbindlich. Millionen Menschen in Europa und Nordamerika protestierten und demonstrierten in den letzten Jahren gegen Freihandelsabkommen wie TTIP, CETA und TiSA.[92] Der breite Protest verdeutlicht die sozialen, ökologischen und demokratischen Defizite der EU-Handels- und der neoliberal geprägten Globalisierungspolitik. Auch wenn die EU-Kommission in ihrer Öffentlichkeitsarbeit Nachhaltigkeit propagiert, fährt sie weiter auf altem Kurs: Globalisierung der Agrarmärkte, Preisdruck auf bäuerliche und regionale Lebensmittelproduktion, Industrialisierung der Landwirtschaft, Kommerzialisierung und Privatisierung öffentlicher Dienstleistungen von der Wasserversorgung bis zum Gesundheitswesen.

Ein aktuelles Beispiel ist das 2019 vereinbarte Mercosur-Abkommen. Es sieht die Ausweitung der EU-Exporte nach Südamerika vor, die vor allem die Automobilindustrie, Maschinenproduzenten und Chemikalienhersteller stärken werden. Im Gegenzug kommt es zur Ausweitung der Fleischimporte aus Brasilien nach Europa. Die Fleischproduktion Brasiliens versiebenfachte sich innerhalb von 14 Jahren. Dafür wurden

91 TAZ (2020): Fracking-Land ist abgebrannt. Umweltdesaster in USA, 18.8.2020; https://taz.de/Umweltdesaster-in-USA/!5702587/, abgerufen am 7.9.2020.

92 Grotefeld, N.; et al. (2018): Trade for all – Handel für alle? Probleme und Reformbedarf der aktuellen EU-Handelspolitik; Forum Umwelt und Entwicklung.

weite Teile des Regenwaldes Amazoniens abgeholzt. Großindustrielle Fleischproduktion verdrängt umweltschonende Landwirtschaft und beraubt die heimische lokale Bevölkerung ihrer Lebensgrundlagen. Brasilien und Argentinien werden ihre Sojaausfuhren (praktisch zu 100 % gentechnisch veränderter Herkunft) und den Fleischexport nach Europa weiter erhöhen. Zwar stehen im Mercosur-Pakt das Bemühen um den Schutz des Regenwaldes und eine nachhaltige Produktion, aber ohne verbindliche und einklagbare Zusagen.

Mercosur-Abkommen

Das »EU-Mercosur Association Agreement« ist ein 2019 vereinbartes Handelsabkommen zwischen der EU und dem Mercosur (gemeinsamer Markt Südamerikas). Zu diesem gehören die Länder Argentinien, Brasilien, Paraguay und Uruguay.

Verkehr ist einer der großen Emittenten der Treibhausgase, und die Reduktion der Transportwege ist ein wichtiger Schritt aus der Klimakrise. Trotzdem setzt das Mercosur-Abkommen auf steigende Exporte und eine expandierende Autoindustrie. Der Anbau von Pflanzen für Agrartreibstoffe und entsprechende Landnutzungsänderungen ist mit dem Versprechen verbunden, in den entsprechenden Regionen das Wirtschaftswachstum anzukurbeln und den Einsatz von fossilen Treibstoffen zu reduzieren. Diese Versprechen sind vage und erhöhen die Konkurrenz gegenüber dem Anbau von Nahrungsmitteln, weswegen die Preise für Grundnahrungsmittel zulasten der ohnehin einkommensschwachen lokalen Bevölkerung steigen. Regionale Wirtschaftskreisläufe bieten den Vorteil kurzer Lieferwege, stehen aber den Interessen des neoliberalen Wirtschaftens konträr gegenüber.

Die deutsche Bundeskanzlerin Merkel sagte: »Parlamente müssen sich marktkonform verhalten«, und die gängige Wirtschaftsform sei »alternativlos«. Dies zeugt einerseits vom unbeirrbaren irrationalen Glauben an ein offenkundig gescheitertes Wirtschaftssystem und andererseits von einem Mangel an Kreativität. Es gibt nicht nur eine Lösung, sondern viele Wege und Alternativen, wie die Geschichte zeigt. Die Haltung der Bundeskanzlerin steht stellvertretend für die Politikerzunft und bildet, weil sie keine Lösungen aufzeigt, den Nährboden für den Aufstieg rechter Populisten. Gleichzeitig stellt das als alternativlos dargestellte Sachzwangdenken eine Entmündigung der Bürger dar, die durchaus auch für alternative Lösungen zu gewinnen wären.

Der liberale Traum hat eine Welt geschaffen, in der reiche Gesellschaften sehenden Auges die Natur zerstören und die Vernichtung der Lebensgrundlage der gesamten Menschheit in Kauf nehmen, um weiter Dividenden ausschütten zu können.

12.4 »Nachhaltigkeit« und Menschenrechte

Die Kritik bezüglich der Ausbeutung der Länder des globalen Südens führten zu Forderungen an international tätige Unternehmen, ihrer gesellschaftlichen Verantwortung nachzukommen. Der Begriff »Gesellschaftliche Verantwortung von Unternehmen« kommt aus dem englischen »Corporate Social Responsibility« (kurz auch CSR). Daraufhin richteten die großen Konzerne eigene CSR-Abteilungen ein. Internationale Organisationen entwickelten Leitlinien, die global agierenden Unternehmen Orientierung bieten sollten, wie soziale und ökologische Kriterien zu erfüllen sind.

12.4.1 »Global Compact« der United Nations

Der UN Global Compact wurde im Jahr 2000 mit dem Ziel ins Leben gerufen, Unternehmenspraktiken weltweit sozialer und ökologischer zu gestalten. UN-Generalsekretär Kofi Annan bot der Privatwirtschaft einen international anerkannten »Pakt« an, mit dem sich diese zu ihrer Verantwortung hinsichtlich der Menschenrechte, der Arbeitsnormen, des Umweltschutzes und der Korruptionsbekämpfung bekennen würden. Die UN-Leitprinzipien nennen drei Grundpfeiler zur Einhaltung der Menschenrechte:

1. staatliche Schutzpflicht,
2. unternehmerische Verantwortung und
3. Zugang zu wirksamer Rechtshilfe Betroffener.

Der »Global Compact« der UN verfolgte ehrenwerte Absichten und scheiterte. Unter dem Schutzschirm des Global Compact der UN finden sich zwar viele Konzerne, aber das aktuelle wirtschaftliches Handeln widerspricht den zehn Prinzipien des Global Compact, weil die Einhaltung der Kriterien freiwillig ist.

12.4.1.1 Bluewashing

Unter dem Mantel des Global Compact der UN stellen sich viele Unternehmen als konform gehend mit den zehn Prinzipien des Global Compact dar, ohne diese in der Realität einzuhalten. Diese Firmen verwenden das UN-Logo in ihren Werbeauftritten und täuschen Konsumenten vor, die von der UNO formulierten Prinzipien einzuhalten.

Abbildung 162:
Flagge der Vereinten Nationen.

12.4.1.2 Greenwashing

»Greenwashing« ist ein neuerer Begriff in Bezug auf Unternehmen und deren Nichterfüllung der sozialen Verantwortung. Lobbyarbeit und CSR-Abteilungen vermitteln den Eindruck eines sozial verantwortlich handelnden Unternehmens. Werbungskosten betragen einen Bruchteil der Kosten im Vergleich zu den Kosten nachhaltiger

Produktion. Es gibt Agenturen und Abteilungen in großen Unternehmen, die effektiv Greenwashing-Techniken umsetzen. Diese Unternehmen achten nicht auf tatsächliche Umweltauswirkungen, sondern untermalen ihre Umweltfreundlichkeit bloß mit schönen Bildern – welche Lüge.

Greenwashing und Bluewashing lösten als Marketingmethode die bisherige Strategie der Klimawandelleugnung ab.

12.4.2 Zeitigt der Global Compact Erfolge?

Der Sonderbeauftragte[93] der UN konstatierte in seinem Bericht zum Global Compact Mängel bei der Einhaltung der Menschenrechte durch transnationale Unternehmen. Die eskalierenden Anklagen wegen unternehmensbezogener Menschenrechtsverletzungen seien ein Signal und erforderten Maßnahmen. Gründe dafür sah er in den durch die Globalisierung entstandenen Lücken in der Unternehmensführung, die menschenrechtsverletzende Handlungen nicht sanktionieren oder bestrafen. Diese Lücken zu schließen sei eine grundlegende Notwendigkeit. In der Vergangenheit seien die Rechtsansprüche der transnationalen Unternehmen deutlich erweitert worden: Dies wirke sich positiv auf Investitionen und Handelsströme aus, erzeuge aber Ungleichgewichte zwischen Unternehmen und Staaten, die den Menschenrechten schadeten. Ein Beispiel seien die mehr als 2.500 bilateralen Investitionsabkommen. Diese Verträge böten zwar ausländischen Investoren einen legitimen Schutz und erlauben Investoren, die Staaten vor ein internationales Schiedsgericht zu bringen, umgekehrt allerdings sei das Einklagen von Menschenrechten bei den Investoren nicht möglich. Die schlimmsten Fälle von unternehmensbezogenen Menschenrechtsverletzungen traten unverhältnismäßig oft in Ländern mit niedrigem Einkommen auf, die sich in einem kriegerischen Konflikt befanden, in denen die Rechtsstaatlichkeit schwach und die Korruption hoch waren. Ein erheblicher Teil der Vorwürfe betraf Unternehmen, die sich an den Handlungen von Regierungen oder bewaffneten Gruppen beteiligen.

Der UN-Bericht zeichnet ein negatives Bild der multinationalen Konzerne bezüglich ihrer sozialen Verantwortung, trotz all der Rahmenbedingungen der verschiedenen Organisationen.

93 Ruggie, J. (2008): Report of the Special Representative of the Secretary-General on the issue of human rights and transnational corporations and other business enterprises; A/HRC/8/5, April 2008.

12.4.3 OECD-Leitsätze für multinationale Unternehmen[94]

Die OECD bezeichnet ihre Leitsätze als weltweit wichtigstes Instrument zur Förderung von verantwortungsvoller Unternehmensführung. Sie böten einen Verhaltenskodex bei Auslandsinvestitionen und für die Zusammenarbeit mit ausländischen Zulieferern. Die Leitsätze beschreiben, »was von Unternehmen bei ihren weltweiten Aktivitäten im Umgang mit Gewerkschaften, im Umweltschutz, bei der Korruptionsbekämpfung oder der Wahrung von Verbraucherinteressen erwartet wird«.[95]

Die OECD-Leitsätze sind nicht rechtsverbindlich, und die Regierungen, die diese unterschrieben haben, verpflichten sich nur zur Förderung der genannten Prinzipien. Dies bedeutet im Klartext, es gibt keine rechtliche Handhabe, die Einhaltung der Leitsätze einzufordern, und die beigetretenen Länder müssen keiner Aufsichts- oder Kontrollpflicht nachkommen. Die Einhaltung der Leitsätze geschieht auf freiwilliger Basis.

Die Leitsätze verfolgen das Ziel, internationale Investitionen zu schützen und gewinnbringend zu nutzen und nicht die sozialen und arbeitsrechtlichen Bedingungen in den Ländern einzuhalten oder zu fördern. Dies verdeutlicht sich in der einleitenden Erklärung der Forderungen an die Regierungen der Teilnehmerstaaten, wie

- Gleichbehandlung und nicht Schlechterstellung als die inländischen Firmen,
- Forderung an die Länder, die Auflagen für multinationale Unternehmungen auf ein Mindestmaß zu beschränken und
- die Interessen betreffend Direktinvestitionen zu berücksichtigen.

Als Nutzeffekte werden wettbewerbsfähige Produkte und Dienstleistungen sowie angemessene Renditen für die Kapitalgeber genannt. Diesem Ansinnen stehen kostenintensiver Arbeitsschutz und Arbeitsbedingungen im Wege.

An anderer Stelle wird auf die Fähigkeit der Konzerne zur Förderung nachhaltiger Entwicklung hingewiesen, wenn ein offener, wettbewerbsfähiger und adäquat regulierter Markt vorliegt. Das heißt im Unternehmersprech: möglichst wenig Regulierungen (adäquat reguliert = am besten gar nicht), möglichst wettbewerbsfähige Arbeitskräfte = billig.

94 OECD (2011): OECD-Leitsätze für multinationale Unternehmen, OECD Publishing; https://www.oecd.org/berlin/publikationen/oecd-leitsaetze-fuer-multinationale-unternehmen.htm, abgerufen am 24.4.2021.

95 www.oecd.org/berlin/publikationen/oecd-leitsaetze-fuer-multinationale-unternehmen.htm, abgerufen am 7.12.2019.

12.4.4 EU-Grünbuch »Europäische Rahmenbedingungen für die soziale Verantwortung der Unternehmen der EU«

Im ersten Punkt der Zusammenfassung des Grünbuchs steht: »Die Unternehmen sehen ihr freiwilliges Engagement als Zukunftsinvestition, die letztlich auch dazu beitragen soll, ihre Ertragskraft zu steigern.« Es ist unklar, wer stellvertretend für die Unternehmen spricht, klar aber ist eine eingegangene soziale Verantwortung, die Gewinne mehren soll. Punkt 39 der Rahmenbedingungen weist auf einen unerschütterlichen Optimismus hin: »Im Umweltbereich bezeichnet man derartige Umweltinvestitionen gewöhnlich als ›Win-win‹-Situation – gut für die Wirtschaft und gut für die Umwelt.« Fraglich ist, wie etwas für die auf Wachstum und Ausbeutung der Ressourcen ausgerichtete Wirtschaft gleichzeitig gut für die Umwelt sein kann. Die Berichterstattung über die soziale Verantwortung ist freiwillig. Aus den Rahmenbedingungen (Punkt 66): »Während Umweltschutzberichte und Arbeitsschutzberichte heute an der Tagesordnung sind, gilt dies nicht für Berichte, die Fragen wie Menschenrechte und Kinderarbeit behandeln.«

12.5 Das Märchen von der nachhaltigen Produktion

Nachhaltigkeit ist ein Modewort: Es könnte ebenso gut für unverantwortliche menschenrechtsverletzende Produktion verwendet werden, und es fiele niemandem auf. Tatsächlich gilt folgendes Grundrezept: Man gründe einen Round Table für einen bestimmten Produktionsbereich, nehme das Wort »nachhaltig« in den Titel auf, verabschiede wohlklingende, aber unverbindliche Vereinbarungen über nachhaltige Produktion und Lieferketten, suche sich als Mitglied den WWF oder andere nachsichtige NGOs und vereinbare ein Qualitätssiegel, welches einen Persilschein ausstellt. Beispiele zeigen es:

- Forest Stewardship Council, FSC-Siegel für nachhaltige Forstwirtschaft
- Marine Stewardship Council – MSC-Siegel für nachhaltige Fischerei
- Aquaculture Stewardship Council – ASC-Siegel für nachhaltige Züchtung von Fischen und Shrimps
- Global Roundtable on Sustainable Beef GRSB – Globaler Runder Tisch zu nachhaltigem Rindfleisch
- Roundtable on Responsible Soy RTRS – Runder Tisch über verantwortungsvoll produziertes Soja
- Roundtable on Sustainable Palm Oil (RSPO) – Runder Tisch über nachhaltiges Palmöl, European Palmoil Alliance (EPOA) – Europäisches Palmölbündnis
- Better Cotton Initiative BCI – Initiative für bessere Baumwolle
- Aluminium Stewardsship Initiative ASI – verantwortliche Aluminiuminitiative

12.5.1 Aluminium Stewardship Initiative (ASI)

Auf allen Stufen der Herstellung von Aluminium, vom Bergbau bis zu den Aluminiumhütten, entstehen unterschiedliche Umweltprobleme. Beim Abbau des Minerals Bauxit wird großflächig in die Natur eingegriffen. Bauxitabbauflächen finden sich in einem halben Meter Tiefe mit einer durchschnittlichen Flözstärke von 4 bis 6 Metern. Das Mineral wird zermahlen, mit Natronlauge versetzt und erhitzt. Der anfallende Rotschlamm enthält neben Natronlauge giftige Schwermetalloxide. Deponien mit Rotschlamm benötigen dichte Auffanglager, damit das Grundwasser nicht vergiftet wird. Der Energieverbrauch zur Herstellung von Aluminium ist zehnmal größer als für die Produktion von Weißblech gleicher Masse. Pro Tonne produzierten Aluminiums fallen 700 Kilogramm CO_2 an. Die Umweltgefahren bei der Erzgewinnung bis zur Produktion von Aluminium sind erheblich.

Abbildung 163 zeigt die Auswirkungen eines Dammbruchs einer Rotschlammdeponie in Ungarn. 1 Million Kubikmeter des ätzenden, schwermetallhaltigen Schlammes überfluteten mit Wellen in Höhe von 1 bis 2 Metern einige Ortschaften entlang des gefluteten Bachs. Eine Fläche von 40 Quadratkilometern war direkt von den Auswirkungen betroffen. Eine noch schwerwiegendere Katastrophe ereignete sich 2015 in Brasilien bei einem Dammbruch des Erzabbauunternehmens Vale. 50 Millionen Kubikmeter Rotschlamm ergossen sich über Tausende Hektar fruchtbaren Landes und bedeckten ein ganzes Dorf unter sich. Über den ganzen Rio Doce verteilten sich mit dem Schlamm Arsen, Zink, Quecksilber, Aluminium und Blei.

Abbildung 163: Bruch eines Rotschlammdeponiebeckens der Aluminiumhütte MAL AG in Ungarn, 2010.

Aus den Bedingungen der ASI: »Alle ASI-Mitglieder bekennen sich zu einer verantwortungsvollen Produktion, Beschaffung und Verwaltung von Aluminium, haben aber unterschiedliche Interessen, Überlegungen und Prioritäten in Bezug auf die ASI Chain of Custody (Produktkette der Wertschöpfung) des von ihnen gekauften und verkauften Aluminiums.« Der ASI Chain of Custody Standard ist für ASI-Mitglieder freiwillig. Im Falle der Auflösung der Gesellschaft haftet jedes Mitglied mit einer Summe von 10 (zehn) US-Dollar. Mitglieder sind Audi, BMW, Coca-Cola, Daimler, Nespresso, Rio Tinto, Alcoa, AMAG, Apple, WKO, Norsk Hydro, Novelis, Oetinger Aluminium, Tetra Pak und der WWF.

Ein Vorstandsmitglied von ASI kommt vom australischen Bergbaukonzern Rio Tinto. Rio Tinto bemühte sich in der Vergangenheit um ein Saubermann-Image. 2016 entließ der australische Bergbaukonzern zwei Topmanager und die Leiterin der Rechtsabteilung wegen Korruption. Die Bestechung fand im Zusammenhang mit einem riesigen Eisenerzvorkommen in Guinea statt.[96] 2017 kam Rio Tinto erneut in die Schlagzeilen. Der Bergbauriese betrieb in Mosambik Kohleminen und fälschte Bilanzen, um Investoren zu täuschen[97].

Nestlé, der Eigentümer von Nespresso, zeichnet für Skandale um verunreinigtes Babymilchpulver, das gierige Geschäft mit Trinkwasser oder die umweltschädlichen Nespresso-Kapseln aus Aluminium verantwortlich. 2013 wurden rund 8 Milliarden Aluminiumkapseln verbraucht.[98] Kaffee in Aluminiumkapseln zu packen und teuer zu verkaufen (das Kilo zwischen 60 und 80 Euro), ist organisierte Verschwendung und Umweltschädigung, wird aber zur Kulthandlung hochstilisiert. Auf der Homepage von Nespresso wird unter Nachhaltigkeit mit Fotos von schönen Frauen aus Äthiopien unter dem Werbetext: »Denn eine Tasse Nespresso Kaffee kann ein außergewöhnliches Erlebnis sein und gleichzeitig Positives für die Gesellschaft und die Umwelt bewirken« geworben. Was genau an Positivem für die Gesellschaft und die Umwelt eine Tasse Kaffee aus Aluminiumkapseln bewirken soll, wird nicht näher erläutert. Nespresso verweist auf der Homepage auch auf das AAA Sustainable Quality™ Program, das gemeinsam mit der Rainforest Alliance ins Leben gerufen wurde. Der Organisation Rainforest Alliance wird vorgeworfen, schwammige Standards zu verwenden, der Industrie nahezustehen und Konzernen bei der Pflege ihres Images zu helfen.[99] Für finanzielle Beiträge und kleine Verbesserungen würde im Gegenzug ein Gütesiegel für Werbung und Öffentlichkeitsarbeit verliehen.[100]

---

96 Hosp, G. (2016): Rio Tinto kämpft um seinen Ruf; Neue Zürcher Zeitung, 17.11.2016.

97 Handelsblatt (2017): Bergbauriese soll Bilanz gefälscht haben, 18.10.2017.

98 Stern (2015): Diese Skandale ruinieren Nestlé das Image; 29.9.2015.

99 Zeit Online (2016): Oxfam kritisiert Etikettenschwindel in Supermärkten, 31.5.2016; https://www.zeit.de/wirtschaft/2016-05/menschenrechte-verstoss-plantagen-suedfruechte-aldi-lidl-oxfam-bericht, abgerufen am 7.12.2019.

100 Himmelreich, L. (2010): Warum Schokogiganten auf politisch korrekten Kakao setzen; Spiegel online, 3.1.2010; https://www.spiegel.de/wirtschaft/unternehmen/lebensmittelkonzerne-warum-schokogiganten-auf-politisch-korrekten-kakao-setzen-a-665977.htm, abgerufen am 7.12.2019.

12.5.2 Global Roundtable on Sustainable Beef (GRSB)

In den vergangenen Jahrzehnten nahm der weltweite Verzehr von Rindfleisch drastisch zu. Die Haltung und die Verarbeitung von Rindern werden zunehmend industrialisierter. Die Tiere werden mit Soja gefüttert, für deren Anbaugebiete Regenwälder (oftmals durch gezielte ungesetzliche Brandrodung) geopfert werden. Der übermäßige Anfall an Gülle schafft Entsorgungsprobleme. Massentierhaltung ist für 15 % der Treibhausgasemissionen verantwortlich, wobei die Emissionen zum einen direkt beim Verdauungsprozess und durch die Ausscheidungen der Tiere und zum anderen durch die Abholzung von Wäldern zum Anbau von Futter und Weideflächen entstehen. Das aus den Exkrementen der Tiere entweichende Ammoniak schädigt die Lungen der Tiere. 70 % des weltweiten Frischwassers verbraucht die Fleischproduktion.

Die Abbildung 164 gibt den Wasserverbrauch je Kilogramm für verschiedene Produkte an.

Der Global Roundtable for Sustainable Beef definiert nachhaltiges Rindfleisch als ein sozial verantwortliches, umweltverträgliches und wirtschaftlich tragfähiges Produkt. Als Schlagworte werden genannt: natürliche Ressourcen, Effizienz und Innovation, Menschen und Gemeinschaft, Tiergesundheit und Tierschutz. Mitglieder sind Cargill, OSI Group, Rabobank, McDonald's, Ahold Delhaize, Bayer, Merck, Zandbergen, Zoetis, Inalca und der WWF. Von der Homepage: »Die Verbesserung der Nachhaltigkeit in der Rindfleischproduktion bedeutet nicht nur Kostensenkung und Produk-

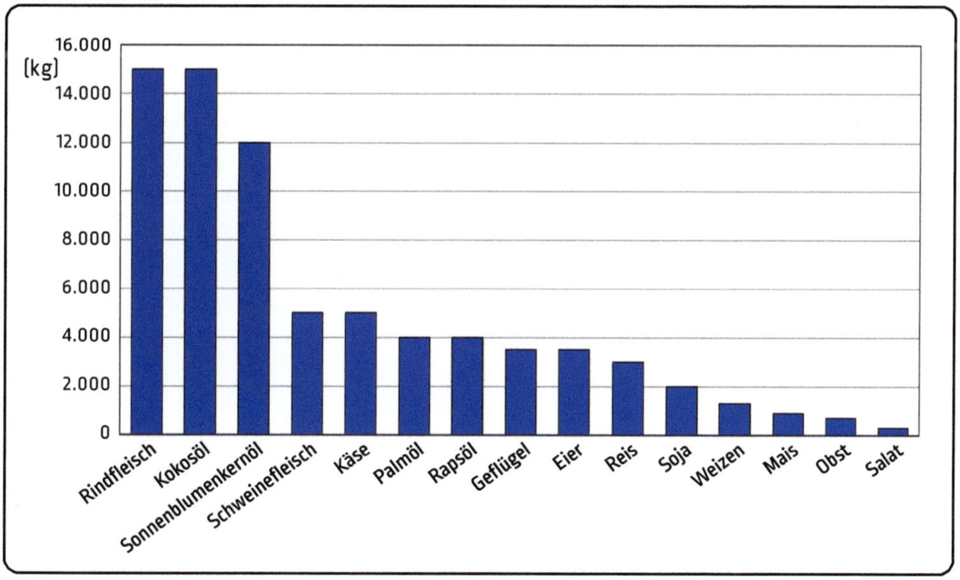

Abbildung 164: Wasserverbrauch je Kilogramm für die wichtigsten Rohstoffe zur Lebensmittelerzeugung.

tivitätsmaximierung, sondern auch die Konzentration auf Umweltauswirkungen, Tierschutz und andere gesellschaftliche Belange. Die Verbraucher sind zunehmend besorgt über Umwelt, Lebensmittelqualität und -wert, daher setzt das GRSB auf nachhaltige Praktiken in Schlüsselbereichen wie dem ökologischen Fußabdruck der Industrie (Biodiversität, Treibhausgase, Energie, Luft, Wasser und Boden), dem Schutz der Arbeitnehmer, dem Tierschutz und der Lebensmittelsicherheit. Diese Themen sind nicht nur ethisch angemessen, sie kommen auch den Unternehmen und Gemeinschaften der globalen Rindfleischindustrie zugute.«[101]

Konkrete Maßnahmen werden nicht genannt. Was genau Nachhaltigkeit für diesen runden Tisch bedeutet, wird nicht erläutert. Die Grundsätze und Berichte des GRSB bezeichnen die Business-as-usual-Landwirtschaft als »nachhaltig«. Die Notwendigkeit, einen echten, messbaren und nachprüfbaren Wandel in der konventionellen Rindfleischproduktion zu erreichen, wird negiert. Das Hauptinteresse des GRSB besteht darin, die Eigeninteressen jener Interessengruppe zu schützen,[102] die vom bestehenden intensiven Produktionsmodell profitieren.

Zu den zählenden Widersprüchen des GRSB zählen:

- Antibiotika werden routinemäßig eingesetzt (GRSB: »Alle Tierarzneimittel und Impfstoffe werden verantwortungsbewusst und entsprechend der Kennzeichnung verwendet«).
- Angaben, was die GRSB unter Tiergesundheit und Wohlbefinden versteht, fehlen (GRSB: »... der Gesundheit und dem normalen Verhalten förderlich ist und körperliche Beschwerden minimiert«),
- Mittel zur Wachstumsförderung und Futtermitteleffizienz werden eingesetzt. Sie sind laut GRSB mit Nachhaltigkeit vereinbar.
- Bezüglich des verantwortungsvollen Umgangs im Hinblick auf die natürlichen Ressourcen und Gesundheit der Ökosysteme bleibt die GRSB unbestimmt.
- Eine große Lücke stellt die Frage nach »nachhaltig produzierten« Futtermitteln dar. Die GRSB macht dazu keine Angaben (sie schlägt den Einsatz nachhaltiger Futtermittel nur dann vor, wenn diese verfügbar sind).
- Es gibt keine Kriterien, die zur Verringerung von Treibhausgasemissionen aus der Rinderhaltung führen.
- Das GRSB setzt keine Standards und hat kein Zertifizierungsprogramm.

Gesunde Tiere brauchen keine Antibiotika. Tiergesundheit und Wohlbefinden stehen im Widerspruch zur Haltung von Rindern auf engem Raum. Rinder, die so gehalten werden, benötigen zwangsläufig Antibiotika, um Atemwegsprobleme und Leberabs-

101 Übersetzung des Autors aus dem Englischen.

102 Institute for Agriculture & Trade Policy (2014): Response to the Global Roundtable on Sustainable Beef Principles, and Criteria for »Sustainable Beef«.

Abbildung 165: Feedlot (Mastplatz).

zesse zu bekämpfen. Diese Rinder leiden routinemäßig unter Blähungen und Azidose. Der Einsatz von Mitteln zur Wachstumsförderung und Futtermitteleffizienz beeinträchtigt die Gesundheit der Rinder. Über diese Problembereiche äußert sich der GRSB nicht.

Feedlots, wie in der Abbildung 165 zu sehen, sind Mastplätze, die hauptsächlich in den USA betrieben werden. Wenige Monate vor der Schlachtung wird das Vieh an Mastplätzen konzentriert, gemästet und mit Antibiotika behandelt. Anfallende Güllemengen in Feedlots sind problematisch. Innerhalb weniger Monate legen die Tiere 180 Kilogramm zu, während bei normaler Weidehaltung die Tiere 3 Jahre Wachstum benötigen, bis sie schlachtreif werden. Die Futtermittelproduktion für Rindfleisch ist für schnelle Erschöpfung der Grundwasserversorgung, Umweltbelastung durch Gülle und Pestizide, großräumige Entwaldung und Landumwandlung verantwortlich. Das Futter – Mais- und Sojabohnen aus den USA, Argentinien und Brasilien – ist gentechnisch für eine hohe Herbizidtoleranz verändert. Dies führte zu einem dramatischen Anstieg des Einsatzes von Glyphosat-Herbiziden und der ungewollten Entwicklung von resistenten »Superunkräutern«. Als Reaktion darauf wurde die nächste Generation von Genpflanzen modifiziert, um giftigere Herbizide wie 2,4-D und Dicamba zu tolerieren.

Obwohl eines der Kriterien des GRSB besagt, dass »die Netto-Treibhausgasemissionen aus der Rindfleisch-Wertschöpfungskette pro Produkteinheit minimiert werden sollen«, gibt es keine Kriterien, die sich auf die Reduzierung der wichtigsten Treibhausgase aus der Agrarwirtschaft, nämlich Methan und Lachgas, konzentrieren. Die GRSB geht auch nicht auf ernsthafte Bedenken hinsichtlich möglicher Risiken für die menschliche Gesundheit im Zusammenhang mit konventionellen Fütterungspraktiken für Rindfleisch ein. Futtermittel, die kontaminiertes Fleisch- und Knochenmehl enthalten, die bekannte Infektionsquelle für die Bovine Spongiforme Enzephalopathie (BSE oder Rinderwahnsinn), werden als zulässig erachtet.

12.5.3 Roundtable on Responsible Soy (RTRS)

Die weltweite Sojaproduktion steigt unaufhörlich an. Der Grund ist der wachsende Bedarf von Soja für die Fütterung von Schlachttieren. Für den Anbau von Soja sind in den letzten Jahrzehnten Millionen von Hektar an Grasland, Savanne und Regenwald umgewidmet und abgeholzt worden, vor allem im südamerikanischen Amazonas- und im Cerrade-Gebiet.[103] 75 % der weltweiten Sojaproduktion werden für die Tierfütterung verwendet. Nur 4 bis 20 % aller Proteine des Sojas, die an Tiere verfüttert werden, wandeln sich in essbare Proteine und Fett um.

Abbildung 166:
Sojabohnen.

Der »Runde Tisch für verantwortungsvolles Soja« hat 174 Mitglieder, dazu zählen: Ahold, Aria, Lidl, Mars, Nestlé, Unilever, WWF, Bunge, LDC, ADM, Cargill, BASF, Terra Santa, Bayer, Agraria, DuPont, Rabobank, Monsanto u. v. a.

Abbildung 167 zeigt die weltweite Sojaproduktion in Millionen Tonnen. Amerika und Brasilien sind die größten Anbaustaaten, gefolgt von Argentinien. Das rasante Wachstum des Sojaanbaus in Brasilien geht zulasten der Regenwälder. Die brasilianische Regierung spricht zwar von Umweltschutz, doch sie will um jeden Preis Devisen erwirtschaften, weil das Land hoch verschuldet ist. Deshalb werden neue Straßen in den Urwald getrieben oder ausgebaut. Die BR 163 beispielsweise zieht sich über 1.700 Kilometer quer durch den brasilianischen Regenwald. Auf dieser Straße werden Sojabohnen aus dem Bundesstaat Mato Grosso, einem Hauptanbaugebiet für Soja, nach Santarem am Amazonas gebracht. Von dort transportieren Schiffe die Soja auf dem Amazonas zu den großen Verladestationen am Atlantik und von dort weiter in die ganze Welt, hauptsächlich nach China und Europa.

103 Kohler, A. (2014): Wer Soja isst, zerstört den Regenwald; Neue Zürcher Zeitung, 14.7.2014.

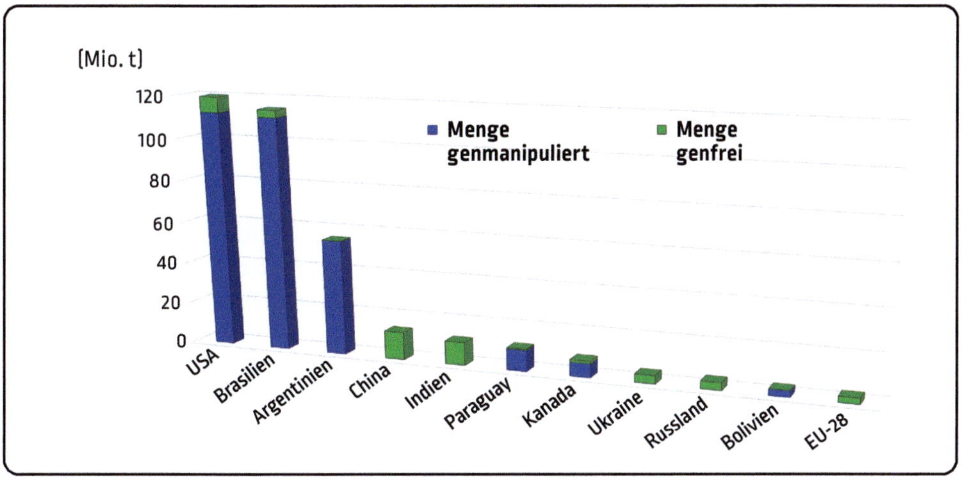

Abbildung 167: Sojaproduktion weltweit in Millionen Tonnen.

Der Anbau von Soja führt zu folgenden schwerwiegenden Umweltproblemen:

- ▷ Artenreiche Regenwälder weichen Monokulturen.
- ▷ In der Vegetation der intakten Regenwälder gebundenes CO_2 wird in großen Mengen freigesetzt (Brandrodung) und entweicht in die Atmosphäre. Die Sojapflanzen binden zwar auch Kohlendioxid, aber nicht in der Menge, die beim Verbrennen der Regenwälder freigesetzt wird. Die Kohlendioxidbilanz von Sojamonokulturen (und allen anderen Arten von Monokulturen) ist eindeutig negativ.
- ▷ Sojaproduktion und anschließender Transport sind energieaufwendig und produzieren Treibhausgase.

220.000 Indigene aus 180 unterschiedlichen Volksgruppen leben im Amazonas-Regenwald. Die Abholzung beraubt diese ihrer Nahrungs- und Lebensgrundlage. Drei große amerikanische Agrarunternehmen: Archer Daniels Midland (ADM), Bunge und Cargill, bestimmen über 60 % der Sojaproduktion in Brasilien und besitzen drei Viertel aller Sojamühlen in Europa.

Abbildung 168 zeigt die weltweiten Anbauflächen in Millionen Hektar für die Monokulturen der Nutzpflanzen Baumwolle, Soja, Mais und Raps.

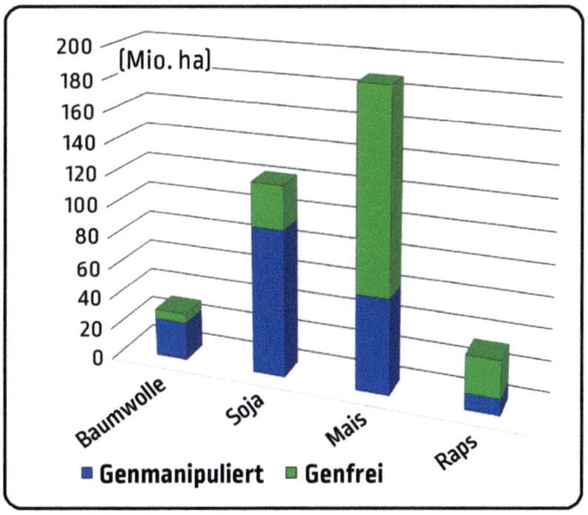

Abbildung 168: Anbauflächen von Baumwolle, Soja, Mais und Raps weltweit in Millionen Hektar.

12.5.4 Roundtable on Sustainable Palm Oil (RSPO)

Indonesien und Malaysia sind die mit Abstand größten Palmölproduzenten (siehe Abbildung 169). Die Anbaugebiete liegen in den artenreichsten Regionen der Welt. In der Nachbarschaft von Palmölplantagen werden Gewässer und das Grundwasser durch intensive Düngung belastet. Der Wasserbedarf ist hoch, wodurch die Böden austrocknen. Palmölplantagen weisen den größten CO_2-Beitrag pro Fläche, verglichen mit allen anderen global relevanten landwirtschaftlichen Produkten, auf. Wälder werden abgeholzt und Moorböden trockengelegt, der Torf zersetzt sich, und Methan wird frei. Die weltweite Palmölproduktion verursacht 309 Millionen Tonnen CO_2eq-Emissionen pro Jahr. Viele Plantagenfirmen führen Brandrodungen durch. Täglich wird eine Waldfläche der Größe von 700 Fußballfeldern gerodet. Untersuchungen der Arbeitsbedingungen in Indonesien und Malaysia (durch »Friends of the Earth« und Greenpeace) zeugen von menschenunwürdigen Arbeitsverhältnissen, wie Kinderarbeit, Zwangsarbeit und Lohnsklaverei.

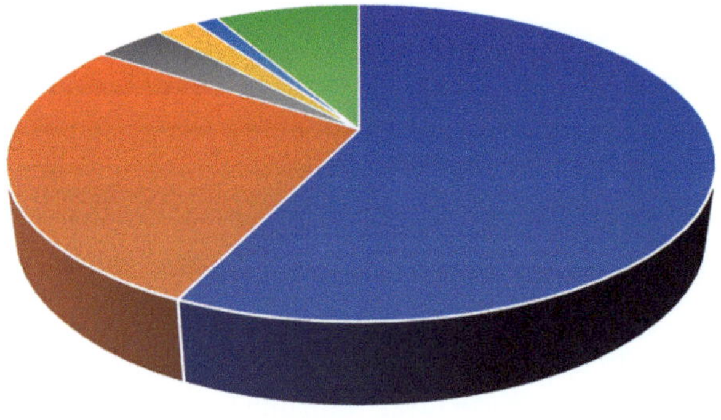

Abbildung 169: Weltweite Palmölproduktion in Millionen Tonnen.

Wirksame Zertifizierungssysteme könnten eine Verbesserung bewirken. Allerdings geht das Zertifizierungssystem der RSPO nicht weit genug. Es spricht sich nicht gegen die Nutzung von Torflandschaften aus und erlaubt den Einsatz hochgiftiger Pflanzenschutzmittel.

Dem Round Table für nachhaltige Palmölproduktion gehören 1.561 Vollmitglieder, 7.272 Konsumgüterfirmen, 174 Produzenten, 529 Palmölverarbeiter, 65 Handelskonzerne, 14 Banken und Investmentgesellschaften an. Darunter finden sich Aldi, BASF Bayer, Cargill, Commerzbank, Credit Suisse, Ferrero, Mars, McDonald's, Procter &

Abbildung 170: Ölpalme mit Früchten.

Abbildung 171: links: Palmöl, gepresst aus dem Fruchtfleisch von Palmölfrüchten, rechts: Palmöl, gepresst aus den Palmölkernen.

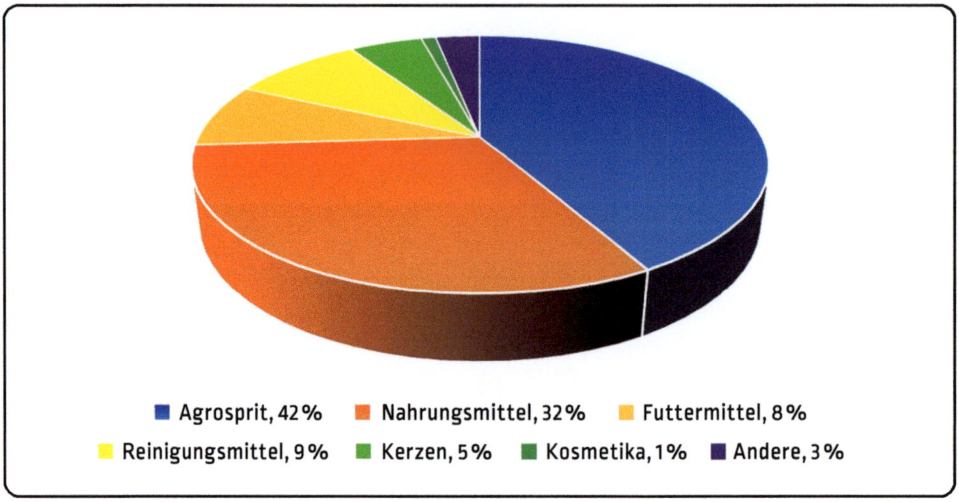

Abbildung 172: Verwendung von Palmöl.

Gamble, Rewe, Unilever, Walmart, WWF sowie hoch umstrittene Palmölkonzerne wie Bumitama Agri und Wilmar International, die regelmäßig durch Skandale auffallen. Kriterien und Standards sind lasch und basieren auf Freiwilligkeit. 256 Umwelt- und Menschenrechtsorganisationen aus aller Welt warfen 2008 der RSPO Greenwashing vor.

Mit 42 % wird der größte Anteil der weltweiten Palmölproduktion zur Herstellung von Agrosprit verwendet (siehe Abbildung 172), gefolgt von 32 % für die Nahrungsmittelproduktion. Das Europäische Parlament brachte 2003 eine Richtlinie zu Biokraftstoffen auf den Weg, welche 2009 in die Erneuerbare-Energie-Richtlinie (2009/28/EC) mündete. Diese beabsichtigte, bis 2020 ein Zehntel des Kraftstoffverbrauches aus erneuerbaren Quellen aufzubringen. 2006 beschloss die EU deshalb die verpflichtende Beimischung von 5 % Biosprit zu fossilen Treibstoffen. Hintergrund der Maßnahme war die Absicht, die europäische Landwirtschaft anzukurbeln. Die Kapazitäten zur europäischen Herstellung von Biosprit reichten aber bei Weitem nicht aus. Daher ist die EU mittlerweile der drittgrößte Importeur von Palmöl. Die Zerstörung von Regenwäldern und Torfböden wiegt viel schwerer als der Einsatz von Biodiesel. Palmölbasierter Biodiesel ist dreimal klimaschädlicher als normaler Diesel.[104] Biodiesel in Deutschland setzt sich aus 53 % Rapsöl, 25 % Palmöl, 11 % Sojaöl und 11 % Kokosöl zusammen.

Nachfolgend wird auf einige der Mitglieder, die Agrargüter erzeugen und sich mit Siegeln der Nachhaltigkeit schmücken, hingewiesen.

---

104 The land use change impact of biofuels consumend in the EU; EU project number BIENL13120; Ecofys, IIASA, E4tech, 2015.

12.5.4.1 Unilever

Unilever ist einer der größten Konsumgüterkonzerne. Er verwertet 1,6 Millionen Tonnen Palmöl pro Jahr. Das sind 2,6 % der weltweiten Produktion. Unilever ist einer der bedeutendsten Plantagenbetreiber in Afrika und soll für die Zerstörung zahlreicher lokaler Betriebe und die Ausbeutung von Landarbeitern verantwortlich sein. 2008 beauftragte Unilever das Unternehmen PALMCI, Sumpfwälder an der Elfenbeinküste trockenzulegen und für Palmölplantagen zu roden. 2011 wurde Unilever durch die Europäische Kommission gemeinsam mit den Firmen Procter & Gamble sowie Henkel wegen Kartellbildung zu einer Gesamtstrafe von 315,2 Millionen Euro verurteilt. Das Kartell erstreckte sich über Deutschland, Frankreich, Italien, Spanien, die Niederlande, Belgien, Portugal und Griechenland. 2011 wurde Unilever der Negativ-Umweltpreis BAUM-AB für die Beihilfe zur Umweltzerstörung und Missachtung der Menschenrechte in Indonesien verliehen. Greenpeace zeigte 2018 in einem erschütternden Video die hektarweise Vernichtung von Regenwald für eine Palmölplantage. Die verantwortliche Firma beliefert unter anderen Nestlé, Unilever, Mars und Pepsico.

12.5.4.2 Cargill

Der Spiegel bezeichnet 2019 in einem Bericht Cargill als das »schlimmste Unternehmen der Welt«.[105] Cargills Produktpalette umfasst Baumwolle, Getreide, Tierprodukte, Schokolade, Lebensmittelzusatzstoffe, Beschichtungen, Kosmetika und Straßenbeläge. Der zugrunde liegende Bericht wurde von der Umweltorganisation Mighty Earth[106] verfasst. Danach ist Cargill für die Abholzung großer Regenwaldflächen in Südamerika verantwortlich. Das Unternehmen finanziert Rodungen, baut Straßen und Silos und verschifft die gewonnene Soja in die USA, nach China und Europa. An der Elfenbeinküste und in Ghana kauft Cargill Kakaobohnen, die auf gerodeten Flächen in Nationalparks angelegt sind. Cargill ist der zweitgrößte Fleischproduzent Nordamerikas. 2005 ist Cargill in den USA wegen systematischer Verletzung der Luftreinhaltungsgesetze verklagt worden. In den letzten Jahren haben zehn der Cargill-Produktionsstätten gegen die EPA-Emissionsvorschriften in Amerika verstoßen. Neben den Umweltdelikten steht Cargill in Verbindung mit Kinderarbeit. Die Kinder sollen aus Mali an die Elfenbeinküste verschleppt worden sein. Cargill ist einer der führenden Verarbeiter von Mais und Sojabohnen und für mehr als die Hälfte des Stickstoffs und ein Viertel des Phosphors verantwortlich, der in den Golf von Mexiko gelangt.

Konzerne wie McDonald's, Burger King, Aldi, Edeka, Walmart, Nestlé oder Unilever arbeiten mit Cargill zusammen. Cargill ist Mitglied im Global Roundtable for Sustainable Beef, im Roundtable on Responsible Soy und im Roundtable on Sustainable Palm Oil.

---

105 Kwasniewski, N. (2019): Das schlimmste Unternehmen der Welt; Spiegel Online 11.7.2019; https://www.spiegel.de/wirtschaft/agrarkonzern-cargill-das-schlimmste-unternehmen-der-welt-a-1276654.html, abgerufen am 9.12.2019.

106 Cargill (2019): The worst Company in the World, Mighty Earth.

12.5.4.3 *Wilmar International*

Wilmar International betreibt in Sumatra Palmölplantagen und verdrängt die indigene Bevölkerung mit Waffengewalt. Amnesty International untersuchte die Arbeitsbedingungen auf Palmölplantagen in Indonesien und dokumentierte diese.[107] Die Plantagen werden von Wilmar International geführt, und die wichtigsten Abnehmer sind ADM, Colgate-Palmolive, Kellogg's, Nestlé, Procter & Gamble, Reckitt Benckiser und Unilever. Dem Bericht zufolge profitieren diese großen Marken von erschütternden Menschenrechtsverletzungen. Frauen wird der Lohn unter das gesetzliche Minimum gekürzt, wenn sie keine Überstunden leisten. Teilweise erhalten sie nur 2,50 Euro pro Tag ohne jeglichen Arbeitsschutz und ohne Gesundheits- oder Altersvorsorge. Extreme Zielvorgaben zwingen Landarbeiter zu langen Arbeitsdauern und zur Mithilfe ihrer Frauen und Kinder. Das hochgiftige Herbizid Paraquat wird trotz EU-Verbots weiterhin benutzt und führt zu schweren Vergiftungen der Arbeiter, die ohne Schutzkleidung arbeiten. Neun global tätige Nahrungsmittel- und Haushaltsmittelkonzerne setzen das von Wilmar erzeugte Palmöl ein. Mit einer Ausnahme sind diese Großkonzerne Mitglieder des »Runden Tisches für nachhaltiges Palmöl« und behaupten auf den Etiketten ihrer Produkte, »nachhaltiges Palmöl« zu verwenden. Keiner der Konzerne, die von Amnesty angefragt wurden, bestritt, dass es zu den Ausbeutungen kommt.

12.5.5 Better Cotton Initiative (BCI)

Baumwolle gedeiht in den Tropen. Sie benötigt neben viel Sonne viel Wasser. Da Gebiete mit hohen Niederschlägen für die flauschige Baumwolle unvorteilhaft sind, wird sie in Trockengebieten angebaut und künstlich bewässert. Durch die künstliche Bewässerung und Verdunstung reichern sich Minerale im Boden an. Die Böden versalzen zunehmend und verringern den Ertrag. Zudem werden die Baumwollplantagen bis zu 20-mal pro Jahr mit Ackergiften verschiedenster Art besprüht. Kommen automatische Pflückmaschinen zum Einsatz, werden chemische Entlaubungsmittel eingesetzt. Für kein anderes landwirtschaftliches Anbauprodukt wird so viel Pflanzengift eingesetzt. 25 % des weltweiten Insektizid- und 10 % des Pestizidmarktes entfallen auf den Baumwollanbau.

Häufig reicht das Einkommen der Bauern zum Leben nicht aus. Bei Anbau und Ernte werden Kinder zum Zuverdienst eingesetzt. Die meisten Kleinbauern und Landarbeiter arbeiten für Großgrundbesitzer und pflücken von Hand. Der direkte Kontakt mit den kontaminierten Pflanzen führt zu gesundheitlichen Beschwerden und Vergiftungen. Bei acht von zehn der größten Produzenten ist Kinderarbeit dokumentiert. Ein weiteres Problem bei der Textilveredelung stellen der hohe Wasserverbrauch und die Wasserverschmutzung dar. Greenpeace untersuchte die Abwässer im Industrie-

107 Amnesty International (2016): The Great Palm Oil Scandal. Labour Abuses behind Big Brand Names.

Abbildung 173: Baumwollfeld.

gebiet Wubau Dyeing in China, das einen Großteil der Kinderkleidung für den Export produziert, und fand einen unglaublichen direkt ins Meer geleiteten Cocktail an Giftstoffen wie Nonylphenol, Antimon und Chlorbenzole.[108] Zwei Drittel der Abflussstationen in China halten sich nicht an Umweltstandards, und jede Vierte ignoriert sie zur Gänze. Auf den Sportartikeln von Adidas und Nike ist nichts von diesen Schadstoffen zu lesen, weil es einfacher ist, den Großteil der Kleidung nachträglich mehrfach zu waschen. Die Nachhaltigkeitsstandards von BCI konzentrieren sich auf den Pestizideinsatz, den Wasserverbrauch, den Bodenschutz, die Produktqualität und soziale Fragen. Die Zertifizierung setzt die Erfüllung der Kriterien nicht voraus, sondern lediglich eine kontinuierliche Verbesserung. Mindestpreise und -löhne sind nicht vereinbart. Laut einer französischen Dokumentation[109] dient BCI nur dem Greenwashing. Nur 1 % der angepflanzten Baumwolle ist biologisch hergestellt. Trotzdem vermarktet die Billigkette H & M ihre Mode als ökologisch.[110] Mehr als 80 % der weltweit angebauten Baumwolle stammen von gentechnisch veränderten Pflanzen. Nur in Indien gibt es größere Plantagen, auf denen genfrei und ohne Pestizide angebaut wird.

Tabelle 30 zeigt den Ertrag pro Hektar, daran lässt sich unschwer erkennen, wo natürlich (bio) angebaut wird. Die USA, Brasilien oder China haben einen zwei- bis viermal so großen Ertrag. Das geht nicht ohne Chemie und Gentechnik. Nach den Angaben der zehn größten Textilketten (u. a. H & M, C & A, Nike, ZARA) verwendeten diese 220.000 Tonnen an Biobaumwolle. Weltweit werden nur 153.000 Tonnen angebaut. Das klingt nach einer wundersamen Vermehrung. H & M und Zaras Mutter-

108 Greenpeace (2014): A little story about a monstrous mess. Investigation of hazardous chemicals in the wastewater from dyeing facilities in Shishi, China; http://www.greenpeace.org/eastasia/publications/reports/toxics/2014/little-story-mess-2/, abgerufen am 9.12.2019.

109 ZDF-Video (2020): Schmutzige Baumwolle. Sklaven der Textilindustrie; https://www.zdf.de/dokumentation/zdfinfo-doku/schmutzige-baumwolle-sklaven-der-textilindustrie-102.html, abgerufen am 9.12.2019.

110 Pfister, F. (2016): Etikettenschwindel mit Bio-Baumwolle; NZZ am Sonntag, 24.4.2016.

Abbildung 174: Textilfabrik in Bangladesch.

haus Inditex gehören beide der Better Cotton Initiative an. Die Lieferkette, zu der die Weiterverarbeitung des Stoffes, das Weben und Nähen gehören und damit die damit verbundenen Arbeits- und Menschenrechte, fallen nicht unter die Initiative. In vielen als Biotextilien verkauften Produkten ist Biobaumwolle bestenfalls eingemischt. Es geht auch anders: C&A sticht unter den Billigketten heraus, 40 % ihrer Baumwollartikel stammen aus zertifizierter Biobaumwolle. C&A hält sich an die Biorichtlinien des »Global Organic Textile Standard«. Vom Rohmaterial über die Farben bis hin zum Abwasser und zum Umgang mit Arbeitern bestehen klare Vorgaben. Unabhängige Prüfer kontrollieren die Lieferkette: vom Bauern über die Spinnerei, Weberei und Färberei. Es werden chemische Analysen durchgeführt und die Arbeitsverträge geprüft.

Tabelle 30: Baumwollproduktion weltweit.

Land	Anbaufläche (Mio. ha)	Ertrag/ha (kg)	Produktion (Mio. t)
Indien	12,6	458	5,8
USA	4,13	968	4
China	3,5	1.726	6
Pakistan	2,3	719	1,7
Brasilien	1,62	1.683	2,7
Usbekistan	1,1	648	0,7
Mali	0,73	381	0,3
Burkina Faso	0,63	294	0,19
Andere	6,93	651	4,5
Welt gesamt	33,54	771	25,9

Abbildung 175: Eingestürzte Bekleidungsfabrik, Rana Plaza, Gebäude bei Dhaka, Bangladesch.

10 bis 12 Stunden täglich an der Nähmaschine, Schläge, Schreiattacken, sexuelle Belästigung und ein Hungerlohn sind die Arbeitsbedingungen vieler Textilarbeiterinnen multinationaler Konzerne in Asien (siehe Abbildung 174). Der Monatslohn in Bangladesch liegt bei 9,50 Euro. Gemäß einer Dokumentation der National Garment Workers Federation behandeln Zulieferfirmen von H & M, Primark, C & A, Tschibo, Aldi, Lidl und KiK ihre Beschäftigten immer noch menschenverachtend.[111]

2013 brach das Rana-Plaza-Gebäude bei Dhaka in Bangladesch zusammen. Es starben 1.045 Textilarbeiterinnen. Der Besitzer der Fabrik baute ungenehmigt zwei Stockwerke auf das vorhandene Gebäude auf. Er verwendete minderwertige Baumaterialien, Betoneisen, Ziegel und Zement. Konzerne wie Wal-Mart, Mango, C &A, Benetton Fashions, Cato Fashions and Primark zählten zu seinen Kunden.

---

111 Kramer, S. (2017): Wer sich wehrt, wird entlassen. Arbeitsbedingungen in der Textilproduktion; Der Tagesspiegel, 23. 6. 2017; https://www.tagesspiegel.de/wirtschaft/arbeitsbedingungen-in-der-textilproduktion-wer-sich-wehrt-wird-entlassen/19974654.html, abgerufen am 9. 12. 2019.

12.6 Das Versagen der Medien

Das Versagen der Medien richtet sich – dem Schwerpunkt dieses Buches entsprechend – auf das Fehlen einer objektiven Berichterstattung über den Klimawandel.

James Powell, Autor einer Studie[112] aus dem Jahr 2019, durchsuchte die zentrale Datenbank des Web of Science (Wissenschaftsdatenbank) nach den Stichwörtern »Klimawandel« und »globale Erwärmung«, die in der Zeit vom 1.1.2019 bis Anfang August 2019 erschienen waren, und fand 11.602 Artikel. Praktisch alle wissenschaftlichen Artikel führen die Erderwärmung und den Klimawandel auf den Einfluss des Menschen zurück. Trotz der Erkenntnisse vieler Tausend Wissenschaftler, die sich intensiv und sachkundig mit dem Thema Klimawandel beschäftigen, gibt es in der Öffentlichkeit nach wie vor große Unsicherheiten und Zweifel.

Obwohl die Anzahl der Wissenschaftler und deren wissenschaftliche Publikationen die Anzahl der Klimawandelleugner bei Weitem übersteigt, ist die Medienpräsenz in Richtung Klimawandelleugner (deutlich) verschoben. Die Gründe sind vielfältig – journalistischer Versuch, eine »Ausgewogenheit« bei der Berichterstattung zu erzielen, Reichweite vor Recherche, finanzielle Unterstützung der Industrie (Koch Family Foundations, ExxonMobil[113]).

12.6.1 Wem gehören die Medien?

Die Ideen des freien Marktes, der Privatisierung und der Kommerzialisierung machten auch vor den Medien nicht halt. Im Sinne der Gewinnmaximierung wurden auch bei den Medien Kosten gesenkt und die Zahl der angestellten Journalisten reduziert. Höhere Produktivität bedeutet weniger Zeit für Recherchen, Themen und Text mit weniger Informationsgehalt.

Die deutsche Medienlandschaft gilt als vielfältig, gediegen und beispielhaft für gute Medienarbeit. Bemerkenswerterweise ist der größte Teil der deutschen Medien im Besitz dreier mächtiger Familien – sie machen Meinungsbildung in Deutschland. Die bekannteste ist die Springer-Familie mit dem Axel Springer Verlag. Zu diesem großen europäischen Verlagshaus gehören beispielsweise die *Bild*, die *Bild am Sonntag*, die *Bild der Frau* sowie *Auto Bild*. Der Einfluss auf Millionen deutscher Bundesbürger ist enorm. Zum Springer-Konzern gehören noch andere Verlage und Tageszeitungen wie *Die Welt*, Beteiligungen an Fernsehanstalten (N24) und an Internetauftritten.[114]

Die zweite große Mediengruppe, der Bertelsmann Verlag, gehört der Familie Mohn. Die Bertelsmann SE & Co. KGaA ist eines der größten international tätigen Medienun-

112 Powell, J. (2019): Scientists Reach 100% Consensus on Anthropogenic Global Warming; Bulletin of Science, Technology & Society 37 (4); https://doi:10.1177/0270467619886266, abgerufen am 31.12.2019.

113 Farell, J. (2016): Network structure and influence of the climate change counter-movement; Nature Climate Change, Vol. 6; https://doi.org/10.1038/NCLIMATE2875, abgerufen am 23.2.2020.

114 https://www.finanzen.net, abgerufen am 25.2.2020.

ternehmen der Welt. Zum Verlag gehören *Stern*, *Brigitte*, ein großer Teil des *Spiegel* und das *Manager Magazin*. Neben Printmedien besitzt die Mohn-Familie zahlreiche private Fernsehsender (RTL Group, VOX, Nitro, n-tv).

Die dritte mächtige Mediengruppe gehört der Burda-Familie. Diese produziert Zeitschriften wie die *Gala*, die *Bunte*, den deutschen *Playboy*, die deutschsprachige Ausgabe der *Huffington Post*, den *Focus* und *Focus-Online*. Der Konzern bietet rund 540 Medienprodukte in 23 Ländern an.

In Österreich ist das größte Medienunternehmen der Österreichische Öffentliche Rundfunk ORF. Weitere Medienbesitzer sind die katholische Kirche, die Raiffeisenbank, die Dichand- und Fellner-Familie sowie der Immobilienmakler René Benko. Diesen zugehörig sind die *Kronen-Zeitung*, *Österreich*, *oe24*, der *Kurier*, *KroneTV*, *Kronehit Radio*, *Kleine Zeitung*, *Die Presse*, die *Wienerin*, das *Seitenblicke*-Magazin, die Fernsehsender Sat1, Oe24TV und die Internetplattform *willhaben.at*[115].

Natürlich gibt es in Deutschland und in Österreich unabhängige freie Medien, diese spielen aber eine untergeordnete Rolle mit geringer Reichweite.

Im modernen Amerika stellt sich das Gefühl ein, von einer unbegrenzten Vielfalt an Unterhaltungs- und Medienunternehmen umgeben zu sein. Allerdings befinden sich die Medien in den USA im Besitz von nur sechs großen Medienkonzernen. Die Nummer eins ist National Amusements im Besitz der Sumner-Familie, gefolgt von Disney, TimeWarner, Comcast, News Corp und Sony. Diese großen amerikanischen Medienunternehmen sind weitverzweigt international tätig und bestimmen maßgeblich den Informationsfluss. Nur 15 Milliardäre besitzen Amerikas Nachrichtenmedien. Dies sind Michael Bloomberg, Robert Murdoch, die Newhouse-Brüder, die Cox-Familie, Jeff Bezos (Amazon-Gründer, *The Washington Post*), John Henry *(The Boston Globe)*, Sheldon Adelson, Joue Mansueto, Mortimer Zuckerman, die Barbey-Familie, Stanley Hubbard, Patrick Soon-Shiong, Carlos Slim Helu *(The New York Times)*, Warren Buffett und Viktor Vekselberg.

12.6.2 Welche Inhalte verbreiten die neuen Medien?

Das neoliberale Gedankengut führte zu einer Neupositionierung, Kommerzialisierung und Konzentration der Medien, wie dies auch in allen anderen Industriezweigen geschah. Es entwickelte sich eine Medienlandschaft, die den Interessen großer Konzerne Vorrang einräumt. Vor der Konzentrierung der Medien wurden die meisten Zeitungen als werbefinanzierte kommerzielle Betriebe geführt und öffentlich subventioniert. Der Staat übernahm die Vertretung eines öffentlichen Interesses nach objektiver Berichterstattung, weil dies einem rein kommerziellen Mediensystem nicht anvertraut werden kann. Bis heute ist der Versuch der Einflussnahme politischer Parteien auf die Berichterstattung öffentlich-rechtlicher Medien zu beobachten. Das

115 https://willhaben.at, abgerufen am 26.2.2020.

Bekenntnis zur »Privatisierung, Deregulierung, Liberalisierung und Globalisierung« führte zum Verkauf und zur Privatisierung. Gesetzliche Beschränkungen für ausländisches Investortum wurden aufgehoben. Nationale Mediensysteme sind mittlerweile in transnationale Kapitalnetzwerke eingebunden, die auf kommerziellen Erfolg ausgerichtet sind. Die Fähigkeit und Pflicht der Journalisten, ihr Berufsethos zu bewahren und objektive Inhalte echten öffentlichen Interesses zu produzieren, wird durch die Maxime der Wirtschaftlichkeit untergraben. Die wichtige Aufgabe der Vermittlung von Information, Wissen und Kultur wird ersetzt durch Sensationsberichterstattung und Unterhaltung. Künstler vermarken sich als Einzelunternehmer. Was als berauschende Vision der Demokratisierung durch das World Wide Web und die sozialen Medien begonnen hat, ist zu neuen Formen der Ausbeutung retardiert und zur Manipulation der Nutzer geworden.

12.7 Die Nichtnutzung der Vorteile der Gendergerechtigkeit

Der Begriff »Gender« erfasst das soziale Geschlecht im Gegensatz zum biologischen Geschlecht. Das soziale Geschlecht ist durch Erziehung, gesellschaftliches Rollenverständnis und Rollenzuschreibungen geprägt und Ausdruck der unterschiedlichen Machtverhältnisse von Männern und Frauen. Männer und Frauen bilden unterschiedliche Gruppen, die sich in Bildungsstatus, Einkommen, Verteilung bezahlter und unbezahlter Arbeit (Careaufgaben) unterscheiden. Das Ausmaß dieser Ungleichheit hängt von der jeweiligen gesellschaftlichen Entwicklung ab. Das World Economic Forum erstellt jedes Jahr einen globalen Genderungleichheitsindex.[116] Dieser misst das Ausmaß der geschlechtsspezifischen Unterschiede in vier Schlüsselbereichen – wirtschaftliche Teilhabe und Chancengleichheit, Bildungserfolg, Gesundheit und Lebenserwartung sowie politische Handlungsfähigkeit. Weltweit lag der Genderungleichheitsindex 2019 bei 68,8 %. Immer noch herrscht eine Benachteiligung der Frauen im Ausmaß von 31,2 %. Island (88 %), Norwegen (84,2 %), Finnland (83,2 %) und Schweden (82 %) sind Spitzenreiter der Gleichstellung – die Abstände liegen noch zwischen 12 und 18 %. Deutschland steht mit 78,7 % an 10. Stelle und Österreich mit 74,4 % an 34. Stelle.

In den Teilbereichen Gesundheit, Lebenserwartung und Bildung ist, wie Abbildung 176 zeigt, die Lücke bis auf wenige Prozent geschlossen. Die größte Benachteiligung erleben Frauen bei der wirtschaftlichen Teilhabe und der Chancengleichheit, sie sind mit einer 75-%-Lücke politisch praktisch handlungsunfähig. Die Einschränkung der politischen Handlungsfähigkeit ist der Hauptgrund für das langsame Schließen der Genderlücke.

116 World Economic Forum (2019): Global Gender Gap Report 2020; https://www.weforum.org, abgerufen am 27.2.2020.

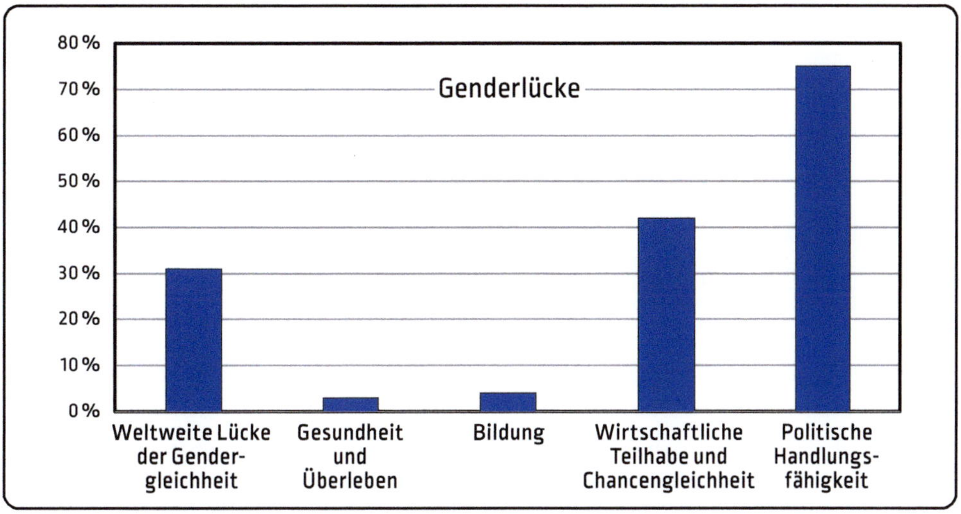

Abbildung 176: Weltweite Genderlücke in % bis zur vollständigen Gendergleichheit.

Was hat Genderungerechtigkeit mit Klimawandel zu tun? 1,3 Milliarden Menschen leben in Armut. 70 % davon sind Frauen. Weltweit tragen Frauen einen Anteil an der Nahrungsmittelproduktion von 50 bis 80 %, obwohl sie weniger als 10 % des Landes besitzen. Die Armut von Frauen wird durch niedrigere Löhne, höhere Arbeitsbelastung, unzureichende soziale Unterstützung, Gewalt und eingeschränkten Zugang zu Bildung und produktiven Ressourcen verursacht. Frauen sind deswegen weniger in der Lage, dem Klimawandel zu begegnen. Menschen, die in Armut leben, stoßen den geringsten Anteil an Treibhausgasen aus, leiden aber am stärksten. Gleichzeitig spielen Frauen eine entscheidende Rolle bei der Bewältigung des Klimawandels. Der Gesellschaft entgeht durch die Genderungleichheit die Chance, dass Frauen unterschiedliche Perspektiven und Erfahrungen in den Entscheidungs- und Gestaltungsprozess zur Bewältigung des Klimawandels einbringen.

Die Ökonomin Marjorie Griffin Cohen kam im Hinblick genderspezifischer Treibhausgasemissionen in Kanada zu folgenden Ergebnissen:[117]

Tabelle 31: Genderspezifische Treibhausgasemissionen.

Kategorie	Frauen (%)	Männer (%)
Industrie	24	76
Transport Straße	11	89
Wohnbereich	50	50

Der höhere CO_2-Fußabdruck von Männern ist auf deren Mobilitätsverhalten – häufigerer Gebrauch leistungsstarker Autos über längere Distanzen – zurückzuführen. Es

117 Cohen, M. G. (2015): Gender, Climate Change and Work in Rich Countries; ACW Researchers' Workshop.

Abbildung 177:
Range Rover LWB.

sind überwiegend Männer, die auf Klimakonferenzen verhandeln, aber keine Lösungen finden. Die Männerwelt ist verantwortlich für die industrielle Entwicklung, Monokulturen in der Landwirtschaft, das Fortsetzen des Wachstumsprinzips und den Raubbau natürlicher Ressourcen. Ein Beispiel ist die Benutzung von SUVs in den Städten. Die Pseudogeländewagen sind schwer, fressen viel Treibstoff, weisen Luftwiderstände wie Kleiderschränke auf und benötigen Parklücken groß wie Wohnwagen. Ungeachtet der Umweltschädigung und der übermäßigen CO_2-Emissionen erobern die Blechkisten die Städte. Auch Frauen – wohlsituiert – fahren SUV, wegen des erhöhten Sitzens und Sicherheitsgefühls vermutlich, aber nur zu 25 %.

Nationen mit mehr Frauen in Führungsgremien[118] haben einen geringeren ökologischen Fußabdruck. Frauen setzen sich eher für den Umweltschutz ein als Männer.[119] Nationen mit höheren Militärausgaben zeigen bei sonst gleichen Bedingungen höhere Kohlendioxidemissionen als andere Nationen. Kommunen mit hohem Genderbewusstsein, wie jene der skandinavischen Länder, treiben Klimaschutzmaßnahmen voran. Männerdominierte Gesellschaften sind tief im herrschenden kapitalistischen System verwurzelt[120] und profitieren von den herrschenden Machtverhältnissen. Das erklärt die geringere Bereitschaft der Männer, sich mit Klimaproblemen auseinanderzusetzen, die jedenfalls Veränderungen (ein)fordern. Eine Untersuchung,[121] die mehr als 100 Länder aller Weltregionen berücksichtigt, kommt zu folgendem Ergebnis: Nach dem Bruttosozialprodukt eines Landes hat die Gleichstellung der Geschlechter die größte Auswirkung auf die Reduktion des Treibhausgasausstoßes. Aus Sicht der Notwendigkeit, rasch und effizient Klimaschutz zu betreiben, kann die Menschheit es sich nicht leisten, auf die Mithilfe der Frauen zu verzichten. Gendergerechtigkeit ist auch aus diesem Grund zu forcieren.

118 McKinney, L. A.; Fulkerson, G. M. (2015): Gender Equality and Climate Justice: A Cross-National Analysis; Soc Just Res; https://doi.org/10.1007/s11211-015-0241-y, abgerufen am 28.2.2020.

119 Ergas, C.; York, R. (2012): Women's status and carbon dioxide emissions: A quantitative cross-national analysis; Social Science Research, Vol. 41, Issue 4; https://doi.org/10.1016/j.ssresearch.2012.03.008, abgerufen am 28.2.2020.

120 Röhr, U.; Alber, G. (2018): Geschlechterverhältnisse und Klima im Wandel. Erste Schritte in Richtung einer transformativen Klimapolitik; GENDER, Heft 2; https://doi.org/10.3224/gender.v10i2.07, abgerufen am 28.2.2020.

121 Alber, G.; Hummel, D.; Röhr, U.; Spitzner, M.; Stieß, I. (2018): Geschlechtergerechtigkeit und Klimapolitik; Bundeszentrale für politische Bildung Deutschland, APuZ; ISSN 0479-611 X.

12.8 Die Verleugnung externer Kosten oder das Prinzip »Nach uns die Sintflut«

Umweltbelastungen verursachen hohe Kosten für die Gemeinschaft: Gesundheitsbelastung, Materialschäden, Ernteausfälle und Zerstörung der Ökosysteme. Schätzungen von Sir Nicholas Stern, ehemals Chefökonom der Weltbank, im Auftrag des britischen Schatzkanzlers gingen schon 2006 davon aus, dass die jährlichen durch den Klimawandel entstehenden Kosten bis zu 20 % des Bruttoinlandprodukts betragen.[122] Er kam zu dem Schluss, je früher Klimaschutzmaßnahmen eingeleitet würden, umso geringer wären die Folgekosten. Er forderte einen Stopp des Anstiegs der Treibhausgase in den nächsten 10 Jahren (bis 2016), gefolgt von einer Reduktion um jährlich 5 %. Dies hätte für die Jahre 2017 bis 2019 eine Reduktion von 16 % bedeutet. Real steigerte sich der Treibhausgasausstoß von Jahr zu Jahr. Die Kosten für die vorgeschlagenen Maßnahmen errechnete Sir Nicholas Stern mit 1 % des weltweiten Bruttonationalproduktes. 2020 ist durch die Versäumnisse der Politik mit mindestens 20-mal höheren Folgekosten zu rechnen. Ein grundlegendes Problem und Hemmnis auf dem Weg zu einer nachhaltigen Bekämpfung des Klimawandels ist, dass die anfallenden Umweltkosten nicht den Verursachern angelastet werden. Für diese »externen« Kosten muss die Gesellschaft aufkommen. Da die externen Kosten nicht verrechnet werden, gibt es weder für Unternehmen noch Konsumenten Anreize, sich klimaschonender zu verhalten. Preise ohne Berücksichtigung externer Kosten verschweigen die ökologische Wahrheit. Umweltkosten müssten den Hauptverursachern Energie- und Verkehrssektor, Industrie sowie der industrialisierten Agrarwirtschaft inklusive der damit verbundenen Landumwidmungen ökologisch gerecht angelastet werden. Dies würde Anreize setzen, erneuerbare Energie auszubauen, nachhaltige Mobilität zu fördern, Energieverbrauch einzuschränken, Konsum zu reduzieren und auf gesunde (vegetarische oder vegane) Ernährung umzusteigen.

12.8.1 Umweltschädigungskosten – Kostensätze

Mittlerweile gibt es Methoden, mit deren Hilfe die Kosten für die Schädigung der Umwelt beziffert werden können.[123] Die Methodenkonvention[124] zur Ermittlung von Umweltkosten des Umweltbundesamtes Deutschlands kommt zu folgenden Kostensätzen:

---

122 Stern, N. (2006): The Economics of Climate Change; www.oekosystem-erde.de/html/stern_report.html, abgerufen am 28.2.2020.

123 Matthey, A. (2019): Methodenkonvention 3.0 zur Ermittlung von Umweltkosten, Umweltbundesamt Deutschland, ISSN 1862-4904.

124 Bünger, B.; Matthey, A. (2018): Methodenkonvention 3.0 zur Ermittlung von Umweltkosten. Methodische Grundlagen, Umweltbundesamt Deutschland, ISSN 2363-832X.

Tabelle 32: Kostensätze für Umweltbelastungen.

Bezeichnung	2016
	Euro/t
Klimakosten[125] CO_2	180,–
Feinpartikel lungengängig PM2,5	58.400,–
Feinpartikel PM10	41.200,–
Grobpartikel	960,–
Stickoxide NO_x	17.930,–
Schwefeldioxid SO_2	15.040,–
Flüchtige organische Verbindungen NMVOC	2.050,–
Ammoniak NH_3	32.000,–
Strom	**Eurocent/kWh**
Strom[126] aus Braunkohle	20,81
Strom aus Steinkohle	18,79
Strom aus Erdgas	8,59
Strom aus Öl	20,06
Strom aus Wasserkraft	0,3
Strom aus Windenergie	0,28
Strom aus Photovoltaik	1,64
Strom aus Biomasse	7,71
Heizen	**Eurocent/kWh**
Heizung mit Fernwärme	7,02
Heizung mit Strom	12,59
Heizung mit Solarthermie	0,41
Heizung mit Oberflächengeothermie	4,31
Heizung mit Tiefengeothermie	0,02
Heizung mit Biomasse	2,74
Heizung mit Heizöl	6,54
Heizung mit Erdgas	4,87
Heizung mit Braunkohle	11,67

Fortsetzung ▻

125 Die Klimakosten für CO_2-Emissionen steigen im Laufe der Zeit, für 2030 wird mit 205 Euro je Tonne und für 2050 mit 240 Euro je Tonne geschätzt.

126 In den Umweltkosten für die Stromerzeugung und die Heizungsenergie werden die emittierten Luftschadstoffe und Treibhausgase mitberücksichtigt.

Bezeichnung	2016
Umwelt	**Eurocent/km**
Umweltkosten[127] Pkw Benzin	6,42
Umweltkosten Pkw Diesel	7,53
Umweltkosten Pkw Elektro	6,10
Umweltkosten Busse	32,65
Umweltkosten Personenzug Nahverkehr	226,54
Umweltkosten Personenzug Fernverkehr	59,48
Umweltkosten Luftverkehr <2.000 km	871,39
Umweltkosten Luftverkehr >2.000 km	1.470,57
Umweltkosten Lkw leicht	18,11
Umweltkosten Lkw schwer	29,58
Umweltkosten Güterzug	641,05
Umweltkosten Güter Luftverkehr	1.914,27
Umweltkosten Binnengüterschifffahrt	2.135,94

Die Strom- und Gasrechnung des Autors für 2019 betrug 17,3 Eurocent pro Kilowattstunde für Strom und 5,16 Eurocent pro Kilowattstunde für Gas. Die Stromerzeugung in Österreich bei dem gewählten Tarif betrug 1,32 % Sonnenenergie, 8,5 % Windenergie, 3,42 % Biomasse, 44,56 % Wasserkraft, 41,21 % Erdgas und 0,99 % sonstige Ökoenergie. Würden die Umweltkosten mitgerechnet, müssten die Stromkosten des Autors um 26 % und die Gaskosten um 166 % höher sein. Diese Zahlen zeigen, dass die externen Kosten bei der Stromerzeugung aus fossilen Brennstoffen nicht berücksichtigt werden. Die Folgekosten der aktuellen Umweltschädigung treffen nur zukünftige Generationen. Geophysikalisch werden Umweltkosten der nördlichen Hemisphäre (Industrieländer) auf die globalen Länder der südlichen Hemisphäre (Entwicklungs- und Schwellenländer) transferiert. Ein später mit 40 Milliarden Euro vergoldeter Kohleausstieg 2038, wie in Deutschland geplant, ist das falsche Signal zur Energiewende, genauso wie ein lächerlicher Preis von 10 Euro pro Tonne CO_2 ab 2021.

127 In den Umweltkosten für Verkehrsmittel sind die Umweltkosten für Treibhausgase, Luftschadstoffe, Partikel, Vorprozesse, Energiebereitstellung, Flächenverbrauch und Landzerschneidung enthalten.

12.8.2 Das EU-Emissionshandelssystem

2003 beschloss der Europäische Rat das EU-Emissionshandelssystem (EU ETS). An Betreiber von Industrieanlagen und Kraftwerke werden Emissionsberechtigungen zum Nulltarif vergeben. Verbraucht ein Betrieb mehr als die zugesprochenen Emissionen, werden Kosten in Höhe von 100 Euro fällig – außer der Betrieb legt Emissionszertifikate vor. Diese Zertifikate verkaufen andere Betreiber, die ihre Grenzwerte unterschritten haben – ein Schritt auf dem richtigen Weg. Derzeit betragen die Umweltkosten pro Tonne CO_2 180 Euro. Der aktuelle Kurs der EU-Zertifikate (am 21.4.2020) war mit 25,15 Euro pro Tonne nicht kostendeckend. Die Methodenkonvention 3.0 zur Ermittlung von Umweltkosten des Umweltbundesamtes der Bundesrepublik Deutschland geht bei Berücksichtigung der generationsübergreifenden Kosten von 640 Euro je Tonne CO_2-Emission aus. Die CO_2-Emissionszertifikate bleiben, wie viele andere politische Interaktionen, weit unterhalb eines wirklich greifenden Umweltschutzvorhabens.

»Freie Fahrt für freie Bürger« lautet ein Schlagwort der Gegner von Geschwindigkeitsbeschränkungen auf Autobahnen. Der Haken an dieser Freiheit sind die Umweltschäden und die gesundheitliche Gefährdung anderer Menschen. Es stellt sich die grundsätzliche Frage: Inwieweit darf die Freiheit des Einzelnen die Gesundheit, die Berufsausübung oder die wirtschaftliche Zukunft anderer einschränken? Die eigene Freiheit ist immer auch die Freiheit der anderen.

13

Was muss zur Rettung der Menschheit geschehen? Was können wir tun?

> **Was sind Vitalparameter der Erde?**
> **Was wurde im Übereinkommen von Paris 2015 vereinbart?**
> **Warum sind die derzeitigen Pläne zur Dekarbonisierung nicht ausreichend?**
> **Gibt es einen realistischen Weg zur vollständigen Energieversorgung aus erneuerbaren Energien?**
> **Ist ein realistischer Fahrplan zu einer schnellen Dekarbonisierung bis 2050 denkbar?**
> **Welche Methoden der Gewinnung erneuerbarer Energien gibt es?**
> **Welche Begleitmaßnahmen sind auf dem Weg zu einer nachhaltigen Dekarbonisierung zu ergreifen?**
> **Ist das Elektroauto die Antwort auf die Klimakrise?**

Wie ein Tsunami flutet das Konsumverhalten menschliche Kulturen und zerstört die Ökosysteme der Erde. Wer sich jetzt nicht dagegen wehrt, riskiert eine globale Katastrophe. Normen, Symbole, Werte und Traditionen, mit denen ein Mensch aufwächst, werden »natürlich«, ihm eigen, wie eine zweite Natur. Menschen einer Konsumkultur zu bitten, ihren Konsum einzudämmen, wäre wie sie zu bitten, mit dem Atmen aufzuhören – sie können es für einen Moment tun, dann aber werden sie wieder keuchend nach Luft schnappen. Auto fahren, Flugreisen, in großen Häusern leben, Klimaanlagen, das sind nicht die Resultate rationellen Nachdenkens, sondern gewohnte Bestandteile des Lebens in einer »hochzivilisierten« Gesellschaft. Während sie den Menschen, die Teil dieser kulturellen Realitäten sind, natürlich erscheinen, sind diese Muster weder nachhaltig noch angeborene Ausdrucksformen der menschlichen Natur. Sie entwickelten sich über Jahrhunderte hinweg und übertragen sich auf Menschen in Schwellen- und Entwicklungsländern, werden zum angestrebten Ziel. Um den Zusammenbruch der menschlichen Zivilisation zu verhindern, bedarf es einer umfassenden Transformation dieser Muster. Diese Transformation müsste anstelle des Konsumierens neue Werte etablieren, die auf Nachhaltigkeit ausgerichtet sind. Es müsste ein neues Verständnis von »natürlich« entstehen. Ein solcher Wandel – etwas Grundlegenderes als die Einführung neuer Technologien oder Gesellschaftsformen – würde das Verständnis und das Handeln der Menschen in der Welt radikal wandeln.

Diese Veränderung erfordert Anstrengungen. Kulturprägende Institutionen wie Bildung, Wirtschaft, Regierung, Medien, soziale Bewegungen und langjährige menschliche Traditionen wären in neue Bahnen zu lenken.

13.1 Der Planet ist krank

Die Erde ist krank, und die Krankheitserreger sind die Menschen. Die Vitalparameter der Erde deuten auf eine schwere Krise hin. Im Gegensatz zum menschlichen Patienten ist eines sicher: Die Erde wird gesunden – mit oder ohne Bewohner. Im Laufe der Jahrtausende und Jahrmillionen wird sich wieder ein »normaler« stabiler Zustand einstellen.

War die Erde in den vergangenen Milliarden Jahren mit ihren enormen Temperaturwechseln, in Zeiten der Massenaussterben gesund? Gesundheit der Erde bedeutet ein gemäßigtes Klima, welches Pflanzen, Tieren und der Spezies Mensch geeignete und optimale Lebensbedingungen bietet.

13.2 Vitalparameter der »gesunden« Erde

Die globale Erwärmung wird als Schlüsselparameter für den Klimawandel und als entscheidendes Krankheitssymptom gehandelt. Grenztemperaturen mit 1,5 oder 2 °C Temperaturerhöhung bis 2050 – bezogen auf die globale Erdtemperatur – werden als jene erachtet, bei der die Erde bewohnbar bleibt. Allerdings weiß das niemand so genau. Für den angenommenen Grenzwert von 2 °C gibt es wenig wissenschaftliche Grundlagen. Der Grund für die Wahl war ein allgemein verständlicher Wert, der aus früheren Diskussionen geläufig war.

Die globale Temperatur ist jedoch nur einer der Vitalparameter. Seit circa 12.000 Jahren befindet sich die Erde nach einer langen Periode aufeinanderfolgender Eiszeiten in einer länger anhaltenden Zwischeneiszeit, die sehr gute Bedingungen für die Entwicklung des Lebens bietet. Klimamodelle werden an der Vergangenheit des Klimas getestet. Gesicherte Erkenntnisse der Klimaverläufe der letzten 200.000 Jahre werden zur Kalibration und Prüfung genutzt. Diese Modelle decken sich mit der vergangenen Klimaentwicklung, es bleibt aber unklar, wie genau sie für die Zukunft sind.

Die Vergangenheit des Klimas beruht auf nicht menschlichen Einflüssen wie physikalischen Erdbewegungen (Milankovic-Zyklen), Vulkanismus, wechselnder periodischer Sonnenaktivität. CO_2-Anstiege, wie sie in den letzten 100 Jahren geschehen sind, übersteigen alle verlässlichen und bekannten Werte der letzten zurückliegenden Jahrtausende, weswegen es schwierig ist vorherzusagen, wie das Erdsystem auf diese durch den Menschen verursachte massive Störung reagieren wird. Sicher ist, das Klima reagiert auf Störungen unerwartet und heftig. Die Erde selbst wird das Zeitalter der Menschen überstehen. Selbst einen Atomkrieg würde sie gelassen überdauern. Leben entstand und starb mehrere Male beinahe zur Gänze aus. Ärzte sehen mehrere Vitalparameter als entscheidend für die Gesundheit des Menschen an – Blutdruck, Herzfrequenz, Body-Mass-Index, Körpertemperatur, Blutwerte, Atemfrequenz und Sauerstoffaufnahmekapazität usw. Auch der Patient Erde hat seine Vitalparameter.

13.3 Vitalparameter: Weltbevölkerung

Mit der Anzahl der Menschen auf der Erde steigt der Ressourcenverbrauch. Das Ökosystem Erde ist endlich, und die verfügbaren Ressourcen sind begrenzt. Abhängig von der Effizienz der Nutzung dieser Ressourcen und der Lebensweise der Menschen limitiert sie die Größe der Weltbevölkerung. Viele der Vitalstoffe der Erde befinden sich in einem ständig fließenden Kreislauf, wie das Wasser, der Sauerstoff oder der Kohlenstoff. Störungen des Sauerstoffkreislaufs führen zum Ersticken, Störungen des Kohlenstoffkreislaufes zur Erhöhung der Erdtemperatur und Störungen des Wasserkreislaufes zu Katastrophen wie Dürren und Überschwemmungen.

Tabelle 33: Bevölkerung in verschiedenen Erdteilen und Wachstumsrate.

Erdteil	Bevölkerung	Wachstumsrate
Afrika	1,1 Mrd.	2,5
Asien	4,3 Mrd.	1,1
EU	0,8 Mrd.	0
Lateinamerika und Karibik	0,6 Mrd.	1,3
Nordamerika	0,4 Mrd.	0,5
Welt	7,8 Mrd.	1,2

Die Weltbevölkerung ist vor allem in Afrika, Asien, Lateinamerika und der Karibik im Wachsen begriffen (siehe Tabelle 33).

Den größten Anteil am Klimawandel haben Nordamerika, China, Japan und die EU. Dort leben 2,7 Milliarden Menschen. Nur ein Drittel der lebenden Menschen verursacht den Klimawandel. Der Luxus und der Konsum der industrialisierten Länder und des Schwellenlandes China gehen zulasten der Gesamtmenschheit.

Gibt es eine »optimale« Größe der Weltbevölkerung? Wie könnte diese bestimmt werden?

13.3.1 Die »optimale« Größe der Weltbevölkerung

Optimierung bedeutet, für ein komplexes System Parameter zu wählen, die eine Zielfunktion bestmöglich erfüllt. Die Suche nach der optimalen Größe der Weltbevölkerung ist eine nach Zielparametern unter Beachtung von Grenzwerten. Die Ressourcen der Erde sind endlich, geografisch ungleich verteilt und genutzt. Nur ein länderübergreifender Konsens könnte Zielfunktionen bestimmen wie Maximierung der Weltbevölkerung, Gleichverteilung der Lebensqualität, Natur schätzende nachhaltige Lebensweise oder Bevorzugung einer Region der Welt, die auf Kosten der übrigen lebt. Eines ist klar: Die Erde ist überstrapaziert – gestaltet der Mensch aktiv die Zukunft, oder werden Katastrophen sie bestimmen?

Grenzen setzen der ökologische Fußabdruck, die Biokapazität der Erde und ein akzeptables Maß an Lebensqualität für alle. Reduzierte Ansprüche – geringerer Pro-Kopf-Konsum vermindern den ökologischen Fußabdruck – erhöhen die Überlebenskapazitäten.[128]

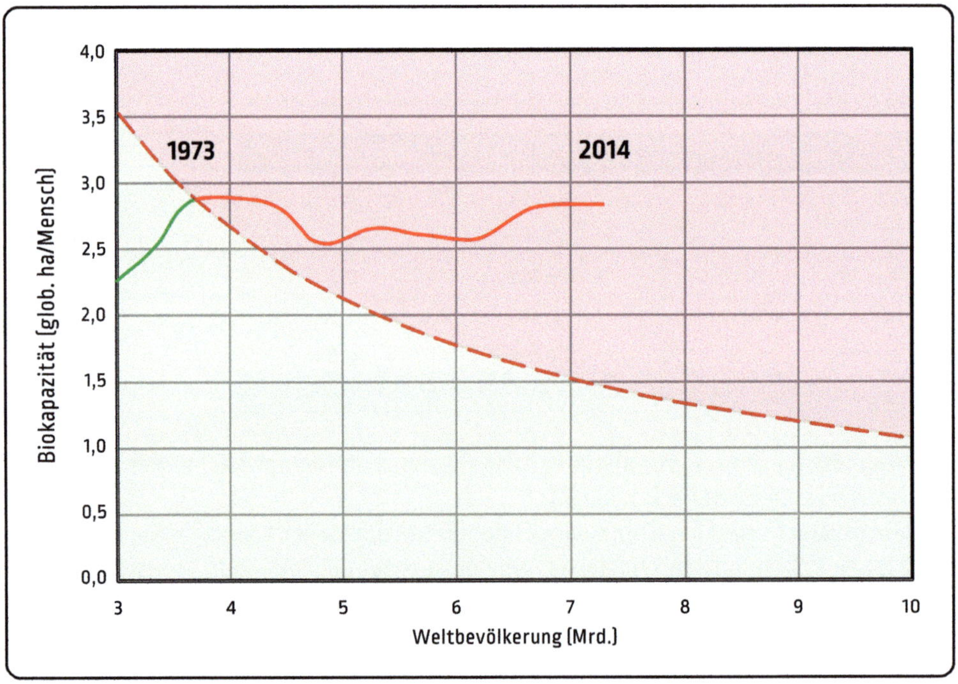

Abbildung 178: Biokapazität der Welt und ökologischer Fußabdruck.

128 Lianos, T. P.; Pseiridis, A. (2015): Sustainable Welfare and Optimum Population Size; http://dx.doi.org/10.1007/s10668-015-9711-5, abgerufen am 14.3.2020; Springer.

Abbildung 178 zeigt die Biokapazität in globalen Hektar pro Mensch und die Weltbevölkerung in Milliarden. Die strichlierte rote Linie ist die Begrenzung durch die maximale Biokapazität der Erde. Die eingezeichnete durchgezogene Linie zeigt die Entwicklung des ökologischen Fußabdrucks der Menschheit; ab 1973 überstieg dieser die Biokapazität der Erde. 1970 bevölkerten 3 Milliarden Menschen den Planeten. Damals befanden sich das Angebot der Erde und die Nachfrage der Menschen im Gleichgewicht. Die Menschheit lebt auf Kredit – 1,7 Erden wären notwendig, um den Bedarf zu stillen. Veränderungen werden notwendig sein, es liegt an uns allen.

13.4 Vitalparameter: Treibhausgasemissionen

Treibhausgase sind vorteilhaft – bis zu einem gewissen Grad. Ohne Treibhausatmosphäre wäre die Welt ein kalter, unwohnlicher Ort mit einer globalen Erdtemperatur von −18,3 °C. Erst mit Wasserdampf und CO_2 stellt sich eine um 33 °C wärmere Temperatur ein. Derzeit emittiert die Menschheit (Stand 2019) viel zu viel, mehr als 10 Gigatonnen Kohlenstoff jährlich, in die Atmosphäre. Die Erde kann diese nur teilweise aufnehmen und antwortet mit Temperaturanstieg, Verschiebung der Klimazonen und einem Aussterben der Tierwelt. Die natürliche jährliche Aufnahmekapazität der Erde beträgt 5,4 Gigatonnen Kohlenstoff. 10 Gigatonnen Kohlenstoff sind mit nahezu dem Doppelten viel zu hoch.

Die CO_2-Konzentration in der Atmosphäre beträgt 410 Parts per million (2019). Der Strahlungsantrieb von CO_2 in Bezug auf den vorindustriellen Wert im Jahr (1759) ist 2,05 Watt pro Quadratmeter. Die Klimasensitivität von CO_2 ist 0,75 °C pro Watt pro Quadratmeter, was zu einem Temperaturanstieg gegenüber der vorindustriellen Zeit von 1,5 °C führt. Bei weiterer Zufuhr von 4 Watt pro Quadratmeter (CO_2-Konzentration von 450 Parts per million) – im Übergang der letzten Eiszeit zur heutigen Zwischeneiszeit betrug der Strahlungsantrieb der Treibhausgase 3,5 Watt pro Quadratmeter – geht die Erde in einen eisfreien Zustand über. Polkappen, Meereis und Gletscher werden abschmelzen und ihre klimastabilisierende Wirkung verlieren. Unaufhaltsam wird sich die Erde in eine Gluthölle verwandeln. Das Klimasystem reagierte aufgrund seiner Trägheit noch nicht vollständig auf die jüngste Zunahme der vom Menschen verursachten Klimaantriebe. Dennoch erlauben die bisherigen Klimaveränderungen eine erste Abschätzung eines CO_2-Zielniveaus. Theorie und Modelle zeigen, dass sich die subtropischen Regionen mit der globalen Erwärmung polwärts ausdehnen. Die Daten zeigen eine 4-Grad-Verschiebung nördlicher und südlicher Breite, die größer ist als die bisherigen Modellvorhersagen: erhöhte Trockenheit im Süden der USA, im Mittelmeerraum, in Australien und in Teilen Afrikas. Diese Auswirkungen der Klimaverschiebung beweisen, dass bereits 385 Parts per million CO_2 schädlich sind.

Tabelle 34 zeigt die Strahlungsantriebe, verursacht durch Treibhausgase.

Tabelle 34: Treibhausgase Strahlungsantrieb und Konzentration in der Atmosphäre (2019).

Treibhausgas	Konzentration in der Atmosphäre 2019	Strahlungsantrieb F (W/m^2)	%-Anteil am Gesamtantrieb Treibhausgase
CO_2	410 ppm*	2,05	66 %
CH_4	1.869 ppb**	0,52	17 %
N_2O	331 ppb	0,2	6 %
Rest	–	0,22	11 %

*ppm = parts per million; **ppb = parts per billion.

Der CO_2-Gehalt steigt mit 2 Parts per million pro Jahr an. Ausgehend von den erdgeschichtlichen Erkenntnissen und Modellvorhersagen, gelten die Tabelle 35 angegebenen Zielwerte als »gesunde« Vitalparameter des Planeten.

Tabelle 35: CO_2- und CH_4-Gehalt in der Atmosphäre: Ziel und aktuelle Konzentrationen.

Vitalparameter	Vitalziel	Aktuell (2019)
CO_2-Gehalt in Atmosphäre	300–350 ppm[129]	410 ppm
CH4-Gehalt in Atmosphäre	700–800 ppb[130]	1.869 ppb
N_2O-Gehalt in Atmosphäre	250–270 ppb	331 ppb
FCKW und andere	0	0,8 ppb

13.4.1 Auswirkungen des CO_2-Anstiegs auf die Pflanzenwelt

Pflanzen gewinnen ihre Energie aus der Photosynthese. Die Photosynthese läuft nach der folgenden Prozessgleichung ab:

$$6CO_2 + 6H_2O \rightarrow C_6H_{12}O_6 + 6O_2$$

Pflanzen nehmen CO_2 und Wasser auf und wandeln sie in Glucose und Sauerstoff um. Dieser Prozess ist wichtig, weil die Pflanzen CO_2 abbauen und andererseits den für die Atmung wichtigen Sauerstoff zur Verfügung stellen. CO_2 beschleunigt das Pflanzenwachstum, ein Anstieg des CO_2 in der Atmosphäre lässt daher eine positive Auswirkung auf das Pflanzenwachstum erwarten. Ein Feldversuch der Braunschweiger Bundesforschungsanstalt für Landwirtschaft (FAL) im Jahre 2006 bewies die Zunahme des Wachstums von Wintergerste, Weidelgras, Zuckerrübe und Winterweizen.[131]

129 Hansen, J.: Target atmospheric CO_2: Where should humanity aim? Open Atmos. Sci. J. (2008), Vol. 2, S. 217–231; https://doi: 10.2174/1874282300802010217, abgerufen am 20.12.2019.

130 Werte zu Beginn der Industrialisierung.

131 Weigel, H.-J.; Pacholski, A.; Frühauf, C.; Waloszczyk, K. (2006): Zur Wirkung erhöhter atmosphärischer CO_2-Konzentrationen auf Wintergerste, Zuckerrüber und Winterweizen in einer Fruchtfolge. Beispiele aus dem Braunschweiger Kohlenstoffprojekt; Bundesforschungsanstalt für Landwirtschaft (FAL).

Tabelle 36: Auswirkungen erhöhten CO_2-Gases auf das Wachstum verschiedener Pflanzen.

CO_2-Konzentration	Wintergerste (g/m²)	Weidelgras (g/m²)	Zuckerrübe (g/m²)	Winterweizen (g/m²)
375 ppm	1.360	484	1.919	1.163
550 ppm	1.546	531	2.036	1.292
Effekt	+13,7 %	+9,6 %	+6,1 %	+11,1 %

Generell weist eine Vielzahl an Studien auf ein höheres Pflanzenwachstum mit mehr Ertrag[132] bei höherer CO_2-Konzentration in der Luft hin.

Tabelle 37: Auswirkungen erhöhter CO_2-Konzentration auf das Wachstum verschiedener Pflanzen.

Pflanze	Ertragsänderung durch erhöhte CO_2-Konzentration in % (550–700 ppm)		
	Mittelwert Kammerversuche	Mittelwert Freilandversuche	Zahl der Studien
Weizen	+10	+7	50
Soja	+24	+15	58
Reis	+15	+12	6
Mais	+29	~0	57
Hirse	+31	+6	2

Das positive Pflanzenwachstum wird allerdings negativ durch die gleichzeitig zunehmende Klimavariabilität (Hitzeperioden, Trockenheit, Überschwemmungen) beeinflusst. Die Erwärmung in Mitteleuropa bringt den Vorteil verlängerter Wachstumsperioden, aber fordert eine Anpassung der Landwirtschaft an die klimatischen Änderungen. Rasante – wie zunehmend zu erwarten – Klimaänderungen lassen hingegen eine Anpassung der Vegetation und Tierwelt kaum zu.

13.5 Vitalparameter: Biodiversität

Der fundamentale Ausdruck für die Bewohnbarkeit der Erde und die Qualität der Lebensbedingungen ist die Lebensvielfalt – der wichtigste Indikator für die Gesundheit des Planeten. Die biologische Vielfalt ist die Grundlage der Ökosysteme und ihrer Leistungen für den Men-

Biodiversität

ist die Vielfalt aller Ökosysteme und der sie bewohnenden Lebewesen.

132 Weigel, H.-J.: (2011) Klimawandel. Auswirkungen und Anpassungsmöglichkeiten, Institut für Biodiversität, Braunschweig.

schen. Kein Vitalparameter erfährt durch den menschlichen Eingriff einen dramatischeren Wandel. Ohne Zutun des Menschen erbringen natürliche Ökosysteme unterschiedliche Leistungen.

Unterstützende:
- ▹ Bodenbildung und Nährstoffkreislauf

Versorgende:
- ▹ Nahrungsproduktion,
- ▹ Trinkwasserbereitstellung,
- ▹ Holz, Brennstoffe, Fasern, Rohstoffe und
- ▹ genetische Ressourcen

Regulierende:
- ▹ Schutz vor Naturgefahren – Fluten, Dürren, Lawinen oder Steinschlag,
- ▹ klimaregulierende und krankheitsvermeidende Leistungen,
- ▹ Abfallbeseitigung und Abfallzersetzung und

Kulturelle:
- ▹ Erfüllung ästhetischer und spiritueller Ansprüche und Bedürfnisse.

Bei Monoökosystemen – Soja-, Weizen-, Mais-, Reis- oder Ölpalmenplantagen – liegt der Schwerpunkt auf dem effizienten industrialisierten Gewinn von Futter- und Nahrungsmitteln zulasten natürlicher Ökosysteme. Kultivierte Systeme – genutzte Landoberfläche >45 % – bedecken beinahe die Hälfte der Erde. Bis 2050 werden weitere 10 % des Grünlandes und der Waldflächen in landwirtschaftliche Flächen umgewandelt.[133] 70 % dieser Flächen werden als Weideland und 30 % als Ackerland genutzt. Die Ausweitung der Landwirtschaft und ihre Produktivitätssteigerung durch den Einsatz von Pestiziden, Herbiziden, Fungiziden und verschiedener Kunstdünger ist mit wachsenden Folgekosten verbunden. Agrarlandschaften setzen eine Fülle von Nährstoffen und Giftstoffen frei, benötigen enorme Wassermengen zur Bewässerung und vernichten die Artenvielfalt. Der Anstieg der Stickstoff-, Phosphor-, Schwefel- und anderer Schadstoffe ist eine der wichtigsten negativen Triebkräfte für die Ökosysteme an Land, im Süßwasser und an den Küsten. Der Preis für die Landnutzung besteht in verminderter Bereitstellung von sauberem Trinkwasser, ungesunden Nahrungsmitteln, einer verschmutzten vergifteten Umwelt und dem Verlust der natürlichen Ökosystemdienste. Langfristig nimmt der Ertrag ab, immer mehr an Kunstdünger und chemischen Stoffen zum Ausgleich der sinkenden Ergiebigkeit der ausgelaugten Böden wird benötigt.

133 Millennium Ecosystem Assessment (2005): Ecosystems and Human Well-Being: Biodiversity Synthesis World Resources Institute, Washington, DC.

13.6 Aktuelle Fahrpläne zur Dekarbonisierung: Sind sie die Rettung?

13.6.1 Das Übereinkommen von Paris[134]

Das Übereinkommen von Paris wurde am 12. Dezember 2015 beschlossen und am 4. November 2016 ratifiziert. Es umfasste:[135]

- das langfristige Ziel, den globalen Temperaturanstieg auf unter 2 °C zu beschränken – wenn möglich auf 1,5 °C, bezogen auf die vorindustrielle Temperatur,
- die Angabe individueller Klimaziele der Staaten (national bestimmter Beitrag NDC) und deren Aktualisierung alle 5 Jahre,
- den Wunsch, »Senken und Speicher von Treibhausgasen (Wälder, Moore etc.)« zu erhalten oder zu erhöhen,
- die Steigerung der Anpassungskapazität der Länder an die geänderten Anforderungen durch den Klimawandel,
- die Ermutigung zu freiwilligen Zahlungen an Entwicklungsländer für eine saubere und klimaresistente Zukunft,
- die Erziehung, Ausbildung und Sensibilisierung der Öffentlichkeit in Bezug auf Klimaänderungen voranzutreiben und
- die Bekanntgabe der aktualisierten nationalen Ziele 2020, eine globale Bestandsaufnahme bis 2023 mit nachfolgender Aktualisierung alle 5 Jahre.

Die Länder gingen keine verbindlichen Verpflichtungen ein. Das allgemeine Ziel der Begrenzung der globalen Erdtemperatur und die laschen Ansagen änderten nichts an der klimaschädlichen Vorgehensweise. In 21 langen Klimakonferenzen schafften es die diplomatischen Verhandler nicht, eine verbindliche Reduktion der emittierten Kohlenstofftonnen je Land vorzuschreiben. Diese wäre überprüfbar und eine klare Zielvorgabe gewesen, stattdessen wurden unverbindliche Ziele in weiter Ferne vereinbart; die Freistellung des Bezugsjahres erlaubt jedem Land, ein günstiges Referenzjahr zu wählen.

Die Tabelle 38 zeigt die von den verschiedenen Staaten angegebenen Klimaziele gemäß den Pariser Vereinbarungen, bezogen auf das Referenzjahr und die Ziel-CO_2-Emissionen je Kopf in Tonnen. Aktuelle Spitzenreiter des Pro-Kopf-Ausstoßes sind Australien, die USA, Kanada sowie Russland. Österreich steigerte den CO_2-Ausstoß gegenüber 1990 um 0,9 Tonnen je Einwohner. Die USA schieden während der Prä-

134 United Nations (2020): What is the Paris Agreement?; https://unfccc.int/process-and-meetings/the-paris-agreement/what-is-the-paris-agreement, abgerufen am 2.3.2020.

135 Parlament Aktiv, Österreich (2016): Übereinkommen von Paris; https://www.parlament.gv.at/PAKT/VHG/XXV/I/I_01193/index.shtml, abgerufen am 2.3.2020.

sidentschaft Trumps aus der Pariser Vereinbarung aus. Verheerend im Hinblick auf den Klimaschutz sind die steigenden Emissionen von China (Steigerung um 3,8 Tonnen CO_2 pro Kopf!), Indien (Steigerung um 0,96 Tonnen CO_2 pro Kopf!) und Brasilien (Steigerung um 0,7 Tonnen CO_2 pro Kopf!).

Tabelle 38: Übersicht über die Absichten gemäß dem Pariser Klimaschutzübereinkommen.[136]

Länder	t CO_2/Kopf			2018
	Bezugsjahr	Mittelfristiges Ziel	Langfristiges Ziel	
EU	12,0 (1990)		6,0 (2030)	8,8
USA	19,3 (2005)	14,1 (2025)	3,9 (2050)	**16,1**
China[137]	**4,22 (2005)**	**2,5 (2020)**	**1,7 (2030)**	**8,0**
Indien	0,94 (2005)	0,75 (2020)		1,9
Australien	17,4 (2000)	16,5 (2020)	8,7 (2030)	**16,8**
Brasilien	1,7 (2005)	1,1 (2025)	0,95 (2030)	2,4
Kanada	16,8 (2005)		11,7 (2030)	**16,1**
Indonesien	1,4 (2005)	1,04 (2020)	1,11 (2030)	2,1
Japan	11,0 (2013)		8,1 (2030) 5,5 (2050)	9,4
Norwegen	6,5 (1990)		3,2 (2030) 0,0 (2050)	6,6
Deutschland	11,8 (1990)		6,0 (2030)	9,2
Österreich	7,3 (1990)		6,0 (2030)	8,2
Russland[138]	14,6 (1990)			**12,1**

Die Tabelle 38 beweist eine deutliche Überschreitung der 2016 ohnehin schon lasch angegebenen Klimaziele der Staaten. Anstelle zu einer CO_2-Emissionsreduktion kam es zu einer weltweiten Steigerung der CO_2-Emissionen.

Abbildung 179 bildet das Verhältnis von Flächengröße zur Menge der vom jeweiligen Staat bzw. Region ausgestoßenen Treibhausgase ab. China hat seit den Jahren der Reform und der Öffnung bemerkenswerte wirtschaftliche Fortschritte gemacht.[139] Dieses wirtschaftliche Wachstum ging mit einer zunehmenden Belastung der Umwelt einher. Seit 2015 strebt China eine »ökologische« Zivilisation an. Dies führte zu einer

136 Rot eingezeichnet sind die Länder, die, bezogen auf die Emissionen des von ihnen angegebenen Referenzjahres, im Jahr 2018 eine Steigerung der Tonnen CO_2 pro Kopf aufzuweisen haben.

137 China hat ein ehrgeiziges Klimaschutzprogramm: bis 2030 Senkung der CO_2-Emissionen um 60 bis 65 %, 4,5 Milliarden Kubikmeter Wald anpflanzen, Steigerung der Energiegewinnung: 200 Gigawatt Strom aus Windenergie und 100 Gigawatt Strom aus Solarenergie.

138 Russland ist erst 2019 dem Pariser Klimaschutzabkommen beigetreten, der Maßnahmenkatalog zur Senkung der Treibhausgasemissionen wird 2020 bei der UN eingereicht.

139 Lu, Y.; et al. (2019): Forty years of reform and opening up: China's progress toward a sustainable path; Science Advances. 2019; Vol. 5, No. 8, eaau9413; https://doi.org/10.1126/sciadv.aau9413, abgerufen am 8. 6. 2020.

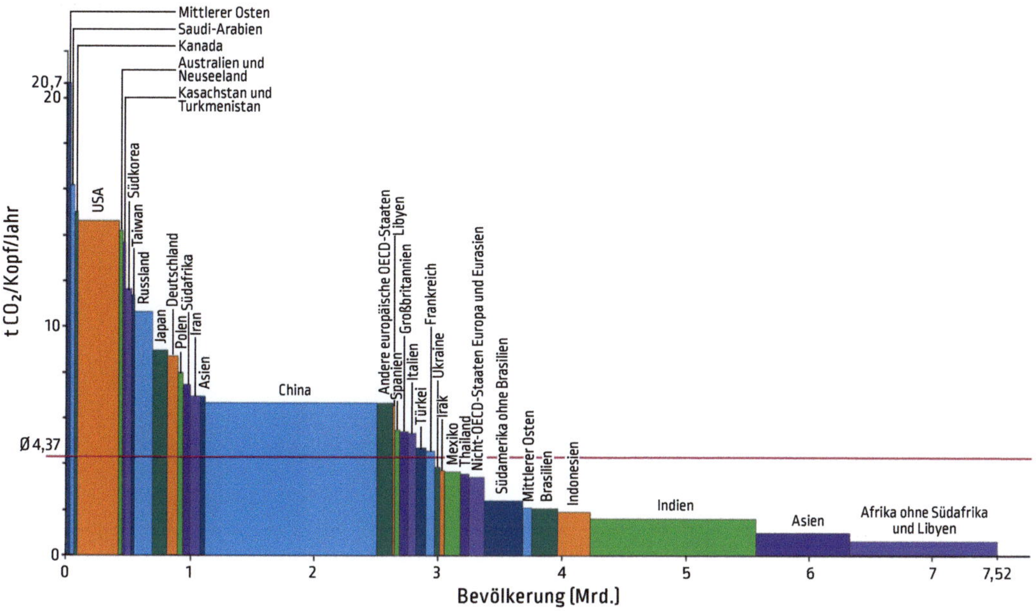

Abbildung 179: Weltweite CO_2-Emissionen per Region/Kopf, 2017.

Entkopplung bei wichtigen Schadstoffen vom Wirtschaftswachstum, während für CO_2-Emissionen eine starke Kopplung bestehen blieb. China weist Fortschritte bei der Gesundheitsversorgung, der Armutsbekämpfung und der Gleichstellung der Geschlechter im Bildungswesen auf, während die Einkommensunterschiede zwischen den Regionen und zwischen der Stadt- und Landbevölkerung fortbestehen. China fördert die Bevölkerungsmigration und Urbanisierung. Die Entkopplung von Wirtschaftswachstum und Schadstoffemissionen wird durch eine nationale Politik unterstützt, die sich mit der Bewirtschaftung natürlicher Ressourcen und der Wiederherstellung und Sanierung historischer Verschmutzungen, insbesondere in den Bereichen Wasser, biologische Vielfalt und Meeresökosystemen, befasst. Allerdings steht China weiterhin vor großen Herausforderungen in den Bereichen Kohlenstoffemissionen, Verschmutzungskontrollen, Einkommensungleichheit, Stadt-Land-Gefälle und Meeresökosystemen.

Das Abkommen von Paris sieht das Erreichen der CO_2-Neutralität im Zeitraum von 2045 bis 2060 vor. Gemäß dem Sonderbericht des IPCC war das 2018 verfügbare Gesamtemissionsvolumen zur Erreichung des 1,5-°C-Zieles 420 Gigatonnen CO_2 und zum Erreichen des 2-°C-Zieles 1.170 Gigatonnen CO_2. Da weiter CO_2 emittiert wurde, schrumpfte das verfügbare Emissionsvolumen auf 328 bzw. 1.078 Gigatonnen CO_2.

Abbildung 180 zeigt den Stand der Dinge. Das notwendige Ziel von 1,5 °C (grüner Pfeil) zeigt die riesige klaffende Lücke von 33 Gigatonnen CO_2 zwischen der gegenwärtigen Situation und dem Ziel. Notwendig wäre eine Senkung der jährlichen Emissio-

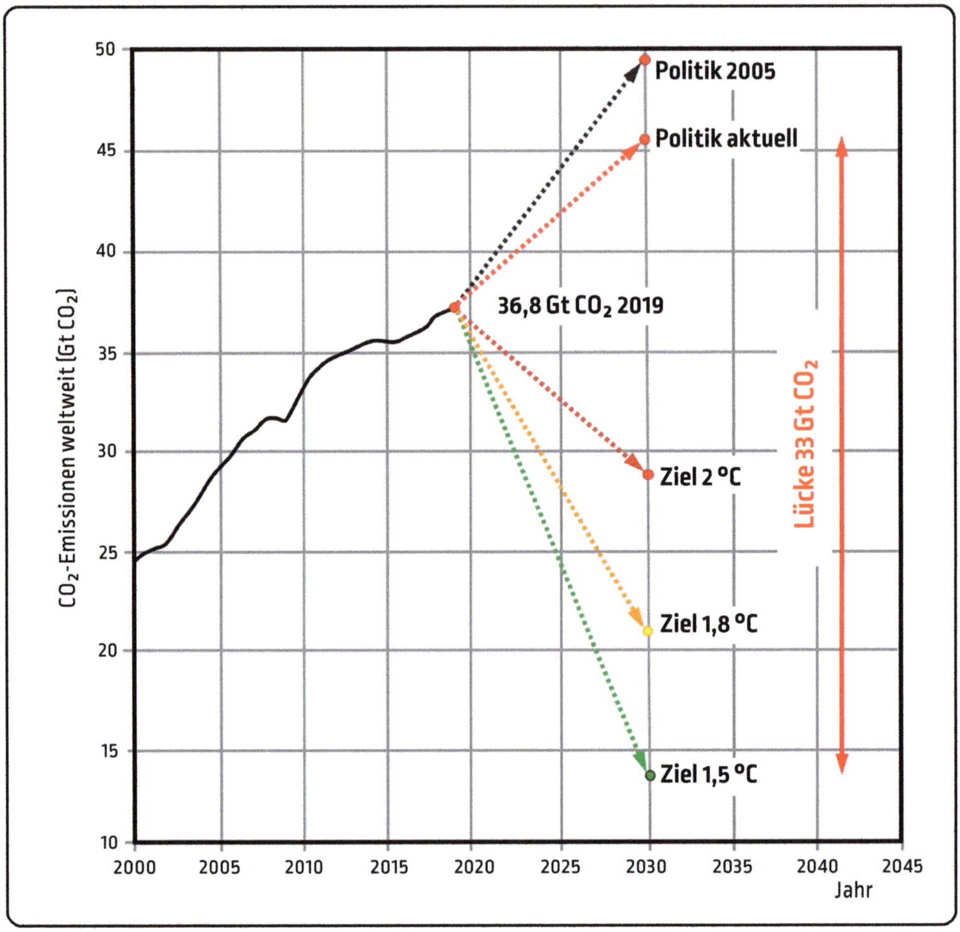

Abbildung 180: CO_2-Emissionen weltweit mit Klimazielen.

nen auf unter 13 Gigatonnen CO_2 bis 2030. Innerhalb der verbleibenden 10 Jahre müssten die jährlichen Emissionen auf mindestens ein Drittel absinken.[140] Eine CO_2-Wende ist nicht zu sehen, die Wahrscheinlichkeit der Einhaltung des 1,5-°C-Zieles sinkt rasant. Realistischerweise muss dieses bereits als gescheitert angesehen werden.

Die aktuelle Coronakrise wird nach der International Energy Agency[141] 2020 zu einem um 8 % verringerten CO_2-Ausstoß führen. Das entspricht einer Reduktion von 2,6 Gigatonnen CO_2 – das ist der bislang größte jährliche Rückgang. 7,6 % pro Jahr müsste die Welt ihren Ausstoß reduzieren, um die Klimaziele zu erreichen – 2020 wird dieses Ziel, durch eine Pandemie erzwungen, erreicht werden.

140 United Nations Environment Programme (2019): Emissions Gap Report 2019, Executive Summary.

141 Veröffentlicht im Mai 2020.

13.7 Warum sind die derzeitigen Fahrpläne nicht ausreichend?

2010 wiegten sich die Politiker in Sicherheit angesichts eines Zeitrahmens von 30 Jahren zur Halbierung des Kohlenstoffdioxidausstoßes (damals 2 % pro Jahr). Statt des geplanten moderaten Abbaus stiegen die Treibhausgasemissionen. Die derzeit vorgeschlagenen Klimaschutzmaßnahmen aller Länder zusammen sind weit davon entfernt, die Klimaschutzmaßnahmen zu erfüllen. Das Umweltprogramm der Vereinten Nationen (UNEP) hat bisher zehn Emissionslückenberichte verfasst. Die Emissionslücke ist die Differenz zwischen versprochener und erreichter Reduzierung der Länder. Die Lücke ist seit 2010 um das Vierfache angestiegen. Zwischen 2008 und 2018 wuchsen die globalen Emissionen um 14 %, anstatt zu sinken.

Bis Ende 2019 emittierte die Menschheit bereits so viel CO_2, dass für den verbleibenden Temperaturanstieg von 0,5 °C nur mehr 328 Gigatonnen CO_2 emittiert werden dürfen. Die derzeitige Emission beträgt jährlich 37 Gigatonnen CO_2. Die Zeit wird knapp. Der derzeitige Trend und das Versagen der Politik werden zu einer deutlichen Erwärmung über 2 °C führen.

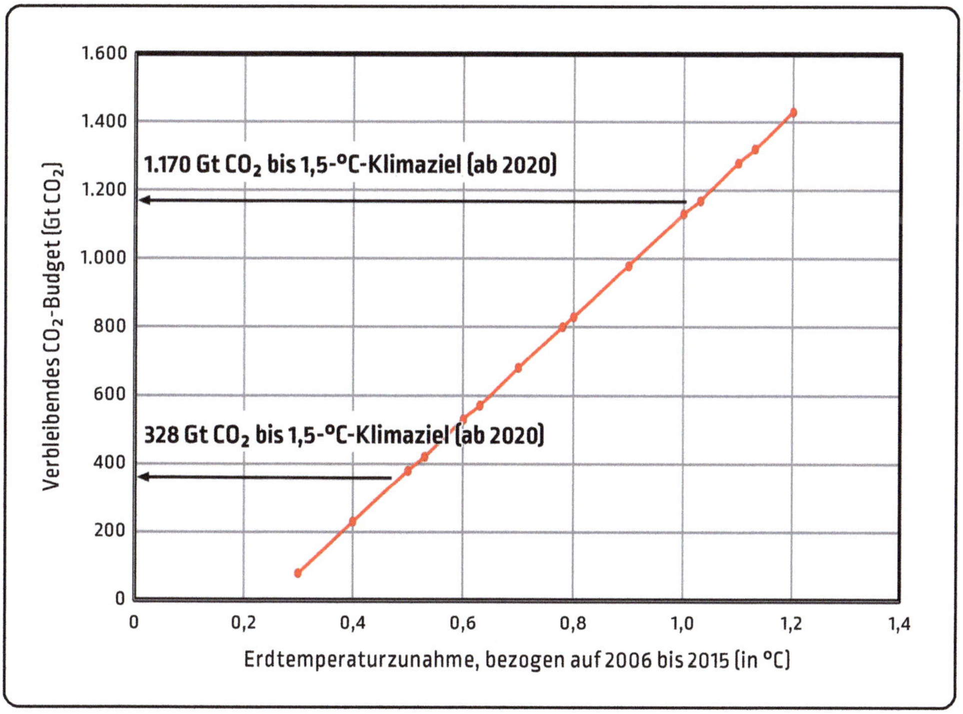

Abbildung 181: Verbleibendes CO_2-Budget versus Erdtemperaturzunahme.

13.8 Wie stehen die Chancen, die Pariser Klimaziele doch noch zu erreichen?

Eine Begrenzung des Erdtemperaturanstieges auf 1,5 °C ist bei weltweiten großen Anstrengungen denkbar, aber unrealistisch. Was wäre notwendig, um dieses ehrgeizige Ziel zu erreichen? Vorrangig wäre bis 2030 eine Halbierung der jährlichen CO_2-Emissionen.

Blau eingezeichnet ist im Abbildung 182 eine optimierte Treibhausgas-Abnahmefunktion, die flach beginnt und dann rasch mit den Emissionen gegen null strebt. Mit dieser Funktion wäre 2045 CO_2-Neutralität erreicht. Grau dargestellt ist die Kurve, bei der pro Jahrzehnt die Emissionen um 60 % reduziert werden. Nach dieser Zielkurve wäre die CO_2-Neutralität 2050 noch nicht ganz erreicht. In der Zusatzinformationsbox finden Sie ergänzende Hinweise zur Berechnung der optimalen Treibhausgasreduktionskurve im Diagramm.

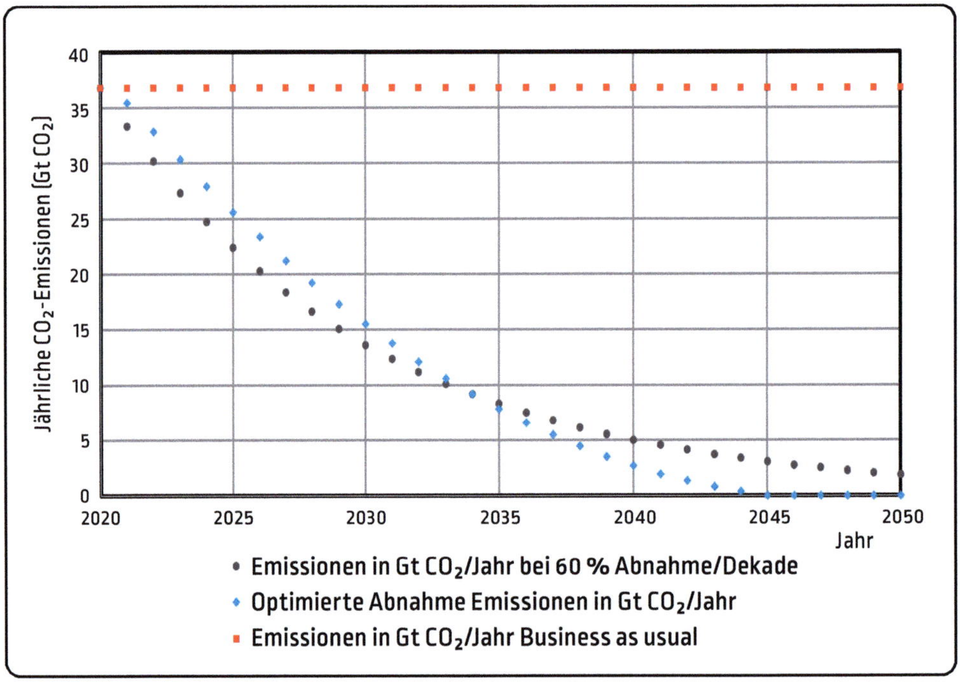

Abbildung 182: Gleichbleibende CO_2-Emissionen (wie zuletzt im Jahr 2019 36,8 Gigatonnen CO_2) und Reduktionskurven der CO_2-Emissionen, um spätestens 2050 Klimaneutralität zu erlangen (1,5-°C-Szenario).

ZUSATZINFORMATION

Die Kurve zur optimierten Abnahme der CO_2-Emission wurde wie folgt ermittelt: Ausgehend von der aktuellen Emissionsrate (36,8 Gt CO_2 pro Jahr) im Jahr 2020 und zum Endpunkt 2050, bei dem kein CO_2 mehr emittiert werden soll, wurde ein Spline 3. Ordnung berechnet. Für die Funktion gilt:

$$M_{°C}(GtCO_2) = \frac{m_{2019} \cdot t_v - 2 \cdot M_{°C_{lim}}}{t_v^3} \cdot t^3 - \frac{3m_{2019} \cdot t_v - 2 \cdot M_{°C_{lim}} + m_{2019} \cdot t_v}{2t_v^2} \cdot t^2 + m_{2019} \cdot t$$

$$m_{CO_2}(t) = 3 \cdot \frac{m_{2019} \cdot t_v - 2M_{°C_{lim}}}{t_v^3} \cdot t^2 - \frac{3m_{2019} \cdot t_v - 2 \cdot M_{°C_{lim}} + m_{2019} \cdot t_v}{t_v^2} \cdot t + m_{2019}$$

$M_{°C\,(Gt\,CO_2)}$ ... Akkumulierte CO_2-Emission
$m_{CO_2}(t)$ ... Jährliche CO_2-Emission
t_v ... Zeit bis 2050 (30 Jahre)
m_{2019} ... Emission im Jahr 2019 (36,8 Gt CO_2)
t ... Zeit in Jahren von 2019 weg
$M_{°Clim}$ ... Verbleibende CO_2-Menge für Klimaziele (ausgehend von 2020: 328 Gt CO_2 (1,5 °C) und 1.078 Gt CO_2 (2 °C)

Abbildung 183: Akkumulierte CO_2-Emissionen – rot strichliert eingezeichnet die Grenzen der Gesamtemissionen, ab der sich die entsprechenden Temperaturerhöhungen einstellen würden, Stand 2020.

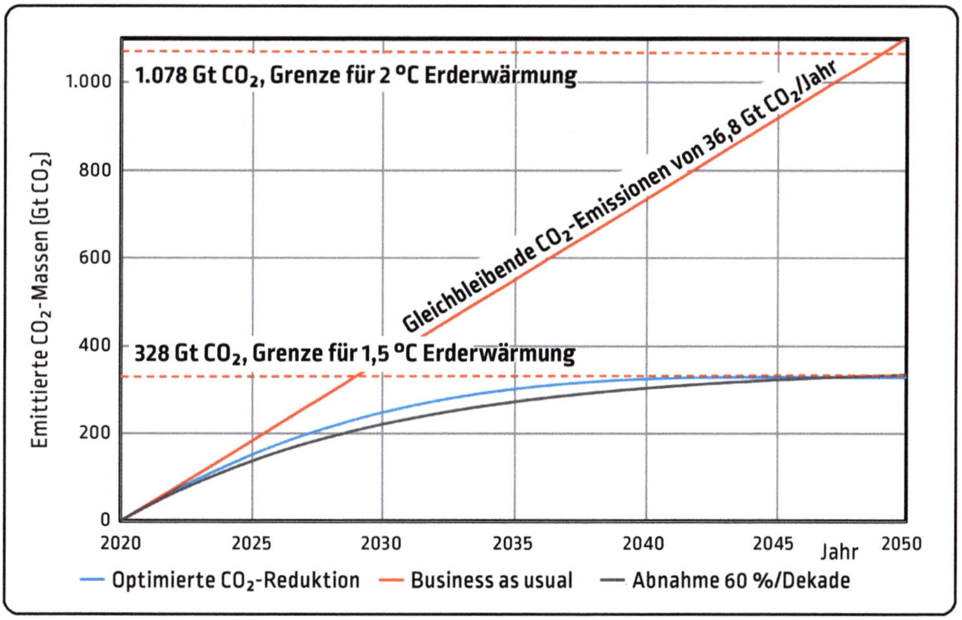

Abbildung 183 zeigt die akkumulierten jährlichen CO_2-Emissionen. Die rote durchgezogene Linie stellt die Summe der Emissionen dar, wenn weiterhin jedes Jahr 36,8 Gigatonnen CO_2 emittiert werden. Rot strichliert eingezeichnet sind die Restmengen für die 1,5-°C- und die 2-°C-Grenze. Der Schnittpunkt der roten, durchgezogenen mit der strichlierten Linie ergibt etwa 2028 die Erreichung der 1,5-°C-Grenze und im Jahr 2048 die der 2-°C-Grenze. Die blaue und die graue Kurve stellen erfolgreiche Szenarien dar, mit denen die Emissionen von Jahr zu Jahr verringert werden.

13.9 Energieversorgung aus erneuerbaren Energien

Für eine ausreichende Reduktion der CO_2-Emissionen müssen die fossilen Brennstoffe durch andere Energieträger ersetzt werden. Wie dies möglich wäre, zeigt eine umfangreiche Studie.[142] Für 139 Länder der Welt erstellte sie Fahrpläne für den Aufbau erneuerbarer Energieträger mit dem Ziel, bis 2030 80 % der fossilen Energieträger zu ersetzen. Dieser Fahrplan ist ehrgeiziger als das Pariser Abkommen und technisch und wirtschaftlich machbar. Energiesektoren wie Verkehr, Stromversorgung und Wärme, Industrie, Land-, Forst- und Fischereiwirtschaft werden elektrifiziert und mit Wind-, Wasser- und Sonnenenergie (WWS) versorgt. Eine Umsetzung dieser Pläne würde:

- die globale Erderwärmung unter 1,5 °C halten,
- Millionen jährlicher Todesfälle wegen Luftverschmutzung vermeiden,
- 25 Millionen neue Arbeitsplätze schaffen,
- den Gesamtverbrauch um 42,5 % reduzieren und
- den weltweiten Zugang zu erneuerbarer Energie erlauben.

Es gibt Vorschläge, statt erneuerbaren Energieträgern die Anzahl der Kernkraftwerke zu erhöhen, bei Kohlekraftwerken CO_2-Abscheidungen vorzusehen oder Biotreibstoffe und Bioenergiekraftwerke auszubauen. Diese Pläne sind mit Mehrkosten verbunden, einem zahlungskräftigen Lobbyismus geschuldet und keineswegs nachhaltig. Kernenergie weist eine Grauzone von Risiken auf, ist vom Rohstoff Uran abhängig, hat ein andauerndes Entsorgungsproblem und erhöht in Ländern, die bis jetzt keine Atomkraftwerke nutzen, die Gefahr der Verbreitung von Kernwaffen. Biotreibstoffe benötigen große Landflächen und haben einen hohen Wasserbedarf für Monokulturen und scheiden daher ebenfalls aus.

142 Jacobson, M. Z.; Delucchi, M. A.; Bauer, Z. A. F.; et al. (2017): 100% Clean and Renewable Wind, Water and Sunlight All-Sector Energy Roadmaps for 139 Countries of the World; Joule 1, Vol. 1; https://doi.org/10.1016/j.joule.2017.07.005, abgerufen am 13.3.2020.

13.9.1 Energieeinsparung durch WWS-Energieformen

Elektrische Systeme weisen einen höheren Wirkungsgrad auf als fossile Verbrennungssysteme.

Tabelle 39: Wirkungsgrade von verschiedenen Geräten und Anlagen.

Gerät/Anlage	Wirkungsgrad η
Kohlekraftwerk	0,3 – 0,45
Gaskraftwerk	0,3
Dieselmotor	0,43
Benzinmotor	0,4
Elektromotor/Elektrogenerator	>0,95

Mit fossilen Brennstoffen betriebene Geräte und Anlagen setzen nur einen Teil in Leistung und den Rest in Wärme um. Elektrisch betriebene Geräte und Anlagen benötigen erheblich weniger Energie (≈ –23 %). Fossile Brennstoffe sind zudem mit Energiekosten für Abbau (Minen), Transport und Raffination behaftet. WWS spart diese ein, was eine weitere Reduktion von 12,7 % ergibt. Durch eine Weiterentwicklung der Energieeffizienz – geringerer Stromverbrauch von Geräten, LEDs, Wärmepumpen – können zusätzlich 7 % gewonnen werden. Die benötigte Leistung bei einer 100%igen Umstellung auf WWS reduziert sich damit insgesamt um 42,7 %.

Wirkungsgrad η

Unter dem Wirkungsgrad einer Maschine oder Anlage versteht man das Verhältnis von abgeführter zu zugeführter Energie. Je kleiner der Wirkungsgrad ist, umso mehr Energie geht beim Prozess verloren.

Abbildung 184 zeigt die Zeitschiene der Umstellung von fossilen Energieträgern auf WWS. 2012 betrugt die weltweit benötigte Leistung 12.105 Terawatt. Bei Business as usual (BAU) steigt der Leistungsbedarf der Erde bis 2050 auf 20.604 Terawatt an. Die 100%ige Umstellung auf WWS teilt sich folgendermaßen auf: 37 % Windenergieanlagen, 58 % Photovoltaikanlagen und 5 % Wasserkraftwerke.

2030 könnten 80 % aller fossilen Anlagen und Geräte ersetzt sein und 2050 100 %.

Der Einsatz kohlenstoffarmer Energietechnologien erfordert eine Zusammenarbeit mit China, das in der Massenproduktion dieser Produkte weltweit führend ist.[143] China produzierte 2001 nur 1 %, 2019 aber bereits 66 % der weltweiten

Physikalische Vorsätze zu Maßeinheiten

1 Mega: 1.000.000
1 Giga: 1.000.000.000
1 Tera: 1.000.000.000.000

143 Helveston, J.; Nahm, J. (2019): China's key role in scaling low-carbon energy technologies; Science Vol. 3663, Issue 6467, S. 794–796; https://doi.org/10.1126/science.aaz1014, abgerufen am 11. 6. 2020.

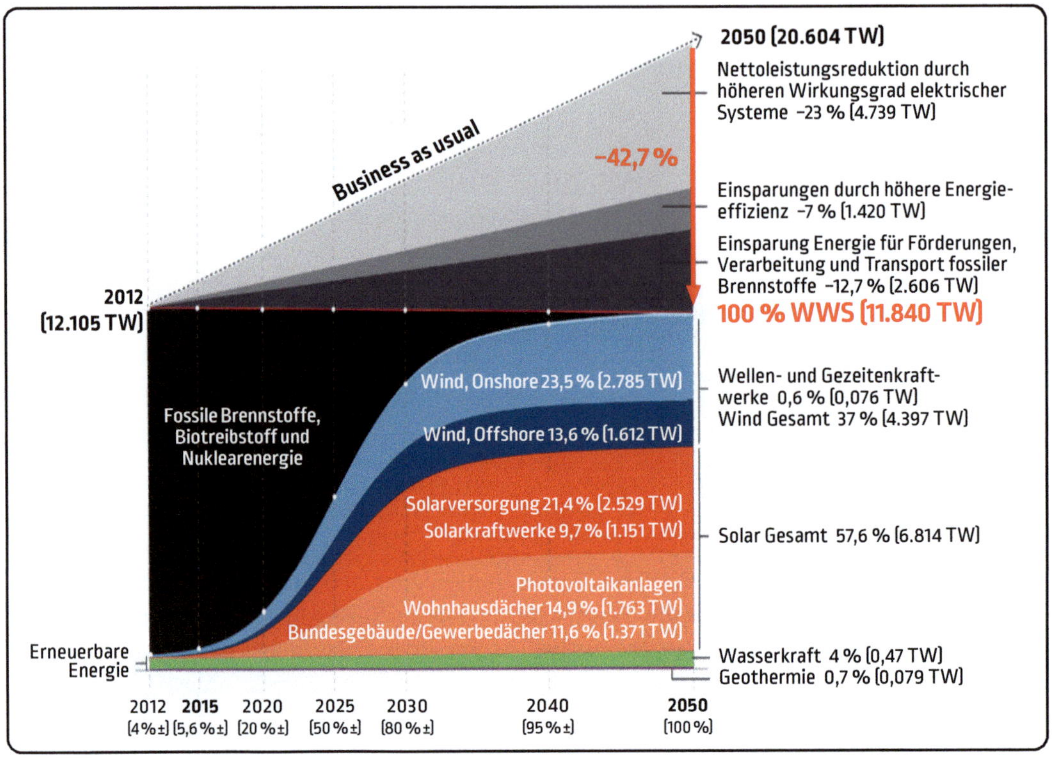

Abbildung 184: Fahrplan zum Ersatz fossiler Energieträger durch erneuerbare Energien.

hergestellten Solarpaneele. Windturbinen stammen zu 33 % aus China, und der Anteil an Batterien übersteigt 60 % der globalen Produktion. Keine andere Wirtschaft war in der jüngeren Geschichte bereit und in der Lage, auch nur annähernd gleichwertige Ressourcen in die Expansion der Produktion und in Forschung und Entwicklung zu investieren. Die chinesischen Hersteller konzentrierten ihre F&E-Anstrengungen auf Produktionsverbesserungen und nicht auf die Forschung und Entwicklung neuer Produkte. Die USA verbrauchen 40 % der Weltenergie und führen gleichzeitig einen kontraproduktiven Handelskrieg mit China. Trotz des bemerkenswerten Wachstums erneuerbarer Energien in den letzten Jahren liegt die Welt bereits weit hinter dem Zeitplan zurück.

13.9.2 Kostenvergleich zwischen WWS und BAU

Beim Kostenvergleich werden Kapitalkosten, Kosten für Landnutzung, Betrieb, Wartung, Brennstoff, Übertragung und Transport und Speicherung berücksichtigt.

Externe Kosten entstehen vorrangig durch Luftverschmutzung und Klimawandel. Luftverschmutzung durch Feinstaubgehalt (PM2,5) und bodennahe Ozonkonzentration führen zu chronischen Erkrankungen und reduzieren die Lebenserwartung, davon sind 4,6 Millionen Menschen betroffen. 2050 wird eine Tonne CO_2 mindestens 500 Euro kosten.

Tabelle 40: Gegenüberstellung der Kosten von WWS und Business-as-usual-Energie.

Kostenart	Business as usual (¢/kWh)	WWS (¢/kWh)	Business-as-usual-Kosten weltweit (Bio Dollar/á)	WWS-Kosten weltweit (Bio Dollar/á)
Energiekosten	8,84	8,73	≈ 13,2	≈ 6,0
Luftverschmutzungskosten	11,47	≈ 0,32	≈ 17,1	≈ 0,22
Klimakosten	14,28	≈ 0,45	≈ 21,3	≈ 0,31
Gesamt	34,6	9,5	51,6[144]	6,5

Bei Berücksichtigung externer Kosten – Überschwemmungen, Landverlust, Hitze-Dürre-Perioden, Versauerung der Meere, Wassermangel, Hungersnöte, endemische Erkrankungen – sind die Business-as-usual-Kosten achtmal so hoch wie jene von WWS. Während der kommenden Jahre müssen die veralteten fossilen Kraftwerke abgestellt und durch WWS-Technologie ersetzt werden.

Für den Bau der WWS-Anlagen entstehen 25,4 Millionen Vollzeitarbeitsplätze, nachfolgender Betrieb und Wartung erfordern weitere 26,6 Millionen Vollzeitarbeitsplätze, gleichzeitig verlieren 27,7 Millionen B.A.U.-Arbeitnehmer ihre Anstellung. In Summe führt die umfassende Einführung der WWS-Technologie zur Schaffung von 24,3 Millionen neuen zusätzlichen Vollzeitarbeitsplätzen.

Einige Dienstleistungen und industrielle Prozesse – dazu zählen Güterfernverkehr, Flugreisen, Stahl- und Zementherstellung – sind CO_2-emissionsfrei besonders schwierig zu gestalten. Diese Dienstleistungen und Prozesse sind für 10 Gigatonnen CO_2, 30 % der globalen Emissionen, verantwortlich. Leichte Nutzfahrzeuge können elektrisch oder mit Wasserstoff betrieben werden. Langstreckentransport, Luftverkehr oder Schifffahrt benötigen Energiequellen mit hoher volumetrischer und gewichtsmäßiger Dichte. Batterien und Elektromotoren sind schwer. Bei mit Lithium-Ionen-Batterien und Elektromotoren angetriebenen Lastkraftwagen verringert sich die Nutzlast um 40 %. Dies gilt analog für den Flugverkehr. Energiedichte flüssige Kraftstoffe – klassische Treibstoffe, Wasserstoff, Ammoniak, Alkohole und Ether – haben diesbezüglich Vorteile. Flüssiggaswasserstoffsysteme erfordern achtmal größere Tanks als vergleichbare fossile Treibstoffe. Der Vorteil mit Wasserstoff betriebener Lkws sind die höhere Energieeffizienz und eine erwartete CO_2-freie Produktion. Ammoniak ist ein kohlenstofffreier Treibstoff, der direkt in Motoren eingesetzt werden kann. Die in großem Maßstab betriebene Produktion kohlenstoffneutraler und energiedichter

144 Dabei wurde von einem weltweiten Jahresbedarf für 2019 von circa 26.700 Terawattstunden und einer installierten Kraftwerksleistung von 12.000 Terawatt ausgegangen.

flüssiger Brennstoffe wird für das Erreichen eines emissionsfreien Energiesystems entscheidend sein. Diese Brennstoffe bilden eine Brücke zwischen stationärem und mobilem Verkehrsenergiesektor.

Die CO_2-freie Herstellung von Zement und Stahl erfordert andere Prozesse und/ oder den Einsatz alternativer Materialien. Derzeit benötigt eine Tonne produzierter Rohstahl 1,6 bis 3,1 Tonnen CO_2 plus das CO_2 zur Erzeugung der notwendigen hohen Temperaturen (1.100 bis 1.500 °C).

Wind- und Solarstrom werden nur erzeugt bei Wind und Sonneneinstrahlung in ausreichendem Maß. Fehlen diese (bedeckter Himmel, Windstille), muss die Produktionslücke mit einem anderen Energieversorgungssystem gefüllt werden. Das wird durch eine Mischung aus flexibler Erzeugung, Energiespeicherung, Energieeinsparung und Nachfragemanagement erreicht.

Die chemische Speicherung von Energie in Gas oder flüssigen Brennstoffen ist eine Schlüsseloption zur Erreichung eines integrierten Energiesystems mit Netto-Null-Emissionen. Gespeicherter Wasserstoff kann entweder in Brennstoffzellen oder durch Verbrennung in Gasturbinen in Elektrizität verwandelt werden. Die derzeitigen wieder aufladbaren Batterien für den Massenmarkt sind aufgrund der verwendeten Materialien und des Energieaufwandes bei der Herstellung nicht geeignet. Energie könnte durch Komprimierung von Luft in unterirdischen geologischen Formationen, Unterwasserbehältern oder oberirdischen Behältern in Zeiten des Leistungsüberschusses gespeichert werden. Luftbetriebene Turbinen könnten die Energie in Elektrizität zurückverwandeln. Technologien, die die Stromnachfrage über intelligente Lastverteilung steuern, verbessern die Zuverlässigkeit der gesamten elektrischen Leistungsversorgung.

13.9.3 Ein Fahrplan zur schnellen Dekarbonisierung bis 2050

Die Reduktion des Ausstoßes von Treibhausgasen ist mit der Umstellung fossiler Energieträger auf WWS verbunden. Erfolgreiche Klimapolitik bedarf einer zustimmenden Öffentlichkeit, unterstützender Interessengruppen und innenpolitisch ehrgeiziger Koalitionen. Ein Weg mit raschen kleinen Erfolgen erleichtert das Erreichen des großen Ziels – Schutz des Klimas.

2019 reicherte die Menschheit die Atmosphäre (siehe Abbildung 185) um 36,8 Gigatonnen CO_2 an. Davon entfielen auf Strom- und Wärmeerzeugung 15 Gigatonnen, auf Verkehr 7,7 Gigatonnen, auf Industrie 6,1 Gigatonnen, Landnutzung und Landnutzungsänderungen 3,2 Gigatonnen und Gebäudeversorgung 2,7 Gigatonnen. Daneben wurden auch andere Treibhausgase an die Atmosphäre abgegeben. Das waren 8,5 Gigatonnen CO_2eq Methan, welches hauptsächlich aus der Landwirtschaft stammt, und 3,6 Gigatonnen CO_2eq Stickoxid – N_2O aus Äckern. Aus Industrie und anderen Quellen stammt eine Gigatonne der hochwirksamen Treibhausgase der chemischen Gruppen HFC, PFC, SF_6 und NF_3. Eine Gigatonne entspricht 1.000.000.000 Kilogramm

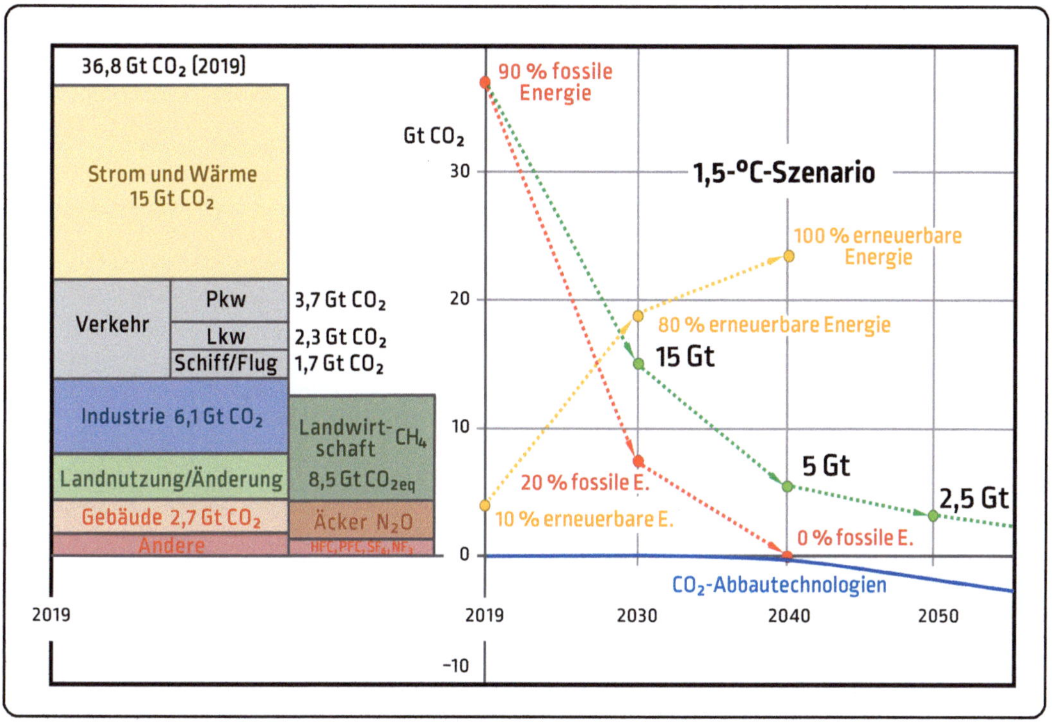

Abbildung 185: Fahrplan einer schnellen Dekarbonisierung bis 2050.

oder 1.000 Millionen Kilogramm. Für das Klimaziel 1,5 °C ist bis 2030 der jährliche CO_2-Ausstoß auf mindestens 15 Gigatonnen und bis 2040 auf 5 Gigatonnen zu reduzieren (grüne punktierte Linie). Dies kann nur durch einen Rückbau und die Aufgabe fossiler Energieerzeuger (rote punktierte Linie) und Verbraucher fossiler Brennstoffe erfolgen und einen rapiden Ausbau der erneuerbaren WWS-Energie (gelbe punktierte Linie). Weiter sollten künstliche CO_2-Abbautechnologien entwickelt werden, die, ab 2040 sich steigernd, das überschüssige CO_2 wieder aus der Atmosphäre entfernen. Geringe Mengen von CO_2 werden nach wie vor aus anthropogenen Quellen emittiert, aus chemischer und petrochemischer Produktion. Künstliche CO_2-Abbautechnologien könnten diese Restemissionen ausgleichen. Übrig bleibt die Notwendigkeit, Landwirtschaft, Landnutzung und Landnutzungsänderungen so umzustellen, dass sie treibhaugasneutral wirken. Der Einsatz hochwirksamer Treibhausgase wie HFC, PFC, SF_6 und NF_3 ist zu verbieten und durch andere unschädliche Stoffe zu ersetzen.

Die COVID-19-Pandemie zeigt das Versagen des freien Marktes in der Krise. Die Staaten waren gefordert und ergriffen Maßnahmen, um die Pandemie einzudämmen. Andererseits müssen sie die Wirtschaft nach der Krise wieder ankurbeln. Typischerweise investieren Staaten nach einer Krise in großem Stil. Das wäre eine Chance, Maßnahmen für den Klimaschutz zu finanzieren, um die Geschwindigkeit, mit der die Menschheit auf den Abgrund zurast, zu vermindern.

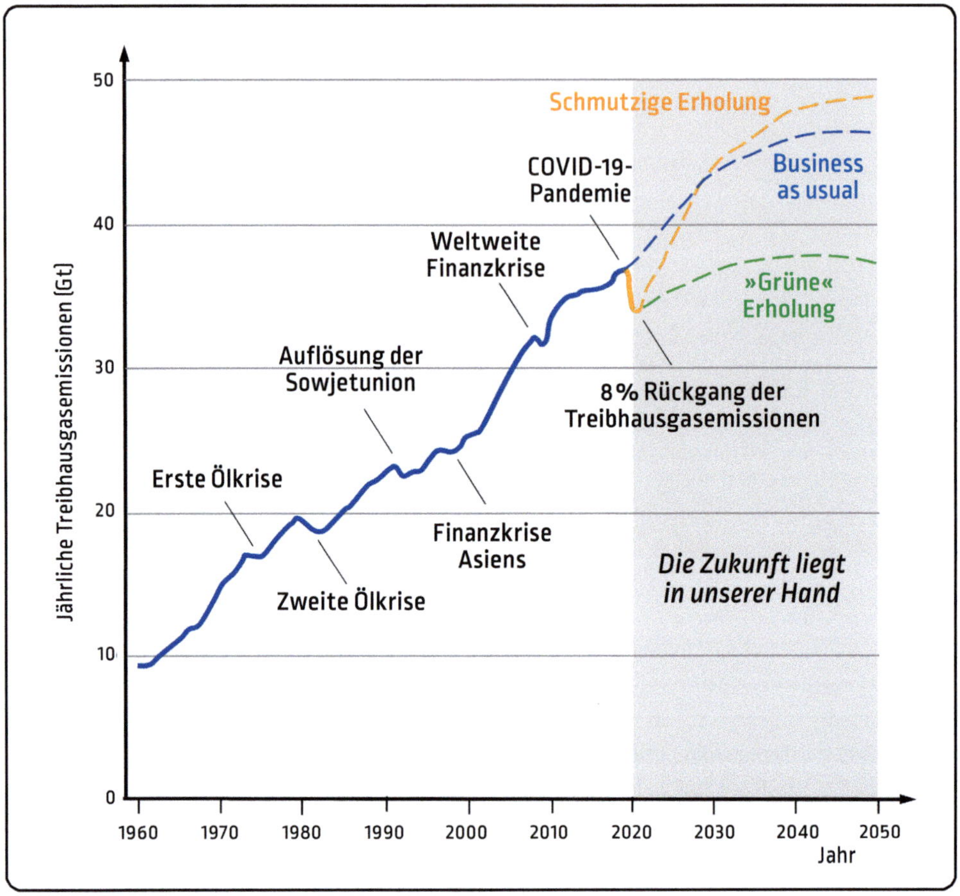

Abbildung 186: Entwicklung der jährlichen Treibhausgasemissionen.

Abbildung 186 zeigt die Zunahme der Treibhausgasemissionen der letzten Jahrzehnte sowie die Beschleunigung, mit der wir auf den Klimacrash zuhalten. Eingetragen sind die Krisen der letzten 60 Jahre. Als Folge jeder Krise reduzierte sich der Treibhausgasausstoß, weil die Wirtschaft einbrach. Kennzeichnend für jede Krise war das darauffolgende Wiederanwachsen der jährlichen Emissionen.

Warum reduzierte sich nach der Finanzkrise 2008 die jährliche Zunahme der Treibhausgasemissionen? Der Grund für die Reduktion der Geschwindigkeit auf dem Weg in den Klimacrash war grünes Investieren. Die USA investierten in intelligente Stromzähler, in die Entwicklung von Batterien und in erneuerbare Energien. China und Europa bauten Windräder und Solaranlagen.[145] Nach den beiden Ölkrisen waren die Energiepreise hoch. Unternehmen investierten deshalb in effizientere Produktionsanlagen. Die COVID-19-Pandemie führt zu einem Rekordabsturz der Treibhaus-

145 https://webstore.iea.org/renewables-information-2019, abgerufen am 7.9.2020.

gasemissionen – der größten seit dem Zweiten Weltkrieg. Sie schwächt die künftige Entwicklung der globalen Erderwärmung und bremst die Geschwindigkeit, mit der wir Richtung Klimacrash unterwegs sind. Wie wird der weitere Verlauf der jährlichen Emissionen aussehen? Die Zukunft liegt in der Hand der Regierungen – welchen Weg werden sie nach der COVID-19-Pandemie einschlagen?

Zwei grundsätzliche Wege führen in die Zukunft. Die Staaten investieren in eine schmutzige Zukunft (investieren massiv in Fluglinien oder subventionieren Kohlekraftwerke weiter) oder in einen sauberen grünen Weg, der die Entwicklungskurve der jährlichen Emissionen nach unten biegt. Vorteilhaft wäre grünes Investieren nach der COVID-19-Pandemie in Wind- und Solarkraftwerke, den Ausbau von Stromnetzwerken, in energetische Sanierung von Gebäuden und den Ausbau öffentlicher Verkehrsmittel.

13.10 Gewinnung erneuerbarer Energie

13.10.1 Gewinnung elektrischer Energie aus Kernkraftwerken

Energie aus Kernkraftwerken ist nicht erneuerbar, sie nutzt die begrenzte Ressource Uran 235. Die Technologie wird oft als Alternative zur fossilen Energiegewinnung dargestellt. Kernkraftwerke erzeugen elektrische Energie ähnlich wie Verbrennungskraftwerke. Der Brennstoff ist Uran 235. Bei der Kernspaltung von Uran 235 entstehen zwei bis drei schnelle Neutronen, die aus dem umgebenden spaltfähigen Material wieder Neutronen herausschlagen, was eine Kettenreaktion auslöst. Bei Kernwaffen wird diese Reaktion bewusst ausgelöst, um möglichst große Zerstörung anzurichten. In einem Kernkraftwerk wird sie kontrolliert und geregelt. Regelstäbe fangen ein bis zwei der schnellen Neutronen je Atomzerfall ein und unterdrücken dadurch die Kettenreaktion. Bei der Spaltung von Atomen weisen die Spaltprodukte weniger Masse auf als das Ausgangsprodukt. Die fehlende Masse wird als »Massendefekt« bezeichnet. Der Massendefekt wird in Energie umgesetzt. Es gilt die Einstein'sche Beziehung

$$E = m \cdot c^2$$

E → Energie (Ws)
m → Masse (kg)
c → Lichtgeschwindigkeit (300.000 km/s)

3.000 Tonnen verbrannter Kohle sind einem Massendefekt eines Gramms Uran gleichwertig. Radioaktives Uran 235 ist in dem natürlich vorkommenden Uran 238 vorhanden. Sein Anteil beträgt nur 0,7 %. Die beiden Uranarten sind chemisch nicht zu unterscheiden, aber sie haben unterschiedliche Massen und können folglich durch Zentrifugieren getrennt werden. Die natürlichen Uranvorkommen sind begrenzt und nicht nachhaltig. Die Energiegewinnung durch Atomkraftwerke ist sehr problematisch, weil:

- sie radioaktives Material mit einer Zerfallszeit von mehreren Tausend Jahren erzeugen und eine sichere Endlagerung verunmöglichen,
- der Abbau des radioaktiven Materials hohe Kosten verursacht,
- sie ein zweifelhaftes Sicherheitsrisiko mit sich bringen, wie die Reaktorunfälle in Harrisburg, Tschernobyl oder Fukushima Raiichi, um nur einige zu nennen, bewiesen haben, und
- sie müssen bei Neubau hoch subventioniert werden, da ihre Stromkosten deutlich über jenen von erneuerbaren Energien liegen.

Die als Alternative gepriesene kontrollierte Kernfusion (ähnliche Prozesse, wie sie im Inneren der Sonne ablaufen) wird seit Jahrzehnten erforscht, stellt die Techniker und Wissenschaftler aber vor schier unlösbare Probleme.

13.10.2 Geothermiekraftwerke

Geothermiekraftwerke nutzen die Wärmeenergie der Erde. Mit zunehmender Tiefe steigt die Temperatur im Erdmantel. Ungefähr 3 °C je 100 Meter nimmt im Schnitt die Erdmanteltemperatur zu. In der Rheintiefebene in Deutschland tritt in einer Tiefe von 3.000 Metern eine Temperatur von 150 °C auf. In Island werden Temperaturen

Abbildung 187: Geothermiekraftwerk in Island.

Abbildung 188: Parabolrinnenkraftwerk (Solarenergie) in Kalifornien.

um die 100 °C bereits in wenigen hundert Meter Tiefe erreicht. Große geothermische Anlagen werden derzeit mit Bohrungen bis in 5.000 Meter Tiefe betrieben. An Standorten mit Erdtemperaturen von 200 bis 300 °C können »normale« Wasserdampfkraftwerke eingesetzt werden.

13.10.3 Parabolrinnenkraftwerke

Parabolrinnenkraftwerke bestehen aus gebogenen Spiegeln, die Sonnenstrahlen auf eine Linie im Brennpunkt fokussieren. Dort befindet sich ein mit Flüssigkeit gefülltes Rohr. In Rohren mit Wasserfüllung entsteht Wasserdampf, der über eine Turbine geführt wird und einen Elektrogenerator antreibt. Rohre mit Ölfüllung übertragen die Wärme, also Energie, in einen zweiten wassergefüllten Kreislauf.

Die Spiegel werden zur Erhöhung des Wirkungsgrades dem Stand der Sonne nachgeführt. Parabolrinnenkraftwerke bewähren sich in Gegenden mit ständiger Sonnenstrahlung (Wüsten).

13.10.4 Photovoltaikkraftwerke und -anlagen

Photovoltaikkraftwerke (PV) nutzen vorhandene Sonnenenergie. Diese steht praktisch unbegrenzt zur Verfügung. Schon ein kleiner Teil der Sonnenenergie ist ausreichend, die gesamte menschliche Zivilisation mit Energie zu versorgen. Solarzellen werden aus Siliziumhalbleiterschichten hergestellt. Man unterscheidet amorphes, monokristallines und multikristallines Silizium. Amorphes Silizium weist geringere Wirkungsgrade und einen höheren Flächenbedarf auf. Silizium ist nach Sauerstoff das zweithäufigste in der Erdkruste vorkommende Element, liegt jedoch ausschließlich in gebundener Form im Quarzsand oder silikathaltigen Gesteinen vor. Das Silizium wird durch Schmelzelektrolyse – bei hohen Kosten wegen der notwendigen elektrischen Energie – im Lichtbogenofen gewonnen. Die Preise für die Herstellung sinken kontinuierlich, weil die Photovoltaikatechnik in großem Maßstab in China produziert und eingesetzt wird. Die Technologieführerschaft Deutschlands wurde durch eine restriktive Förderpolitik (2013) eingebüßt. Als Folge musste eine Vielzahl deutscher Solarunternehmen Insolvenz anmelden.

Der Aufbau von Photovoltaikinseln in unzugänglichen Gebieten zur Stromversorgung ist vorteilhaft, da Photovoltaik und Windkraftwerke keinen Netzanschluss benötigen. Rund zwei Milliarden Menschen sind ohne Zugang zur Elektrizität – die Photovoltaikaindustrie kann Abhilfe schaffen.

Der prinzipielle Aufbau einer Photovoltaikanlage sieht eine Gruppe von verschalteten Photovoltaikmodulen vor, die über einen Laderegler Batterien laden. Der Laderegler

Abbildung 189: Photovoltaikanlage bei Freiburg, Deutschland.

schützt die Batterie vor Überladung und schaltet die Verbraucher weg, wenn die Batterien entladen ist.

Solarmodule liefern Gleichstrom, aus diesem wird Wechselstrom über einen elektronischen Wechselrichter erzeugt. Überschüssige Energie wird ins vorhandene Stromnetz eingespeist und rückverrechnet. Energiespeicher (Akkumulatoren, Batterien) ermöglichen bei einem Netzausfall den Weiterbetrieb als Versorgungsinsel. Die Vermeidung einer Teilabschattung der Module ist wichtiger als die exakte Ausrichtung nach der Sonne. Selbst wenn nur ein Teil der Elemente abgeschattet wird (durch einen Baum etwa), kommt es zu empfindlichen Leistungseinbußen der Anlage. Von 1976 bis zum Jahr 2017 ist der Preis für Solarmodule um mehr als den Faktor 100 gesunken. Setzt sich dieser Trend fort – und alles deutet darauf hin –, dann ist die Solarenergie der wichtigste Energieträger der Zukunft.

13.10.5 Wasserkraftwerke

Die Nutzung der Wasserkraft hat eine lange Tradition, wie zahlreiche Getreidemühlen entlang von Flüssen und Bächen zeigen. Moderne Kraftwerke sind große Bauwerke und teuer. Es werden Laufkraftwerke (Flüsse) und Speicherkraftwerke unterschieden. Laufkraftwerke liefern beständig und zuverlässig Strom. Speicherkraftwerke speichern das Wasser in Seen oder großen Becken und rufen die Energie bei Bedarf ab. Zu diesen zählen Pumpspeicherkraftwerke, die in Zeiten des Energieüberschusses das Wasser in Speicherreservoirs hochpumpen, um den Spitzenbedarf abzudecken. Wasserkraftwerke führen das Wasser über eine Turbine, die mit einem Elektrogenerator verbunden ist, der die Drehbewegung in elektrische Energie verwandelt.

Mit dem Höhenunterschied der Wassersäule und der Durchflussmenge steigt die gewinnbare Energie. Die potenzielle Energie ist dem Gewicht und dem Höhenunterschied proportional – sie wird in kinetische Energie des fließenden Turbinenstrahls umgesetzt. Bei geringen Fallhöhen wie bei Flusskraftwerken wird die speziell dafür entwickelte Kaplan-Turbine eingesetzt. Sie ähnelt einer Schiffsschraube mit drei bis

ZUSATZINFORMATION

Für die Leistung von Wasserkraftwerken gilt:

$$P_{elektrisch} = \eta \cdot \rho_{Wasser} \cdot g \cdot A \cdot v \cdot H = \eta \cdot \rho_{Wasser} \cdot g \cdot Q \cdot H$$

- $P_{elektrisch}$ → Elektrische Leistung (W)
- η → Wirkungsgrad
- ρ_{Wasser} → Dichte des Wassers (kg/m³)
- g → Erdbeschleunigung (m/s²)
- A → Querschnitt Wasserzufluss (m²)
- v → Strömungsgeschwindigkeit des Wassers (m/s)
- H → Fallhöhe (m)
- Q → Durchflussmenge Wasser (m³/s)

Abbildung 190: Laufwasserkraftwerk Trausnitz, Deutschland.

acht verstellbaren Laufradschaufeln. Der Wirkungsgrad ist mit über 80 % sehr hoch. Üblicherweise wird für Flusskraftwerke eine Stelle mit großem Flussgefälle gesucht, wo Wasser problemlos aufgestaut werden kann. Flusskraftwerke betreiben parallel mehrere Turbinen. Je nach Wasserstand werden Turbinen ab- bzw. zugeschaltet.

Für Speicherwasserkraftwerke werden Staudämme an geeigneten Stellen angelegt. Die Turbine wird über eine Druckrohrleitung von großer Höhe aus versorgt.

13.10.6 Wellenkraftwerke

Wellenkraftwerke werden in Küstennähe betrieben, was die mögliche Nutzung stark einschränkt. Derzeit finden Wellenkraftwerke noch keine große Verbreitung und Anwendung.

13.10.7 Meeresströmungskraftwerke

Diese funktionieren ähnlich wie Windkraftwerke, nur treibt Wasser statt Wind den Rotor an. Bisher gibt es nur Prototypen. Die Anwendung ist auf Meeresstellen nicht zu großer Tiefe und konstanter Strömung begrenzt.

13.10.8 Windkraftanlagen zur Stromgewinnung

Die Windkraft wird von den Menschen schon lange genutzt. Früher waren es einfache Windmühlen, heute werden moderne Windanlagen mit wesentlich größeren Leistungen gebaut. Es gibt zwei Bauarten: Onshore- und Offshore-Windkraftanlagen. Die Onshore-Anlagen werden über Land installiert, Offshore-Anlagen über dem Meer.

Rund 2 % der Sonnenenergie setzen sich in Windenergie um. Nur ein Teil dieser Windenergie ist nutzbar. Das größte Windangebot gibt es auf offener See, da bremsende Hindernisse fehlen. Über Land verliert der Wind je nach Gelände und Oberflächenstruktur schnell an Geschwindigkeit.

Die Windleistung ist proportional zur dritten Potenz der Geschwindigkeit (v). Die Windleistung erhöht sich extrem mit steigender Windgeschwindigkeit. Damit bei Sturm oder größeren Windgeschwindigkeiten die Windräder nicht beschädigt werden, ist der Anstellwinkel der Flügel einstellbar (Azimutantrieb). Bei Windstärken um 10 Kilometer pro Stunde laufen Windräder an, bei 50 Kilometer pro Stunde erreichen sie ihre Höchstleistung. Durch die Flügelverstellung wird die aufgenommene Leistung elektronisch konstant gehalten. Bei Sturm (v>90 Kilometer pro Stunde) dreht sich das Windrad aus dem Wind. Der Rotor wird über Bremsen festgehalten. Die Kosten einer Windkraftanlage teilt sich auf den Turm (24 %), die Rotorblätter (24 %), das Getriebe (18 %), den Generator (10 %) und die Gondel (8 %) auf. Der dänische Energieminister Jørgensen hat 2019 die Klimaziele Dänemarks radikal nach oben geschraubt. Bis 2030 will Dänemark seine CO_2-Emissionen um 70 % reduzieren. Mit 40 % weist Dänemark den weltweit höchsten Anteil an Windenergie am Strommix auf. Vor der dänischen Küste entstehen in der Nordsee Windparks mit einer Leistung von 10 Gigawatt. Diese Leistung reicht für 10 Millionen Haushalte, mehr als Dänemark verbrauchen kann.

Abbildung 191: Windkraftanlage.

Simulationen[146] zeigen bislang unbekannte Vorteile der Kombination von Wind- und Solaranlagen in großem Maßstab in der Sahara. Es ergeben sich vorteilhafte Auswirkungen auf das regionale Klima – erhöhte Niederschläge mit positiven Einflüssen auf die Vegetation. Solche Ergebnisse weisen darauf hin, dass erneuerbare Energien vielfältige Vorteile haben, die zum Teil noch nicht offenkundig sind.

ZUSATZINFORMATION

Die umsetzbare Windleistung ergibt sich nach

$$P_{Wind} = \rho \cdot A \cdot v^3$$

P_{Wind} → Windleistung [W]
ρ → Luftdichte [kg/m³]
A → angeströmte Fläche [m²]
v → Geschwindigkeit der Luftströmung [m/s]

13.10.9 Biogasanlagen

Biogase entstehen bei der Vergärung von Biomasse. Dabei werden Gülle, Pflanzen oder Abfälle aus der Biotonne eingesetzt. Die in einem Blockheizkraftwerk entstandenen Gase werden vor Ort verbrannt und zur Strom- und Wärmeerzeugung genutzt. Das entstandene Gas kann aber auch in ein Erdgasnetz eingespeist werden.

146 Li, Y.; et al. (2018): Climate model shows large-scale wind and solar farms in the Sahara increase rain and vegetation; Science, Vol. 361, Issue 5629, S. 1019–1022; https://doi.org/10.1126/science.aar5629, abgerufen am 9. 6. 2020.

Abbildung 192: Biogasanlage in Deutschland.

13.10.10 Energieträger Wasserstoff

Wasserstoff ist das häufigste Element im Universum. Auf der Erde ist Wasserstoff seltener. Die Weltraumfahrt verwendet Wasserstoff als Treibmittel für Raketen. Wasserstoff verbrennt (bildet mit Sauerstoff Knallgas) mit Sauerstoff zu Wasser. 1,4 Millionen Liter Flüssigwasserstoff benötigte der Start eines Spaceshuttles. Die Gewinnung thermischer Energie aus Wasserstoff ist aus Umweltsicht ideal. Das Problem ist die Gewinnung des reinen Wasserstoffs. Derzeit gelingt dies nur mit aufwendigen energieraubenden Verfahren, die fossile Brennstoffe benötigen. Bei diesen Verfahren entsteht am Ende (Trennung des Wasserstoffs aus Kohlenwasserstoffverbindungen wie z. B. Methan) CO_2. Sie sind nicht nachhaltig und im Sinne des Klimaschutzes begrenzt sinnvoll und nicht breit anwendbar. Bei anderen Verfahren wird elektrische Energie benötigt, die großteils aus der Nutzung fossiler Brennstoffe stammt. Ideal wäre die Gewinnung von Wasserstoff mithilfe der Sonnenenergie und geeigneten Katalysatoren. Ein Problem bleibt, das ist der Transport. Wasserstoffmoleküle sind die kleinsten existierenden Moleküle, und es werden Druckbehälter zum Transport benötigt, damit sich der Wasserstoff nicht verflüchtigt. Üblicherweise wird Wasserstoff verflüssigt transportiert. Die Verflüssigung von Wasserstoff verbraucht ein Drittel der im Wasserstoff gespeicherten Energie. Zurzeit ist die Gewinnung von Energie aus Wasserstoff wesentlich teurer als die aus anderen Energieformen.

Wasserstoff wäre vielseitig einsetzbar, vielleicht erfinden die Konstrukteure und Wissenschaftler eine nachhaltige Produktionsform. Die verfügbaren Technologien ermöglichen es, mit Wasserstoff Energie zu erzeugen, zu speichern, zu bewegen und zu nutzen. Er könnte eine Ergänzung zu den erneuerbaren Energien (Wind-, Wasser-, Solarenergie) sein, wenn deren Verfügbarkeit nicht mit der Nachfrage übereinstimmt. In Überschusszeiten elektrischer Energie produzierter Wasserstoff könnte bei Mangelsituationen als Puffer dienen. Heute wird Wasserstoff vor allem in der Ölraffination und zur Herstellung von Düngemitteln verwendet.

13.10.11 Die Brennstoffzelle

Die Brennstoffzelle nutzt die Reaktion von Wasserstoff mit Sauerstoff zur direkten Umwandlung in elektrische Energie. Die Gase sind durch einen Elektrolyten getrennt und reagieren durch Stromfluss miteinander – das Abfallprodukt ist Wasser. Mit Wasserstoff betriebene Brennstoffzellen gibt es bereits in Prototypen von Kraftfahrzeugen und Eisenbahnzügen. Eine Weiterentwicklung und breite Anwendung sind in den Jahren ab 2035 bis 2040 zu erwarten.

13.10.12 Vergleich der verschiedenen Energieerzeugungsanlagen

Abbildung 193 zeigt die weltweit installierte Kraftwerksleistung nach Art der Erzeugung. Die Gewinnung elektrischer Energie aus Kohle, Erdgas und Wasser dominiert. Wind und Photovoltaik holen auf.

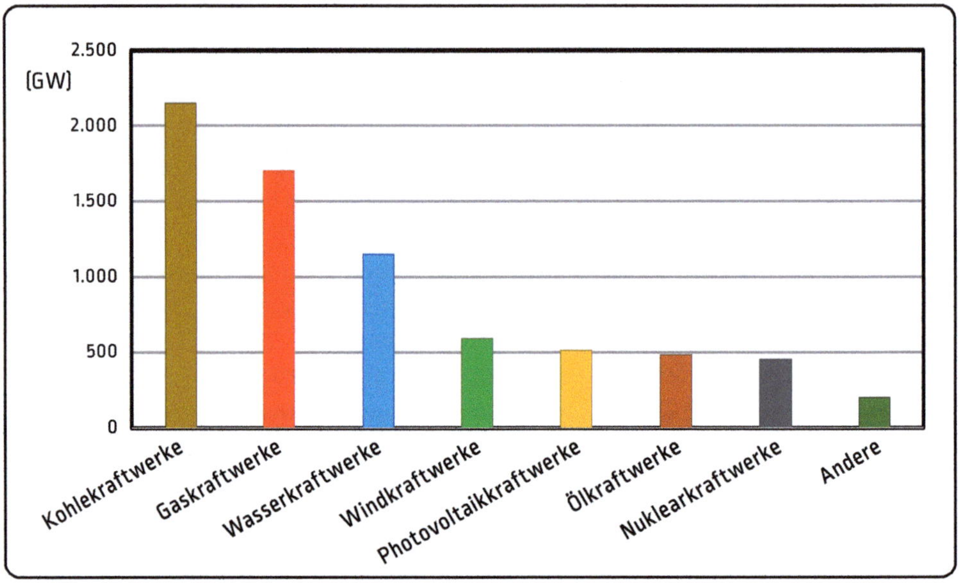

Abbildung 193: Weltweit installierte Kraftwerksleistung nach Art.

Die in der Tabelle 41 angegebenen Kosten[147] (Mittelwerte für Deutschland) enthalten keine externen Kosten. Externe Kosten fallen vor allem bei konventionellen Kraftwerken durch Transport, Entsorgung, Umweltschädigung durch Abwässer, Schadstoffe in der Atmosphäre, Treibhausgasemissionen etc. an. Erneuerbare Energien sind davon in geringerem Maße betroffen.

In Deutschland wird mit externen Kosten für die Braunkohlekraftwerke von zusätzlich 87 Euro pro Megawattstunde und für Steinkohlekraftwerke von 68 Euro pro Megawattstunde gerechnet. Für die photovoltaischen Kraftwerke entstehen externe Kosten von 8 Euro pro Megawattstunde und für Windkraftanlagen von 1 Euro pro Megawattstunde. Nach der Tabelle liegen die Stromkosten für Photovoltaikanlagen und Onshore-Windanlagen deutlich unter jenen der anderen erneuerbaren und der konventionellen Stromerzeuger. Grün markiert sind die Stromerzeuger, die erneuerbar und zugleich kostengünstig bei niedrigen CO_2-Emissionen sind.

147 Kost, C.; Shammugam, S.; Nguyen, H.-T.; Schlegl, T. (2018): Stromgestehungskosten erneuerbare Energien, Fraunhofer-Institut für Solare Energiesysteme ISE, Freiburg.

Tabelle 41: Parameter der Energieerzeugung: Wirkungsgrad, Kosten und Anteil am Weltmarkt.

Kraftwerkstyp	Wirkungsgrad[148] (%)	Kosten[149] €/MWh (Deutschland)	CO_2-Emissionen[150] / kWh in g	Anteil Weltmarkt[151] (%)
Steinkohlekraftwerke	<46	80	1.080	38,3
Braunkohlekraftwerke	<44	62	1.230	
Erdgaskraftwerke	<40	170	430	22,9
Kernkraftwerke	35	143	66	10,2
Wasserkraftwerke	**90**	**85**	**13**	**16,3**
Geothermiekraftwerke	45			0,3
Photovoltaische Kraftwerke	**24**	52	**55**	**1,74**
Windkraftanlagen	**50**	**60 Onshore** 108 Offshore[152]	16	4,4
Gezeitenkraftwerke				0,004
Biomassekraftwerke	40	215	Pellets 17	2,4
Biogas		123		

13.10.13 Prognose der Leistungsentwicklung erneuerbarer Energieformen

2017 betrug die weltweit verfügbare Leistung der Photovoltaikanlagen 440 Gigawatt und von Onshore-Windanlagen etwa 540 Gigawatt. Die Entwicklung dieser Energieerzeuger zeigt progressiv nach oben. Bis zum Jahr 2035 wird mit einer installierten Solarleistung von 5.200 Gigawatt und für die Onshore-Windleistung von 2.200 Gigawatt gerechnet. Die teurere Offshore-Windleistung wird für das Jahr 2035 mit etwa 125 Gigawatt angenommen und spielt eine Nebenrolle in der Gesamtenergieerzeugung.

Photovoltaische Anlagen legen an weltweit installierter Leistung deutlich schneller zu als die Windenergieanlagen, wie die Abbildung 194 zeigt.

148 Unter dem Wirkungsgrad wird das Verhältnis von an das Stromnetz abgegebener Energie zur eingesetzten Primärenergie verstanden.

149 Ohne externe Kosten.

150 Eingerechnet werden die CO_2-Emissionen nicht nur während des Betriebes, sondern auch jene Anteile, die bei der Herstellung und beim Abriss der Anlagen anfallen.

151 International Energy Agency Daten 2017.

152 Offshore-Windkraftanlagen werden über dem offenen Meer gebaut. Sie sind teurer, weil das Fundament aufwendiger ist und dem Salzwasser widerstehen muss. Wartung und Service sind ebenfalls mit mehr Aufwand verbunden.

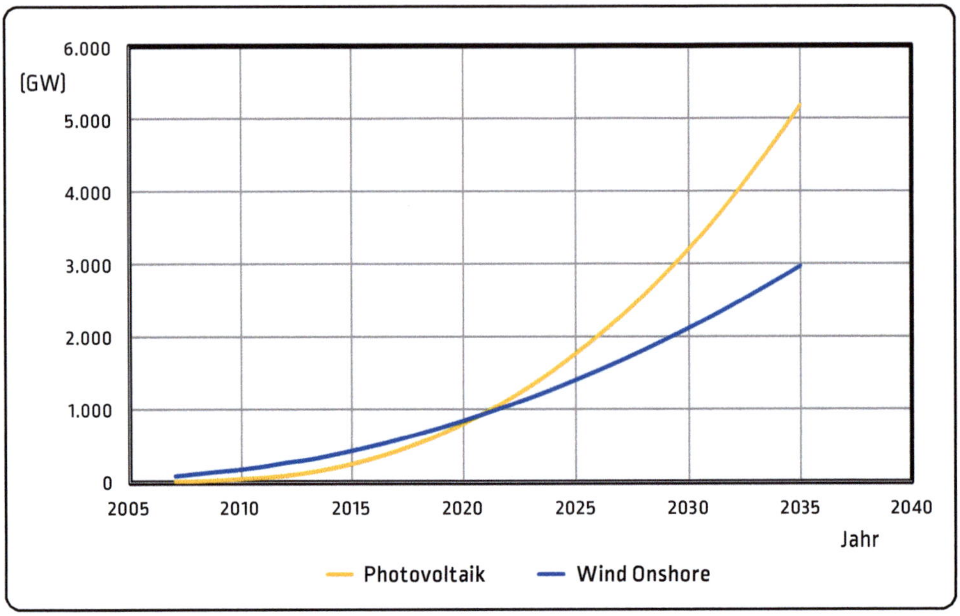

Abbildung 194: Leistungsentwicklung der Photovoltaik- und Onshore-Windanlagen in Gigawatt auf Basis des aktuellen Trends.

13.11 Begleitmaßnahmen auf dem Weg zu einer nachhaltigen Dekarbonisierung

13.11.1 Landwirtschaftliche Betriebe

Landwirtschaft ist ein komplexer, aus mehreren Komponenten bestehender, interaktiver Prozess, der von Land-, Tier-, Menschen- und Wasserressourcen sowie von Kapitalinvestitionen abhängig ist. Sie wird weltweit auf verschiedene Arten und Umgebungen mit unterschiedlicher Intensität und biologischer Effizienz betrieben. In industriellen Agraranlagen sind Tiere von der landwirtschaftlichen Futtermittelversorgung und Abfallentsorgung getrennt. Futter, Energie und andere Rohstoffe werden aus externen Quellen angeliefert. Industrielle Systeme produzieren mehr als 50 % des weltweiten Schweine- und Geflügelfleisches und 10 % des Rind- und Hammelfleisches. Der Überschuss der anfallenden Stickstoff- und Phosphornährstoffe führt aufgrund der großen Mengen an Futtermittelimporten zu Problemen bei der Dungentsorgung und stellt ein potenzielles Verschmutzungsrisiko dar. Der Überfluss an Nährstoffen versickert in den Böden, verschmutzt das Grundwasser und belastet die Umwelt. Stickoxide entstehen in erheblichem Ausmaß und stellen einen bedeutenden Anteil an den Treibhausgasen dar. Gemischte Landwirtschaftssysteme integrieren Pflanzen- und Tierproduktion im selben Betrieb. Sie produzieren weltweit den größten Anteil an Fleisch (54 %) und Milch (90 %). In vielen Entwicklungsländern ist die gemischte Landwirtschaft das Hauptsystem der Kleinbauern. Die Gülle wird als Dünger auf die Ackerflächen ausgebracht und verringert den Einsatz von Kunstdüngern. Weidesysteme sind Viehhaltungssysteme, bei denen mehr als 90 % des Trockenfutters aus Weideland, Jahresfutter und zugekauftem Futter stammt. Gemessen an der Gesamtproduktion, liefern Weidesysteme zwar nur 9 % der weltweiten Fleischproduktion, stellen aber die einzige Einkommensquelle für 20 Millionen Hirtenfamilien dar. Ein wichtiger Beitrag zur Dekarbonisierung durch die Landwirtschaft wäre eine Abkehr von der rein hochindustriellen Landwirtschaft zur Mischwirtschaft mit verringertem Einsatz von Düngern und einer artgerechteren Tierhaltung.

13.11.2 Lebensmittelfülle und Lebensmittelabfälle

Jeder Mensch verursacht jährlich 173 Kilogramm Lebensmittelabfälle. Die Hälfte aller weggeworfenen Lebensmittel entstammt Haushalten. Ein Drittel der erzeugten Lebensmittel landet in der Landwirtschaft und bei den Produzenten im Müll; 10 % entfallen auf die Gastronomie und 5 % auf den Handel. Diese Verschwendung entspricht weltweit 3,3 Gigatonnen CO_2. Die Hälfte ließe sich bei einem sorgsamen Umgang mit Lebensmitteln vermeiden. Teilweise verschulden strenge Qualitätsvorgaben des Handels – »unschöne« Ware – diese Verschwendung, da für zu kleine Kartoffeln oder krumme Gurken zu niedrige Preise erzielt werden. Große Teile tierischer und pflanzlicher Produktion werden als minderwertig erachtet und dem Mistkübel übergeben. Für ein Kilogramm Fisch auf dem Teller sterben bis zu zehn Kilogramm Meerestiere. 38 Millionen Tonnen Beifang, das entspricht 40 % des weltweiten Fischfangs, sind Ausdruck einer nicht nachhaltigen unselektiven industriellen Fischerei – ein ungeheures Vergehen an organischem Leben.

Frankreich nahm mit seinem Verbot des Wegwerfens von Lebensmitteln durch Supermärkte in Europa eine Vorreiterstellung ein, die – so die Hoffnung – Nachahmer finden wird.

13.11.3 Das gesunde Essen und reduzierter Fleischkonsum

Übermäßiger Fleischkonsum ist eine Folge der nach dem Zweiten Weltkrieg entwickelten industriellen Fleischproduktionsweise und des dadurch rasant angestiegenen Angebots bei gleichzeitigem Preisverfall. Unmittelbar nach dem Weltkrieg war Fleisch Mangelware, es wurde nur sonntags konsumiert. Heute ist es ein Überschussprodukt zu Schleuderpreisen.

Mit der Industrialisierung der Landwirtschaft stiegen die gesundheitlichen Risiken. Die Kontamination von Fleisch mit Antibiotika, Wachstumshormonen, tierischen Exkrementen und Bakterien stellt eine ernsthafte Gefahr für die Menschen dar.

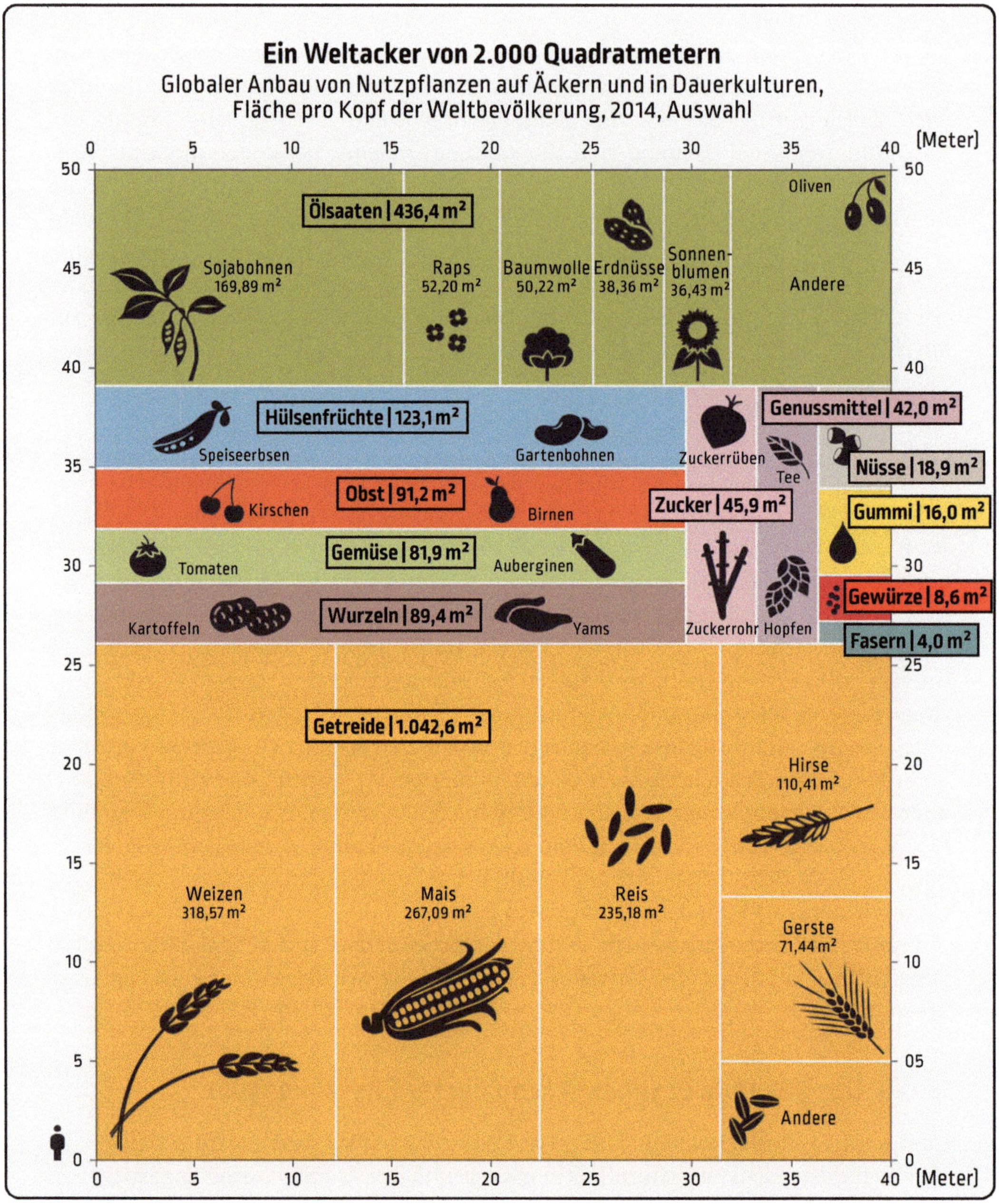

Abbildung 195: Anteile verschiedener Nutzpflanzen auf einem hypothetischen Acker mit 2.000 Quadratmeter Nutzfläche, 2018.

Tabelle 42: Fleischkonsum in Kilogramm je Einwohner (EW) und Jahr in verschiedenen Gebieten und nach Art (Betrachtungszeitraum 2016 bis 2018).

Gebiet	Rind (kg/EW)	Geflügel (kg/EW)	Schwein (kg/EW)	Schaf/Ziege (kg/EW)	Gesamt (kg/EW)
Welt	6,4	9,3	12,4	1,7	29,8
Europa	10,3	24,6	28,3	1,6	64,8
Nordamerika	25	47,5	22,3	0,5	**95,3**
Asien/Pazifik	3,4	9,3	12,4	1,9	27
Afrika	4,1	5,4	1,1	2,1	12,7
Lateinamerika/Pazifik	16,4	32,3	10,4	0,5	59,6
Ozeanien	13,5	33,7	17,7	5,9	70,8
Österreich	17,7	21,2	52,7	0,8	**92,4**
Deutschland	14	20,9	50,1	0,9	**85,9**

Die Tabelle 42 zeigt den aktuellen jährlichen Konsum je Einwohner verschiedener Regionen nach Art des Fleisches. Spitzenreiter im Fleischkonsum sind die Bewohner Nordamerikas, Österreichs und Deutschlands. In den reichen Regionen der Welt wird das meiste Fleisch verzehrt – diese Länder tragen daher auch die größte Verantwortung für die Belastung der Umwelt durch Tierfabriken.

17 % des Kalorienbedarfs der Menschen wird von Fleisch gedeckt, wofür 77 % des weltweiten Ackerlandes verbraucht werden. Stattdessen wäre es sinnvoller, essbare pflanzliche Produkte anzubauen, die bei geringeren Landflächen, weniger Dünger und Wasser wesentlich mehr Kalorien zur Verfügung stellen (siehe Tabelle 43).

Tabelle 43: Gesamtproduktion, Flächenbedarf, Treibhausgasemissionen und Proteine für verschiedene Lebensmittel.

Art	Gesamtproduktion Mt (2019)	Flächenbedarf m²/kg	Wasserbedarf l/kg	Treibhausgas-emission CO_2/kg	Proteine kg/kg
Rinder	71	45	5–15.500	14	0,24
Schweine	116	15	4.800	4	0,21
Geflügel	128	8	3.900	3,5	0,22
Hülsenfrüchte		6	1.500	1	0,23–0,35
Eier			2.500	2	0,11 (1 Ei)
Gemüse und Früchte		0,5–1	100–400	0,2–0,5	
Palmöl	76	2,6 / l Öl	4,5 / l Öl	4–30[153]	0

153 Die hohe Emission von CO_2eq bei der Palmölproduktion tritt vor allem dann auf, wenn die Palmölplantagen auf feuchtem Untergrund (Torf, Moore) gepflanzt werden.

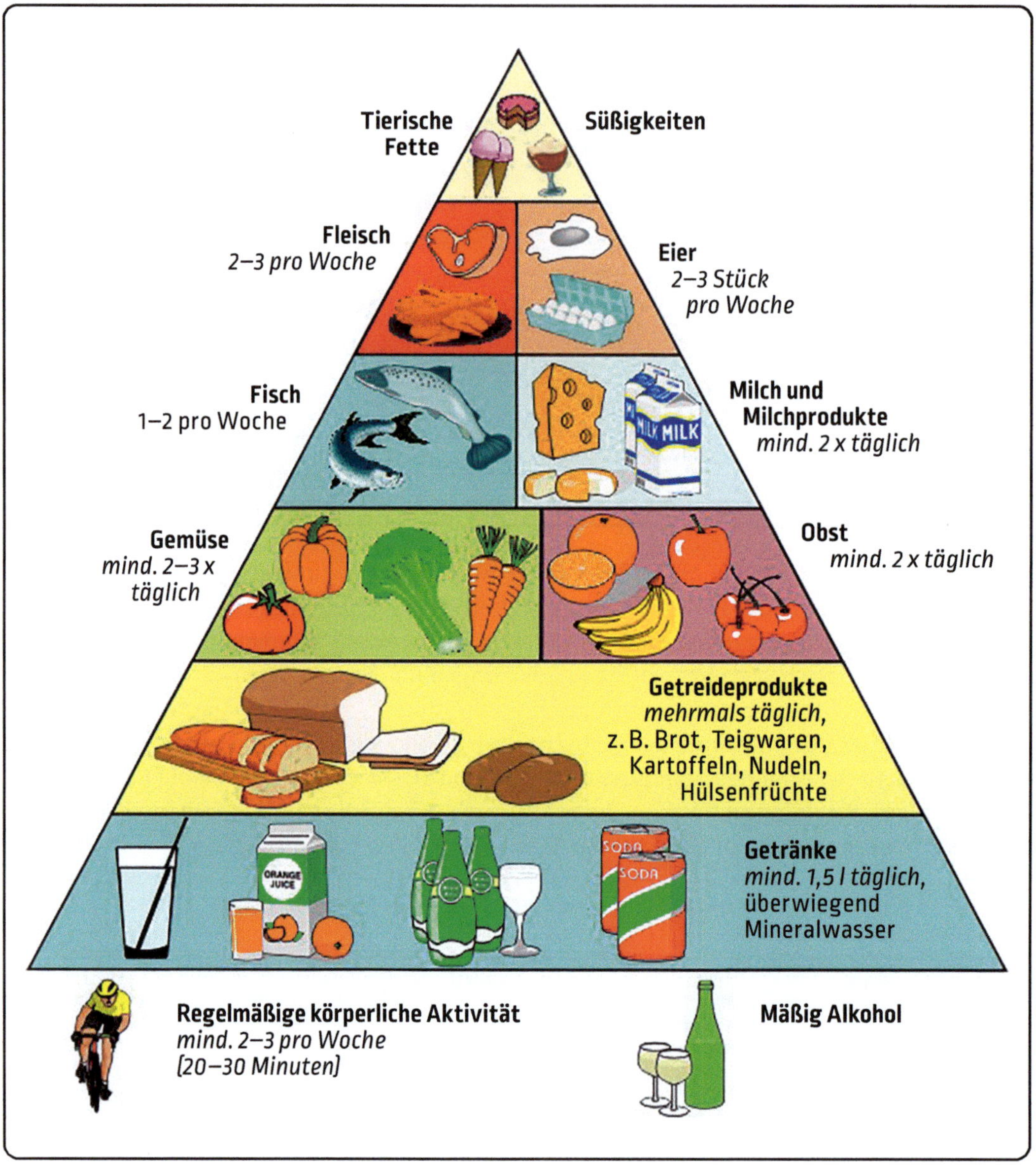

Abbildung 196: Ernährungspyramide.

Negative Auswirkungen des Menschen auf die biologische Vielfalt können durch folgende Maßnahmen erheblich reduziert werden:

- Nachfrage nach tierischen Nahrungsmitteln mindern und den Anteil pflanzlicher Nahrungsmittel erhöhen,
- ökologisch ineffizientes Wiederkäuer- und Wildfleisch durch andere effizientere Proteinquellen ersetzen und
- Viehzucht wieder in verschiedene gekoppelte Systeme integrieren, die sich stärker an der Struktur und den Funktionen von energie- und nährstoffsparenden Ökosystemen orientieren.

Ökologische Systeme mit gemischten Pflanzen- und Tierproduktionssystemen bei gleichzeitig geringerer Fleischnachfrage würden die biologische Vielfalt erhalten, den Verbrauch fossiler Brennstoffe, den Ausstoß von Treibhausgasen und Umweltgiften erheblich reduzieren. Zudem würden eine gesunde Ernährung forciert und große Bereiche der extensiven Landnutzung wieder dem Menschen und den Wildtieren als Lebensraum zur Verfügung stehen.

Bewirtschaftungsarten

Extensiv – Wachstum und Ernährung der Tiere auf Weideflächen

Intensiv – konzentrierte Ausmast von Rindern einige Wochen vor der Schlachtung mit Getreide, Züchten größerer Tiere, schnelleres Wachstum

Normal – Mischform aus beiden

Abbildung 196 zeigt die Pyramide einer gesunden Ernährung. Sie basiert auf Getreideprodukten und Kartoffeln mit einem hohen Anteil an Ballaststoffen, fünf Portionen Obst oder Gemüse, täglich Milch und Milchprodukte, ein- bis zweimal pro Woche Fisch – Fleisch, Wurst und Eier in Maßen sowie mindestens 1,5 Liter Flüssigkeit pro Tag. Zucker und Salz sind Gewürze und sollten mengenmäßig auch so eingesetzt werden. Alkoholkonsum wird nur zu besonderen Gelegenheiten[154] angeraten, dafür aber mehrmals pro Woche Sport.

13.11.4 Reduktion von Distickoxid N_2O

Die größte Quelle für klimawirksames Distickoxidgas ist die Landwirtschaft (60 %).[155] Die Ursachen sind die Ausweitung der Nutzflächen, der vermehrte Einsatz von Düngemitteln, industrielle Abgase und die Verbrennung von Biomasse – Emissionen aus Äckern dominieren. Ein kleinerer Teil entspringt menschlichen Abwässern. In den kommenden Jahren ist wegen der Zunahme der Weltbevölkerung mit einer Ausweitung landwirtschaftlicher Flächen und dem vermehrten Einsatz von Düngern zu rechnen. Der entstehende Dung aus Tierexkrementen und der synthetische Stickstoff-

154 Vollwertig essen und trinken nach den zehn Regeln der DGE; www.dge.de, abgerufen am 15.3.2020.

155 Reay, D. S.; Davidson, E. A.; Smith, K. A.; et al. (2012): Global agriculture and nitrous oxide emissions; Nature Climate Change; https://doi.org/10.1038/NCLIMATE1458, abgerufen am 14.3.2020.

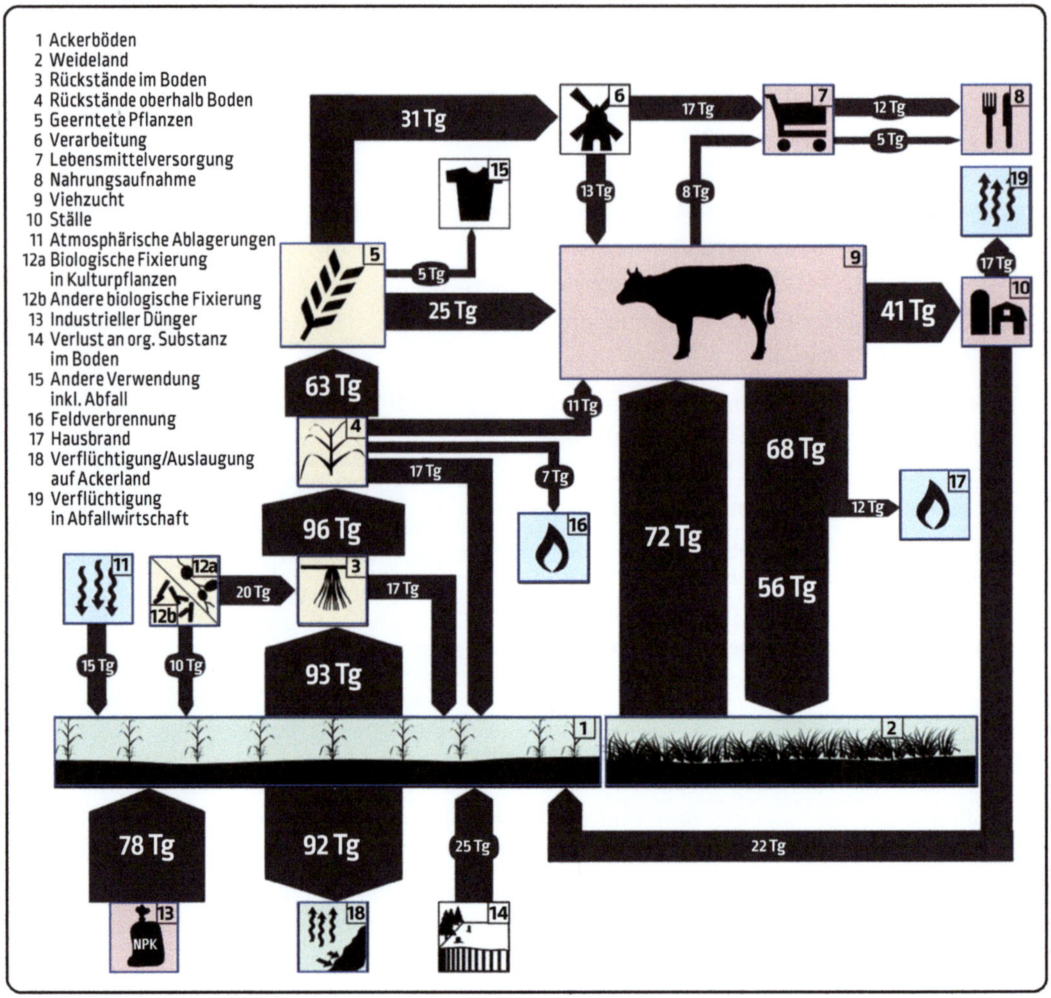

Abbildung 197: Landwirtschaftlicher Stickstofffluss (1995) in Teragramm (= 1 Megatonne).

dünger erzeugen je Tonne 40 Kilogramm Stickstoff in der Atmosphäre. N_2O ist wegen seiner langen Verweildauer in der Atmosphäre (mehr als 100 Jahre) ein gefährliches Treibhausgas. Der Viehsektor dominiert den landwirtschaftlichen Stickstoffkreislauf. 40 % (25 Megatonnen) der weltweiten Ernteerträge und ein Drittel (11 Megatonnen) der oberirdischen Ernterückstände werden an Tiere verfüttert. Die Nebenprodukte aus der Verarbeitung der Ernte fügen dem globalen Futtermittelmix weitere 13 Megatonnen Stickstoff hinzu. Darüber hinaus werden 70 Megatonnen Stickstoff von Wiederkäuern auf Weideland aufgenommen. 123 Megatonnen Stickstoff werden mit dem Futter verwertet, aber nur 8 Megatonnen finden sich im Fleisch auf den Esstellern wieder. Der gegenwärtige globale Agrar-Stickstoff-Zyklus ist höchst ineffizient. Nur die Hälfte des auf Ackerböden ausgebrachten Stickstoffdüngers nehmen Pflanzen auf, ein Zehntel des Stickstoffs in den Ackerpflanzen und den Weideflächen verbraucht der Mensch. 7,5 Megatonnen N_2O brachte 2010 der Mensch in die Atmosphäre ein.

Der Konsument kann durch die Wahl seiner Ernährung den Stickstoff- und Methan-Fußabdruck verringern, indem er tierische Produkte durch pflanzliche ersetzt und den Haushaltsabfall reduziert. Dasselbe gilt für die Verschwendung bei Lagerung und Verarbeitung von Lebensmitteln in der Lebensmittelindustrie, dem Handel und Vertrieb.

Die Menge emittierten Lachgases setzt sich wie folgt zusammen:

- ▹ 55 bis 60 % aus natürlichen Ökosystemen,
- ▹ 25 bis 30 % aus Äckern und Agrarwirtschaft,
- ▹ 5 % aus Biomasseverbrennung,
- ▹ 5 % aus indirekten Emissionen,
- ▹ 2 % aus Düngerbewirtschaftung und
- ▹ 2 % aus verunreinigten Abwässern.

Tierische Produkte effizienter zu produzieren bedeutet weniger Dünger und bessere Auswahl der Futtermittel mit geringerem Stickstoff-Fußabdruck. Die industrielle Landwirtschaft ist der Hauptverursacher der Vernichtung biologischer Vielfalt. Wichtig für die Biodiversität sind zusammenhängende Lebensbereiche, damit Tiere uneingeschränkte Futter-, Wander- und Fluchtwege finden können.

13.11.5 Reduktion von Methan

Methan ist ein Treibhausgas mit einer relativ kurzen Lebenszeit in der Atmosphäre. Die terrestrische Biosphäre kann die Treibhausgase Kohlendioxid, Methan und Distickstoffoxid freisetzen oder absorbieren und spielt daher eine wichtige Rolle bei der Regulierung der atmosphärischen Zusammensetzung und des Klimas.

Tabelle 44: Methan-Lachgas-Quellen und Kohlenstoffdioxidsenke in Gigatonnen CO_2eq.

	Emittierte/absorbierte jährliche Mengen der terrestrischen Biosphäre	
Treibhausgase	Gt CO_2eq (100 Jahre)	Gt CO_2eq (20 Jahre)
CH_4-Quellen	7,4 – 7,5	22,3 – 22,5
N_2O-Quellen	2,2 – 3,3	2,2 – 2,3
CO_2-Bodensenke	-5,3 – -5,8	-5,3 – -5,8
Gesamt	**3,9 – 5,4**	**18,7 – 20,4**

Die äquivalenten CO_2-Werte in der Tabelle 44 wurden für die Wirkdauer von 20 bzw. 100 Jahren berechnet. Sie beschreibt die Auswirkungen von 1 Gramm CH_4 oder 1 Gramm N_2O auf den Energiehaushalt der Erde, verglichen mit jenem von 1 Gramm CO_2, bezogen auf den angegebenen Zeitraum. Die Verweildauer von CH_4 in der Atmosphäre ist wesentlich kürzer als jene von N_2O. Die Wirksamkeit innerhalb von 20 Jahren ist bei Methan dreimal höher. Die Senkung von Methan wäre ein wirksamer Weg, um den durch die Treibhausgase verursachten Strahlungsantrieb und die Erwärmungsrate des Klimas in kurzer Zeit zu dämpfen. Das emittierte Methan stammt aus folgenden Quellen:

- 40 bis 50 % natürlichen Ursprungs aus Mooren und Feuchtwiesen,
- 20 % von Wiederkäuern,
- 14 % aus Deponien und menschlichen Abfällen,
- 10 % aus Reisanbau,
- 6 bis 10 % von Termitenbauten und anderen Wildtieren und
- 2 % aus ausgebrachtem Dung.

Die Methanemissionen in 1,5-°C-Pfaden können durch ein verbessertes landwirtschaftliches Management – Wassermanagement in der Reisproduktion, bessere Qualität des Viehbestandes durch Zucht und verbesserte Fütterungspraktiken – sowie durch eine Verlagerung der menschlichen Ernährung weg von emissionsintensiven Tierprodukten[156] erreicht werden. In Entwicklungs- und Transformationsländern ist ein massiver Anstieg des Tierbedarfs in den kommenden Jahren zu erwarten. Die steigende weltweite Nachfrage nach tierischen Produkten endet nicht vor Mitte des Jahrhunderts und stellt eine bedrohliche sich steigernde Umweltbelastung dar.

13.11.6 Nachhaltiger Verkehr und Transport

Nachhaltiger Verkehr setzt als Energieträger den Einsatz nachhaltig erzeugter elektrischer Energie voraus. Nur wenn die Energie aus WWS-Technologien stammt, fahren elektrisch angetriebene Fahrzeuge nachhaltig. Der Transportsektor ist mit einem Anteil von 22 % (2019) an den globalen Emissionen einer der Hauptverursacher der Klimakrise. Die entsprechenden 8,0 Gigatonnen CO_2 teilten sich wie folgt auf:

- Pkw-Individualverkehr: 3,6 Gigatonnen CO_2,
- Lkw, Schwerkraftlastwagen, Busse: 2,4 Gigatonnen CO_2,
- Flugverkehr: 0,9 Gigatonnen CO_2,
- Schiffsverkehr 0,8 Gigatonnen CO_2 (davon international: 0,7 Gigatonnen CO_2) und
- Eisenbahnverkehr: 0,1 Gigatonnen CO_2.

Der Hauptemittent von Treibhausgasen ist der Straßenverkehr. Dies ist zum einen dem ineffizienten Individualverkehr – 95 % der Zeit steht das Privatauto still und wird vorrangig von einer Person benutzt –, zum anderen dem Schwerlastverkehr, der quer durch Europa Konsumgüter transportiert. Die Umweltkosten werden derzeit den Ver-

156 IPCC (2018): Mitigation Pathways Compatible with 1,5°C in the Context of Sustainable Development; SR15 Chapter 2.

kehrsträgern nicht verrechnet. Es ist dringend notwendig, externe Kosten an die Verursacher weiterzuverrechnen und nicht der Gemeinschaft anzulasten.

Tabelle 45: Überblick über Verkehrsträger und CO_2eq-Emissionen.

Verkehrsträger	CO_2eq	PM_{10} in g/Pkm	Jährliche Fahr-/ Flugleistung	CO_2eq/Jahr	Auslastung Besetzung
Pkw	216,5 g/Pkm	0,03	13.727 km	3,42 t	1,15 P
Lkw	88 g/tkm	0,009	21.428 km	18,9 t	10 t
Busse	54,6 g/Pkm	0,007	43.900 km	45,1 t	18,8 P
Bahnpersonen-verkehr	14,4 g/Pkm	0,004	6.897 Pkm/Zugfahrt	0,1 t je Zugfahrt	110 P
Bahngüterverkehr	5,8 g/tkm	0,002			482 t
Flugzeug	426,2 g/Pkm	0,054	300 Mio. Pkm/ Flugzeug	127.860 t je Flugzeug	94,2 P
Binnenschiff	33,1 g/tkm				

Die CO_2eq-Angaben beinhalten direkte und indirekte Emissionen.

Pkw → Mittelwerte Diesel-/Benzinfahrzeuge
Lkw → Mittelwerte schwere Nutzfahrzeuge
Busse → Mittelwerte Reiselinienbusse
Bahn → Angaben ÖBB
Flugzeug → Durchschnitt national/international
Pkm → Personenkilometer
tkm → Tonnenkilometer

Die Daten der Tabelle 45 zeigen, wie ineffizient und treibhausgasintensiv die Verkehrsträger Flugzeug und Fahrzeuge gegenüber der Eisenbahn sind. Der öffentliche Verkehr, insbesondere der Schienenverkehr, muss gefördert und bevorzugt werden. Ein weiterer Vorteil der Eisenbahn ist die bereits weitgehende Elektrifizierung. Gelingt es, die Energieversorgung auf nachhaltige Energieformen umzustellen (Wind-, Wasser-, Solarenergie [WWS]), dann ist die Eisenbahn der Vorzugsschüler.

13.11.6.1 *Ist das Elektroauto die Antwort auf die Klimakrise?*

Der Gedanke, dass Elektroautos keine Treibhausgase ausstoßen, ist falsch. Die Treibhausgase eines Elektroautos sind nur nicht sichtbar, Elektroautos haben keinen Auspuff, die Kohle- und Gaskraftwerke, die den Strom erzeugen, und die Anlagen der Automobilindustrie schon. Das Elektroauto ist keine Antwort auf die Klimakrise, denn selbst bei großen Fortschritten einer ressourcenschonenden Produktion von Elektroautos und ihrer Batterien wird die Hälfte der Emissionen von Verbrennungs-Pkw bereits vor der ersten Fahrt erzeugt – auch wenn die Energie zu 100 % aus erneuerbaren Quellen kommt. Für die Klimabelastung ist es unerheblich, wo Emissionen entstehen, entscheidend ist, wie groß diese sind. Produktionsstätten für Fahrzeuge verarbeiten Rohstoffe. Die Stahl- und Aluminiumproduktion benötigt viel Energie, verursacht Treibhausgase und (Fein)Staub. Auch erneuerbare Energieträger benötigen Rohstoffe und Energie (Beton, Stahlträger, Kunststoffe, Silizium etc.) und belas-

Abbildung 198: Elektrischer Reisebus.

ten die Umwelt – ebenso der Transport der Rohstoffe – und bestimmen den ökologischen Fußabdruck.

Die Produktion eines typischen Elektroautos, verglichen mit einem Nissan Leaf, erzeugt 15 %, die eines Tesla S sogar 68 % mehr Treibhausgasemissionen. Der Großteil der Treibhausgasemissionen eines Autos, ganz gleich welcher Art, entsteht schon bei der Produktion, daher ist der beste Weg die Vermeidung – also sie überhaupt nicht oder in geringerer Anzahl zu produzieren.

2018 gab es 5 Millionen Elektroautos. Dies entspricht 0,8 % des weltweiten Kfz-Bestandes. Bis 2030 wird ein Anstieg auf 14,5 % erwartet. Es gibt einige Länder in der Vorreiterrolle, wie Norwegen mit einem Anteil von 46 %, Island von 18 % und Schweden von 8 % Anteil an Elektroautos am Gesamtautopark. Der angemessene Preis je Tonne CO_2 soll Konsumenten über sparsame Autos und Carsharing, vermehrt über eine Benutzung öffentlicher Verkehrsmittel, des Rades oder der eigenen Füße nachdenken lassen.

Es gibt bereits Versuchsstrecken, auf denen Straßenbahnen, Busse (siehe Abbildung 198), S-Bahnen und Vorortzüge batteriebetrieben fahren und über Schnellladevorrichtungen in Endbahnhöfen verfügen. Auch die Wasserstoffbrennzellentechnik wird im Bereich der Bahntechnik bereits erprobt.

Der Anteil der erneuerbaren Energieträger an der Gesamtenergieversorgung ist viel zu klein. Die steigende Elektromobilität muss deshalb mit einem zügigen und schnellen Ausbau der WWS-Energieträger einhergehen, nur so ist nachhaltiger öffentlicher Verkehr realisierbar.

Die Herstellung von Batterien für Elektrofahrzeuge ist ein Zusatzaufwand, der bei konventionellen Fahrzeugen entfällt. Dieser erhebliche Unterschied entsteht bei der Batterieproduktion, denn pro Kilowattstunde Speicherkapazität fallen 150 bis 200 Kilogramm CO_2-Äquivalent an. Ein typisches E-Auto ist mit einer Batterie von 24 bis 40 Kilowattstunden ausgestattet, das entspricht einer Emission von 3,6 bis 8 Tonnen CO_2eq. Elektroautos belasten unter dem derzeitig noch niedrigen Anteil erneuerbarer Energie den Kohlenstoffhaushalt mit 50 bis 80 Gramm CO_2/km, eine geringe Einsparung zum Pkw mit Verbrennungsmotor. Elektroautos kommen derzeit (je nach Strommix) erst ab 50.000 bis 100.000 Kilometer Fahrleistung in den »grünen Bereich«.

Der zukünftige elektrische Transportmarkt wird von Batterieinnovationen abhängen. Vergleicht man Elektro- mit Benzinfahrzeugen, so ergeben sich alle Nachteile der Elektrifizierung aus der Batterie. Anschaffungspreis, Reichweite, Ladezeit, Lebensdauer und Sicherheit sind allesamt Minuspunkte der Batterie. Positiverweise haben Elektrofahrzeuge geringere Treibhausgasemissionen, sofern das versorgende Stromnetz mit erneuerbarer Energie betrieben wird. Darüber hinaus sind die Betriebs- und Wartungskosten von Elektrofahrzeugen wesentlich niedriger als bei Benzinfahrzeugen. Der Umstieg auf Elektrofahrzeuge wird zu Mehreinnahmen der Stromproduzenten führen – Mehreinnahmen, die zur Umstellung auf erneuerbare Energie mit Energiespeicherung genutzt werden können. Elektrofahrzeuge bringen eine willkommene Flexibilität ins Energiesystem. Sie können unabhängig vom Energieträger – Öl, Benzin, Sonne, Wind oder Wasser – betrieben werden. Die Möglichkeiten, die in Fahrzeugen gespeicherte Energie in Spitzenbedarfszeiten durch Rückspeisung zu nutzen, sind bislang noch nicht untersucht worden.

Die Batterie ist der Schlüssel zum elektrischen Transport, der Brennpunkt des Fortschritts. Batterieinnovationen hin zu umweltschonender Produktion, Recyclingmöglichkeiten eingesetzter Stoffe sind unerlässlich. Lithium, Kobalt, Mangan, Nickel und Graphit sind derzeit unverzichtbare Elemente bei der Batterieherstellung, und sie sind rar. Derzeit werden weniger als 5 % der Lithium-Ionen-Batterien recycelt, im Vergleich zu mehr als 99,5 % der konventionellen Blei-Säure-Batterien. Jene Nation oder Region, die bei der Batterietechnologie führt, wird über ausreichende Versorgungsketten verfügen und Einfluss auf die Geoökonomie und die weltweite Entwicklung haben.

Die europäische Fahrzeugindustrie, getrieben durch strenge Emissionsanforderungen, fokussiert ihre Produktion auf Elektrofahrzeuge. Die USA hingegen reduzierten ihre Emissionsanforderungen und werden im Einsatz von Elektrofahrzeugen zurückfallen. 2030 werden in Europa 26 % der Neuwagenkäufe Elektrofahrzeuge sein, in den USA nur 8 %. China verfügt über den größten Elektrofahrzeugmarkt der Welt und produziert 60 % des weltweiten Batteriebedarfs. In naher Zukunft wird sich dieser Anteil auf 76 % erhöhen.

Zweifellos werden Elektroautos immer »sauberer« werden. Diese Effizienzgewinne sind mit verbesserten Batterien, leistungsfähigerer Elektronik, leichteren Fahrzeugen und besserer Aerodynamik erreichbar. Nachhaltiger Verkehr bringt die folgenden Vorteile mit sich:

- Reduktion der Todesfälle, Verletzungen und Krankheiten durch reduzierte Luft-, Lärm- und Wasserverschmutzung,
- ein Mehr an körperlicher Aktivität durch Gehen oder Radfahren,
- sicherer und effizienter Zugang zu Arbeitsplätzen, Dienstleistungen und sozialen Treffen und
- praktisch null Treibhausgasemissionen, die zu lang- und kurzfristigen Gesundheitsschädigungen und Klimaverschlechterung führen.

Nachhaltiger CO_2-neutraler Verkehr wird durch folgende Strategien erreicht:

- Priorisierung der Investitionen in den öffentlichen Verkehr – elektrisch angetriebene Bahn, Bus, U-Bahn und Straßenbahn,
- technische Innovationen – selbstfahrende autonome E-Autos und entsprechende automatische Beförderungsdienste, energieeffizientere, auf Elektrizität basierende Verkehrsträger, Gewichtsreduktion, Wirkungsgraderhöhung und eine Verlagerung auf die energieeffizientesten Verkehrsträger, insbesondere bei Langstrecken- und Stadtverkehr,

Abbildung 199: Brennstoffzellen-Wasserstoffzug Alstom Coradia iLint auf der Innotrans 2016 in Berlin.

- Priorisierung einer optimalen Infrastruktur für Radfahrer und Fußgänger,
- die Einführung »grüner« Fahrzeuge einschließlich Reduktion der Anzahl der Fahrzeuge – öffentliche Transportangebote machen ein »eigenes« Auto überflüssig,
- Verbesserung der Effizienz der Transportwege und
- Reduktion der Transportwege selbst durch lokale Hersteller (ist der Import von Himbeeren aus tropischen Ländern mit Flugzeugen sinnvoll und notwendig?).

Generell sollte das Prinzip »Vermeiden, Verlagern und Verbessern« auch für die Mobilität gelten. Privatfahrzeuge stehen zu 95 % der Zeit still, effizienter und sinnvoller ist es, die Anzahl der Fahrzeuge zu reduzieren, die produzierten mehrfach und effizient zu nutzen, um ihre Auslastung zu steigern.

Die Menschheit braucht keine Autoindustrie, die jedes Jahr Zigmillionen Autos herstellt. Sie braucht keine technologischen Innovationen wie das führerlose Auto – sie benötigt ein anderes Verkehrssystem, das auf der Grundlage rationaler sozialer Bedürfnisse basiert. Erforderlich sind Maßnahmen, die eine Produktion unnötig großer Fahrzeuge reguliert, öffentliche Verkehrsmittel ausbaut, Geh- und Radwege schafft und den Lebensraum von den Autos weg wieder hin zu den Menschen verlagert. Lang haltbare, reparierbare, umbaubare und wartbare Verkehrsmittel sind gefragt, sodass die investierten Ressourcen möglichst lange nutzbar bleiben. Recycling darf nicht freiwillig sein, sondern muss gesetzlich geregelt werden.

13.11.7 Eine CO_2-Steuer für eine Trendwende

Der CO_2-Zertifikatspreis für Unternehmen, die ihr CO_2-Kontingent überschritten haben, wird aktuell mit 25,15 Euro pro Tonne gehandelt.[157] Dies ist laut Deutschem Bundesumweltamt[158] viel zu wenig. Selbst Steuersätze von 50 Euro je Tonne CO_2 reichen nicht aus, um deutliche und notwendige Emissionsminderungen zu erreichen. Analysen für den Verkehrsbereich zeigen, dass ein sukzessive auf 205 Euro je Tonne CO_2 ansteigender Preis erforderlich ist, um die Minderungsziele im Verkehrsbereich bis 2030 zu erreichen. Ein schrittweiser Anstieg ist sinnvoll und notwendig, denn die privaten Haushalte und Unternehmen sollen sich mit ihren Konsum- und Investitionsentscheidungen darauf einstellen können. Durch die Bepreisung der externen Kosten werden die notwendigen Investitionen in nachhaltige Energieträger und Produkte attraktiver. Zudem verringern sich Fehlinvestitionen in Techniken und Produkte mit hoher CO_2-Intensität.

---

157 www.finanzen.de, angerufen am 18.3.2020.

158 Burger, A.; Lünenbürger, B.; Kühleis, C. (2019): CO_2-Bepreisung in Deutschland. Ein Überblick über die Handlungsoptionen und ihre Vor- und Nachteile, Umweltbundesamt; www.umweltbundesamt.de, abgerufen am 12.5.2020.

Schweden führte schon 1991 CO_2-Preise ein und erhöhte diese schrittweise auf 115 Euro je Tonne CO_2. Schweden weist europaweit mittlerweile die niedrigsten Treibhausgasemissionen, bezogen auf das Bruttoinlandsprodukt, auf. Die Zahl der Haushalte, die mit fossilen Brennstoffen heizten, sank deutlich.

13.11.8 Reduktion des Energieverbrauchs in Haushalten

Haushalte verantworten 25 % des gesamten Nettostromverbrauchs.[159] Energie sparen ist der einfachste und schnellste Weg, Klima zu schützen, und es schont die eigene Geldbörse.

Tabelle 46: Energieverbrauchende Geräte im Haushalt in % vom Gesamtstromverbrauch.

Energiebereich	Anteil an der Gesamtenergie in % (2017 in Deutschland)
Heizen	68,8
Warmwasser	15,3
Prozesswärme (Kochherd, Waschmaschine, Geschirrspüler, Wäschetrockner)	5,9
Prozesskälte (Kühlschrank, Gefrierschrank, Gefriertruhe)	4,2
Kommunikation Datentechnik (Handy, Computer, Fernsehgeräte, Audiogeräte, Spielkonsolen)	3,2
Beleuchtung	1,5
Klimageräte	0,2

Die Tabelle 46 zeigt den Stromverbrauch verschiedener Geräte und Einrichtungen und ihren Anteil am Gesamtverbrauch. Gerade heute, da Energiegewinnung noch vorrangig aus fossilen Brennstoffen erfolgt, ist der Verbrauch jedes einzelnen Haushalts wichtig. Auch bei einer (steigenden) Versorgung mit erneuerbarer Energie ist ein sparsamer Umgang zum Schutz der Umwelt angezeigt. Je weniger Photovoltaiksysteme, je weniger Windräder und Wasserkraftwerke gebaut werden müssen, umso geringer ist der Aufwand für Produktionsprozesse, Rohstoffe und entstehende Umweltschäden. Die größten Einsparungspotenziale liegen beim Heizen. Es ist mit 68,8 % Anteil der wichtigste Bereich.

13.11.8.1 Energiesparen beim Heizen

Investitionen in eine Verbesserung der Energiebilanz beim Heizen führen zu niedrigeren Energiekosten. Angesichts der Klimakrise sind dies Investitionen in die eigene Zukunft und jene der kommenden Generationen.

159 Zahlen vom Umweltbundesamt Deutschland.

Heizungen weisen eine Lebensdauer von 15 bis 20 Jahren auf, danach gelten sie als technisch veraltet. Oftmals werden energieeffizientere Systeme vom Staat gefördert. Drei Viertel aller Wohnungen werden mit Erdgas oder Erdöl geheizt. Gas- und Ölheizungen sind nicht nachhaltig. Die Solarthermie hingegen ist eine umweltfreundliche Alternative zum Heizen und zur Warmwasseraufbereitung. Wie klimafreundlich ein Heizsystem ist, kann an seiner Energieeffizienzklasse abgelesen werden.

Energieeffizienzklassen

Die Energieeffizienzklassen geben an, wie viel Energie ein Gerät gegenüber einem genormten Vergleichsgerät benötigt. Sie werden mit den Buchstaben A bis J gekennzeichnet. A steht für die höchste Energieeffizienz und J für die schlechteste. Bei Häusern haben die Effizienzklassen die folgende Bedeutung:

A → Entspricht einem Passivhaus (KFW-40-Haus) mit einem jährlichen Energiewert zwischen 0 und 40 kWh/m²
B → Jährlicher Energiewert von 40 bis 60 kWh/m² (KFW-60-Haus oder 3-Liter-Haus)
C → Jährlicher Energiewert von 60 bis 80 kWh/m² (klassisches Niedrigenergiehaus)
D → Jährlicher Energiewert von 80 bis 110 kWh/m² (Standardneubauten, gut modernisierte Altbauten)
E → Jährlicher Energiewert von 110 bis 150 kWh/m² (Einfamilienhäuser nach Minimalanforderungen)
F → Jährlicher Energiewert von 150 bis 200 kWh/m² (modernisierte Altbauten)
G → Jährlicher Energiewert von 200 bis 300 kWh/m² (Altbauten mit geringen Modernisierungen)
H–J → Jährlicher Energiewert von mehr als 300 kWh/m² (Altbauten ohne Energiesparmaßnahmen)

13.11.8.2 *Wärmepumpen*

Umwelt- und klimafreundliche Heizsysteme nutzen Wärmepumpen. Eine Wärmepumpenheizung entzieht der Umgebung (dies kann Luft, Grund- oder Oberflächenwasser oder das Erdreich in verschiedenen Tiefen sein) Wärme, erhöht die Temperatur und beheizt Gebäude. Wärmepumpen werden elektrisch betrieben. Unter der Voraussetzung des Betriebes mit erneuerbarer Energie erzeugen diese vernachlässigbaren Treibhausgase, arbeiten klimaneutral. 25 bis 30 % der notwendigen Wärmeenergie können mit Wärmepumpen gewonnen werden.

Die Internationale Energieagentur (IEA) berechnet eine Reduktion der weltweiten Treibhausgasemissionen von 8 %, wenn 30 % der Gebäude Wärmepumpen einsetzen. Bei Häusern werden oftmals Tiefenbohrungen (Erdwärmesonden in 50 bis 100 Meter Tiefe) durchgeführt. Dies ist eine einfache und zuverlässige Methode. Bei oberflächennahen Anlagen (Erdwärmekollektoren) muss unter Umständen der ganze Garten umgegraben werden. Günstig für Wärmepumpen sind Heizungssysteme, die niedrigere Temperaturen benötigen als Fußbodenheizungen.

Anergie

Energieanteil eines Prozesses, der keine Arbeit verrichten kann (z. B. Wärmeverluste).

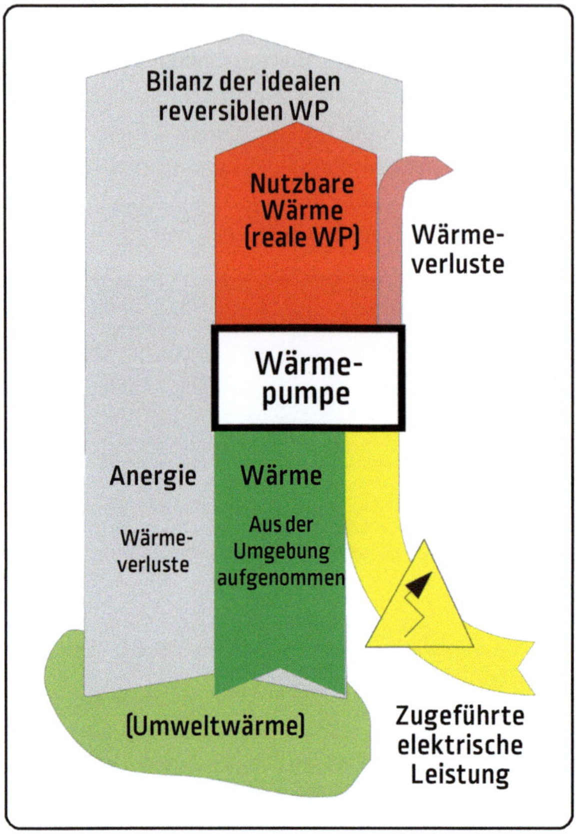

Abbildung 200: Leistungsbilanz einer Wärmepumpe.

Die Energieeffizienz einer Wärmepumpe (siehe Abbildung 200) wird durch die sogenannte Jahresarbeitszahl (JAZ) angegeben. Ideal sind Werte von 4,0 (oder höher) – Bedeutung: Für die Wärmeerzeugung von 4 Kilowattstunden muss 1 Kilowattstunde elektrischer Energie aufgewendet werden.

13.11.8.3 Solarthermie

Die Solarthermie verwendet Sonnenkollektoren. In Solarkollektoren heizt sich ein flüssiger Wärmeträger (Öl oder Wasser) durch die Sonne auf. Sie werden zur Warmwasseraufbereitung, als eigenständige oder vollwertige Heizung oder zur Unterstützung vorhandener Heizungen eingesetzt. Das durch die Sonne erwärmte Trägermittel fördert eine kleine Pumpe geringer Leistung zu einem Wärmetauscher, der die Wärme dem Warmwasserkreis oder dem Heizkreislauf zuführt.

Die modernen Sonnenkollektoren benutzen zum Minimieren des Wärmeverlustes Vakuumglasröhren. Parabolrinnenkollektoren bündeln Sonnenstrahlen. Ein normaler Flachkollektor mit einem Quadratmeter aktiver Fläche gewinnt jährlich 350 Kilowattstunden. Ein durchschnittlicher Haushalt benötigt 3.500 Kilowattstunden, davon werden 70 % für die Heizung (2.450 Kilowattstunden) aufgewendet. Dieser Bedarf kann

Abbildung 201: Freiflächen-Solarthermieanlage des Wärmeverbundes Marstal.

mit 7 Quadratmeter Solarkollektorfläche abgedeckt werden. Beim Einsatz der teureren, aber hochwertigeren Vakuumsolarkollektoren erhöht sich der jährliche Energiegewinn um etwa das Doppelte gegenüber Flachkollektoren.

Abbildung 201 zeigt eine Freiflächen-Solarthermieanlage (33.300 Quadratmeter) mit Flachkollektoren zur Wärmeerzeugung der dänischen Stadt Marstal. Das Fernwärmenetz der Stadt wird mit Solarenergie, Biomasse und einer Großwärmepumpe betrieben. 2013 konnten 32 Gigawattstunden erneuerbare Energie, davon 55 % solar erzeugt, an die Kunden geliefert werden.

13.11.8.4 Photovoltaik zur eigenen Stromgewinnung

Photovoltaik (PV) setzt Solarzellen ein, die Sonnenenergie mithilfe von lichtempfindlichen Halbleitern direkt in elektrischen Gleichstrom umwandeln.

Zur Verwendung im Haushalt oder im Stromnetz wandelt ein Wechselrichter Gleichstrom in Wechselstrom um. Elektrische Geräte wie eine Wärmepumpe oder die Ladestation für das E-Auto werden mit Solarstrom versorgt. Liegt kein Verbraucher an, wird überschüssiger Strom in Akkumulatoren gespeichert oder in das Stromnetz eingespeist und an den regionalen Stromanbieter verkauft. Dachneigungen von 20 bis 50 Grad und Modulausrichtungen nach Süden innerhalb 0 bis 30 Grad Ausrichtung bieten ideale Voraussetzungen, sofern sie nicht (auch nicht teilweise) beschattet sind.

ZUSATZINFORMATION

Auslegung einer Photovoltaikanlage

(Schritt für Schritt zur eigenen Photovoltaikanlage; Sonderheft Deutschland/Österreich; Firmenschrift enerix Alternative Energietechnik)

Ein typischer Haushalt benötigt 3.500 kWh Energie pro Jahr.
Der Energieertrag errechnet sich wie folgt: Wirkungsgrad, multipliziert mit dem regionalen Energieertrag in $\left[\frac{kWh}{kW_p \cdot a}\right]$

kWp (Kilowatt-Peak) → darunter wird die Spitzenleistung einer Anlage verstanden (unter Standardtestbedingungen: solare Einstrahlung 1.000 W/m² und Modultemperatur 25 °C)

Der Wirkungsgrad hängt von der Ausrichtung nach Süden und der Dachneigung ab und liegt typischerweise zwischen 80 und 100 %. Der regionale Energieertrag hängt von der geografischen Lage und der durchschnittlichen Witterung ab. Typische Werte liegen in Deutschland und Österreich zwischen 900 und 1.000 $\left[\frac{kWh}{kW_p \cdot a}\right]$.

Die Berechnung:

$P_p = \frac{A_{Dach}}{7\frac{kWh}{kW_p \cdot a}}$	Pp	→ Spitzenleistung;
	A_{Dach}	→ Verfügbare Dachfläche (m²)
$W_i = \eta \cdot W_r$	W_i	→ Individueller Energieertrag;
	W_r	→ regionaler Energieertrag
$W_a = P_p \cdot W_i$	W_a	→ Jahresstromertrag (kWh/a)

Beispiel:

Angaben $A_{Dach} = 25\ m^2$; $\eta = 0{,}97$; $W_r = 970 \left[\frac{kWh}{kW_p \cdot a}\right]$

$$P_p = \frac{A_{Dach}}{7\frac{kWh}{kW_p \cdot a}} = \frac{25}{7} = 3{,}6 KW_p;\ W_i = \eta \cdot W_r = 0{,}97 \cdot 970 = 941\frac{kWh}{kW_p \cdot a};$$

$$W_a = P_p \cdot W_i = 3{,}6 \cdot 941 = 3.400\frac{kWh}{a}$$

Die Photovoltaikanlage liefert pro Jahr 3.400 kWh und kann damit einen durchschnittlichen Haushalt ausreichend mit elektrischem Strom versorgen.

13.11.8.5 Hausdämmungsmaßnahmen

Für den Energiebedarf eines Hauses sind seine Wärmedämmung und Dichtheit von ausschlaggebender Bedeutung. Messungen mit Infrarotkameras machen Problemstellen wie Wärmebrücken sichtbar.

Abbildung 202 zeigt im Querschnitt ein Passivhaus. Passivhäuser sind so gut isoliert, dass die Wärmeentwicklung der Haushaltsgeräte in die Berechnung mit einbezogen werden muss. Der Wohnraum ist dicht ausgeführt, weshalb der Zufuhr von

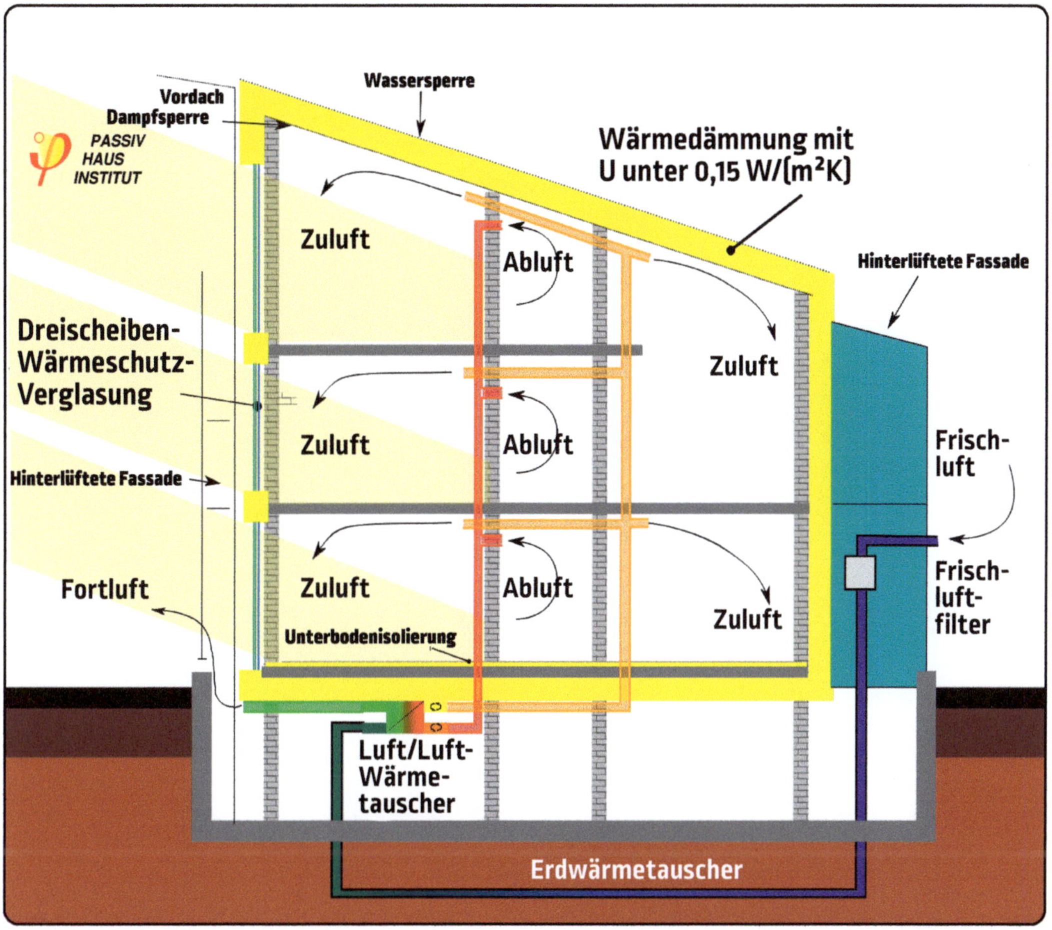

Abbildung 202: Schematischer Aufbau eines Passivhauses.

gefilterter Frischluft, gewärmter/gekühlter Zuluft und gezielter Abluft große Bedeutung zukommt. Die Wärmeenergie wird durch eine Wärmepumpe zugeführt. Mit einer Photovoltaik- und Solaranlage kann ein Passivhaus vollkommen autark betrieben werden.

Einfache Maßnahmen sparen Energie. Jedes Grad zählt. Die Raumtemperatur im Wohnbereich sollte nicht mehr als 20 °C betragen. Räume, in denen Elektrogeräte als versteckte Wärmequellen ständig mitlaufen, sollten mit 18 °C beheizt werden. Während der Nachtstunden oder bei Abwesenheit empfiehlt sich eine Absenkung der Temperatur auf 15 °C. Individuell einstellbare Thermostatventile halten die Temperatur auf dem gewünschten Wert, auch wenn die Sonne ins Zimmer scheint. Gekippte Fenster heizen Geld ins Freie. Besser ist es, mehrmals täglich kurz und gründlich zu lüften: stoßlüften. Undichte Fenster entsprechen einem versteckten Dauerlüften mit hohen Heizkosten und Energieaufwand.

Tabelle 47: Maßnahmen bei einer Gebäudesanierung.

Welche Maßnahme?	Baulicher Wärmeschutz					Heizen / Warmwasser / Lüften						
Wann?	Dämmung der Außenwand von außen	Dämmung von Außenwänden und Heizkörpernischen von innen	Dämmung von Dach oder oberer Geschossdecke	Dämmung der Kellerdecke	Wärmeschutzverglasung und energiesparende Fenster	Warmwasserbereitung	Wärmedämmung der Warmwasser- und Heizungsrohre	Heizungsoptimierung (hydraulischer Abgleich)	Brennwertkessel, Holzkessel, BHKW	Wärmepumpenanlagen	Solarkollektoren	Lüftungskonzept/Lüftungsanlage
Sofortmaßnahmen		●	●	●		●	●	●				
bei Fassadenrenovierung	●				●							●
bei Beseitigung von Schimmel und Feuchteschäden	●	●										●
bei Wohnungsrenovierung; Heizkörpererneuerung		●					●	●		●		
bei Mieterwechsel		●					●					●
bei Dachausbau und -erneuerung			●								●	
bei Fenstererneuerung					●							●
bei Heizungserneuerung oder Ersatz von Einzelöfen						●	●	●	●	●	●	

Tabelle 47 zeigt verschiedene bauliche Maßnahmen und den besten Zeitpunkt für eine Durchführung, um den Energieverbrauch mittels Gebäudesanierung zu reduzieren.

13.11.9 Alternative Baustoffe

13.11.9.1 Kohlenstoffarme Zementherstellung

Die Zementindustrie ist für 7 % der weltweiten CO_2-Emissionen verantwortlich und der drittgrößte industrielle Energieverbraucher. Mit Zement wird Beton, das häufigste Industriematerial der Welt, hergestellt. Beton ist der Baustoff für Häuser, Schulen, Krankenhäuser, Arbeitsplätze, Transportsysteme und Infrastrukturen. Bei der Zementherstellung wird Kalkstein (Kalziumkarbonat) zersetzt, dadurch entstehen zwei Drittel der CO_2-Emissionen, und das restliche Drittel entsteht durch die verwendeten Brennstoffe. Die steigende Weltbevölkerung, Verstädterung und Infrastrukturausbau erhöhen die Nachfrage nach Zement und Beton. Die weltweite Zementproduktion wird bis 2050 um weitere 20 % wachsen. Die Volksrepublik China und der Nahe Osten haben überschüssige Produktionskapazitäten. Regionen wie Indien und Afrika müssen ihre inländischen Zementproduktionskapazitäten erhöhen, um ihren Bedarf für die Infrastrukturentwicklung zu decken.[160] Eine deutliche Reduktion der CO_2-Emissionen bei der Zementherstellung ist im Kampf gegen den Klimawandel wichtig. Ansätze liegen in der Steigerung der Effizienz des Energieeinsatzes, der Verringerung des Klinker-Zement-Verhältnisses und der Integration einer Kohlenstoffabscheidung in die Zementproduktion. Zusätzliche Möglichkeiten bieten alternative Bindematerialien und die Prozessoptimierung bei der Herstellung. Einsparungen ergeben sich aus einer vermehrten Wiedergewinnung von Betonabfällen.

In Österreich wird auf Brennstoffe wie Steinkohle und schweres Heizöl sowie Abfallstoffe (40 bis 45 %) – Altreifen, Kunststoffe, Petrolkoks, Altöl und Papierfaserstoffe – zurückgegriffen. Zwei Drittel der entstehenden CO_2-Menge entstehen bei der Zementreaktion selbst, ein Drittel aus der Verbrennung. Neben CO_2 werden Staub, Schwermetalle, NO_x-Gase, SO_2, Salzsäure und Chlorkohlenwasserstoffe freigesetzt. Bezüglich der Art der verbrannten Abfallstoffe und der Einhaltung entsprechender Mengen freigesetzter Giftstoffe besteht in Österreich eine freiwillige Selbstverpflichtung und in Deutschland ein freiwilliges Gütesiegel.[161]

Der Einsatz von erneuerbarer Energie ist notwendig, und es sollten Techniken entwickelt werden, das beim Prozess entstehende CO_2 zu minimieren, abzufangen und dauerhaft zu binden.

Als Zuschlagstoffe verwenden österreichische Hersteller hauptsächlich Schlacke aus der Stahlproduktion, die durch den LD-Prozess entsprechend kontaminiert ist. Der Zementherstellungsprozess ist dreistufig und energieintensiv. Das Rohmaterial wird pulverisiert und durch einen Hochtemperaturofen geschickt. Es entsteht graues, knötchenförmiges Material – Klinker –, das zu feinem Pulver, dem Rohzement, zermahlen wird. Das Ausgangsmaterial für Zement ist Kalkstein – Kalziumkarbonat ($CaCO_3$). Während des Erhitzungsprozesses setzt Kalziumkarbonat Kohlendioxid nach folgender Prozessgleichung frei:

LD-Verfahren

Das Linz-Donawitz-Verfahren ist ein Stahlherstellungsverfahren für niedrige Kohlenstoffstähle. Durch Einblasen von Sauerstoff von oben auf die Stahlschmelze wird der überschüssige Kohlenstoff verbrannt.

$$3CaCO_3 + SiO_2 \rightarrow Ca_3SiO_5 + 3CO_2$$

160 International Energy Agency (2018): Technology Roadmap. Low-Carbon Transition in the Cement Industry.

161 Schindler, I.; Szednyi, I. (2004): Aktuelle Entwicklungen hinsichtlich Abfalleinsatz und Emissionsminderungstechniken in der Zementindustrie; Umweltbundesamt Österreich.

Das Ca_3SiO_5 entspricht dem gewünschten Klinkermaterial. Kohlenstoffabscheidung und Kohlenstoffspeicherung (CCS – carbon capture and storage) ist eine neue Technologie zur »Reduktion« von CO_2, die derzeit noch im Entwicklungsstadium ist, aber eine mögliche Entwicklungsrichtung aufzeigt. Derzeit gibt es drei Möglichkeiten, den Kohlenstoff vor dem Eintritt in die Atmosphäre im Rotationsofen abzufangen:

1. Isolieren aus dem Rauchgas durch chemische Absorption – auch als »Kohlenstoffwäsche« bekannt,
2. Verwendung von Sauerstoff statt Luft im Brennofen – es entsteht ein sehr reiner CO_2-Strom, der abgefangen und gespeichert werden könnte, und
3. die Abscheidung vor der Verbrennung.

Die erstgenannte Methode gilt als vielversprechendste. Eine Methode zur Speicherung von CO_2 ist der dauerhafte Einschluss in Beton. Nach der Einmischung von CO_2 in den Beton reagiert dieses mit den Kalziumionen im Zement und bildet Kalziumkarbonatmineralien in Nanogröße. Ein Vorteil dieser Technik ist die höhere Festigkeit des Betons. Gleichzeitig verringert sich die nötige Menge Zement.[162] Ergänzende zementähnliche Materialien (SCMs – supplementary cementitious materials) können als Füllstoffe oder Aushärtebeschleuniger (Puzzolane) verwendet werden. Unter den verschiedenen SCMs, die zum Ersatz von Klinker zur Verfügung stehen, erweisen sich kalzinierte Tone, insbesondere in Kombination mit Kalkstein, als vielversprechend. Diese Materialien sind in ausreichenden Mengen verfügbar und ersetzen einen Teil des Klinkers, was ein Einsparungspotenzial von 50 % Klinkergehalt[163] verspricht. Der am besten geeignete Ton ist Kaolinit, der in äquatorialer bis subtropischer Umgebung weit verbreitet ist. Dort befinden sich die Länder mit dem größten Zementbedarf in den kommenden Jahrzehnten.

Das Potenzial der gekoppelten Substitution von Kalkstein, kalziniertem Ton und Klinker (ternäres Gemisch) führt zu guten mechanischen Leistungen bei einem Klinkergehalt von 50 %. Die Einführung alternativer Bindemittel in den Zementherstellungsprozess wird ebenfalls diskutiert. Diese emittieren weniger CO_2 bei vergleichbaren Zementeigenschaften. Zu diesen neuen Materialien zählen die Alkali-aktivierten Zemente, die zum Portlandzement in Bezug auf Kosten, Leistung und geringeren CO_2-Emissionen in Konkurrenz stehen. Sie erweisen sich als haltbarer und können große Mengen industrieller Nebenprodukte und Abfälle wiederverwerten. Die wichtigsten verwendeten Beimaterialien sind Hochofenschlacke, Stahlschlacke, Metakaolin, Flugasche, kaolinitische Tone und Rotschlamm. Typisch für Portlandzement sind Emissionsraten von 0,55 Kilogramm CO_2

Ternäres Gemisch
Darunter wird ein Gemisch aus drei Stoffen verstanden.

162 Cramer, N. (2019): Mitigating Carbo Dioxide Emissions in the Cement Industry Through Carbon Capture and Storage; California Polytechnic State University.

163 Naqi, A.; Jang, J. G. (2019): Recent Progress in Green Cement Technology Utilizing Low-Carbon Emission Fuels and Raw Materials: A Review; Sustainability, 11, 537M https://doi.org/10.3390/su11020537, abgerufen am 20.3.2020.

pro Kilogramm Klinker. Mit alternativen Bindemitteln können diese Raten auf unter 0,2 Kilogramm CO_2 pro Kilogramm Klinker reduziert werden.

Tabelle 48: Verschiedene neue Zemente mit reduzierter CO_2-Emission.

Zementname	Type	Rohmaterialien	CO_2-Reduktion
Geopolymer	Alkaliaktivierte Materialien	Flugasche, Al/Si-Abfälle	Ca. 70 %
Sulfoaluminate-Zement		Kalkstein, Gips, Bauxit, Sand/Ton	30–40 %
Celitement	Kalziumsilikathydrat	Wie Portlandzement Ca/Si-Mischung 1–2	Ca. 50 %
Karbonisierbarer Kalziumsilikat-Zement	Kalziumsilikat (Wollastonit)	Wie Portlandzement	Ca. 70 %

Die Tabelle 48 zeigt die CO_2-Reduktionen für verschiedene Zementtypen im Vergleich zu Portlandzement.

13.11.9.2 *Alternative Baustoffe für Gebäude*

Ökologische Baumaterialien sparen Produktionsenergie und ermöglichen eine umweltgerechte Entsorgung.

Der Baustoff Holz wird mittlerweile auch bei größeren Bauvorhaben eingesetzt (siehe Abbildung 203). Holz ist vielseitig, weist geringes Gewicht und kurze Bauzeiten auf und kann vorgefertigt werden. Natürliches Material wie Holz emittiert praktisch keine Schadstoffe. Naturbelassene Oberflächen regulieren die Feuchtigkeit der Raum-

Abbildung 203: Fünfstöckiges Wohn- und Geschäftshaus in Holzbauweise (Leipzig).

luft und sorgen für ein gesundes Raumklima. Holz ist ein nachwachsender Rohstoff und bindet Kohlenstoff. Eine Untersuchung[164] verglich ein Gebäude aus Stahlbeton mit dem gleichen Gebäude in Holzbauweise und kam zu dem Ergebnis, dass unabhängig von den Klimazonen der Energieverbrauch und die Kohlenstoffemissionen in Gebäuden in Holzbauweise um 30 % geringer sind.

Zu der Gruppe der ökologischen Baumaterialien zählen weiterhin mineralische Baustoffe wie Ton, Lehm und Kies, natürliche Dämmstoffe, natürliche Farben (Kalk- und Silikatfarben) und Lacke. Im Idealfall stammen die Materialien aus der unmittelbaren Umgebung mit kurzen Transportwegen. Lehmbaustoffe in Plattenform sind hierzulande vor allem für den Innenausbau geeignet. Nachhaltige Dämmstoffe sind Flachs, Hanf, Kokosfasern, Schafwolle, Schilf und Stroh. In Europa sind Kokosfasern oder Bambus mit weiten Transportwegen keine Alternative. Für Fußböden eignen sich nachwachsende Materialien wie Holz und Kork. Baustoffe sind ökologisch, wenn sie aus nachwachsenden Rohstoffen bestehen, geringe Transportwege aufweisen, mit geringem Energieaufwand herstellbar, langlebig und recycelbar sind – also insgesamt eine gute Umweltbilanz aufweisen.

Dachbegrünungen weisen eine Reihe von Vorteilen wie Bildung eines Biotops in der Stadt – ein Beitrag zur Biodiversität – und Luftverbesserung auf.

13.11.10 Steigerung der Biodiversität

Wie können Ackerland, Wald und Weideland bewirtschaftet werden und dabei die aktuelle dreifache Herausforderung bewältigen: Verlust der Artenvielfalt, Klimawandel und nicht nachhaltige Landnutzung?

Ökosystemdienstleistungen und biologische Vielfalt sind entscheidend für die nachhaltige Entwicklung landwirtschaftlicher Aktivitäten.[165] Auf Grundlage verfügbarer wissenschaftlicher Erkenntnisse gehen mit einer hohen biologischen Vielfalt stärkere Kohlenstoffbindung, geringeres Bodenerosionsrisiko, verbesserte landwirtschaftliche Produktion und höhere Ernährungssicherheit einher. Die biologische Vielfalt spielt eine allgegenwärtige Rolle bei der Anpassung an den Klimawandel und bei der Abschwächung seiner Folgen.

Zur Steigerung der Produktion in Agrarökosystemen kann entweder eine gemeinsame Nutzung von Land erfolgen oder die Bereitstellung von Land zur Erhaltung der Biodiversität (Silvowirtschaft). Die Maximierung des Ertrags einer begrenzten Anzahl von Pflanzen- und Tierarten im landwirtschaftlichen Betrieb schwächt und reduziert zwangsläufig die Wettbewerbsfähigkeit gegenüber unerwünschten Arten. Biodiversi-

164 Guo, H.; Liu, Y.; Chang, W.-S.; et al. (2017): Energy Saving and Carbon Reduction in the Operation Stage of Cross Laminated Timber Residential Buildings in China, Sustainability, 9, 292; https://doi.org/10.3390/su9020292, abgerufen am 20.3.2020.

165 Kazemi, H.; Klug, H.; Kamkar, B. (2018): New services and roles of biodiversity in modern agroecosystems: A review; Ecological Indicators 93; https://doi.org/10.1016/j.ecolind.2018.06.018, abgerufen am 20.3.2020.

tät und Landwirtschaft sind eng miteinander verbunden und profitieren wechselseitig. Im Gegensatz zur industrialisierten Landwirtschaft produziert die nachhaltige Landwirtschaft Nahrungsmittel, ohne die Zukunft künftiger Generationen einzuschränken. Aus ökologischer Sicht ist die biologische Vielfalt die Grundlage für das Überleben des Systems und eine wesentliche Komponente nachhaltiger Landwirtschaftssysteme.

Silvowirtschaft
ist Freiland, welches in öffentliches Eigentum überführt wurde.

Die Bewirtschaftung von Landsystemen, die auf Technologien der biologischen Vielfalt basieren – Agroforstwirtschaft, Silvowirtschaft, diversifizierte Landwirtschaft und ökosystembasierte Waldbewirtschaftung –, tragen zum Erhalt biologischer Vielfalt, zur Vernetzung von Lebensräumen und Schutzgebieten – bei und bieten eine größere Widerstandsfähigkeit gegenüber den Klimaänderungen. Dieser Ansatz zur »Erhaltung von Nutzland« schafft Landschaften, die Natur und Menschen gleichermaßen nutzen. Auch wenn die Unterstützung und die Setzung von Anreizen durch die Regierungen von wesentlicher Bedeutung sind, sind es doch Gemeinschaftsaktionen, soziale Bewegungen und breite Koalitionen zwischen Bürgern, Unternehmen, gemeinnützigen Organisationen und Regierungsbehörden, die die Macht haben, die Art und Weise der Landbewirtschaftung und des Umweltschutzes zu verändern.

Jede Art eines Ökosystems führt Prozesse und erzeugt Energie- und Materialflüsse. Das Verschwinden einer einzelnen Art führt zu irreversiblen Veränderungen und verändert die Eigenschaften des gesamten Ökosystems in unerwünschte Richtungen.[166] Die Lebensvielfalt stabilisiert die ökologische Funktion und ermöglicht biogeochemischen Systemen – Wasserkreislauf, Fluss von Treibhausgasen und Kohlenstoffbindungen – in einer ausgewogenen Weise zu arbeiten. Die biologische Vielfalt, das Produkt aus 3,8 Milliarden Jahren Evolution, ist im Belagerungszustand. Sowohl marine als auch terrestrische Arten erfahren ein beschleunigtes lokales und globales Aussterben, selbst die Zahl häufigster Arten gehen zurück. Diese alarmierende Situation löste einen starken Ruf nach einer Erhöhung der Anzahl der Schutzgebiete, der wichtigsten Methode zur Bekämpfung des Artenverlustes, aus, obwohl Naturschutzgebiete alleine nicht ausreichend sind. Da Schutzgebiete aufgrund des Verlustes und der Eingrenzung des Lebensraums zunehmend isolierte Inseln bilden, verlieren sie mit der Zeit Arten. Neuere Studien zeigen, dass einige vom Menschen dominierte Landschaften eine viel größere biologische Vielfalt unterstützen können, als bisher bekannt war, was einen weiteren Weg in die Zukunft zeigt.[167] Wenn Landschaften eine Vielfalt von unterschiedlichen Landnutzungsarten aufweisen, spielen sie eine entscheidende Rolle bei der Erhaltung der Biodiversität, sowohl innerhalb der Gebiete als auch der Verbreitung von Arten zwischen Schutzgebieten, Resthabitaten und entlang von Tier-

166 Kazemi, H.; Klug, H.; Kamkar, B. (2018): New services and roles of biodiversity in modern agroecosystems. A review; Ecological Indicators 93; https://doi.org/10.1016/j.ecolind.2018.06.018, abgerufen am 21.3.2020.

167 Kremen, C.; Merenlender, A. M. (2018): Landscapes that work for biodiversity and people, Science 362, eaau6020; https://doi.org/10.1126/science.aau6020, abgerufen am 21.3.2020.

routen. Natürlich sind Weideland, Wälder und landwirtschaftliche Betriebe für die Produktion von Nahrung, Wasser, Fasern, Brennstoffen und Waldprodukten lebensnotwendig. Allzu oft werden diese Güter jedoch unter hohen Umweltkosten produziert, einschließlich der Zerstörung von Lebensräumen, toxischer Verschmutzung und Übernutzung vorhandener Wasserreserven, was zum ökologischen Kollaps, zur lokalen Ausrottung und zur Schaffung unproduktiver Ödlandgebiete führt.

Landwirtschaftlich genutzte Flächen können ein hohes Maß an biologischer Vielfalt fördern und gleichzeitig die menschlichen Bedürfnisse auf nachhaltige Weise befriedigen. Da Weideland, Wälder und Kulturland zusammengenommen circa 80 % der genutzten Landfläche einnehmen, ist das Potenzial für den Schutz der Arten enorm. Eine produktive Agrarwirtschaft muss die Ökosystemleistungen wie Bestäubung, Schädlingsbekämpfung und Nährstoffkreisläufe erhalten und unterstützen. Kultivierte Flächen machen 12 % der eisfreien Landfläche aus und umfassen Futterpflanzen, Saatweiden, Wein- und Obstgärten, Mischkulturen und Tierhaltungssysteme sowie Baumkulturen und Plantagen. Kulturlandschaften sind ökologisch oft stark vereinfacht; daher sind sie in hohem Maße auf chemische Düngemittel und Pestizide angewiesen, um Ökosystemleistungen zu ersetzen, die früher innerhalb der Agrarökosysteme kostenlos und natürlich erzeugt wurden. Künstliche Dünger, Pestizide, Fungizide und Herbizide verlieren im Laufe der Zeit an Wirksamkeit und müssen folglich immer höher dosiert werden. Das hat negative Folgen auf die Umwelt und menschliche Gesundheit.

Abbildung 204: Agrareinöde Region Palouse (USA).

Abbildung 205: Felder eines Biobauernhofes bei Rostock (Deutschland).

Abbildung 204 zeigt eine Agrareinöde in den USA in einem einheitlichen Ockerton, die den ästhetischen Anblick einer vielfältigen bunten Natur vermissen lässt.

Auf Abbildung 205 sind die kleinparzelligen und vielfältigen Felder eines Biobauernhofes zu sehen. Kleinbauern mit weniger als 5 Hektar machen 94 % der landwirtschaftlichen Betriebe weltweit aus und produzieren mehr als die Hälfte der weltweiten Nahrungsmittelpflanzen. Diese verwenden freiabblühende Saatgutsorten und Sorten, die lokal angepasst sind; dadurch sind sie weniger abhängig von gekauftem Saatgut und den sie vertreibenden multinationalen Großkonzernen wie Monsanto. Techniken wie Zwischenfruchtanbau, Deckfruchtbau und Fruchtfolge fördern die Ernteerträge durch eine Vielzahl ökologischer Mechanismen.

ZUSATZINFORMATION

Fruchtwechsel erhöhen die Flexibilität der Bauern bei der Produktvermarktung, schützen den Boden, verhindern Erosion und minimieren den Pestizid- und Düngemitteleinsatz.
Zwischenfrüchte werden zwischen den als Hauptnutzung dienenden Feldfrüchten als Gründüngung oder als Tierfutter angebaut. Die Zwischenfrüchte dienen als Stickstoffspeicher und stellen beim Unterpflügen den Dünger für die nächste Frucht dar.
Eine **Deckfrucht** wird gleichzeitig mit einer anderen Feldfrucht gesät. Damit sind zwei Ernten in einem Jahr möglich, oder die Untersaat wächst langsamer und wird erst im Folgejahr geerntet. Geeignet als Deckfrüchte sind alle Getreidearten und Mais. Als Untersaat werden Klee, Luzerne und Gräser verwendet.

13.11.10.1 *Wert pflanzengenetischer Ressourcen*

Bei landwirtschaftlichen Nutzpflanzen beschränkt sich die genetische Erosion nicht auf die Verringerung der Anzahl der Pflanzen einer Art oder der geografischen Nische einer bestimmten Art. Der Verlust der genetischen Variation unter den Pflanzen oder insbesondere der Verlust einiger der verschiedenen Formen von Genen sind die Hauptursache für die Variation im Aussehen und in den Lebenszyklen der Pflanzen. Der Begriff der genetischen Erosion wird manchmal im engeren Sinne verwendet, für den Verlust von Allelen oder Genen, aber auch im weiteren Sinne, das heißt für den Verlust von Sorten oder sogar Arten.

Die Ausrichtung auf weniger genetisch vielfältige Populationen führt zu stärker krankheitsanfälligen Ökosystemen und anderen umweltbegrenzenden und -reduzierenden Faktoren. Die in industrialisierten landwirtschaftlichen Systemen verwendeten Sorten sind möglicherweise weniger wettbewerbsfähig als invasive Pflanzen. Insgesamt kann die genetische Erosion eine Kettenreaktion im gesamten Ökosystem auslösen.

Die FAO (Ernährungs- und Landwirtschaftsorganisation der Vereinten Nationen) schätzt, dass etwa 75 % der genetischen Vielfalt landwirtschaftlicher Nutzpflanzen während des letzten Jahrhunderts verloren gegangen sind. Eine US-Umfrage ergab, dass bei 75 Kulturpflanzenarten 97 % der Sorten, angeführt in den alten Katalogen des Landwirtschaftsministeriums der Vereinigten Staaten, ausgestorben sind. Auch Europa ist anfällig für den Verlust der biologischen Vielfalt. Etwa 90 % der historischen Biodiversität der Nutzpflanzen in Deutschland und 75 % der Nutzpflanzensorten in Süditalien sind bereits verloren gegangen.

Heute haben nur 30 Pflanzenarten einen Anteil von 95 % am weltweiten Kalorien- und Proteindepot. Darunter fallen Weizen, Reis, Mais, Sorghum, Hirse, Kartoffeln, Süßkartoffeln, Sojabohnen, Zuckerrohr und Zuckerrüben. Obwohl die Anzahl der Pflanzenarten, die Protein der Welt liefern, begrenzt ist, ist die Biodiversität innerhalb dieser Arten beträchtlich, es gibt mehr als 100.000 verschiedene Reissorten.

13.11.10.2 *Süßwasserökosysteme*

Die Aufrechterhaltung der Flüsse mit natürlichem Uferverlauf ist für die Erhaltung der Süßwasserbiodiversität und der Ökosysteme wichtig. Bis 2070 werden aufgrund der Veränderungen in den Fließgewässern 75 % der Süßwasserfischarten lokal aussterben. Süßwasser ist Voraussetzung vieler natürlicher Lebensformen, und seine Menge und Qualität werden durch die Landschaftspflege beeinflusst. Geeignete Bewirtschaftungstechniken fördern die Grundwasserneubildung und die Fließfähigkeit von Gewässern. Dies ist im Hinblick auf die vielerorts beobachteten extremeren Wetterereignisse wie Dürren und Überschwemmungen von zunehmender Bedeutung. Überschwemmungsgebiete mit zugehörigen Uferzonen sind besonders kritisch, da sie im Vergleich zu anderen Landschaftselementen die biologische Vielfalt und die Ökosystemprozesse unverhältnismäßig stark unterstützen. Die Flusskorridore bieten ein kühleres und feuchteres Mikroklima als die umliegenden Gebiete und erstrecken sich oft über Höhen- und Klimagradienten, die es den Arten ermöglichen, sich den verändernden Klimaverhältnissen anzupassen.

13.12 Stärkung demokratischer Regierungsformen

Demokratie bedeutet: Die Macht geht vom Volk aus. Es geht also darum, wer regiert und wer die Macht hat und aufrechterhält. Die Kapitalgesellschaft ist die dominierende Kraft unserer Zeit und Zukunft geworden. Die Entwicklung der Demokratien in der Vergangenheit mit Extrapolation in die Zukunft kann objektiv durch den Trend einiger Indizes verfolgt werden. Die wichtigsten sind:

- Demokratie-Index (EIU – Economist Intelligence Unit) – er unterscheidet vier Gruppen von Ländern:
  - vollständige Demokratien – wie Deutschland, Österreich, Schweden, Dänemark, Niederlande,
  - mangelhafte Demokratien, wie die USA, Polen, Ungarn, Mexiko, Indien,
  - hybride Regime – wie die Türkei, Irak, Nicaragua,
  - autoritäre Regime – wie China, Russland, Kuba, Ägypten,
- Edelman-Vertrauensindex – dieser gibt den Durchschnittswert des Vertrauens der Bürger in die Institutionen der Regierung, der Wirtschaft, der Medien und der NGOs an,
- Pressefreiheitsindex (Reporter ohne Grenzen),
- Bruttoinlandsprodukt (BIP) der Rangfolge der Länder – wie gut geht es der Wirtschaft, wie reich ist das Land,
- BIP-Wachstumsrangfolge – wie schnell wächst die Wirtschaft,
- IGB-Index der globalen Rechte – beschreibt den Schutz der Arbeitnehmerrechte,
- HDI – Human Development Index – ein Ausdruck der Lebensqualität der Bürger,
- Rangliste des Glückes – wie glücklich und zufrieden leben die Bürger,
- GINI-Rangfolge – Ungleichheit der Verteilung der Einkommen in einem Land,
- Korruptionsindex – wie agiert die herrschende Elite gegenüber Politikern, Berufen, Medien und Gewerkschaften.

Tabelle 49: Den Demokratiezustand beschreibende Koeffizienten, Stand 2019 (an erster Stelle Länderrang, an zweiter Stelle Wert des Koeffizienten).

Land	Demokratie-Index 10 = am besten[a]	Edel-mann	Presse-freiheit 0=am besten[b]	BIP[f]	Korruption 100 = keine Korruption	HDI[c]	GINI[d]	World Happiness Index[e]
Schweden	3/9,39	–	3/8,3	24/52	4/85	8/0,94	141/0,282	7/7,343
Niederlande	11/9,01	12	4/8,6	17/54	8/82	10/0,93	144/0,285	5/7,488
Deutschland	13/8,68	13	13/14,6	4/48	9/80	4/0,94	133/0,289	17/6,985
UK	14/8,52	22	33/22,2	6/40	12/77	15/0,92	116/0,357	15/7,054
Österreich	16/8,29	–	16/15,3	27/51	12/77	20/0,91	137/0,275	10/7,246
Durchschnitt	**8,78**		**13,8**	**49 Dollar**	**80,2**	**0,93**	**0,298**	**7,223**
USA	25/7,96	25	48/25,7	1/67	23/69	15/0,92	51/0,390	19/6,892
Indien	51/6,90	2	140/45,7	5/2,3	80/41	129/0,65	95/0,357	140/4,015
Ungarn	55/6,63	–	87/30,4	56/19	70/44	43/0,85	138/0,289	62/5,758
Polen	57/6,62	–	59/28,9	22/16	41/58	32/0,87	129/0,275	40/6,182
Mexiko	73/6,09	7	144/46,8	15/10	130/29	76/0,77	19/0,458	23/6,595
Durchschnitt	**6,84**		**35,5**	**23 Dollar**	**48,2**	**0,81**	**0,354**	**5,288**
Türkei	110/4,09	–	157/52,8	17/10	91/39	59/0,81	48/0,404	79/5,373
Irak	118/3,74	–	156/52,6	52/6	162/20	120/0,69	139/0,295	126/4,437
Nicaragua	122/3,55	–	114/35,5	122/2	161/22	126/0,65	28/0,462	45/6,105
Durchschnitt	**3,79**		**47,0**	**6 Dollar**	**27**	**0,72**	**0,387**	**5,305**
Russland	134/3,11	28	149/50,3	11/11	137/28	49/0,82	77/0,331	68/5,648
Ägypten	137/3,06	–	163/56,5	44/3,5	106/35	116/0,70	129/0,318	137/4,166
Kuba	143/2,84	–	169/63,8	63/–	60/48	72/0,78	–	–
China	153/2,26	1	177/78,9	2/11	80/41	85/0,76	68/0,386	93/5,191
Durchschnitt	**2,82**		**62,4**	**8,5 Dollar**	**38**	**0,77**	**0,345**	**5,002**

a → Rang Welt/volle Demokratie: 8–10, mangelhafte Demokratie: 6–8, hybride Regime: 4–6, autoritäre Regime: 0–4.

b → Rang Welt/unbeschränkte Pressefreiheit: 0, voll beschränkte Pressefreiheit, Zensur: 100.

c → Bildet Lebensstandard, Gesundheit und Bildung ab. Rang Welt/HDI größter Entwicklungsstand: 1, niedrigster: 0.

d → Bildet Einkommensungleichheit ab. Rang Welt/GINI, vollkommene Gleichheit: 0, vollkommene Ungleichheit: 1.

e → Bildet ab, wie zufrieden die Bürger eines Landes sind. Rang Welt/das schlechteste Leben: 0, das beste Leben: 10.

f → Rang BIP Welt absolut/BIP pro Kopf in 1.000 US-Dollar.

Tabelle 49 verdeutlicht die Zusammenhänge: Je stärker sich eine Regierungsform in Richtung starker Demokratie ausbildet, desto mehr Pressefreiheit herrscht, umso weniger Korruption gibt es und umso höher ist der Entwicklungsstand der Bevölkerung. In starken Demokratien ist die Ungleichheit der Vermögen am geringsten, wenn auch stark ausgeprägt, aber alle anderen Regierungs- und Regimeformen fördern ein noch stärkeres Einkommensungleichgewicht. Europa hat aufgrund seiner Historie den Wandel zum Neoliberalismus verzögert und weniger ausgeprägt vollzogen als die USA oder Großbritannien.

Die Tabelle beweist, dass starke Demokratien (wo es noch einen merklichen Einfluss des Volkes auf die Politik gibt) die Voraussetzungen für ein gesundes, menschenwürdiges und zufriedenes Leben bilden. Wie die Zahlen aber im zeitlichen Verlauf des letzten Jahrzehnts zeigen, nimmt der Demokratie-Index in vielen Ländern (Österreich) langsam ab. Die Machteliten sind auf der Überholspur. Es droht ein weiter andauernder Abbau demokratischer Rechte.

Fridays for Future, Extinction Rebellion und andere Bewegungen zeigen zunehmende Unzufriedenheit mit den Regierenden, insbesondere was Umwelt- und Klimapolitik angeht. Die Zivilgesellschaft fühlt sich und ihre Zukunft bedroht. Was wären mögliche Auswege aus dieser Einbahnstraße?

Abbildung 206: Die-in in München, 2019 (Extinction Rebellion).

13.12.1 Eine neue Gesellschaft im Wertewandel

Die über die letzten 40 Jahre erzielten Produktivitätsgewinne wurden nicht in kürzere Arbeitszeiten, in höhere Löhne, in garantierte Beschäftigung, in den Ausbau der Staatsleistungen und Bildung genutzt, sondern landeten in den Taschen des Großkapitals.

Welche gesellschaftlichen Veränderungen sind für eine Gemeinschaft, die Nachhaltigkeit und einen respektvollen Umgang mit der Natur anstrebt, notwendig? Die wichtigste Maßnahme wäre die Bekämpfung der Einkommensungleichheit, die aufgehende Schere zwischen Superreichen und Normal- und Geringverdienern zu schließen, um die Macht der Superkapitalisten zu brechen.

13.12.2 Unverhältnismäßigkeit der Vermögen verringern

Die Reduktion von Vermögens- und Einkommenssteuern führt zu einer Konzentration des Kapitals in den Händen weniger bei gleichzeitiger Abnahme des öffentlichen Eigentums. Bildung wird teurer, verringert die soziale Durchlässigkeit, vermindert die Entfaltungschancen. Man kennt die zur Farce verkommene Erzählung vom »großartigen amerikanischen Traum«, der zwischen Arbeitslosigkeit, verfallenen Industriestätten und Aussichtslosigkeit beerdigt wurde. Das zunehmende Auseinanderdriften von an Macht und Einfluss gewinnendem Großkapital und verarmenden Bürgern kann nur durch eine Umverteilung durchbrochen werden. Das Kapital hat Macht und Einfluss. Kapital vererbt und vermehrt sich. Es kauft und verkauft Gesinnungen, Politik und Ideen. Dieser demokratiefeindliche und demokratiezersetzende Prozess muss durchbrochen werden. Die Menschen in demokratischen Gesellschaften müssen eine Form und Höhe der Besteuerung von Vermögen definieren, die gerecht ist. Es ist eine demokratische Frage die Höhe von Vermögens-, Einkommens- oder Erbschaftssteuern festzulegen. Der zu erwartende Gegenwind hat Orkanstärke.

Jemand, der das 1.000-fache Vermögen eines Durchschnittsbürgers besitzt, könnte eine jährliche entsprechende Vermögenssteuer (z. B. 10 %) zahlen müssen. Seit den 1990er-Jahren sind die großen Vermögen zwischen 6 und 8 % jährlich gewachsen.[168] Ein Steuersatz auf diese Vermögen scheint mehr als angebracht – die riesigen angehäuften Vermögen sind abzubauen und der Allgemeinheit zuzuführen. Der Steuersatz müsste stark progressiv mit dem Vielfachen des Vermögens eines Durchschnittsbürgers steigen. Das Märchen von der »Vermögensflucht«, die gerne von den Betroffenen als einschüchternde Drohgebärde verbreitet wird, könnte durch eine »Exit«-Steuer (50 % auf das flüchtende Vermögen) abgefangen werden. Dies ist gerecht, weil dieses Vermögen ja nicht, wie dem Bürger oftmals vorgegaukelt wird, alleine durch die besondere und ungewöhnliche Leistung Einzelner erworben wurde, sondern auf den

168 Piketty, T. (2019): Kapital und Ideologie; C.H. Beck Verlag.

Schultern vieler Arbeitnehmer aufgrund unbezahlter externer Kosten – Umweltschäden, Umweltverschmutzung, Klimabelastung. Eine vollkommene Transparenz von Vermögen ist unverzichtbar. Ergänzend zur Vermögenssteuer wäre eine progressiv ansteigende Einkommenssteuer notwendig. Exorbitant hohe Managergehälter stehen in keiner Relation zur Leistung des Einzelnen.

13.12.3 Bedingungsloses Grundeinkommen

Das bedingungslose Grundeinkommen wird kontrovers in allen politischen Lagern und quer durch alle Bildungsschichten diskutiert. Die Hauptbefürchtung, Bezieher eines bedingungslosen Grundeinkommens würden geruhsamer Untätigkeit verfallen, bestätigten sich nicht. Experimente in Finnland[169] und Deutschland[170] wiesen im Gegenteil steigendes Vertrauen in die Zukunft, Institutionen und eigene Fähigkeiten nach, erhöhten den Anreiz zu arbeiten und verringerten Stress und Depressionen. Positiv wirkte sich ebenfalls die Überwindung der Existenzangst aus.

Als in Zukunft treibende Faktoren technologisch bedingter Arbeitslosigkeit werden gesehen:[171] Robotik und Automation, Zusammenwachsen von und Synergien zwischen verschiedenen Technologien, künstliche Intelligenz, Weiterbildung und Bildung, die mit dem technologischen Wandel nicht Schritt hält, 3-D- und 4-D-Druck, Drohnen, Nanotechnologie und synthetische Biologie.

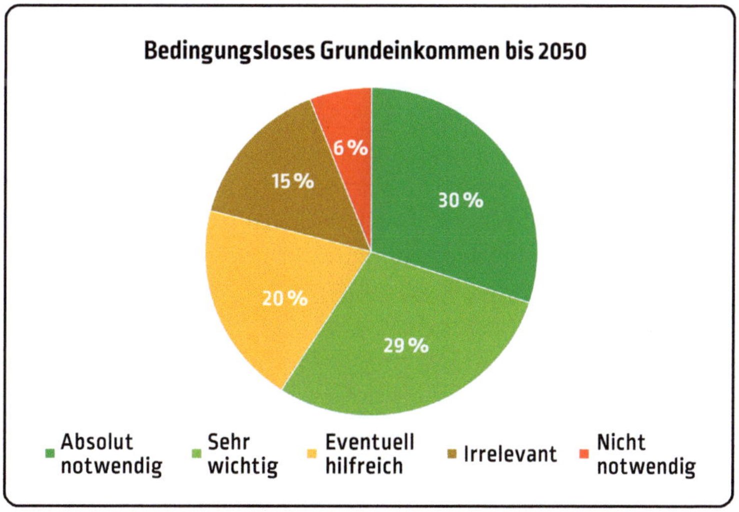

Abbildung 207: Ergebnisse der Befragung der Wissenschaftler im Rahmen des Millennium Project über die Bedeutung der Einführung eines Grundeinkommens bis 2050.

169 Bernau, P. (2020): Was ein Grundeinkommen bringt; FAZ vom 6. 5. 2020; https://www.faz.net/aktuell/wirtschaft/ergebnisse-des-grundeinkommen-experiment-in-finnland-16757054.html, abgerufen am 23.7.2020.

170 Crowdfunding Grundeinkommen; https://www.mein-grundeinkommen.de/, abgerufen am 19.7.2020.

171 Daheim, C.; Wintermann, O. (2016): 2050: Die Zukunft der Arbeit. Ergebnisse einer internationalen Delphi-Studie des Millennium Project. Future Impacts/Bertelsmann Stiftung.

Die am Millennium Project[172] beteiligten Wissenschaftler und Techniker sind zu 60 % der Meinung (siehe Abbildung 207), dass die Einführung eines Grundeinkommens bis 2050 absolut notwendig bzw. sehr wichtig sei. Nur eine Minderheit von 20 % sah dies als irrelevant oder nicht notwendig an. Das Millennium Project ist eine internationale Denkfabrik, die Informationen über Zukunftsstudien sammelt und in der Wissenschaftler aus der ganzen Welt ehrenamtlich zusammenarbeiten. Zukünftige Handlungsoptionen sieht das Millennium Project in Umschulungen/Weiterbildungen für höherwertige Fähigkeiten, Verpflichtung, auf allen Bildungsebenen Mathematik und Programmierung zu lehren, Erhöhung nationaler und individueller Intelligenz, Anreizen zur Schaffung hoch qualifizierter Arbeitsplätze, Überführung staatlicher Sozialsysteme in ein neues System des Grundeinkommens, Erhöhung der Forschungs- und Entwicklungsausgaben, kostenlose universitäre Ausbildung, Besteuerung des Wohlstands, der aus neuen Technologien entsteht, zur Unterstützung des Gemeinwesens, Fortbildung breiter Bevölkerungsschichten in Selbstständigkeit/Entrepreneurship, Investitionen der Regierungen in Technologieunternehmen und Nutzung der Gewinne zur Finanzierung der Arbeitslosigkeit.

Eine große Anzahl der Wissenschaftler und Techniker des Millennium-Projekts sieht die Zukunft allerdings pessimistisch: »Wir werden vieles ausprobieren, aber das meiste wird aufgrund der Macht von Lobbygruppen scheitern.«

13.12.4 Stärkung des Sozialstaates

Benachteiligten einer Gesellschaft helfen keine Vermögenssteuern, außer diese werden im Interesse aller eingesetzt – kostenlose Gesundheitsversorgung, Pflegedienst, Mindestpensionen, kostenloser öffentlicher Transport, leistbarer Wohnraum, Bildungsangebote, Unterstützung von Familien. In der Zeit der Erstellung dieses Manuskripts sucht das Coronavirus weltweit die Menschheit heim. Die Länder mit »gesundgespartem« Gesundheitswesen hatten die größten Probleme bei der Versorgung schwer Erkrankter und Intensivpatienten. In Österreich verlief die Pandemie bisher glimpflich – weil der angestrebte Abbau des öffentlichen Gesundheitssystems bis dahin nur langsam ins Rollen kam. Die oft vorgebrachte Mär, dass das Gesundheitssystem zu teuer sei – auch hier dominieren rein kommerzielle Interessen – und es gäbe zu viele Intensivbetten, will plötzlich kein Politiker mehr erzählt haben.

Die Coronapandemie kehrte Bedeutungen um. Es waren nicht die Chefetagen in den internationalen Firmen und es waren nicht die Bankenchefs, die für die Versorgung der Bevölkerung, das Funktionieren lebenserhaltender Grundbedürfnisse sorgten – es waren die »Schlechtbezahlten«: Kassierer, Boten, Verkäufer, Krankenschwestern, Pflegepersonal, Müllmänner, Arbeiter in Elektrizitäts- und Wasserwerken usw.

172 http://www.millennium-project.org/, abgerufen am 23.7.2020.

13.12.5 Startkapital für alle[173]

Aus den gestiegenen Einnahmen des Staates könnte eine »Erbschaft für alle« demokratisch diskutiert und beschlossen werden. Jeder Bürger könnte als Starthilfe einen bestimmten Betrag und eine Bildungsgarantie erhalten (z. B. 60 % des durchschnittlichen Vermögens der Staatsbürger). Warum sollten die Besitzlosen nicht erben? Warum sollten nicht alle die gleiche Chance haben?

13.12.6 Wirtschaftswachstum oder Gesundschrumpfung?

Während der vergangenen 30 Jahre scheiterte der Versuch, den CO_2-Ausstoß zu reduzieren, das schmälerte das noch verfügbare Kohlenstoffbudget erheblich. In dieser kritischen Situation ist ein weiteres Wirtschaftswachstum nicht nur besorgniserregend, sondern lebensgefährdend.[174] Es treibt die Energie- und Ressourcennachfrage an und erschwert die Umstellung auf nachhaltige Energieträger. In die Zukunft extrapoliert, steigt die Temperatur bis zum Jahrhundertende um 3 bis 4 °C. Der Hauptgrund liegt im Wirtschaftswachstum, das die Energienachfrage schneller ansteigen lässt, als saubere Energie (Wind, Wasser, Solar) erzeugt werden kann. Realistische Einschätzungen gehen von einer jährlichen Dekarbonisierungsrate von maximal 3 % aus. Gleichzeitig beträgt das globale jährliche Wirtschaftswachstum ebenfalls 3 %. In diesem Szenario werden keine CO_2-Emissionen reduziert. Klimaschutz ist nur durch eine Reduktion des weltweiten Energieverbrauchs von 40 % bis 2050 zu erreichen – das erfordert einen Übergang zu 100 % sauberer Energie. Die globale Materialproduktion und der globale Materialverbrauch sind um 20 % zu verringern. Zwei Drittel davon können durch Verbesserungen des Materialeinsatzes eingespart werden.[175] Zusätzlich notwendig sind: Reduzierung von Abfall, Umstellung der Ernährungsgewohnheiten, umweltfreundliche Verkehrsgestaltung und Schrumpfung von Wirtschaftssektoren, die ökologisch belastend sind.

13.12.7 Mehr Demokratie für alle

Starke Demokratien sind ein Garant für zufriedene Bürger. Kennzeichen sind geringe Korruption, eine starke unabhängige Presse, ausgewogene Einkommensunterschiede, Vertrauen in die staatlichen Institutionen, Chancengleichheit und adäquate Sozialleistungen des Staates. Die derzeitige Wirtschaftsform mit der Tendenz einer schwächelnden repräsentativen Demokratie erfüllt diese Voraussetzungen zunehmend weniger.

173 Piketty, T. (2019): Kapital und Ideologie; C.H. Beck Verlag.

174 Hickel, J. (2019): Degrowth: a theory of radical abundance; real-world economics review, N. 87.

175 Grubler, A; Wilson, C.; Bento, N.; et al. (2020): A low energy demand scenario for meeting the 1,5°C target and sustainable development goals without negative emission technologies; International Institute for Applied Systems Analysis; https://doi.org/10.1038/s41560-018-0172-6, abgerufen am 30.3.2020.

Die repräsentative Demokratie muss daher weiterentwickelt werden. Eine Möglichkeit wäre eine stärkere Bürgerbeteiligung. Zu den üblichen Formen der Gewaltenteilung in Legislative, Exekutive und Judikative ist eine ergänzende in Form einer Bürgerbeteiligung (Zukunftsräte) sinnvoll.

Zukunftsräte sollten sich aus einem repräsentativen Querschnitt der Bevölkerung – auch Minderheiten nehmen Einfluss – zusammensetzen. Ergebnisse von Bürger- oder Zukunftsräten sollten politische Entscheidungen direkt beeinflussen und erzwingen können. Diese Form der Partizipation würde Politiker und Bürger wieder enger miteinander verweben. Die Bürger würden vermehrt Verantwortung übernehmen. Derzeit beschränkt sich der Einfluss der Bürger auf die Abgabe des Stimmzettels in der Wahlkabine. Die Folge sind Wahlergebnisse, die sich proportional zum geschickten Einsatz von Werbung und Kampagnen verhalten. Das Resultat sind Meinungsgestaltung durch Lobbyisten, Polarisierung zwischen politischen Lagern, Ideologie statt öffentlichem Diskurs.

Generationenübergreifende Themen wie Bildung, Nukleartechnik, Klimawandel, Umweltverschmutzung, Gentechnik sind einfach zu wichtig, um sie amtierenden Populisten zu überlassen.

Bürgerräte sollten auf allen Ebenen – auf Gemeinde-, Stadt-, Landes- und Bundesebene – eingerichtet werden. Die Wahl in den Bürgerrat sollte per Los erfolgen, was die mögliche Einflussnahme von Interessengruppen reduziert. Niemals vergessen: Die Demokratie ist ein Regierungssystem, welches durch die Macht der Bürger geändert und verbessert werden kann.

Erfolgreich nutzte das irische Parlament eine vergleichbare Konstruktion und gab einen Verfassungskonvent in Auftrag. Diese Versammlung setzte sich aus zufällig ausgewählten Bürgern und Politikern zusammen, die sich mit mehreren Themen – Rolle der Frauen in der Politik, gleichgeschlechtliche Ehe, Recht auf Abtreibung usw. – beschäftigten. Die Empfehlungen des Konvents wurden durch anschließende Volksabstimmungen bestätigt. Mittlerweile gibt es auch eine digitale Infrastruktur (open Software) für partizipatorische Demokratie (http://decidim.org). Diese stellt eine Webumgebung dar, die es jedem ermöglicht, eine Webplattform zu erstellen, die als Netzwerk für die demokratische Beteiligung genutzt werden kann. Die EU hat im Vertrag von Lissabon den Bürgern ein allgemeines Recht (die europäische Bürgerinitiative EBI) auf Teilnahme am demokratischen Leben der Union verbürgt. Auch wenn EBI die in sie gestellten Hoffnungen, zum Aufbau einer EU-weiten Öffentlichkeit beizutragen, noch nicht erfüllt hat, so ist sie dennoch zu begrüßen. Die Initiative stellt einen Schritt in die richtige Richtung dar.

13.12.8 Nachhaltiger Konsum

Es gibt mehrere Möglichkeiten, Konsum umweltgerechter zu gestalten – zirkulärer Konsum, geteilter Konsum und Ersatzkonsum. Der zirkuläre Konsum verwertet Materialien am Ende der Lebensdauer wieder, reduziert Abfall und Umweltverschmutzung schon beim Produktdesign, konstruiert Produkte mit möglichst langer Nutzung und Haltbarkeit und sieht den Einsatz umweltverträglicher Materialien vor, die regenerierbar sind.

Beim geteilten Konsum werden Güter geteilt, die sonst nur von wenigen oder unzureichend genutzt werden. Beispiele dafür sind: Vermietung von Häusern und Wohnungen (Airbnb) oder Fahrdienste (Uber), Leihräder, E-Scooter.

Ersatzkonsum zielt darauf ab, umweltbelastende Produkte oder Dienstleistungen durch Produkte oder Dienstleistungen zu ersetzen, welche die gleiche oder eine ähnliche Funktion erfüllen, die weniger umweltbelastend und ressourcenschonender sind – Verlagerung der Benutzung von Privatfahrzeugen auf öffentliche Verkehrsmittel oder auf nicht-motorisierte Vehikel wie das Fahrrad, Ausbau der Infrastruktur für Zufußgeher oder die Umstellung von fleischreicher auf vorwiegend pflanzliche Ernährung.

Rechtliche Maßnahmen könnten sein: erweiterte Garantien auf Geräte, Verbot geplanter Alterung von Geräten, Recht auf Reparatur, Reduzierung von Lebensmittelabfällen, Besteuerung von rotem Fleisch, Verbot von Einwegartikeln, Verpflichtung zur Einrechnung externer Kosten.

13.12.9 Objektive öffentliche Medien und Medienförderung

Das Gros der Medien ist in der Hand weniger Unternehmen. Eine Handvoll Eigentümer bestimmt darüber, welche Informationen den Bürgern präsentiert werden. Über Medien wird die Bevölkerung mit Werbeinhalten bombardiert, die unentwegt Wünsche weckt. Medien sind ein mächtiges Instrument zur Übertragung kultureller Symbole, Normen, Bräuchen, Mythen und Geschichten. Die Medienunternehmen unterliegen dem freien Markt – ihre Produkte müssen daher kosteneffizient sein. Erfolg ist kommerzieller Erfolg. Boulevardzeitungen bedienen Unbildung, verwenden bevorzugt Bilder und Schlagzeilen, reduzieren Inhalte auf simple Schwarz-Weiß-Ansichten. Machteliten sind nicht an einer starken Demokratie interessiert, weswegen Angriffe auf die freie Presse und objektive kritische Medien erfolgen. Regelmäßig wird beispielsweise in Österreich versucht, mit politischen Besetzungen im Aufsichtsrat des ORF Einfluss zu nehmen, was nicht immer gelingt, wie Armin Wolf, Europäischer Journalist des Jahres 2019, zeigt. Objektiver Journalismus ist die Grundlage einer breiten Information aller Bürger und Voraussetzung einer funktionierenden Demokratie. Es ist eine Stärke der Demokratie, Kritik nicht nur auszuhalten, sondern anzunehmen und gemeinschaftlich Entscheidungen zu treffen.

13.12.10 Was kann der Einzelne tun?

Derzeit befindet sich die Welt in einer Klimakrise und einer Umweltkrise und einer Tieraussterbekrise und einer Plastikkrise und einer Wirtschaftskrise und einer Gesellschaftskrise und einer Gesundheitskrise und in einer Sinn- und Wertekrise. Die Menschen nehmen an, auch diese Krisen, wie alle Krisen vorher, ließen sich durch den Beschluss einiger Gesetze und höherer Kosten regeln und aussitzen. Das Ausmaß der Bedrohung ist dem Bürger, ausgenommen einiger Experten und umweltsensibler Menschen, nicht bewusst. Auch die Politik sieht sich, trotz Aufklärung durch die Wissenschaft, außerstande, entsprechende Maßnahmen zu ergreifen. Die Erfolge, die im Umweltbereich in der Vergangenheit erzielt wurden, zeigen, dass es bei einem entschlossenen Zusammenwirken der Länder zu bedeutenden Verbesserungen kommen kann.

Zwei Drittel der globalen Treibhausgasemissionen sind direkt und indirekt mit dem Verbrauch der Haushalte verbunden, mit einem globalen Durchschnitt aktuell von 6 Tonnen CO_2eq, 1967 hingegen 3,5 Tonnen CO_2eq pro Kopf. Der durchschnittliche Pro-Kopf-Kohlenstoff-Fußabdruck Nordamerikas beträgt 13,4 und der eines Europäers 6,5 Tonnen CO_2eq. Veränderungen im Konsumverhalten hin zu kohlenstoffarmen Alternativen stellen daher ein großes Potenzial für Emissionsreduktionen dar.

Ist das eigene Handeln bedeutungslos? Nützt es, wenn sich der Einzelne gegen den trägen Fluss der allgemeinen Meinung und des üblichen Handelns stellt? Das ist keine Frage des Nutzens, es ist eine Frage der persönlichen Einstellung, der eigenen Wertschätzung. Nicht jeder handelt so konsequent wie Greta Thunberg, die mit

Tabelle 50: Einsparmöglichkeiten, nach Effizienz der möglichen Emissionseinsparung gelistet.

Aktivität	Einsparung in t CO_2eq
Kein Auto (pro Jahr)	2,0
Elektroauto (mit nachhaltigem Strommix) (pro Jahr)	1,9
Ein Langstreckenflug weniger (pro Flug)	1,9
Erneuerbare Elektrizität einsetzen (pro Jahr)	1,5
Eigenerzeugung erneuerbarer Energie (pro Jahr)	1,3
Wechsele auf öffentliche Transportmittel (pro Jahr)	1,0
Instandsetzung und Renovierung des Wohnraumes (pro Jahr)	0,9
Vegane Ernährung (pro Jahr)	0,9

Aktivität	Einsparung in t CO_2eq
Einsatz von Wärmepumpen (pro Jahr)	0,8
Heizen mit erneuerbarer Energie (pro Jahr)	0,7
Optimiertes Kochen (energiesparend) (pro Jahr)	0,6
Ein Mittelstreckenflug weniger (pro Flug)	0,6
Weniger Autofahrten – Umstieg auf Öffentliche (pro Jahr)	0,6
Passivhaus (pro Jahr)	0,5
Nachhaltige Ernährung (weniger Kohlenhydrate) (pro Jahr)	0,5
Vegetarische Ernährung (pro Jahr)	0,5

ihrer Aktion eine weltweite Bewegung gegen den Klimawandel auslöste. Das bedeutet nicht, selbst einflusslos zu sein.

In einer aktuellen Untersuchung mit der Frage nach den einflussreichsten Verhaltensänderungen zum ökologischen Fußabdruck wurde die Tabelle 50 erstellt. Sie zeigt in der Reihenfolge die effektivsten Maßnahmen und das mögliche Einsparpotenzial pro Jahr oder Flug in Tonnen CO_2eq pro Person. Die blauen Zeilen beziehen sich auf den Transport, die grünen auf den Haushalt und die roten auf die Ernährung. Für den Verkehr umfasst das größte Minderungspotenzial ein autofreies Leben, den Umstieg auf ein E-Auto und die Reduzierung von Langstreckenflügen.

Der Mensch hat Vorrang vor dem Auto. Dieser Aussage stimmen Autofahrer und die meisten Politiker nicht zu. Für überzeugte Autofahrer stellen Radfahrer und Fußgänger Verkehrsbehinderungen dar. Das Auto braucht Platz. Jahrhundertelang aber waren Straßen Begegnungszonen. Die zunehmende Motorisierung in den 1970er-Jahren änderte das grundlegend. Begegnungszonen wurden zu Verkehrsräumen für den motorisierten Individualverkehr und abgestellte Fahrzeuge. Das muss nicht so sein.

Die Abbildung 208 zeigt die Aufteilung einer Straße, wie sie für einspurige Verbindungsstraßen in vielen Städten typisch ist.

Abbildung 208: Beispiel einer typischen Wiener Seitenstraße.

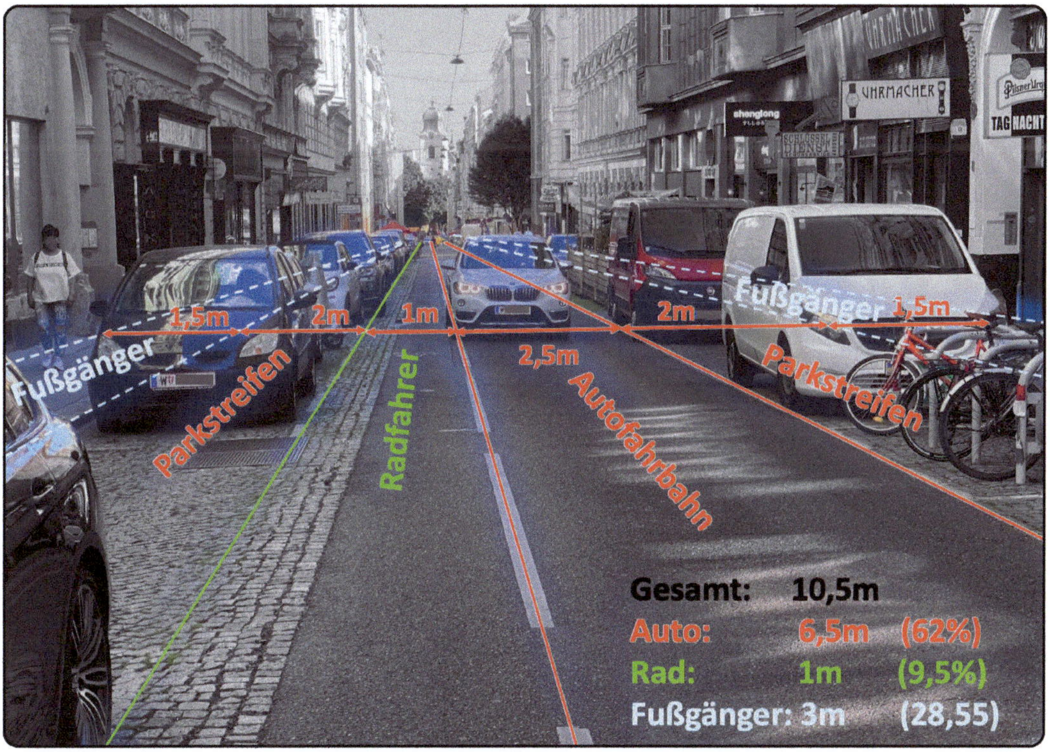

Der Lebensraum wird durch parkende Autos (Benutzungsdauer meist weniger als eine Stunde pro Tag) und gelegentlich durchfahrende Pkws vergeudet. Radfahrer benutzen einen einen Meter breiten Streifen, der im Beispiel gepflastert ist. Diese Fahrbahnunebenheit, fallweise unachtsam aussteigende Autofahrer (Dooring) und verkehrswidrig geparkte Pkws stellen eine permanente Unfallgefahr dar. Radlenker fühlen sich zurecht gefährdet. Aber es ist auch eine Stadt denkbar, eine der Utopisten, Weltverbesserer, Querdenker und Verrückten, die sich einen Perspektivenwechsel vorstellen können. In dieser erhält der Mensch seinen Lebensraum zurück, diese lässt Wege zu Fuß zum Vergnügen werden. In dieser Welt erfreuen sich Menschen an Blumen, kühlendem Schatten und Schmetterlingen, finden Plätze der Ruhe direkt vor der Haustüre.

Bezogen auf die Ernährung, kommen die größten Einsparungen aus Ernährungsumstellung insbesondere hin zu einer veganen oder vegetarischen Ernährung. Der Umstieg auf erneuerbare Energien sowie die Renovierung und die Sanierung stellen das höchste Einsparpotenzial im Wohnungssektor dar. Die in der Tabelle 50 aufgelisteten Top 10 der Einsparpotenziale erbringen zusammen maximal 9 Tonnen CO_2eq pro Person. Dies bedeutet einen enormen Beitrag zur Erreichung der Klimaziele. Ziel für jeden Weltbürger ist eine jährliche maximale Rate von 2 Tonnen CO_2eq.

Vielleicht kommt er oder sie zu dem Schluss: besser einen hochwertigen Anzug, ein hochwertiges Kostüm, Hemd, Schuhe, T-Shirt, Pullover, Kleid von Produzenten und

Abbildung 209: Amsterdam – 10.000 entfernte Parkplätze – schuf Lebensraum für Menschen.

Designern im Inland zu kaufen und diese Kleidungsstücke lange zu nutzen. Manche bevorzugen Secondhandwaren, kaufen weniger, aber hochwertigere Produkte und Geräte. Wichtig ist, möglichst alle Lebensmittel zu verbrauchen und nicht ständig zu viel für den Mülleimer einzukaufen. Das Vermeiden von Einwegprodukten, Plastikverpackungen und Mülltrennung sollte eine Selbstverständlichkeit sein. Der Konsument kann Firmen, die die Umwelt schädigen oder die an die Stelle einer nachhaltigen Firmenpolitik scheinheiliges Greenwashing setzen, konsequent boykottieren.

Eine andere Möglichkeit, politisch aktiv zu werden, ist, sich Demonstrationen gegen den Klimawandel, gegen die Umweltverschmutzung, gegen Menschenrechtsverletzungen anzuschließen, um dem Überhörten eine laute Stimme zu verleihen.

Wer mitkämpfen will gegen den Klimawandel, der muss bereit sein für einen grundsätzlichen Wandel – in der Energieversorgung und beim Energieverbrauch, beim Verbrauch von Rohstoffen und im Hinblick auf seinen Lebensstil. Ohne Veränderung des Konsumverhaltens gibt es keinen Ausweg aus der ökologischen Krise. Es geht nicht nur darum, andere (nachhaltigere) Güter- und Dienstleistungen zu nutzen, sondern generell weniger davon.

13.12.11 Was sollen die Regierungen tun?

Solange Wirtschaftswachstum das oberste Primat aller Regierungen ist, hält die Menschheit beschleunigend auf den totalen Klimacrash zu.

Die Regierungen sollten sich daher klare Ziele zur Emissionsminderung und regenerativen Energieversorgung setzen. Dazu zählt der schnelle Ausbau erneuerbarer Energie. Forschung, Anwendung und Markteinführung müssen staatlich unterstützt werden. Handeln ist erforderlich und nicht »Grünreden«. Energie, die nicht verbraucht wird, ist die beste Energie, die Förderung der Energieeffizienz durch die Regierungen ist eines der vorrangigen Ziele.

Die fossile Industrie will an ihrem Geschäftsmodell festhalten, eine Subventionierung durch die Regierungen ist kontraproduktiv. Neue Unternehmen, die den Klimaschutz ernst nehmen, verdienen es, aktiv unterstützt zu werden.

Umfassender und schneller Ausbau von Solar-, Wind- und Wasserkraftwerken sowie der Aufbau intelligenter Verteilnetze und Energiespeicheranlagen sollten weitere grundlegende Ziele sein sowie die unmittelbare Einstellung des Betriebs von Kohlekraftwerken und mittelfristig auch der Kernenergiekraftwerke. Private Haushalte und Unternehmen sollten für Photovoltaikanlagen, Wärmepumpen oder Sanierungen zur Heizkostenersparnis eine hohe staatliche Förderung erfahren (Übernahme von 70 bis 80 % der Kosten) .

Die Regierungen sollten für Neubauten energiesparende Maßnahmen vorschreiben – das aktuelle Verbot von Ölheizungen ist nicht ausreichend. Es sollte auf die Pflicht zur Errichtung von Photovoltaik- und Solaranlagen auf dem Dach und Wärmepumpen sowie auf eine energiesparende Dämmung ausgedehnt werden.

Es sollte eine Pflicht zur Anwendung von Best-practice-Technik für neue Elektrogeräte (mit technisch machbarem Mindestverbrauch) bestehen.

Bewusstseinsbildend sollten alle industriellen, landwirtschaftlichen und sonstigen Produkte (Biosprit, Diesel, Benzin, Autoherstellung, Batterien, Flüge, Schiffsreisen etc.) mit den damit verbundenen Umweltkosten und ihrer CO_2-Belastung gekennzeichnet werden.

Des Weiteren notwendig sind die Förderung langlebiger Güter, nachhaltiger Bauweisen, von Recyclingmethoden und des öffentlichen Verkehrs, die Stärkung biologischer Landwirtschaft sowie das Ankurbeln einer Kreislaufwirtschaft. Ein internationales Erfordernis ist es, die Entwicklungsländer im Hinblick auf langfristigen Klimaschutz tat- und finanzkräftig zu unterstützen.

Eine neue Wirtschaft ist notwendig: die gerechter, integrativer, solidarischer, weniger ausbeuterisch, weniger zerstörerisch für die Gesellschaft und den Planeten ist.

Die Wirtschaft muss den Menschen dienen und nicht umgekehrt.

Der Lebensraum der Städte ist für die Menschen da und nicht für Autos.

Die Regierungen sind aufgefordert, den Menschen ihren Lebensraum zurückzugeben.

14

Wenn nichts mehr hilft: Geoengineering oder Notmaßnahmen

Was ist Geoengineering?
Sind Methoden des Geoengineerings ein Ausweg aus der Klimakrise?
Wie gefährlich oder sicher sind sie?
Mit welchen Risiken ist zu rechnen?

Manche Wissenschaftler meinen, es sei bereits zu spät und die Klimakatastrophe sei nicht mehr aufzuhalten. Als Folge des unaufhaltsam extremer werdenden Klimas gehen sie davon aus, dass der gesellschaftliche Zusammenbruch betroffener Länder mit Gewissheit stattfinden wird.[176] Sie vertreten die Ansicht, dass wir nicht mit den Auswirkungen eines Klimawandels auf unsere physische, wirtschaftliche, soziale, politische und psychologische Situation umgehen können. Vieles spricht für diese Auffassung.

Wenn die Menschheit ihre Treibhausgasemissionen einstellt, bleibt nachfolgend die Notwendigkeit, langlebige Gase abzubauen. Diese Maßnahmen zum künstlichen Abbau der Treibhausgase werden unter dem Begriff »Geoengineering« zusammengefasst.

Was ist Geoengineering? Geoengineering ist die bewusste, groß angelegte Manipulation planetarischer Umwelt, um dem durch den Menschen verursachten Klimawandel entgegenzuwirken. Der Begriff bezieht sich auf eine Vielzahl von Techniken, die in Solarstrahlungsmanagement (SRM – Solar radiation management) und Kohlendioxidentfernung (CDR – Carbon dioxide removal) unterteilt werden. SRM-Techniken sind: Injektion von Sulfatpartikeln in die Stratosphäre (Vulkanascheneffekt), Aufhellung der Land- und Meeresoberfläche oder weltraumgestützte Spiegel – diese beeinflussen (managen) das Strahlungsgleichgewicht der Erde. Bei CDR-Methoden werden Abscheidung und Speicherung von Kohlenstoff benutzt.

Die Suche nach technischen Methoden, CO_2 aus der Atmosphäre abzuscheiden, verbindet sich mit der heimlichen Sehnsucht, den eigenen luxuriösen und verschwende-

176 Bendell, J. (2018): Deep Adaption: A Map for Navigation Climate Tragedy; IFLAS Occasional Paper 2; https://jembendell.com/2019/05/15/deep-adaptation-versions/, abgerufen am 3.2.2020.

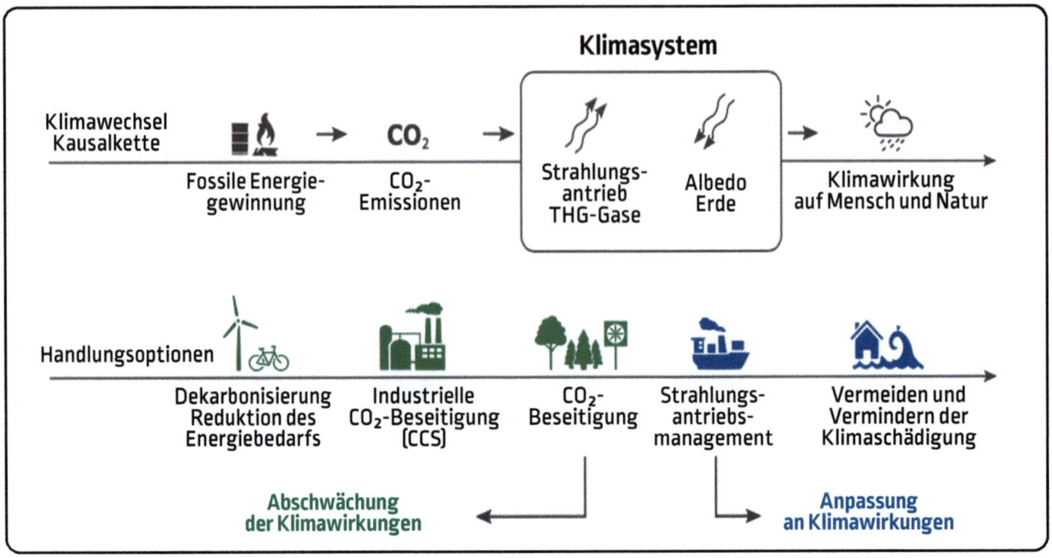

Abbildung 210: Überblick über mögliche menschliche Reaktionen auf den Klimawandel.

rischen Lebensstil nicht ändern zu müssen. Die Vorstellung, das Klima ließe sich reparieren wie ein kaputtes Auto, ist naiv. Die klimatischen Veränderungen sind komplex und noch immer nicht vollständig verstanden. Klar ist: Die mittlerweile verabsäumte Zeit führte zu einer nahezu unbewältigbaren Aufgabe, und der künstliche Abbau von CO_2 ist notwendig geworden. Der Glaube an die Allmacht technischer Möglichkeiten führt fatalerweise dazu, überfällige Maßnahmen auf die lange Bank zu schieben.

In der oberen Reihe der Abbildung 210 sind die kausalen Zusammenhänge des Klimawandels schematisch dargestellt. Die vorwiegende Energiegewinnung durch Verbrennung fossiler Brennstoffe führt zu Treibhausgasemissionen, diese erhöhen die globale Erdtemperatur und beeinflussen die Albedo-Wirkung der Erde. Dadurch verändert sich das Klima lokal und global. Die untere Reihe definiert die Handlungsoptionen. Einerseits kann die Menschheit durch Maßnahmen wie einen künstlichen Abbau des CO_2 in der Atmosphäre, durch eine Reduktion des Energiebedarfes, durch weniger Verbrauch und effizientere Energienutzung, die Auswirkungen auf das Klima mildern. Andererseits besteht die risikoreiche Anwendung des Strahlungsantriebsmanagements (sprich: Erhöhung der Reflexion der Atmosphäre bzw. der Stratosphäre etc.).

Aufgrund des begrenzten verbleibenden globalen Kohlenstoffbudgets (328 Gigatonnen CO_2 bei einer aktuellen Emissionsrate von 36,8 Gigatonnen CO_2 pro Jahr) sind die Strategien, Kohlendioxid aus der Atmosphäre zu entfernen, zu einem fast unverzichtbaren Bestandteil zur Erreichung der internationalen Klimaziele des Pariser Abkommens geworden.[177]

177 Rogelj, J.; et al. (2018): Scenarios towards limiting climate change below 1,5°C, Nat. Climate Change 8.

Die nachindustriell angehäuften 1.000 Gigatonnen CO_2-Emissionen müssen in der Zukunft wieder abgebaut und dem Kohlenstoffkreislauf entzogen werden, um die CO_2-Konzentrationen auf ungefähr 300 Parts per million zurückzuführen (derzeit aktuell über 410 Parts per million).

Gleich ist allen diskutierten Methoden, dass sie im großen Stil in das Erd-Klima-System eingreifen und es verändern, wobei die bisher erwogenen Technologien ungenügend, nicht erprobt und hochriskant mit unabsehbaren Folgen sind. Ungeachtet dessen planen Kanada und die USA (die zu den größten Klimasündern und Umweltverschmutzern weltweit zählen) Versuche über die Ausbringung von Aerosolen in der Stratosphäre, das Aufbringen reflektierender Sande auf Eisschilde und das Besprühen von dunklen Meereswolken zur Aufhellung.

Abbildung 211 gibt einen Überblick über die von Wissenschaftlern und Technikern derzeit diskutierten künstlichen Möglichkeiten des CO_2-Abbaus durch den Menschen.

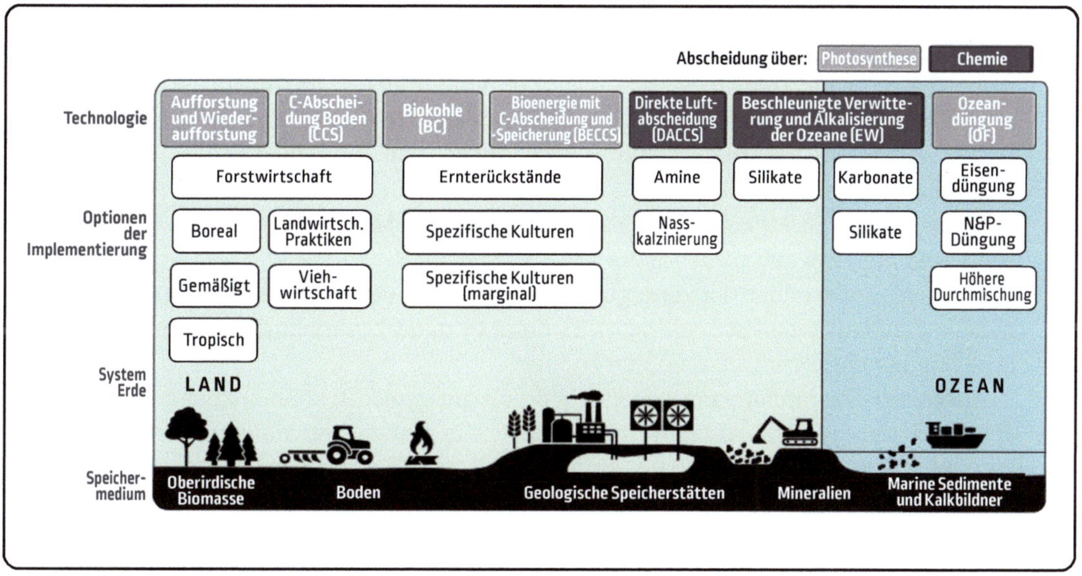

Abbildung 211: Einteilung der Technologien zur Entfernung von CO_2 aus der Atmosphäre.

14.1 Methoden des künstlichen Abbaus von CO_2 aus der Atmosphäre[178]

14.1.1 Aufforstung und Wiederaufforstung von Wäldern

Das Pflanzen von Wäldern wäre der schnellste, kostengünstigste und pragmatischste Weg, CO_2 aus der Luft aufzunehmen und gleichzeitig die natürlichen Lebensgrundlagen zu stärken. Als erster Schritt ist ein Stoppen der Entwaldungen und ein Wiederaufforsten geschädigter Gebiete angebracht. Vorhandene Urwälder und tropische Regenwälder müssen vor Brandrodungen und anderem Raubbau geschützt werden. Die weltweite Aufforstung von Wäldern wäre theoretisch auf einer Fläche von 0,9 Milliarden Hektar möglich und könnte langfristig zwei Drittel der vom Menschen verursachten CO_2-Emissionen aufnehmen.[179] Diese fiktive nutzbare Waldfläche speichert 205 Milliarden Tonnen Kohlenstoff (entspricht 205 Gigatonnen C oder 751 Gigatonnen CO_2), was zwei Drittel der 300 Milliarden Tonnen Kohlenstoff, den die Menschheit seit Beginn der industriellen Revolution in die Atmosphäre emittierte, entspräche. Ausgeschlossen wurden landwirtschaftlich genutzte Gebiete und jene, die Städte beanspruchen. Die größten nutzbaren Flächen entfallen auf sechs Länder: Russland (151 Millionen Hektar), die USA (103 Millionen Hektar), Kanada (78,4 Millionen Hektar), Australien (58 Millionen Hektar), Brasilien (49,7 Millionen Hektar) und China (40,2 Millionen Hektar).

Flächen zu bewalden ist eine gute Lösung gegen den Klimawandel, allerdings müsste die Menschheit schnell handeln, denn es dauert Jahrzehnte, bis die Wälder reifen und ihr Potenzial ausschöpfen können.

Ehrgeizige Baumpflanzungsprojekte sind oft gut gemeint, können aber zu negativen Ergebnissen führen, da es davon abhängt, wie und wo welche Bäume gepflanzt werden.[180] Das Pflanzen von Bäumen in historischem Grasland und Savannen kann einheimische Ökosysteme und Arten schädigen. Sie können eine wichtige Einnahmequelle für Landbesitzer darstellen, aber zugleich die soziale Ungleichheit verstärken – durch Enteignung der lokalen Bevölkerung und Umsetzung ohne Beteiligung der Interessengruppen. Oft bestehen die Waldkulturen aus einer oder einigen wenigen nicht einheimischen Arten, die eine viel geringere biologische Vielfalt aufweisen. Wiederaufforstungsprojekte sind eine wichtige Komponente im Kampf gegen den Klimawandel, aber nur, wenn sie auf den jeweiligen lokalen Kontext zugeschnitten sind – sie

---

178 Dossier von MISEREOR in Zusammenarbeit mit der Redaktion WELT-SICHTEN: Das Klima reparieren? Geoengineering: Irrweg statt Ausweg, 2018.

179 Hochschulkommission ETH Zürich (2019): Wie Bäume das Klima retten könnten; www.ethz.ch/medien, abgerufen am 12.5.2020.

180 Holl, K. D.; Brancalion, H. S. (2020): Tree planting is not a simple solution; Science Vol. 368, Issue 6491, S. 580–581; https://doi.org/10.1126/science.aba8232, abgerufen am 13.6.2020.

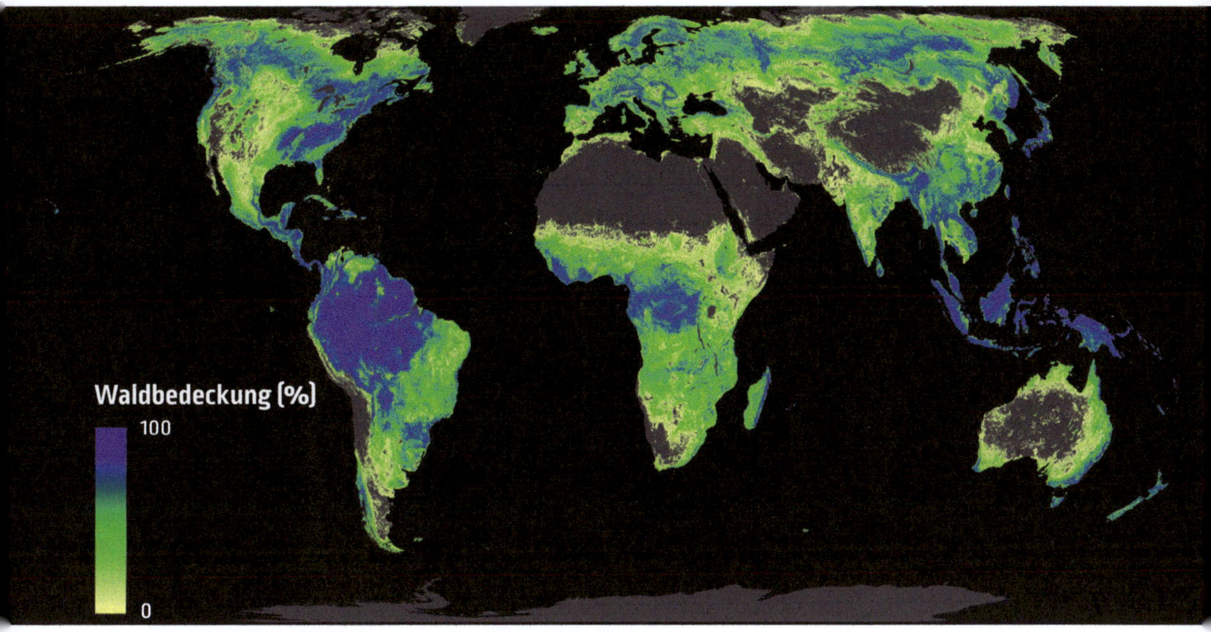

Abbildung 212: Mit Wald bedeckte Flächen (Tree Cover).

benötigen Planung, Schutz und Pflege, damit die Bäume auch überleben. Die Pflanzung von Bäumen in ehemals bewaldeten Gebieten ist eine der besten Optionen, weil sie die besten Aussichten auf Erhaltung und Gedeihen hat.

Tabelle 51: Mögliche Ergebnisse der Baumpflanzungsmaßnahmen

Unbeabsichtigte negative Auswirkungen	Potenzieller Nutzen
Reduzierte Wasserversorgung	Größere Kohlenstoff- und Wasserspeicher
Zerstörung von einheimischem Grasland und Verbreitung invasiver Baumarten	Reduzierte Bodenerosion
Zunehmende soziale Ungerechtigkeit	Erhöhte einheimische Biodiversität
Verdrängung von Ackerland	Bereitstellung von Nahrung, Holz und Schatten
Verstärkte Entwaldung einheimischer Baumarten	Einkommen für die lokale Bevölkerung

Tabelle 51 zeigt, welche unbeabsichtigten negativen Auswirkungen bei umfangreichen Wiederaufforstungsprojekten auftreten können, aber auch deren möglichen potenziellen Nutzen.

14.1.2 Renaturierung von Mooren und Feuchtgebieten

Die Trockenlegung von Mooren und anderen Feuchtgebieten ist mit dem Anstieg des äußerst klimawirksamen Treibhausgases Methan verbunden. Die Wiederbefeuchtung von Mooren und Torfgebieten würde den eingelagerten Kohlenstoff vor weiterer Zersetzung schützen und deren Methanemission unterbinden. Torfbrände – eine Folge der Trockenlegung – setzen Unmengen an CO_2 frei und sind schwer zu löschen, weil sie unterirdisch weiterschwelen.

14.1.3 CO_2-Filterung und -Abscheidung im Boden

Es gibt mehrere physikalisch-chemische Strategien zur Kohlenstoffabscheidung und -speicherung. Diese bestehen aus drei Hauptschritten:

- CO_2-Abscheidung,
- CO_2-Transport und
- CO_2-Speicherung.

Die CO_2-Abscheidung erfolgt aus großen Emittenten wie Kraft-, Stahl-, Chemie- oder Zementwerken. Folgende Verfahren sind erprobt.[181]

- chemische Absorption,
- physikalische Absorption,
- Membrantrennung und
- kryogene Destillation.

Das abgeschiedene hoch konzentrierte CO_2 wird komprimiert und über Pipelines oder per Schiff zu den Speicherorten transportiert. Anschließend wird das Gas in geologische und ozeanische Speicher in geeignete Untergrundformationen oder erschöpfte Bohrlöcher der Erdgas- oder Erdölgewinnung eingepresst und gespeichert – so der Plan.

Die Einführung von CCS-Projekten (CCS – Carbon capture and storage) verläuft nur langsam. Die Mehrzahl der kommerziellen Projekte befindet sich in den Vereinigten Staaten. In Norwegen wird auf der Gasförderplattform »Sleipner« ein CCS-Verfahren kommerziell erprobt. Das auf der Bohrinsel im Atlantik geförderte Erdgas enthält 4 bis 9 % CO_2. Diese Konzentration wird auf unter 2,5 % reduziert, damit es den handelsüblichen Standards entspricht. Seit 1996 wird das überschüssige CO_2 mithilfe von Aminen vom Erdgas isoliert, verflüssigt und anschließend über eine Pipeline wieder in den Untergrund gepumpt. Der Speicherort befindet sich 800 Meter unter dem Meeresboden. Circa 1 Million Tonnen CO_2 wurden so abgeschieden und dauerhaft unter

181 Singh, J.; Dhar, D. W. (2019): Overview of Carbon Capture Technology: Microalgal Biorefinery Concept and State-of-the-Art; Frontiers in Marine Science, Vol. 6, Article 29; https://doi.org/10.3389/fmars.2019.00029 abgerufen am 23.3.2020.

dem Meeresboden gespeichert. Insgesamt könnten laut Experten bis zu 600 Milliarden Tonnen Kohlendioxid dort ein sicheres Endlager finden.

Die Speicherung von CO_2 in erschöpften Öl- und Gasfeldern wird noch nicht kommerziell genutzt. Die Speicherung im Meer und in Mineralien befindet sich in einer frühen Entwicklungsphase. Die chemische Abscheidung von CO_2 aus Gasströmen durch verschiedene Verfahren wird kommerziell seit Jahrzehnten zur Entfernung von CO_2 aus Erdgas eingesetzt und ist eine ausgereifte Technik. Auch die Technologien für den Transport sind gut etabliert. Weltweit gibt es an die 500.000 Kilometer Pipelines sowohl an Land als auch im Meer. Trotz des vorhandenen Speicherpotenzials bleiben erhebliche Nachteile bestehen – teurer Betrieb, Transport und Umweltgefahren bei der Umlagerung.

Aminwäsche

Bei der Aminwäsche von Gasen werden leicht alkalische wässrige Lösungen von Aminen (organische Verbindungen – Abkömmlinge Ammoniaks) verwendet, durch die das zu reinigende Gas (z. B. Erdgas mit hohen CO_2-Anteilen) gepumpt wird. Durch eine nachgeschaltete Regeneration der Aminlösung kann sehr reines CO_2 gewonnen werden.

14.1.4 Der Ozean als Helfer

Der Bericht des World Resources Institute[182] nennt fünf ozeanbasierte Bereiche, die einen Beitrag zur Eindämmung des Klimawandels erbringen könnten.

Tabelle 52: Beitrag von fünf ozeanbasierten Klima-Aktionsbereichen und ihr Beitrag zur Eindämmung des Klimawandels.

Bereich	Einsparung ($Gt\ CO_2eq/Jahr$)
Ozeanbasierte erneuerbare Energieerzeugung	5,4
Schifffahrt	1,8
Küstennahe und marine Ökosysteme	1,4
Fischerei, Aquakulturen und Veränderung der Ernährung	1,2
Kohlenstoffspeicherung am Meeresboden	2,0
Gesamt	11,8

Tabelle 52 zeigt fünf Klimaaktionsbereiche und ihren möglichen Beitrag zum Schließen der Lücke zwischen notwendigen und tatsächlichen Kohlendioxidemissionen im Jahr 2050. Die notwendige jährliche Reduktion der Treibhausgasemissionen beträgt

182 Hoegh-Guldberg, O.; et al. (2019): The Ocean as a Solution for Climate Change: Five Opportunities for Action; World Resources Institute, Report; https://oceanpanel.org/climate, abgerufen am 11.6.2020.

56 Gigatonnen CO_2eq. Die diskutierten ozeanbasierten Maßnahmen könnten 21 % davon übernehmen.

Der Beitrag der erneuerbaren ozeanbasierten nachhaltigen Energieerzeugung fußt auf erweiterten Technologien für Offshore-Windanlagen in tieferen Gewässern, im Wasser treibenden Solarinseln, Nutzung von Ozeanwärme und der Kombination der Energieerzeugungsanlagen mit nahe gelegenen ozeanbasierten Industrien wie Entsalzungsanlagen oder Aquakulturen. Im Bereich der Binnenschifffahrt und des Internationalen Schiffsgüterverkehrs bringen energieoptimierte Antriebssysteme, effizientere emissionsärmere Treibstoffe, optimiertes Schiffsdesign zur Reduktion des Wasserwiderstandes, Nutzung erneuerbarer auf Schiffen installierter Energieanlagen und die Anwendung hybrider Antriebe und energieverbrauchsoptimierte Seerouten große Emissionseinsparungen. Küstennahe und marine Ökosysteme sollten erhalten, restauriert und neue aufgebaut werden. Dies umfasst Meeresalgen-Ökosysteme, Mangroven, Seegras und Salzwiesen. Weitere Maßnahmen sind die Abschaffung von schädlichen Fischereisubventionen, die Stärkung internationaler Instrumente zur Überwachung illegaler, nicht gemeldeter und unregulierter Fischerei, die Vermeidung von Fischtransporten auf dem Luftweg, die Werbung für mehr fischbasiertes kohlenstoffarmes Protein und anderer Nahrungsmittel (Algen), die Förderung nachhaltiger Fischerei und die Entwicklung hochtechnologischer und in großem Maßstab anwendbarer Aquakulturen. Weitere Werkzeuge sind die Weiterentwicklung und Verbesserung der Technologien zur dauerhaften Speicherung von CO_2 im Meeresboden.

14.1.5 Ozeandüngung

Bei der Ozeandüngung werden nährstoffarme Meeresregionen mit Eisenverbindungen oder anderen Stoffen gedüngt, um das Wachstum von Phytoplankton (Algenblüte) zu steigern. Das Phytoplankton nimmt CO_2 aus der Atmosphäre durch folgenden Mechanismus auf:

- Es absorbiert während des Wachstums CO_2,
- stirbt ab, sinkt zum Meeresboden und wird dort dauerhaft gespeichert.

Zahlreiche Versuche zeigten, dass der größte Teil des Planktons der Nahrungskette allerdings wieder zugeführt wird. Die Folgen einer umfassenden Anwendung sind unberechenbar. Zweifellos wird die marine Nahrungskette beeinflusst – toxische Algenblüten verursachen heute schon in einzelnen Meeresschichten Sauerstoffmangel, die zur Verödung führen.

14.1.6 Bioenergiegewinnung, kombiniert mit Kohlenstoffabscheidung und -speicherung

Bioenergie mit Kohlenstoffabscheidung und -speicherung (BECCS – Bioenergy with carbon capture and storage) ist eine Minderungstechnologie, die nicht einheitlich definiert ist und eine Vielzahl von Industrie- und Energietechnologien umfasst. Dazu zählten die Verbrennung von Biomasse zur Stromerzeugung, die Umwandlung von Biomasse in flüssige oder gasförmige Brennstoffe, Bioraffinerien sowie die Zellstoff- und Papierproduktion. Bei BECCS wird CO_2 aus der Biomasse, die einen Umwandlungsprozess durchlaufen hat, abgetrennt und in geologischen Formationen dauerhaft gespeichert. Bei BECCS gibt es Nutzungskonzepte, bei denen das CO_2 vorübergehend in Kraftstoffen, Baustoffen, Chemikalien oder Kunststoffen gebunden wird. Das Konzept von BECCS beruht auf der Vorstellung, dass Biomasse während ihres Wachstums CO_2 aus der Atmosphäre aufnimmt, bindet und, wenn sie nach der Umwandlung abgetrennt und gespeichert wird, zu einer Nettoentnahme von CO_2 aus der Atmosphäre führt. Modelle zeigen, dass ein großflächiger Einsatz von BECCS zwar dazu beitragen könnte, die globale Erwärmung unter 2 Grad des vorindustriellen Niveaus zu halten; aber ein hoher Einsatz von landintensiven Bioenergierohstoffen könnte sich negativ auf Ökosysteme, Biodiversität und Lebensgrundlagen auswirken. Bioenergiesysteme haben sowohl positive als auch negative Auswirkungen, ihr Einsatz soll eine Reihe von ökologischen, sozialen und wirtschaftlichen Zielen erfüllen, die nicht vollständig kompatibel sind.

BECCS-Systeme erzeugen Energie durch Verbrennung von Holz, getrockneten Pflanzen, Algen und organischen Rückständen. Wenn das bei der Verbrennung frei werdende CO_2 abgeschieden und gespeichert wird, wird dem System Kohlenstoff bei gleichzeitigem Energiegewinn entzogen. Das wirkt sich positiv auf die Kohlenstoffbilanz aus.

Zu Waldabfällen gehören Rückstände aus Forstwirtschaft und Holzschlag, Rückstände aus der Holzverarbeitung wie Sägemehl und Rinde, Totholz nach Stürmen oder von Holzschädlingen stammend. Zu den organischen Abfällen zählen Abfälle aus Haushalten und Restaurants, ausrangierte Holzprodukte wie Papier, Bau- und Abbruchholz, die sich für die Biogasproduktion eignen. Die Nutzung dieser Ressourcen ist im Allgemeinen vorteilhaft. Organische Abfälle können verstreut und von unterschiedlicher Qualität sein, aber die Vorteile für Gesundheit und Umwelt, die sich aus der Sammlung und der ordnungsgemäßen Bewirtschaftung durch Verbrennung oder anaerobe Vergärung ergeben, können erheblich sein. Speziell angelegte Biomasseplantagen umfassen einjährige (Getreide, Öl- und Zuckerkulturen) und mehrjährige Pflanzen (z. B. Rutenhirse) sowie Baumplantagen, die sowohl Niederwald als auch einstämmige Plantagen (z. B. Weide, Eukalyptus, Kiefer) umfassen. Einige Untersuchungen identifizierten ein beträchtliches technisches Potenzial für die Bioenergieproduktion auf marginalen und degradierten Flächen (z. B. Salzland), die derzeit nicht für die Pflanzenproduktion oder als Weideland genutzt werden. BECCS zählt zu den weniger entwickelten Technologien und ist vergleichsweise kostspielig, aber sobald sie verfügbar ist, könnte sie leicht breit angewendet werden.

14.1.7 CO_2-Abscheidung durch Mikroalgen

Mikroalgen benötigen kein Ackerland und überleben und gedeihen an Orten, die andere Kulturpflanzen nicht besiedeln können, wie salzig-alkalisches Wasser, Land und Abwasser.[183] Mikroalgen können mit unerwünschten Abgasen wie CO_2 und NO_x, SO_x aus Rauchgas, anorganischem und organischem Kohlenstoff, Stickstoff, Phosphor und anderen Schadstoffen aus landwirtschaftlichen, industriellen und Abwasserquellen gefüttert werden. Die einfachen zellulären Strukturen und das schnelle Wachstum der Mikroalgen verleihen ihnen eine CO_2-Fixierungseffizienz, die 10- bis 50-mal höher ist als bei Landpflanzen. Trotz dieses bemerkenswerten Potenzials ist die Produktion von Mikroalgen für geringwertige Massenprodukte, wie Proteine für Nahrungs- und Futtermittelanwendungen, Fettsäuren für Nahrungsergänzungsmittel oder Biokraftstoffe, bisher nicht wirtschaftlich. Neuere technoökonomische- und Lebenszyklusanalysen mikroalgenbasierter Produktionssysteme zeigen, dass der einzig mögliche Weg zur Realisierung des Produktionspotenzials in der vollständigen Nutzung der Biomasse in einer integrierten Bioraffinerie besteht, in der jede Komponente extrahiert, verarbeitet und verwertet wird. Endprodukte wären Biokraftstoffe und Biogase zur Bioenergiegewinnung mit CO_2-Abscheidung.

14.1.8 DACC-Abscheidung von CO_2 über Filter und Chemie und Speicherung

Die direkte Abscheidung von CO_2 ist schwierig, da es in sehr geringer Konzentration in der Luft enthalten ist. Diese ist um den Faktor 100 bis 300 geringer als in der Abluft von Gas- und Kohlekraftwerken. DACC benötigt neben der Abscheidung des CO_2 auch entsprechende Abspeicherungs- und Transportstrukturen.

Wie funktionieren DACC-Systeme? Ventilatoren führen große Mengen Luft durch Filter, wobei das CO_2 über chemische Mittel gebunden wird. Durch anschließendes Erwärmen der Filter (circa 100 °C) wird reines CO_2 frei und kann weiterverwendet oder gespeichert werden (siehe Abbildung 213). DACC ist momentan noch sehr teuer, es weist aber den grundlegenden Vorteil einer nach oben offenen Technologie auf.

183 Singh, J.; Dhar, D. W. (2019): Overview of Carbon Capture Technology: Microalgal Biorefinery Concept and State-of-the-Art; Frontiers in Marine Science; Vol. 6, Article 29; https://doi.org/10.3389/fmars.2019.00029 abgerufen am 1. 6. 2020.

Abbildung 213: Direkte CO_2-Abscheidung über Ventilatoren und Filter.

14.1.9 Düngen mit Biokohle (BC)

Biokohle wird aus Holz oder anderen organischen Abfällen gewonnen. Diese werden ohne Sauerstoffzufuhr verbrannt, und es entsteht Biokohle (Bio carbon). Diese Kohle wird als Dünger in den Boden eingebracht. Die Pyrolysetechniken stecken noch in den Kinderschuhen und müssen zu erheblichen Kostensenkungen weiterentwickelt werden. Fällverluste aus der Forstwirtschaft, ungenutzte Ernterückstände und Abfallbiomasse werden zur Erzeugung von Biokohle eingesetzt.

14.1.10 Verwitterung von Mineralien

Über sehr lange Zeiträume bindet natürliche Verwitterung von Gestein CO_2. Die angedachte Methode sieht vor, pulverisierte Mineralien (Silikate) großräumig auf Ödflächen aufzubringen. Damit diese Methode klimawirksam ist, müssten riesige Landflächen mit gemahlenem Gestein bedeckt werden. Der Abbau der Mineralien, das Mahlen, der Transport und das Ausbringen sind mit einem großen Energieaufwand verbunden. Eine praktikable Ausbringung ist zudem nur in Wüstengebieten sinnvoll, was die Transportprobleme widerspiegelt. Die künstlich beschleunigte Verwitterung ist aufgrund des hohen Energiebedarfes für die Zerkleinerung der Mineralien eine teure Option.

14.1.11 Kohlenstoffabscheidung und -verwertung (CCU)

Die Kohlenstoffabscheidungs und -verwertungstechniken (CCU – Carbon capture and utilization) verarbeiten das abgeschiedene reine CO_2 in chemischen weiterverarbeitenden Anlagen. CCU-Technologien können die konventionelle Produktion verschiedener Chemikalien, einschließlich Grundchemikalien, Feinchemikalien und Polymere, ersetzen.[184] CCU- Technologien fangen Kohlendioxid (CO_2) aus industriellen Quellen oder der Umgebungsluft ab und nutzen dieses als alternative Kohlenstoffquelle für die chemische Produktion. Die Ersetzung der konventionellen chemischen Produktion durch CCU wirkt sich auf die Treibhausgasemissionen in der gesamten Produktionskette aus, weil

- CO_2 aus der Luft oder den Schornsteinen entfernt wird,
- Treibhausgasemissionen, die für die konventionelle chemische Produktion einschließlich der Rohstoff- und Energieversorgung erforderlich sind, vermieden werden und
- Treibhausgasemissionen, die für die CO_2-Abscheidung und die Umwandlung von CO_2 in Chemikalien erforderlich sind, hinzugefügt werden.

CCU-Technologien haben keinen Einfluss auf die Nutzungsphase und das Ende der Lebensdauer von Chemikalien. Die Menge an gespeichertem CO_2 kann sich jedoch erheblich von den potenziellen Treibhausgasemissionsreduktionen durch CCU unterscheiden; so kann beispielsweise die Verwendung von 1 Kilogramm CO_2 für die Produktion von Polymeren auf CO_2-Basis aufgrund der konventionellen Produktion bis zu 3 Kilogramm CO_2-Äquivalentemissionen reduzieren. Eine umfassende Analyse des Klimaschutzpotenzials von CCU erfordert eine detaillierte Bewertung aus der Lebenszyklusperspektive.

14.1.12 Vergleich von CDR-Technologien

Das derzeitige Tempo des Einsatzes von CDR-Technologie reicht nicht aus, um die Erderwärmung unter 2°C zu halten.[185] Die vorhandenen Technologien sind nicht ausgereift und werden trotzdem als Hoffnungsträger und Schlüssel erfolgreicher Klimapolitik gesehen. Kosten, Machbarkeit, potenzielle Größenordnungen, Land- und Wasserbedarf und Nebenwirkungen lassen sich auf Grundlage des jetzigen Wissenstands kaum abschätzen. BECCS ist unter den CDR-Technologien einzigartig, da es mehr

184 Kätelhorn, A.; Meys, R.; Deutz, S.; et al. (2019): Climate change mitigation potential of carbon capture and utilization in the chemical industry; PNAS Vol. 116, No. 23; https://doi.org/10.1073/pnas.1821029116, abgerufen am 23.3.2020.

185 Field, C. B.; Mach, K. J. (2017): Rightsizing carbon dioxide removal: Betting the future on planetary-scale carbon dioxide removal from the atmosphere is risky; science magazine, Vol. 356, Issue 6339, S. 706–707; https://doi.org/10.1126/science.aam9726, abgerufen am 8.6.2020.

Energie erzeugt, als für Kohlenstoffabscheidung und -speicherung benötigt wird. Die Risiken einer umfassenden Anwendung sind hoch, weil bei Versagen künftige Generationen mit erheblichen Auswirkungen auf den Klimawandel, hohen Kosten für die Eindämmung und inakzeptablen Kompromissen leben müssen. Unbedingt notwendig ist es, jetzt in die Forschung und den frühen Einsatz zu investieren, damit Nebenwirkungen bewertet und möglichst frühzeitig kostengünstige und nachhaltige Lösungen entwickelt werden können. Anlagen, die für den Aufbau der Kohlenstoffsenken benötigt werden, benötigen einen Großteil der derzeitigen Anbaufläche. Neben den Problemen, die mit der benötigten Größenordnung einhergehen, stellt sich die Frage, wie das Klima auf einen plötzlichen Kohlenstoffentzug reagieren würde. So wie Spitzenemissionen sind auch Spitzenreduktionen der Treibhausgase mit unbekannten Klimareaktionen verbunden und gefährlich.

Tabelle 53: Merkmalvergleich von drei diskutierten potenziellen großmaßstäblichen Strategien zur Entfernung von Kohlendioxid.

	Wald- und Bodenbewirtschaftung	BECCS	Direkter CO_2-Einfang aus der Luft
Technische Komplexität	niedrig	mittel	hoch
Umweltvorteile	hoch	niedrig	niedrig
Erforderliche Landfläche für großräumigen Einsatz	hoch	hoch	niedrig
Risiko einer späteren Freisetzung von CO_2	hoch	niedrig	niedrig
Energiestatus	neutral	Gewinn	Verbrauch

Tabelle 53 stellt die Merkmale der drei aussichtsreichsten Kohlendioxidentfernungsstrategien einander gegenüber.

14.1.13 Zusatznutzen von CDR-Methoden

Ein vernachlässigter Aspekt der verschiedenen CDR-Methoden ist ein möglicher Zusatznutzen. Aufforstung, Kohlenstoffmanagement im Boden, beschleunigte Verwitterung und Biokohle tragen unter geeigneten Bewirtschaftungsformen zu einer besseren Bodenqualität, zur Nährstoffrückhaltung und zu einem besseren Wasserzyklus bei. Diese Veränderungen führen zu besseren Ernteerträgen. Bei den meisten Methoden hängt es von der Umsetzungsstrategie und dem Umfang der Anwendungen ab, ob ein zusätzlicher Nutzen erzeugt wird. So mögen Monokulturplantagen mit Eukalyptus zwar im Fall von BECCS ein effizientes Mittel sein, um Kohlenstoff abzubauen, sind aber forstwirtschaftlich fortschrittlicheren Initiativen unterlegen. Groß angelegte BECCS- und Aufforstungsprogramme steigern die Nachfrage nach Land, was im Widerspruch zu steigender Nahrungsmittelnachfrage und biologischer Vielfalt steht.

14.1.14 Kohlenstoffbindung im Boden

Unter Kohlenstoffbindung im Boden (SCS – Soil carbon sequestration) wird ein Agrarmanagement verstanden, welches den organischen Kohlenstoffgehalt im Boden erhöht. Das führt zu einer Nettoabnahme von CO_2 aus der Atmosphäre. Da der Kohlenstoffgehalt im Boden ein Gleichgewicht zwischen Kohlenstoffeinträgen (Einstreu, Rückstände, Wurzeln, Dung) und Kohlenstoffverlusten (Bodenatmung) darstellt, können durch entsprechende landwirtschaftliche Praktiken Einträge erhöht oder Verluste verringert werden. Obwohl SCS auf großen Landflächen angewendet wird, kann es ohne Änderung der Landnutzung durchgeführt werden, sodass der ökologische Landfußabdruck gleich null ist. Der Wasser-Fußabdruck, Energieverbrauch und die Auswirkungen auf die Albedo sind ebenfalls vernachlässigbar.

Abbildung 214 zeigt im Überblick die Kosten und das Dekarbonisierungspotenzial der verschiedenen CDR-Methoden, beruhend auf Expertenschätzungen.[186]

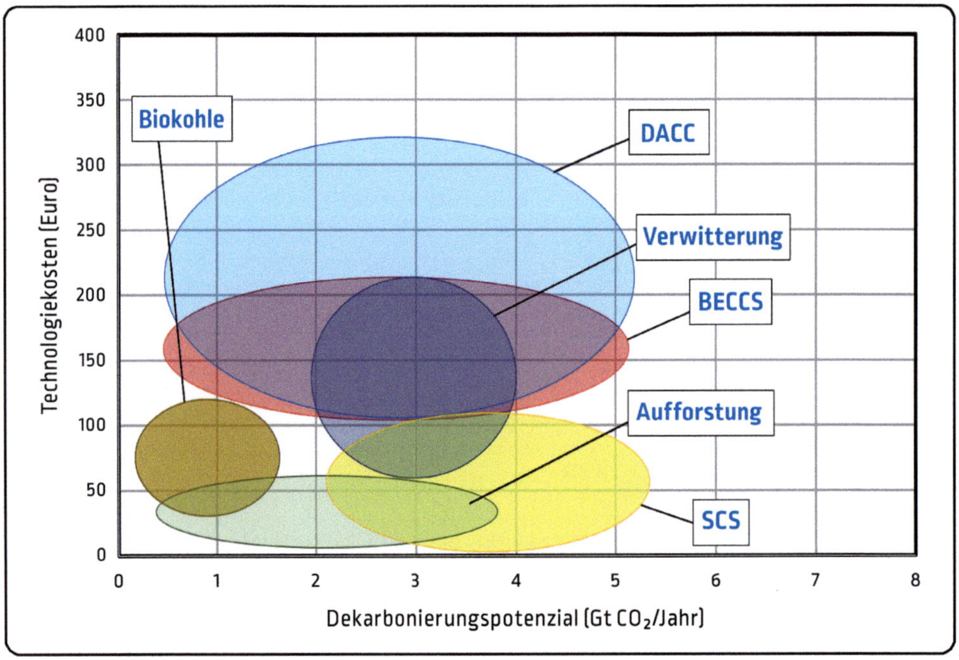

Abbildung 214: Überblick über die Technologiekosten (in Euro je Tonne CO_2) und deren jährliches Dekarbonisierungspotenzial.

186 Fuss, S.; Lamb, W. F.; Callaghan, M. W.; et al. (2018): Negative emissions. Part 2: Costs, potentials and side effects, Environmental Research Letters 3; https://doi.org/10.1088/1748-9326/aabf9f, abgerufen am 25.3.2020.

14.2 Methoden zur Reduktion des Strahlungsantriebs

14.2.1 Einbringen von Aerosolen in die Stratosphäre

Werden in die Stratosphäre (in 10 bis 25 Kilometer Höhe) reflektierende Materialien oder anorganische Partikel eingebracht, reflektieren diese mehr Sonnenlicht und schatten die Erde ab. Bei den ausgebrachten Substanzen in die Erdatmosphäre handelt es sich um Sulfate. Auch Vulkane schleudern Sulfate und andere Aerosole in die Stratosphäre und führen so zu einer Abkühlung. Das gleiche Prinzip liegt der angedachten Technologie zugrunde. Damit eine Schwefelinjektion in die Stratosphäre dem globalen Temperaturanstieg entgegenwirkt, ist ein Ausmaß der Größe des Ausbruchs des Mount Pinatubo notwendig.[187] Simulationen der Anwendung dieser Technologie zeigten einen Rückgang der treibhausgasinduzierten Veränderungen, allerdings mit dem Preis einer Abschwächung von Niederschlägen, einer Verlangsamung des Wasserkreislaufes, der sich auf die Wasserverfügbarkeit in den Tropen auswirkt und zu einer Reduktion der Monsunniederschläge führt.

Die Chemie in der Stratosphäre beeinflusst die Ozonkonzentrationen und verzögert die Erholung des Antarktischen Ozons um mehrere Jahrzehnte. Ausgehend von einem Szenario der Schwefelinjektionen ab 2040, um den Temperaturanstieg auf 2 °C zu begrenzen, müssten 160 Jahre lang pro Jahr 8 Megatonnen injiziert werden. Die Kosten für eine 1-°C-Kühlung betragen 20 Milliarden US-Dollar. Die auszubringende Menge erfordert 6.700 Flüge pro Tag. In den angegebenen Kosten sind zu erwartende Umweltschäden und Nebenwirkungen nicht enthalten. Die ausgesetzten Aerosole halten sich an keine Ländergrenzen, daher sind für diese Maßnahmen internationale Vereinbarungen und Haftungsregelungen notwendig. Technologien wie die Schwefelinjektion verhindern zwar durch den kühlenden Effekt den Temperaturanstieg, aber keineswegs die Hauptfolgen des CO_2-Anstiegs in der Atmosphäre und der Versauerung der Ozeane.

14.2.2 Aufhellen von Wolken über dem Meer

Von unbemannten Schiffen aus wird bei dieser Methode Meerwasser verdunstet und in dunkle Wolken über den Ozeanen geblasen. Dadurch hellen sich die Wolken in der unteren Troposphäre (ab etwa 300 Metern) auf und reflektieren mehr Sonnenlicht. Die Auswirkungen auf das regionale Klima sind unbekannt. Ein entscheidender Nachteil des Verfahrens ist die andauernde Fortführung dieses Effektes.

187 Niemeier, U.; Tilmes, S. (2017): Sulfur injections for a cooler planet. Can injections of sulfur into the stratosphere help to countract climate change? Science magazine, Col. 357, Issue 6348; https://doi.org/10.1126/science.aan3317, abgerufen am 8. 6. 2020.

14.2.3 Erhöhung der Albedo

Durch die Erhöhung der Albedo steigt das Rückstrahlvermögen der Erde an und reduziert die zugeführte Sonnenenergie. Die Methode sieht vor, entweder nördliche Wälder abzuholzen, damit größere Schneelandschaften entstehen, oder Pflanzen (eventuell gentechnisch entsprechend veränderte) anzubauen, die ein größeres Rückstrahlvermögen aufweisen. Eine andere Idee sieht das Aufschäumen von Oberflächenwasser oder das Bedecken der Ozeane mit schwimmenden Kunststoffpartikeln vor. Unbedacht ist eine wahrscheinliche negative Beeinflussung der Meeresbiologie.

14.3 Risiken des Geoengineering

Eine groß angelegte Manipulation des Erdklimas, wie es Geoengineering vorsieht, kann unvorhergesehene, unbeabsichtigte und unkontrollierte Folgen haben, die sowohl Menschenrechte als auch die Menschheit an sich bedrohen.[188] Derzeit gibt es keine Regierungsstrukturen, die die Risiken von Klimatechniken bewerten und regulieren. Die besprochenen Methoden werden von vielen Wissenschaftlern als Notlösung bewertet, die mit unbeabsichtigten und unvorhergesehenen Nebenwirkungen einhergehen und die möglicherweise nicht mehr rückgängig gemacht werden können. Strahlungsmanagementtechniken (SRM – Solar radiation management) sind risikoreicher und technisch schwieriger als Kohlenstoffentfernungstechniken. Strahlungsmanagement mindert die Auswirkungen der Treibhausgasemissionen, reduziert diese jedoch nicht, ist also nicht nachhaltig.

Niemand weiß, wie die Biosphäre auf erzwungene Eingriffe reagiert. Stratosphärische Sulfatinjektionen könnten zu Rückkopplungen führen: Ozeane könnten versauern, Bäume absterben, globale Niederschläge reduziert werden oder extreme Wetterereignisse auftreten. Die Wirksamkeit der Strahlungsmanagementtechniken wird als gering eingeschätzt, wenn es nicht zugleich zu einer deutlichen Reduktion der Emission der Treibhausgase kommt.

Aber auch Kohlenstoffentfernungstechniken (CDR – Carbon dioxide removal) bergen erhebliche Risiken. Die Umwidmung großer Ackerlandflächen zur Kohlenstoffabscheidung und -speicherung verbraucht erhebliche Mengen an Wasser und Energie und führt zu schweren Bodendegradationen. Die Eisendüngung im Meer bindet, so die bisherigen Ergebnisse, weniger CO_2 als erwartet, hat aber verheerende Auswirkungen auf die Ökosysteme der Ozeane. Eine sichere Lagerung von CO_2 ist noch nicht ausreichend erprobt und gewährleistet. Die derzeit diskutierten Lösungen sind, selbst in großem Maßstab angewendet, unzureichend. Selbst wenn diese Technolo-

188 Adelman, S. (2017): Geoengineering: rights, risks and ethics; Journal of Human Rights and the Environment, Vol. 8, No. 1.

gien anwendbar wären, würden bis zum verfügbaren globalen Einsatz Jahrzehnte vergehen.

Eingeführte Geoengineering-Maßnahmen müssen steuerbar – an- und abschaltbar, reversibel – sein. Kosten-Nutzen-Analysen und quantitative Risikoabschätzungen sind ethisch problematisch, wenn sie auf Risiken angewendet werden, die nicht durch monetäre Werte abgebildet werden können, wie Menschenrechtsverletzungen, Verlust von Heimat und Kultur, irreversible Auswirkungen auf Umwelt und Klima.

Der sicherste Weg, unberechenbare Risiken zu vermeiden, ist die Reduzierung der durch den Menschen verursachten Treibhausgasemissionen.

14.4 Methanabscheidung[189] – kurzfristiger Helfer in der Not

Negative Emissionen für andere Treibhausgase, insbesondere Methan, bieten einen ergänzenden Ansatz. Methan (CH_4) ist nach CO_2 das dominierende anthropogene Treibhausgas. Es wirkt in den ersten 20 Jahren nach seiner Freisetzung 84-mal stärker als CO_2 und nach einem Jahrhundert 28-mal stärker. Die anthropogenen CH_4-Emissionen, die von landwirtschaftlichen und fossilen Energieträgern dominiert werden, machen derzeit etwa 60 % der globalen Gesamtmenge von etwa 560 Megatonnen pro Jahr aus.

Im Gegensatz zu negativen Emissionsszenarien für CO_2, die typischerweise von der Annahme ausgehen, dass Hunderte von Milliarden Tonnen über Jahrzehnte aus der Atmosphäre entfernt werden müssen, um das vorindustrielle Niveau zu erreichen, könnte die Methankonzentration relativ rasch auf 750 Part per billion reduziert werden, indem etwa 3,2 der 5,3 Gigatonnen CH_4, die sich derzeit in der Atmosphäre befinden, entfernt werden. Anstatt das Methan abzufangen und zu speichern, könnten die 3,2 Gigatonnen CH_4 zu CO_2 oxidiert werden. Die große Aktivierungsbarriere, die mit der Spaltung der C-H-Bindung des Methans (435 Kilojoule pro Mol) verbunden ist, könnte prinzipiell durch metallische oder andere Katalysatoren überwunden werden.

Insgesamt würde die Reaktion zusätzliche 8,2 Gigatonnen CO_2 ergeben, was einigen Monaten der derzeitigen industriellen CO_2-Emissionen entspricht, aber es würde etwa ein Sechstel des gesamten aktuellen Strahlungsantriebs eliminiert. Eine vielversprechende Familie von Materialien zum Einfangen von CH_4 sind nanoporöse Zeolithe. Zeolithe gelten als geeignete Mineralien in industriellen Anwendungen aufgrund ihrer günstigen Sorptionskapazitäten und der Selektivität von CH_4/CO_2 und CH_4/N_2. Diese bieten die Möglichkeit, Methanmoleküle innerhalb ihres porösen Systems unter Verwendung von Sauerstoffgruppen am Zeolithgerüst schwach zu binden, wobei Methan-Methan-Wechselwirkungen in den Hohlräumen zur Oxidation des Moleküls

189 Jackson, R. B.; Solomon, E. I.; Canadell, J. G.; et al. (2019): Methane removal and atmospheric restoration, Nature Sustainability.

genutzt werden. Insgesamt ist die Umwandlung von CH_4 in CO_2 in der Atmosphäre energetisch günstig und könnte mit der Zeit kosteneffektive Klimavorteile bringen. Die wirtschaftliche Durchführbarkeit wird von wirksamen Mechanismen, dem Auffang und der katalytischen Oxidation, abhängen. Falls geeignete Materialien identifiziert werden, ist die Methanumwandlung attraktiver als die CO_2-Entfernung allein, und zwar wegen des viel kleineren Umfangs (rund 3,2 Milliarden Tonnen CH_4) und der großen Bedeutung (etwa ein Sechstel des gesamten Strahlungsantriebs).

15 Umweltschutzorganisationen

> **Welches sind die bekanntesten Umweltschutzorganisationen, und wofür stehen sie?**
> **Was ist das IPCC?**
> **Was ist ein ökologischer Fußabdruck?**

Viele Umweltorganisationen sind sehr groß, und ihre Projekte widmen sich allen Belangen des Umweltschutzes, Klimawandels oder Artenschutzes. Größe ist durchaus eine Stärke. Zum einen, um besser gehört zu werden, zum anderen gelingen die Initiierung, Finanzierung und Durchführung von Projekten leichter. Die einzelnen Organisationen haben unterschiedliche Schwerpunkte, was die Abwicklung unterschiedlicher, teils ergänzender Projekte zulässt. Große Organisationen stoßen jedoch ohne das Wissen vieler regionaler kleiner Partner an ihre Grenzen. Lokale Organisationen sind kulturell und sozial in den Regionen besser vernetzt, weshalb in der Realität Umweltschutzaktivitäten vor Ort oftmals Allianzen mit anderen NGOs, Kommunen und politischen und sozialen Organisationen bilden, worin ihre Stärke liegt.

15.1 Intergovernmental Panel on Climate Change (IPCC)[190]

Die IPCC-Bewertungen bieten Regierungen auf allen Ebenen eine wissenschaftliche Grundlage für die Entwicklung klimarelevanter Politik. Sie basieren auf den Ergebnissen der UN-Klimakonferenz, dem Rahmenübereinkommen der Vereinten Nationen über Klimaänderungen (UNFCCC). Die Bewertungen sind politisch relevant, aber politisch nicht verbindlich: Sie präsentieren Projektionen und Risiken des zukünftigen Klimawandels auf der Grundlage verschiedener Szenarien. Sie diskutieren die Auswirkungen von Handlungsoptionen, aber schreiben den politischen Entscheidungsträgern nicht vor, welche Maßnahmen sie ergreifen müssen.

Der IPCC bietet eine einzigartige Gelegenheit, strenge und ausgewogene wissenschaftliche Informationen bereitzustellen. Die Teilnahme am IPCC ist für alle Mitgliedsländer der WMO (Weltorganisation für Meteorologie) und der Vereinten Nationen offen. Sie hat derzeit 195 Mitglieder. Das IPCC-Büro, das von den Mitgliedsregierun-

190 https://www.ipcc.ch.

gen gewählt wird, gibt dem Ausschuss Leitlinien für die wissenschaftlichen und technischen Aspekte der Arbeit des Expertenrates und berät das Gremium bei der damit verbundenen Verwaltung und strategischen Fragen.

Die IPCC-Bewertungen werden von Hunderten von führenden Wissenschaftlern verfasst, die ihre Zeit und ihr Fachwissen ehrenamtlich zur Verfügung stellen. Sie ziehen Hunderte von anderen Experten als beitragende Autoren hinzu, um ergänzende Fachkenntnisse in bestimmten Bereichen bereitzustellen. Die IPCC-Berichte werden in mehreren Runden erstellt und überprüft, um sicherzustellen, dass sie umfassend und objektiv sind und auf offene und transparente Weise erstellt werden. Tausende andere Experten tragen zu der Arbeit bei, fungieren als Gutachter und stellen sicher, dass die Berichte die gesamte Bandbreite der Ansichten in der wissenschaftlichen Gemeinschaft widerspiegeln. Teams von Rezensionsredakteuren bieten einen gründlichen Überwachungsmechanismus und achten auf die Berücksichtigung der Kommentare aller Rezensionen. Der IPCC führt keine eigenen Forschungen und Klimasimulationsberechnungen sowie keine Messungen von Klima- oder Wetterphänomenen durch. Seine Aufgabe liegt in der Bewertung wissenschaftlicher, technischer und sozioökonomischer Literatur, die relevant für das Verständnis des Klimawandels, seiner Auswirkungen und zukünftigen Risiken sowie der Anpassungsoptionen ist. Die Autorenteams bewerten kritisch Informationen aus allen Quellen, die in den Bericht aufgenommen werden sollen, und verwenden kalibrierte Maßzahlen, die den (Un)Sicherheitsfaktor der Aussagen ausdrücken. Dieser drückt das Maß an Vertrauen in die Ergebnisse der wissenschaftlichen und technischen Beweise und den Grad der Übereinstimmung in der wissenschaftlichen, technischen und sozioökonomischen Literatur aus. Das IPPC hat seit 1990 fünf umfassende Berichte erstellt.[191]

15.2 International Union for Conservation of Nature (IUCN)

Die Internationale Union für die Erhaltung der Natur und der natürlichen Ressourcen (IUCN[192]) wurde 1948 gegründet. Damals trug sie den Namen Internationale Union für den Schutz der Natur. Ihr Sitz ist in Gland (Schweiz). Die Internationale Umweltschutzorganisation ist eine Art Dachverband für alle weltweit agierenden Umweltschutzorganisationen. Mitglieder sind 230 Ministerien und Regierungsorganisationen und 1.200 Nichtregierungsorganisationen. Dies macht die IUCN bedeutend und einflussreich. Sie besitzt einen Beobachterstatus bei der UN-Vollversammlung, berät die UNESCO und bestimmt maßgeblich mit, welche Regionen als Weltnaturerbe definiert werden.

---

191 Bericht: Global Warming of 1,5°C; https://www.ipccch/sr15/5, abgerufen am 8.2.2020.

192 http://www.iucnredlist.org, abgerufen am 8.2.2020.

Neben vielen anderen Aufgaben gehört die Kategorisierung von Schutzgebieten und Aktivitäten im Bereich Umweltrecht zu den Schwerpunkten ihrer Arbeit. Besondere Bedeutung besitzt die »Rote Liste gefährdeter Arten«, die seit 1963 von der IUCN herausgegeben wird. Die weltweit gesammelten Daten zu einzelnen Arten werden kategorisiert und stehen in einer Datenbank der Öffentlichkeit zur Verfügung. Die international anerkannte Liste dient als wichtige Quelle und Indikator zur Feststellung des Schutzbedarfs einzelner Arten.

15.3 United Nations Environment Program (UNEP)

Das Umweltprogramm der Vereinten Nationen (UNEP)[193] ist die führende globale Umweltbehörde. Sie bemüht sich um eine einheitliche Umsetzung der Umweltaspekte durch nachhaltige Entwicklung im Rahmen der UN und sieht sich als maßgeblicher Fürsprecher der globalen Umwelt. Sie nimmt eine Führungsrolle im globalen Umweltschutz ein und fördert Partnerschaften im Umweltschutz. Das Ziel ihrer Arbeit sind die Information und Inspiration der Nationen und Völker, deren Lebensqualität zu verbessern, ohne die Lebensgrundlagen künftiger Generationen zu gefährden. Der Hauptsitz der Organisation ist in Nairobi, Kenia. Sieben große Themenbereiche werden verfolgt: Klimawandel, Katastrophen und Konflikte, Ökosystemmanagement, Umweltmanagement, Chemikalien und Abfall, Ressourceneffizienz und Umwelt. Das Ziel der UNEP ist es, der Öffentlichkeit allgemeine Umweltinformationen zur Verfügung zu stellen und damit eine nachhaltige Entwicklung zu unterstützen. Das Umweltprogramm wurde 1972 auf der Konferenz der Vereinten Nationen über die Umwelt des Menschen ins Leben gerufen. Die UNEP arbeitet mit verschiedenen Partnern zusammen – mit anderen UN-Organisationen, Regierungen, NGOs und Unternehmen.

15.4 Earth System Governance Project[194]

Das Projekt zum Management des Erdsystems ist die größte globale Forschungsallianz und das umfassendste sozialwissenschaftliche Forschungsnetzwerk im Bereich Management und Steuerung im Hinblick auf globale Umweltveränderungen. Die Forschungsallianz »Earth System Governance« stellt sich der Herausforderung, politische Lösungen und neuartige, effektivere Steuerungsmechanismen zu erforschen, um die gegenwärtigen Übergänge in den beobachteten biologisch-geochemischen Systemen des Planeten zu bewältigen. Das Projekt will einen Beitrag zur Wissenschaft über die großen komplexen Herausforderungen der Führung in einer Ära rascher

193 https://www.unenvironment.org, abgerufen am 8.2.2020.

194 https://www.earthsystemgovernance.org, abgerufen am 8.2.2020.

und weitreichender Umweltveränderungen leisten. Es soll sowohl globale als auch lokale Probleme der Luftverschmutzung, des Erhaltens von Gewässern, der Abfallbehandlung, der Wüstenbildung und der Bodendegradation untersuchen. Aufgrund der natürlichen Abhängigkeiten beeinflusst lokale Umweltverschmutzung auch das globale System. Daher befasst sich das Earth System Governance Project mit Institutionen und Leitungsprozessen sowohl auf lokaler als auch auf globaler Ebene. Das Projekt zielt darauf ab, politische Antworten auf die drängenden Probleme der Veränderungen des Erdsystems zu geben. Es ist ein Kernprojekt der übergreifenden internationalen Forschungsplattform Future Earth[195] und besteht aus einem Netzwerk von 300 aktiven und 2.300 indirekt beteiligten Wissenschaftlern aller Kontinente.

15.5 Global Environment Facility (GEF)

Die Globale Umwelteinrichtung (GEF)[196] wurde am Vorabend des Erdgipfels von Rio 1992 eingerichtet, um zur Bewältigung der dringendsten Umweltprobleme unseres Planeten beizutragen. Seitdem hat die GEF fast 20 Milliarden Dollar an Zuschüssen bereitgestellt und weitere 107 Milliarden Dollar an Kofinanzierung für mehr als 4.700 Projekte in 170 Ländern mobilisiert. Im Rahmen ihres Kleinzuschussprogramms hat die GEF 24.000 zivilgesellschaftliche und kommunale Initiativen in 128 Ländern unterstützt. 179 Staaten sind Mitglied der GEF. Schwerpunkte der Projekte bilden Klimaschutz, Artenvielfalt, Gewässerschutz, Ozonschicht, Wüstenbildung und Landdegradation sowie Chemikaliensicherheit.

Die GEF setzt keine eigenständigen Projekte um. Diese führen die Weltbank, das Entwicklungsprogramm und das Umweltprogramm der Vereinten Nationen für sie durch. 1999 wurden die ausführenden Organisationen um die Welternährungsorganisation der UN (FAO), der Interamerikanischen Entwicklungsbank (IADB), der Organisation der UN für industrielle Entwicklung (UNIDO), der Asiatischen Entwicklungsbank (ADB), der Afrikanischen Entwicklungsbank (AfDB), der Europäischen Bank für Wiederaufbau und Entwicklung (EBRD) und den Internationalen Fonds für landwirtschaftliche Entwicklung (IFAD) der UN erweitert. Die Erweiterung geschah durch Druck der sieben Organisationen, die einen direkten Zugriff auf die Finanzmittel der GEF haben und nicht länger auf die Zusammenarbeit mit einer der drei bis dahin umsetzenden Organisationen angewiesen sein wollten.

195 https://futureearth.org, abgerufen am 8.2.2020.

196 https://www.thegef.org, abgerufen am 8.2.2020.

15.6 European Environment Agency (EEA)[197]

Die Europäische Umweltagentur (EUA), eine Agentur der Europäischen Union, stellt fundierte, unabhängige Informationen über die Umwelt bereit. Die EUA unterstützt eine nachhaltige Entwicklung, indem sie aktuelle, zielgerichtete, relevante und verlässliche Informationen für politische Entscheidungsträger und die Öffentlichkeit erstellt, um spür- und messbare Verbesserungen in der Umwelt Europas zu zeigen. Sie wurde 1990 mit der Verordnung 120/1990 EG vom Europäischen Rat gegründet. Ihr Sitz befindet sich in Kopenhagen. Sie beschäftigt 200 Mitarbeiter. Alle fünf Jahre wird ein Bericht über den Zustand, die Tendenzen und Aussichten der Umwelt in Europa erstellt. Die Agentur veröffentlicht regelmäßig Informationen zum Zustand der Gewässer. Sie hat zurzeit 33 Mitgliedsstaaten, neben den EU28 noch Island, Liechtenstein, Norwegen, Schweiz und die Türkei. Außerdem kooperiert die EUA mit Albanien, Bosnien-Herzegowina, Kosovo, Mazedonien, Montenegro und Serbien.

Das Europäische Umweltinformations- und Umweltbeobachtungsnetz (EIONET) ist ein partnerschaftliches Netzwerk der EUA mit ihren Mitglieds- und Kooperationsländern. Durch das EIONET führt die EUA Umweltinformationen einzelner Länder zusammen, wobei der Bereitstellung von aktuellen, auf nationaler Ebene validierten Daten von hoher Qualität besondere Bedeutung beigemessen wird. Dieses Wissen wird über die Website der EUA der Öffentlichkeit zugänglich gemacht und bildet die Grundlage sowohl für themenspezifische als auch integrierte Umweltbewertungen. Die Informationen unterstützen Umweltmanagementprozesse, politische Entscheidungsfindung und Bewertungen im Umweltbereich sowie die Einbindung der Bürger.

15.7 Das Projekt zur Offenlegung von CO_2-Emissionen (Carbon Disclosure Project – CDP)

Die britische Organisation CDP[198] ist keine typische NGO. Sie begann im Jahr 2000 mit einer einfachen Idee: Die größten Unternehmen der Welt sollten Informationen über ihre Kohlenstoffemissionen und deren geplante Maßnahmen zur Reduktion öffentlich zugänglich machen. Von den 500 größten Unternehmen der Welt beantworten derzeit 82 % die Fragen des CDP. Zu den »Mitgliedern« des CDP gehören 534 der weltweit größten Banken und institutionellen Investoren, die 64 Milliarden Dollar repräsentieren.

Das CDP mit ihren Führungskräften ist pro Wirtschaft orientiert. Im Mittelpunkt der Mission der Organisation steht das Bekenntnis zur Verbesserung der Unternehmensleistung durch den Kampf gegen den Klimawandel, der mehr Chancen als Risiken

197 https://www.eea.europa.eu/de, abgerufen am 8.2.2020.

198 https://www.cdp.net/en, abgerufen am 8.2.2020.

in sich birgt. Das CDP spielt eine wichtige Rolle bei der Förderung zur Transparenz hinsichtlich der weltweiten Kohlenstoffemissionen. Sowohl der letzte Bericht als auch die Website des CDP entwickelten sich zum zentralen Dreh- und Angelpunkt der Informationen über die Leistung und die besten Praktiken im Bereich des Kohlendioxidausstoßes. Investoren und Schlüsselkunden nutzen zunehmend diese Daten, um zu entscheiden, ob und in welchem Ausmaß sie mit Unternehmen Geschäfte machen.

15.8 Greenpeace

Greenpeace[199] (»Grüner Frieden«) wurde 1971 von Friedensaktivisten in Vancouver in Kanada gegründet. Heute ist der Hauptsitz in Amsterdam. Greenpeace gehört mit 3 Millionen Mitgliedern und Büros in 45 Ländern zu den ganz großen internationalen Non-Profit-Organisationen im Umwelt- und Naturschutz. Dazu gesellen sich viele lokale Büros, z. B. in Berlin. Greenpeace Deutschland hat seinen Hauptsitz in Hamburg. Greenpeace engagiert sich in Themen zum Umweltschutz. Die Organisation wurde vor allem durch Kampagnen gegen Kernwaffentests und Aktionen gegen den Walfang bekannt. Greenpeace kämpft mit direkten gewaltfreien Aktionen für den Schutz der natürlichen Lebensgrundlagen der Menschen, der Natur und Gerechtigkeit für alle Lebewesen. Die erste deutsche Aktion von Greenpeace fand am 13. Oktober 1980 in der Wesermündung vor Nordenham statt. Aktivisten protestierten gegen die Dünnsäureverklappung durch ein Schiff der Firma Kronos Titan in die Nordsee und verhinderte letztendlich dieses Vorhaben.

In Bezug auf Korallenriffe verbuchte Greenpeace in den 1970er-Jahren einen großen Erfolg. Greenpeace war maßgeblich daran beteiligt, dass Frankreich seine Atomwaffentest im Mururoa-Atoll im Pazifik einstellte. Der Greenpeace-Fotograf Fernando Pereira bezahlte sein Engagement mit dem Leben. Er starb, als Frankreichs Auslandsnachrichtendienst das Greenpeace-Schiff »Rainbow Warrior« im Hafen von Auckland (Neuseeland) versenkte, um zu verhindern, dass es zum Mururoa-Atoll auslief.

1995 zogen Schlepper eine alte Öltank- und Verladeplattform über die offene See. Der multinationale Konzern Shell wollte die »Brent Spar« nahe den Färöer-Inseln im Meer versenken. An Bord der Plattform protestiert eine Handvoll Greenpeace-Aktivisten gegen dieses Vorhaben. Wäre das Vorhaben von Shell gelungen, wären Hunderte weiterer Plattformen gefolgt. Nach 52 Tagen der öffentlichen Auseinandersetzung und nur wenige Stunden vor der Versenkung gab Shell nach und entsorgte die »Brent Spar« umweltschonend an Land. Drei Jahre später beschlossen die Umweltminister von 15 europäischen Staaten ein dauerhaftes Versenkungsverbot für Öl- und Gasplattformen in der Nordsee und dem Nordostatlantik. Diese Beispiele stehen exemplarisch

199 https://www.greenpeace.org/global und https://www.greenpeace.de, abgerufen am 8.2.2020.

Abbildung 215: Greenpeace-Aktivisten protestieren 2019 gegen den Verbleib alter Bauten für die Erdölgewinnung in Shells Brent-Ölfeld in der Nordsee.

für die Vorgehensweise von Greenpeace. Greenpeace klärt auf, recherchiert und konfrontiert. Die Organisation vertritt die Interessen der Natur und umweltbewusster Menschen in Politik und Gesellschaft. Sie packt Probleme hartnäckig an – auch gegen Widerstände und über längere Zeiträume hinweg. Greenpeace lebt das Recht auf freie Meinungsäußerung, inklusive des Rechts auf Demonstrationsfreiheit, und sucht die öffentliche Auseinandersetzung mit Politikern, Konzernbetreibern oder Umweltsündern. Durch das Öffentlichmachen der Probleme wächst der Druck auf die Verantwortlichen in Politik und Wirtschaft, umzudenken und anders zu handeln.

Abbildung 215 zeigt eine der jüngsten Aktionen von Greenpeace. Shell plante, Teile der alten Ölstrukturen mit 11.000 Tonnen Öl in der Nordsee zu belassen. In den alten Anlagen sind insgesamt 630.000 Kubikmeter ölhaltiges Wasser und 40.000 Kubikmeter ölhaltige Sedimente gelagert. Es ist nur eine Frage der Zeit, bis diese Rückstände ins Meer gelangen.

Greenpeace steht für Unbestechlichkeit. Weder Geld noch politischer Druck beeinflussen die Organisation. Greenpeace lässt sich nicht sponsern: Sie arbeiten unabhängig von Regierungen, Parteien und wirtschaftlichen Interessengruppen. Die Projekte von Greenpeace sind weder von der EU noch von der UNO finanziert. Das unterscheidet sie von vielen anderen.

15.9 World Wildlife Fund for Nature (WWF)

Der WWF[200] ist eine Stiftung nach Schweizer Recht und sitzt in Gland im Kanton Waadt. Er wurde 1961 gegründet und ist eine der ältesten und mit 5 Millionen Mitgliedern und lokalen Zweigstellen in mehr als 80 Ländern weltweit eine der größten Umweltschutzorganisationen. Wappentier der Organisation ist der Große Panda. Seit der Gründung des WWF wurden 11,5 Milliarden US-Dollar in über 13.000 Projekte investiert. In den Anfängen engagierte sich der WWF vorrangig für den Artenschutz. In den 1970er-Jahren weitete der WWF seine Aktivitäten auf den Schutz ganzer Ökozonen aus. Zu den ersten globalen Kampagnen gehörte der Schutz der Tiger. In Indien wurden Schutzzonen errichtet, die das Überleben des Tigers sicherten. Der WWF setzt sich unter anderem für den Erhalt des tropischen Regenwaldes, den Schutz der Wale und des Großen Panda ein. Er veröffentlicht in regelmäßigen Abständen den *Living Planet Report*, der den Zustand der Umwelt auf globaler Ebene sowie die Auswirkungen der Aktivitäten des Menschen auf die Natur beschreibt.

Kritisch anzumerken ist die enge Zusammenarbeit des WWF mit verschiedenen der Industrie nahestehenden Organisationen, was die Unabhängigkeit und Unbestechlichkeit des WWF in ein fragliches Licht rückt. Beispiele sind das »Marine Stewardship Council«, der »Runde Tisch für Palmöl« oder der »Runde Tisch für Soja«. Diese Organisationen stehen im Ruf des Greenwashings und Bluewashings. Durch die Teilnahme des WWF oder anderer NGOs an derartigen Schönfärbe-Organisationen legitimieren sie diese. Ungeachtet dieser Kritik ist die Arbeit des WWF positiv zu sehen.

Der WWF Deutschland hat seinen Hauptsitz in Berlin. Er ist auf allen Feldern des Umweltschutzes aktiv. Der WWF engagierte sich stark für das Charlie-Gibbs-Schutzgebiet im Nordostatlantik. Seit 2012 wurde durch das OSPAR-Abkommen, das von 15 Staaten unterzeichnet wurde, dort ein Schutzgebiet eingerichtet, das 75 % der Fläche Deutschlands entspricht. Innerhalb dieses Gebietes liegen bedeutende und große Kaltwasserkorallenriffe. Der Verhaltenskodex des WWF fordert, dass die Organisation weltweit, unabhängig, multikulturell und überparteilich arbeitet.

15.10 Global 2000

Global 2000[201] ist eine in Österreich führende unabhängige Umweltschutzorganisation, die 1982 gegründet wurde. Die Organisation ist aktives Mitglied der Friends of the Earth International und kämpft für intakte Umwelt, eine zukunftsfähige Gesellschaft und nachhaltiges Wirtschaften. Als Erfolge verbucht Global 2000 die Verhin-

200 https://www.worldwildlife.org, abgerufen am 8.2.2020.

201 https://www.global2000.at, abgerufen am 8.2.2020.

derung der Inbetriebnahme des Atomreaktors Mochovce und eine Kampagne zum Kohlekraftwerksausstieg. Nach 2020 wird Österreich keine Kohlekraftwerke mehr betreiben. Global 2000 hat sich gemeinsam mit österreichischen Imkern für ein Verbot von Bienengiften eingesetzt, das in der Zwischenzeit in Kraft trat. Die Aktivitäten von Global 2000 liegen in den Bereichen Kernenergie, Energie allgemein, Gentechnik, globale Erwärmung, Pestizide, tropischer Regenwald, Verkehr und in der Erarbeitung von nachhaltigen, zukunftsfähigen Konzepten für diese Bereiche.

15.11 Rain Forest Action Network (RAN)

Das Regenwald-Aktions-Netzwerk (RAN)[202] ist eine Umweltorganisation mit Sitz in San Francisco, Kalifornien. Die Organisation wurde 1985 gegründet und erlangte zunächst nationale Bekanntheit durch eine grundlegende Kampagne, der es 1987 gelang, Burger King davon zu überzeugen, Rindfleischverträge aus dem zentralamerikanischen Regenwald im Wert von 31 Millionen Dollar zu kündigen. Der Schutz der Wälder und die Herausforderung der Macht von Unternehmen ist seitdem ein Schwerpunkt der RAN-Kampagnen geblieben.

Das RAN bewahrt Wälder, schützt Klima und setzt sich für Menschenrechte ein, indem es die Macht der Unternehmen und die systemische Ungerechtigkeit durch Partnerschaften an vorderster Front herausfordert. RAN hat in den 1990er-Jahren Pionierarbeit bei Marktkampagnen gegen große multinationale Unternehmen geleistet, indem es sich mit Aktionismus und versierter Medienarbeit für Veränderungen in der Umweltpolitik einsetzte. Seitdem erzielte RAN zahlreiche Erfolge in seinen Kampagnen gegen Holzfällerunternehmen, Banken und Fahrzeughersteller. RAN arbeitet in enger Verbindung mit einer immer besser koordinierten Bewegung von NGOs.

Zusammen mit Global Exchange und der Ruckus-Gesellschaft spielte RAN eine zentrale Rolle bei der Organisation der Massenaktionen von 1999 gegen den WTO-Gipfel (Welthandelsorganisation) in Seattle. 1989 rief RAN zu einem Boykott von Produkten und Dienstleistungen von Mitsubishi und von Unternehmen im Besitz von Mitsubishi auf, weil Mitsubishi durch seine forstwirtschaftlichen Aktivitäten an der Zerstörung des Regenwaldes beteiligt war. Die RAN-Kampagne »Das Problem mit Palmöl« konzentriert sich auf die sozialen und ökologischen Auswirkungen von Palmölplantagen in den Regenwäldern Indonesiens und Malaysias. Palmölplantagen in diesen Gebieten führten zum Kahlschlag von tropischen Harthölzern, zur Tötung der einheimischen Tierwelt und zur Vertreibung lokaler Gemeinschaften. Das Hauptziel der Kampagne war Cargill, ein privates Agrarunternehmen und der größte Lieferant von Palmöl in die Vereinigten Staaten. Während RAN weiterhin Druck auf Cargill ausübte, begann die RAN 2010 eine Kampagne für den verantwortungsvollen Umgang mit Palmöl

202 https://www.ran.org, abgerufen am 8.2.2020.

durch den Lebensmittelgiganten General Mills durch direkte Aktionen, Verhandlungen und Engagement der Mitglieder. Acht Monate später gab General Mills eine nachhaltige Palmölpolitik heraus und verpflichtete sich, bis 2015 sein gesamtes Palmöl aus verantwortungsvollen Quellen zu beziehen.

Die Energie- und Finanzkampagne richtete sich an Finanzinstitutionen, die an der Finanzierung von zerstörerischen Forstwirtschafts- und Fossilbrennstoffprojekten beteiligt waren. In der Vergangenheit hat die Kampagne erfolgreich eine starke Umweltpolitik von Banken wie Citi, Bank of America, JP Morgan Chase und anderen erreicht. Gegenwärtig konzentriert sich RAN darauf, die Banken von der Finanzierung von Kohleprojekten, insbesondere dem Abbau von Berggipfeln (MTR), abzuhalten. Bei dieser Form des Tagebaus werden Tonnen von Sprengstoff eingesetzt, um Berggipfel auseinanderzusprengen, um Zugang zum darunterliegenden Kohleflöz zu erhalten. Laut RAN haben acht von neun Banken, die zuvor MTR finanziert haben, nunmehr Richtlinien und Kriterien festgelegt, um ihre Finanzierung dieser verheerenden Form des Kohleabbaus einzuschränken. Seit Herbst 2011 führt die RAN eine Kampagne durch, um die Bank of America, die sie als den führenden US-Finanzier der Kohleindustrie bezeichnet, zu bewegen, sich von ihren Kohleinvestitionen zu trennen und in erneuerbare Energiequellen zu investieren. Die im Dezember 2009 gestartete Kampagne »We Can Change Chevron« (»Wir können Chevron ändern«) zielte auf den kalifornischen Ölkonzern, der von seiner Tochtergesellschaft Texaco 68 Millionen Kubikmeter Altöl im Amazonas-Regenwald in Ecuador entsorgen wollte. »We Can Change Chevron« drängte Chevron dazu, für die Sanierung der von seiner Tochtergesellschaft verlassenen Altölgruben zu zahlen und eine Umwelt- und Menschenrechtspolitik zu entwickeln, die solche Zukunftsszenarien verhindert. Der Fall führte zu einem historischen Urteil gegen den Ölgiganten, der zur Zahlung von 18 Milliarden Dollar Schadenersatz verurteilt wurde. Nach einer Berufung von Chevron wurde das Urteil im Januar 2012 von einem ecuadorianischen Gericht bestätigt.

15.12 Friends of the Earth International (FoE)

Die Freunde der Erde (FoE)[203] sind ein internationaler Zusammenschluss von Umweltschutzorganisationen. Die Organisation hat über 2 Millionen Mitglieder in 76 Ländern. Je Land kann jeweils nur eine Organisation im Verband Mitglied sein. Aus Deutschland ist dies der Bund für Umwelt und Naturschutz, aus Österreich Global 2000 und aus der Schweiz Pro Natura. Gegründet wurde die FoE 1971. Sie hat ihren Sitz in Amsterdam. Gemeinsame Basis ist Umweltschutzarbeit auf lokaler und nationaler Ebene mit demokratischer Struktur und unabhängig von politischen Parteien und wirtschaftlichen Interessen.

203 https://foe.org, abgerufen am 8.2.2020.

15.13 Fridays for Future & School Strike for Climate

Freitage für die Zukunft (FFF) bzw. Schulstreik für das Klima ist eine globale soziale Bewegung, ausgehend von Schülern und Studenten, die sich für möglichst umfassende, schnelle und effiziente Klimamaßnahmen einsetzen.

Nach dem Vorbild der Initiatorin Greta Thunberg gehen Schüler und Studenten freitags während der Unterrichtszeit auf die Straße und protestieren. Der Protest findet weltweit statt. Am ersten global organisierten Klimastreik am 15. März 2019 nahmen 1,8 Millionen Menschen teil. Ziel der Streiks ist, auf klimapolitische Missstände aufmerksam zu machen und Maßnahmen für den Klimaschutz einzuleiten, damit die

Abbildung 216: Fridays-for-Future-Demo in Wien.

Einhaltung der Ziele des Pariser Übereinkommens sichergestellt werden. Sie richten sich gegen das Versagen der politisch Verantwortlichen. Der Klimawandel stelle mit seinen Folgen eine »schon lange bestehende reale Bedrohung für die Erde und die Menschheit« dar und setze die Zukunft der oft jungen Demonstranten und nachfolgender Generationen aufs Spiel.

Der Streik richtet sich laut FFF nicht gegen Schulen und Universitäten, sondern ermahnt die Politik zum Handeln. Man brauche nicht für eine Zukunft zu lernen, die nicht lebenswert sei. Diesen existenziellen Anforderungen wird seitens FFF mehr Wert beigemessen als dem freitäglichen Schulbesuch. Der Klimawandel warte nicht auf Studien- oder Schulabschluss. Die Kernforderung an die Politik ist: »Handelt endlich – damit wir eine Zukunft haben!«

15.14 Extinction Rebellion[204]

Die Vereinigung Rebellion gegen das Aussterben (XR) ist eine Umweltschutzbewegung, die mit Mitteln des zivilen Ungehorsams Maßnahmen der Regierungen gegen das Massenaussterben von Tieren, Pflanzen und Menschen als Folge der Klimakrise und der Vernichtung von Lebensraum erzwingen will.

Die Bewegung ist in 49 Ländern auf sechs Kontinenten mit 331 Ortsgruppen vertreten. Weil manche der Protestaktionen nicht angemeldet sind, gibt es weltweit immer wieder Verhaftungen.

XR wurde 2018 gegründet und erlangte schnell durch in London organisierte Massenproteste Aufmerksamkeit. 2018 wurden im Zuge des ausgerufenen Rebellion Day die wichtigsten Brücken über die Themse von 6.000 Aktivisten blockiert. 85 Demonstranten wurden wegen Verkehrsbehinderung festgenommen. Die Mitglieder von XR sehen sich in der Tradition von Mahatma Gandhi, der auch riskierte, für seine Aktionen verhaftet und eingesperrt zu werden. In der Karwoche 2019 nahm die Polizei in London 600 Aktivisten fest, die Straßen und Brücken blockierten.

XR verfolgt drei wesentliche Ziele: Die Regierungen müssen die Wahrheit sagen, indem sie einen Klima- und ökologischen Notstand ausrufen. Die Regierungen müssen sofort handeln, um den Verlust der biologischen Vielfalt zu stoppen und die Treibhausgasemissionen bis 2025 auf null zu reduzieren, und die Regierungen müssen eine Bürgerversammlung über Klima- und Umweltgerechtigkeit einrichten und sich von den Entscheidungen dieser Versammlung leiten lassen.

204 https://rebellion.earth, abgerufen am 8.2.2020.

Abbildung 217: Performance »Ice on the Rope« von XR-Aktivisten in München, 2019.

15.15 Global Footprint Network (GFN)[205]

Das Global Footprint Network ist eine Non-Profit-Organisation im Umweltbereich. Die internationale Organisation arbeitet mit dem »ökologischen Fußabdruck«, einem System, welches Buch über natürliche Ressourcen führt, um damit politisch fundierte Entscheidungen voranzutreiben. GFN arbeitet mit regionalen und nationalen Regierungen, Investoren und Meinungsmachern zusammen. Der Hauptsitz des GFN ist in Oakland, USA. GFN berechnet und publiziert jedes Jahr den Tag, an welchem rechnerisch die natürlichen Jahresressourcen der Erde aufgebraucht sind (2019 war dies der 29. Juli, 2020 ist es der 22. August). Die GFN wurde 2003 gegründet. Der ökologische Fußabdruck ist ein Kennzahlensystem, das quantifiziert, wie viele Ressourcen der Menschheit zur Verfügung stehen und wie viele sie verbraucht. »Kontoauszüge der Natur« geben Informationen dazu, welche Bevölkerungsgruppen für welche Aktivitäten wie viele Ressourcen verbrauchen. GFN hat durch die Methode des Ecological Footprint einen weltweiten Standard zur Messung globaler Ressourcen gesetzt.

GFN erstellt übersichtliche Grafiken, die zeigen, wie es um die länderspezifischen ökologischen Defizite oder Überschüsse bestellt ist.

205 https://www.footprintnetwork.org, abgerufen am 8.2.2020.

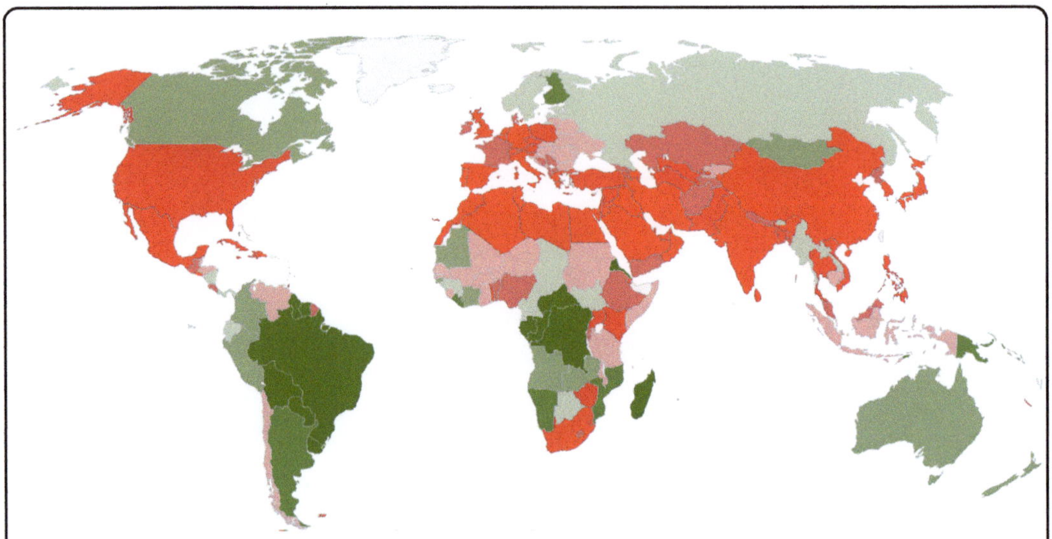

Abbildung 218: Weltweite Darstellung des ökologischen Mangels/Reserve.

Abbildung 218 zeigt eine solche Grafik. Angegeben sind der ökologische Mangel bzw. die Reserve der einzelnen Länder weltweit. Das Bild zeigt den Speckgürtel der hoch industrialisierten Länder der nördlichen Hemisphäre mit den Schwellenländern als fettes rotes Band, die einen stark negativen ökologischen Fußabdruck hinterlassen.

15.16 Oxfam[206]

1942 wurde das Oxforder Komitee zur Linderung von Hungersnot in Großbritannien gegründet. Das Komitee wollte die Folgen der deutschen Besatzung in Griechenland lindern – die wirtschaftliche Ausbeutung der Griechen durch die Deutschen führte zu einer großen Hungersnot. Oxfam ist ein internationaler Verbund verschiedener Hilfs- und Entwicklungsorganisationen. Oxfam arbeitet weltweit für den Aufbau nachhaltiger und sicherer Existenzen für Menschen in armen Ländern. Dies umfasst Zugang zu Bildung, gesundheitlicher Versorgung, Trinkwasser und Hygieneeinrichtungen sowie Unterstützung bei Krisen und Katastrophen. Ein weiteres wichtiges Ziel ist Gendergerechtigkeit. Oxfam war die telegrafische Abkürzung, die 1965 der Organisation den Namen gab. 1995 wurde Oxfam international gegründet und setzt sich mittlerweile

206 https://www.oxfam.org, abgerufen am 8.2.2020.

aus 18 Teilorganisationen mit 3.000 lokalen Partnern in mehr als 90 Ländern zusammen. Oxfam kooperiert mit lokalen Partnerorganisationen, die aufgrund ihrer guten Kenntnis der Situation nachhaltige Projekte in den Bereichen Existenzsicherung, Bildung, Gesundheit und Frauenrechte entwickeln können.

15.17 Union of Concerned Scientists (UCS)

Die Vereinigung besorgter Wissenschaftler (UCS)[207] ist eine amerikanische Wissenschaftlervereinigung, die sich für Abrüstung und Umweltschutz einsetzt. Sie wurde 1969 am Massachusetts Institute of Technology (MIT) gegründet. Sie fußt auf mehr als 250.000 Mitgliedern, meist Wissenschaftlern, aber auch Privatleuten, die Ziele der Vereinigung unterstützen. Die UCS ist eine Non-Profit-Interessengruppe. Als Aufgabenschwerpunkt werden die Bekämpfung der Umweltverschmutzung, der Abbau des Arsenals nuklearer Waffen, ein Verbot von Weltraumwaffen, gesetzliche Regulierung bestimmter Biotechnologien, Artenschutz und Maßnahmen gegen den Klimawandel gesehen. Die UCE befürwortet erneuerbare Energien, schadstoffarme Verkehrsmittel und eine nachhaltige Landwirtschaft.

207 https://www.ucsusa.org, abgerufen am 8.2.2020.

16

Empfohlene weiterführende Literatur und Links

Aktuelle Beiträge, Neuigkeiten, Buchbesprechungen, persönliche Ansichten, FAQ und Zusammenfassungen von wissenschaftlichen Artikeln zum Klimawandel finden Sie auf dem Blog des Autors unter:
https://klimacrash.com
www.klimacrash.com

16.1 Empfohlene Literatur

Klein, Naomi: Die Entscheidung Kapitalismus vs. Klima; Fischer Taschenbuch, 2. Auflage, 2019.

Rothkopf, David: Die Super-Klasse. Die Welt der internationalen Machtelite; Goldmann Verlag, 2. Auflage, 2009.

Hartmann, Michael: Der Mythos von den Leistungseliten. Spitzenkarrieren und soziale Herkunft in Wirtschaft, Politik, Justiz und Wissenschaft; Campus-Verlag, 2002.

Cunliffe, Barry: 10.000 Jahre. Geburt und Geschichte Eurasiens; Wissenschaftliche Buchgesellschaft, 2016.

Acemoglu, Daron; Robinson, James A.: Warum Nationen scheitern. Die Ursprünge von Macht, Wohlstand und Armut; Fischer Taschenbuch, 5. Auflage, 2019.

Hartmann, Kathrin: Aus kontrolliertem Raubbau. Wie Politik und Wirtschaft das Klima anheizen, Natur vernichten und Armut produzieren; Blessing Verlag, 2015.

Ellwanger, Ulrich: Vom Universum zu den Elementarteilchen. Eine erste Einführung in die Kosmologie und die fundamentalen Wechselwirkungen; Springer Verlag, 2011.

Quaschning, Volker: Erneuerbare Energien und Klimaschutz. Hintergründe, Techniken und Planung, Ökonomie und Ökologie, Energiewende; Carl Hanser Verlage, 2018.

Marschall, George: Don't even think about it. Why our brains are wired to ignore Climate Change; Bloomsbury, 2014.

Chomsky, Noam: War against people. Menschenrechte und Schurkenstaaten; Europa Verlag, 3. Auflage, 2001.

Chomsky, Noam: Media Control. Wie die Medien uns manipulieren, Nomen Verlag, 8. Auflage, 2019.

Nicoll, Norbert: Adieu, Wachstum! Das Ende einer Erfolgsgeschichte; Tectum Verlag, 2016.

Elicki, Olaf; Breitkreuz, Christoph: Die Entwicklung des Systems Erde; Springer Verlag, 2016.

Oschmann, Wolfgang: Evolution der Erde; Haupt UTB, 2. Auflage, 2018.

Piketty, Thomas: Kapital und Ideologie; C. H. Beck Verlag, 2020.

Harper, Kyle: Fatum. Das Klima und der Untergang des römischen Reiches; C. H. Beck Verlag, 2020.

Wallace, John M.; Hobbs, Peter V.: Atmospheric Science. An introductory survey; Elsevier, 2nd Edition, 2006.

Goose, Hugues: Climate System Dynamics and Modelling; Cambridge University Press, 2015.

16.2 Empfohlene Links

United Nations Climate Change **https://unfccc.int/decisions**

Convention on Biological Diversity **https://www.cbd.int/**

National Academy of Sciences **http://www.nasonline.org/**

Advancing Earth and Space Science **https://sites.agu.org/**

World Meteorological Organization **https://public.wmo.int/en**

Wissenschaftlicher Beirat der Bundesregierung – Globale Umweltveränderungen **https://www.wbgu.de/de/**

Klimafakten **https://www.klimafakten.de/**

Sceptical Science **https://skepticalscience.com/**

Universität für Bodenkultur Wien **https://boku.ac.at/wissenschaftliche-initiativen/**

Food and Agriculture Organization of the UN **http://www.fao.org/home/en/**

Goddard Institute for Space Studies **https://data.giss.nasa.gov/gistemp/graphs/**

Max-Planck-Institut für Meteorologie **https://www.mpimet.mpg.de/kommunikation/**

Potsdam-Institut für Klimafolgenforschung **https://www.pik-potsdam.de/institute**

Eurostat **https://ec.europa.eu/eurostat/statistics-explained/index.php?title=Main_Page**

European Environment Agency **https://www.eea.europa.eu/themes/**

Open-access archive – Cornell University **https://arxiv.org**

Deutsches Klimakonsortium **https://www.deutsches-klima-konsortium.de/startseite.html**

Climate Research Unit – Datensätze **http://www.cru.uea.ac.uk/data**

World Climate Research Programme **https://www.wcrp-climate.org/**

International Geosphere-Biosphere Programme **http://www.igbp.net/**

NOAA National Centers for Environmental Information **https://www.ncdc.noaa.gov/**

BYRD Polar and Climate Research Center **http://research.bpcrc.osu.edu/Icecore/**

Laboratory of Tree-Ring Research **https://ltrr.arizona.edu/about/treerings**

Ocean Drilling Programme **http://www-odp.tamu.edu/**

The Discovery of Global Warming **https://history.aip.org/climate/index.htm**

NASA National Aeronautics and Space Administration **https://solarscience.msfc.nasa.gov/SunspotCycle.shtml**

ESO European Southern Observatory **https://www.eso.org/public/**

Global Carbon Project **https://www.globalcarbonproject.org/**

International Institute for Applied Systems Analysis **https://iiasa.ac.at/**

CO_2-Earth **https://www.CO_2.earth/2100-projections**

Umweltbundesamt Deutschland **https://www.umweltbundesamt.de/daten/klima/**

Millennium Ecosystem Assessment **http://www.millenniumassessment.org/en/Synthesis.html**

International Renewable Energy Agency IRENA **https://www.irena.org/aboutirena**

International Energy Agency IEA **https://www.iea.org/**

Statistical Review of World Energy **https://www.bp.com/en/global/corporate/energy-economics/statistical-review-of-world-energy.html**

17

Konstanten und Konvertierung

Universalkonstanten

Absolute Nulltemperatur	0 °K oder -273,15 °C
Hubble-Konstante	H_0 = 72 km/s/MParsec
Lichtgeschwindigkeit	c = 2,998 10^8 m/s
Universelle molare Gaskonstante	R_m = 8,314 J/mol/K

Atmosphäre

Luftdruck auf Meereshöhe	p = 1 atm = 1,01325 10^5 Pa = 1,01325 bar
Spezifische Gaskonstante der Luft	R_L = 287 J/kg/°K
Wärmekapazität der Atmosphäre	C_{Atm} = 1,02 10^7 J/°K/m^2

Wassersphäre und Kryosphäre

Brechungsindex Wasser	1,33
Dichte Süßwasser bei 20 °C	r = 998,2 kg/m^3
Dichte Meerwasser bei 0 °C	999,8 kg/m^3
Gefrierpunkt Wasser	0,0025 °C
Jährliche Eisverlustrate der Antarktis	-146 Gt/Jahr
Jährliche Eisverlustrate Grönlands	-281 Gt Jahr
Molare Masse Wasser	18,015 g/mol
Schmelzwärme Wasser	333,5 kJ/kg
Siedepunkt Wasser	99,97 °C
Strömungsgeschwindigkeit Ozeane	1 Sverdrup = 1 Sv = 106 m^3/s
Verdampfungswärme Wasser (latente Wärme)	2.257 kJ/kg
Wärmekapazität Meerwasser	3,9 kJ/kg/°K
Wärmekapazität Süßwasser	4,2 kJ/kg/°K

Erde und Sonne

Aktivitätszyklus der Sonne	11 Jahre
Albedo der Erde	A = 0,299
Drehung der Erde um die Sonne	365,24219 Tage
Entfernung Erde – Mond	400.000 Kilometer
Entfernung Erde – Sonne	150 Millionen km
Erdalter	4,6 Milliarden Jahre
Erdbeschleunigung	$g = 9{,}81\ m/s^2$
Erdradius	$Re = 6{,}37\ 10^6\ m$
Farbtemperatur der Sonne	5.800 Kelvin
Gesamtsumme aller Strahlungsantriebe	$2{,}3\ W/m^2$
Klimaempfindlichkeit Gleichgewicht	$1{,}5\ °C\ m^2/W$
Klimaempfindlichkeit transient	$0{,}75\ °C\ m^2/W$
Magnetische Umpolung Erde	circa alle 250.000 Jahre
Neigung der Erdachse	22,2 – 24,3 °
Numerische Exzentrizität	100.000 und 413.000 Jahre
Nutation der Erde	18,6 Jahre
Periheldrehung der Erdbahn um die Sonne	112.000 Jahre
Planck-Rückkopplung	$l_{Planck} = -3{,}3\ W/m^2/°K$
Präzession der Erde	26.000 Jahre
Sonnenradius	$R_s = 6{,}96\ 10^8\ m$
Strahlungsantrieb bei Verdopplung CO_2	$3{,}7\ W/m^2$
Strahlungsantrieb CO_2	$2{,}05\ W/m^2$
Strahlungsleistung auf der Erdoberfläche	$341\ W/m^2$
Strahlungsleistung der Sonne zur Erde	$1.365\ W/m^2$
Vorindustrielles Bezugsjahr	1759
Weltbevölkerung	7.760.122.716 (20.12.2019)
Zyklik der Erdachse	41.000 Jahre

Einheiten und Umrechnungen

Avogadro-Zahl	$6{,}022\ 10^{23}$ Moleküle/mol
Boltzmann-Konstante	$k_B = 5{,}6704\ 10^{-8}\ W/m^2/K^4$
Dobson-Einheit	$1\ DU = 2{,}6\ 10^{20}$ Moleküle O_3/cm^2
Fahrenheit-Celsius-Konvertierung	$T_C = 5/9\ (T_F - 32)$
Umrechnung Kalorien in Joule	1 cal = 4,1855 J
Planck'sches Wirkungsquantum	$h = 6{,}63\ 10^{-34}\ Js$
Tage-zu-Sekunden-Konvertierung	1 d = 86.400 s
Umrechnung Konzentration CO_2 in Masse	1 ppm = 2,124 Gt C
Umrechnung Masse CO_2 aus Kohlenstoff	$m_{CO_2} = 3{,}664\ m_C$

18

Abkürzungen

AE	Astronomische Einheit – Entfernung Erde–Sonne
AI	Artificial Intelligence
ASC	Aquaculture Stewardship Council – Nachhaltige Fischzucht
ASI	Aluminium Stewardship Initiative – Initiative für nachhaltige Aluminiumproduktion
ATP	Adenosintriphosphat
BAU	Business as usual
BC	Bio Carbon – Biokohle
BCI	Better Cotton Initiative – Initiative für nachhaltige Baumwolle
BECCS	Bioenergy with Carbon Capture and Storage – Bioenergiegewinnung mit Kohlenstoffeinfang und Speicherung
BIP	Bruttoinlandsprodukt
BPA	Bsiphenol A – Flammschutzmittel
BSE	Bovine Spongiforme Enzephalopathie – Rinderwahnsinn
CCS	Carbon Capture and Storage – Kohlenstoffeinfang und Speicherung
CCU	Carbon Capture and Utilization – Kohlenstoffeinfang und Verwendung
CDP	Carbon Disclosure Project
CDR	Carbon Dioxide Removal – Kohlendioxidentfernung
CERN	Consil Européen pour la Recherche Nucléaire – Europäische Organisation für Kernforschung
CFC	Chlorfluorcarbon – Fluorkohlenwasserstoffe
COC	Condensable Organic Compounds – Kondensierbare organische Verbindungen
CSR	Corporate Social Responsibility – Nachhaltige Unternehmensführung
DACC	Direct Air Carbon Capture and Storage – Direkter Kohlenstoffeinfang aus der Luft und Speicherung
DDT	Dichlordiphenyltrichlorethan – Umweltgift
DETER	Real-Time Deforestation Detection System – Echtzeit-Entwaldungserkennungssystem
DNA	Desoxyribonukleinsäure
EBI	Europäische Bürgerinitiative
ECS	Equilibrium Climate Sensitivity – Gleichgewichtsklimasensitivität

EEA	European Environment Agency – Europäische Umweltagentur
EG	Europäisches Gesetz
EIONET	Europäisches Umweltinformations- und Umweltbeobachtungsnetzwerk
EIU	Economist Intelligence Unit – Demokratieindex
EOF	Empirical Orthogonal Functions
EPA	Environment Protection Agency – amerikanische Umweltschutzagentur
ESA	European Space Agency – europäische Raumfahrtagentur
ETS	European Union Emissions Trading System – Emissionshandel
EU	European Union – Europäische Gemeinschaft
FAO	Food and Agriculture Organization of the United Nations – Ernährungs- und Landwirtschaftsorganisation der Vereinten Nationen
FCKW	Fluorkohlenwasserstoffe
FED	Federal Reserve System – US-Notenbank
FFF	Fridays for Future
FKW	Fluorkohlenwasserstoffe
FoE	Friends of the Earth
FSC	Forest Stewardship Council – Nachhaltige Forstwirtschaft
GAFAM	Google – Apple – Facebook – Amazon – Microsoft
GEF	Global Environment Facility – Globale Umwelteinrichtung
GFN	Global Footprint Network
GOE	Great Oxygenation Event – Großes Sauerstoffentstehungsereignis
GRSP	Global Roundtable on Sustainable Beef – Globaler runder Tisch für nachhaltiges Rindfleisch
GUT	Grand Unified Theory – Große vereinheitlichte Theorie
HDI	Human Development Index
HFKW	Halogenisierte Fluorkohlenwasserstoffe
HPDE	Schweres Polyethylen – Kunststoff
IARC	Europäische internationale Agentur für Krebsforschung
IEA	International Energy Agency – Internationale Energieagentur
IGB	Internationaler Gewerkschaftsbund
IoT	Internet of Things
IPCC	Intergovernmental Panel on Climate Change – Zwischenstaatlicher Ausschuss für Klimaänderungen
IR	Infrarotes Licht
ISDS	Investor State Dispute Settlement – Investor-Staat-Streitbeilegung
IUCN	International Union for Conservation of Nature – Internationale Union für die Erhaltung der Natur und der natürlichen Ressourcen
IWF	International Monetary Fund – Internationaler Währungsfonds
KI	Künstliche Intelligenz
LHC	Large Hadron Collider – Großer Teilchenbeschleuniger
LPDE	Leichtes Polyethylen – Kunststoff

LPI	Global Living Planet Index
MHD	Mindesthaltbarkeitsdatum
MOC	Meridional Overturning Circulation – Meridionale Umwälzzirkulation
NDC	Nationally Determined Contributions – National festgelegte Beiträge
NEP, UNEP	United Nations Environment Programme – Umweltprogramm der Vereinten Nationen
NGO	Non-Governmental Organization – Nichtregierungsorganisation
NHK	Nordhalbkugel
NMVOC	Non-Methane Volatile Organic Compounds – Flüchtige organische Verbindungen ohne Methan
NOE	Neoproterozoic Oxygen Event – Sauerstoffereignis im Neoproterozoikum
NSA	National Security Agency – Amerikanische Nationale Sicherheitsbehörde
OECD	Organisation for Economic Co-operation and Development – Organisation für wirtschaftliche Zusammenarbeit und Entwicklung
PA	Polyamid – Kunststoff
PC	Polycarbonat – Kunststoff
PE	Polyethylen – Kunststoff
PET	Polyethylenterephthalat – Kunststoff
PETM	Plötzliche Temperaturerhöhung im Paläozän/Eozän
PLA	Polylactide – Polymilchsäuren
PM	Feinstaub
PP	Polypropylen – Kunststoff
ppb	Parts per billion – Milliardstel
ppm	Parts per million – Millionstel
ppt	Parts per thousand – Tausendstel
PS	Polystrol – Kunststoff
PSU	Practical Salinity Unit – Salzgehalt
PTFE	Polytetrafluoräthylen – Kunststoff
PU, PUR	Polyurethan – Kunststoff
PV	Photovoltaik
PVC	Polyvinylchlorid – Kunststoff
RAN	Rain Forest Action Network
RSPO	Roundtable on Sustainable Palm Oil – Runder Tisch für nachhaltiges Palmöl
RTRS	Roundtable on Responsible Soy – Runder Tisch für nachhaltiges Soja
SAP	Strukturanpassungsprogramm
SCS	Soil Carbon Sequestration – Erhöhung des Kohlenstoffgehalts im Boden
SHK	Südhalbkugel
SRM	Solar Radiation Management – Strahlungsmanagement
SUV	Sport Utility Vehicles – Stadtgeländewagen
TCR	Transient Climate Response – Übergangsklimaantwort

THG	Treibhausgase
UCS	Union of Concerned Scientist – Vereinigung besorgter Wissenschaftler
UN	United Nations – Vereinte Nationen
UNFCCC	United Nations Framework Convention on Climate Change – Rahmenübereinkommen der Vereinten Nationen über Klimaänderungen
USDA	US Department of Agriculture
UV	Ultraviolettes Licht
VOC	Volatile Organic Compounds – Flüchtige organische Verbindungen
WHO	World Health Organization – Weltgesundheitsorganisation
WMO	World Meteorological Organization – Weltorganisation für Meteorologie
WTO	World Trade Organization – Welthandelsorganisation
WWF	World Wildlife Fund for Nature
WWS	Wind Wasser Sonne
XR	Extinction Rebellion

19

Quellenverzeichnis für Abbildungen

20

Quellenverzeichnis für Tabellen

Seite

21 Index

B

E

F

G

I

J

K

L

M

N

O

P

Q

R

S

T

U

V

W

Y

Z